高等学校电气自动化类教材

数字电子技术基础

（第2版）

张宝荣 主 编

黄 震 李江昊 刘燕燕 副主编

電子工業出版社

Publishing House of Electronics Industry

北京·BEIJING

内 容 简 介

本书为高等学校电气自动化类教材之一，也是燕山大学的“数字电子技术基础”河北省精品课程配套教材，是根据近年来数字电子技术的新发展和课程组多年的教学实践积累，针对数字电子技术课程教学基本要求和学习特点而编写的。

全书内容包括数字逻辑基础、逻辑门电路、组合逻辑电路、触发器、时序逻辑电路、半导体存储器与可编程逻辑器件、脉冲波形的产生与整形、数模和模数转换，共 8 章。考虑到 EDA 技术已成为数字电路设计的首要手段，本书加入了目前比较流行的 EDA 设计软件 MAX+plusⅡ的内容，并结合具体章节给出了软件的应用方法。本教材可满足学时较少情况下的教学，适宜 48～60 学时的教学。为了方便教学和自学，配有实用的电子课件和习题简解。

本书可作为高等院校电气信息类各专业和部分非电类专业的教材，也可作为从事数字电子技术研究相关人员的参考用书。

图书在版编目（CIP）数据

数字电子技术基础/张宝荣主编. —2 版. —北京：电子工业出版社，2015.2

ISBN 978-7-121-25468-0

Ⅰ. ①数…　Ⅱ. ①张…　Ⅲ. ①数字电路—电子技术—高等学校—教材　Ⅳ. ①TN79

中国版本图书馆 CIP 数据核字（2015）第 022757 号

策划编辑：陈韦凯　　责任编辑：陈韦凯
印　　刷：北京盛通商印快线网络科技有限公司
装　　订：北京盛通商印快线网络科技有限公司
出版发行：电子工业出版社
　　　　　北京市海淀区万寿路 173 信箱　邮编　100036
开　　本：787×1 092　1/16　印张：23.25　字数：595 千字
版　　次：2011 年 10 月第 1 版
　　　　　2015 年 2 月第 2 版
印　　次：2021 年 11 月第 7 次印刷
定　　价：45.00 元

凡所购买电子工业出版社图书有缺损问题，请向购买书店调换。若书店售缺，请与本社发行部联系，联系及邮购电话：（010）88254888，88258888。

质量投诉请发邮件至 zlts@phei.com.cn，盗版侵权举报请发邮件至 dbqq@phei.com.cn。

本书咨询联系方式：chenwk@phei.com.cn。

第 1 版前言

为适应新形势下电子技术的高速发展和社会需求，高等教育对电气信息类人才的培养提出了更高要求，教材内容更新和定位面临新的挑战。“数字电子技术基础”是电气信息类学生的专业基础课程，也是实践性很强的技术基础课程。随着数字化和信息化技术的飞速发展，数字课程对学生知识和能力的提升凸显出更重要的作用。

遵照教育部对“电子技术基础课程教学的基本要求”，要把学生培养成为有一定理论基础，有较强的实战能力，有足够的创新意识的应用型人才。我们从事数字电子技术基础教学工作多年，并坚持教学改革实践，积累了丰富的经验，燕山大学“数字电子技术基础”课程于 2002 年获得河北省首批精品课程称号，并于 2003 年全面展开 EDA 实践教学，2004 年“数字电子技术基础课程设计”项目获河北省教学成果二等奖。

教学的实践和体会使我们感到，器件的更新、技术的发展使教学内容不断增加，而课内教学时数又在减少的形势下，编写一本适宜理论学时数较少，但密切联系实践，突出工程应用的教材是非常必要的。

本书具有以下几个特点：

1. 适宜较少学时教学

本着“保基础，重实践，少而精”的原则，整合了教学内容。加强了绝缘栅场效应管的原理知识，可方便 CMOS 门教学并为先“数字”后“模拟”的教学模式创造条件；适当精简了 CMOS 门特性曲线讲解，以加大器件产品的比对和参数列表为补充；将 555 定时器及其脉冲电路作为“脉冲波形的产生与整形”一章的开篇主体部分，具有知识的完整性和独立性，不受章内后续内容的影响，便于教学内容的裁剪。本教材建议学时数为 48～60 学时。

2. 增加教材的可读性

本书和传统教材相比，适度增大了图、表比例，强化知识对比和总结，并注重对“难点”内容进行细致的推理解析和附图说明。每章设有“内容提要”和“本章小结”，并给出“教学基本要求”和“重点内容”。教材附带习题和思考题简解、逻辑符号对照表及常用数字集成芯片列表，利于学生阅读和自学。

3. 突出了集成电路内容

除门电路和触发器较多涉及内部电路外，全书加大了集成芯片及系列产品的介绍和应用举例，把侧重点放在对集成电路的认知和使用方面，以利于学生实战能力的培养和工程意识的加强。

4. 融合 EDA 课程设计内容

可编程逻辑器件 PLD 近年来发展迅速，大容量、高速率的器件不断出现，在科技领域广泛应用。本书除在第 6 章介绍 PLD 的工作原理和电路结构外，还在其他章节介绍了可编程逻辑器件编程软件的使用方法，在相关章节结合教学内容配备相应的 EDA 实用例题。这些例题来自我们多年的 EDA 课程设计教学实践，学生能够学以致用，为创新能力的培养打下必要的基础。

5．采用国际上常用的图形逻辑符号

为便于学生较快地适应实际工作，中、大规模集成电路的图形符号采用国外教材、技术资料和 EDA 软件中普遍使用的习惯画法，即示意性框图画法。本书基本运算和复合运算的逻辑符号均采用国际上常用的图形逻辑符号。

6．适宜多样化教学

教材配套提供电子课件、电子习题简解及 EDA 课程设计教学软件。

另外，教材中把 EDA 的相关知识和 MAX+plusⅡ的设计举例、集成逻辑门电路的实际应用问题及组合和时序电路的综合设计等内容暂定为选学部分。因为这些内容应用性较强且占用学时较多，这样会方便教材使用院校根据学校 EDA 硬件环境是否具备，或 EDA 是否再单独设课，进行灵活的教学安排，同时也方便学时较少的学校做必要的内容取舍而不影响本课程知识的整体性。

本书由燕山大学数字电子技术教研组全体老师共同完成。其中刘雪强编写第 1 章，李江昊编写第 4、5 章，黄震编写第 6 章及教材中 EDA 相关内容，郭璇编写第 8 章，常丹华编写第 2 章并负责全书的组织和统稿工作，张宝荣编写第 3、7 章并负责全书的核查和修改工作。

对本书选用的参考文献的著作者，我们致以真诚的感谢。限于编者水平，书中难免有错误和不妥之处，敬请业界同仁和读者批评指正。

编　者

2011 年 1 月

第 2 版前言

本书是在《数字电子技术基础》（第 1 版）的基础上修订而成的，其知识体系结构与第 1 版一致。修订的目的是为进一步方便教学，提高教学效率。

修订工作除了修正第 1 版的不足之外，主要针对以下几个方面进行：

第 1 章数字逻辑基础，主要是新增了关于任意项的内容和例题，补充了真值表到表达式转换更为通用的方法。第 2 章逻辑门电路，主要是充实了 TTL 反相器电路工作原理的分析方法，新增了驱动与负载关系部分，以加强数电和模电在内容上的联系。第 3 章组合逻辑电路，主要增加了对组合逻辑电路和时序逻辑电路区别的深入讨论。第 4 章触发器，主要是补充了触发器的存储核心电路，对触发器的动作特点与电路结构的对应关系进行了深入说明。第 5 章时序逻辑电路，主要是在时序逻辑电路设计部分新增了求驱动方程更为通用的方法；增加了计数器进位信号的构成原理，细化了构成任意进制计数器的过程，增加了在定时场合经常用到的“单次/触发计数器”内容。第 6 章半导体存储器与可编程逻辑器件，在 VHDL 部分增加了加法器程序，替换了计数器程序，新增了 Signal 和 Variable 内容的说明和习题。第 7 章脉冲波形的产生与整形和第 8 章数模和模数转换也进行了相应内容的调整。附录部分新增了附录 C，主要内容为 EDA 软件元件库说明和部分常用逻辑符号及对应名称列表，以方便 EDA 实践教学。

本书由燕山大学数字电子技术教研组全体老师共同完成。其中刘雪强修订第 1 章，李江昊和付广伟修订第 4、5 章，郭璇修订第 8 章，张宝荣和高美静修订第 3、7 章。由于常丹华老师已经退休，第 2 章修订工作由刘燕燕负责。黄震和张保军修订第 6 章和教材中 EDA 相关内容，以及全书的组织和统稿工作。

感谢常丹华老师在本书第 1 版编写和第 2 版修订过程中做的大量工作。借此机会，祝常丹华老师退休生活快乐！

对本书选用的参考文献的著作者，我们致以真诚的感谢。限于编者水平，书中若有错误和不妥之处，敬请业界同仁和读者批评指正。

编　者

2015 年 1 月

目　　录

第 1 章　数字逻辑基础 1

1.1　数字信号与数字电路 2

1.1.1　数字信号 2

1.1.2　数字电路 3

1.2　数制和码制 4

1.2.1　几种常用的数制 4

1.2.2　不同数制间的转换 7

1.2.3　几种常用的码制 8

1.3　逻辑代数 10

1.3.1　逻辑代数中 3 种基本运算 10

1.3.2　复合逻辑运算 12

1.3.3　逻辑代数的基本公式 14

1.3.4　逻辑代数的常用公式 16

1.3.5　逻辑代数的基本定理 17

1.4　逻辑函数及其表示方法 18

1.4.1　逻辑函数的定义 18

1.4.2　逻辑函数的表示方法 18

1.4.3　各种表示方法间的相互转换 19

1.5　逻辑函数的化简 21

1.5.1　逻辑函数的最简形式 21

1.5.2　公式化简法 21

1.5.3　卡诺图化简法 23

1.6*　EDA 技术概述 32

1.6.1　EDA 发展回顾 33

1.6.2　EDA 系统构成 34

1.6.3　EDA 工具发展趋势 34

1.6.4　EDA 工具软件 MAX+plusⅡ简介 36

本章小结 37

习题与思考题 38

第 2 章　逻辑门电路 42

2.1　半导体二极管门电路 43

2.1.1　二极管的开关特性 43

2.1.2　二极管门电路 45

2.2　半导体三极管门电路 46

2.2.1 三极管的开关特性......46
2.2.2 三极管反相器......49
2.3 TTL 集成门电路......50
2.3.1 TTL 反相器电路结构及原理......50
2.3.2 TTL 反相器的电压传输特性和抗干扰能力......53
2.3.3 TTL 反相器的静态输入特性、输出特性和负载能力......55
2.3.4 TTL 反相器的动态特性......60
2.3.5 TTL 门电路的其他类型......62
2.3.6 TTL 集成门系列简介......71
2.4 CMOS 集成门电路......73
2.4.1 MOS 管的开关特性......74
2.4.2 CMOS 反相器的电路结构和工作原理......79
2.4.3 CMOS 反相器的特性及参数......80
2.4.4 CMOS 门电路的其他类型......82
2.4.5 CMOS 集成门系列简介......86
2.5* 集成门电路的实际应用问题......88
2.5.1 集成门电路使用应注意的问题......88
2.5.2 TTL 电路与 CMOS 电路之间的接口问题......90
本章小结......92
习题与思考题......92

第 3 章 组合逻辑电路......98

3.1 概述......99
3.2 组合逻辑电路的分析与设计......100
3.2.1 组合逻辑电路的分析......100
3.2.2 组合逻辑电路的设计......102
3.3 常用组合逻辑电路......105
3.3.1 编码器......106
3.3.2 译码器......113
3.3.3 数据选择器......123
3.3.4 加法器......126
3.3.5 数值比较器......130
3.4 用中规模集成电路设计组合逻辑电路......135
3.4.1 用译码器设计组合逻辑电路......135
3.4.2 用数据选择器设计组合逻辑电路......138
3.4.3 用加法器设计组合逻辑电路......140
3.4.4* 综合设计......143
3.5 组合逻辑电路的竞争－冒险现象......146

3.5.1 竞争－冒险的概念及其产生原因 146
3.5.2 消除竞争－冒险的方法 147
3.6* 用 MAX+plus II 设计组合逻辑电路 150
本章小结 153
习题与思考题 153
第 4 章 触发器 156
4.1 概述 157
4.2 基本 SR 触发器（SR 锁存器） 157
4.2.1 由与非门构成的基本 SR 触发器 157
4.2.2 由或非门构成的基本 SR 触发器 160
4.3 同步触发器（电平触发） 162
4.3.1 同步 SR 触发器 162
4.3.2 同步 D 触发器（D 锁存器） 165
4.4 主从触发器（脉冲触发） 166
4.4.1 主从 SR 触发器 166
4.4.2 主从 JK 触发器 169
4.5 边沿触发器（边沿触发） 171
4.5.1 维持阻塞结构的边沿触发器 171
4.5.2 基于门电路传输延迟的边沿 JK 触发器 174
4.5.3 边沿 D 触发器（利用两个同步 D 触发器构成） 176
4.6 触发器的逻辑功能及描述方法 178
4.7 集成触发器 180
4.7.1 常用集成触发器 180
4.7.2 触发器的功能转换 182
4.8 触发器应用举例 184
4.9* 用 MAX+plus II 验证触发器逻辑功能 185
本章小结 186
习题与思考题 186
第 5 章 时序逻辑电路 191
5.1 时序电路的基本概念 192
5.1.1 时序电路的分类 192
5.1.2 时序电路的基本结构和描述方法 192
5.2 同步时序电路的分析方法 194
5.2.1 同步时序电路的分析任务 194
5.2.2 同步时序电路的分析步骤 194
5.3 寄存器 199

5.3.1 寄存器和移位寄存器结构组成及工作原理 199
5.3.2 集成（移位）寄存器及其应用 201
5.4 计数器 205
5.4.1 同步计数器结构组成及原理 206
5.4.2 异步计数器结构组成及原理 212
5.4.3 集成计数器及其应用 214
5.5 同步时序电路的设计方法 223
5.5.1 时序电路设计的基本任务 223
5.5.2 时序电路的设计步骤 223
5.6 用中规模集成电路设计时序电路 230
5.6.1 用移位寄存器设计 230
5.6.2 用计数器设计 231
5.6.3* 综合设计 233
5.7* 用 MAX+plus Ⅱ 设计时序逻辑电路 236
本章小结 239
习题与思考题 239

第 6 章 半导体存储器与可编程逻辑器件 242

6.1 概述 243
6.2 随机存储器 RAM 245
6.2.1 RAM 存储单元 245
6.2.2 RAM 的结构 246
6.2.3 RAM 的扩展 249
6.3 只读存储器 ROM 251
6.3.1 固定 ROM 251
6.3.2 可编程只读存储器 PROM 252
6.3.3 现代常用 ROM 256
6.4 可编程逻辑器件 PLD 259
6.4.1 PLD 基本原理 259
6.4.2 PLD 分类 261
6.5 高密度可编程逻辑器件 263
6.5.1 复杂可编程逻辑器件 CPLD 263
6.5.2 现场可编程门阵列 FPGA 265
6.5.3 基于芯片的设计方法 267
6.6* 硬件描述语言简介 268
6.6.1 VHDL 简介 269
6.6.2 VHDL 描述逻辑电路举例 271
本章小结 278

习题与思考题 278

第 7 章　脉冲波形的产生与整形 280

7.1　概述 281
7.1.1　矩形脉冲及其基本特性 281
7.1.2　矩形脉冲的产生和整形方法 282
7.2　555 定时器及其脉冲电路 282
7.2.1　555 定时器及其工作原理 282
7.2.2　由 555 定时器构成的单稳态触发器 285
7.2.3　由 555 定时器构成的施密特触发器 289
7.2.4　由 555 定时器构成的多谐振荡器 295
7.3　集成和其他单稳态触发器 298
7.3.1　由门电路构成的单稳态触发器 298
7.3.2　集成单稳态触发器 299
7.4　集成和其他施密特触发器 301
7.4.1　由门电路构成的施密特触发器 301
7.4.2　集成施密特触发器 302
7.5　其他多谐振荡器 304
7.5.1　由门电路构成的多谐振荡器 304
7.5.2　石英晶体多谐振荡器 306
本章小结 308
习题与思考题 308

第 8 章　数模和模数转换 311

8.1　概述 312
8.2　数模转换器（DAC） 312
8.2.1　DAC 的基本原理 312
8.2.2　倒 T 形电阻网络 DAC 313
8.2.3　权电流型 DAC 314
8.2.4　数模转换输出极性的扩展 317
8.2.5　DAC 的主要技术参数 319
8.2.6　集成 DAC 321
8.3　模数转换器（ADC） 323
8.3.1　ADC 的基本原理 323
8.3.2　并联比较型 ADC 325
8.3.3　逐次渐近型 ADC 326
8.3.4　双积分型 ADC 328
8.3.5　ADC 的主要技术参数 331

8.3.6 集成 ADC 332
8.4 取样－保持电路 333
本章小结 335
习题与思考题 335
附录 A 常用的数字逻辑集成电路 338
附录 B 逻辑符号对照表 343
附录 C EDA 软件元件库 345
附录 D 部分习题与思考题解答 347
参考文献 358

第1章　数字逻辑基础

内容提要

数字逻辑是数字电子技术的数学基础，是分析和设计数字系统的理论依据。本章介绍了数字逻辑的基本概念、常用的数制和码制、逻辑代数的基本公式、基本定理、逻辑函数的表示方法和化简方法。

教学基本要求

1. 了解数字电路、数字信号的特点。
2. 了解数制和码制，掌握各种数制间的转换。
3. 掌握与、或、非逻辑运算和常见复合逻辑运算。
4. 掌握逻辑函数的表示方法：真值表、逻辑函数式、逻辑图和卡诺图。
5. 熟练掌握公式法和卡诺图法化简逻辑函数。

重点内容

1. 逻辑函数不同表示方法之间的转换。
2. 公式法和卡诺图法化简逻辑函数。

1.1 数字信号与数字电路

1.1.1 数字信号

信号有电、声、光、磁等多种形式，由于电信号处理比较方便且技术成熟，在信号处理中应用较多的是电信号，研究电信号的产生与处理的技术就是电子技术。电子电路中的信号可分为两大类，即模拟信号和数字信号。模拟信号是在时间上、数值上均连续变化的电信号，在一定范围内可以取任意实数值，如图 1-1（a）所示，这样的信号可以是由温度、声音、压力等转换出的电信号。处理模拟信号的电路称为模拟电路，模拟电路主要研究的是如何不失真地放大模拟信号。数字信号是在时间上、数值上均离散的电信号，如图 1-1（b）所示。通常用高电平和低电平表示数字信号的两种状态，或用 0 和 1 表示。通常用 1 表示高电平，用 0 表示低电平，称为正逻辑，本书均采用正逻辑。也可以用 0 表示高电平，用 1 表示低电平，称为负逻辑。数字信号是由 0 和 1 以不同的组合形式构成的，每一种形式代表一定含义。

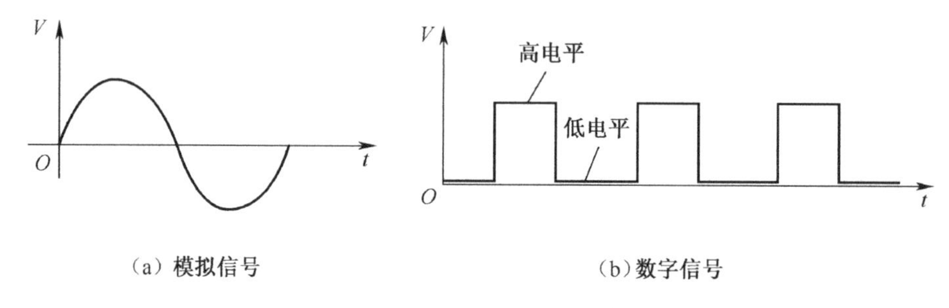

（a）模拟信号　　（b）数字信号

图 1-1　数字信号和模拟信号

实际生产中的数字信号如图 1-2 所示，为工业流水生产线上记录工件个数的计数系统输出的信号。在流水线的一侧放置一个光源，在流水线的另一侧放置接收装置，当工件通过光源时，光源被遮挡；没有工件通过时，接收装置接收到光源信号。接收装置把光源信号转换成电信号，其输出信号如图 1-2 所示，输出信号为高电平时表示没有工件通过，输出信号为低电平时表示有工件通过。若能够准确记录输出信号低电平的个数，则可记录工件的个数。电路只要能够准确区分高、低电平即可，因此高、低电平并不是某一个电压值，而是指一个电压范围，如 2～5V 为高电平，0～0.8V 为低电平。

处理数字信号的电路称为数字电路，数字电路的输入、输出都是如图 1-2 中所示的数字信号。在自然界中大多数信号都是模拟信号，当这些信号需要用数字电路进行处理时，就要进行模拟信号到数字信号的转换。由于数字电路的输出也是数字信号，数字信号不能直接回到自然界中，所以其输出的数字信号需要转换成模拟信号，才能重新被利用。数字信号和模拟信号之间的转换可以通过数模转换器和模数转换器来实现。

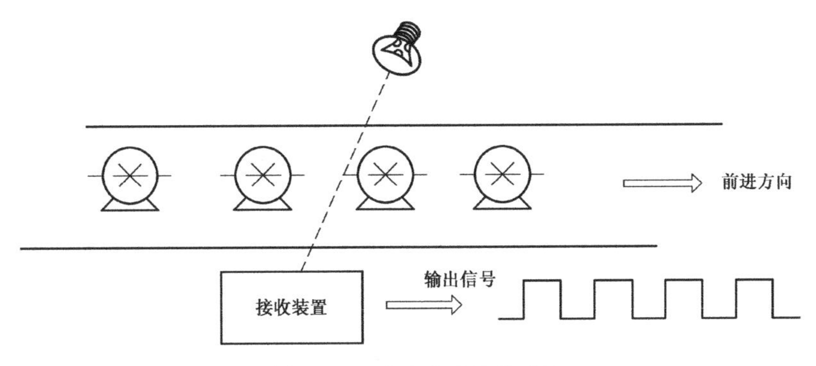

图1-2　工业流水线计数系统

1.1.2　数字电路

1. 数字电路的特点

数字电路可以实现数字信号的存储、处理和传输，由于数字信号一般只有0和1两种状态，因此数字电路具有如下特点。

（1）数字电路中二极管和三极管工作在开关状态。数字电路与模拟电路一样，都是由二极管、三极管等器件构成的，数字电路中二极管、三极管一般工作在开关状态，开关的通与断采用二极管的导通与截止或三极管的饱和与截止来实现，而这些器件在模拟电路中主要工作在线性区。

（2）数字电路的基本单元电路只有0和1两个状态，单元电路简单。数字电路由几种基本单元电路组成，由于基本单元电路只要能可靠地区分高、低电平即可，对元件精度要求不高，允许有较大误差，因此数字电路单元电路结构简单、便于集成、抗干扰能力强、可靠性高、成本低廉、使用方便。

（3）数字电路的分析和设计应用的主要工具是逻辑代数。数字电路研究的是输入和输出的逻辑关系，即因果关系，所以数字电路也称为逻辑电路。分析和设计数字电路以逻辑代数为工具，利用真值表、逻辑表达式和波形图等来表示电路的逻辑功能。

（4）数字电路可形成大规模集成、速度快、功耗低、可编程。随着半导体制造工艺技术的不断提高，数字器件的集成度越来越高，工作速度越来越快，功耗越来越低。可编程逻辑器件的应用，提高了使用的灵活性，并大大缩短了数字电路的研发周期。

2. 数字电路的应用

数字电路因其具有集成度高、功耗低、可靠性高、抗干扰能力强、便于长期存储、可编程和使用灵活等优点，得到了广泛的应用。数字电路的应用和发展极大地改变了人们生产、生活的各个方面，在电子计算机、电机、通信设备、自动控制、雷达、家用电器、电子小产品及汽车电子等领域得到了广泛的应用。

3. 数字电路的分类

数字电路经历了电子管、半导体分立器件到集成电路的发展历程，发展迅速，目前广泛使用的是数字集成电路。数字集成电路是把数字电路的基本单元逻辑电路集成到一块半导体芯片上。数字电路的种类繁多，大致可以分为下面几类：

（1）按集成度分类。集成度是指在一张硅片上集成逻辑门或器件数量的多少，按集成度的大小可以分为小规模集成电路（SSI，Small Scale Integration）、中规模集成电路（MSI，Medium Scale Integration）、大规模集成电路（LSI，Large Scale Integration）和超大规模集成电路（VLSI，Very Large Scale Integration）等。SSI 集成度低，主要包括逻辑功能门和集成触发器等。

（2）按电路使用的器件分类。按使用的器件不同可分为双极型电路和单极型电路。双极型电路是由二极管、三极管双极型器件构成的电路，包括 TTL 等多种。单极型电路是由半导体场效应管单极型器件构成的电路，包括 CMOS、NMOS、PMOS 等类型。

（3）按逻辑功能分类。按逻辑功能不同可分为组合逻辑电路和时序逻辑电路。组合逻辑电路是指输出只与输入有关的电路。时序逻辑电路是指输出不仅与输入有关而且与电路原状态有关的电路。

1.2 数制和码制

数字信号通常都是用数码的形式给出的。不同的数码可以用来表示数量大小不同的事物，这时仅用一位数码往往不够，因而需要遵循一定的规则组成多位数码使用。下面开始介绍数制和码制。

1.2.1 几种常用的数制

数制是人们对数量计数的一种统计规律。在日常生活中，人们习惯使用十进制数，而在数字电路中常使用二进制数、八进制数或十六进制数。在进位计数制中，包含基数（也称为模）和位权两个基本因素。

基数：计数制中用到的数字符号个数。例如，十进制数由 0～9 共 10 个不同的数字符号组成，所以它的基数是 10。一般来说，在 N 位计数制中，包含 0，1，2，3，…，(N–1) 个数字符号，进位规律是“逢 N 进一”，即每一位计满 N 就向高位进 1，简称 N 进制。

位权：在一个进位计数制表示的数中，处于不同位的数字代表不同的数值，某一位的数值是由这一位数字的值乘以处于该位的一个固定常数，不同位上的固定常数称为位权值，简称权值或权。不同位有不同的权值，如十进制数个位的权值是 10^0，十位的权值是 10^1，百位的权值是 10^2。

1. 十进制（Decimal）

十进制是人们最熟悉、应用最广泛的一种计数方法。它的基数是 10，其进位规律为“逢十进一”或“借一当十”。例如

$$137.5=1\times10^2+3\times10^1+7\times10^0+5\times10^{-1}$$

式中，10^2、10^1、10^0、10^{-1} 分别为百位、十位、个位、小数点右第一位的权值，也就是相

应位所代表的实际数值。由此可见位数越高，权值越大，相邻高位权值是相邻低位权值的10倍。任意十进制数可表示为

$$D=\sum k_i \times 10^i \tag{1.1}$$

式中，k_i为第i位的系数，它可以是0～9这10个数字符号中的任意一个。若整数部分的位数是n，小数部分的位数是m，则i包含从n–1到0的所有正整数和从–1到–m的所有负整数。

十进制虽然是人们最习惯的计数方法，但却很难用电路来实现。因为要使一个电路或一个电子器件具有能够严格区分的10个状态来与十进制数中10个不同的数字符号一一对应是比较困难的，因此在计数电路中一般不直接使用十进制。

若以N取代式（1.1）中的10，即可得到任意进制（N进制）数按照十进制数展开式的普遍形式

$$D=\sum k_i \times N^i \tag{1.2}$$

式中，i的取值与式（1.1）中的规定相同；N为计数的基数；k_i为第i位的系数；N^i为第i位的权值。

2．二进制（Binary）

目前在数字电路中使用最广泛的是二进制。它只由两个数字符号0和1组成，它同十进制数一样，自左到右由高位到低位排列。计数规律为“逢二进一”或“借一当二”。

同十进制数一样，每个数字处于不同位代表不同的数值。例如，二进制数101.01所代表的十进制数是

$$(101.01)_2=1\times 2^2+0\times 2^1+1\times 2^0+0\times 2^{-1}+1\times 2^{-2}=(5.25)_{10}$$

式中，2^2、2^1、2^0、2^{-1}、2^{-2}分别为相应位的权值，相邻高位权值是相邻低位权值的2倍。上式中分别使用下标2和10表示括号里的数是二进制数和十进制数。有时也用B和D代替2和10这两个下标。

1）二进制相对十进制的优点

（1）二进制数只有两个数字符号0和1，因此很容易用电路元件的状态来表示。例如，三极管的截止与饱和、电平的高与低等，都可以将其中一个状态规定为0，另一个状态规定为1，以表示二进制数。这种表示简单方便，所用元件数目少，存储和传送也十分可靠。

（2）二进制的基本运算规则同十进制运算规则相似，但要简单得多。例如，两个一位十进制数相乘，其规律要用“九九乘法表”才能表示，而两个一位二进制数相乘只有四种组合。

乘法规律：0×0=0，0×1=1×0=0，1×1=1。

运算规则的简单，必然使运算电路和控制电路简化，进而设备也可以很简单。由于这些优点，目前在数字系统和计算机中几乎全部采用二进制数。

2）二进制相对十进制的缺点

（1）日常生活中二进制使用较少。因此，用数字系统运算时，通常先将人们熟悉的十进制原始数据转换成二进制数，运算结束后再转换成人们常用的十进制数。

（2）表示同样一个数，二进制数要比十进制数位数多。例如，两位的十进制数87变为二进制数为1010111，需要7位。为了表示的方便，常常采用八进制和十六进制作为二进制的缩写。

3. 八进制(Octal)和十六进制(Hexadecimal)

由于二进制数比十进制数位数多，不便于书写和记忆，因此经常用十六进制数和八进制数来表示二进制数。

八进制数有0、1、2、3、4、5、6、7共8个数字符号，计数规律为“逢八进一”或“借一当八”。每一个数字处在不同位代表不同的数值。

【例1-1】 将八进制数124转换成十进制数。

$$(124)_8=1\times 8^2+2\times 8^1+4\times 8^0=(84)_{10}$$

式中，8^2、8^1、8^0分别表示相应位的权值。

八进制数可表示为

$$D=\sum k_i\times 8^i$$

式中，k_i为基数8的i次幂的系数，它可以是0～7这8个数字中的任意一个。

同理，十六进制数有 0～9、A（10）、B（11）、C（12）、D（13）、E（14）、F（15）共16个数字符号，计数规律为“逢十六进一”或“借一当十六”。

【例1-2】 将十六进制数2AD转换成十进制数。

$$(2AD)_{16}=2\times 16^2+10\times 16^1+13\times 16^0=(685)_{10}$$

十六进制数可表示为

$$D=\sum k_i\times 16^i$$

式中，k_i为基数16的i次幂的系数，它可以是0～F这16个数字中的任意一个。

目前微型计算机中普遍采用8位、16位、32位和64位二进制数并行运算，而8位、16位、32位和64位二进制数可以用2位、4位、8位和16位十六进制数表示，因而用十六进制符号编写程序很方便。

表1-1是十进制数0～15与等值二进制数、八进制数和十六进制数的对照表。

表1-1 不同进制数的对照表

十 进 制 数	二 进 制 数	八 进 制 数	十六进制数
0	0000	00	0
1	0001	01	1
2	0010	02	2
3	0011	03	3
4	0100	04	4
5	0101	05	5
6	0110	06	6
7	0111	07	7
8	1000	10	8
9	1001	11	9
10	1010	12	A
11	1011	13	B
12	1100	14	C
13	1101	15	D
14	1110	16	E
15	1111	17	F

1.2.2 不同数制间的转换

1. 二进制数与十进制数之间的相互转换

1）二进制数转换成十进制数

把二进制数按权值展开，将各项的数值按十进制相加，就可得到等值十进制数。

【例 1-3】 $(101.01)_2=1\times2^2+0\times2^1+1\times2^0+0\times2^{-1}+1\times2^{-2}=(5.25)_{10}$

2）十进制数转换成二进制数

首先，讨论整数的转换。任何十进制数的整数部分可用辗转除以 2 取余法转换成二进制数，其原理如下。若某一个十进制数 N 可转换为 3 位二进制数，即

$$(N)_{10}=(K_2K_1K_0)_2$$

把二进制数按权值展开，其多项式表示为

$$(K_2K_1K_0)_2=(K_2\times2^2+K_1\times2^1+K_0\times2^0)_{10}=\left[2\times(K_2\times2+K_1)+K_0\right]_{10}$$

$$(N)_{10}\div2=K_2\times2+K_1\cdots\cdots\text{余数为 }K_0$$

商再除以 2 得 $(K_2\times2+K_1)\div2=K_2\cdots\cdots$余数为 K_1

不断用前次的商除以 2，直到最后的商为 0，即

$$K_2\div2=0\cdots\cdots\text{余数为 }K_2$$

可见，每次除以 2 所得的余数就是十进制数 N 对应的二进制数 $(K_2K_1K_0)_2$。

【例 1-4】 将十进制数 13 转换为二进制数。

解：将十进制数 13 辗转除以 2 取其余数。

	余数		
2 |13			
2 |6	1	(K_0)	↑ 读
2 |3	0	(K_1)	数
2 |1	1	(K_2)	顺
1	1	(K_3)	序

故 $(13)_{10}=(1101)_2$。

其次，讨论小数部分的转换。小数部分可用“乘 2 取整”的方法，求得相应的二进制数。若 N 是一个十进制小数，对应的二进制小数多项式表示为

$$(N)_{10}=K_{-1}\times2^{-1}+K_{-2}\times2^{-2}+\cdots+K_{-m}\times2^{-m}$$

将上式两边同时乘以 2，得

$$2\times(N)_{10}=K_{-1}+K_{-2}\times2^{-1}+\cdots+K_{-m}\times2^{-(m-1)}=K_{-1}+N_1$$

可知上式的整数部分为 K_{-1}，将其小数部分 N_1 再乘以 2，得

$$2\times N_1=K_{-2}+K_{-3}\times2^{-1}+\cdots+K_{-m}\times2^{-(m-2)}=K_{-2}+N_2$$

上式右边的整数部分为 K_{-2}。

重复上述乘法计算，即可依次求得 K_{-1} 到 K_{-m}。

【例 1-5】　将 $(0.625)_{10}$ 转换为二进制数。

解：

$$0.625\times 2=1.250\cdots\cdots\text{整数部分}=1=K_{-1}$$
$$0.250\times 2=0.500\cdots\cdots\text{整数部分}=0=K_{-2}$$
$$0.500\times 2=1.000\cdots\cdots\text{整数部分}=1=K_{-3}$$

故 $(0.625)_{10}=(0.101)_2$。

2．八进制数、十六进制数与二进制数之间的相互转换

八进制数和十六进制数易于转换为二进制数，八进制数中任何一个数码均可用 3 位二进制数来表示，十六进制数中任何一个数码均可用 4 位二进制数来表示。如

$$(12.6)_8=(001\ 010.110)_2$$
$$(\text{A2.D})_{16}=(1010\ 0010.1101)_2$$

同样，二进制数也易于改写成八进制数或十六进制数，只要将二进制数的整数部分从低位向高位每 3 位或 4 位分成一组，最高一组不足 3 位或 4 位时在高位用 0 补足；小数部分从高位向低位每 3 位或 4 位分成一组，最后一组不足 3 位或 4 位时在低位补 0，然后把 3 位或 4 位二进制数用相应的八进制数或十六进制数表示。

【例 1-6】　将二进制数 $(10101.11)_2$ 改写成八进制数和十六进制数。

解： 改写成八进制数为

$$\begin{array}{ccc} (010 & 101. & 110)_2 \\ \downarrow & \downarrow & \downarrow \\ (2 & 5. & 6)_8 \end{array}$$

改写成十六进制数为

$$(10101.11)_2=\begin{array}{ccc} (0001 & 0101. & 1100)_2 \\ \downarrow & \downarrow & \downarrow \\ (1 & 5. & C)_{16} \end{array}$$

3．八进制数、十六进制数与十进制数之间的相互转换

在将八进制数或十六进制数转换成十进制数时，可将各位按权值展开后相加求得。在将十进制数转换成八进制数或十六进制数时，可先转换为二进制数，然后再将得到的二进制数转换成为八进制数或十六进制数。

1.2.3　几种常用的码制

将一定位数的数码按一定的规则排列起来表示特定对象，称为代码或编码，将形成这种代码所遵循的规则称为码制。在数字系统中，常用一定位数的二进制数码来表示数字、

符号和汉字等。下面介绍几种常用的码制。

1．二－十进制代码（Binary-Coded Decimal 码，BCD 码）

BCD 码是用 4 位二进制数表示 1 位十进制数的编码方法，4 位二进制代码共有 16 个（0000～1111），选取其中 10 个代码与十进制数 0～9 相对应。因此，用 4 位二进制数表示 1 位十进制数时，可以有很多种编码方式。编码方式一般分为有权码和无权码两种，有权码是指二进制数中的每一位都对应固定的权值，把每一位代表的权值加起来，所得的结果就是所表示的十进制数。无权码是指二进制数中的每一位无固定的权值，它必须遵循另外的规则。

如表 1-2 所示为几种常用的 BCD 码，它们的编码规则各不相同。

表 1-2　几种常用的 BCD 码

十进制数	8421 码	2421 码	5421 码	余 3 码
0	0000	0000	0000	0011
1	0001	0001	0001	0100
2	0010	0010	0010	0101
3	0011	0011	0011	0110
4	0100	0100	0100	0111
5	0101	1011	1000	1000
6	0110	1100	1001	1001
7	0111	1101	1010	1010
8	1000	1110	1011	1011
9	1001	1111	1100	1100
权	8421	2421	5421	

8421 码是最基本、最常用的 BCD 码，属于有权码。8421 码选用 0000～1001 这 10 种组合来代表十进制数的 0～9，各位二进制数的权分别为 2^3、2^2、2^1、2^0（即 8、4、2、1），故称为 8421 码。由于它保存了二进制位权的特点，所以将二进制数各自乘以其权值后相加，即得到所代表的十进制数。因而它与十进制数之间的转换是一种直接按位转换，即一组 4 位二进制数代表 1 位十进制数。

2421 码也是一种有权码，从高位到低位，每位的权分别为 2、4、2、1。

5421 码也是一种有权码，从高位到低位，每位的权分别为 5、4、2、1。

余 3 码是一种无权码，十进制数用余 3 码表示要比 8421 码在二进制数值上多 3，故称为余 3 码。如果将两个余 3 码相加，所得的和将比十进制数和所对应的二进制数多 6。因而，在用余 3 码做十进制加法运算时，若两数之和为 10，恰好等于二进制数的 16，于是便从高位自动产生进位信号。

2．格雷码

格雷码也称为循环码，是一种无权码，其特点是任意两组相邻代码之间只有一位不同。典型的格雷码如表 1-3 所示。表中 4 位自然二进制代码的相邻两组代码之间可能有 2 位、3 位，甚至 4 位不同。例如，0111 和 1000 代码中的 4 位都不同，也就是当代码由 0111 变到

1000 时，4 位代码都将发生变化。在实际数字系统中，这 4 位代码不可能同时发生变化，总会有先后之分，从而可能导致系统产生错误响应。而这两组代码对应的格雷码是 0100 和 1100，两者仅有 1 位发生变化。因此，采用格雷码会明显减小数字系统出错的概率。

表 1-3　自然二进制码与格雷码的对比

编码顺序	自然二进制码	格雷码
0	0000	0000
1	0001	0001
2	0010	0011
3	0011	0010
4	0100	0110
5	0101	0111
6	0110	0101
7	0111	0100
8	1000	1100
9	1001	1101
10	1010	1111
11	1011	1110
12	1100	1010
13	1101	1011
14	1110	1001
15	1111	1000

1.3　逻辑代数

逻辑代数是 19 世纪中期英国数学家乔治·布尔（George Boole）创立的一门研究客观事物逻辑关系的代数学，也称为布尔代数。随着数字技术的发展，布尔代数成为研究数字逻辑电路必不可少的工具，下面讨论的逻辑代数就是布尔代数在二值逻辑电路中的应用。

二值逻辑电路是指变量具有二值性，即只有两种可能的取值 1 和 0。这里 1 和 0 往往不表示数值的大小，而表示完全对立的两个方面。1 表示条件具备或事情发生；0 表示条件不具备或事情不发生，反之亦可。

1.3.1　逻辑代数中 3 种基本运算

逻辑代数中只有 3 种基本运算：与运算（AND）、或运算（OR）、非运算（NOT）。

1. 与运算

在如图 1-3 所示的电路中，当两个开关均闭合时，指示灯才会亮。如果把开关闭合作为条件（导致事物结果的原因），把灯亮作为结果，那么图 1-3 表明当决定某一事件的所有条件都具备时，此事件才会而且一定发生，称这种关系为与逻辑关系，或称为逻辑相乘。

若以 A、B 表示开关的状态，并以 1 表示开关闭合，0 表示开关断开；以 Y 表示指示灯的状态，并以 1 表示灯亮，则 Y 与 A、B 的逻辑关系可以用表 1-4 表示。将输入、输出变量所有相互对应的逻辑值（状态）列在一个表格内，这种表称为真值表。在真值表中，输入变量按照二进制数序列顺序由上而下排列，输出变量是实际逻辑事件含义（因果关系）的逻辑值。真值表能够清楚地表示事物之间的因果关系。

实现与逻辑的电路称为与门，用如图 1-4 所示的逻辑符号表示。图 1-4（a）给出了被 IEEE（电气与电子工程师协会）和 IEC（国际电工协会）认定的与门图形符号，此符号是目前国外教材和 EDA 软件中普遍采用的国际符号，本书采用这种符号。图 1-4（b）为国标符号。

表 1-4　与运算真值表

A	B	Y
0	0	0
0	1	0
1	0	0
1	1	1

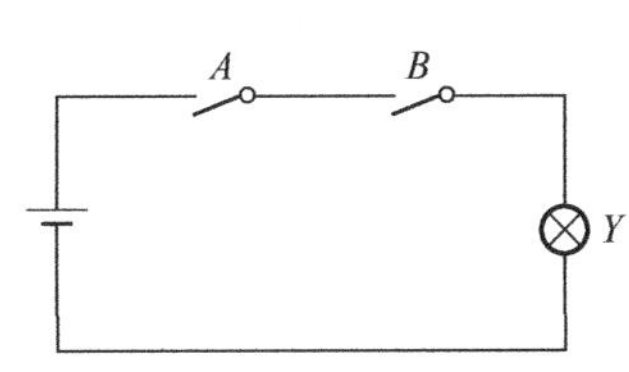

图 1-3　与逻辑实例

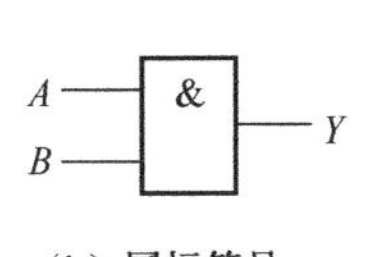

（a）国际符号

（b）国标符号

图 1-4　与门逻辑符号

在函数式中，用“·”表示与运算，A 和 B 进行与逻辑运算时可以写成 $Y = A \cdot B$，“·”常常可以省略，写成 $Y = AB$，读做 Y 等于 A 与 B，或 A 逻辑乘 B。本书范围内如果没有特殊说明，单说“乘”主要指的是逻辑乘。所以，AB 是与项/逻辑乘积项，可以简称为乘积项，也可以简称为 AB 之积。

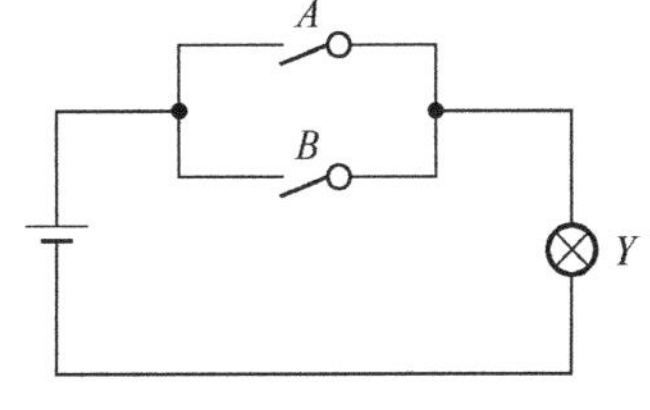

图 1-5　或逻辑实例

2．或运算

在如图 1-5 所示的电路中，只要有任何一个开关闭合，指示灯就会亮。如果把开关闭合作为条件，把灯亮作为结果，那么图 1-5 表明只要决定某一事件的所有条件中有一个满足，此事件就会发生，称这种关系为或逻辑关系，或称为逻辑相加。

若以 A、B 表示开关的状态，并以 1 表示开关闭合，0 表示开关断开；以 Y 表示指示灯的状态，并以 1 表示灯亮，则 Y 与 A、B 的逻辑关系可以用表 1-5 表示。

实现或逻辑的电路称为或门，用如图 1-6 所示的逻辑符号表示。与图 1-4 相同，或门符号也有国际符号和国标符号之分。

表 1-5　或运算真值表

A	B	Y
0	0	0
0	1	1
1	0	1
1	1	1

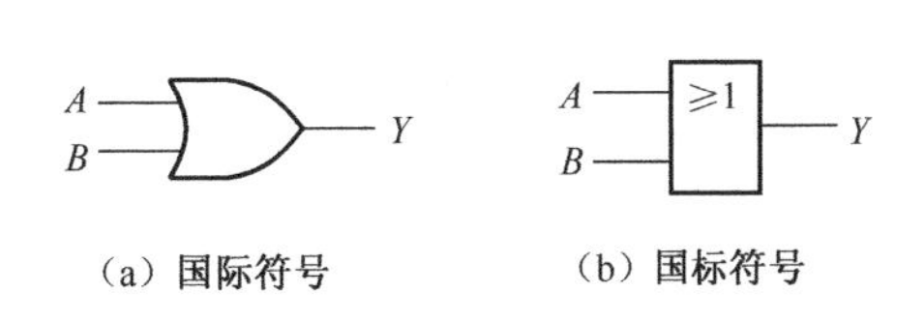

（a）国际符号　　（b）国标符号

图 1-6　或门逻辑符号

在函数式中，用“+”表示或运算，A 和 B 进行或逻辑运算时可以写成 $Y=A+B$，读做 Y 等于 A 或 B，或 A 逻辑加 B。本书范围内如果没有特殊说明，单说“加”主要指的是逻辑加。所以，$A+B$ 是或项/逻辑加项，可以简称为加项/和项，也可以简称为 AB 之和。

3. 非运算

如图 1-7 所示的电路中，开关断开时指示灯亮，开关闭合时指示灯不亮。如果把开关闭合作为条件，把灯亮作为结果，那么图 1-7 表明当决定某一事件的条件都具备时，此事件一定不会发生，称这种关系为非逻辑关系，或称为逻辑求反。

若以 A 表示开关的状态，并以 1 表示开关闭合，0 表示开关断开；以 Y 表示指示灯的状态，并以 1 表示灯亮，则 Y 与 A 的逻辑关系可以用表 1-6 表示。

实现非逻辑的电路称为非门，也称反相器，用如图 1-8 所示的逻辑符号表示。与图 1-4 相同，非门符号也有国际符号和国标符号之分。

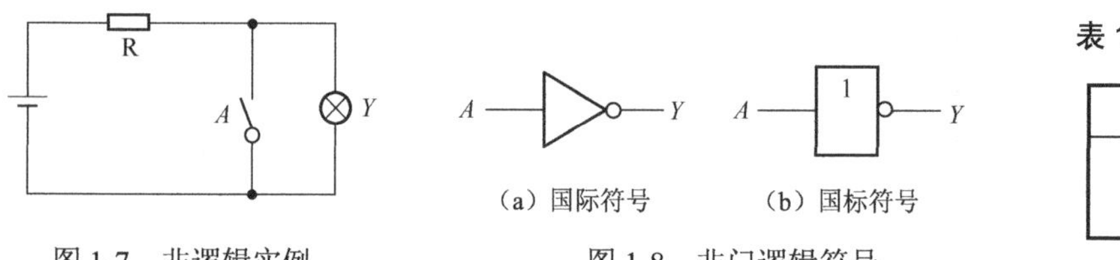

图 1-7　非逻辑实例

图 1-8　非门逻辑符号

表 1-6　非运算真值表

A	Y
0	1
1	0

在函数式中，变量右上角的“′”表示非运算，读做“非号”。Y 与 A 的关系可表示为 $Y=A'$（也可表示为 $Y=\overline{A}$），读做 Y 等于 A 非，或 A 反。如果单个变量上有一个非号，则可以称之为反变量或非变量，如 A' 可以读做 A 的反变量或非变量，A 则可读做原变量。

1.3.2　复合逻辑运算

人们在研究实际问题时发现，事物各个因素之间的逻辑关系往往要比单一的与、或、非运算复杂得多，不过它们都可以用与、或、非的组合来实现。最常见的复合逻辑运算有与非、或非、与或非、异或、同或等。

1. 与非运算

由表 1-7 可见，先将 A、B 进行与运算，然后将结果求反，最后得到的即为 A、B 的与非运算结果。因此，可以把与非运算看做是与运算和非运算的组合。逻辑符号上的小圆圈表示非运算。

表 1-7　与非逻辑

逻辑表达式	真值表			逻辑符号	
	A	B	Y	国际符号	国标符号
$Y=(AB)'$	0	0	1	A, B → Y	A, B → & → Y
	0	1	1		
	1	0	1		
	1	1	0		

2. 或非运算

由表 1-8 可见，先将 A、B 进行或运算，然后将结果求反，最后得到的即为 A、B 的或非运算结果。因此，可以把或非运算看做是或运算和非运算的组合。逻辑符号上的小圆圈表示非运算。

表 1-8　或非逻辑

逻辑表达式	真值表			逻辑符号	
	A	B	Y	国际符号	国标符号
$Y=(A+B)'$	0	0	1		
	0	1	0		
	1	0	0		
	1	1	0		

3. 与或非运算

在与或非逻辑中，A、B 之间及 C、D 之间都是与的关系，只要 A、B 或 C、D 任何一组同时为 1，则输出 Y 就是 0；只有当每一组的输入都不全是 1 时，输出 Y 才是 1，如表 1-9 所示。

表 1-9　与或非逻辑

逻辑表达式	真值表					逻辑符号	
	A	B	C	D	Y	国际符号	国标符号
$Y=(AB+CD)'$	0	0	0	0	1		
	0	0	0	1	1		
	0	0	1	0	1		
	0	0	1	1	0		
	0	1	0	0	1		
	0	1	0	1	1		
	0	1	1	0	1		
	0	1	1	1	0		
	1	0	0	0	1		
	1	0	0	1	1		
	1	0	1	0	1		
	1	0	1	1	0		
	1	1	0	0	0		
	1	1	0	1	0		
	1	1	1	0	0		
	1	1	1	1	0		

4．异或运算

异或是这样一种逻辑关系：当 A、B 取值不同时，输出 Y 为 1；当 A、B 取值相同时，输出 Y 为 0，如表 1-10 所示。

表 1-10　异或逻辑

逻辑表达式	真 值 表			逻 辑 符 号	
	A	B	Y	国 际 符 号	国 标 符 号
$Y=A\oplus B$ $=A'B+AB'$	0	0	0	A, B → Y	A, B → =1 → Y
	0	1	1		
	1	0	1		
	1	1	0		

5．同或运算

同或与异或相反，当 A、B 取值相同时，输出 Y 为 1；当 A、B 取值不同时，输出 Y 为 0，如表 1-11 所示。

表 1-11　同或逻辑

逻辑表达式	真 值 表			逻 辑 符 号	
	A	B	Y	国 际 符 号	国 标 符 号
$Y=A\odot B$ $=AB+A'B'$	0	0	1	A, B → Y	A, B → = → Y
	0	1	0		
	1	0	0		
	1	1	1		

可见，异或和同或互为反运算，即

$$A\oplus B=(A\odot B)' \qquad A\odot B=(A\oplus B)'$$

1.3.3　逻辑代数的基本公式

为了方便理解和记忆，逻辑代数的基本公式可简单分为 3 类。

1．变量和常量的关系式

逻辑变量的取值只有 0 和 1，根据与、或、非 3 种基本运算的定义，可推得以下关系式。

0-1 律：　$A\cdot 0=0$，$A+1=1$；$A\cdot 1=A$，$A+0=A$

重叠律：　$A\cdot A=A$，$A+A=A$

互补律：　$A\cdot A'=0$，$A+A'=1$

2．与普通代数相似的基本公式

交换律：　$A\cdot B=B\cdot A$，$A+B=B+A$

结合律：　$(A\cdot B)\cdot C=A\cdot(B\cdot C)$，$(A+B)+C=A+(B+C)$

分配律：　$A\cdot(B+C)=AB+AC$，$A+BC=(A+B)(A+C)$

以上基本公式可以用真值表证明，也可以用公式证明。

【例 1-7】 证明分配律 $A+BC=(A+B)(A+C)$。

证：

$$\begin{aligned}(A+B)(A+C)&=A\cdot A+A\cdot B+A\cdot C+B\cdot C\\&=A+AB+AC+BC\\&=A(1+B+C)+BC\\&=A+BC\end{aligned}$$

因此有 $A+BC=(A+B)(A+C)$。

3. 其他基本公式

德•摩根(De Morgan)定理：　$(A\cdot B)'=A'+B'$，$(A+B)'=A'\cdot B'$

还原律：　$(A')'=A$

德•摩根定理提供了一种变换逻辑表达式的方法，即可以将与运算变成或运算，将或运算变成与运算，在逻辑函数的化简和变换中常常用到这一对公式。它的正确性可以通过真值表 1-12 来证明。

表 1-12　德•摩根定理证明

$A\ B$	$(AB)'$	$A'+B'$	$(A+B)'$	$A'B'$
0 0	1	1	1	1
0 1	1	1	0	0
1 0	1	1	0	0
1 1	0	0	0	0

表 1-13 是逻辑代数基本公式汇总。

表 1-13　基本公式汇总

序　号	公　式	序　号	公　式
1	$A\cdot 0=0$	10	$A+1=1$
2	$A\cdot 1=A$	11	$A+0=A$
3	$A\cdot A=A$	12	$A+A=A$
4	$A\cdot A'=0$	13	$A+A'=1$
5	$A\cdot B=B\cdot A$	14	$A+B=B+A$
6	$(A\cdot B)\cdot C=A\cdot(B\cdot C)$	15	$(A+B)+C=A+(B+C)$
7	$A\cdot(B+C)=AB+AC$	16	$A+BC=(A+B)(A+C)$
8	$(A\cdot B)'=A'+B'$	17	$(A+B)'=A'\cdot B'$
9	$(A')'=A$		

1.3.4 逻辑代数的常用公式

下面介绍若干常用公式，这些公式是利用基本公式推导出来的，直接运用这些导出公式可以给化简逻辑函数带来很大方便。

1. 合并律

合并律：$AB+AB'=A$

证：$AB+AB'=A(B+B')=A$

合并律说明，两个相邻项可以合并成一项，消去互补变量。

2. 吸收律

吸收律 1：$A+AB=A$

证：$A+AB=A(1+B)=A\cdot 1=A$

该公式说明，在一个与或表达式中，如果某一乘积项的部分因子恰好等于另一个乘积项的全部，则该乘积项是多余的。

吸收律 2：$A+A'B=A+B$

证：$A+A'B=(A+A')(A+B)=1\cdot(A+B)=A+B$

该公式说明，在一个与或表达式中，如果某一乘积项取反后是另一个乘积项的因子，则此因子是多余的。

吸收律 3：$AB+A'C+BC=AB+A'C$

证：$AB+A'C+BC=AB+A'C+(A+A')BC$

$$=AB+A'C+ABC+A'BC$$

$$=AB+A'C$$

推论：$AB+A'C+BCD=AB+A'C$

该公式及推论又称为冗余项定理，在一个与或表达式中，如果两个乘积项中的部分因子互补，而这两个乘积项中的其余因子都是第三个乘积项中的因子，则这第三项是多余的。

3. 其他常用公式

可以利用基本公式推导出更多的常用公式，如

$A(AB)'=AB'$、$A'(AB)'=A'$、$(AB+A'C)'=AB'+A'C'$。

表 1-14 是逻辑代数常用公式汇总。

表 1-14 常用公式汇总

序 号	公 式
1	$AB+AB'=A$
2	$A+AB=A$
3	$A+A'B=A+B$
4	$AB+A'C+BC=AB+A'C$
5	$AB+A'C+BCD=AB+A'C$
6	$(AB+A'C)'=AB'+A'C'$

1.3.5 逻辑代数的基本定理

1. 代入定理

任何一个逻辑等式，如果将所有出现的某一个逻辑变量都用一个逻辑函数取代，则新表达式的相等关系依然成立，这个规律称为代入定理。

因为一个逻辑变量仅有0和1两种可能的状态，所以无论取0还是取1代入等式，等式一定成立。而任何一个逻辑函数的取值也仅有0和1两种，所以用它来取代变量，等式仍然成立。因此，代入定理是无须证明的公理。运用代入定理可以扩大基本公式的运用范围。

例如，已知$(A+B)'=A'B'$，若用$B+C$代替等式中的B，则可以得到适用于多变量的德·摩根定理，即

$$(A+B+C)'=A'(B+C)'=A'B'C'$$

2. 反演定理

对于任意一个逻辑式Y，若将其中所有的“·”换成“+”，将“+”换成“·”，将0换成1，将1换成0，将原变量换成反变量，将反变量换成原变量，则得到的结果就是Y'，这个规律称为反演定理。

反演定理可以看做是德·摩根定理的推广，利用反演定理可以一次写出函数的反函数或去掉多个变量上的非号，使用起来非常方便，但要特别注意以下两个方面。

（1）遵守“先括号，然后乘，最后加”的优先次序，变换时可加括号来保证此优先次序。

（2）不是单个变量上的非号应保留不变，或采用代入定理处理。

【例1-8】 若$Y=A(B+C)+(CD)'$，则其反函数为

$$\begin{aligned}Y'&=(A'+B'C')(C'+D')'\\&=(A'+B'C')CD\\&=A'CD\end{aligned}$$

采用代入定理，设$CD=E$，则$Y'=(A'+B'C')E=(A'+B'C')CD=A'CD$。

3. 对偶定理

对于任意一个逻辑式Y，若将其中所有的“·”换成“+”，将“+”换成“·”，将0换成1，将1换成0，而变量保持不变，则得到的结果就是Y的逻辑对偶式，记为Y^D。

例如，若$Y=A'B+A(C+0)$，则$Y^D=(A'+B)(A+C\cdot 1)$；若$Y=C$，则$Y^D=C$。

任何逻辑函数式都存在对偶式。若原等式成立，则对偶式也一定成立，即$Y=Z$，则$Y^D=Z^D$。因而，证明两个逻辑式相等，可以通过证明它们的对偶式相等来完成，有些情况下证明对偶式相等更加容易。

【例1-9】 求证$A+BC=(A+B)(A+C)$。

证： 写出两边的对偶式，得到$A(B+C)$和$AB+AC$。

显然对偶式相等，从而证明了$A+BC=(A+B)(A+C)$。

观察前面逻辑代数的基本公式可以发现，它们都是成对出现的，而且都是互为对偶的对偶式。根据对偶关系，需要记忆和证明的公式就可以减少一半。

1.4 逻辑函数及其表示方法

1.4.1 逻辑函数的定义

当输入逻辑变量的取值确定后，输出逻辑变量的取值也随之确定，把输入和输出逻辑变量间的这种对应关系称为逻辑函数（Logic Function），写为

$$Y = F(A,B,C,\cdots)$$

由于变量和输出的取值只有 0 和 1 两种状态，所以讨论的都是二值逻辑函数。在实际的数字系统中，任何逻辑问题都可以用逻辑函数来描述。

1.4.2 逻辑函数的表示方法

在分析和处理实际的逻辑问题时，根据逻辑函数的不同特点，可以采用不同方法表示逻辑函数。无论采用何种表示方法，都应将其逻辑功能完全准确地表达出来。逻辑函数常用的表示方法有真值表、逻辑函数式、逻辑图、波形图和卡诺图等，这里介绍前 4 种表示方法。这些方法以不同形式表示了同一个逻辑函数，因此各种表示方法之间可以互相转换。

1. 真值表

真值表是用表格的形式描述逻辑函数的一种方法。由于一个逻辑变量只有 0 和 1 两种可能的取值，则 n 个逻辑变量一共就有 2^n 种可能的取值组合。在表格左侧一栏列出逻辑变量及其所有或者主要的取值组合，然后将每组变量取值的函数值对应地填入表格右侧一栏内，得到的表格称为真值表。也就是说，真值表是一种由逻辑变量的所有取值与其对应逻辑函数值所构成的表格，举例说明如下。

【例 1-10】 三人投票电路，要求投票结果和多数人意见相同。当两个人或三个人都同意时，结果有效。三个人分别用 A、B、C 表示，结果用 Y 表示。

解：设以 1 表示投票人同意，0 表示投票人否决；以 1 表示结果有效，以 0 表示结果无效。

此电路有 A、B、C 三个变量，共 8 种变量取值组合，分别求出其函数值，得到真值表如表 1-15 所示。

表 1-15 三人投票电路的真值表

输入			输出
A	B	C	Y
0	0	0	0
0	0	1	0
0	1	0	0
0	1	1	1
1	0	0	0
1	0	1	1
1	1	0	1
1	1	1	1

为避免遗漏，真值表中取值组合一般按照其对应的二进制数从小到大的顺序书写。真值表在逻辑函数表示方法中较为常用，它的优点是描述逻辑问题方便，逻辑关系清晰直观，容易由实际的逻辑问题抽象得到。缺点是当变量比较多时，取值组合数目增加，表会迅速变大。

2. 逻辑函数式

用逻辑变量和与、或、非等逻辑运算符构成的表示逻辑函数和变量之间的关系式称为逻辑表达式。在三人投票电路的例子中，分析逻辑关系，至少两个人同意，结合与逻辑实例（见图 1-3），可表示为AB, AC, BC, ABC。因为任何一种情况结果都有效，可用或关系表示，可以写做$AB+AC+BC+ABC$。因为$AB+ABC=AB(1+C)=AB$，所以可以得到逻辑函数式

$$Y=AB+AC+BC$$

逻辑函数式便于运算、化简，但不容易从逻辑问题中直接得到。

3. 逻辑图

将逻辑函数式中各个变量之间的与、或、非等逻辑关系用相应逻辑门的电路符号表示出来，就可以画出表示该逻辑函数的逻辑图。例 1-10 的逻辑图如图 1-9 所示。

4. 波形图

如果将逻辑函数输入变量的每一种可能出现的取值与对应的输出值按时间顺序依次排列，就可得到表示该逻辑函数的波形图，这种波形图也称为时序图。波形图便于利用计算机分析和处理。

如果用波形图来描述三人投票电路，只需将表 1-15 给出的输入变量与对应的输出变量取值按照时间顺序排列起来，就可得到所要的波形图，如图 1-10 所示。

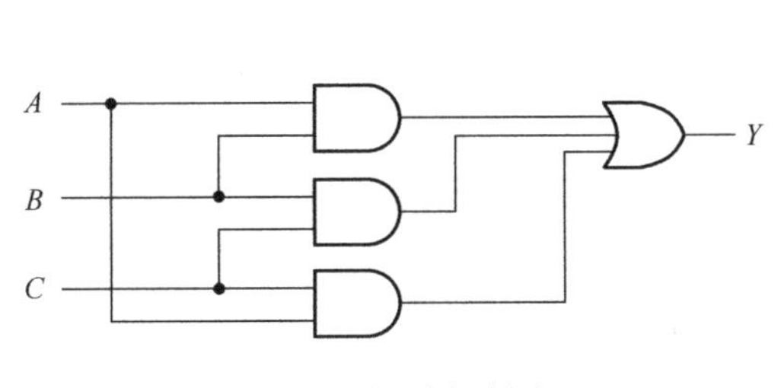

图 1-9　三人投票电路图

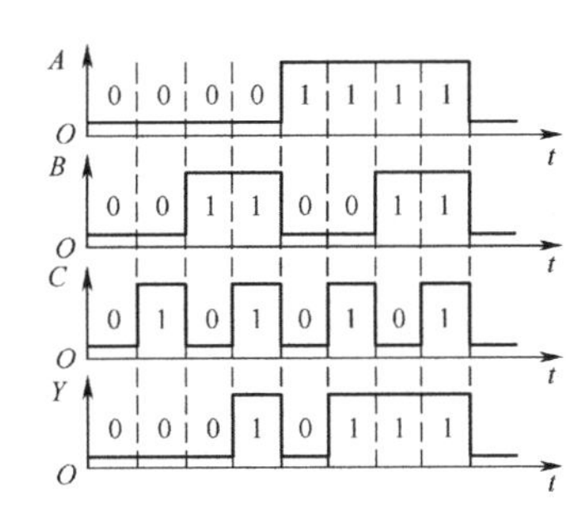

图 1-10　三人投票电路的波形图

1.4.3　各种表示方法间的相互转换

上面以不同表示方法描述了同一个逻辑函数，因此几种表示方法之间必然能够互相转换。

1. 真值表与逻辑函数式之间的相互转换

真值表转换为逻辑函数式方法：逻辑函数式为变量取值对应的乘积项与函数值相乘之和。变量取值对应的乘积项包含所有变量；变量值为 1 的，写成真值表表头所示变量；变量值为 0 的，写成真值表表头所示变量的反变量。

【例 1-11】　由表 1-15 写出三人投票的逻辑函数式。

解：$Y = A'B'C' \cdot 0 + A'B'C \cdot 0 + A'BC' \cdot 0 + A'BC \cdot 1 + AB'C' \cdot 0 + AB'C \cdot 1 + ABC' \cdot 1 + ABC \cdot 1$

根据逻辑代数基本公式，运算结果为$Y = A'BC + AB'C + ABC' + ABC$。

通过观察最后的表达式与真值表的对应关系，不难发现：表达式中包含的乘积项是函数值为1的取值组合对应的各乘积项。因此当函数值是常量时，真值表到表达式转换可以简化为：把函数值为1的每一行变量组合对应的乘积项相加。（反函数表达式如何求呢？）

反之，由逻辑函数式也可以转换成真值表。方法是画出真值表表格，将变量及变量的所有取值组合按照二进制数递增的次序列入表格左边，然后按照表达式，依次对变量的各种取值组合进行运算，求出相应的函数值，填入表格右边对应的位置，即得到真值表。

【例1-12】 列出函数$Y = AB + BC' + A'C$的真值表。

解：将A、B、C三个变量的各种取值逐一代入函数式中计算，将结果列表，即可得到该函数的真值表，如表1-16所示。

表1-16 由函数式转化的真值表

A	B	C	Y
0	0	0	0
0	0	1	1
0	1	0	1
0	1	1	1
1	0	0	0
1	0	1	0
1	1	0	1
1	1	1	1

2. 逻辑函数式和逻辑图之间的相互转化

只要将函数式中的逻辑运算符号与逻辑图中的图形符号按照优先顺序转换，就可实现逻辑函数式和逻辑图之间的转化。

【例1-13】 画出逻辑函数式$Y = A'B'C' + AB + AC + BC$的逻辑图。

解：将式中所有的与、或、非符号用图形符号替代，并依据运算优先顺序将这些图形符号连接起来，就得到了如图1-11所示的电路图。

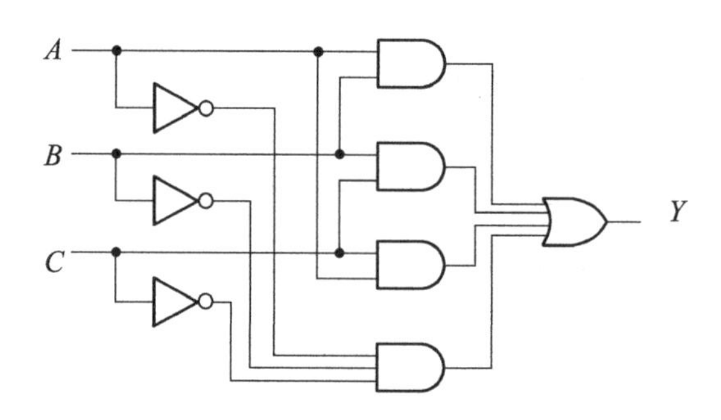

图1-11 由逻辑函数式转化的逻辑图

真值表与逻辑图的相互转化可以通过逻辑函数式进行。

1.5 逻辑函数的化简

1.5.1 逻辑函数的最简形式

1. 逻辑函数化简的意义

从前面的分析可以看出，逻辑函数式和逻辑图是一一对应的。逻辑化简对降低成本有直接影响，逻辑函数式越简单，所用到的元件数目越少，制造成本就越低，而且整个电路的功耗也相应减小。电路简单，电路的工作速度和可靠性也会提高，故障检测更加容易。因而，逻辑化简具有重要意义。

2. 逻辑函数的最简形式

1）逻辑函数形式及转换

同一个逻辑函数，可以有多种不同的逻辑表达方式，如与或式、或与式、与非与非式及与或非表达式等。

$$\begin{aligned} Y &= AB + AC && \text{与或式} \\ &= ((AB+AC)')' = ((AB)'(AC)')' && \text{与非与非式} \\ &= A(B+C) && \text{或与式} \\ &= ((A(B+C))')' = (A' + (B+C)')' && \text{或非或非式} \\ &= (A' + B'C')' && \text{与或非式} \end{aligned}$$

这就意味着可以采用不同的逻辑门来实现同一个函数，要根据具体条件采用某种逻辑门。

2）逻辑函数的最简与或式

通常根据实际问题列出真值表，由真值表转化成的逻辑函数式往往是与或式，而且与或式通过公式变换很容易推导出其他形式的函数式，因此下面着重讨论最简与或式。

判断最简与或式的条件如下：

（1）与或式中包含乘积项（与项）个数最少。

（2）在满足条件（1）的前提下，每个乘积项所含的因子（变量）数最少。

“乘积项个数最少”意味着用电路实现时使用与门个数最少；“因子数最少”意味着使用门的输入端最少。对于与或式最简形式的定义对其他形式的逻辑函数式也同样适用，即函数式中相加的乘积项最少且每项中相乘的变量最少时，函数式为最简形式。

化简逻辑函数的目的就是要消去多余的乘积项和每个乘积项中多余的变量，以得到逻辑函数的最简形式。常用的化简方法有公式化简法和卡诺图化简法。

1.5.2 公式化简法

利用逻辑代数的基本公式和常用公式，将给定的逻辑函数式进行适当的恒等变换，消去多余的乘积项和每个乘积项中多余的变量，使其成为最简单的函数式，这种化简没有固定的步骤。下面介绍几种常用的化简方法。若无特殊要求，逻辑函数均化简为最简与或式。

1．并项法

利用公式$AB+AB'=A$将两项合并成一项，并消去互补因子。

【例 1-14】 用并项法化简下列逻辑函数。

$$Y=AB'C'D'+ABC'D'=AC'D'$$

$$\begin{aligned}Y&=AB'C'+ABC'+AB'C+ABC\\&=AC'(B'+B)+AC(B'+B)\\&=AC'+AC=A\end{aligned}$$

2．吸收法

利用吸收律$A+AB=A$，$A+A'B=A+B$，$AB+A'C+BC=AB+A'C$及其推论吸收（消去）多余的因子或乘积项。

【例 1-15】 用吸收法化简下列逻辑函数。

$$Y=AB+A'C+B'C=AB+(A'+B')C=AB+(AB)'C=AB+C$$

$$Y=A'+ABC'D+C=A'+BC'D+C=A'+BD+C$$

$$Y=AB'+AC+ADE+C'D=AB'+AC+C'D$$

3．配项法

利用重叠律$A+A=A$、互补律$A+A'=1$和吸收律$AB+A'C+BC=AB+A'C$，先配项或添加多余项，然后再逐步化简。

【例 1-16】 用配项法化简下列逻辑函数。

$$\begin{aligned}Y&=AC+A'D+B'D+BC'\\&=AC+BC'+(A'+B')D\\&=AC+BC'+AB+(AB)'D\qquad\text{（添加冗余项 }AB\text{）}\\&=AC+BC'+AB+D\\&=AC+BC'+D\end{aligned}$$

$$\begin{aligned}Y&=A'BC'+A'BC+ABC\\&=(A'BC'+A'BC)+(A'BC+ABC)\\&=A'B+BC\end{aligned}$$

$$\begin{aligned}Y&=A'B'+B'C'+BC+AB\\&=A'B'(C+C')+B'C'+(A+A')BC+AB\\&=A'B'C+A'B'C'+B'C'+ABC+A'BC+AB\\&=A'B'C+B'C'+AB+A'BC\\&=A'C+B'C'+AB\end{aligned}$$

在化简复杂的逻辑函数时，往往需要灵活、交替地综合应用上述方法，才能得到最后的化简结果。

【例 1-17】 化简下列逻辑函数。

$$
\begin{aligned}
Y &= A + AB + AC' + BD + ACEG + B'EG + DEGH \\
&= A(1 + B + C' + CEG) + BD + B'EG + DEGH \\
&= A + BD + B'EG
\end{aligned}
$$

$$
\begin{aligned}
Y &= (A + B)(A + A'B')C + (A'(B + C'))' + A'B + ABC \\
&= (A + BA'B')C + A + (B + C')' + A'B + ABC \\
&= AC + A + A'B + ABC + B'C \\
&= A + A'B + B'C \\
&= A + B + C
\end{aligned}
$$

1.5.3 卡诺图化简法

卡诺图是逻辑函数的一种图形表示方式，是由美国工程师 M. Karnaugh 在 1952 年首先提出的，也称卡诺图为 K 图。使用卡诺图，按照步骤和规则进行化简，即能得到最简结果。

1. 逻辑函数的最小项及最小项表达式

在学习卡诺图之前，先介绍一些基本概念：最小项和函数的最小项之和形式。

1）最小项的定义

在 n 变量的逻辑函数中，若每个乘积项都以这 n 个变量为因子，而且这 n 个变量都是以原变量或反变量的形式在各乘积项中仅出现一次，则称这些乘积项为 n 变量逻辑函数的最小项。

一个 2 变量的逻辑函数 $Y(A,B)$ 有 4（即 2^2）个最小项，分别为 $A'B', A'B, AB', AB$。3 变量逻辑函数 $Y(A,B,C)$ 有 8（即 2^3）个最小项，分别为 $A'B'C'$，$A'B'C$，$A'BC'$，$A'BC$，$AB'C'$，$AB'C$，ABC'，ABC。同理，4 变量逻辑函数有 2^4 个最小项。依次类推，n 变量逻辑函数应有 2^n 个最小项。

输入变量的每一组取值都使一个对应的最小项的值为 1。例如，在 3 变量函数 $Y(A,B,C)$ 中，当 $A=1$、$B=0$、$C=1$ 时，$AB'C$ 的值为 1。若把 $AB'C$ 的取值 101 看做一个二进制数，那么它表示的十进制数就是 5。为了使用的方便，将 $AB'C$ 这个最小项记做 m_5。按照这一约定，就得到了 3 变量最小项的编号表，如表 1-17 所示。

表 1-17 3 变量最小项的编号

最 小 项	使最小项为 1 的变量取值			对应的十进制数	编 号
	A	B	C		
$A'B'C'$	0	0	0	0	m_0
$A'B'C$	0	0	1	1	m_1
$A'BC'$	0	1	0	2	m_2
$A'BC$	0	1	1	3	m_3
$AB'C'$	1	0	0	4	m_4
$AB'C$	1	0	1	5	m_5
ABC'	1	1	0	6	m_6
ABC	1	1	1	7	m_7

根据同样的道理把4变量逻辑函数的16个最小项记做$m_0 \sim m_{15}$。

2）最小项的性质

从最小项的定义出发可以证明它具有以下重要性质。

（1）在输入变量的任何取值下，有且只有一个最小项的值为1，如3变量最小项的真值表见表1-18。从表中也可看出，对于输入变量的各种逻辑取值，最小项值为1的概率最小，最小项由此得名。

表1-18　3变量最小项的真值表

A　B　C	m_0 $A'B'C'$	m_1 $A'B'C$	m_2 $A'BC'$	m_3 $A'BC$	m_4 $AB'C'$	m_5 $AB'C$	m_6 ABC'	m_7 ABC
0　0　0	1	0	0	0	0	0	0	0
0　0　1	0	1	0	0	0	0	0	0
0　1　0	0	0	1	0	0	0	0	0
0　1　1	0	0	0	1	0	0	0	0
1　0　0	0	0	0	0	1	0	0	0
1　0　1	0	0	0	0	0	1	0	0
1　1　0	0	0	0	0	0	0	1	0
1　1　1	0	0	0	0	0	0	0	1

（2）任何两个不同的最小项之积恒为0。

（3）对于变量的任何一组取值，全体最小项之和为1。

（4）具有逻辑相邻性的两个最小项之和可以合并成一项，并消去一对因子。

若两个最小项只有一个因子不同，则称这两个最小项具有逻辑相邻性，简称相邻性。例如，两个最小项$A'BC$，ABC只有第一个因子不同，所以它们具有相邻性。这两个最小项相加时能够合并成一项，将一对不同的因子消去。

$$A'BC + ABC = (A' + A)BC = BC$$

（5）对于n变量的逻辑函数，每个最小项均有n个相邻项。

3）逻辑函数的最小项之和形式

利用逻辑代数的公式可以将一个逻辑函数化为与或形式，应用基本公式$A + A' = 1$将每个与项中缺少的因子补全，这样就可以将逻辑函数由与或的形式化为最小项之和的标准形式，称为最小项表达式。这种标准形式在逻辑函数的化简及计算机辅助分析和设计中得到了广泛的应用。任何一个逻辑函数都只有唯一的最小项表达式。

【例1-18】　将逻辑函数$Y = AB' + B'C$化为最小项表达式。

解：这是一个3变量的逻辑函数，最小项表达式中的每个乘积项应由3变量作为因子构成。

$$\begin{aligned} Y &= AB'(C + C') + (A + A')B'C \\ &= AB'C + AB'C' + AB'C + A'B'C \quad \text{（将相同最小项合并）} \\ &= AB'C + AB'C' + A'B'C \end{aligned}$$

对照表1-17，上式中的各项可用最小项的编号分别表示为m_5、m_4、m_1。

因此，上式也可以写为

$$Y(A,B,C)=m_1+m_4+m_5$$

或简写为 $Y(A,B,C)=\sum m(1,4,5)$、$Y(A,B,C)=\sum(1,4,5)$。

2. 用卡诺图表示逻辑函数

1）表示最小项的卡诺图

将 n 变量函数的每一个最小项分别用一个小方格表示，并使具有逻辑相邻性的最小项在几何位置上也相邻地排列，所得到的图形就是 n 变量的卡诺图。

图形两侧标注的 0 和 1 表示使对应小方格内的最小项为 1 的变量取值。同时，这些 0 和 1 组成的二进制数所对应的十进制数大小也就是对应的最小项的编号，如 3 变量函数的卡诺图如图 1-12（a）所示。图 1-12（a）中虚线交叉所在的方格对应的二进制数为 101，对应的最小项为 m_5。

为保证几何位置相邻的最小项在逻辑上也具有相邻性，这些数码不能按自然二进制数从小到大的排列，必须按循环码（格雷码）的形式排列。在 3 变量卡诺图 1-12（b）中，几何位置相邻有两种情况：

（1）相接，即紧挨着的小方格相邻。如 m_5 与 m_1、m_4、m_7 逻辑相邻，m_5 与 m_1、m_4、m_7 小方格相接。

（2）相对，即一行或一列的两端。如 m_2 与 m_0 逻辑相邻，m_2 与 m_0 位于一行的两端。

因此，从几何位置上应当把卡诺图看成是上下、左右闭合的图形。

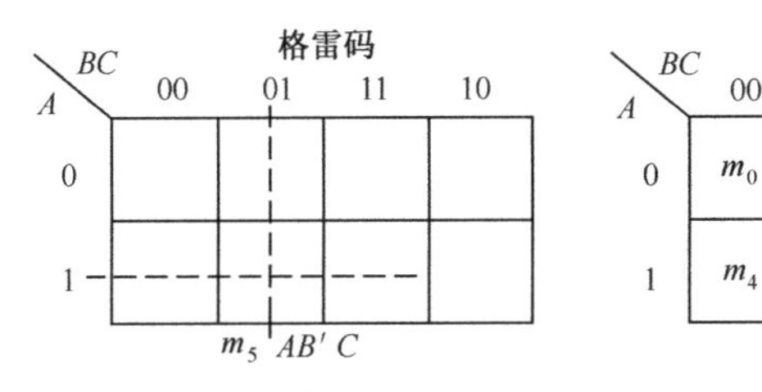

（a）最小项所处的位置　　（b）最小项的相邻项

图 1-12　3 变量的卡诺图

图 1-13 给出了 2～5 变量的卡诺图，每一个小方格代表一个最小项。可以看到，随着变量增多，卡诺图迅速复杂化。

卡诺图中的小方格数等于最小项总数，对于 2、3、4、5 变量的逻辑函数，小方格数分别为 4、8、16、32。在 5 变量的卡诺图中，除了相邻、相对的最小项具有逻辑相邻性外，图 1-13（d）中双竖线为对称轴，左右对称的两个最小项也具有逻辑相邻性，这时不易直观判断最小项的相邻性。在变量数大于等于 5 以后，仅用几何图形在两维空间的相邻表示逻辑相邻性已经不够了，因而 5 变量以上的逻辑函数不宜用卡诺图表示。

2）卡诺图表示逻辑函数

任何一个逻辑函数都可以表示为最小项之和的标准形式，那么自然可以用卡诺图来表示任意一个逻辑函数。具体方法：对于在最小项之和形式中出现的最小项，在卡诺图中对应的小方块填 1；不出现的最小项，在对应的小方块填 0。

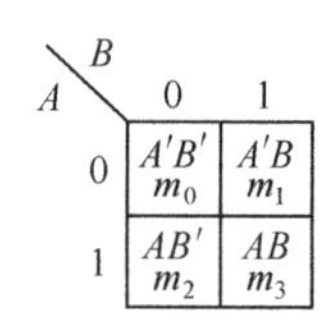

（a）2 变量（A, B）的卡诺图

A \ BC	00	01	11	10
0	m_0	m_1	m_3	m_2
1	m_4	m_5	m_7	m_6

（b）3 变量（A, B, C）的卡诺图

AB \ CD	00	01	11	10
00	m_0	m_1	m_3	m_2
01	m_4	m_5	m_7	m_6
11	m_{12}	m_{13}	m_{15}	m_{14}
10	m_8	m_9	m_{11}	m_{10}

（c）4 变量（A, B, C, D）的卡诺图

AB \ CDE	000	001	011	010	110	111	101	100
00	m_0	m_1	m_3	m_2	m_6	m_7	m_5	m_4
01	m_8	m_9	m_{11}	m_{10}	m_{14}	m_{15}	m_{13}	m_{12}
11	m_{24}	m_{25}	m_{27}	m_{26}	m_{30}	m_{31}	m_{29}	m_{28}
10	m_{16}	m_{17}	m_{19}	m_{18}	m_{22}	m_{23}	m_{21}	m_{20}

（d）5 变量（A, B, C, D, E）的卡诺图

图 1-13　2～5 变量的卡诺图

具体操作可分为以下两种情况。

（1）已知逻辑函数的真值表。真值表与卡诺图有一一对应关系，可直接将函数值为 1 的那些最小项填入卡诺图中。例如，三人投票电路，已知它的真值表中 m_3, m_5, m_6, m_7 这 4 个最小项的值为 1，其余最小项值为 0。填入卡诺图中，得到图 1-14（a）。

由于函数值只有 0 和 1 两种取值，所以 0 可以省略，如图 1-14（b）所示。

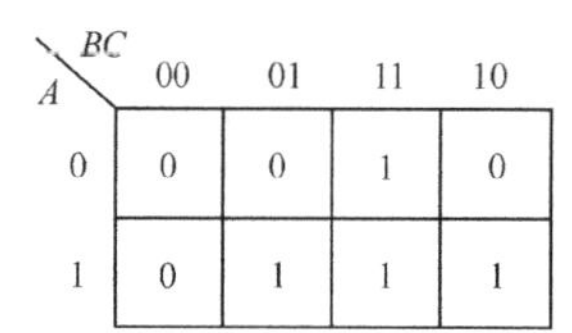

（a）填入值为 0 最小项的卡诺图

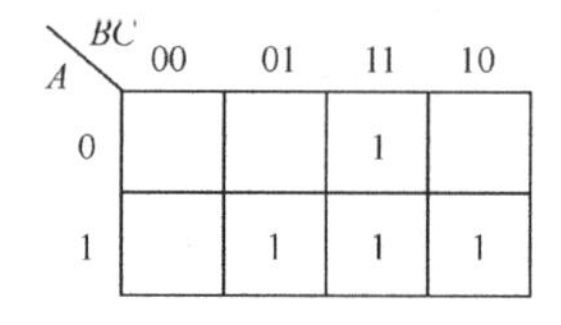

（b）未填入值为 0 最小项的卡诺图

图 1-14　三人投票电路的卡诺图

（2）已知逻辑函数的函数式。当已知最小项之和的表达形式时，与第一种情况相同，如 $Y = m_3 + m_5 + m_6 + m_7$。当已知函数式的一般形式时，先将其化为一般与或式，再转化成最小项之和的表达形式，如

$$\begin{aligned}Y &= (A' + B'C')' + BC \\ &= A(B'C')' + BC \\ &= AB + AC + BC \\ &= AB(C + C') + A(B + B')C + (A + A')BC \\ &= ABC + ABC' + AB'C + A'BC\end{aligned}$$

也可得到图 1-14。

当已知函数式的一般与或式时，如 $Y = AB + AC + BC$，可直接将每个与项填进卡诺图。

与项 AB 填入 A、B 都等于 1 的方格，即 m_6 和 m_7 的最小项。

与项 AC 填入 A、C 都等于 1 的方格，即 m_5 和 m_7 的最小项。

与项 BC 填入 B、C 都等于 1 的方格，即 m_3 和 m_7 的最小项。

【例 1-19】　将函数 $Y = A'B'CD + AB + AC'D'$ 用卡诺图表示。

解: 在卡诺图上每个变量取值为 0 和 1 的方格数各占总方格数的一半，如图 1-15 所示。

与项 AB 填入 A、B 都等于 1 的方格，即最小项 $m_{12}, m_{13}, m_{14}, m_{15}$。

与项 $AC'D'$ 填入 A 等于 1，C 与 D 都等于 0 的方格，即最小项 m_{12}, m_8。

与项 $A'B'CD$ 填入最小项为 m_3 的方格，得到图 1-16。

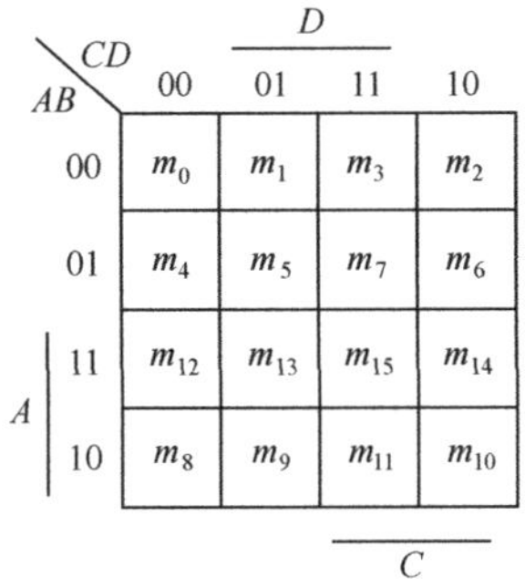

AB \ CD	00	01	11	10
00	m_0	m_1	m_3	m_2
01	m_4	m_5	m_7	m_6
11	m_{12}	m_{13}	m_{15}	m_{14}
10	m_8	m_9	m_{11}	m_{10}

图 1-15　卡诺图中变量值为 1 的示意图

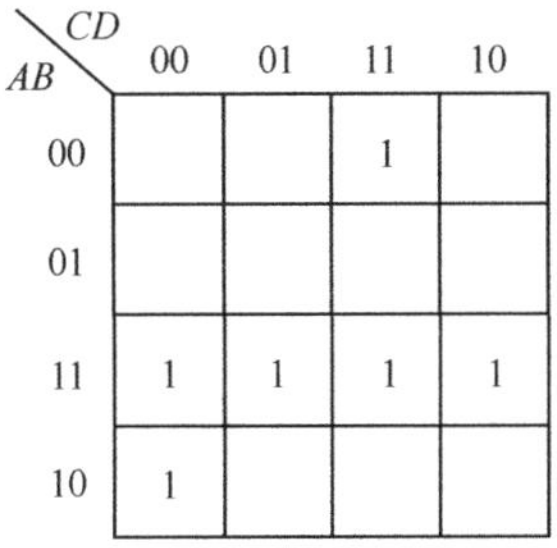

AB \ CD	00	01	11	10
00			1	
01				
11	1	1	1	1
10	1			

图 1-16　例 1-19 的卡诺图

3. 用卡诺图化简逻辑函数

1）合并最小项规律

卡诺图化简法依据的基本原理就是具有相邻性的最小项可以合并，并消去不同的因子。因为在卡诺图上几何位置相邻的最小项具有逻辑相邻性，所以从卡诺图上能直观地找出那些具有相邻性的最小项，然后将其合并化简。

从例 1-16 可以得出：

少 1 个变量的与项，在卡诺图上占 2 个相邻的小方格。

少 2 个变量的与项，在卡诺图上占 4 个相邻的小方格，并且这 4 个相邻的小方格构成矩形。

推论：少 k 个变量的与项，在卡诺图上占 2^k 个相邻的小方格，并且这 2^k 个相邻的小方格构成矩形。

将这个推论反过来用于化简，得到了合并最小项的规律：**在卡诺图中合并组成矩形的 2^k 个小方格，得到的与项减少 k 个变量。**

这里，将把 2^k 个小方格合在一起形成的矩形称为合并圈。

综上所述，最小项的合并有以下特点。

（1）任何一个合并圈所含的方格数为 2^k 个。

（2）必须按照相邻规则来画合并圈，几何位置相邻包括三种情况：一是相接，即紧挨着的方格相邻；二是相对，即一行或一列的两头、两边、四角相邻；三是相重，即以对称轴为中心对折起来重合的位置相邻，如图 1-17 所示。

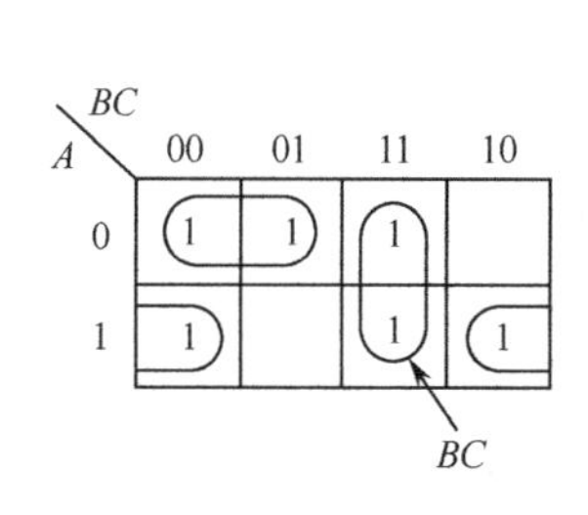

（a）2 个最小项相邻情况 1

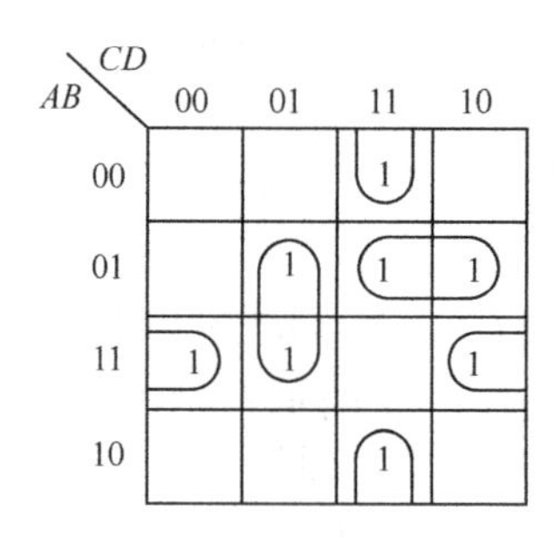

（b）2 个最小项相邻情况 2

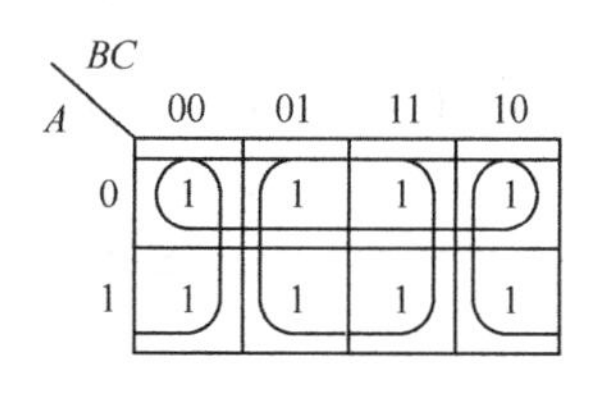

（c）4 个最小项相邻情况 1

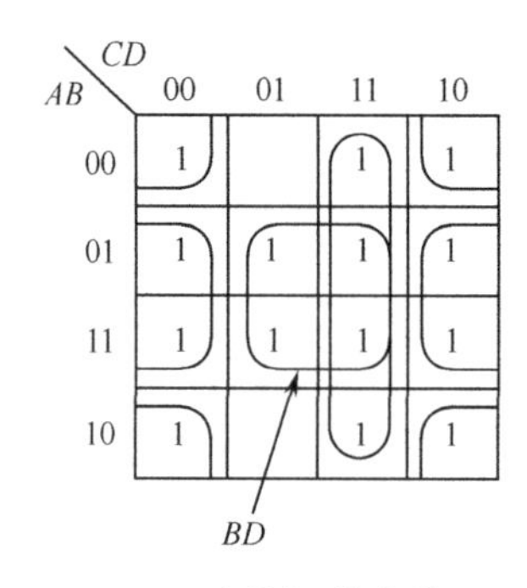

（d）4 个最小项相邻情况 2

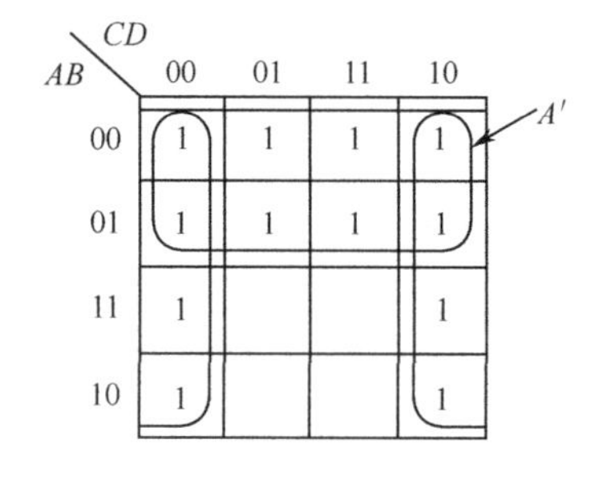

（e）8 个最小项相邻

图 1-17 最小项相邻的几种情况

（3）2^k 个方格合并，消去 k 个变量，合并圈越大，消去的变量数目越多。

2）卡诺图化简法

在卡诺图上以最少的合并圈数和最大的合并圈覆盖所有填写 1 的方格，就可以求得逻辑函数的最简与或式。

化简的一般步骤：

（1）将逻辑函数化成与或式，然后画出其卡诺图。

（2）先从只有一种圈法的最小项开始画起，合并圈的数目应最少（对应与项的数目最少），合并圈应尽量大（对应与项中变量数最少）。

（3）将每个合并圈写成相应的与项相加，就可得到最简与或式。

画合并圈时要注意，为了合并圈尽可能大，任何一个方格可以多次圈用。但如果在某个合并圈中所有的方格均被其余的合并圈圈过，则该圈属于多余圈。

【例 1-20】 用卡诺图化简法将下式化简为最简与或式。

$$Y=(A+B)CD'+((A+B)(A'+B'+C+D))'$$

解：首先将函数式化成与或形式，并用卡诺图表示，如图 1-18 所示。

$$\begin{aligned}Y&=(A+B)CD'+((A+B)(A'+B'+C+D))'\\&=ACD'+BCD'+(A+B)'+(A'+B'+C+D)'\end{aligned}$$

接下来，找出相邻的最小项，画出合并圈。在图 1-18 中填 1 的小方格可以由 3 个合并圈覆盖。

最后，求出每个合并圈的与项，相加得到结果为

$$Y = A'B' + CD' + ABD'$$

【例 1-21】 用卡诺图化简法将下式化简为最简与或式。

$$Y = AD' + BC'D + ABC + A'C'D' + A'B'D'$$

解： 首先用卡诺图表示以上函数式，如图 1-19 所示。

接下来，找出相邻的最小项，画出合并圈。注意位于四角的 4 个最小项也具有逻辑相邻性。在图 1-19 中填 1 的小方格可以由 3 个合并圈（实线）覆盖。因为所有的 1 已经被实线合并圈所涵盖，所以虚线所画的合并圈为多余圈。

最后，求出每个合并圈的与项，相加得到结果为

$$Y = AB + BC' + B'D'$$

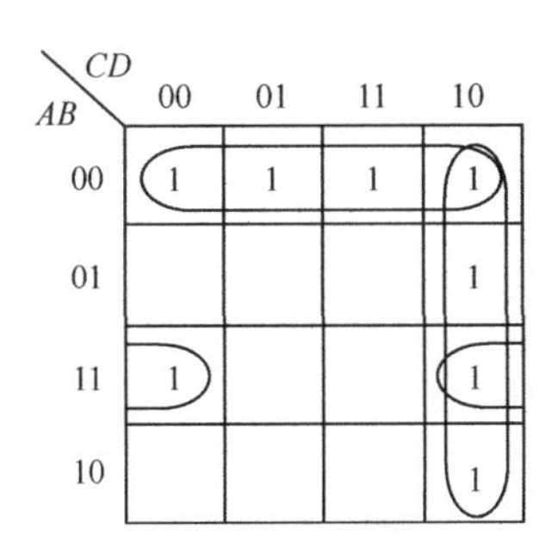

图 1-18　例 1-20 的卡诺图合并圈画法

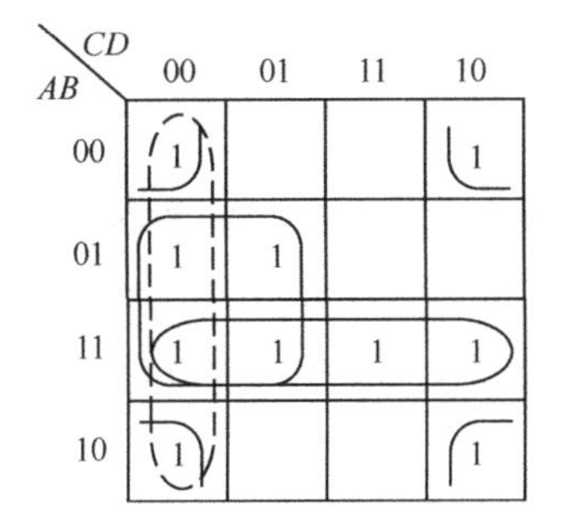

图 1-19　例 1-21 的卡诺图合并圈画法

【例 1-22】 用卡诺图化简法将下式化简为最简与或式。

$$Y = AB' + A'B + BC' + B'C$$

解： 首先用卡诺图表示以上函数式，如图 1-20 所示。

其次画出合并圈，从图 1-20 可以看出，有两种可取的画圈方案。如果按照图 1-20（a）的方案合并最小项，得到

$$Y = AB' + A'C + BC'$$

而按照图 1-20（b）的方案合并最小项可以得到

$$Y = A'B + AC' + B'C$$

两个化简结果都符合最简与或式的标准。

这个例子说明，一个逻辑函数的最简式可能不是唯一的。

以上几个例子都是通过合并卡诺图中的 1 来化简函数，此外还可以通过合并卡诺图中的 0 求得 Y'。任何一个逻辑函数都可以表示为最小项之和的形式且和为 1。将最小项之和分为两部分，在卡诺图中填入 1 的那些最小项之和记做 Y，根据 $Y + Y' = 1$，则在卡诺图中填入 0 的那些最小项之和就为 Y'。求得 Y' 后，再对 Y' 求反可得到 Y。

如果要求化简结果为与或非形式，可通过合并 0 的方法得到与或形式的 Y'，取反后 Y 恰好为与或非形式。此外，如果卡诺图中 0 的数目远小于 1 的数目，也常采用合并 0 的方法。

【例 1-23】 利用卡诺图化简函数 $Y = \sum m(0,1,2,3,4,6,8,9,10,11,12,14)$。

解： 画出函数的卡诺图，得到图 1-21，合并图中的 0。

按照图中的合并方案，可以求得 $Y' = BD$。

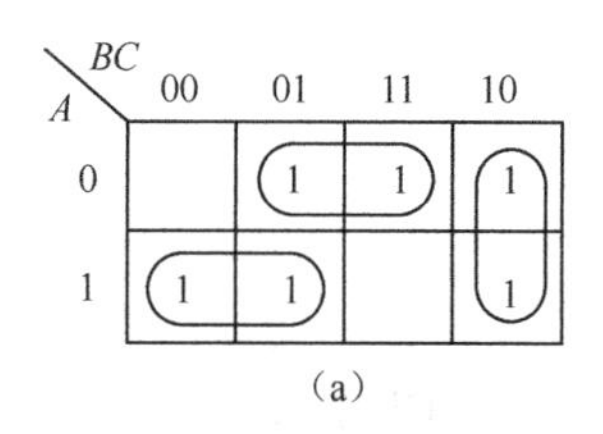

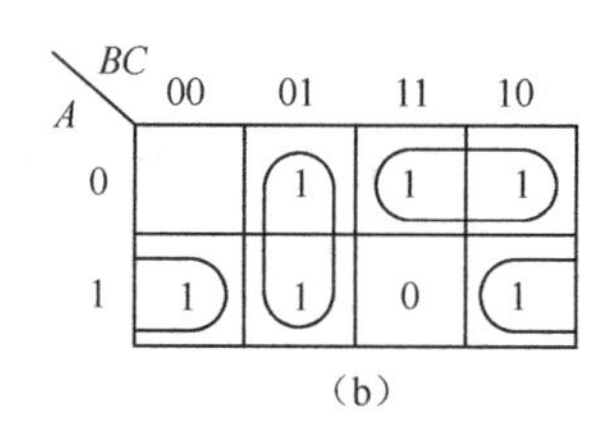

图 1-20　例 1-22 卡诺图的两种圈法

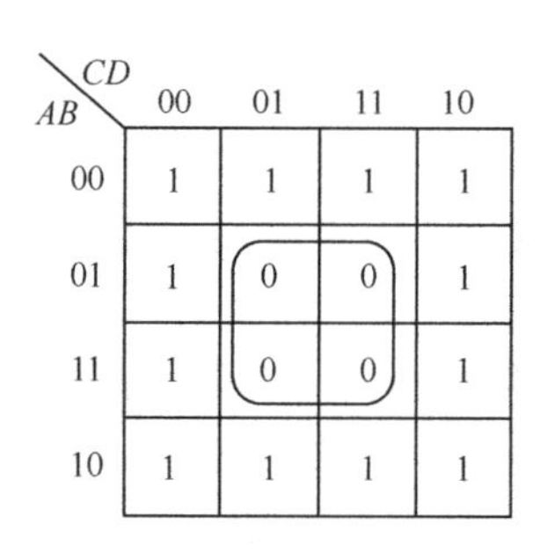

图 1-21　例 1-23 的卡诺图

根据反演定理取反后得

$$Y = B' + D'$$

若合并图中的 1，则需要两个合并圈。但合并 0 化简需要一个前提条件：包含 0 的圈只能有一个。否则，合并 0 化简会更麻烦。

4．具有无关项的逻辑函数及其化简

前面讨论的逻辑函数，对于输入变量的每一组取值，都有确定的函数值（0 或 1）与其对应，而且变量之间相互独立，各自可以任意取值。因此，n 个变量共有 2^n 种有效的取值组合。

但是，在某些实际的数字系统中，一个 n 变量的逻辑函数，并非与 2^n 个变量组合都有关。具体来讲，可分为以下两种情况：

（1）由于逻辑关系的限制，使输入变量的某些取值组合不能出现，这些因为限制而不能出现的取值组合所对应的最小项称为约束项。因使约束项值为 1 的变量取值不允许出现，所以它的值为 0，理论上加上或者去掉它对逻辑关系没有影响。

（2）某些输入变量取值组合所产生的输出并不能影响整个系统的功能，因此其对应输出可以是 1 也可以是 0，这些变量取值组合所对应的最小项称为任意项。

约束项和任意项统称为无关项，通常在真值表和卡诺图中用符号“×”来表示。在用卡诺图化简时，×可以看成 1，也可以看成 0。

【例 1-24】　四舍五入函数，用 A,B,C,D 组成 4 位二进制数表示 1 位十进制数，当该数大于 4 时输出为 1。

解：4 位二进制数共有 16 种变量组合，1 位十进制数只选其中的 0000～1001 共 10 种变量组合，其余 6 个变量组合 1010～1111 不使用，这 6 种变量组合构成的最小项就是约束项。表 1-19 为四舍五入函数的真值表。

表 1-19　四舍五入函数的真值表

A	B	C	D	Y
0	0	0	0	0
0	0	0	1	0
0	0	1	0	0
0	0	1	1	0
0	1	0	0	0

续表

A	B	C	D	Y
0	1	0	1	1
0	1	1	0	1
0	1	1	1	1
1	0	0	0	1
1	0	0	1	1
1	0	1	0	×
1	0	1	1	×
1	1	0	0	×
1	1	0	1	×
1	1	1	0	×
1	1	1	1	×

有无关项的逻辑函数在逻辑表达式中是用加约束条件的方法来描述的。在四舍五入函数式中约束条件可表示为$m_{10}+m_{11}+m_{12}+m_{13}+m_{14}+m_{15}=0$。也可以表示为$\sum d$ (10～15)=0，式中$\sum d$后括号内为无关项的序号。也可以表示为$AB+AC=0$，此为约束项之和最简式的形式。

因此，四舍五入函数可表示为$Y=\sum m$ (5～9)+$\sum d$ (10～15)，将其用图1-22表示。

在化简具有约束项的逻辑函数时，尽可能用卡诺图化简。根据约束项的随意性（即它的值可取0也可取1，并不影响函数原有的实际逻辑功能）画合并圈时，圈进去的×看做1，没有圈进去的×看做0，将函数式化为最简，得到结果为

$$Y=A+BC+BD$$

【例1-25】 用卡诺图化简逻辑函数$Y(A,B,C,D)=m_1+m_7+m_8$，约束条件为

$$m_3+m_5+m_{10}+m_{11}+m_{12}+m_{13}+m_{14}=0$$

解：第一步，将逻辑函数用卡诺图表示，其中最小项用1表示，约束项用×表示，如图1-23所示。

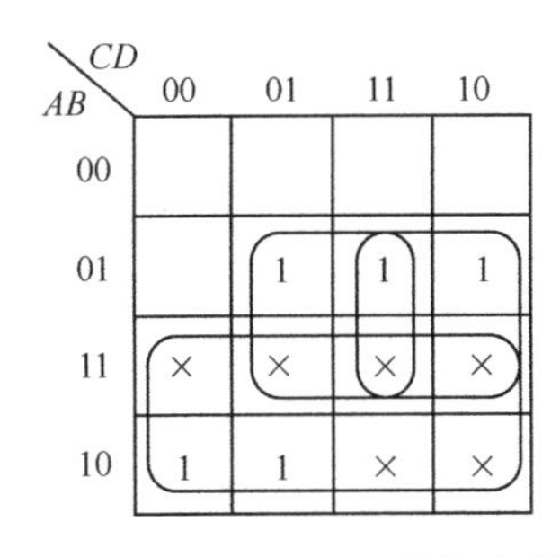

图1-22　四舍五入函数的卡诺图

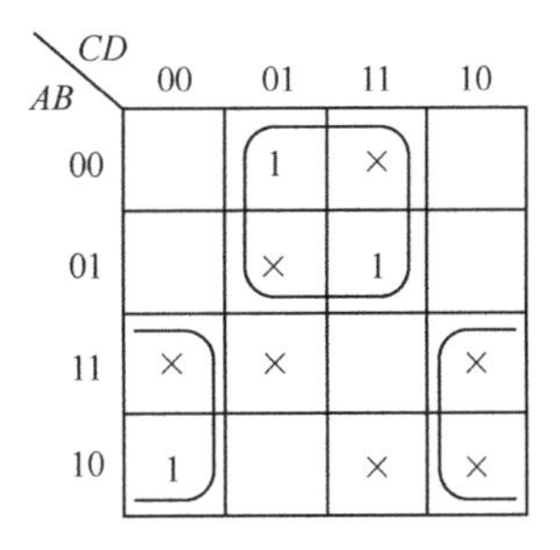

图1-23　例1-25的卡诺图

第二步，画出必要且尽可能大的合并圈包围所有的1。

第三步，求出合并圈的与项，相加得到结果为$Y=A'D+AD'$。

与约束项不同，任意项往往反映出对象的多态特性，即逻辑对象存在多种状态，属于

多值逻辑，以在二值逻辑系统中很少深入讨论。下面通过一个简单的例子说明任意项与约束项的异同点。

【例 1-26】 某逻辑系统用来判断是制作鸡蛋炸酱面，还是肉丝炸酱面。

解： 用变量 A=1 表示有鸡蛋；用变量 B=1 表示有肉丝；而 Y=1 表示制作鸡蛋炸酱面，Y=0 表示肉丝炸酱面。得到真值表如表 1-20 所示。

表 1-20 例 1-26 真值表

A	B	Y	
0	0	×	约束项
0	1	0	
1	0	1	
1	1	×	任意项

对于真值表中的第一行，显然系统不希望出现既没有鸡蛋，也没有肉丝的情况，所以，此行对应的乘积项为约束项。而第四行对应的是既有鸡蛋，又有肉丝的情况，那么，自然是既可以制作鸡蛋炸酱面，又可以制作肉丝炸酱面。对于逻辑系统来说输出 0，或者输出 1 都是可以的，所以第四行对应的是任意项。像这样的例子在第 3 章中 7 段显示译码器内容部分还会出现，比如数字 6 就有两种段位表示形式（形态）6和b。

无论是约束项还是任意项，其表示方式和化简用途都是相同的。虽然其代表的逻辑含义不同，但处理方式都是一样的，即“不关心”，所以称为无关项（可以认为这些情况和逻辑事件没有关系）。但在实际系统中应用的时候，却存在非常大的区别。约束项对应的取值组合本质上是不能或不应该出现的，所以约束项的理论值应该是恒为 0 的，对函数关系没有影响。但如果化简时使用了约束项，当该对应取值由于噪声影响等种种原因出现时，函数值将会为 1。这样一来，函数结果将会发生混淆。所以，在实际应用场合使用约束项化简一定要慎重！

1.6* EDA 技术概述

EDA 是电子设计自动化（Electronic Design Automation）的缩写，是 20 世纪 90 年代初以计算机硬件和软件为基本工作平台，集数据库、图形学、图论与拓扑逻辑、计算数学、优化理论等多学科最新成果研制的计算机辅助设计通用软件包，用于电子产品的自动设计。

现在对 EDA 的概念或范畴用得很宽，电子、机械、通信、航空航天、化工、矿产、生物、医学、军事等各个领域都有 EDA 的应用。目前 EDA 技术已在各大公司、企事业单位和科研教学部门广泛使用。例如，在飞机制造过程中，从设计、性能测试及特性分析到飞行模拟，都可能涉及 EDA 技术。本文所指的 EDA 技术主要针对数字逻辑电路设计。

1.6.1 EDA 发展回顾

EDA 技术伴随着计算机、集成电路、电子系统设计的发展，经历了计算机辅助设计 CAD（Computer Assist Design）、计算机辅助工程设计 CAE（Computer Assist Engineering）和电子系统设计自动化 ESDA（Electronic System Design Automation）3 个发展阶段。

1. 20 世纪 70 年代的计算机辅助设计 CAD 阶段

早期的电子系统硬件设计采用的是分立元件，随着集成电路的出现和应用，硬件设计进入发展的初级阶段。初级阶段的硬件设计大量选用中、小规模标准集成电路，人们将这些器件焊接在电路板上，做成板级电子系统，对电子系统的调试是在组装好的 PCB（Printed Circuit Board）上进行的。与分立元件为基础的早期设计阶段不同，初级阶段硬件设计的器件选择各种逻辑门、触发器、寄存器、编码器和译码器等集成电路，设计师只要熟悉各种集成电路制造厂家提供的标准电路产品的说明书，并掌握 PCB 布图工具和一些辅助性的设计分析工具，就可以从事设计活动。

由于设计师对图形符号使用数量能力有限，传统的手工布图方法无法满足产品复杂性的要求，更不能满足工作效率的要求，因此人们开始将产品设计过程中高重复性的繁杂劳动用计算机辅助设计 CAD 工具代替，如布图、布线工作用二维图形编辑与分析的 CAD 工具替代。最具代表性的产品就是美国 ACCEL 公司开发的 Tango 布线软件。

2. 20 世纪 80 年代的计算机辅助工程设计 CAE 阶段

初级阶段的硬件设计是用大量不同型号的标准芯片实现电子系统设计。随着微电子工艺的发展，相继出现了集成上万只晶体管的微处理器、集成几十万甚至上百万存储单元的随机存储器和只读存储器。此外，支持定制单元电路设计的硅编辑、掩膜编程的门阵列，如标准单元的半定制设计方法及可编程逻辑器件（PAL 和 GAL）等一系列微结构和微电子学的研究成果都为电子系统的设计提供了新天地。因此，可以用少数几种通用的标准芯片实现电子系统设计。伴随计算机和集成电路的发展，EDA 技术进入计算机辅助工程设计阶段。20 世纪 80 年代初推出的 EDA 工具以逻辑模拟、定时分析、故障仿真和自动布局、布线为核心，重点解决电路设计没有完成之前的功能检验等问题。利用这些工具，设计师能在产品制作之前预知产品的功能与性能、生成产品制造文件，在设计阶段对产品性能进行分析。

3. 20 世纪 90 年代电子系统设计自动化 ESDA 阶段

为了满足千差万别的系统用户提出的设计要求，最好的办法是由用户自己设计芯片，让他们把想设计的电路直接设计在自己的专用芯片上。微电子技术的发展，特别是可编程逻辑器件的发展，使微电子厂家可以为用户提供各种规模的可编程逻辑器件，使设计者通过设计芯片实现电子系统功能。EDA 工具的发展，又为设计师提供了电子系统设计自动化 ESDA 工具。这个阶段发展起来的 ESDA 工具，目的是在设计前期将设计师从事的许多高层次设计由工具来完成，如将用户要求转换为设计技术规范；有效地处理可用的设计资源与理想设计目标之间的矛盾；按具体的硬件、软件和算法分解设计等。由于微电子技术和

ESDA 工具的发展，设计师可以在不太长的时间内使用 EDA 工具，通过一些简单标准化的设计过程，利用微电子厂家提供的设计库完成数万门 ASIC 和集成系统的设计与验证。

20 世纪 90 年代，设计师逐步从使用硬件转向设计硬件，从电路级电子产品开发转向系统级电子产品开发（即芯片上的系统——System on a chip）。因此，ESDA 工具是以系统级设计为核心，包括系统行为级描述与结构级综合、系统仿真与测试验证、系统划分与指标分配、系统决策与文件生成等一整套的电子系统设计自动化工具。ESDA 工具不仅具有电子系统设计的能力，而且能提供独立于工艺和厂家的系统级设计能力，具有高级抽象的设计构思手段。例如，提供方框图、状态图和流程图的编辑能力，具有适合层次描述和混合信号描述的硬件描述语言（如 VHDL、AHDL 或 Verilog-HDL），同时含有各种工艺的标准元件库。只有具备上述功能的 EDA 工具，才有可能使电子系统工程师在不熟悉各种半导体厂家和各种半导体工艺的情况下，完成电子系统的设计。

1.6.2 EDA 系统构成

EDA 技术研究的对象是电子设计的全过程，包括系统级、电路级和物理级各个层次的设计。从可编程逻辑器件和专用集成电路开发与应用角度，EDA 系统包含以下子模块：设计输入子模块、设计数据库子模块、分析验证子模块、综合仿真子模块、布局布线子模块等。

（1）设计输入子模块。该模块接受用户的设计描述，并进行语义正确性、语法规则的检查，然后将用户设计的描述数据转换为 EDA 软件系统的内部数据格式，存入设计数据库以备其他子模块调用。设计输入子模块不仅能接受原理图输入、硬件描述语言描述输入，还能接受图文混合描述输入。该子模块一般包含针对不同描述方式的编辑器，如图形编辑器、文本编辑器等，同时包含对应的分析器。

（2）设计数据库子模块。该模块存放系统提供的库单元及用户的设计描述和中间设计结果。

（3）分析验证子模块。该模块包括各个层次的模拟验证、设计规则的检查、故障诊断等功能。

（4）综合仿真子模块。该模块包括各个层次的综合工具，理想的情况是从高层次到低层次的综合仿真全部由 EDA 工具自动实现。

（5）布局、布线子模块。该模块实现由逻辑设计到物理实现的映射，因此与物理实现的方式密切相关。例如，最终的物理实现可以是门阵列、可编程逻辑器件等。由于对应的器件不同，因此各自的布局、布线工具会有很大的差异。

1.6.3 EDA 工具发展趋势

1. 设计输入工具的发展趋势

早期 EDA 工具设计输入普遍采用原理图输入方式，由元件符号和连线组成。这种以文字和图形作为设计载体的文件，可以将设计信息加载到后续的 EDA 工具，完成设计分析工作。原理图输入方式的优点是直观，能满足以设计分析为主的一般要求，但是原理图输入方式不适于 EDA 综合工具。20 世纪 80 年代末，电子设计开始采用新的综合工具，设计描述由原理图设计描述转向以各种硬件描述语言为主的编程方式。用硬件描述语言描述设计，更接近系统行为描述且便于综合，更适于传递和修改设计信息，还可以建立独立于工艺的设计文件，不便之处是不太直观，要求设计师学会编程。

2. 具有混合信号处理能力的 EDA 工具

目前，数字电路设计的 EDA 工具远比模拟电路的 EDA 工具多，模拟集成电路 EDA 工具开发的难度较大，但是由于物理量本身多以模拟形式存在，所以实现高性能的复杂电子系统的设计离不开模拟信号。因此，20 世纪 90 年代以来 EDA 工具厂商都比较重视数模混合信号设计工具的开发。对数字信号的语言描述，IEEE 已经制定了 VHDL 标准，对模拟信号的语言描述正在制定 AHDL 标准，此外还提出了对微波信号的 MHDL 描述语言。

3. 发展更为有效的仿真工具

通常，可以将电子系统设计的仿真过程分成两个阶段，即设计前期的系统级仿真和设计过程中的电路级仿真。系统级仿真主要验证系统的功能；电路级仿真主要验证系统的性能，决定怎样实现设计所需的精度。在整个电子设计过程中仿真是花费时间最多的工作，也是占用 EDA 工具资源最多的一个环节。通常设计活动的大部分时间用在做仿真、验证设计的有效性、测试设计的精度、处理和保证设计要求等。仿真过程中仿真收敛的快慢同样是关键因素之一。提高仿真的有效性，一方面是建立合理的仿真算法，另一方面是系统级仿真中系统级模型的建模，以及电路级仿真中电路级模型的建模。预计在下一代 EDA 工具中，仿真工具将有一个较大的发展。

4. 开发更为理想的设计综合工具

设计综合工具由最初的只能实现逻辑综合，逐步发展到可以实现设计前端的综合直至设计后端的版图综合及测试综合的理想且完整的综合工具。设计前端的综合工具也称高层次综合工具，可以实现从算法级的行为描述到寄存器传输级结构描述的转换，给出满足约束条件的硬件结构。在确定寄存器传输结构描述后，由逻辑综合工具完成硬件的门级结构描述。逻辑综合的结果将作为版图综合的输入数据，进行版图综合。版图综合则是将门级和电路级的结构描述转换成物理版图的描述，版图综合时将通过自动交互的设计环境，实现按面积、速度和功率完成布局、布线的优化，实现最佳的版图设计。人们希望将设计测试工作尽可能地提前到设计前期，以便缩短设计周期，减少测试费用，因此测试综合贯穿在设计过程的始终。测试综合可以消除设计中的冗余逻辑、诊断不可测的逻辑结构、自动插入可测性结构、生成测试向量，当整个电路设计完成时，测试设计也随之完成。

面对当今飞速发展的电子产品市场，电子设计人员需要更加实用、快捷的 EDA 工具，使用统一的集成化设计环境，改变优先考虑具体物理实现方式的传统设计思路，而将精力集中到设计构思、方案比较和寻找优化设计等方面，以最快的速度开发出性能优良、质量一流的电子产品。今后的EDA工具将向着功能强大、简单易学、使用方便的方向发展。目前进入我国并具有广泛影响的 EDA 软件有 Multisim（原 EWB 的最新版本）、PSPICE、OrCAD、PCAD、Protel、Viewlogic、Mentor、Graphics、Synopsys、LSIlogic、Cadence、MicroSim等。这些工具都有较强的功能，一般可用于几个方面。例如，很多软件都可以进行电路设计与仿真，同时还可以进行PCB自动布局、布线，可输出多种网表文件，与第三方软件接口。

1.6.4 EDA工具软件MAX+plusⅡ简介

MAX+plusⅡ是包括设计输入、仿真验证、逻辑综合等功能的EDA软件。它提供多种设计输入方式，这里主要介绍原理图输入法。原理图输入法就是从软件提供的逻辑元件库（也可以是用户自己定义的元件库）中调出门电路和其他单元电路（包括与常见中、小规模集成电路功能等效的软件模块），并按照设计要求进行连线，构成一个具有一定逻辑功能的逻辑图。

利用原理图输入法设计，首先将逻辑元件（符号）调入工作区，如图 1-24 所示。MAX+plusⅡ软件提供给用户4个元件库，分别包括基本单元、与中规模集成电路对应的逻辑元件和参数化元件等。其中前2个库中包括了常用的各种逻辑门电路、触发器和如编码器、计数器等之类的逻辑元件。元件库具体内容可参见附录C。

元件调入之后，按照设计要求进行连线，如图1-25所示。

完成原理图设计之后，需要进行编译，并改正出现的错误。编译成功后，还需要验证设计的逻辑功能和时序是否正确，如图1-26所示。

通过仿真波形验证设计逻辑功能正确之后，就可以将设计下载（或称烧录）到可编程逻辑器件中，并根据芯片引脚分配结果，连接外部电路。

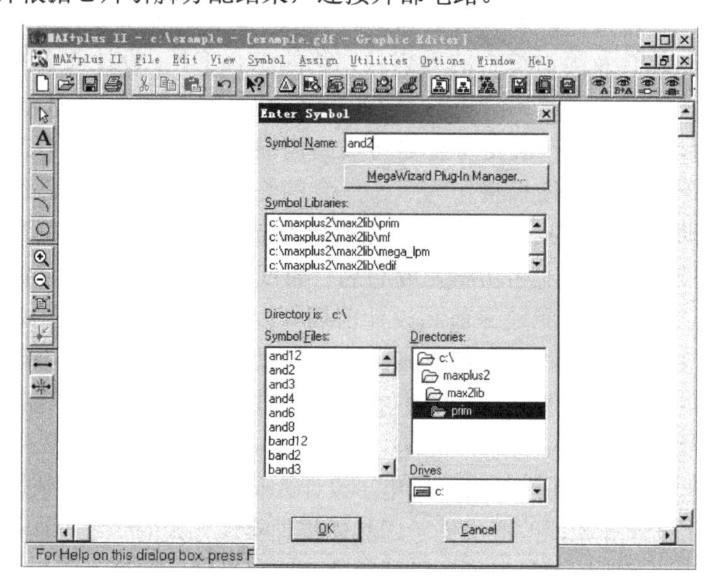

图1-24 调用逻辑元件

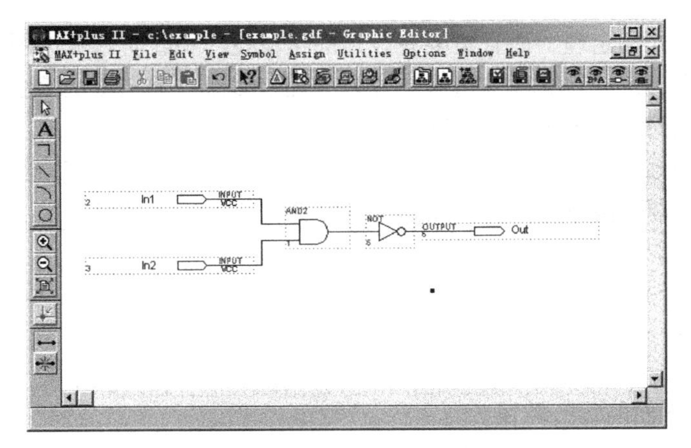

图 1-25　完成后的原理图设计

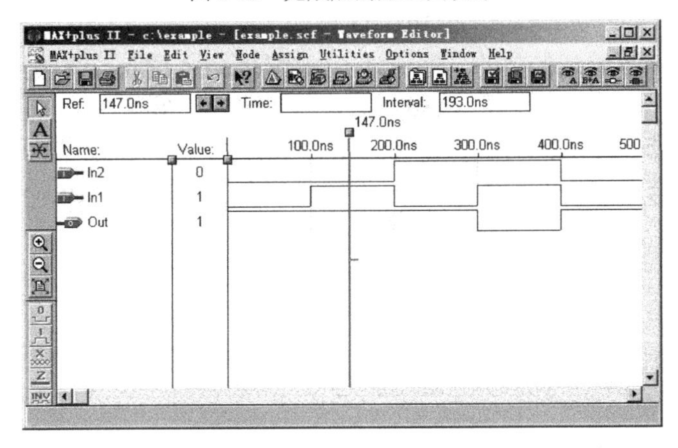

图 1-26　设计逻辑仿真

本 章 小 结

本章主要介绍了数字电路的特点、数制、码制、逻辑运算、逻辑代数的公式、逻辑函数的表示方法及逻辑函数的化简等逻辑代数的基本知识。

数字电路中常用二进制数来表示数据。当数据位数较多时，可选用八进制、十六进制作为二进制的简写。二进制、八进制、十六进制与十进制可以相互转换。

码制中常用的是 BCD 码和格雷码。BCD 码中的 8421 码使用最广泛。格雷码相邻两个代码之间仅有一位不同，具有可靠性高的特点。

逻辑运算中的三种基本运算是与、或、非运算。为了进行逻辑运算，必须熟练掌握本章的基本公式和常用公式。

逻辑函数可以有多种表示方式，如真值表、逻辑函数式、逻辑图和卡诺图等，这些方式之间可以相互转换。

逻辑函数的化简有两种方法：公式化简法和卡诺图化简法。公式化简法的优点是不受任何条件的限制，但这种方法没有固定的步骤可循，在化简较为复杂的逻辑函数时不仅需要熟练运用各种公式和定理，而且需要有一定的运算技巧和经验。卡诺图化简法的优点是简单、直观，又有一定的化简步骤可循，容易掌握。然而，卡诺图化简法只适合逻辑变量较少的逻辑函数化简，当逻辑变量超过5个时，卡诺图迅速复杂化。

在某些实际的数字系统中，一个n变量的逻辑函数，并非2^n种变量组合都会出现，这时利用具有无关项逻辑函数的化简方法，可以得到更简单的逻辑表达式。

习题与思考题

题1.1　完成下面的数值转换：

（1）将二进制数转换成等效的十进制数、八进制数、十六进制数。

① $(0011101)_2$　② $(11011.110)_2$　③ $(110110111)_2$

（2）将十进制数转换成等效的二进制数（小数点后取4位）、八进制数及十六进制数。

① $(89)_{10}$　② $(1800)_{10}$　③ $(23.45)_{10}$

（3）求出下列各式的值。

① $(54.2)_{16}=(\quad)_{10}$　② $(127)_8=(\quad)_{16}$　③ $(3AB6)_{16}=(\quad)_4$

题1.2　写出5位自然二进制码和格雷码。

题1.3　用余3码表示下列各数：

① $(8)_{10}$　② $(7)_{10}$　③ $(3)_{10}$　④ $(45.7)_8$

题1.4　直接写出下面函数的对偶函数和反函数。

（1）$Y=\big((AB'+C)D+E\big)C$

（2）$Y=AB+(A'+C)(C+D'E)$

（3）$Y=A+(B+C'+(D+E)')'$

（4）$Y=(A+B+C)A'B'C'$

题1.5　证明下面的恒等式相等。

（1）$(AB+C)B=ABC'+A'BC+ABC$

（2）$AB'+B+A'B=A+B$

（3）$BC+AD=(A+B)(B+D)(A+C)(C+D)$

（4）$(A+C')(B+D)(B+D')=AB+BC'$

题1.6　用基本定律和定理证明以下等式。

（1）$A+BC+D=(A'B'D'+A'C'D')'$

（2）$A+A'(B+C)'=A+B'C'$

（3）$A'B'+A'B+AB'+AB=1$

题1.7　在下列各个逻辑函数中，当变量A、B、C为哪些取值组合时，函数Y的值为1。

（1）$Y=AB+BC+A'C$

（2）$Y=A'B'+B'C'+A'C$

（3）$Y=AB'+A'B'C'+A'B+ABC$

（4）$Y=AB+BC'(A+B)$

题 1.8 列出下面各函数的真值表。

（1）$Y=AB+BC+AC$

（2）$Y=ABC+AB'C$

题 1.9 在举重比赛中，有甲、乙、丙三名裁判，其中甲为主裁判，乙、丙为副裁判，当主裁判和一名以上（包括一名）副裁判认为运动员上举合格后，才可发出合格信号。列出该函数的真值表。

题 1.10 一个对 4 逻辑变量进行判断的逻辑电路。当 4 变量中有奇数个 1 出现时，输出为 1；其他情况，输出为 0。列出该电路的真值表，写出函数式。

题 1.11 已知逻辑函数真值表如表 1-21 所示，写出对应的函数表达式。

表 1-21 题 1.11 的真值表

A	B	C	Y
0	0	0	0
0	0	1	1
0	1	0	1
0	1	1	0
1	0	0	1
1	0	1	1
1	1	0	0
1	1	1	1

题 1.12 已知逻辑函数真值表如表 1-22 所示，写出对应的函数表达式。

表 1-22 题 1.12 的真值表

A	B	C	D	Y
0	0	0	0	0
0	0	0	1	1
0	0	1	0	1
0	0	1	1	0
0	1	0	0	1
0	1	0	1	0
0	1	1	0	0
0	1	1	1	1
1	0	0	0	1
1	0	0	1	0
1	0	1	0	0
1	0	1	1	1
1	1	0	0	0
1	1	0	1	1
1	1	1	0	1
1	1	1	1	0

题 1.13　写出如图 1-27 所示的各逻辑图对应的逻辑函数式。

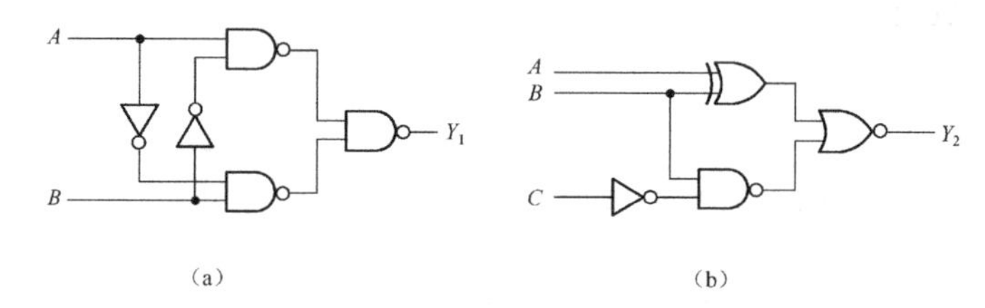

图 1-27　题 1.13 的逻辑图

题 1.14　写出如图 1-28 所示的各逻辑图对应的逻辑函数式。

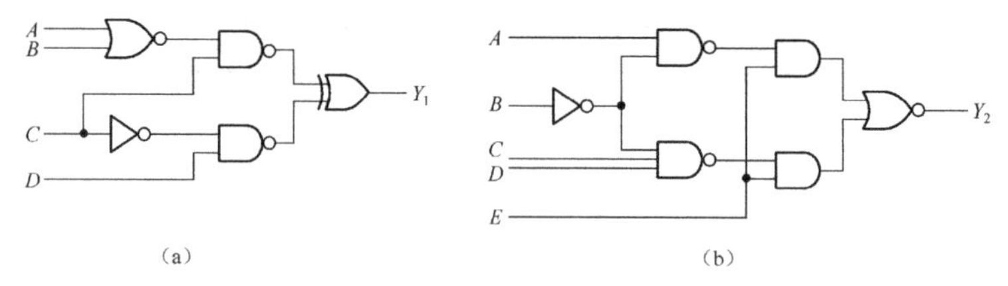

图 1-28　题 1.14 的逻辑图

题 1.15　利用公式法将下列各函数化为最简与或式。

（1）$Y = AB'C + A' + B + C'$

（2）$Y = (A'BC)' + (AB')'$

（3）$Y = AB'CD + ABD + AC'D$

（4）$Y = AB'(A'CD + (AD + B'C')')(A' + B)$

（5）$Y = AC(C'D + A'B) + BC((B' + AD)' + CE)'$

（6）$Y = AC + AC'D + AB'E'F' + B(D \oplus E) + BC'DE' + BC'D'E + ABE'F$

题 1.16　写出图 1-29 中各逻辑图的逻辑函数式，并化简为最简与或式。

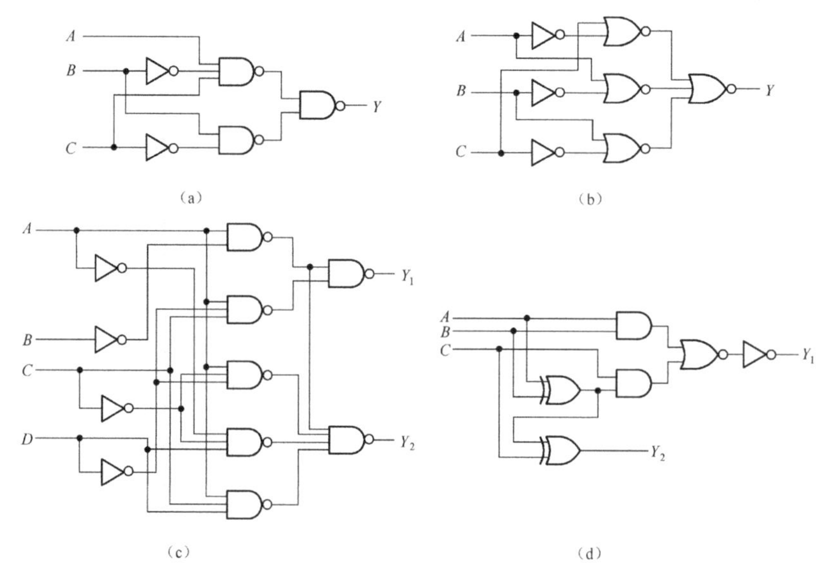

图 1-29　题 1.16 的逻辑图

题 1.17　将下列各函数式化为最小项之和的形式。

（1）$Y = A'BC + AC + B'C$

（2）$Y = AB + ((BC)'(C' + D'))'$

（3）$Y = AB'C'D + BCD + A'D$

（4）$Y = ((A \oplus B)(C \oplus D))'$

题 1.18　检查图 1-30 中各卡诺图的圈法是否正确。

题 1.19　利用卡诺图将下列各函数式化为最简与或式。

（1）$Y = AB + BC + A'C'$

（2）$Y = AB'C' + A'B' + A'D + C + BD$

（3）$Y = A'(B'C + B(CD' + D)) + ABC'D$

（4）$Y = ABC + ABD + C'D' + AB'C + A'CD' + AC'D$

（5）$Y(A,B,C) = \sum m(1,4,7)$

（6）$Y(A,B,C,D) = \sum m(0,1,2,5,8,9,10,12,14)$

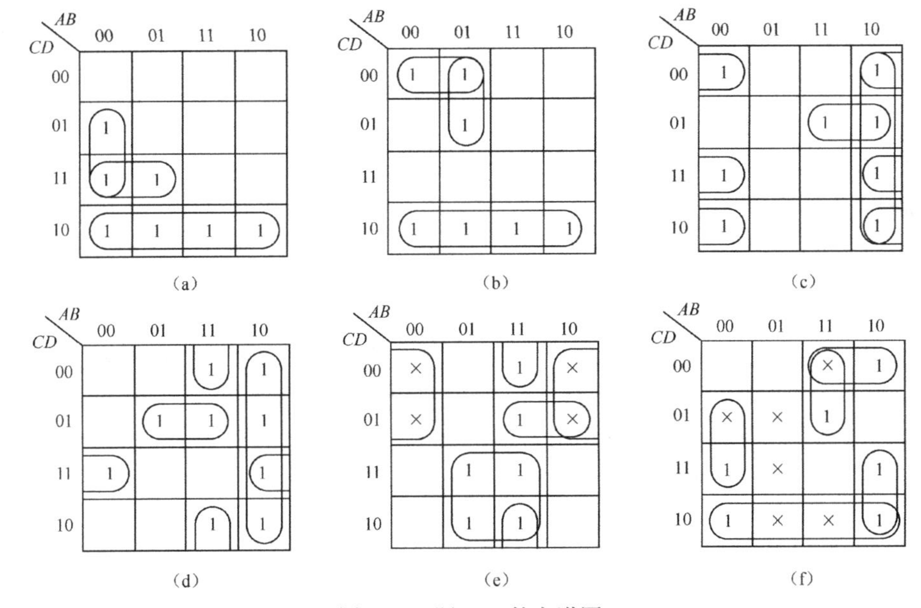

图 1-30　题 1.18 的卡诺图

题 1.20　将下列具有约束项的函数化成最简与或形式。

（1）$Y = (A + C + D)' + A'B'CD' + AB'C'D$，给定的约束条件为 $AB'CD' + AB'CD + ABC'D' + ABC'D + ABCD' + ABCD = 0$。

（2）$Y = CD'(A \oplus B) + A'BC' + A'C'D$，给定的约束条件为 $AB + CD = 0$。

（3）$Y(A,B,C,D) = \sum m(3,5,6,7,10) + \sum d(0,1,2,4,8)$。

（4）$Y(A,B,C,D) = \sum m(2,3,7,8,11,14) + \sum d(0,5,10,15)$。

（5）$Y(A,B,C) = \sum m(0,1,2,4) + \sum d(3,5,6,7)$

题 1.21　只用与非门画出 Y=A(BC)’+((AB’)’+A’B’+BC)’的逻辑电路图。

第2章　逻辑门电路

内容提要

在数字电路中，实现逻辑运算功能的电路称为逻辑门电路，简称门电路。

本章首先介绍二极管、三极管的开关特性和由分立元件构成的门电路，然后重点讨论TTL和CMOS两种通用集成门电路。

对于两种集成门电路，在讲解电路内部结构和工作原理的同时，着重讨论它们的电气特性和主要参数，为正确使用集成逻辑门器件打好基础。

教学基本要求

1．了解半导体二极管、三极管和MOS管的开关特性。

2．了解TTL、CMOS门电路的组成和工作原理。

3．掌握典型TTL、CMOS门电路的逻辑功能、特性、主要参数和使用方法。

4．掌握各种门的逻辑符号画法及含义，特别注意OC门（集电极开路门）、OD门（漏极开路门）及三态门的工作特点及使用条件。

5．了解TTL门、CMOS门电路使用时应注意的问题。

重点内容

本章的重点内容是两种集成逻辑门的电气特性和使用问题。因两种器件的外部特性很多，理清特性的内容和相关参量，做好比对和总结，是掌握这些电气特性的关键所在。另外，区分各种门的逻辑符号画法及含义，是正确使用集成逻辑门电路的前提。

2.1　半导体二极管门电路

2.1.1　二极管的开关特性

1. 二极管的开关作用

二极管具有单向导电性，即外加正向电压时导通，外加反向电压时截止，相当于开关的闭合和断开。虽然由于二极管具有非线性特性，它并不是理想的开关，但是在多数情况下将这个特性做合理的近似可把二极管近似成等效开关，用于工程中一般均能满足实际要求，并可以简化电路分析和设计过程。

如图 2-1 所示为二极管电路，表 2-1 列出了二极管的开关状态及常用等效电路。

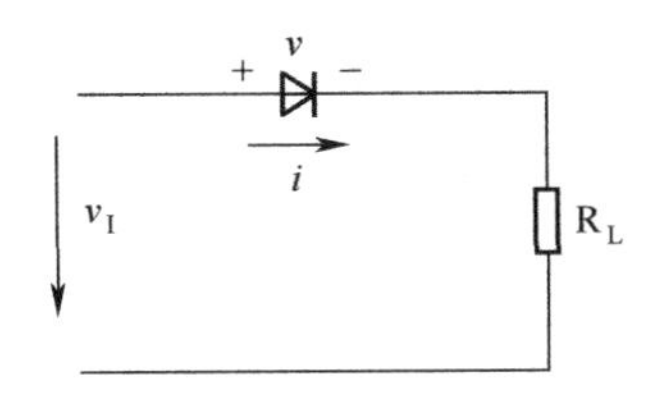

图 2-1　二极管电路

表 2-1　二极管的开关状态及常用等效电路

工作状态	截　止	导　通
电压判断条件	外加反向电压或外加正向电压小于开启电压 V_{ON}	外加正向电压大于开启电压 V_{ON}
二极管极性	− D + ; i	+ D − ; i
近似特性	i, O, v, V_{ON}	（1）二极管两端电压小于 V_{ON} 以后，二极管截止，等效电阻很大，电流近似为零。 （2）二极管两端电压大于 V_{ON} 以后，二极管导通，电流增加时二极管两端的电压等于 V_{ON} 基本不变。 注：图 2-1 中，外加电源电压较低而外加电阻较大时，采用这种近似方法是合理的。本书讨论的开关电路基本符合这种情况
等效电路	− +	V_{ON} ; + −
开关作用	相当于开关断开	相当于开关闭合

2. 二极管的动态开关特性

二极管电路加入快速变化的脉冲信号时，二极管随着信号变化在“开”与“关”两种状态之间转换，这个转换的过程就是二极管的动态开关特性。

在图 2-1 的电路中，输入如图 2-2（a）所示的脉冲信号。在信号平稳的 $0 \sim t_0$ 和 $t_0 \sim t_1$ 时间段，流经二极管的电流 i 基本符合单向导电特性。反向电压作用下二极管截止，电流为反向电流 I_S（I_S 是一个很小的电流，一般情况下可以忽略不计）；正向电压时，二极管导通，本身只有很小的正向导通压降 V_{ON}（硅二极管大约为 0.7V，锗二极管大约为 0.3V），正向电流为

$$I_F = \frac{V_F - V_{ON}}{R_L}$$

但在输入电压突然跳变的 t_0 和 t_1 时刻，二极管要在截止和导通状态之间转换，t_0 和 t_1 瞬间的电流都滞后于电压的变化。特别在 t_1 时刻，输入电压虽然已经变成反向，按照理想情况二极管状态应该立即转为截止，电流是很小的反向电流 I_S，波形如图 2-2（b）所示。但实际二极管不能瞬间截止，电流由正向的 I_F 随电压变化到很大的反向电流 I_R，只有经过反向恢复时间 t_{re} 后二极管才恢复到截止状态，t_{re} 是指反向电流从峰值衰减到峰值的十分之一所经过的时间，是 t_1 时刻二极管由导通转为截止所需要的时间。虽然 t_0 时刻二极管截止转为导通也需要时间，但它远比 t_{re} 小，可以忽略。电流实际波形如图 2-2（c）所示。

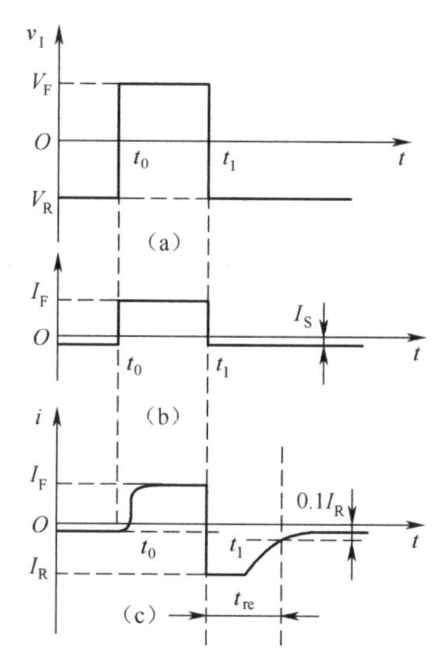

图 2-2　二极管开关的动态特性

3．开关二极管的动态参数

反向恢复时间 t_{re} 是开关二极管特有的参数。用来衡量开关速度的快慢。t_{re} 产生的主要原因是当二极管正向导通时，多数载流子扩散到对方区域，在 PN 结两侧存储大量扩散电荷。当外加电压突然反向时就有较大的瞬态反向电流流过，随着存储电荷的消散，反向电流减小并趋于稳态的反向电流 I_S。

t_{re} 定量地描述了反向电流的持续时间，它和外加正向电压的大小、反向电压的大小及外电路的阻值有关，也和二极管本身的内部特性有关。t_{re} 值越小，开关速度越快，允许的信号频率越高。工程中应考虑开关二极管允许信号频率的限制，因为在信号频率过高的情

况下，二极管将失去开关作用。

2.1.2　二极管门电路

二极管门电路是最简单的门电路，主要为二极管或门和二极管与门。

1. 二极管或门

两输入端的二极管或门电路和逻辑符号如图 2-3 所示。设输入高低电压分别为 3V 和 0V，二极管的正向导通压降 V_{ON} 为 0.7V。运用穷举法列出 4 组可能的输入电平组合，容易得到只要有一个输入端输入高电平 3V，对应的二极管就会导通，输出电平被钳制在 2.3V。同理，整理得到表 2-2。如果规定高于 2V 为高电平，用逻辑 1 表示，而低于 0.8V 为低电平，用逻辑 0 表示，则由表 2-2 可抽象成如表 2-3 所示的真值表，显然 Y 和 A、B 是或逻辑关系。

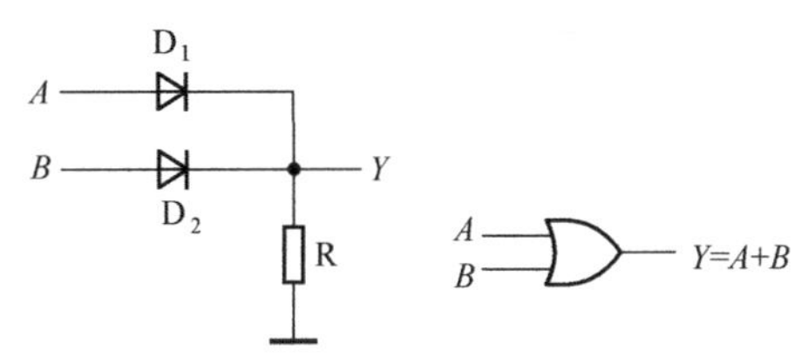

图 2-3　二极管或门电路图和逻辑符号

表 2-2　或门输入、输出电压的关系

A/V	B/V	Y/V
0	0	0
0	3	2.3
3	0	2.3
3	3	2.3

表 2-3　或门逻辑真值表

A	B	Y
0	0	0
0	1	1
1	0	1
1	1	1

2. 二极管与门

两输入端的二极管与门电路和逻辑符号如图 2-4 所示。设电源电压 V_{CC} 为 5V，其他参数与二极管或门相同。

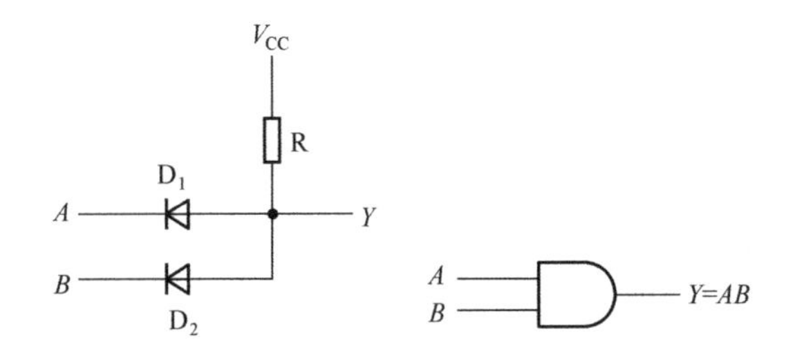

图 2-4　二极管与门电路图和逻辑符号

此电路的工作情况：当 A、B 均为低电平 0V 时，D_1、D_2 均导通，此时 Y=0.7V；当 A、B 中有一个输入为 0V，另一个输入为 3V 时，则连接 0V 输入的二极管导通，钳位作用使输出 Y=0.7V，此时连接 3V 输入的二极管已经反向偏置而截止；当 A、B 均为高电平 3V 时，D_1、D_2 均导通，此时 Y=3.7V。由分析结果可以得到表 2-4。如果规定 2V 以上为高电平，用逻辑 1 表示，而 0.8V 以下为低电平，用逻辑 0 表示，则由表 2-4 可抽象成如表 2-5 所示的真值表，显然 Y 和 A、B 是与逻辑关系。

表 2-4　与门输入、输出电压的关系

A/V	B/V	Y/V
0	0	0.7
0	3	0.7
3	0	0.7
3	3	3.7

表 2-5　与门逻辑真值表

A	B	Y
0	0	0
0	1	0
1	0	0
1	1	1

3. 二极管门电路的使用问题

二极管与门和或门电路虽然结构简单，但存在严重的缺点：

（1）二极管的正向压降将引起信号电平的偏离，特别是在多级门电路串接使用时尤为明显，容易使低电平超出规定的电平范围，从而导致逻辑错误。

（2）二极管门的带负载能力很差。当输出端对地接负载电阻时，负载电阻的改变会显著地影响输出高电平。

所以，二极管一般不单独构成门电路来使用，而是作为门电路的输入级；或仅用做集成电路内部的逻辑单元，而不用它直接驱动负载电路。

2.2　半导体三极管门电路

2.2.1　三极管的开关特性

1. 三极管的开关作用

三极管电路如图 2-5（a）所示，当输入电压 $v_I=0$ 时，三极管基极与发射极电压 $v_{BE}=0$，这时基极电流 $i_B=0$，三极管处于截止状态，工作点是如图 2-5（b）所示的特性曲线中的 A 点。显然，$i_B=0$ 时 $i_C\approx 0$，C、E 两极间只有极微小的电流 I_{CEO} 流过，因此三极管的集电极和发射极之间相当于断开的开关。

当 $v_I>V_{ON}$ 时，有 i_B>0，同时有相应的集电极电流 i_C 流过 R_C 和三极管的输出回路，三极管开始进入放大区。基极电流为

$$i_B=\frac{v_I-v_{BE}}{R_B}$$

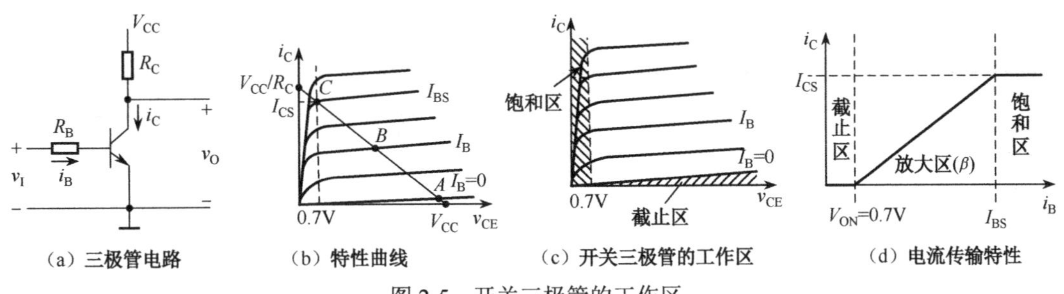

图 2-5 开关三极管的工作区

随着 v_I 增加，i_B 继续上升，i_C 跟随上升，工作点沿负载线由 A 点经 B 点向 C 点方向上升移动。未达到 C 点之前，因 v_{CE}>0.7V，集电结反偏（v_{BC}<0），三极管工作在放大区，此时 $i_C=\beta i_B$，于是有

$$v_{CE}=V_{CC}-i_C R_C=V_{CC}-\beta\, i_B R_C$$

随着 i_B 增加，R_C 上的压降增加，v_{CE} 相应地减小。可见，在放大区 C、E 两极间压降值比较大，不能等效成理想开关作用。

当工作点到达 C 点时，v_{CE}=0.7V，集电结为零偏置，三极管工作在临界饱和状态，特性图 2-5 中的 C 点对应的集电极电流 I_{CS} 称为临界饱和集电极电流，对应的 I_{BS} 称为临界饱和基极电流，于是有

$$I_{CS}=\frac{V_{CC}-0.7}{R_C}\quad ;\quad I_{BS}=\frac{I_{CS}}{\beta}=\frac{V_{CC}-0.7}{\beta R_C}$$

超过工作点 C 以后，i_B 的增加使 v_{CE}<0.7V，集电结变为正向偏置（v_{BC}>0），$i_B>I_{BS}$。由图 2-5（b）可见，i_B 的增加不能使 $i_C=\beta i_B$，因为 $i_C\approx V_{CC}/R_C$ 已经是实际电路的集电极电流的极限值。显然，工作点 C 以后三极管进入饱和区。i_B/i_{BS} 的值称为饱和深度，饱和深度越大，v_{CE} 越小。深饱和时，C、E 两极间电压值 v_{CES} 近似在 0.1V 与 0.3V 之间，因此三极管工作在饱和区时，C、E 两极间相当于闭合的开关。

一般选择三极管的截止状态与饱和状态作为“开关”状态。在开关状态过渡过程中，三极管还要经过放大区，如图 2-5 所示。这样选择的优点是开关状态差异大、不容易发生混淆，进而电路的抗干扰能力强、可靠性高。而同样的原因也决定了其存在工作速度相对较低的缺点。为此，在一些对数字电路工作速度要求严格的场合，选择三极管工作在截止区和放大区，可减小开关状态转换所需要的时间，提高电路工作速度。

三极管除了上述 3 种常见工作状态之外，还存在一种比较特殊的倒置状态。倒置主要指的是发射极和集电极功能上的颠倒。倒置状态时的 PN 结偏置情况和放大状态相反，即发射结反向偏置，集电结正向偏置；电流流动方向与放大状态相反，即发射极流入电流，而集电极流出电流。此时 $i_C=i_B+i_E$，又由于双极型三极管的发射结和集电结物理参数不同（如发射结面积更小），进而发射极流入的电流 i_E 很小，一般情况下可以忽略不计。所以数值上可以认为，倒置状态时 $i_C\approx i_B$。在本章 2.3.1 节的 TTL 反相器电路工作原理部分，当输入高电平时，处于电路输入级的三极管 T_1，就工作在倒置状态。三极管工作状态及特点如表 2-6 所示。

表 2-6　三极管的工作状态及特点

工作状态	截　止	放　大	饱　和	倒　置
判断条件	$i_B \approx 0$ 或 $v_{BE} < 0.7V$	$v_{BE} > 0.7V$ 且 $0 < i_B \leqslant I_{BS}$	$v_{BE} > 0.7V$ 且 $i_B > I_{BS}$	$v_{BC} > 0.7V$ 且 $v_{BE} < 0V$
偏置情况	集电结反偏 发射结反偏	集电结反偏 发射结正偏	集电结正偏 发射结正偏	集电结正偏 发射结反偏
集电极电流	$i_C \approx 0$	$i_C = \beta i_B$	$i_C \approx I_{CS} = \frac{V_{CC} - v_{CES}}{R_C} \approx \frac{V_{CC}}{R_C}$ $I_{BS} \approx I_{CS} / \beta$	$i_C \approx i_B$（电流由集电极流出） i_E输入电流很小
管压降	$v_{CE} \approx V_{CC}$	$v_{BE} \approx 0.7V$ $v_{CE} \approx V_{CC} - i_C \cdot R_C$	$v_{BE} \approx 0.7V$ $v_{CE} \approx v_{CES} = 0.1 \sim 0.3V$	$v_{BC} \approx 0.7V$
等效电路	C B E	C i_B i_C B βi_B 0.7V E	C B 0.7V V_{CES} E	（略）
开关作用	C、E 两极相当于开关断开	——	C、E 两极相当于开关闭合	——

2. 三极管的动态开关特性

在动态情况下，三极管在快速变化的脉冲信号作用下，其状态在截止与饱和导通之间转换，与之对应的三极管内部存在电荷建立和消散过程，这个由动态特性描述。如图 2-6 所示，当三极管电路输入端加入如图 2-6（a）所示的输入脉冲电压时，和二极管动态情形相似，输出的集电极电流 i_C 和输出电压 v_O 均与理想情况不同。实际的波形如图 2-6（b）、（c）所示，上升沿和下降沿均有延迟且滞后明显。开关时间由下列参数描述。

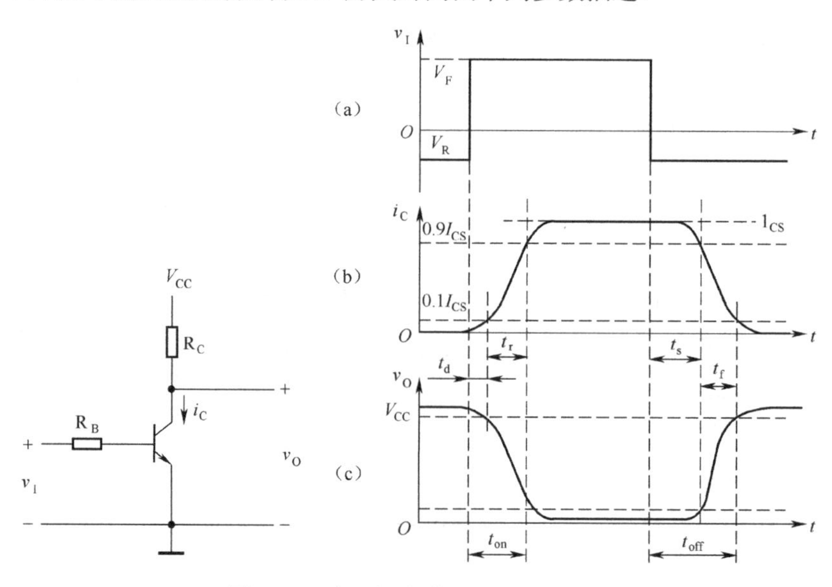

图 2-6　双极型三极管的动态开关特性

1）开启时间t_{on}：$t_{on}=t_d+t_r$

t_d为延迟时间，是从输入信号v_I正跳变时刻开始，到集电极电流i_C上升到 $0.1I_{CS}$所需的时间。t_r为上升时间，是集电极电流从 $0.1I_{CS}$上升到 $0.9I_{CS}$所需的时间。t_{on}是三极管发射结由宽变窄及基区建立电荷所需时间。

2）关闭时间t_{off}：$t_{off}=t_s+t_f$

t_s为存储时间，是从输入信号v_I负跳变时刻开始，到集电极电流i_C下降到$0.9I_{CS}$所需的时间，即三极管由饱和导通转换为放大导通所花费的时间。t_f为下降时间，是集电极电流从$0.9I_{CS}$下降到$0.1I_{CS}$所需的时间。t_{off}主要是清除三极管内存储电荷的时间。

三级管的开启时间和关闭时间总称为三极管的开关时间，一般为几纳秒到几十纳秒，并且有$t_{off}>t_{on}$，$t_s>t_f$，因此t_s的大小是决定三极管开关时间的主要参数。所以，为提高开关速度通常要减轻三极管的饱和深度。

2.2.2 三极管反相器

仔细观察图 2-6 中给出的三极管电路，当三极管工作在开关状态时，即输入为高电平时，输出为低电平；而输入为低电平时，输出为高电平。因此，输出电平与输入电平之间是反相关系，它实际上是一个反相器（非门）。

当输入信号为高电平时，应保证三极管工作在深饱和状态，以使输出低电平接近于零。为此，电路参数的配合必须合适，保证三极管的基极电流大于临界饱和基极电流，即$i_B>i_{BS}$。

【例 2-1】 在如图 2-7 所示的反相器电路中，若V_{CC}=5V，则三极管导通的$V_{BE}=0.7V$，饱和压降v_{CES}=0.3V，β=30，输入的高、低电平分别为V_{IH}=5V 和V_{IL}=0V。

（1）试计算输入高、低电平时对应的输出电平，并说明电路参数的设计是否合理。

（2）试说明电路中哪些参数影响三极管是否饱和？

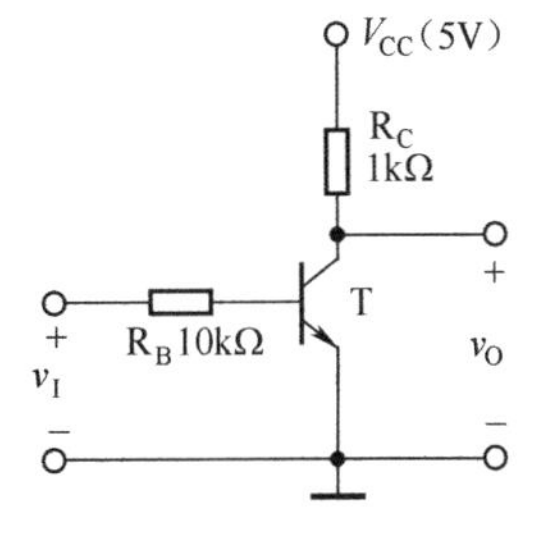

图 2-7 三极管反相器

解：（1）当$v_I=V_{IL}$=0V 时，三极管显然工作在截止状态，$i_B=0$，$i_C=0$，则$v_O=V_{CC}$，电路实现了输入为低电平时，输出为高电平。

当$v_I=V_{IH}$=5V 时，三极管导通，有

$$i_B=\frac{V_{IH}-V_{BE}}{R_B}=\frac{5-0.7}{R_B}=\frac{5-0.7}{10}=0.43(\text{mA})$$

$$I_{BS}\approx\frac{V_{CC}}{\beta R_C}=\frac{5}{\beta R_C}=\frac{5}{30\times1}\approx0.167(\text{mA})$$

显然满足$i_B>I_{BS}$，三极管工作在饱和状态，有$v_O=v_{CES}$=0.3V。

电路实现了输入为高电平时，输出为低电平。因此，图 2-7 电路参数的设计是合理的，实现了反相器功能。

（2）由表2-6可知，三极管饱和状态的电流判断条件是$i_B > I_{BS}$，于是有

$$\frac{V_{IH}-V_{BE}}{R_B} > \frac{V_{CC}}{\beta R_C}$$

明显看出，在输入电压V_{IH}和电源电压V_{CC}一定的情况下，R_B越小，R_C越大，β越大，三极管越容易饱和。在设计实际电路时，如果需要三极管工作在饱和状态，可通过选择这些参数实现。

2.3 TTL集成门电路

集成逻辑门是最基本的数字集成电路。所谓集成电路，通常是指把电路中的半导体器件、电阻、电容及导线制作在一块半导体基片上并封装在一起，而数字集成电路是用来处理数字信号的集成电路。与分立元件门电路相比，集成门电路的特点是体积小、重量轻、功耗低、价格便宜、可靠性高。

根据半导体芯片上集成的门数多少或元器件的多少，区分集成电路的集成规模或集成度。数字集成电路通常按下面标准划分集成规模等级。

小规模集成电路——SSI：一个芯片上有1～12个门，而元件为10～100个。

中规模集成电路——MSI：一个芯片上有13～99个门，而元件为10^2～10^3个。

大规模集成电路——LSI：一个芯片上有100个门以上，而元件为10^3个以上。

超大规模集成电路——VLSI：一个芯片上有上万个门，而元件数可达数十万个。

本节主要介绍TTL集成门电路，它属于小规模集成电路。

2.3.1 TTL反相器电路结构及原理

1．反相器的工作原理

反相器是TTL集成门电路中最基本的一种电路结构。图2-8中给出了74系列TTL反相器的典型电路。因为这种类型电路的输入端和输出端均为三极管结构，所以称为三极管-三极管逻辑电路（Transistor-Transistor Logic），简称TTL电路。

如图2-8所示的电路由三部分组成：T_1、R_1和D_1组成的输入级；T_2、R_2和R_3组成的倒相级（中间级）；T_4、T_5、D_2和R_4组成的输出级。

设电源电压V_{CC}=5V，输入信号的高、低电平分别为V_{IH}=3.6V、V_{IL}=0.2V，PN结导通压降为0.7V。

1）输入为低电平V_{IL}=0.2V

当输入端A接低电平0.2V时，T_1发射结导通，T_1的基极电位被钳位到$v_{B1}=0.9V$。而此时，要使T_1的集电结和T_2的发射结这两个串联的PN结导通，需要$v_{B1}=0.7\times2=1.4(V)$；要使T_5的发射结也同时导通，需要$v_{B1}=0.7\times3=2.1(V)$。显然，这两个条件都不具备，所以T_2、T_5都截止。由于T_2截止，流过R_2的电流仅为T_4的基极电流，这个电流

较小，所以在 R_2 上产生的压降也较小，可以忽略，所以 $v_{B4} \approx V_{CC} = 5V$，使 T_4 和 D_2 导通，则有

$$v_O \approx V_{CC} - V_{BE4} - V_D = 5 - 0.7 - 0.7 = 3.6(V)$$

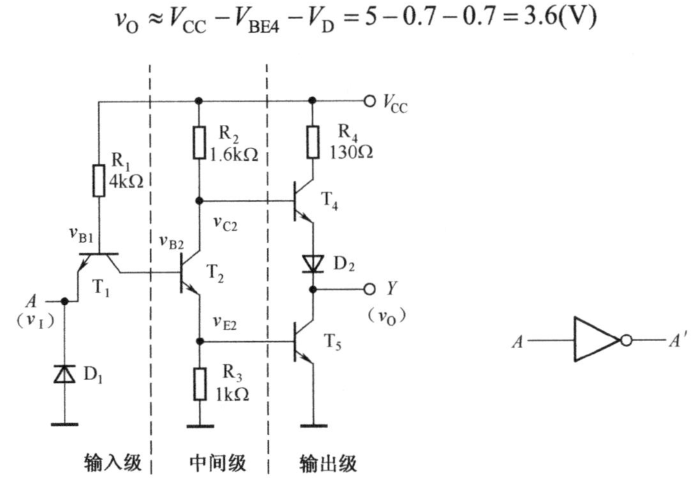

图 2-8 TTL 反相器电路与逻辑符号

将上述分析的电路中各点电位情况标示在图 2-9（a）中，它可实现：当输入为低电平时，输出为高电平。

2）输入为高电平 V_{IH}=3.6V

当输入端 A 接高电平 3.6V 时，T_1 的发射结不可能导通。若导通，则有 v_{B1}=3.6+0.7=4.3(V)，4.3V 的电压足以使 T_1 的集电结和 T_2、T_5 的发射结这 3 个串联的 PN 结导通。而这 3 个 PN 结同时导通，由于钳位作用，$v_{B1} = 0.7 \times 3 = 2.1(V)$，从而使 T_1 的发射结因反偏而截止。所以，此时 T_2、T_5 导通且饱和导通。

由于 T_5 饱和导通，输出电压为 $v_O = V_{CES5} \approx 0.2V$。

这时 $v_{E2} = v_{B5} = 0.7V$，而 $V_{CES2} \approx 0.3V$，故有 $v_{C2} = v_{E2} + V_{CES2} = 1V$。1V 的电压作用于 T_4 的基极，使 T_4 和二极管 D_2 都截止。

将上述分析的电路中各点电位标注在图 2-9（b）中，它可实现：当输入为高电平时，输出为低电平。

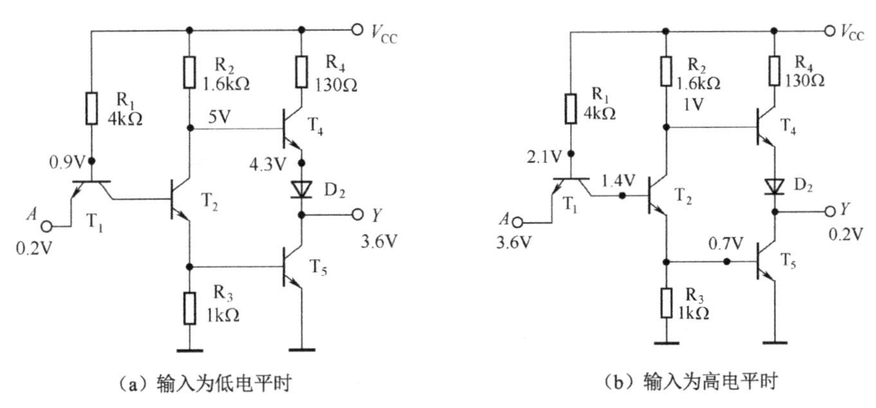

图 2-9 反相器工作状态

该电路完成了输入与输出的“逻辑非”功能，是一个 TTL 反相器。

2. 等效电路分析

图 2-10 所示电路是将输入级的三极管 T_1 等效为两个背靠背的二极管（即 NPN 三极管）的结构模型。当仅分析三极管的非线性状态饱和与截止时，用其结构模型分析更容易理解。

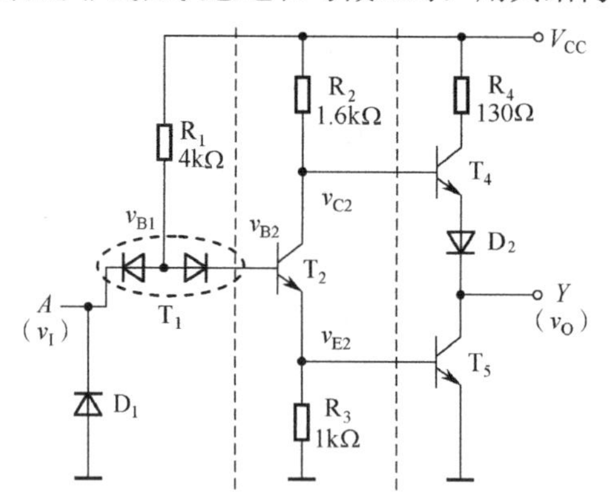

图 2-10 TTL 反相器等效电路

1）输入为低电平（V_{IL}=0.2V）

当 A 点输入电压为 0.2V 时，T_1 的发射结导通，即三极管 T_1 导通。T_1 基极电位被钳制在 0.2V+0.7V=0.9V。而 T_1 基极电位的 0.9V 显然不能使 T_1 的集电结和 T_2 的发射结同时导通（导通至少需要两个串联 PN 结压降，定性为 0.7V+0.7V=1.4V）。所以，T_2 截止，进而 T_5 截止。输出端 Y 好像与 T_5 的集电极支路断开一样。T_2 截止，T_4 基极电位被抬高。所以，T_4 和 D_2 支路导通，输出电平为 T_4 基极电位（大约为 5V）减去两个 PN 结压降后的 3.6V，输出高电平。（如有兴趣可考虑：此时 T_4 是饱和导通，还是放大导通状态？）

2）输入为高电平（V_{IH}=3.6V）

当 A 点输入电压为 3.6V 时，假设 T_1 的发射结导通，则 T_1 基极电位会被钳制在 3.6V+0.7V=4.3V。考察从 T_1 的基极开始经由 T_1 集电极的右下支路，再经过 T_2 和 T_5 的发射结，最终到参考零点，正好是 3 个正向偏置的 PN 结串联。而使 3 个 PN 结同时导通只需要 2.1V，所以前面假设 T_1 发射结导通，T_1 基极电位为 4.3V 是不成立的！T_1 基极电位最高为 2.1V（T_1 的发射结此时处于反向偏置的截止状态，这也是为什么 TTL 门输入高电平时输入电流 I_{IH} 很小的原因，此时 T_1 工作在倒置状态），并且 T_2 和 T_5 同时饱和导通。T_5 饱和导通，决定了 T_5 基极电位为 0.7V（即 T_2 的发射极电位 $V_{E2}\approx$0.7V）；T_2 饱和导通，决定了其集电极与发射极之间的饱和导通压降 $V_{CES2}\approx$0.3V。所以，T_4 基极电位为 $V_{E2}+V_{CES2}\approx$1V，而 1V 不能使 T_4 的发射结和 D_2 同时导通（导通至少需要两个串联 PN 结压降）。所以，T_4 截止，相当于 T_4 的发射极支路与输出端 Y 断开一样。输出电平为三极管 T_5 的集电极与发射极之间的饱和导通压降 $V_{CES5}\approx$0.3V，输出低电平。

3. 反相器的结构特点

如图 2-8 所示，由于 T_2 集电极输出的电压信号和发射极输出的电压信号变化方向相反，所以将这一级称为倒相级。输出级的工作特点是在稳定状态下 T_4 和 T_5 总是一个导通而另一个截止，这可以有效地降低输出级的静态功耗并提高负载驱动能力。通常将这种形式的电路称为推拉式（push-pull）电路或图腾柱（totem-pole）输出电路。为确保 T_5 饱和导通时 T_4 可靠地截止，在 T_4 的发射极下面串联了二极管 D_2，起到电平偏移的作用。

D_1 是输入端钳位二极管，它既可以抑制输入端可能出现的负极性干扰脉冲，又可以防止输入电压为负时 T_1 的发射极电流过大，起到保护作用。这个二极管允许通过的最大电流约为 20mA。

2.3.2 TTL 反相器的电压传输特性和抗干扰能力

1. 电压传输特性曲线

电压传输特性曲线是指输出电平与输入电平之间的对应关系曲线，即 $v_O = f(v_I)$，其测试电路如图 2-11（a）所示，当输入电压从 0V 逐步增加到+5V 时，测得的反相器的电压传输特性曲线如图 2-11（b）所示。电压传输特性曲线可以分成 4 部分。

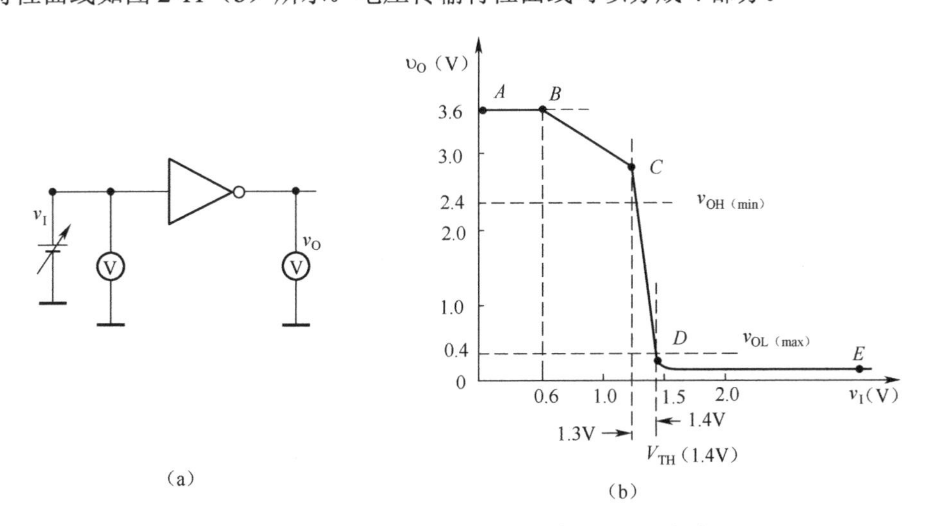

图 2-11 TTL 反相器的电压传输特性与测试电路

1）*AB* 段（截止区）0V< v_I <0.6V

在这段输入电压范围内，T_1 处于深饱和（设深饱和压降 $V_{CES1} = 0.1V$），T_2、T_5 截止，T_4、D_2 导通，输出电压 $v_O = 3.6V$ 基本保持恒定。这时 T_2 的基极为 $v_{B2} = v_I + V_{CES1}$，随着 v_I 的增加 v_{B2} 也在增加，当 $v_{B2} = 0.7V$ 时（这时 $v_I = v_{B2} - V_{CES2} = 0.7 - 0.1 = 0.6V$），$T_2$ 开始导通，导通以后由于有了 i_{C2}，使 R_2 上的压降增大，v_O 开始下降。所以，*B* 点坐标等于 $v_I(B) = 0.6V$，*B* 点就是 T_2 开始导通的临界点。

2）*BC* 段（线性区）0.6V≤ v_I <1.3V

$v_I \geq 0.6V$，即过了 *B* 点以后，T_2 导通。在这段区间内，T_1 仍处于饱和状态，T_2 处于放大状态。因为 $v_{B2} < 1.4V$，$v_{B5} < 0.7V$，故 T_5 仍截止，T_4、D_2 仍导通。随着 v_I 的增加 v_{B2}

也增加，i_{C2} 线性增加，v_{C2} 线性下降，v_O 随之线性下降，因此这段曲线称为线性区。

当输入电压增加到 1.3V 时，$v_{B2}=1.4V$，$v_{E2}=0.7V$，T_5 开始导通。所以，C 点坐标等于 $v_I(C)=1.3V$，C 点就是 T_5 开始导通的临界点。

3）CD 段（转折区）$1.3V \leqslant v_I \leqslant 1.4V$

v_I 继续升高，V_{B2}、V_{E2} 也升高，T_5 基极电流迅速增大，并且随 V_I 的增加 T_5 由导通转变到饱和，输出电压急剧下降。CD 段就是电路由输出高电平转换为低电平的阶段，因此称为转折区。D 点坐标为 $v_I(D)\approx 1.4V$。

由于 T_2、T_4、T_5 在 CD 段都处于放大状态，v_I 的微小增加都会使 T_2 的电流迅速增加，从而使 T_5 的电流迅速增加，使 T_5 迅速进入饱和区，所以曲线很陡峭。阈值电压 $V_{TH}=1.4V$。

4）DE 段（饱和区）$v_I>1.4V$

T_5 进入饱和区以后，v_I 再增加，而 v_O 无明显变化，但电路内部过程尚未完全结束。随着 v_I 继续升高，T_1 转为倒置工作状态，T_1 的基极电流完全注入 T_2 的基极，使 T_2 进入饱和状态，v_{C2} 下降为 1V，T_4、D_2 截止，电路进入输出低电平的稳定状态。

2．与传输特性相关的产品参数

输出高电平电压 V_{OH}：产品规定输出高电压的最小值 $V_{OH(min)}=2.4V$，即大于 2.4V 的输出电压就可称为输出高电压 V_{OH}。

输出低电平电压 V_{OL}：产品规定输出低电压的最大值 $V_{OL(max)}=0.4V$，即小于 0.4V 的输出电压就可称为输出低电压 V_{OL}。

输入低电平电压 V_{IL}：在如图 2-11 所示的电压传输特性曲线上，由 $V_{OH(min)}=2.4V$ 对应的输入电压可得到输入低电平的上限值 $v_I=1.3V$。为保证稳定性，产品规定 $V_{IL(max)}=0.8V$。

输入高电平电压 V_{IH}：在如图 2-11 所示的电压传输特性曲线上，由 $V_{OL(max)}=0.4V$ 对应的输入电压可得到输入高电平的上限值 $v_I=1.4V$。同样，产品规定 $V_{IH(min)}=2.0V$。

阈值电压 V_{TH}：指电压传输特性的转折区所对应的输入电压，即决定输出高、低电平的分界线。V_{TH} 的值近似为 1.4V。在近似分析时，可以认为当 $v_I<V_{TH}$ 时，反相器输出“1”状态；当 $v_I>V_{TH}$ 时，反相器输出“0”状态。

3．抗干扰能力

在实际应用中总是由若干个门电路组成一个数字系统，前一个门电路的输出电压就是后一个门电路的输入电压。在图 2-12 中，若 G_1 输出低电压，则 G_2 输入也为低电压。如果由于某种干扰，使 G_2 的输入低电平高于输出低电平的最大值 $V_{OL(max)}=0.4V$，如图 2-12 所示，只要这个值不超过 $V_{IL(max)}=0.8V$，逻辑关系仍是正确的。因此，在输入低电压时，低电平噪声容限 V_{NL} 按下

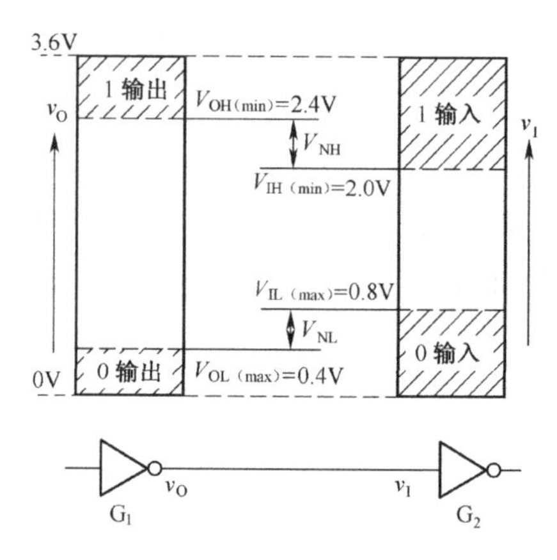

图 2-12　噪声容限图解

式计算：

$$V_{NL}=V_{IL(max)}-V_{OL(max)}=0.8-0.4=0.4(V)$$

若前一个门 G_1 输出为高电平，则后一个门 G_2 输入也为高电平。如果由于某种干扰，使 G_2 的输入高电压低于输出高电压的最小值 $V_{OH(min)}=2.4V$，从如图 2-12 所示的电压传输特性曲线上看，只要这个值不小于 $V_{IH(min)}=2.0V$，逻辑关系仍是正确的。因此，在输入高电平时，高电平噪声容限 V_{NH} 按下式计算：

$$V_{NH}=V_{OH(min)}-V_{IH(min)}=2.4-2.0=0.4(V)$$

噪声容限表示门电路的抗干扰能力。V_{NL} 是输入低电平最大允许的干扰电压，V_{NH} 是输入高电平最大允许的干扰电压。显然，噪声容限越大，电路的抗干扰能力就越强。

2.3.3　TTL 反相器的静态输入特性、输出特性和负载能力

1．反相器的输入特性

输入特性应描述输入电流 i_I 跟随输入电压 v_I 变化的关系，如图 2-13（a）所示。为了分析方便，把如图 2-8 所示的 TTL 反相器内部电路简化成如图 2-13（b）所示的电路形式。对应的静态输入特性如图 2-13（c）所示。

因为反相器静态时工作在“逻辑非”状态，因此重点分析输入信号是高电平或是低电平这两种情况下的输入电流与电平的关系。

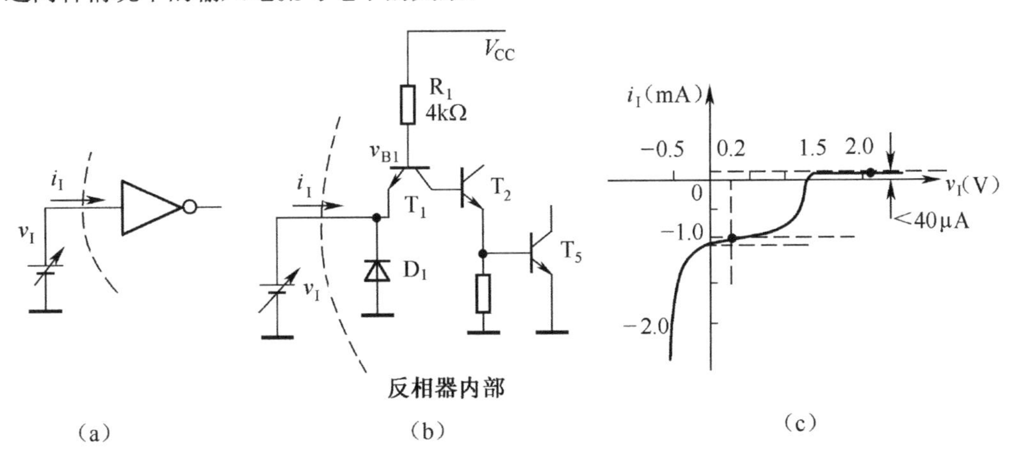

图 2-13　TTL 反相器的输入特性与测试电路

（1）输入低电平的电流 I_{IL}：指当门电路输入端接低电平时流经输入端的电流。

当 $V_{CC}=5V$，$v_I=V_{IL}=0.2V$ 时，输入低电平电流为

$$I_{IL}=-\frac{V_{CC}-v_{BE1}-V_{IL}}{R_1}\approx -1\,(mA)$$

$v_I=0$ 时的输入电流称为输入短路电流 I_{IS}。显然，I_{IS} 的数值比 I_{IL} 的数值要略大一些。在做近似分析计算时，可以看成 $I_{IS}\approx I_{IL}=-1mA$。

（2）输入高电平的电流 I_{IH}：指当门电路输入端接高电平时流经输入端的电流。

当 $v_I=V_{IH}=3.6V$ 时，如图 2-13（b）所示，T_1 处于 $v_{BE}<0$、$v_{BC}>0$ 的状态，即 T_1 的发射结反偏，集电结正偏，工作在倒置状态。倒置状态下三极管的电流放大系数 β_i 极小（在 0.01 以下），可以近似认为 $\beta_i=0$，则这时的输入电流只是 BE 结的反向电流，所以高电平输入电流 I_{IH} 很小。74 系列门电路每个输入端的 $I_{IH}<40\mu A$。

当 $v_I=-0.5V$ 左右时，TTL 反相器的保护二极管 D_1 导通，电流虽然急剧增加，但输入端电压被钳位在−0.5V 左右。根据如图 2-13（a）所示的电路可以测试得到输入电流随输入电压变化的关系曲线，即输入特性曲线，如图 2-13（c）所示。

分析输入电压介于高、低电平之间情况比较复杂，但这种情况通常发生在输入信号瞬态转换的暂态中，这里不做详细分析。

2. 反相器的输入端负载特性

门电路在实际应用中，有时需要在输入端与地之间或输入端与信号的低电平之间接入电阻 R_P，如图 2-14（a）所示。因为有输入电流流过 R_P，这样就必然会在 R_P 上产生压降，从而形成输入端电位值 v_I。

反相器输入端负载特性描述的是当输入端接入的电阻 R_P 的阻值改变时，引起 R_P 两端的压降值 v_I 的变化情况。输入端负载特性曲线如图 2-14（c）所示。

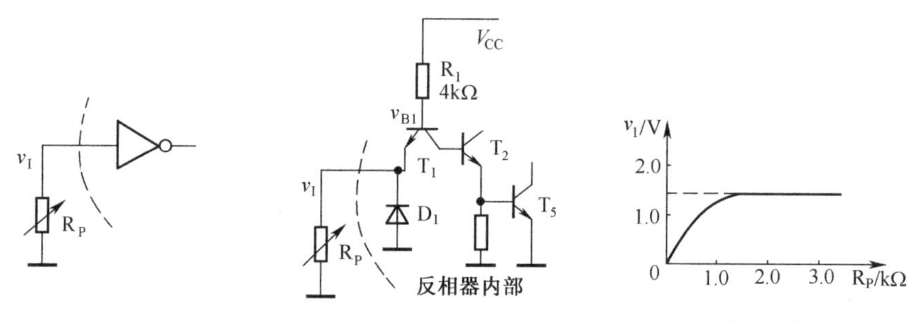

（a）反相器输入端负载情况　（b）输入端负载和反相器内部电路的连接　（c）输入端负载特性曲线

图 2-14　TTL 反相器输入端负载特性

1）关门电阻：$R_{off}=0.7k\Omega$

由图 2-14（b）可见，在 $R_P \ll R_1$ 的条件下，R_P 产生的压降值 v_I 比较低，这时只有 T_1 正向导通（T_2 和 T_5 截止），有

$$v_I=\frac{R_P}{R_P+R_1}(V_{CC}-V_{BE1})$$

这表明，v_I 几乎与 R_P 成正比，由此公式不难计算：

$$R_P \approx 0.7\,k\Omega \;；\quad v_I<V_{IL(max)}=0.8V$$

因此 $R_P<0.7k\Omega$，相当于 v_I 输入是低电平，反相器三极管 T_5 工作在截止区，则 v_O 输出高电平，称 $R_{off}=0.7k\Omega$ 为关门电阻。

2）开门电阻：$R_{on}=2.0k\Omega$

由图 2-14（b）可见，R_P 增大到 2.0kΩ时，使 v_I 上升到 1.4V，此时 T_2 和 T_5 的发射结同

时导通，将v_{B1}钳位在2.1V左右，所以即使R_P再增大，v_I也不会再升高了，特性曲线是趋于v_I=1.4V的一条水平线。

因为R_P>2.0kΩ，将v_{B1}钳位在2.1V，T_2和T_5同时导通，反相器三极管T_5工作在饱和区，相当于v_I输入高电平，v_O输出低电平，因此称R_{on}=2.0kΩ为开门电阻。

3. 反相器的输出特性

TTL反相器在实际工作时，输出端总要接其他电路，这些接入的电路称为反相器的输出负载。输出特性是指输出电压v_O随输出电流I_L（即负载电流）变化的关系曲线。下面根据反相器两种不同的输出电平情况分别讨论。

1）输出为高电平时的输出特性

当反相器输出高电平V_{OH}时，外部电路如图2-15（a）所示，反相器内部电路中的T_4和D_2导通，T_5截止（图中未画出），输出端的等效电路可以画成如图2-15（b）所示的形式。由图可见，这时T_4工作在发射极输出状态（放大区），电路的输出电阻很小。在负载电流较小的范围内，负载电流i_{OH}的变化对V_{OH}的影响很小。

随着负载电流i_{OH}值的增加，R_4上的压降也随之加大，最终将使T_4的BC结变为正向偏置，T_4进入饱和状态。这时T_4将失去发射极跟随功能，因而V_{OH}随i_{OH}的增加几乎线性地下降。图2-15（c）给出了74系列门电路在输出为高电平时的输出特性曲线。从曲线上可见，在i_{OH}<5mA的范围内V_{OH}变化很小。当i_{OH}>5mA以后，随着i_{OH}的增加V_{OH}下降较快。由于功耗的限制，所以产品手册上给出的高电平输出电流的最大值$i_{OH(max)}$<0.4mA。

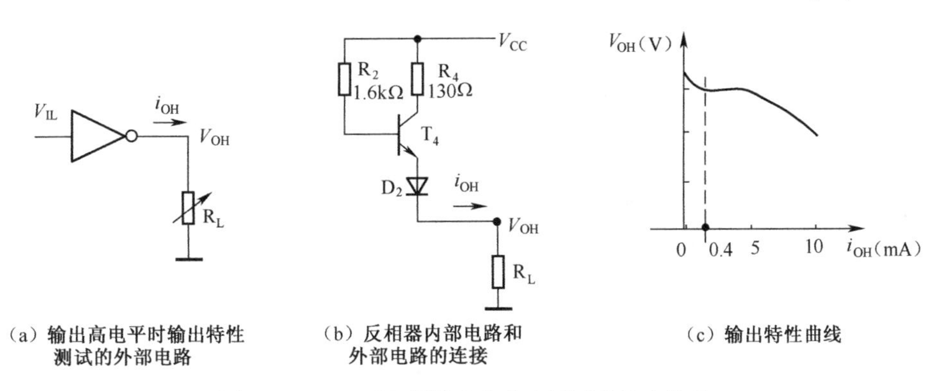

（a）输出高电平时输出特性测试的外部电路　（b）反相器内部电路和外部电路的连接　（c）输出特性曲线

图2-15　TTL反相器输出为高电平时的输出特性

2）输出为低电平时的输出特性

当反相器输出低电平V_{OL}时，外部电路如图2-16（a）所示，反相器内部电路中的T_4和D_2截止（图中未画出），T_5饱和导通，输出端的等效电路可以画成如图2-16（b）所示的形式。由图可见，由于T_5饱和导通时CE间的饱和导通内阻很小（通常在10Ω以内），饱和导通压降很低（通常约为0.1V），所以负载电流i_{OL}增加时输出的低电平V_{OL}仅稍有升高。图2-16（c）是低电平输出特性曲线，可以看出V_{OL}与i_{OL}的关系在较大的范围里基本呈线性。因为输出低电平不得高于$V_{OL(max)}$，所以产品手册上给出的低电平输出电流的最大值$i_{OL(max)}$<16mA。

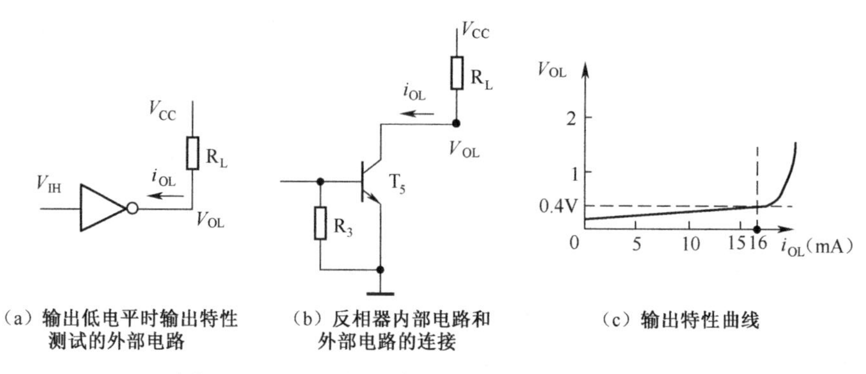

图 2-16　TTL 反相器输出为低电平时的输出特性

4．TTL 反相器的带负载能力

通过前面的分析，我们知道驱动能力和负载轻重可以分别用输出和输入电流的数值大小来衡量，实际上也可以用输入和输出电阻的数值大小来衡量，两者并不矛盾。

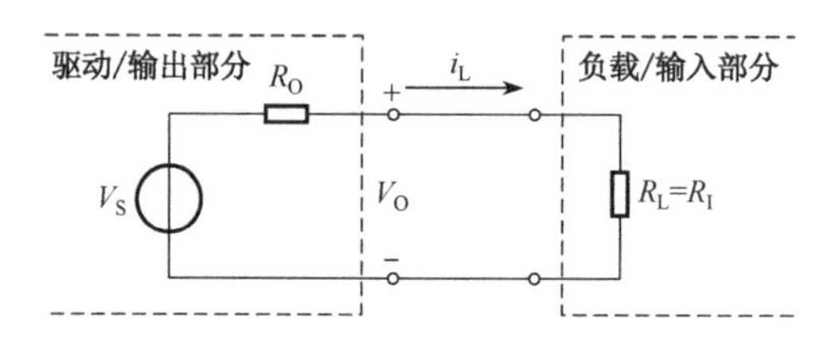

图 2-17　负载与驱动关系原理图

图 2-17 所示电路是典型的电压驱动电路，要求在输出电压 V_O 不变或变化较小的前提下，驱动电路可输出电流要大于或等于负载要求的输入电流。只有满足这样的要求，电路才可以正常工作。输出电流可变化范围越大，其驱动能力越强。此时，电路输出端（驱动端）可以等效为一个电压源 V_S 和电阻 R_O 的串联，R_O 是驱动电路的输出电阻。负载电阻 R_L 实际上是负载电路的输入电阻 R_I。假设负载电流为 i_L，由电路结构可以推导出如下关系：

$$V_O = V_S - R_O i_L \qquad\qquad i_L = i_I = \frac{V_O}{R_I}$$

$\Delta V_O = R_O i_L$ 是驱动端输出电压的变化量，从驱动能力的角度讲，希望其数值越小越好。所以输出电阻 R_O 越小，电路驱动能力越强。同理，负载电流 i_L 越小，引起输出电压 V_O 变化量 ΔV_O 越小，作为负载也就越容易被驱动或说负载轻。而负载电流 i_L 就是负载电路的输入电流 i_I。显然，输入电阻 R_I 越大，输入电流越小，作为负载也就越轻。看到这里可以联系到模拟电子技术，共集电极放大电路之所以适合做电路的输出级，原因之一就是输出电阻小，作为输出级时带负载能力强。

总之，在电压驱动关系电路中，输出电阻越小，带负载能力越强；输入电阻越大其作为负载也就越轻。（但不是绝对的，在电流驱动电路中，结论正好相反。）

在设计电路的时候，设计者主要关注输出和输入电阻；而在使用电路的过程中，关注其输出和输入电流要更方便些。

如图 2-18（a）所示，G_0 称驱动门，G_1～G_N 为 G_0 带的负载门。反相器的带负载能力用其可以驱动同类门的个数 N_0 来表示，N_0 也称为扇出系数。根据驱动门输出电平不同，分两种情况讨论。

1）驱动门输出高电平时的负载能力

反相器输出高电平时带负载情况如图 2-18（b）所示。

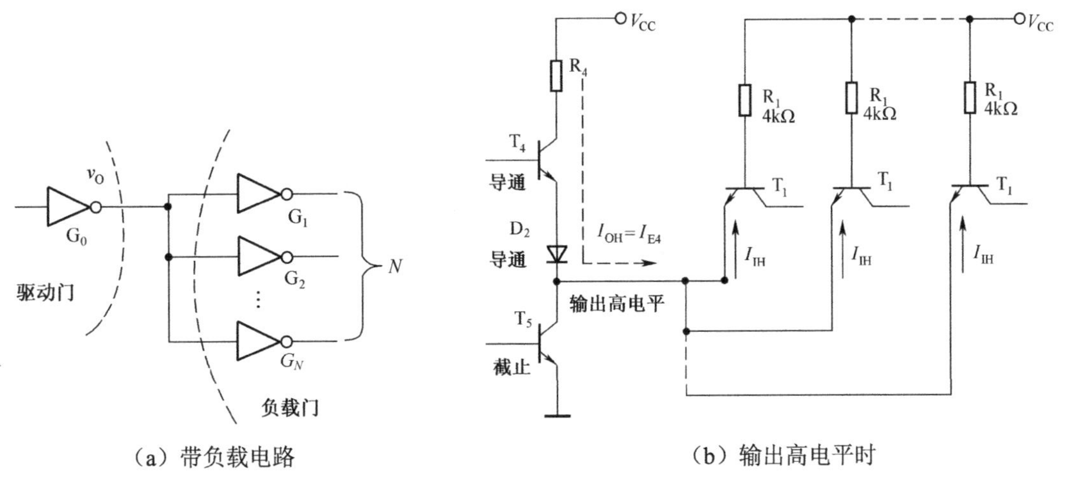

（a）带负载电路　　（b）输出高电平时

图 2-18　TTL 反相器带负载

当驱动门 G_0 输出高电平时，驱动门的 T_4、D_2 导通，T_5 截止。这时电流从驱动门的 T_4、D_2 流出至负载门的输入端。图 2-18（b）中从驱动门 T_4 的发射极流出的电流 i_{E4} 相当于驱动门 G_0 反相器的负载电流 i_{OH}，由图 2-15 可知，应保证 $i_{OH}<i_{OH(max)}$。

由于此时驱动门 G_0 输出 V_{OH}，负载门 G_1～G_N 都输入高电平，每个输入端流入的电流为输入高电平电流 I_{IH}，由图 2-13 中 TTL 反相器的输入特性可知 I_{IH}=0.04mA。考虑驱动门电流的限额 $i_{OH(max)}$=0.4mA，TTL 反相器 G_0 输出高电平时所能驱动同类门的个数为

$$N_{OH} \leqslant \frac{i_{OH(max)}}{I_{IH}} = \frac{0.4}{0.04} = 10$$

N_{OH} 称为 TTL 反相器输出高电平时的扇出系数。

2）驱动门输出低电平时的负载能力

反相器输出低电平时带负载情况如图 2-19 所示。当驱动门 G_0 输出低电平时，驱动门的 T_4、D_2 截止，T_5 饱和导通。这时来自负载门 G_1～G_N 的各输入端电流，共同流经驱动门的导通管 T_5，形成驱动门 G_0 的负载电流 i_{OL}。由如图 2-16 所示的 TTL 反相器输出为低电平时的输出特性可知，应保证 $i_{OL}<i_{OL(max)}$。

由于此时驱动门 G_0 输出 V_{OL}，负载门 G_1～G_N 都输入低电平，每个输入端流出的电流为输入低电平电流 I_{IL}，由图 2-13 的 TTL 反相器的输入特性可知 $I_{IL}\approx 1$mA。所以，负载门的个数增加，直接加大前级驱动门 G_0 的电流 i_{OL}。考虑电流的限额 $i_{OL(max)}$=16mA，TTL 反相器 G_0 输出低电平时所能驱动同类门的个数为

$$N_{OL} \leqslant \frac{i_{OL(max)}}{I_{IL}} = \frac{16}{1} = 16$$

N_{OL} 称为 TTL 反相器输出低电平时的扇出系数。

应取 N_{OL}、N_{OH} 中较小者作为门电路的扇出系数 N_O，这里 $N_O = 10$。对于 TTL 门电路来说，$N_O > 8$。

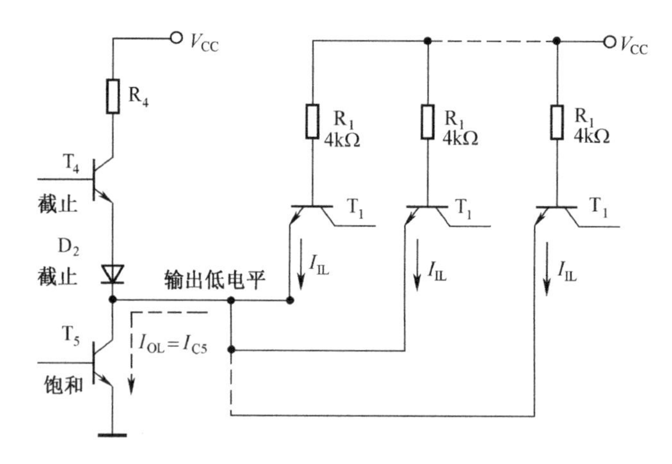

图 2-19　反相器输出低电平时带同类门负载情况

2.3.4　TTL 反相器的动态特性

1. 传输延迟时间 t_{pd}

在 TTL 电路中，由于二极管和三极管存在一定的开关时间，而且还有二极管、三极管及电阻、连接线等的寄生电容存在，所以把理想的矩形电压信号加到 TTL 反相器的输入端时，输出电压的波形不仅要比输入信号滞后，而且波形的上升沿和下降沿也将变坏，如图 2-20 所示。

1）截止延迟时间 t_{PHL}

从输入波形上升沿中点到输出波形下降沿中点的时间间隔，是描述输出电压由高电平跳变为低电平时的传输延迟时间，记做 t_{PHL}。

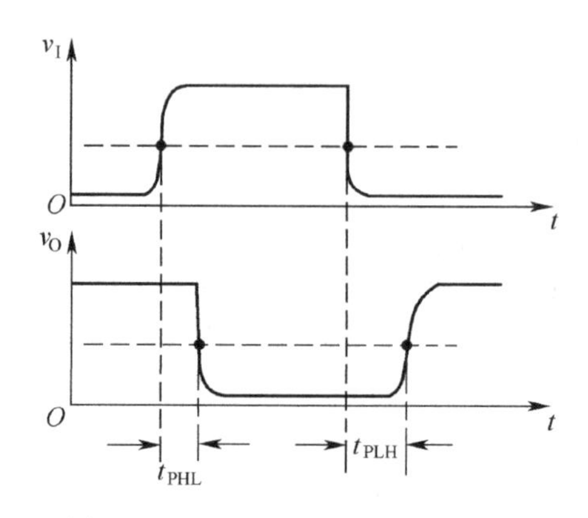

图 2-20　TTL 反相器的动态电压波形

2）导通延迟时间t_{PLH}

从输入波形下降沿中点到输出波形上升沿中点的时间间隔，是描述输出电压由低电平跳变为高电平时的传输延迟时间，记做t_{PLH}。反相器的传输延迟t_{pd}是t_{PHL}和t_{PLH}的平均值，即

$$t_{pd}=\frac{t_{PHL}+t_{PLH}}{2}$$

在74系列TTL门电路中，由于输出级的T_5导通时工作在深度饱和状态，于是T_5因深饱和有电荷存储时间t_s，使它从导通转换为截止时（对应于输出由低电平跳变为高电平时）的开关时间较长，使其略大于t_{PHL}。这些参数可以从产品手册上查出。例如，TI公司生产的反相器SN7404的典型参数为t_{PHL}=8ns，而t_{PLH}=12ns。t_{pd}是反映门电路开关速度的参数，一般约为几纳秒到十几纳秒。

2．电源的动态尖峰电流

1）电源的稳态电流

在稳定状态下，TTL反相器输出高、低电平两种情况下，电源所提供的电流是不同的，如图2-21所示。

当$v_O=V_{OH}$时，设$v_I=V_{IL}=0.2V$，由图2-21（a）可见，这时T_1和T_4导通，T_2和T_5截止。因为输出端没有接负载，T_4没有电流流过，所以电源电流I_{CCH}等于i_{B1}。如果T_1发射结的导通压降为0.7V，则v_{B1}=0.9V，于是得到

$$I_{CCH}=i_{B1}=\frac{V_{CC}-v_{B1}}{R_1}=\frac{5-0.9}{4\times10^3}\approx1(\text{mA})$$

当$v_O=V_{OL}$时，若$V_{IH}\geqslant3.6V$，则T_1、T_2和T_5导通，T_4截止，电源电流I_{CCL}等于i_{B1}与i_{C2}之和。前面已经讲过，当T_2和T_5同时导通时，v_{B1}被钳位在2.1V左右。假定T_5发射结的导通压降为0.7V，T_2饱和导通压降V_{CES}=0.3V，则v_{C2}=1V。于是得到

$$I_{CCL}=i_{B1}+i_{C2}=\frac{V_{CC}-v_{B1}}{R_1}+\frac{V_{CC}-v_{C2}}{R_2}=\left(\frac{5-2.1}{4\times10^3}+\frac{5-1}{1.6\times10^3}\right)\approx3.2(\text{mA})$$

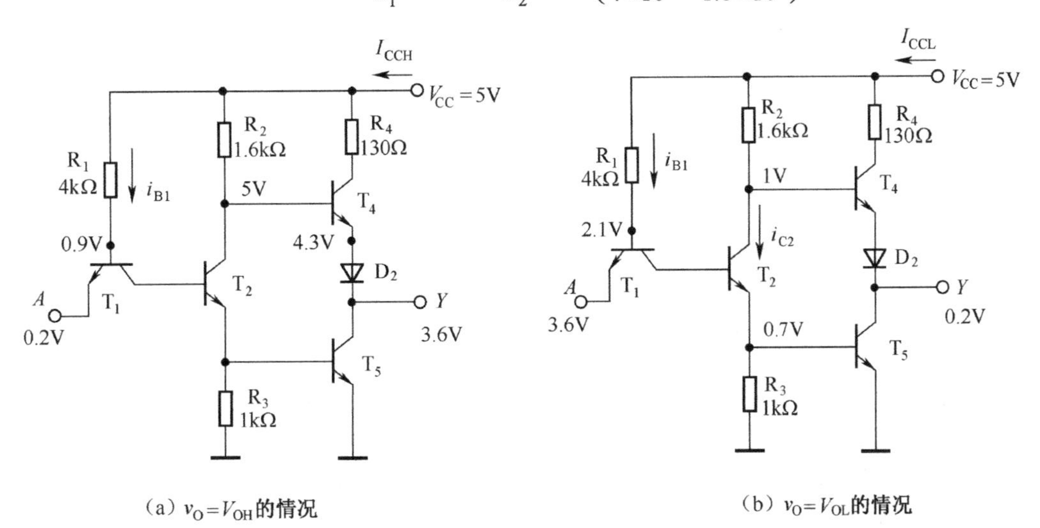

（a）$v_O=V_{OH}$的情况　　（b）$v_O=V_{OL}$的情况

图2-21　TTL反相器电源电流的计算

2）电源的动态尖锋电流

动态情况下，特别是当输出电压由低电平突然转变为高电平的过渡过程中，由于 T_5 原来工作在深度饱和状态，所以 T_4 的导通必然先于 T_5 的截止，这样就出现了短时间内 T_4 和 T_5 同时导通的状态，有很大的瞬间电流流经 T_4 和 T_5，使电源电流出现尖峰脉冲，如图 2-22 所示。

由图 2-23 可见，如果 v_I 从高电平跳变成低电平的瞬间，T_5 尚未脱离饱和导通状态而 T_4 已饱和导通，则电流的最大瞬间值将为

$$
\begin{aligned}
I_{CCM} &= i_{C4} + i_{B4} + i_{B1} \\
&= \frac{V_{CC} - V_{CES4} - v_{D2} - V_{CES5}}{R_4} + \frac{V_{CC} - v_{BE4} - v_{D2} - V_{CES5}}{R_2} + \frac{V_{CC} - v_{BE1} - V_{IL}}{R_1}
\end{aligned}
$$

故得到 $I_{CCM} = \dfrac{5-0.2-0.7-0.2}{130} + \dfrac{5-0.7-0.7-0.2}{1.6\times10^3} + \dfrac{5-0.9}{4\times10^3} = 33.15\times10^{-3} = 33.15(\text{mA})$

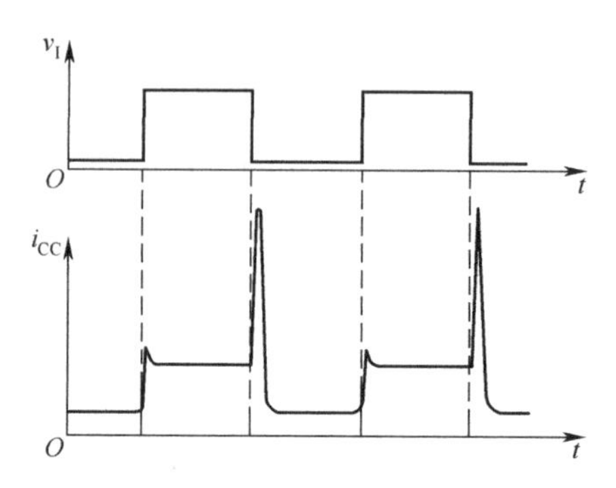

图 2-22　TTL 反相器的电源动态尖峰电流

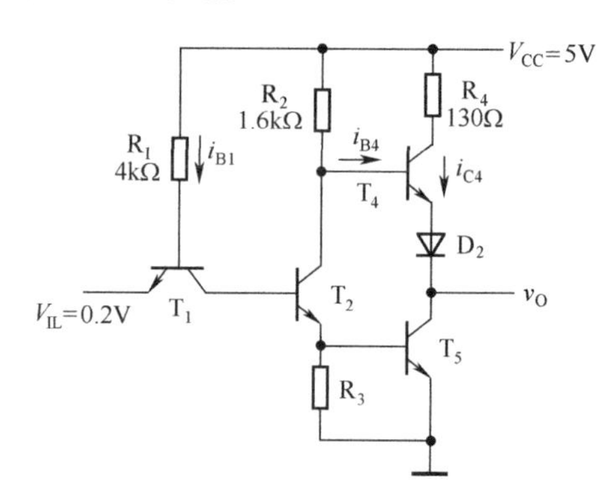

图 2-23　TTL 反相器电源尖峰电流的计算

显然，电源的动态尖峰电流值远大于电源稳态电流值。尖锋电流的影响主要表现为两个方面：

（1）使电源电流的平均值增加。从图 2-22 上不难看出，信号的重复频率越高，门电路的传输延迟时间 t_{PLH} 越长，电流平均值增加得越多，最终使系统的电源功率损耗增大。

（2）产生系统内部的噪声。当系统中有许多门电路转换工作状态时，电源的瞬时尖峰电流数值很大，这个尖峰电流将通过电源线和地线及电源的内阻形成一个系统内部的噪声源。

2.3.5　TTL 门电路的其他类型

1. 其他逻辑功能的门电路

在 TTL 门电路的产品中除了反相器以外还有与门、或门、与非门、或非门、与或非门和异或门等几种常见的类型。尽管它们的逻辑功能各异，但输入端、输出端的电路结构形式与反相器基本相同，因此前面所讲的反相器的输入特性和输出特性对这些门电路也基本适用。

1）与非门

图 2-24 是 74 系列与非门的典型电路。它与图 2-8 所示的反相器电路的区别在于将输入级改成了多发射极三极管。

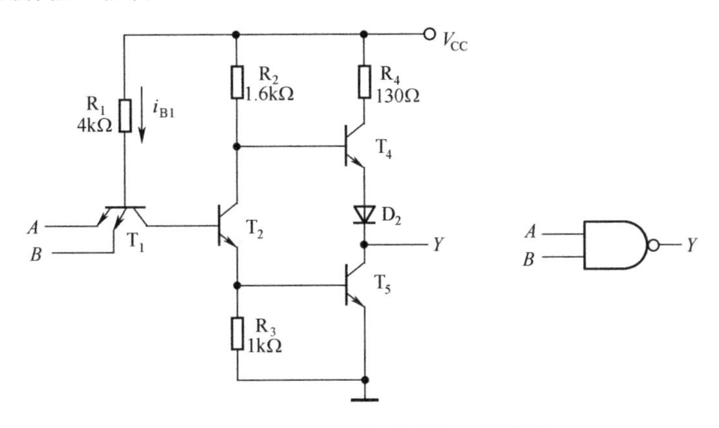

图 2-24 TTL 与非门电路与逻辑符号

（1）多发射极三极管的与门作用。多发射极三极管的基区和集电区是共同的，而在 P 型的基区上制作了两个（或多个）高掺杂的 N 型区，形成多个相互独立的发射极。可以将多发射极三极管看做多个发射极独立而基极和集电极分别并联在一起的三极管。多发射极三极管的符号及等效电路如图 2-25 所示。从结构上来看，并联发射结的三极管等效电路和二极管与门结构是相同的，而集电结等效的二极管不会影响输出逻辑；所以初步估计，多发射极三极管实现的是与逻辑运算（有待进一步证明）。

把如图 2-25 所示的多发射极三极管看成 TTL 与非门电路中的 T_1 时，当 E_1、E_2 中有一个接低电平 0.2V，则 T_1 的基极 B 点电位钳位在 0.9V（假定 v_{BE}=0.7V）。只有当 E_1、E_2 同时为高电平 3.6V 时，T_1 的基极 B 点电位才钳位在 2.1V。如果规定高于 2.1V 为高电平，用逻辑“1”表示，而低于 0.9V 为低电平，用逻辑“0”表示，则发射极 E_1、E_2 端和基极 B 构成“与”逻辑关系，如表 2-7 所示。

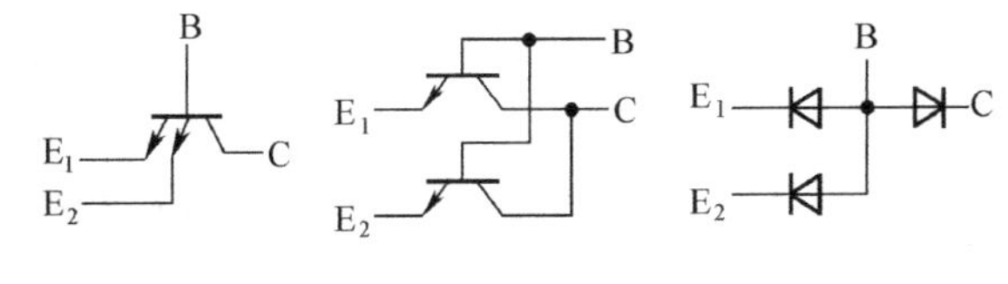

（a）多射极三极管　（b）等效电路　（c）结构模型

图 2-25 多发射极三极管及其等效电路

表 2-7 多发射极管的与门逻辑关系

E_1/V	E_2/V	B/V
0.2（0）	0.2（0）	0.9（0）
0.2（0）	3.6（1）	0.9（0）
3.6（1）	0.2（0）	0.9（0）
3.6（1）	3.6（1）	2.1（1）

可见，多发射极三极管 T_1 可实现与逻辑关系。

由 TTL 与非门电路和表 2-7 不难得到，只有 T_1 基极 B 的电压是 2.1V 时，图 2-24 的电路输出 Y 端才为低电平 0.2V，其他情况电路均输出高电平 3.6V。显然如图 2-24 所示的电路实现了与非逻辑：$Y=(AB)'$。

（2）与非门的输入电流计算。如图 2-26（a）、（b）所示，通常把两个输入端并联使用。根据如图 2-24 所示的 TTL 与非门电路分析得到：

输入低电平 V_{IL} 时，流经总输入端的电流与反相器相同，仍然有 $I_{\text{IL}}\approx-1\text{mA}$，但每个输入端的电流为 $I_{\text{IL}}/2$（n 个输入端为 I_{IL}/n），如图 2-26（a）所示。

输入高电平 V_{IH} 时，流经总输入端的电流是 $2I_{\text{IH}}$（n 个输入端为 nI_{IH}），而每个输入端的电流与反相器相同，仍然是 I_{IH}，如图 2-26（b）所示。

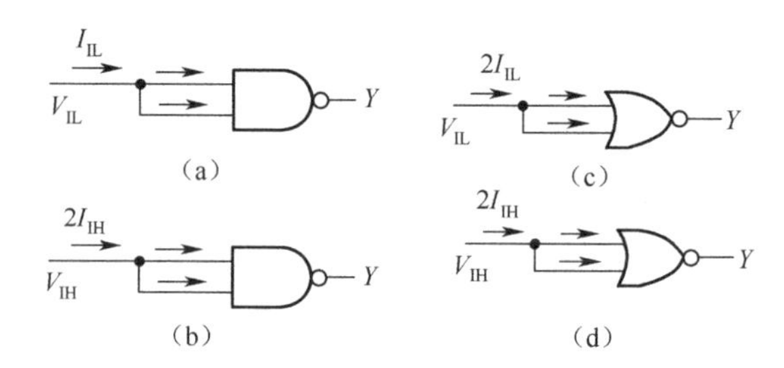

图 2-26　与非门和或非门输入电流的计算

与门输入电流的计算和与非门相同。

2）或非门

（1）T_2 和 T'_2 两个三极管并联实现或门作用。或非门电路如图 2-27（a）所示。图中 T'_1、T'_2 和 R'_1 所组成的电路与 T_1、T_2 和 R_1 所组成的电路完全相同。当 A 为高电平时，T_2 和 T_5 同时导通，T_4 截止，输出 Y 为低电平。当 B 为高电平时，T'_2 和 T_5 同时导通，T_4 截止，Y 也是低电平。只有 A、B 都为低电平时，T_2 和 T'_2 同时截止，T_5 截止而 T_4 导通，从而使输出成为高电平。因此，Y 和 A、B 间为或非关系，即 $Y=(A+B)'$。

可见，或非门中的或逻辑关系是通过将 T_2 和 T'_2 两个三极管输出端并联来实现的。

（2）或非门的输入电流计算。如图 2-26（c）、（d）所示，根据如图 2-27（a）所示的 TTL 或非门电路分析得到：由于或非门的输入端和输出端电路结构与反相器相同，所以输入特性和输出特性也和反相器一样。在将两个或输入端并联时，无论是高电平输入电流还是低电平输入电流，都按照输入端的个数计算输入电流。

或门输入电流的计算和或非门相同。

3）与或非门

若将如图 2-27（a）所示的或非门电路中的每个输入管改用多发射极三极管，就得到了如图 2-27（b）所示的与或非门电路。

由图 2-27（b）可见，当 A、B 同时为高电平时，T_2、T_5 导通而 T_4 截止，输出 Y 为低电平。同理，当 C、D 同时为高电平时，T'_2、T_5 导通而 T_4 截止也使 Y 为低电平。只有 A、B 和 C、D 每一组输入都不同时为高电平时，T_2 和 T'_2 同时截止，使 T_5 截止而 T_4 导通，输出 Y 为高电平。因此，Y 和 A、B 及 C、D 间是与或非关系，即 $Y=(AB+CD)'$。

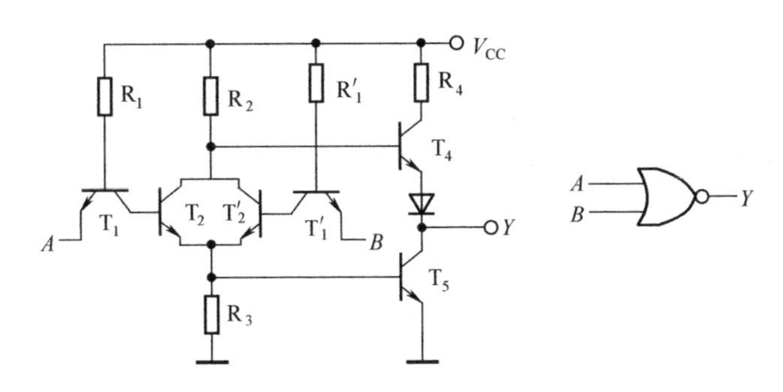

（a）TTL或非门电路与逻辑符号

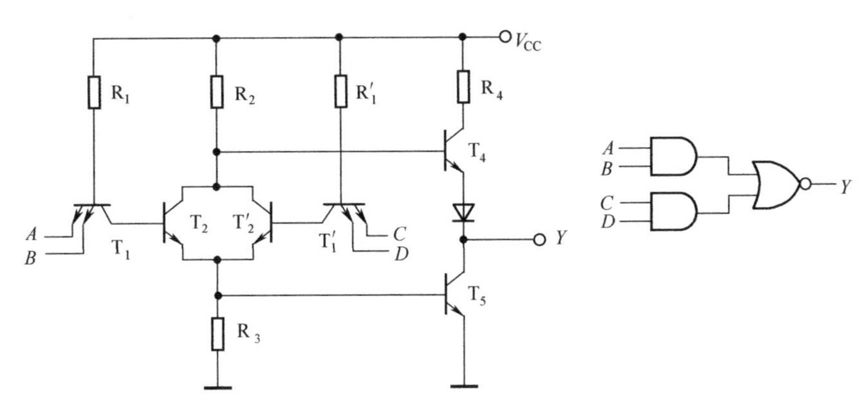

（b）TTL与或非门电路与逻辑符号

图2-27 或非门和与或非门

4）电路结构与逻辑关系

通过前面几个逻辑电路原理分析发现，电路结构和逻辑关系存在着固定的对应关系，如图2-28所示。

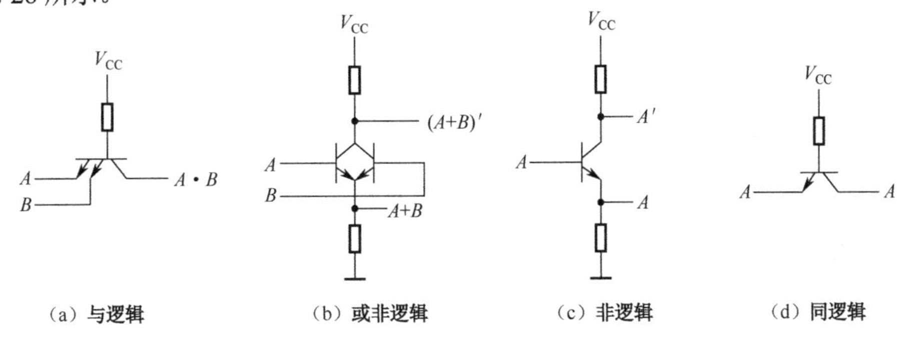

图2-28 电路结构与逻辑对应关系

如果从电路结构的角度分析，显然 T_1 和 T'_1 分别实现了A与B和C与D的逻辑运算，T_2 和 T'_2 并联结构实现的是或非逻辑，而 T_4 和 T_5 是推拉式输出结构，没有逻辑功能。所以，电路逻辑是与或非。

2．集电极开路门（OC 门）

在实际应用中，常需要把几个逻辑门的输出端并联使用，实现逻辑与，称为“线与”。但普通 TTL 门电路是推拉式输出结构，不允许将输出端直接并联在一起，因为这种门电路无论输出高电平还是低电平，其输出电阻都很小，只有几欧姆或几十欧姆。若把两个 TTL 门输出端连在一起，当其中一个输出高电平，另一个输出低电平时，它们中的导通管就会在 V_{CC} 和地之间形成一个低阻串联通路，通过这两个门的输出级产生很大电流，损坏电路。如图 2-29 所示，将 G_1 和 G_2 两个 TTL 与非门的输出直接连接起来，当 G_1 输出为高，G_2 输出为低时，从 G_1 的电源 V_{CC} 通过 G_1 的 T_4、D_2 到 G_2 的 T_5，形成一个低阻通路，产生很大的电流，输出 Y 既不是高电平也不是低电平，逻辑功能将被破坏，还会烧毁器件。因此，对于多个普通 TTL 门，不允许把它们的输出端并联在一起，所以产生了集电极开路门。

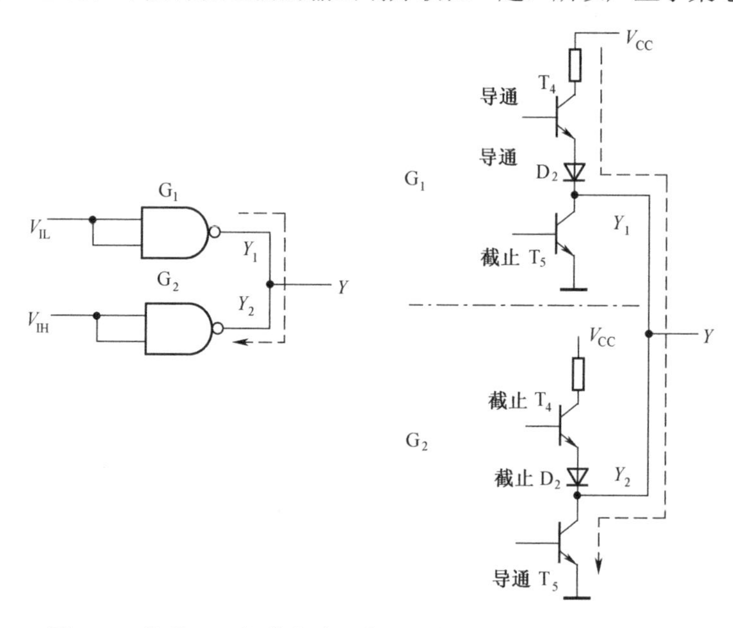

图 2-29　普通 TTL 门输出端“线与”连接产生破坏大电流情况

1）OC 门电路的结构及工作原理

集电极开路门，简称 OC 门（Open Collector）。它与一般 TTL 门相比就是去掉了 T_4、R_4 和 D_2，即把 T_5 的集电极开路。TTL 集电极开路的与非门电路结构和逻辑符号如图 2-30 所示。由于 T_5 的集电极开路，OC 门使用时必须在输出 Y 端外接一个负载电阻 R_L 和电源，否则无法正常工作。外接电源 V_{CC2} 的电压值可以与 OC 门内部电源 V_{CC1} 不同，外接负载电阻 R_L 在使用时需根据实际连接情况由公式计算。

当电路中输入 A、B 有一个为低电平时，T_2 和 T_5 均截止，外接电阻 R_L 没有电流，输出 Y 为高电平；只有 A 和 B 都为高电平时，T_2 和 T_5 饱和导通，输出 Y 为低电平。图 2-30 中 OC 门实现与非逻辑功能，$Y=(A\,B)'$。

2）OC 门外接负载电阻 R_L 的计算

当 n 个 OC 门的输出端并联时，后面接 m 个普通的 TTL 与非门作为负载，如图 2-31

所示。只要外加电阻 R_L 选择适当，就可以保证OC门并联输出端输出高电平时不低于规定的 $V_{OH(min)}$ 值，在输出低电平时不高于规定的 $V_{OL(max)}$ 值，而且也不会在电源和地之间形成低阻通路，产生过大的电流。

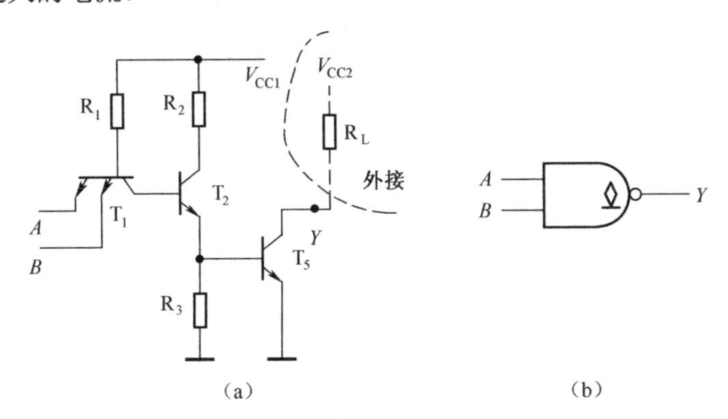

图2-30 TTL集电极开路与非门的电路与逻辑符号

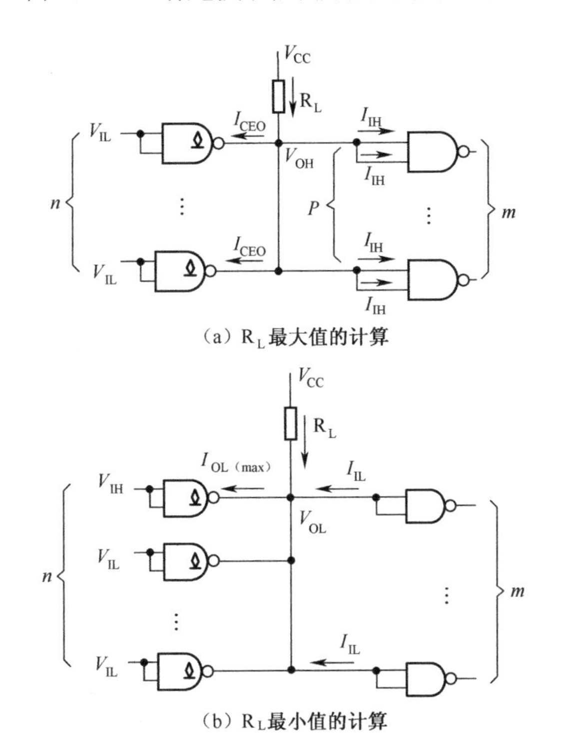

图2-31 OC门外接负载电阻 R_L 的计算

当所有的OC门都截止时，输出 v_O 应为高电平，如图2-31（a）所示。这时 R_L 的值不能太大，如果太大，则其上的压降就会太大，输出高电平就会太低。因此，当 R_L 的值为最大值时要保证输出电压为 $V_{OH(min)}$，由

$$V_{CC}-V_{OH(min)}=(nI_{CEO}+P\cdot I_{IH})\cdot R_{L(max)}$$

整理得到

$$R_{L(max)}=\frac{V_{CC}-V_{OH(min)}}{nI_{CEO}+P\cdot I_{IH}}$$

式中，$V_{OH(min)}$是 OC 门输出高电平的下限值；I_{IH}是负载门的输入高电平电流；I_{CEO}是每个 OC 门中的 T_5 截止时的微弱电流；P 是负载门输入端的个数；n 是驱动门个数。

当 OC 门中至少有一个导通时，输出 v_O 应为低电平。考虑最坏情况，即只有一个 OC 门导通，如图 2-31（b）所示。这时 R_L 的值不能太小，如果太小，则流入导通的那个 OC 门的负载电流超过 $I_{OL(max)}$，会使这个 OC 门的 T_5 脱离饱和，使输出低电平上升。因此，当 R_L 的值为最小值时要保证输出电压为 $V_{OL(max)}$，由

$$V_{CC}-V_{OL(max)}=(I_{OL(max)}-m\cdot I_{IL})\cdot R_{L(min)}$$

整理得到

$$R_{L(min)}=\frac{V_{CC}-V_{OL(max)}}{I_{OL(max)}-m\cdot I_{IL}}$$

式中，$V_{OL(max)}$是 OC 门输出低电平的上限值；$I_{OL(max)}$是 OC 门输出低电平时允许流入导通门的 T_5 的极限电流；I_{IL} 是负载门的输入低电平电流；m 是负载门的个数，但对于负载是或非门和或门时，公式中的 m 还与输入端的个数有关。

综合以上两种情况，R_L 的值可由下式确定：

$$R_{L(min)}<R_L<R_{L(max)}$$

3）OC 门主要的应用

（1）实现“线与”。两个 OC 门实现“线与”时的电路如图 2-32 所示，显然只有当两个 OC 门都输出高电平时，Y 才为高电平。此时的逻辑关系为

$$Y=Y_1\cdot Y_2=(AB)'\cdot(CD)'$$

即在输出线上实现了与运算。显然，OC 门输出端“线与”连接不会产生如图 2-29 所示的普通 TTL 门“线与”连接时的破坏性大电流。

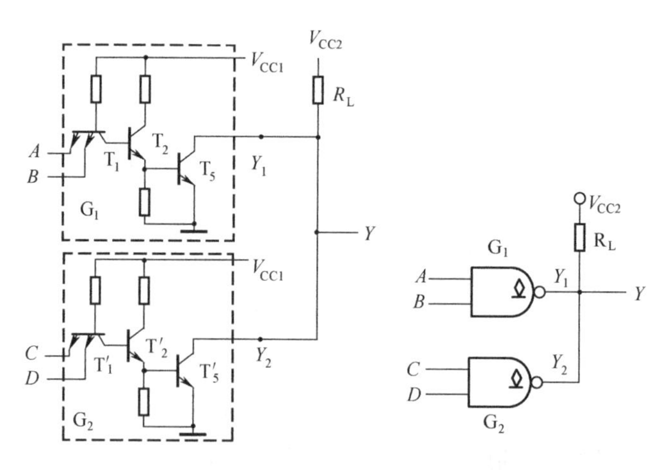

图 2-32　OC 门“线与”连接及逻辑图

（2）实现电平转换。在数字系统的接口（与外部设备相连接的地方）需要电平转换时，常用 OC 门来完成，如图 2-33 所示。因为负载电阻外接的电源 $V_{CC2}\neq V_{CC1}$，当 V_{CC2} 接 10V 时，在 OC 门输入普通的 TTL 电平（低于 5V），而输出高电平可以变为与 V_{CC2} 相同的电压

值 10V。

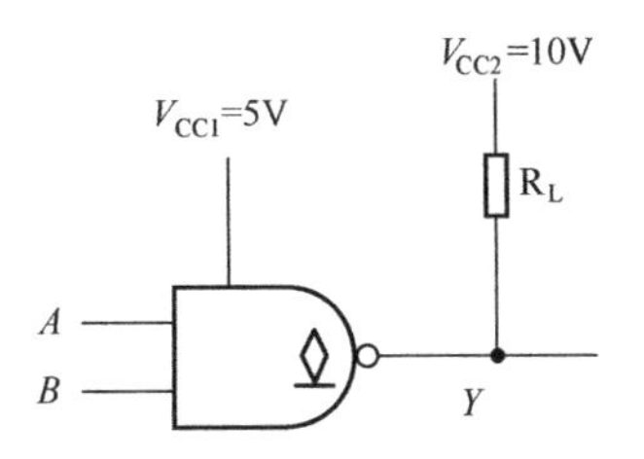

图 2-33 OC 门实现电平转换

（3）用做驱动器。可用它来驱动发光二极管、指示灯、继电器和脉冲变压器等。图 2-34（a）是用来驱动发光二极管（LED）的。当 OC 门输出 V_{OL} 时，LED 导通发光；当 OC 门输出 V_{OH} 时，LED 截止熄灭。图 2-34（b）是用来驱动干簧继电器的。二极管 D 保护 OC 门的输出管不被击穿。工作过程如下：OC 门输出 V_{OL} 时，有较大的电流经继电器线圈流入 OC 门，干簧管被吸合，D 相当于开路，不影响电路工作。当 OC 门输出 V_{OH} 时，OC 门的输出管截止，流过线圈的电流突然减小为 I_{CEO}，干簧管断开。此时若无 D，则线圈中的感应电动势与 V_{CC} 同向串联后，加到 OC 门的输出管 T_5 的集电极和发射极之间，会使其集电结击穿。接入 D 后，与 V_{CC} 极性相同的感应电动势使 D 导通，感应电动势大大减小，OC 门的输出管就不会被击穿。

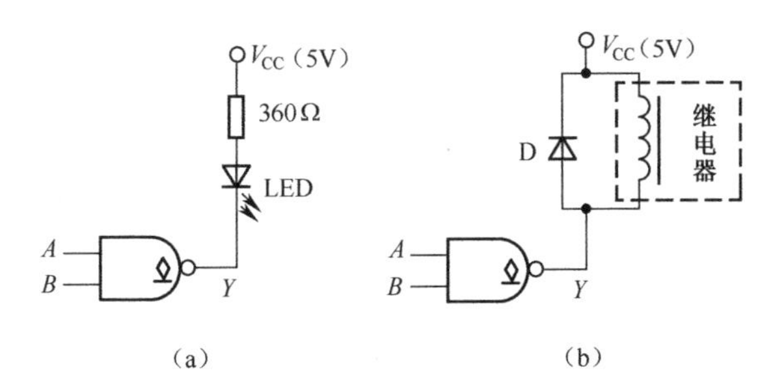

图 2-34 OC 门做驱动电路

3. 三态输出门（TS 门）

1）三态输出门的电路结构及工作原理

三态输出门又称 TS 门（Tri-State logic），是指电路输出除了高电平、低电平两个状态以外，还有第三个状态，叫做高阻态 Z。三态与非门的电路和逻辑符号如图 2-35 所示，其中 *EN* 称使能端，*A*、*B* 为数据输入端，*Y* 为输出端。

当使能端 *EN*=0 时，*P* 点为高电平，使 T_1 连接 *P* 点的发射极端为“1”，三态门相当于一个正常的两输入端与非门，输出 $Y=(AB)'$，称为正常工作状态。显然在正常工作状态时，门电路根据输入信号的不同一定会有“高电平输出”和“低电平输出”两种状态。

当 *EN*=1 时，*P* 点为 0.2V，一方面使 D 导通，v_{B4}=0.9V，T_4 及相连的二极管均截止；另一方面使 v_{B1}=0.9V，T_2、T_5 截止。这时从输出端 *Y* 看进去，对地和电源都相当于开路，呈现高阻。所以，称这种状态为“高阻态”。三态门的工作状态如表 2-8 所示。

表 2-8　三态门的工作状态

使能端	输入		输出	状态
EN	A	B	Y	
0	0	0	1	高电平
	0	1	1	
	1	0	1	
	1	1	0	低电平
1	×	×	Z	高阻态

因此，三态门有 3 个输出状态，即高电平、低电平和高阻态，从而得名为“三态门”。

图 2-35 中的电路当 EN=0 时，三态门处于正常工作状态，则称三态门为“低电平有效的三态门”。逻辑符号如图 2-35（b）所示。

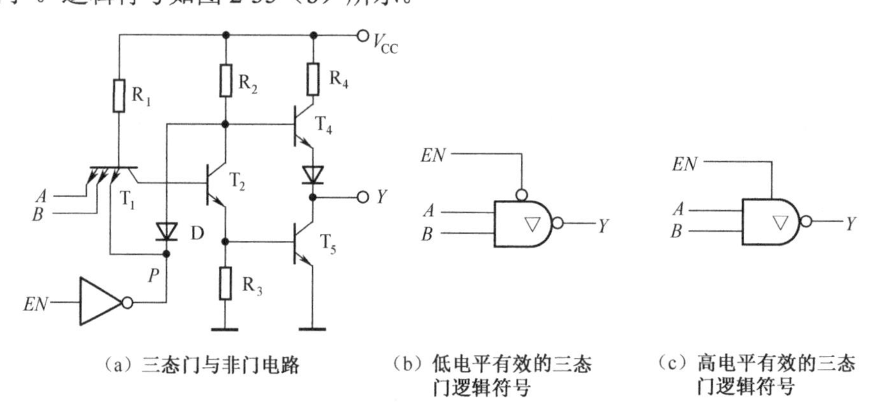

（a）三态门与非门电路　（b）低电平有效的三态门逻辑符号　（c）高电平有效的三态门逻辑符号

图 2-35　三态输出门电路及逻辑符号

如果把图 2-35 中的反相器去掉，将变成 EN=1 时，三态门为正常工作状态，EN=0 时为高阻态，这种三态门称为“高电平有效的三态门”。逻辑符号如图 2-35（c）所示。

TTL 三态门电路系列产品中，除与非门外，常用的还有反相器、与门、或门等其他逻辑功能的门。

2）三态门的应用问题

三态门在计算机总线结构中有着广泛的应用。总线结构可以减少各单元之间的连线数目，并能用同一条导线分时传递若干个门电路的输出信号。如图 2-36 所示的 G_1、G_2～G_n 均为三态输出反相器，只要工作过程中控制各个反相器的 EN 端轮流等于 1，而且任何时候仅有一个等于 1，就可以轮流地把各个反相器的输出信号送到公共的传输线——总线上且互不干扰。这种连接方式是总线结构。

三态门电路还能实现数据的双向传输。图 2-37 是数据双向传输的结构图。当 EN=1 时，G_1 工作而 G_2 为高阻态，数据 D_0 经过 G_1 反相后送到总线上。当 EN=0 时，G_2 工作而 G_1 为高阻态，来自总线的数据 D_1 经过 G_2 反相后送入电路内部。

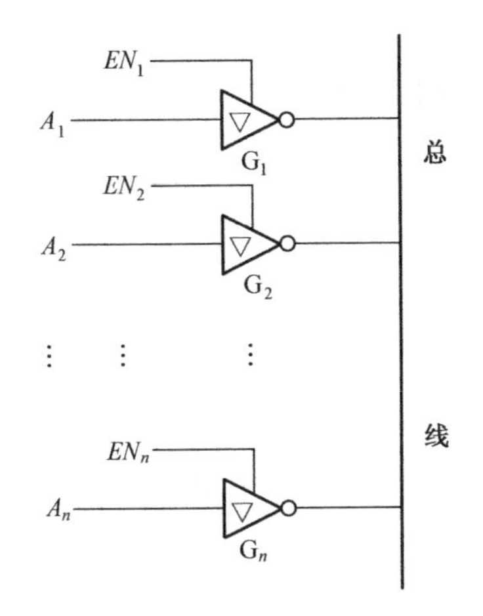

图 2-36 用三态反相器接成总线结构

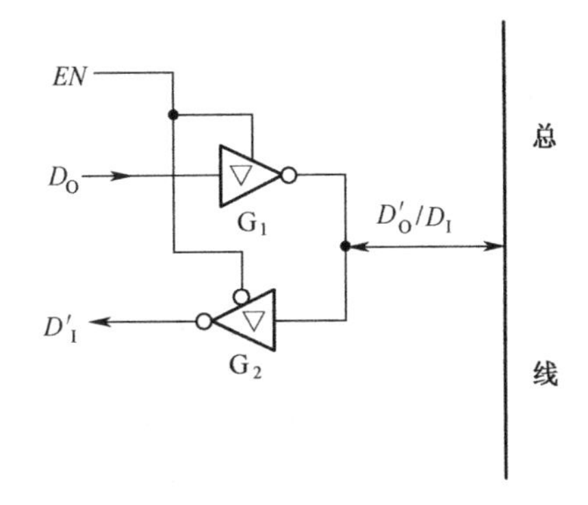

图 2-37 用三态反相器实现数据双向传输

2.3.6 TTL 集成门系列简介

1. TTL 的不同系列

TTL 集成电路自 20 世纪 60 年代问世以来，历经了不断改进和发展的过程。为了满足提高工作速度和降低功耗的要求，形成了多种 TTL 集成门产品，至今这些产品仍占据市场的巨大份额。

TTL 最初的基本系列分为 54 和 74 两大系列。54 系列属于军品，电源电压 V_{CC} 为 4.5～5.5V，环境温度为–55～+125℃；74 系列属于民品，V_{CC} 为 4.75～5.25V，工作的环境温度为 0～70℃。继 74 系列之后又相继生产了 74H、74L、74S、74LS、74AS、74ALS、74F 等改进系列，每个系列又分若干子系列。下面介绍 74 系列各子系列电路结构及主要性能。

1）74 标准系列

标准 TTL 系列，相当于我国的 CT1000 系列，为 TTL 集成电路的早期产品，属中速 TTL 器件。其平均传输延迟时间 t_{pd} 约为 9ns，平均功耗约为 10mW/每门。

2）74L 系列

低功耗 TTL 系列，没有与之对应的国产系列。电路形式同 74 系列，只是借助增大电阻使功耗降到 1mW/每门，但却使工作速度下降，t_{pd}=33ns 。

3）74H 系列

高速 TTL 系列，相当于我国的 CT2000 系列。在 74 系列基础上，采用了达林顿复合管代替 T_4、D_2 使输出电阻减小，从而提高速度，t_{pd}=6ns ，功耗上升到 22mW/每门。

4）74S 系列

肖特基 TTL 系列，与我国的 CT3000 系列相对应。由于同时采用达林顿复合管、抗饱和三极管及有源释放网络，74S 系列的 t_{pd} =3ns，但功耗约为 19mW/每门。

5）74LS 系列

低功耗肖特基 TTL 系列，与我国的 CT4000 系列相对应。在 74S 系列基础上进行改进，又加大电路阻值降低功耗，t_{pd}=9.5ns，功耗约为 2mW/每门。

6）74AS 系列

先进肖特基 TTL 系列，它是 74S 系列的后继产品，在 74S 的基础上大大降低了电路中的电阻阻值，从而提高了工作速度，t_{pd}=1.7ns，功耗约为 8mW/每门。

7）74ALS 系列

先进低功耗肖特基系列，是 74LS 系列的后继产品，在 74LS 的基础上通过增大电路中的电阻阻值、改进生产工艺和缩小内部器件的尺寸等措施，降低了电路的平均功率、提高了工作速度。t_{pd}=4ns，功耗约为 1.2mW/每门。

8）74F 系列

快速 TTL 系列，采用了新的集成制造工艺，减小了器件之间的电容量，因此减少了平均传输延迟时间。t_{pd}=3ns，功耗约为 6 mW/每门。

2. TTL74 系列的性能比较

各系列 TTL 电路特性参数比较如表 2-9 所示。

表 2-9　各系列 TTL 电路（74××00）特性参数比较

主 要 参 数	74	74S	74LS	74AS	74ALS	74F
输入低电平最大值 $V_{IL(max)}$/V	0.8	0.8	0.8	0.8	0.8	0.8
输出低电平最大值 $V_{OL(max)}$/V	0.4	0.5	0.5	0.5	0.5	0.5
输入高电平最小值 $V_{IH(min)}$/V	2.0	2.0	2.0	2.0	2.0	2.0
输出高电平最小值 $V_{OH(min)}$/V	2.4	2.7	2.7	2.7	2.7	2.7
低电平输入电流最大值 $I_{IL(max)}$/mA	−1.0	−2.0	−0.4	−0.5	−0.2	−0.6
低电平输出电流最大值 $I_{OL(max)}$/mA	16	20	8	20	8	20
高电平输入电流最大值 $I_{IH(max)}$/μA	40	50	20	20	20	20
高电平输出电流最大值 $I_{OH(max)}$/μA	−0.4	−1.0	−0.4	−2.0	−0.4	−1.0
传输延迟时间 t_{pd}/ns	9	3	9.5	1.7	4	3
每个门的功耗 /mW	10	19	2	8	1.2	4
延迟−功耗积 pd /pJ	90	57	19	13.6	4.8	12

3. TTL 集成电路的命名规则

第 1 部分		第 2 部分		第 3 部分		第 4 部分		第 5 部分	
型号前缀		工作温度范围		器件系列		器件品种		封装形式	
符号	意义	符号	意义	符号	意义	符号	意义	符号	意义
CT	中国制造的 TTL 类	54	−55～+125℃		标准	阿拉伯数字	器件功能	W	陶瓷扁平
				H	高速			B	塑封扁平
				S	肖特基			T	金属扁平
SN	美国 TEXAS 公司	74	0～+70℃	LS	低功耗肖特基			F	全封闭扁平
				AS	先进肖特基			P	塑料双列直插
				ALS	先进低功耗肖特基			D	陶瓷双列直插
				F	快速 TTL 系列			J	黑陶瓷双列直插

示例 1：

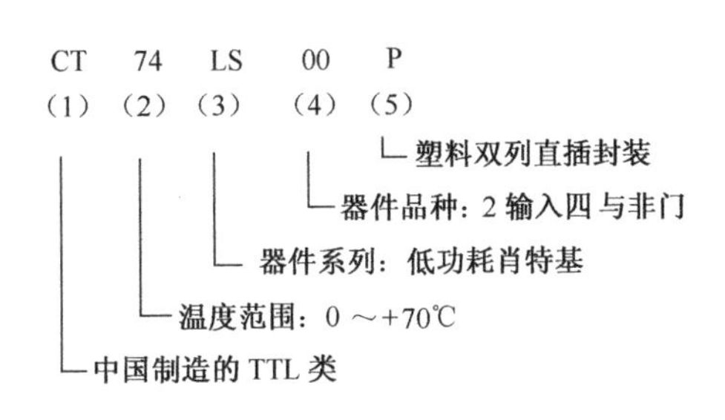

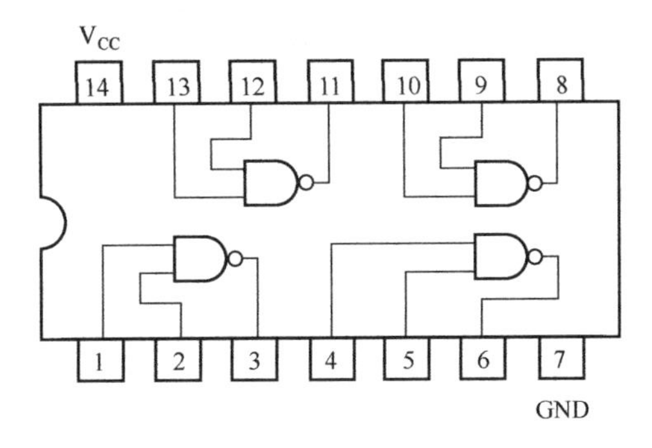

示例 2：

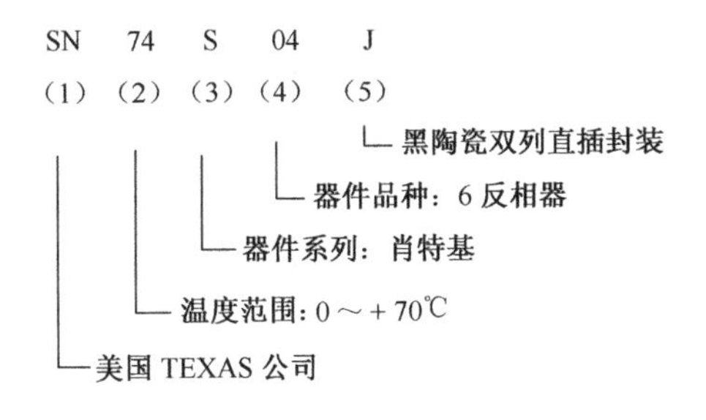

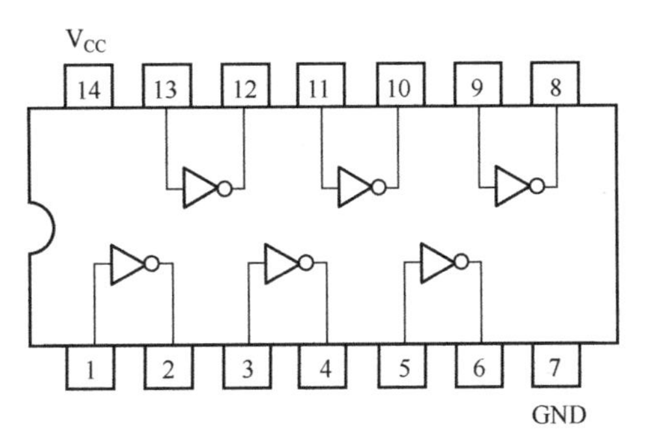

2.4 CMOS 集成门电路

MOS 逻辑门电路是继 TTL 之后开发的另一种集成电路。由于它工艺简单、功耗低、抗干扰能力强、带负载能力强、工作电源电压范围宽等优势，并且改进后的 MOS 集成电路工作速度可与 TTL 电路相当。因此，几乎所有的大规模、超大规模数字集成器件都采用 MOS 工艺。目前，MOS 电路，特别是 CMOS 电路已超越 TTL 成为占统治地位的逻辑门器件。

2.4.1 MOS管的开关特性

金属-氧化物-半导体场效应晶体管（Metal-Oxide-Semiconductor Field-Effect Transistor），简称MOS管，在CMOS集成电路中通常作为开关器件。

1. MOS管的结构和工作原理

MOS管的结构示意图和符号如图2-38所示。在P型半导体衬底B（suBstrate）上制作两个高掺杂浓度的N型区，形成MOS管的源极S（Source）和漏极D（Drain）。第三个电极称为栅极G（Gate，也称为门极），通常用金属铝或多晶硅制作。栅极和衬底之间被二氧化硅SiO_2绝缘层隔开。

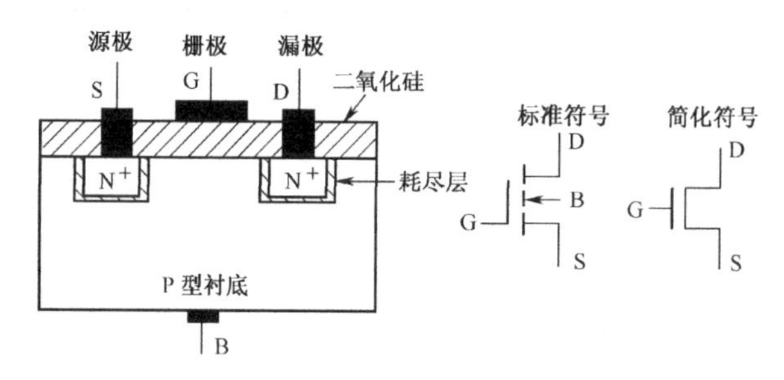

图2-38 MOS管的结构和符号

当栅极和源极之间加正电压v_{GS}，并且$v_{GS}>V_T$时（假设V_T=2V），栅极和衬底的SiO_2绝缘层中便产生一个纵向电场，使栅极附近的P型衬底中的空穴被排斥，P型衬底中的电子（少子）被吸引聚集到衬底表面，形成一个N型区域称为反型层，这个反型层把两个高浓度N+区相连，构成了D、S间的导电沟道。如果漏极和源极之间加电压v_{DS}，就有电流i_D流通，因此V_T称为MOS管的开启电压。为防止有电流从衬底流向源极和导电沟道，通常将衬底与源极相连，或将衬底接到系统的最低电位点上。

因为导电沟道属于N型，而且在v_{GS}=0时不存在导电沟道，必须加足够高的栅极电压才有导电沟道形成，所以将这种类型的MOS管称为N沟道增强型MOS管，简称增强型NMOS管。

2. MOS管的三个工作区和特性曲线

MOS管的工作区和MOS管导电沟道的状态密切相关。MOS管导电沟道的状态如图2-39所示，MOS管的输出特性如图2-40所示。

1）MOS管截止区

当v_{GS}=0时，漏极与源极之间相当于两个背靠背的二极管，即D、S之间没有导电沟道。即便在漏极和源极之间加上电压v_{DS}也不会形成电流i_D，即MOS管工作在截止区，如图2-40（b）所示。截止区MOS管D、S间的内阻值R_{OFF}非常大，可达$10^9\Omega$以上。

2）MOS管可变电阻区

当$v_{GS}>V_T$时（假设V_T=2V），栅极的绝缘层下方和衬底表面形成一个N型的反型层，这个反型层把两个高浓度 N^+ 区相连，构成了 D、S 间的导电沟道。

漏极电流 i_D 沿沟道产生的电压降使沟道内各点与栅极间的电压不再相等，靠近源极一端的电压最大，这里沟道最厚，而漏极一端电压最小，其值为 $V_{GD}=v_{GS}-v_{DS}$，因而这里沟道最薄。但当 v_{DS} 较小（$V_{GD}=v_{GS}-v_{DS}>V_T$）时，它对沟道的影响不大，这时只要 v_{GS} 一定，沟道电阻几乎也是一定的，如图 2-39（a）所示。所以，i_D 随 v_{DS} 近似呈线性变化，这时 MOS 管工作在输出特性的可变电阻区，如图 2-40 所示。

在这个区域里，当 v_{GS} 一定时，i_D 与 v_{DS} 之比近似等于一个常数，具有类似于线性电阻的性质。等效电阻的大小和 v_{GS} 的数值有关。当 $v_{DS}\approx 0$ 时，MOS 导通电阻值 R_{ON} 和 v_{GS} 的关系由下式给出：

$$R_{ON}\big|_{v_{DS}\approx 0}=\frac{1}{2K(v_{GS}-V_T)}$$

上式表明，为了得到较小的导通电阻，应取尽可能大的 v_{GS} 值。工作在可变电阻区的 MOS 管导通电阻值 R_{ON} 通常很小，在 1kΩ以内，有的甚至可以小于 10Ω。

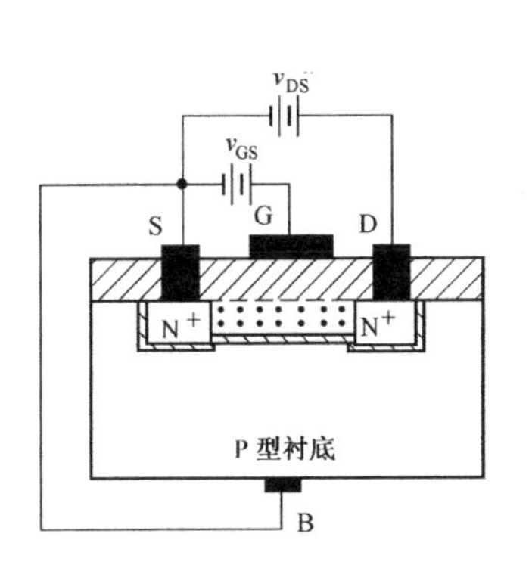

（a）未夹断，当 $V_{GS}>V_T$ 且 $V_{GD}>V_T$（V_{DS} 值在预夹断轨迹左侧）

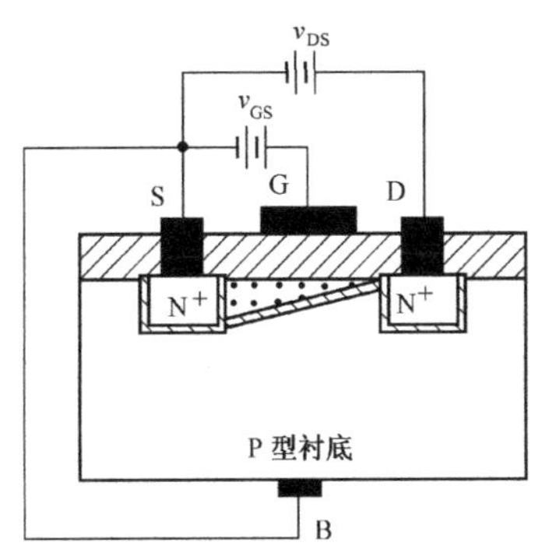

（b）预夹断，当 $V_{GS}>V_T$ 且 $V_{GD}=V_T$（V_{DS} 值在预夹断轨迹上）

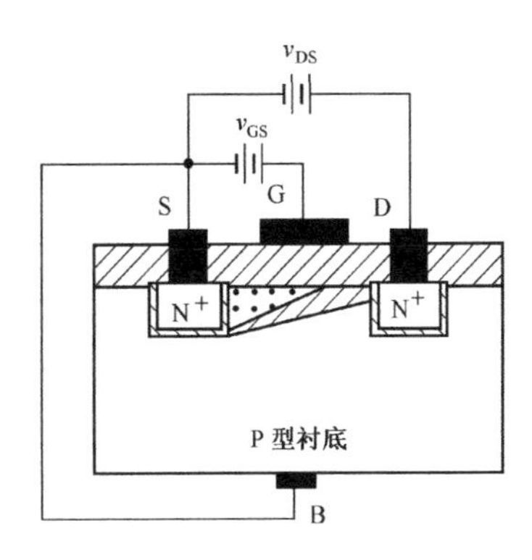

（c）预夹断后，当 $V_{GS}>V_T$ 且 $V_{GD}<V_T$（v_{DS} 值在预夹断轨迹右侧）

图 2-39　MOS 管导电沟道的状态

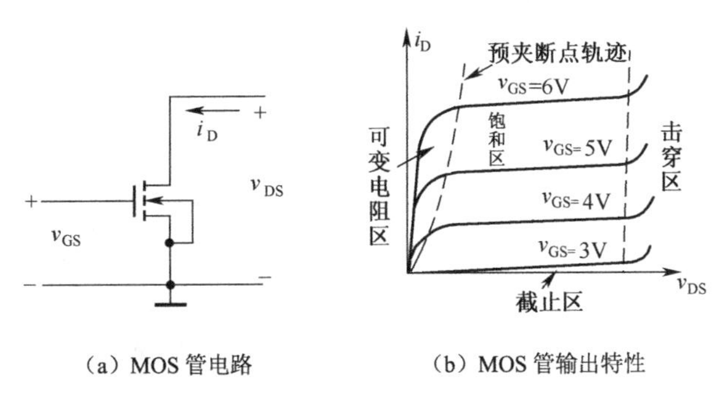

（a）MOS 管电路　　（b）MOS 管输出特性

图 2-40　MOS 管的工作区

3）MOS 管的恒流区（饱和区）

随着 v_{DS} 的增大，靠近漏极的沟道越来越薄，当 v_{DS} 增加到使 $V_{GD}=v_{GS}-v_{DS}=V_T$ 时，沟道在漏极一端出现预夹断，如图 2-39（b）所示。此时 v_{DS} 位于输出特性的预夹断轨迹上，如图 2-40 所示。再继续增大 v_{DS}，$V_{GD}=v_{GS}-v_{DS}<V_T$ 时，夹断点将向源极方向移动，如图 2-39（c）所示。由于 v_{DS} 的增加部分几乎全部降落在夹断区，故 i_D 几乎不随 v_{DS} 的增大而增加，MOS 管进入饱和区，i_D 几乎仅由 v_{GS} 决定，所以该区也称为恒流区，如图 2-40（b）所示。显然恒流区 D、S 间的电阻也很大。

恒流区里漏极电流 i_D 的大小基本上是由 v_{GS} 决定的，v_{DS} 的变化对 i_D 的影响很小。i_D 与 v_{GS} 的关系由下式给出：

$$i_D = I_{DS}(\frac{v_{GS}}{V_T}-1)^2$$

式中，I_{DS} 是 $v_{GS}=2V_T$ 时的 i_D 值。

描述 i_D 与 v_{GS} 关系的曲线称为 MOS 管的转移特性曲线，这条曲线也可以从 MOS 管的输出特性曲线做出。图 2-41 是由 MOS 输出特性做出 v_{DS} =10V 的一条转移特性曲线。转移特性描述了 MOS 管输出电流 i_D 受输入电压 v_{GS} 控制的情况。因此，MOS 管属于电压控制电流的元件。

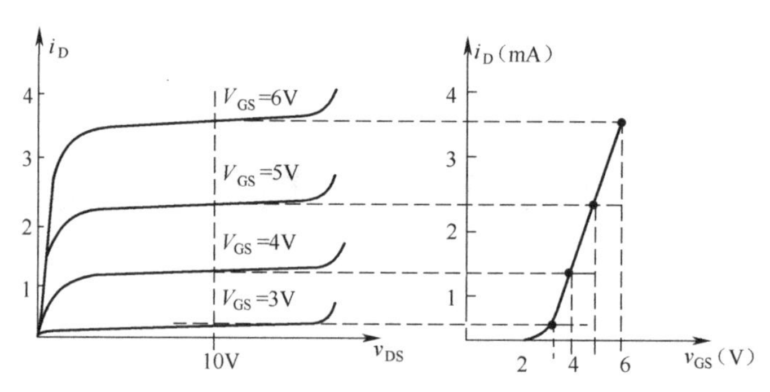

图 2-41　MOS 管的转移特性

3．MOS 管的开关电路

1）MOS 管的开关作用

如图 2-42 所示的是 MOS 管开关电路。

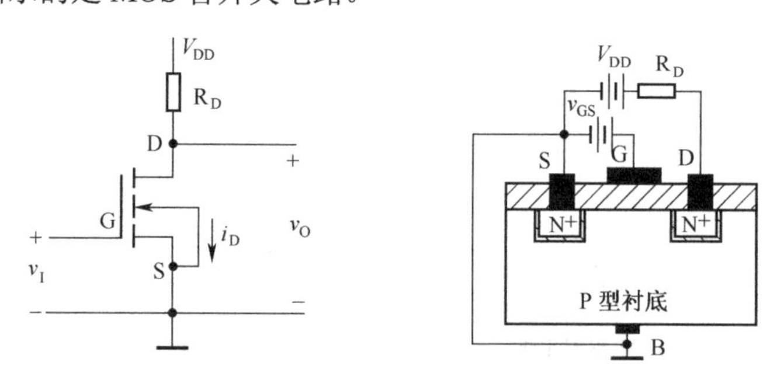

图 2-42　MOS 管的开关电路

当 $v_I=v_{GS}<V_T$ 时，MOS 管工作在截止区。只要负载电阻值 R_D 远远小于 MOS 管的截止内阻值 R_{OFF}，在输出端即为高电平 V_{OH}，且 $V_{OH}\approx V_{DD}$。这时 MOS 管的 D、S 间就相当于一个断开的开关。

当 $v_I = v_{GS} > V_T$，且 v_I 继续升高时，MOS 管的导通内阻值 R_{ON} 变小，只要 $R_D \gg R_{ON}$，则开关电路的输出端将为低电平 V_{OL}，且 V_{OL}≈0。这时 MOS 管工作在可变电阻区，R_{ON}≈1kΩ，D、S 间相当于一个闭合的开关。

2）MOS 管开关等效电路

由于 MOS 管截止时漏极和源极之间的内阻值 R_{OFF} 非常大，所以截止状态下的等效电路可以用断开的开关表示，如图 2-43（a）所示。MOS 管导通状态下的内阻值 R_{ON} 约在 1kΩ 以内，而且与 v_{GS} 的数值有关。因为这个电阻的阻值有时不能忽略不计，所以在图 2-43（b）导通状态的等效电路中画出了导通电阻 R_{ON}。

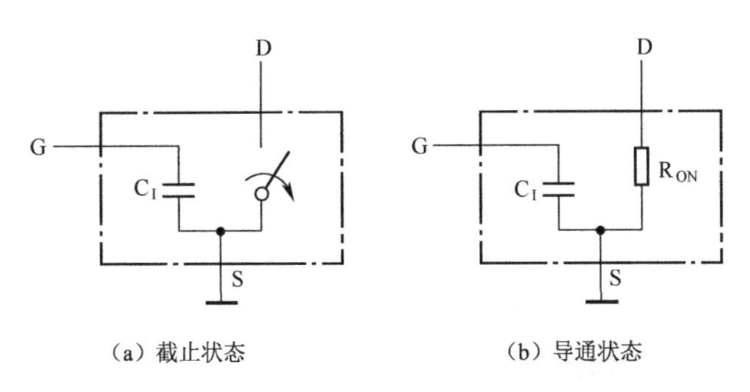

（a）截止状态　　（b）导通状态

图 2-43　MOS 管的开关等效电路

图 2-43 中的 C_I 代表栅极的输入电容，数值约为几皮法。由于开关电路的输出端不可避免地会带有一定的负载电容，所以在动态工作情况下（即 v_I 在高、低电平间跳变时），漏极电流 i_D 的变化和输出电压 V_{DS} 的变化将滞后于输入电压的变化。综上所述，MOS 管的工作状态及特点总结如表 2-10 所示。

表 2-10　MOS 管的工作状态及特点

工 作 状 态	截　止　区	饱和区（恒流区）	可变电阻区
电压判断条件	$V_{GS} < V_{TN}$	$V_{GS} > V_{TN}$ $V_{GD} < V_{TN}$	$V_{GS} > V_{TN}$ $V_{GD} > V_{TN}$
沟道情况	漏极、源极间无导电沟道	漏极、源极间有沟道，但沟道有夹断	漏极、源极间有沟道，但沟道无夹断
电流情况	$i_G \approx 0$ $i_D \approx 0$	$i_G \approx 0$ $i_D = f(v_{GS})$ i_D由转移特性决定	$i_G \approx 0$ $i_D \approx K(v_{DS})\|_{v_{GS}=\text{const}}$ i_D随v_{DS}近似线性变化
漏极、源极间电阻	$R_{OFF} \approx \infty$	R_{ON}很大	$R_{ON} \approx 1\text{k}\Omega$
等效电路	D G i_G=0 C_I S	D G i_G=0 C_I i_D=$f(v_{GS})$ S	D G i_G=0 C_I R_{ON} S
开关作用	D、S 两极间相当开关断开		D、S 两极间相当开关闭合

4. MOS管的分类

MOS管共有4种基本类型，按导电沟道可分为N沟道和P沟道MOS管，按开启情况可分为增强型和耗尽型MOS管。

1）N沟道增强型

图2-38中的MOS管属于N沟道增强型。这种类型的MOS管采用P型衬底，导电沟道是N型的。在v_{GS}=0时没有导电沟道，开启电压V_{TN}为正。工作时使用正电源，同时应将衬底接源极或接到系统的最低电位上。

2）P沟道增强型

图2-44是P沟道增强型MOS管的结构示意图和符号。它采用N型衬底，导电沟道为P型。v_{GS}=0时不存在导电沟道，只有在栅极上加足够大的负电压时，才能把N型衬底中的少数载流子——空穴吸引到栅极下面的衬底表面，形成P型的导电沟道。因此，P沟道增强型MOS管的开启电压V_{TP}为负值。这种MOS管工作时使用负电源，同时需要将衬底接源极或接至系统的最高电位上。

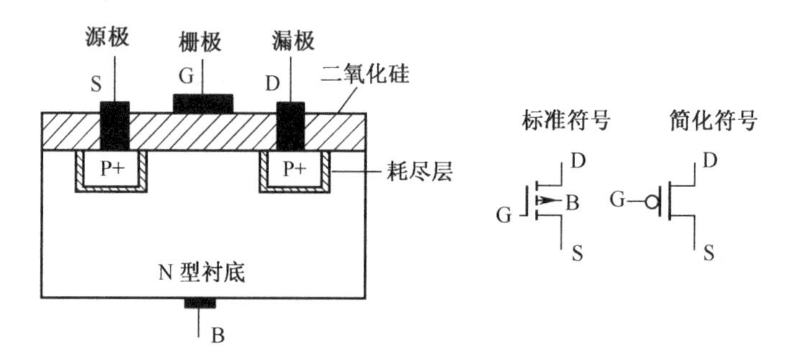

图2-44　P沟道增强型MOS管的结构示意图和符号

3）N沟道耗尽型

N沟道耗尽型MOS管的结构形式与N沟道增强型MOS管相同，都采用P型衬底，导电沟道为N型。所不同的是在N沟道耗尽型MOS管中，栅极下面的二氧化硅绝缘层中掺进了一定浓度的正离子。这些正离子形成的电场足以将衬底中的少数载流子——电子吸引到栅极下面的衬底表面，在D、S间形成导电沟道。因此，当$v_{GS}=0$时就已经有导电沟道存在了。v_{GS}为正时导电沟道变宽，i_D增大；v_{GS}为负时导电沟道变窄，i_D减小。直到v_{GS}小于某一个负电压值$V_{GS(off)}$时，导电沟道才消失，MOS管截止。$V_{GS(off)}$称为N沟道耗尽型MOS管的夹断电压。N沟道耗尽型MOS管的符号如图2-45所示。

4）P沟道耗尽型

P沟道耗尽型MOS管与P沟道增强型MOS管的结构形式相同，也是N型衬底，导电沟道为P型。所不同的是在P沟道耗尽型MOS管中，v_{GS}=0时已经有导电沟道存在了。当v_{GS}为负时导电沟道进一步加宽，i_D的绝对值增加；而v_{GS}为正时导电沟道变窄，i_D的绝对值减小。当v_{GS}的正电压大于夹断电压$V_{GS(off)}$时，导电沟道消失，MOS管截止。P沟道耗尽型MOS管的符号如图2-46所示。

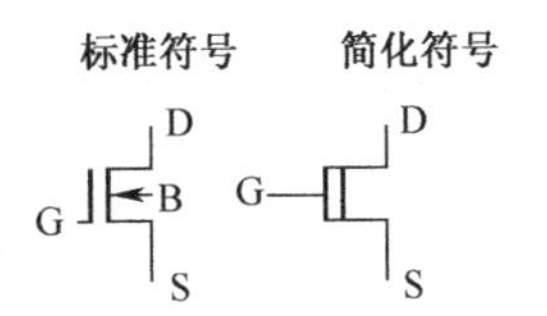

图 2-45 N 沟道耗尽型 MOS 管的符号

标准符号 简化符号

D G B S G D S

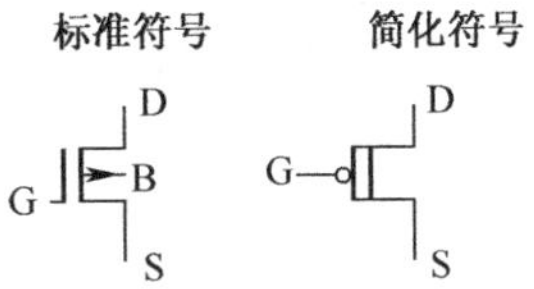

图 2-46 P 沟道耗尽型 MOS 管的符号

为了便于学习和比较，表 2-11 给出了 4 种类型 MOS 管的符号、特点及主要特性曲线。

表 2-11 MOS 管的分类及比较

MOS 管类型	N 沟道增强型	P 沟道增强型	N 沟道耗尽型	P 沟道耗尽型
标准符号	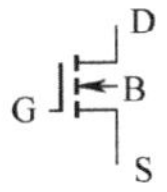 D G B S	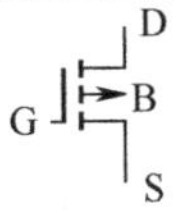 D G B S	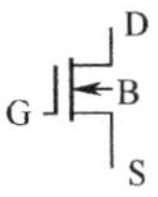 D G B S	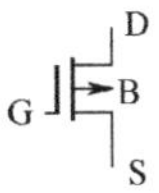 D G B S
简化符号	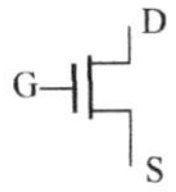 D G S	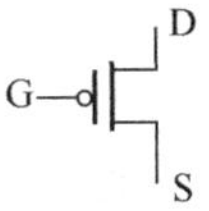 D G S	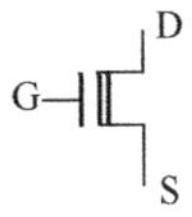 D G S	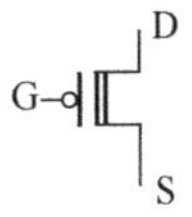 D G S
特点	v_{GS}=0 时无导电沟道		v_{GS}=0 时有导电沟道	
衬底材料	P 型	N 型	P 型	N 型
沟道类型	N 型	P 型	N 型	P 型
电压极性	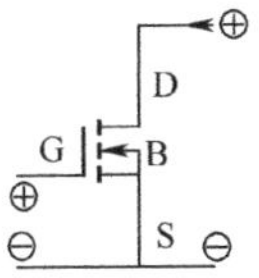 ⊕ D G B ⊕ ⊖ S ⊖	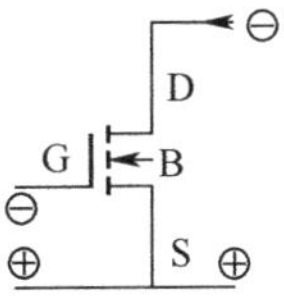 ⊖ D G B ⊖ ⊕ S ⊕	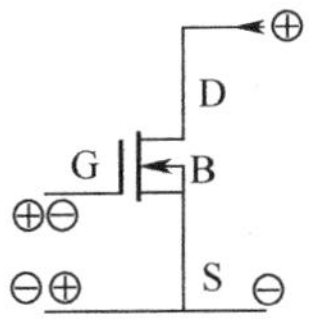 ⊕ D G B ⊕⊖ ⊖⊕ S ⊖	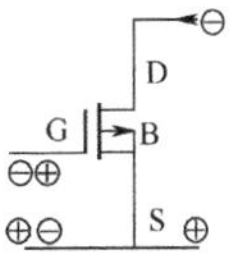 ⊖ D G B ⊖⊕ ⊕⊖ S ⊕
输出特性	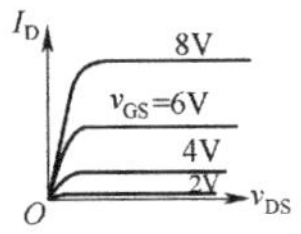 I_D 8V v_{GS}=6V 4V 2V O v_{DS}	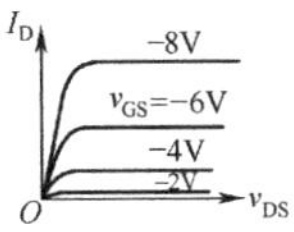 I_D −8V v_{GS}=−6V −4V −2V O v_{DS}	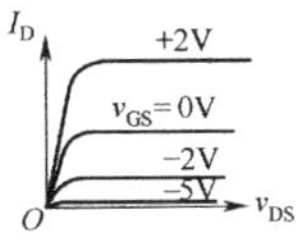 I_D +2V v_{GS}=0V −2V −5V O v_{DS}	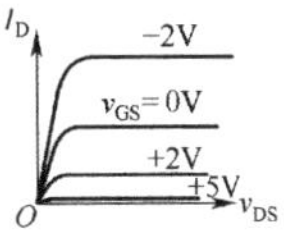 I_D −2V v_{GS}=0V +2V +5V O v_{DS}
转移特性	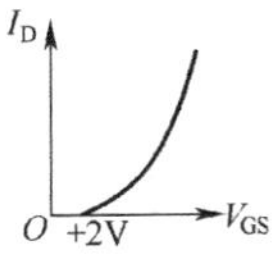 I_D O +2V V_{GS}	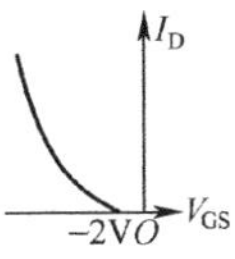 I_D −2V O V_{GS}	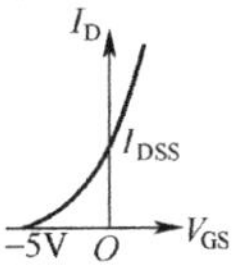 I_D I_{DSS} −5V O V_{GS}	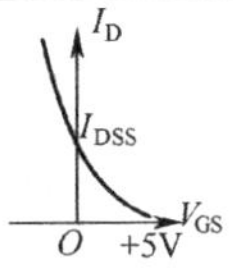 I_D I_{DSS} O +5V V_{GS}

2.4.2 CMOS 反相器的电路结构和工作原理

CMOS 反相器的电路结构是 CMOS 电路的基本结构形式。

CMOS 反相器电路如图 2-47 所示，其中 T_2 为 N 沟道增强型 MOS 管，作为驱动管；T_1 为 P 沟道增强型 MOS 管，作为负载管。它们的栅极相连作为反相器的输入端，漏极相

连作为反相器的输出端。T_1 的源极接正电源 V_{DD}，T_2 的源极接地，令电源 V_{DD} 大于两管开启电压绝对值之和，即 $V_{DD}>(V_{TN}+|V_{TP}|)$，并假设 $V_{TN}=|V_{TP}|$。

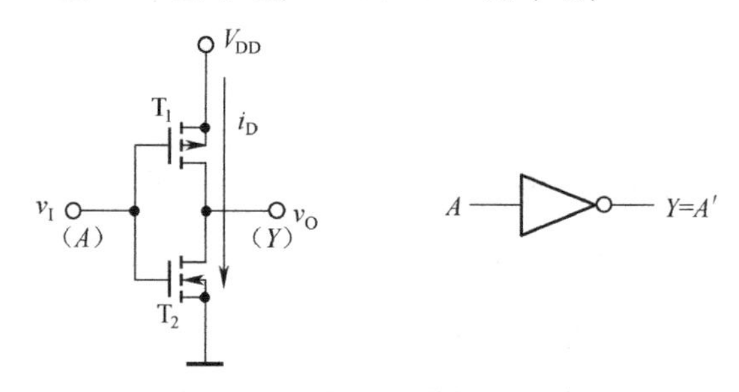

图 2-47　CMOS 反相器电路结构与逻辑符号

当 $v_I=V_{IL}=0V$ 时，T_2 截止，T_1 导通，T_2 截止电阻约为 $10^9\Omega$，T_1 的导通电阻约为 $1k\Omega$，所以输出 $v_O\approx V_{DD}$，即 $v_O=V_{OH}$。

当 $v_I=V_{IH}=V_{DD}$ 时，T_2 导通，T_1 截止，T_2 的导通电阻约为 $1k\Omega$，T_1 的截止电阻约为 $10^9\Omega$，所以输出 $v_O\approx 0V$，即 $v_O=V_{OL}$，可见该电路实现了"非"逻辑。

无论 v_I 输入低电平还是高电平，T_1 和 T_2 总是工作在一个导通而另一个截止的状态，即所谓的状态互补，所以把这种电路结构形式称为互补金属氧化物半导体电路（Complementary Metal-Oxide Semiconductor），简称 CMOS 电路。另外，无论电路处于何种工作状态，T_1、T_2 中总有一个截止，而且截止电阻很大，所以 CMOS 电路的静态功耗极低，有微功耗电路之称。

2.4.3　CMOS 反相器的特性及参数

1. 电压传输特性和电流传输特性

电路如图 2-47 所示，设 CMOS 反相器的电源电压 $V_{DD}=10V$，两管的开启电压为 $V_{TN}=|V_{TP}|=2V$，则电压传输特性曲线如图 2-48 所示。

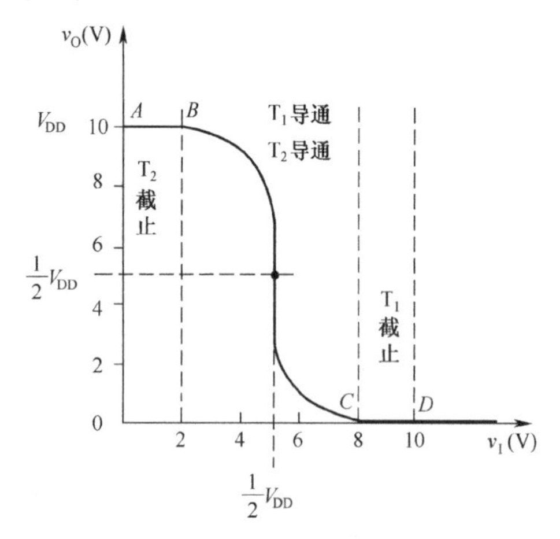

图 2-48　CMOS 反相器的电压传输特性

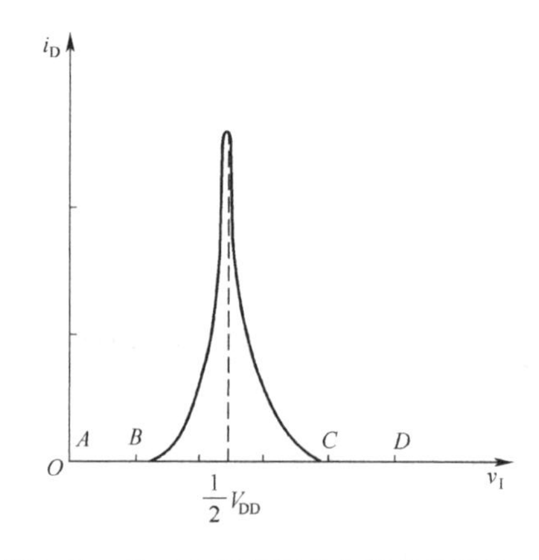

图 2-49　CMOS 反相器的电流传输特性

1）*AB* 段

当 v_I <2V 时，T_2 截止，T_1 导通，输出 $v_O \approx V_{DD}$=10V，输出高电平。

2）*BC* 段

当 2V< v_I <8V 时，T_1 和 T_2 同时导通。如果 T_1 和 T_2 的参数完全对称，则 $v_I = V_{DD}/2$ 时两管的导通内阻相等，$v_O = V_{DD}/2$，即工作于电压传输特性转折区的中点。将电压传输特性转折区的中点所对应的输入电压称为反相器的阈值电压（ThresHold Voltage），用 V_{TH} 表示。CMOS 反相器的阈值电压为 $V_{TH}=V_{DD}/2$。

3）*CD* 段

当 8V< v_I <10V 时，T_1 截止，T_2 导通，输出 $v_O \approx 0$V，输出低电平。

电流传输特性如图 2-49 所示，也分三个工作区描述反相器的漏极电流 i_D 随输入电压 v_I 改变的情况：

工作在 *AB* 段和 *CD* 段时，因为 T_1 和 T_2 总是有一个截止，所以漏极电流 i_D=0。

工作在 *BC* 段时，因为 T_1 和 T_2 都导通，漏极电流 $i_D \neq 0$，所以如果 T_1 和 T_2 的参数完全对称，则 $v_I = V_{DD}/2$ 时 i_D 最大。表明 CMOS 反相器在输入信号高、低电平的转换过程中，有明显的功率损耗，因此应注意不可长时间工作在 *BC* 段。

2. CMOS 反相器传输延迟时间

图 2-47 中的 CMOS 反相器电路是原理电路，实际生产的 CMOS 集成电路可近似成如图 2-50 所示的电路形式。MOS 管的电极之间及电极与衬底之间都存在寄生电容，C_1 和 C_2 分别表示 T_1 和 T_2 的栅极等效电容，C_L 为反相器的负载电容（当负载为反相器时，下一级反相器的输入电容就构成这级的负载电容）。在输入端有输入保护环节，保护 CMOS 电路的电压不会超出允许的电压限度。

当输入信号发生跳变时，输出电压的变化滞后于输入电压的变化，如图 2-50 所示，所以造成电路传输延迟时间的主要原因是负载充、放电所需要的时间。但因 CMOS 反相器的 T_1 和 T_2 互补结构，工作时总是有一个管子导通且导通电阻很小，所以输出电压带电容负载时，充电和放电过程进行的比较快。当 T_1 和 T_2 的参数完全对称时，下降延迟时间 t_{PHL} 和上升时间 t_{PLH} 基本相等，平均延迟时间 $t_{pd} = (t_{PHL} + t_{PLH})/2$。

CMOS 反相器的 t_{pd} 值已与 TTL 电路的相当，大多数产品的 t_{pd} 都小于 10ns，改进系列的产品在 5ns 左右。

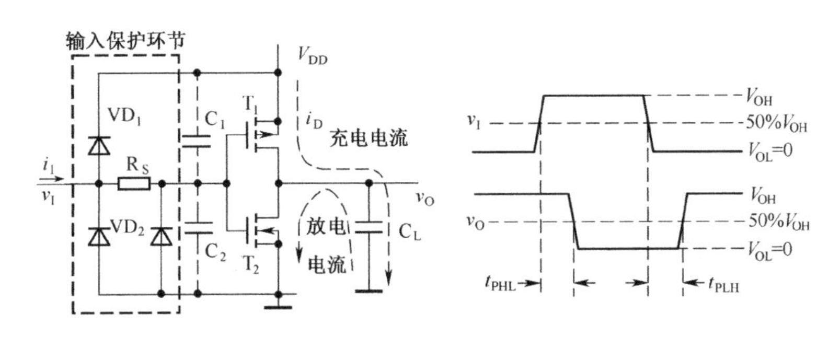

图 2-50　CMOS 反相器传输延迟时间

3．CMOS 电路的主要性能特点

1）输入阻抗高，输入电流小

CMOS 电路的栅极是绝缘的，有极高的输入阻抗。当 v_I 输入正常工作电压 0～V_{DD} 时，输入电流 i_I ≈0。

2）抗干扰能力强

由电压传输特性可以看出其转折区很陡峭，所以噪声容限大且高电平噪声容限 V_{NH} 和低电平噪声容限 V_{NL} 相等，可达 V_{DD} 的 30%以上。

3）功耗小

从电流传输特性可以看到，在静态时不论输出高电平还是输出低电平，T_1 和 T_2 总有一个管截止，所以漏极电流 i_D=0，CMOS 电路的静态功耗是μW 数量级，而 TTL 电路是 mW 数量级。

4）扇出系数大

因为 CMOS 电路有极高的输入阻抗，能带 CMOS 负载门的个数高达 50，所以扇出系数很大。但由于 CMOS 门输出电阻较大（约等于导通管工作在线性电阻区的阻值 1kΩ），使它带大电流负载的能力远不如 TTL 电路。

5）电源电压范围宽

CMOS 可在 V_{DD}=3～15V 范围内正常工作，有的甚至可以达到 18V。

6）逻辑摆幅大

从电压传输特性可见，CMOS 集成电路的逻辑高电平“1”、逻辑低电平“0”分别接近电源高电位 V_{DD} 及电源低电位 V_{SS}(0V)，逻辑摆幅是 $V_{OH}-V_{OL}≈V_{DD}$。

2.4.4　CMOS 门电路的其他类型

1．CMOS 与非门和或非门

在 CMOS 门电路的系列产品中，除反相器外还有与非门、或非门、异或门、与或非等其他逻辑功能的门电路。

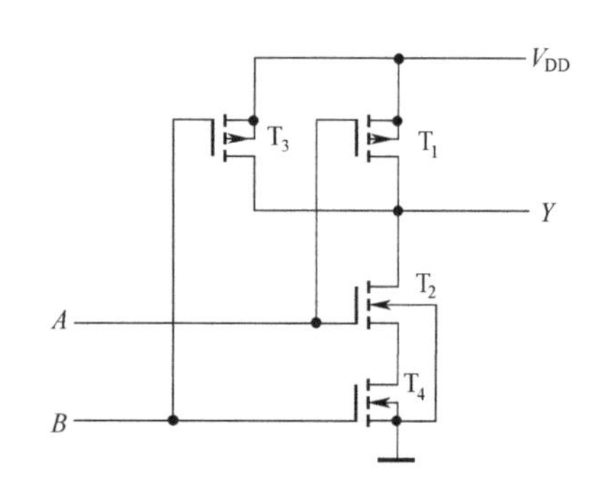

图 2-51　CMOS 与非门

1）与非门

如图 2-51 所示，与非门由两个串联的 N 沟道增强型 MOS 管 T_2、T_4 和两个并联的 P 沟道增强型 MOS 管 T_1、T_3 组成，并且每个输入端把一组互补的 NMOS 管和 PMOS 管的栅极连在一起。其工作原理如下：

当输入 A=0、B=0 时，T_2 和 T_4 都截止，T_1 和 T_3 都导通，输出 Y=1。

当输入 A=0、B=1 时，T_1 导通，T_2 截止，输出 Y=1。

当输入 A=1、B=0 时，T_3 导通，T_4 截止，输出 Y=1。

当输入 A=B=1 时，T_2 和 T_4 都导通，T_1 和 T_3 都截止，输出 Y=0。

可见电路实现“与非”逻辑，即 $Y=(A\cdot B)'$

2）或非门

如图 2-52 所示，或非门由两个并联的 NMOS 管 T_2、T_4 和两个串联的 PMOS 管 T_1、T_3 组成。容易看出，两输入端 A、B 中只要有一个为高电平，就会使与其相连的 NMOS 管导通，PMOS 管截止，输出 Y 为低电平；只有输入 A、B 都为低电平时，两个并联的 NMOS 管 T_2、T_4 同时截止，两个串联的 PMOS 管 T_1、T_3 同时导通，输出 Y 为高电平。可见该电路实现“或非”逻辑，即 $Y=(A+B)'$。

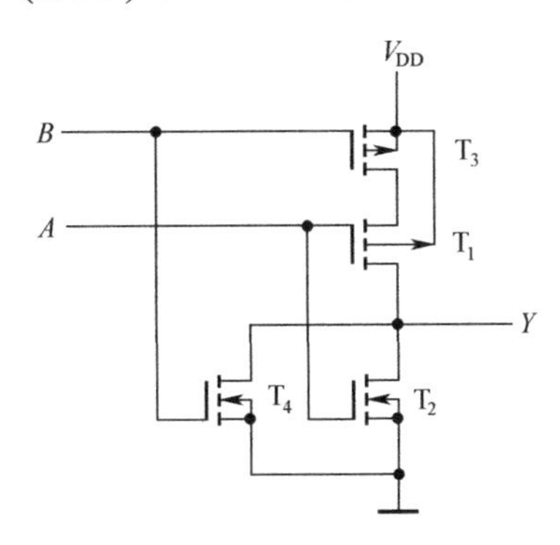

图 2-52 CMOS 或非门

3）带缓冲级的 CMOS 门电路

如图 2-51 所示的与非门电路虽然结构简单，但存在明显的缺陷，主要是电路的输出电阻和输出高、低电平受输入状态和输入端个数影响很大，情况如下。

假定每个 MOS 管的导通电阻均为 R_{ON}，截止电阻近似为∞，则根据前面对图 2-51 的分析可知：

当 A=B=0 时，$R_O=R_{ON1}//R_{ON3}=\frac{1}{2}R_{ON}$。

当 A=0、B=1 时，$R_O=R_{ON1}=R_{ON}$。

当 A=1、B=0 时，$R_O=R_{ON3}=R_{ON}$。

当 A=1、B=1 时，$R_O=R_{ON2}+R_{ON4}=2R_{ON}$。

可见，两个输入端的与非门输入状态的不同可以使输出电阻相差 4 倍。输入端个数越多，输出电阻相差越大。另外，输入端个数越多，串联的驱动门个数也越多，输出的低电平 V_{OL} 就越高。而当输入全部为低电平时，输入端的个数越多，负载管并联的个数也越多，输出高电平 V_{OH} 也更高一些。显然，这些门电路的输出高、低电平存在上下幅度波动。如图 2-52 所示的或非门电路中也存在类似的问题。

为了克服这些缺点，在实际生产的 4000 系列和 74HC 系列 CMOS 电路中均采用带缓冲级的结构，就是在门电路的每个输入端、输出端各增设一级反相器。称这些具有标准参数的反相器为缓冲器。

如图 2-53 所示的与非门电路是在图 2-52 或非门的基础上增加缓冲级得到的。同理，在与非门的基础上增加缓冲级可以得到或非门电路。这些带缓冲级的门电路的输出电阻和输出高、低电平将不受输入端的影响。此外，前面讲到的 CMOS 反相器的特性和参数对这些门电路也适用。

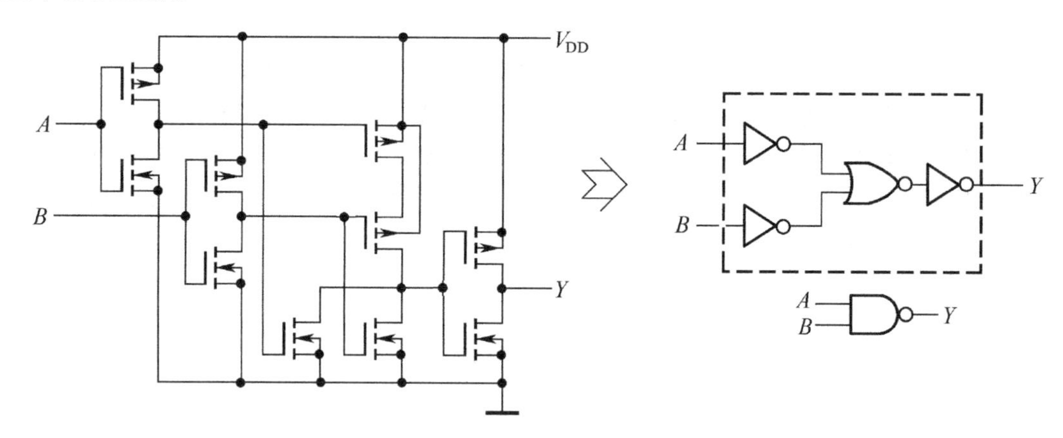

图 2-53　带缓冲级的 CMOS 与非门及其等价电路

2．漏极开路门（OD 门）

OD 门与 TTL 集电极开路门（OC 门）对应，其特点是可以实现“线与”，可以用来进行逻辑电平变换，具有较强的带负载能力等。OD 门有多种形式，如图 2-54 所示是漏极开路的 CMOS 与非门的电路图及逻辑符号。注意，使用时必须外接电阻 R_L，R_L 的选择原则与 OC 门中 R_L 的选择原则相同。

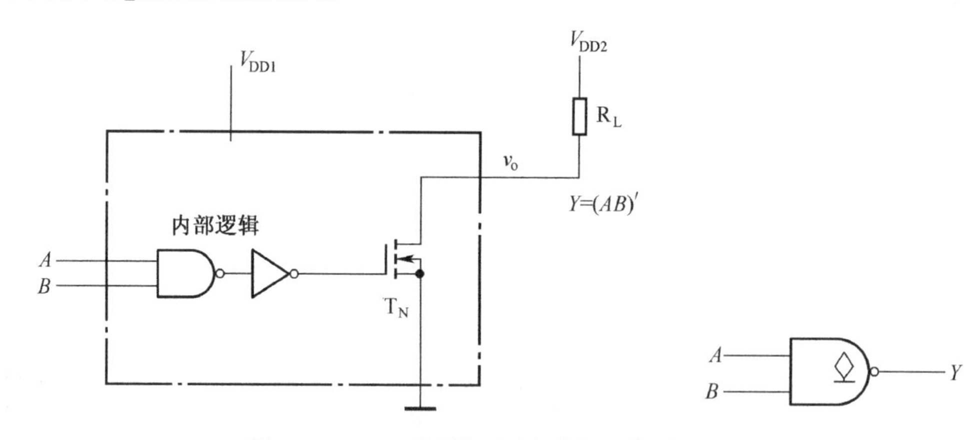

图 2-54　CMOS 的漏极开路与非门及其逻辑符号

3．CMOS 三态门

如图 2-55（a）所示为 CMOS 三态“非门”电路。两个 NMOS 管 T_2 和 T'_2 串联，另外两个 PMOS 管 T_1 和 T'_1 也串联。T_1 和 T_2 一对互补管构成 CMOS 反相器（非门），其栅极相接作为三态非门的信号输入端 *A*。T'_1 和 T'_2 一对互补管构成控制电路，两者的栅极反相连接后作为控制端 *EN*。其工作原理如下：

当 EN=0 时，T'_1 和 T'_2 同时导通，T_1 和 T_2 组成的非门正常工作，输出 $Y = A'$。

当 EN=1 时，T'_1 和 T'_2 同时截止，输出 Y 对地和电源都相当于开路，为高阻状态。

所以，这是一个低电平有效的三态门，逻辑符号如图 2-55（b）所示。

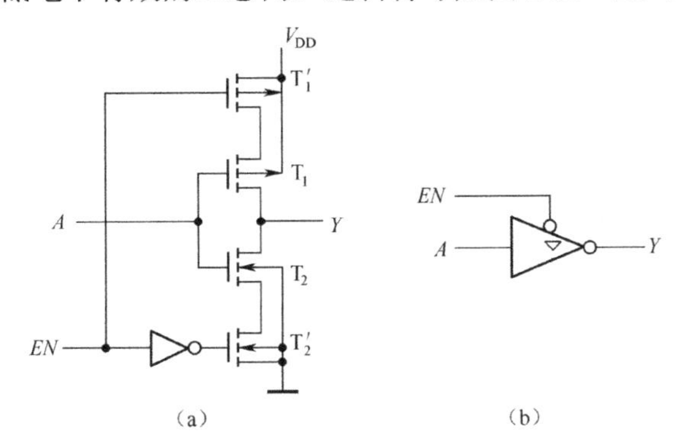

图 2-55　CMOS 三态“非门”电路

4．CMOS 传输门

CMOS 传输门也是构成各种逻辑电路的基本单元。CMOS 传输门的电路和符号如图 2-56 所示。它由一个 NMOS 管 T_1 和一个 PMOS 管 T_2 并联而成。T_1 和 T_2 的源极和漏极分别相接作为传输门的输入端和输出端。两管的栅极是一对互补控制端，C 端是高电平控制端，C' 端是低电平控制端。两管的衬底均不和源极相接，NMOS 管的衬底接地，PMOS 管的衬底接正电源 V_{DD}，以便于控制沟道的产生。

需要传输的信号 v_I 的变化范围为 0～V_{DD}。设置控制端 C 和 C' 的高电平为 V_{DD}，低电平设置为 0，设两管的开启电压 $V_{TN}=|V_{TP}|$。

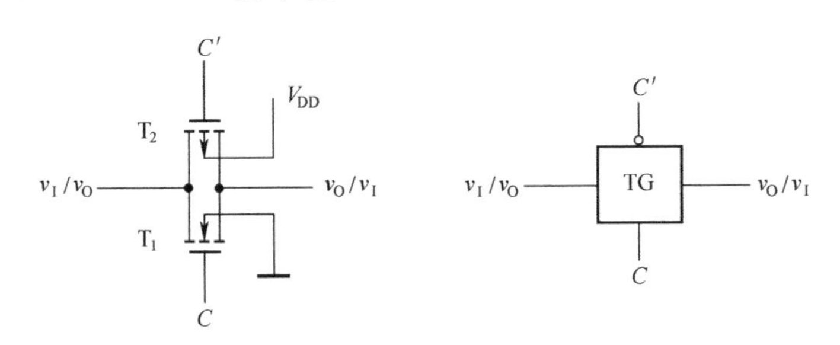

图 2-56　CMOS 传输门电路和逻辑符号

当 C 接高电平 V_{DD}，C' 接低电平 0V 时，若 $0<v_I<(V_{DD}-V_{TN})$，NMOS 管 T_1 导通；若 $|V_{TP}|<v_I<V_{DD}$，PMOS 管 T_2 导通。可见 v_I 在 0～V_{DD} 范围变化时，T_1 和 T_2 至少有一个导通，使输出与输入之间呈低阻态，将输入信号 v_I 传输到输出端，$v_O = v_I$，相当于传输门导通。

当 C 接低电平 0V，C' 接高电平 V_{DD} 时，v_I 在 0～V_{DD} 范围变化时，T_1 和 T_2 都截止，输出呈高阻态，输入信号 v_I 不能传输到输出端，相当于传输门截止。

由于 T_1 和 T_2 的源级和漏极可互易使用，因而 CMOS 传输门是双向器件，即输入端和输出端允许互换使用。CMOS 传输门的导通电阻小于 1kΩ，当后面接 MOS 电路或运算放大器等高输入阻抗器件时，可以忽略传输门的导通电阻。

将 CMOS 传输门和一个非门组合起来，由非门产生互补的控制信号，从而构成模拟开关。模拟开关的电路和逻辑符号如图 2-57 所示。模拟开关可以传输连续变化的模拟电压信号，而一般逻辑门无法实现。

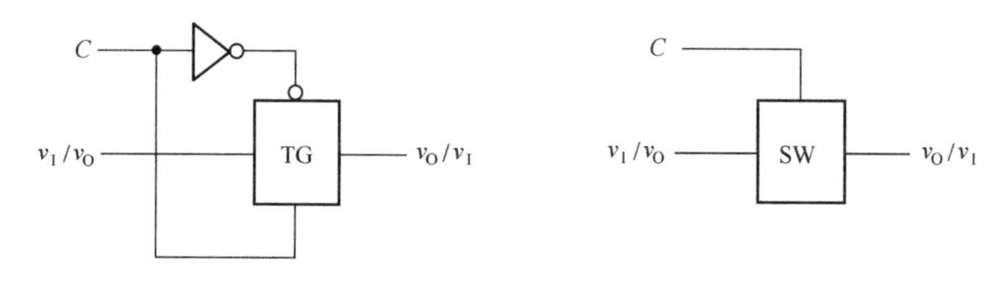

图 2-57　CMOS 模拟开关电路和逻辑符号

2.4.5　CMOS 集成门系列简介

1．CMOS 逻辑门电路系列

CMOS 集成门电路和 TTL 门电路一样，走过了近半个世纪的发展历程。由于制造工艺的不断进步，它的技术参数从整体上来说已经接近 TTL 器件的水平，其中某些参数优于 TTL 集成电路。因此，CMOS 集成电路是数字集成电路中的后起之秀，在小规模和中规模集成电路领域中，CMOS 与 TTL 几乎平分秋色，但在大规模和超大规模集成电路领域中，CMOS 电路已占据了主导地位。高速、低耗、与 TTL 兼容是它的发展方向。下面介绍 CMOS 系列产品。

1）4000 系列

早期的 CMOS 产品，电源电压范围为 3～18V，具有功耗低、噪声容限大、扇出系数大等优点。缺点是工作速度较低，输出电流较小，不与 TTL 兼容。

2）74HC/HCT 系列

高速 CMOS 系列，用多晶硅材料做栅极，使其具有更小的尺寸和更小的栅极电容，从而大大提高了工作速度。HC 系列 t_{pd}=10ns。HC 系列的电源电压范围为 2～6V。但它的输入电平与 TTL 电路的输出电平不匹配，因此 HC 系列不能与 TTL 兼容，只适合同系列产品系统。

74HCT 系列和 74HC 系列很相似，只是对工作电压的范围和对输入信号的电平要求有差异，74HCT 系列工作电压在单一的 5V 电源电压下，它的输入、输出电平与 TTL 输入、输出完全匹配。HCT 系列 t_{pd}=13ns，HCT 系列的电源电压范围为 4.5～5.5V，与 TTL 完全兼容。

3）74AC/ACT 系列

先进的 CMOS 系列，该系列的抗噪声能力、传输延迟及最高工作频率比 74HC 系列都有了进一步的改善。其中 74AC 系列的电源电压范围为 1.5～5.5V。该系列的编号最后是 5

位数字，以 11 开头，如 74AC11004≡74HC04。ACT 系列与 TTL 器件电压兼容，电源电压范围为 4.5～5.5V。

4）74AHC/AHCT 系列

先进的高速 CMOS 系列，相对于 74HC 系列速度更快、功耗更小、驱动要求更低。它的速度比 74HC 系列快 1 倍，与 74HC 系列具有相同的抗噪声能力，可以直接替换 74HC 系列。

5）74LVC/ALVC 系列

低压 CMOS 系列，能工作在 1.65～3.3V 的低电压下，并且 t_{pd}=3.8ns，它有大的负载能力，在电源电压为 3V 时，最大负载电流为 24mA，能提供 3.3～5V 的电平转换。

ALVC 系列是改进的低压 CMOS，在 74LVC 系列基础上进一步提高了速度。74LVC/ALVC 系列是当前 CMOS 产品中最好的两个系列。

2. CMOS 系列性能比较

各种 CMOS 系列门电路性能比较如表 2-12 所示。

表 2-12 各种 CMOS 系列门电路性能比较（74××04）

主要参数	74HC	74HCT	74AHC	74AHCT	74LVC	74ALVC
电源电压范围 V_{DD}/V	2～6	4.5～5.5	2～5.5	4.5～5.5	1.65～3.6	1.65～3.6
输入高电平最小值 $V_{IH(min)}$/V	3.15	2	3.15	2	2	2
输入低电平最大值 $V_{IL(max)}$/V	1.35	0.8	1.35	0.8	0.8	0.8
输出高电平最小值 $V_{OH(min)}$/V	4.4	4.4	4.4	4.4	2.2	2.0
输出低电平最大值 $V_{OL(max)}$/V	0.33	0.33	0.44	0.44	0.55	0.55
高电平输出电流最大值 $I_{OH(max)}$/mA	−4	−4	−8	−8	−24	−24
低电平输出电流最大值 $I_{OL(max)}$/mA	4	4	8	8	24	24
高电平输入电流最大值 $I_{IH(max)}$/μA	0.1	0.1	0.1	0.1	5	5
低电平输入电流最大值 $I_{IL(max)}$/μA	−0.1	−0.1	−0.1	−0.1	−5	−5
平均传输延迟时间 t_{pd}/ns	9	14	5.3	5.5	3.8	2

3. CMOS 集成电路的命名方法

第 1 部 分		第 2 部 分		第 3 部 分		第 4 部 分	
器 件 前 缀		器 件 系 列		器 件 品 种		工作温度范围	
符 号	意 义	符 号	意 义	符 号	意 义	符 号	意 义
CC	中国制造的 CMOS 类型	40	系列符号	阿拉伯数字	器件功能	C	0～70℃
CD	美国无线电公司产品	45				E	−40～85℃
TC	日本东芝公司产品					R	−55～85℃
CE	中国制造的 ECL 类型	145				M	−55～125℃

示例 1：

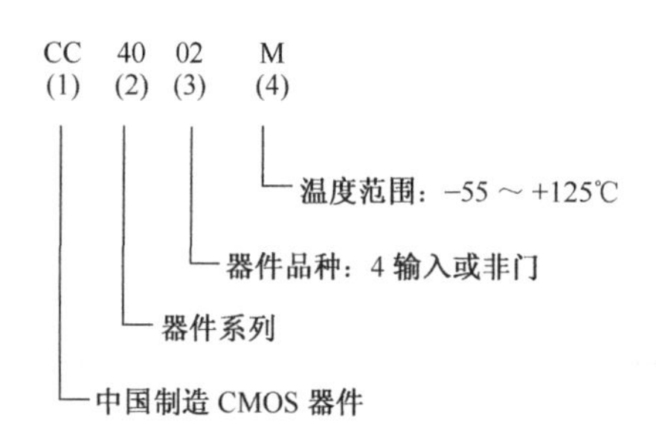

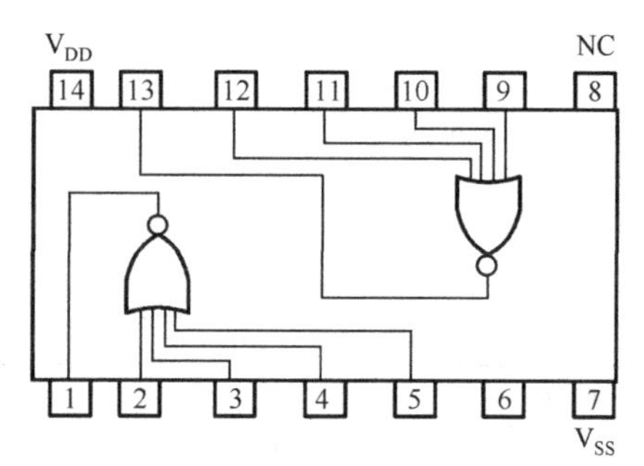

示例 2：

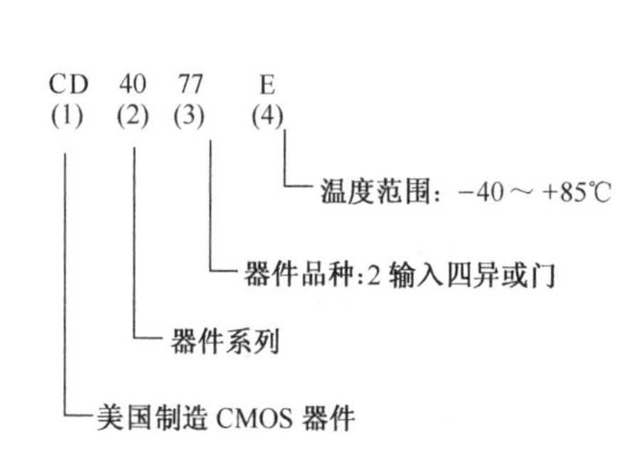

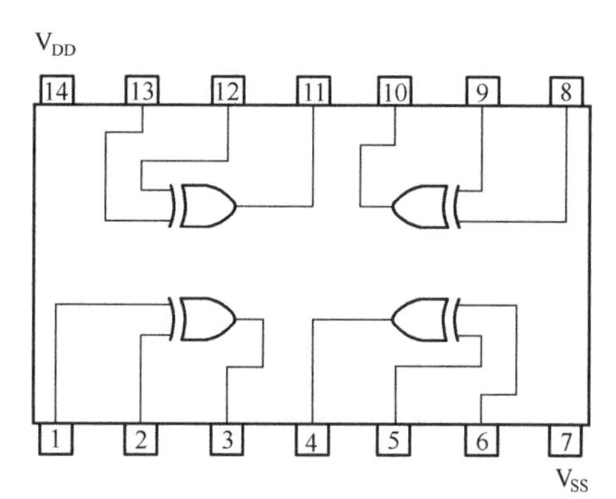

2.5* 集成门电路的实际应用问题

2.5.1 集成门电路使用应注意的问题

1. 多余输入端的处理

集成门电路的输入端数目是固定的，在使用时会有多余输入端。对于 TTL 门电路，如果多余的输入端可以悬空，从理论上讲相当于接高电平，但在实际应用中，悬空的输入端容易引起干扰信号，所以尽量避免悬空状态。而对于MOS门电路，由于MOS管具有很高的输入阻抗，更容易接收干扰信号，在外界有静电干扰时，还会在悬空的输入端积累起高电压，造成栅极击穿。所以，MOS门电路的多余输入端是绝对不允许悬空的。

多余输入端的处理应以不改变电路逻辑关系及稳定可靠为原则，通常采用下列方法。

1）对于与非门及与门

多余输入端应接高电平，如通过一个电阻接电源正端或直接接电源正端，如图2-58(a)、(b)所示。也可以与有用的输入端并联使用，如图2-58（c）所示。

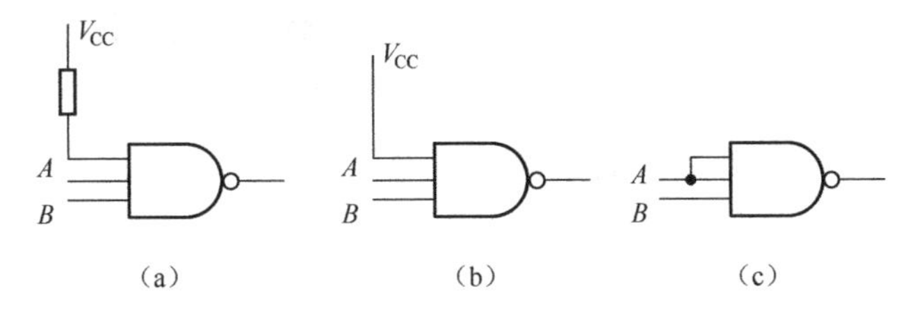

图2-58　与非门多余输入端的处理

2）对于或非门及或门

多余输入端应接低电平，如直接接地，如图2-59（a）所示。也可以与有用的输入端并联使用，如图2-59（b）所示。

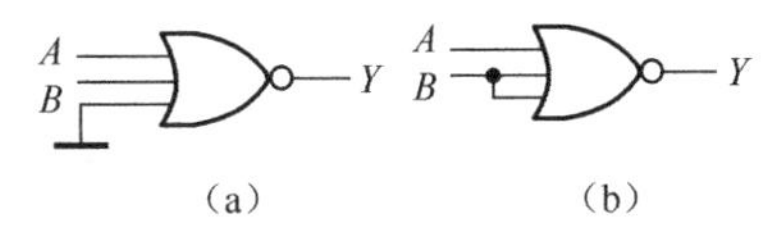

图2-59　或非门多余输入端的处理

2. TTL电路的正确使用

1）关于电源

电源电压 V_{CC}=+5V±5%（74系列），超过这个范围将损坏器件或功能不正常。另外，TTL电路存在电源尖峰电流，要求电源具有小的内阻和良好的地线，并且注意对电源接入50μF电容的低频滤波，以及在高速电路中适当增加高频滤波。

2）关于输入端负载

TTL电路输入端通过电阻接地，电阻值 R 的大小直接影响电路所处的状态。当 $R \leqslant 700\Omega$ 时，输入端相当于逻辑“0”；当 $R \geqslant 2k\Omega$ 时，输入端相当于逻辑“1”。对于不同系列的器件，要求的阻值不同。

3）关于输出端

TTL电路中只有集电极开路输出电路和三态输出电路的输出端允许并联使用。其他TTL门不允许输出端并联，否则不仅会使电路逻辑混乱，还会导致器件损坏。另外，输出端不允许直接与+5V电源或地连接，否则会导致器件损坏。

3. CMOS电路的正确使用

防止静电击穿是CMOS电路使用时应特别注意的问题。尽管CMOS电路输入有保护环节，但这些电路吸收瞬变能量有限，因此输入端不允许悬空，使用时应注意采取以下措施：

（1）保存时应用导电材料屏蔽，或把全部引脚短路。
（2）焊接时应断开电烙铁的电源。
（3）各种测量仪器均要接好地。
（4）通电测试时，应先开电源再加信号，关机时应先关信号源再关电源。
（5）插、拔 CMOS 芯片时应先切断电源。

2.5.2 TTL 电路与 CMOS 电路之间的接口问题

在设计数字系统时，往往要 TTL 和 CMOS 两种器件混合使用，由于它们各自的电源电压不同，对输入、输出的要求也不同，所以设计时要考虑不同器件之间的接口问题。

1. TTL 电路与 CMOS 电路的性能比较

表 2-13 列出了 TTL 电路和 CMOS 电路主要系列的主要参数，供选择器件时参考。

表 2-13 TTL 电路和 CMOS 电路系列参数比较

类别 / 参数	TTL					CMOS				
	74	74S	74LS	74AS	74ALS	4000	74HC	74HCT	74LVC	74ALVC
$I_{IL(max)}$ / mA	1.6	2.0	0.4	0.5	0.1	0.001	0.001	0.001	0.005	0.005
$I_{IH(max)}$ / μA	40	50	20	20	20	0.1	0.1	0.1	5	5
$I_{OL(max)}$ / mA	16	20	8	20	8	0.51	4	4	24	24
$I_{OH(max)}$ / mA	0.4	1	0.4	2	0.4	0.51	4	4	24	24
$U_{IL(max)}$ / V	0.8	0.8	0.8	0.8	0.8	1.5	1.0	0.8	0.8	0.8
$U_{IH(min)}$ / V	2.0	2.0	2.0	2.0	2.0	3.5	3.5	2.0	2.0	2.0
$U_{OL(max)}$ / V	0.4	0.5	0.5	0.5	0.5	0.05	0.1	0.1	0.55	0.55
$U_{OH(min)}$ / V	2.4	2.7	2.7	2.7	2.7	4.95	4.9	4.9	2.2	2.0
t_{pd} / ns	9.5	3	8	3	2.5	45	10	13	3.8	2
P_D / mW	10	19	4	8	1.2	0.005	0.005	0.005	0.005	0.005
电源电压 V_{CC} 或 V_{DD} / V	4.75～5.25					3～18	2～6	4.5～5.5	1.65～3.6	

2. TTL 电路与 CMOS 电路之间的接口

两种不同类型的集成电路相互连接，驱动门必须要为负载门提供符合要求的高、低电平和足够的电流，即要满足下列条件：

驱动门的 $V_{OH(min)}$ ≥负载门的 $V_{IH(min)}$；

驱动门的 $V_{OL(max)}$ ≤负载门的 $V_{IL(max)}$；

驱动门的 $I_{OH(max)}$ ≥负载门的 $\sum I_{IH}$；

驱动门的 $I_{OL(max)}$ ≥负载门的 $\sum I_{IL}$。

1）TTL 门驱动 CMOS 门

由于 TTL 门的 $I_{OH(max)}$和 $I_{OL(max)}$远大于 CMOS 门的 I_{IH} 和 I_{IL}，所以 TTL 门驱动 CMOS 门时，主要考虑 TTL 门的输出电平是否满足 CMOS 门输入电平的要求。

（1）TTL 门驱动 74HC 系列和 74AHC 系列。从表 2-13 看出，当都采用 5V 电源时，TTL 的 $V_{OH(min)}$为 2.4V 或 2.7V，而 CMOS 的 74HC 系列和 74AHC 系列电路的 $V_{IH(min)}$为 3.5V，显然不满足要求。这时可在 TTL 电路的输出端和电源之间接一个上拉电阻 R_U，如图 2-60 所示。TTL 电路的输出为高电平时，输出级的负载管和驱动管同时截止，有

$$V_{OH}=V_{DD}-R_U(I_{CEO}+nI_{IH})$$

式中，I_{CEO} 为 TTL 输出级 T_5 管截止时的电流，n 为负载管 CMOS 的输入端数量。由于 I_{CEO} 和 I_{IH} 都很小，所以只要 R_U 的阻值不是特别大，输出高电平将被提升至 $V_{OH}≈V_{DD}$。R_U 的阻值一般可取在几百欧至几千欧之间。

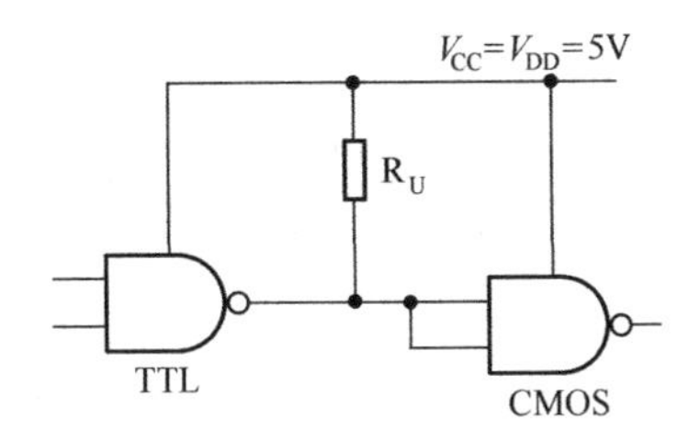

图 2-60 TTL 驱动 CMOS 门电路

（2）TTL 门驱动 74HCT 系列和 74AHCT 系列。由表 2-13 和表 2-12 可见，74HCT 系列和 74AHCT 系列与 TTL 器件电压兼容。它们的输入电压参数为 $V_{IH(min)}$=2.0V，而 TTL 的输出电压参数 $V_{OH(min)}$为 2.4V 或 2.7V，因此两者可以直接相连，不需要外加其他器件。

2）CMOS 门驱动 TTL 门

从表 2-13 看出，74HC 和 74HCT 等系列 CMOS 门的 $V_{OH(min)}$大于 TTL 门的 $V_{IH(min)}$，CMOS 的 $V_{OL(max)}$小于 TTL 门的 $V_{IL(max)}$，两者电压参数相容。同时 CMOS 门的 $I_{OH(max)}$和 $I_{OL(max)}$均在 4mA 以上，而 TTL 的输入电流 $I_{IH(max)}$和 $I_{IL(max)}$都小于 2mA，所以在驱动的 TTL 门数量较多时，需考虑 CMOS 门的输出电流是否满足 TTL 输入电流的要求。

要提高 CMOS 门的驱动能力，在找不到合适的驱动门满足大负载电流要求时，可在 CMOS 门的输出端与 TTL 门的输入端之间加一分立元件的电流放大器来实现，如图 2-61 所示。只要放大器参数选择合理，就能符合驱动要求。

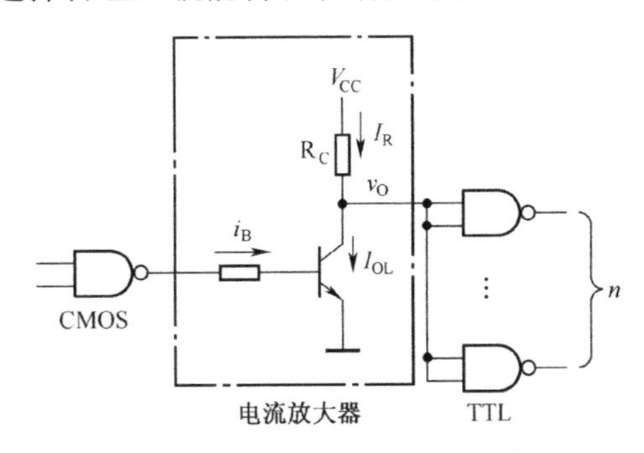

图 2-61 CMOS 门驱动 TTL 门

本 章 小 结

门电路是组成数字电路的基本逻辑单元。掌握门电路逻辑功能和使用特性，对于正确使用数字集成电路是十分重要的。

数字电路中，半导体二极管、三极管都工作在开关状态，即低阻导通（如晶体三极管的饱和区或 MOS 管的线性电阻区）和高阻截止两个状态。分析和判断它们的工作状态和模拟电路的方法不尽相同，需要区别掌握。

最简单的门电路是二极管与门、或门和三极管非门电路，它们是学习集成门电路的基础，但简单门电路存在的缺陷使应用范围有限。

TTL 和 CMOS 两类门电路是目前应用最广的集成门电路，但是 TTL 电路的功耗较大，因此 TTL 电路只能做成小规模和中规模集成电路，无法制作大规模和超大规模集成电路。而 CMOS 电路最突出的优点是功耗低，虽然早期因为工作速度原因落伍 TTL 产品，但随着 CMOS 制造工艺的不断进步，现在无论工作速度和驱动能力都不逊色，因此 CMOS 电路逐渐成为当前数字集成电路的主流产品。

学生对于 TTL 和 CMOS 两类门电路的学习，首先要掌握各种集成逻辑门的逻辑功能，特别要注意门电路逻辑符号和工作条件等使用问题。本章的难点是 TTL 反相器的工作原理部分，学好它是掌握 TTL 集成门外部使用特性的前提。为了提高使用集成芯片的工程能力，需把外部特性和产品性能指标相对应，了解 TTL 和 CMOS 门的使用注意事项，对两种集成产品系列的特征指标做全面了解和对照，正确解决不同类型器件的接口问题，对将来的工程分析和设计是有益的。

习题与思考题

题 2.1　三极管的开关特性指的是什么？什么是三极管的开通时间和关断时间？若希望提高三极管的开关速度，应采取哪些措施？

题 2.2　试写出三极管的饱和条件，并说明对于如图 2-62 所示的电路，下列方法中，哪些能使未达到饱和的三极管饱和？

（1）R_b↓；（2）R_C↓；（3）β↑；（4）V_{CC}↑。

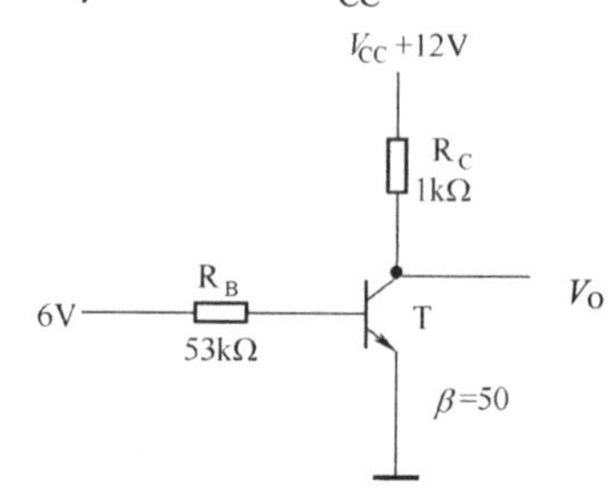

图 2-62　题 2.2 的电路图

题 2.3 电路如图 2-63 所示，其三极管为硅管，β=20，试求：

（1）v_I 小于何值时，三极管 T 截止。

（2）v_I 大于何值时，三极管 T 饱和。

题 2.4 电路如图 2−64 所示。

（1）已知 V_{CC}=6V，V_{CES}=0.3V，I_{CS}=10mA，求集电极电阻 R_C 的值。

（2）已知三极管的 β=50，V_{BE}=0.7V，输入高电平 V_{IH}=2V，当电路处于临界饱和时，R_B 的值应是多少。

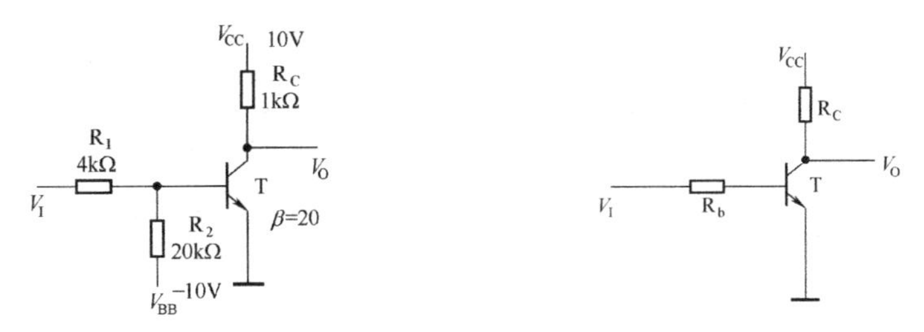

图 2-63 题 2.3 的电路图　　图 2-64 题 2.4 的电路图

题 2.5 为什么说 TTL 反相器的输入端在以下 4 种接法下都属于逻辑 0？

（1）输入端接地。

（2）输入端接低于 0. 8V 的电源。

（3）输入端接同类门的输出低电压 0. 2V。

（4）输入端接 200Ω的电阻到地。

题 2.6 为什么说 TTL 反相器的输入端在以下 4 种接法下都属于逻辑 1？

（1）输入端悬空。

（2）输入端接高于 2V 的电源。

（3）输入端接同类门的输出高电压 3.6V。

（4）输入端接 10kΩ的电阻到地。

题 2.7 说出图 2-65 中各门电路的输出是什么状态（高电平、低电平或高阻态）。已知这些门电路都是 74 系列的 TTL 电路。

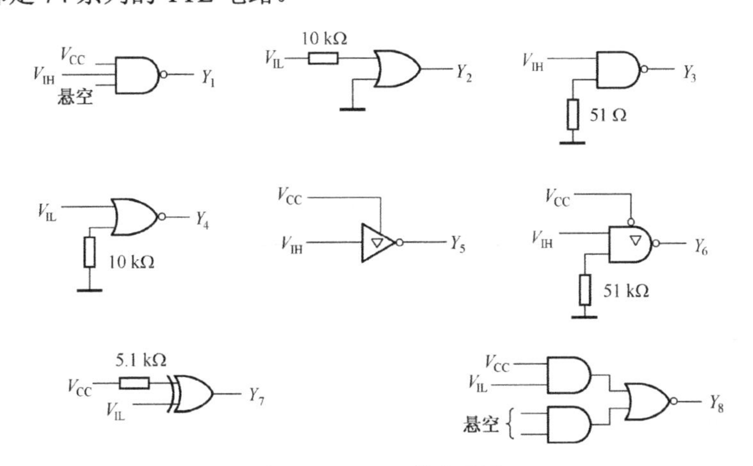

图 2-65 题 2.7 的电路图

题 2.8　说明图 2-66 中各门电路的输出是高电平还是低电平。已知它们都是 74HC 系列的 CMOS 电路。

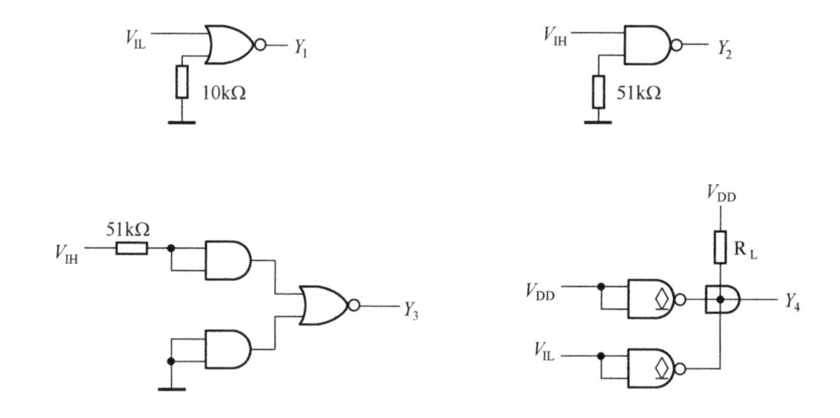

图 2-66　题 2.8 的电路图

题 2.9　用 OC 门实现逻辑函数 $Y=(AB)'\cdot(BC)'\cdot D'$，画出逻辑电路图。

题 2.10　分析如图 2-67 所示的电路，求输入 S_1、S_0 各种取值下的输出 Y，填入表 2-14 中。

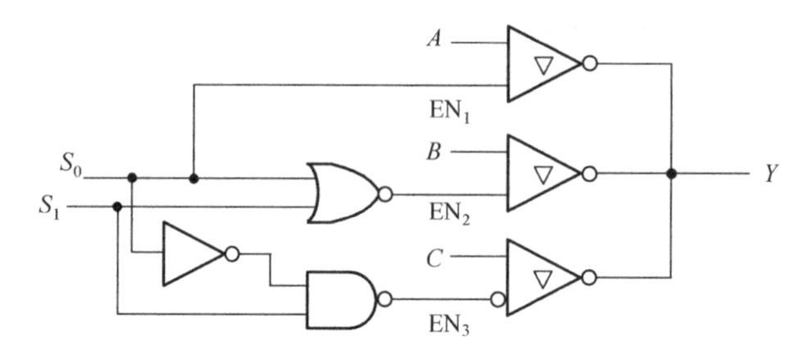

图 2-67　题 2.10 的电路图

表 2-14　题 2.10 的表

输入		输出
S_1	S_0	Y
0	0	
0	1	
1	0	
1	1	

题 2.11　如图 2-68 所示的 TTL 门电路中，要实现下列规定的逻辑功能时，其连接有无错误？如有错误请改正。

（a）$Y_1=(AB)'\cdot(CD)'$；

（b）$Y_2=(AB)'$；

（c）$Y_3=(AB+C)'$。

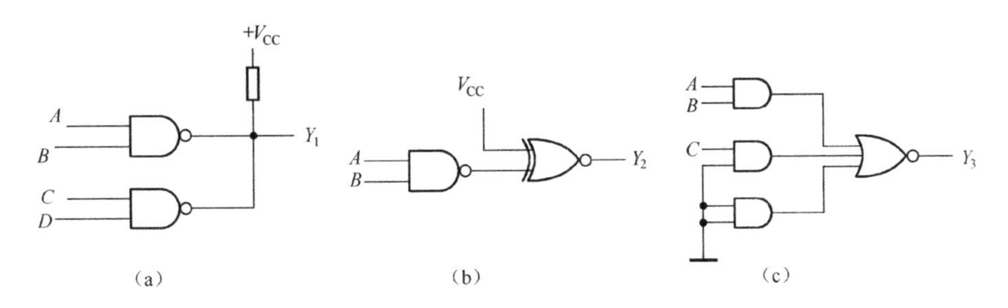

图 2-68 题 2.11 的电路图

题 2.12 在如图 2-69 所示的由 74 系列 TTL 与非门组成的电路中，计算门 G_M 能驱动多少同样的与非门。要求 G_M 输出的高、低电平满足 $V_{OH} \geqslant 3.2V$，$V_{OL} \leqslant 0.4V$。与非门的输入电流为 $I_{IL} \leqslant -1.6mA$，$I_{IH} \leqslant 40\mu A$。$V_{OL} \leqslant 0.4V$ 时输出电流的最大值为 $I_{OL(max)} = 16mA$；$V_{OH} \geqslant 3.2V$ 时输出电流的最大值为 $I_{OH(max)} = -0.4mA$。G_M 的输出电阻可忽略不计。

题 2.13 在如图 2-70 所示的由 74 系列 TTL 或非门组成的电路中，或非门每个输入端的输入电流为 $I_{IL} \leqslant -1.6mA$，$I_{IH} \leqslant 40\mu A$，其他条件与题 2.12 相同。计算门 G_M 能驱动多少同样的或非门。

图 2-69 题 2.12 的电路图　　图 2-70 题 2.13 的电路图

题 2.14 发光二极管的正向导通电流为 10mA，与非门的电源电压为 5V，输出低电平为 0.3V，输出低电平电流为 16mA，试画出与非门驱动发光二极管的电路，并计算出发光二极管支路中的限流电阻的阻值。

题 2.15 试说明在下列情况下，用万用表测量图 2-71 中 V_{I2} 端得到的电压各为多少。

（1）V_{I1} 悬空。

（2）V_{I1} 接低电平（0.2V）。

（3）V_{I1} 接高电平（3.2V）。

（4）V_{I1} 经 51Ω电阻接地；

（5）V_{I1} 经 10kΩ电阻接地。

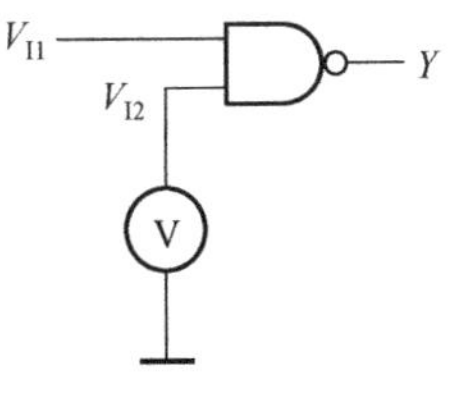

图 2-71 题 2.15 的电路图

图 2.71 中的与非门为 74 系列的 TTL 电路，万用表使用 5V 量程，内阻为 20kΩ/V。

题 2.16 若将图 2-71 中的门电路改为 TTL 或非门，试说明当 V_{I1} 为题 2.15 给出的 5 种状态时，测得的 V_{I2} 各等于多少。

题 2.17 若将图 2-71 中的门电路改为 CMOS 与非门，试说明当 V_{I1} 为题 2.15 给出的 5 种状态时测得的 V_{I2} 各等于多少?

题 2.18　分析图 2-72 中各电路的逻辑功能，写出输出的逻辑函数式。

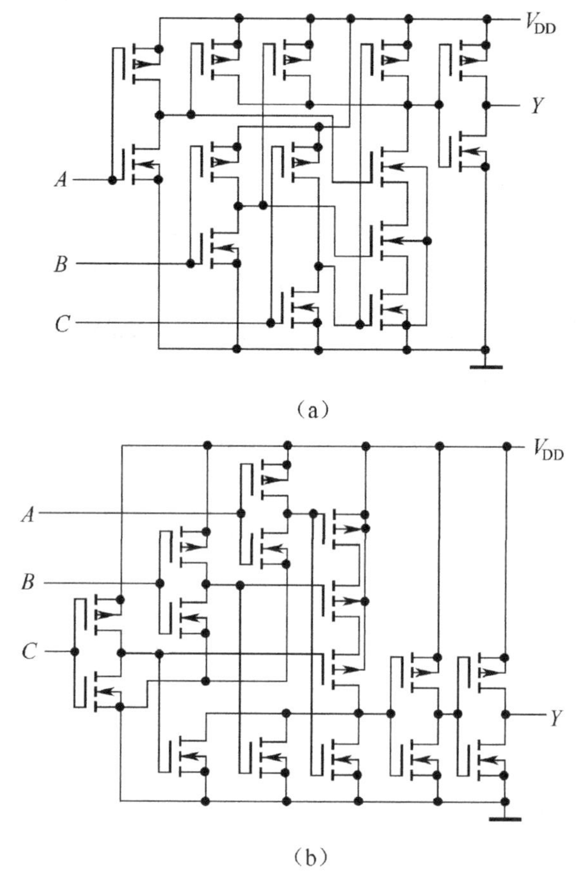

图 2-72　题 2.18 的电路图

题 2.19　计算如图 2-73 所示的电路中上拉电阻 R_L 的阻值范围。其中 G_1、G_2、G_3 是 74LS 系列的 OC 门，输出管截止时的漏电流 $I_{CEO} \leqslant 100\mu A$，输出低电平 $V_{OL} \leqslant 0.4V$ 时允许的最大负载电流为 $I_{OL(max)} = 8mA$。G_4、G_5、G_6 为 74LS 系列与非门，它们的输入电流为 $|I_{IL}| \leqslant 0.4mA$、$I_{IH} \leqslant 20\mu A$。给定 $V_{CC} = 5V$，要求 OC 门的输出高、低电平应满足 $V_{OH} \geqslant 3.2V$，$V_{OL} \leqslant 0.4V$。

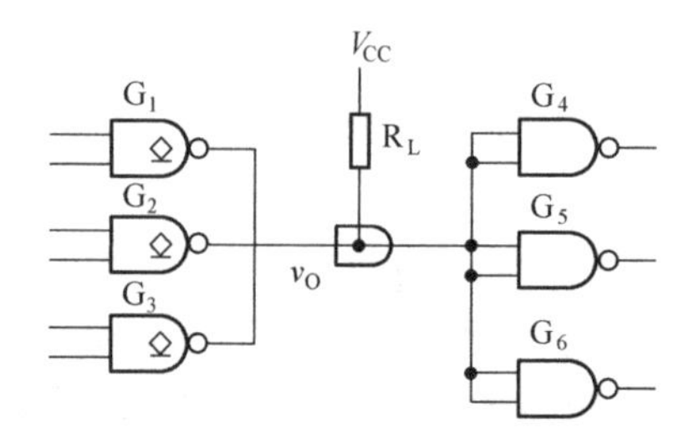

图 2-73　题 2.19 的电路图

题 2.20 计算如图 2-74 所示的接口电路输出端 v_C 的高、低电平，并说明接口电路参数的选择是否合理。三极管的电流放大系数 $\beta = 40$，饱和导通压降 $V_{CE(sat)} = 0.1V$。CMOS 或非门的电源电压 $V_{DD} = 5V$，空载输出的高、低电平分别为 $V_{OH} = 4.95V$、$V_{OL} = 0.05V$，门电路的输出电阻小于 200Ω，高电平输出电流的最大值和低电平输出电流的最大值均为 4mA。TTL 或非门的高电平输入电流 $I_{IH} = 40\mu A$，低电平输入电流 $I_{IL} = -1.6mA$。

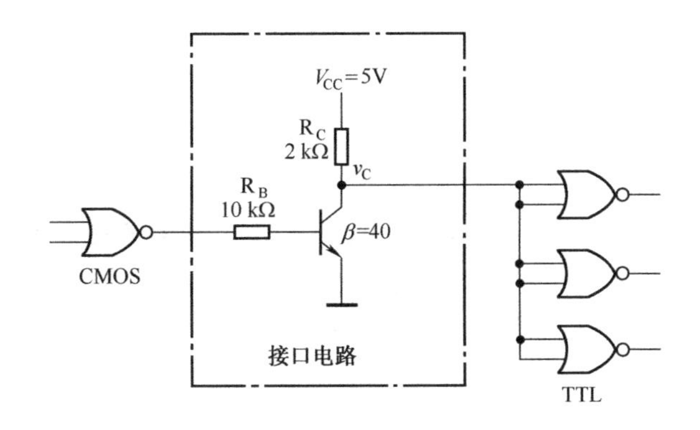

题 2-74 题 2.20 的电路图

题 2.21 下列哪些门输出端可以直接并联？并说明理由或条件。

（1）具有推拉式输出的 TTL 电路；

（2）TTL 电路的 OC 门；

（3）TTL 电路的三态输出门；

（4）普通的 CMOS 门；

（5）漏极开路的 CMOS 门；

（6）CMOS 电路的三态输出门。

题 2.22 尝试画出图 2-75 所示电路有延迟和没有延迟的输出波形，并比较两者的差异。

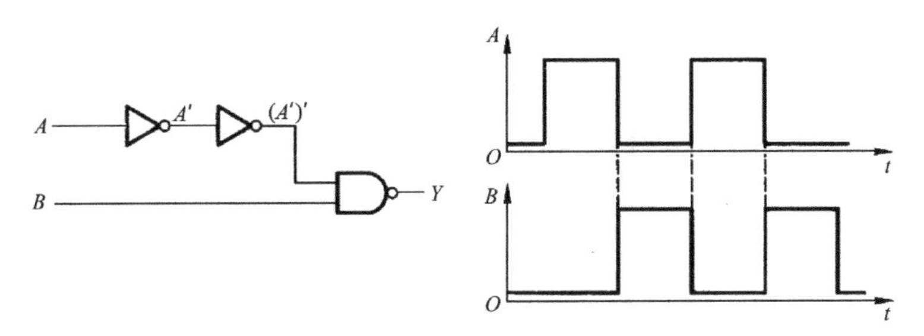

图 2-75 题 2.22 电路和输入波形

第3章　组合逻辑电路

内容提要

组合逻辑电路是通用数字集成电路的重要品种，用途十分广泛。本章主要介绍组合逻辑电路的构成、特点和分类；组合逻辑电路的分析方法和设计方法；常用组合逻辑电路的工作原理、常用中规模组合逻辑电路的功能及应用；并简要介绍竞争－冒险现象及消除方法。

教学基本要求

1．熟练掌握组合逻辑电路的分析方法。

2．掌握组合逻辑电路的设计方法，包括用SSI和MSI器件的设计方法。

3．掌握常用集成组合逻辑电路的使用方法，能看懂功能表，并根据功能表使用常用集成器件。

4．一般掌握竞争－冒险产生的原因和消除方法。

5．了解使用MAX+plusⅡ设计组合逻辑电路的方法。

重点内容

重点要求掌握组合逻辑电路的分析方法和设计方法及常用集成组合逻辑电路的使用方法。

3.1　概述

将各种逻辑功能的门电路按照一定的方式、方法组装起来，可以构造出不同功能的逻辑器件，这是构成数字电路的基础。数字电路按逻辑功能可分为组合逻辑电路和时序逻辑电路两大类。组合逻辑与时序逻辑的本质区别为逻辑关系是否和时间参数 t 相关。组合逻辑与时间参数 t 无关的特性，决定了组合电路在某一时刻的输出只与该时刻的输入有关，与电路原来所处的状态无关。也就是说组合逻辑电路没有记忆功能，不包含记忆元件，只能根据当时的输入信号给出输出结果，且信号单向传输，无输出至输入的反馈。如图 3-1 所示，该电路有三个输入和一个输出，无记忆元件，无输出至输入的反馈，任一时刻 Y 的输出只与 A、B、C 三个输入有关。根据组合逻辑电路的定义可知，如图 3-2 所示的电路不是组合逻辑电路。时序逻辑电路正好与组合逻辑电路相反，该部分内容将在第 5 章讲解。组合逻辑电路可以由基本逻辑功能门（与、或、非等门）以一定的方式、方法组装而成，也可由常用组合逻辑电路构成。

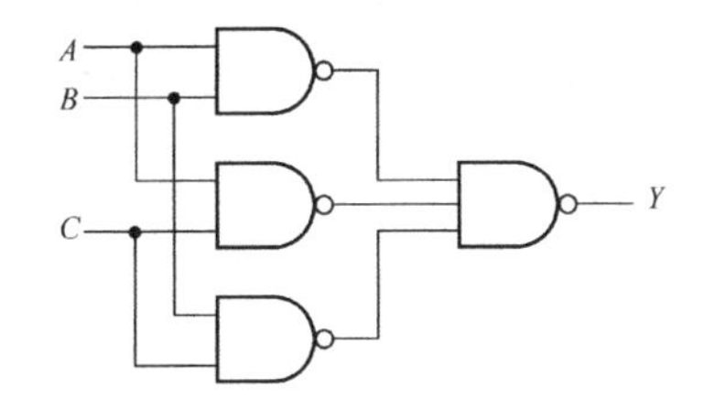

图 3-1　组合逻辑电路

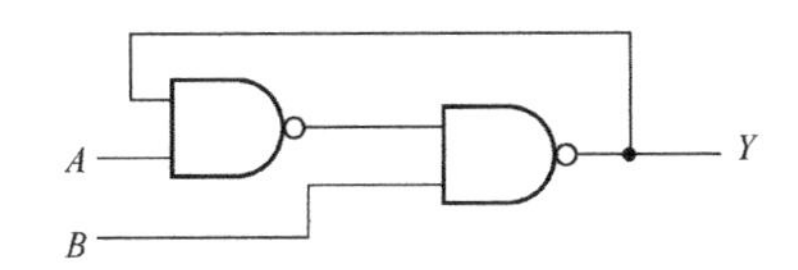

图 3-2　非组合逻辑电路

组合逻辑电路可以用如图 3-3 所示的框图进行描述。电路有 $X_1, X_2, \cdots, X_n$ 共 n 个输入，$Y_1, Y_2, \cdots, Y_m$ 共 m 个输出。由于电路没有输出到输入的反馈，因此这 m 个输出都只是这 n 个输入的逻辑函数，表示为

$$
\begin{aligned}
Y_1 &= f_1(X_1, X_2, \cdots, X_n) \\
Y_2 &= f_2(X_1, X_2, \cdots, X_n) \\
&\vdots \\
Y_m &= f_m(X_1, X_2, \cdots, X_n)
\end{aligned}
$$

上述方程可以统一称为输出方程，表示为 $Y = F(X)$。除了用逻辑函数表达式的描述方法以外，以前学过的卡诺图、真值表、逻辑图、时序图等均可以对组合逻辑函数进行描述。

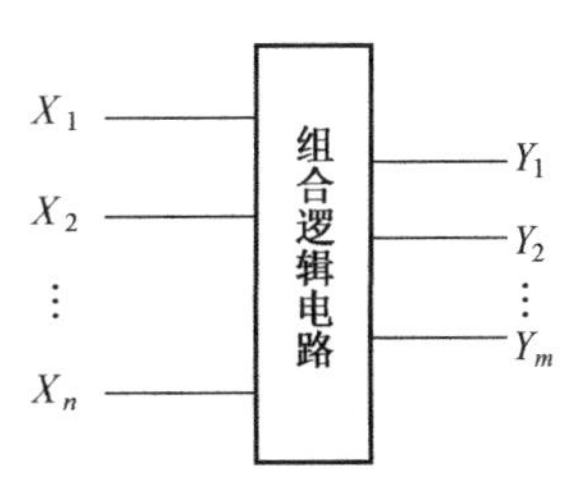

图 3-3　组合逻辑电路框图

组合逻辑电路的逻辑功能各种各样、五花八门，常用的组合逻辑电路可按功能分为编码器、译码器、数值比较器、加法器、数据选择器等；还可以按制造工艺分为COMS电路和TTL电路等；按集成度分为SSI、MSI、LSI等。

3.2 组合逻辑电路的分析与设计

3.2.1 组合逻辑电路的分析

1. 组合逻辑电路分析的任务

组合逻辑电路逻辑功能多，种类繁杂。对于已知逻辑图的电路需要了解电路的逻辑功能以便合理应用；对于新设计的电路需要确定在输入信号取不同值时电路的逻辑功能是否满足要求，进而改进电路；有时又需要对现有电路的结构进行变换。例如，如图3-1所示的组合电路是用与非门实现的，把它变换成用或非门或其他逻辑门实现时，需要对组合逻辑电路进行分析。组合逻辑电路的分析就是根据已知电路确定其逻辑功能。分析的目的有时要得到电路的逻辑功能，有时检验电路是否实现了预定的逻辑功能，有时检验电路的合理性等。实现的途径有逻辑图分析，由已知的逻辑图写出逻辑表达式；实验分析，由已知电路进行真值表测试；软件分析，利用软件进行仿真分析，最终由软件给出仿真波形图等。

2. 组合逻辑电路分析方法

构成组合逻辑电路的器件不同，分析方法略有差异，本节主要介绍SSI组合逻辑电路分析方法和MSI组合逻辑电路分析方法。

1）SSI组合逻辑电路分析方法

（1）由逻辑电路图逐级写出逻辑表达式，最终写出各输出的逻辑表达式。

（2）对逻辑函数式进行化简和相应变换。

（3）根据逻辑函数式列出真值表。

（4）确定逻辑电路的功能及评述。

在确定电路的逻辑功能时，有些常见组合电路的逻辑功能可以用语言进行描述，如二进制数的运算、二进制数的比较、编码与译码、数字信号的选择、代码的变换、奇偶校验等。而有些电路的逻辑功能是不能用语言进行描述的，只能直接用真值表来描述。

下面通过具体例子来说明SSI组合逻辑电路的分析方法。

【例3-1】 分析图3-4给定的组合逻辑电路。

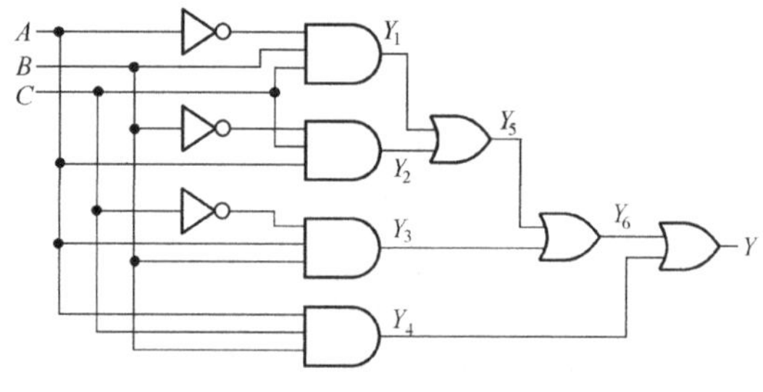

图3-4 例3-1逻辑电路

解：（1）逐级写出逻辑表达式，最终写出输出逻辑表达式。根据如图 3-4 所示的逻辑图，该电路有 A、B、C 三个输入，一个输出 Y。由于只有一个输出，所以这一步骤比较简单，只写出 Y 的逻辑表达式即可。为写出 Y 的逻辑表达式，先写出 $Y_1 \sim Y_6$ 的逻辑表达式。

$$Y_1 = A'BC\text{，}\ Y_2 = AB'C\text{，}\ Y_3 = ABC'\text{，}\ Y_4 = ABC$$

$$Y_5 = Y_1 + Y_2 = A'BC + AB'C$$

$$Y_6 = Y_3 + Y_5 = A'BC + AB'C + ABC'$$

$$Y = Y_4 + Y_6 = A'BC + AB'C + ABC' + ABC$$

（2）函数式化简和相应变换。对上面所得的逻辑表达式进行化简，可以用公式法也可以用卡诺图法。经化简后得到逻辑表达式为 $Y = AB + AC + BC$。

说明如图 3-4 所示的逻辑电路不是最简电路，比最简电路多用了一些器件，但有时这是一种消除竞争－冒险的方法，关于竞争－冒险在后面的内容加以叙述。

如果这一电路要用其他逻辑功能门电路实现，还可以对最简式变化形式，如变成与非与非式 $Y = ((AB)'(AC)'(BC)')'$，可以用 4 个与非门实现。

（3）根据逻辑函数式列出真值表，见表 3-1。逻辑功能比较简单时也可不列真值表。

表 3-1　例 3-1 真值表

A B C	Y	A B C	Y
0 0 0	0	1 0 0	0
0 0 1	0	1 0 1	1
0 1 0	0	1 1 0	1
0 1 1	1	1 1 1	1

（4）确定逻辑功能及评述。由真值表或逻辑函数式可知，当输入为两个或两个以上的 1 时，输出为 1，因此这是一个三人表决电路。输入为 1 时表示赞成，输出为 1 时表示事件被通过。

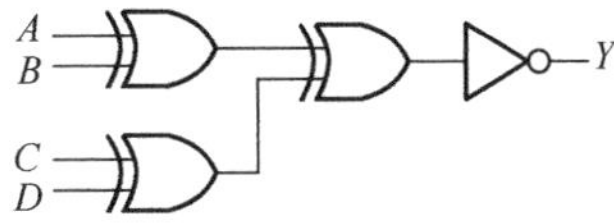

图 3-5　例 3-2 逻辑电路

【例 3-2】　分析如图 3-5 所示的电路。

解：由逻辑图得到逻辑表达式为

$$Y = ((A \oplus B) \oplus (C \oplus D))'$$

根据逻辑函数式列出真值表，见表 3-2。

表 3-2　例 3-2 真值表

A B C D	$A \oplus B$	$C \oplus D$	Y	A B C D	$A \oplus B$	$C \oplus D$	Y
0 0 0 0	0	0	1	1 0 0 0	1	0	0
0 0 0 1	0	1	0	1 0 0 1	1	1	1
0 0 1 0	0	1	0	1 0 1 0	1	1	1
0 0 1 1	0	0	1	1 0 1 1	1	0	0
0 1 0 0	1	0	0	1 1 0 0	0	0	1
0 1 0 1	1	1	1	1 1 0 1	0	1	0
0 1 1 0	1	1	1	1 1 1 0	0	1	0
0 1 1 1	1	0	0	1 1 1 1	0	0	1

由真值表可知，当 A、B、C、D 这 4 个输入变量中有偶数个 1 时，输出 Y 为 1，否则输出为 0，这是 4 变量奇偶判别电路。

SSI 组合逻辑电路的分析方法对人们理解和掌握常用组合逻辑电路的逻辑功能及一些简单逻辑电路逻辑功能的分析是一种非常有效的方法。

2）MSI 组合逻辑电路分析方法

随着数字电子技术的发展，目前用得更多的是 MSI、LSI 和 VLSI 等器件构成的电路。MSI 逻辑功能固定，输出逻辑函数式固定。MSI 组合逻辑电路的分析在已知 MSI 输出逻辑表达式基础上进行，MSI 组合逻辑电路分析方法如下：

（1）确定输入、输出。

（2）把电路按一定方式划分成多个单元模块，确定单元模块的输入、输出。

（3）用逻辑框图表示模块之间的关系。

（4）按 SSI 电路分析方法分析每个逻辑块的逻辑功能，最终得到整个电路的逻辑功能。

对于 LSI 和 VLSI 构成的电路，由于这些器件的集成度很高，通常利用软件的仿真功能进行分析。对于已形成电路的逻辑电路，还可以用实验的方法进行分析，按真值表给电路不同的输入，记录输出，通过试验的方法得到真值表，确定电路的功能。

3.2.2 组合逻辑电路的设计

1. 组合逻辑电路设计的任务

组合逻辑电路设计的任务是根据实际问题的要求，设计具有相应逻辑功能的最优组合逻辑电路。数字电路发展迅速，各类器件各有其特点，因此所用器件不同，设计方法也不尽相同。根据所用器件的不同，组合逻辑电路的设计可分为 SSI 组合逻辑电路设计、MSI 组合逻辑电路设计和 LSI/VLSI 组合逻辑电路的设计。SSI 组合逻辑电路设计是用小规模集成电路（各种逻辑功能门）实现的经典设计方法，是理解掌握其他设计方法的基础，本节主要讨论 SSI 组合逻辑电路设计方法。MSI 组合逻辑电路设计方法待学习了常用组合逻辑电路后再讨论。对于 LSI/VLSI 组合逻辑电路设计方法，由于这些器件的集成度很高，大部分是可编程逻辑器件，设计时通常利用软件、计算机来完成，因此这部分内容留到进一步学习时再讲解。组合逻辑电路设计的最终目的是得到逻辑图，再按逻辑图构成电路。在设计中要求设计的电路是最优的逻辑设计，所谓“最优”的逻辑设计，往往不能用一个或几个简单指标来描述。对于 SSI 组合逻辑电路设计，最优逻辑设计要求所用的器件数量最少、种类最少并且器件之间的连线最少。

2. SSI 组合逻辑电路设计步骤

SSI 组合逻辑电路设计步骤如下。

（1）真值表。设计的最终目的是要得到逻辑图，逻辑图要借助于逻辑函数式得到，而设计要实现的逻辑功能通常是用语言叙述的。除了一些简单的逻辑问题以外，不能从逻辑问题直接得到逻辑函数式，要借助于真值表。因此，首先要列出真值表，其步骤如下。

① 确定输入、输出变量，并用字母表示。分析逻辑问题的因果关系，通常把产生事件的原因作为输入变量，把事件的结果作为输出变量。确定产生事件的原因有哪些方面，分别用字母表示。在这些因素的作用下，会产生哪些结果，同样分别用字母表示。

② 状态赋值。在数字电路中，每一个输入变量和输出变量只有0、1两种取值。状态赋值是约定输入、输出变量在0、1两种取值时分别代表的状态，这是一种人为约定。状态赋值不同，实现同一问题的逻辑电路也不同。

③ 根据因果关系列真值表。通过状态赋值，输入变量的每一种取值方式都对应电路的一种实际状态。根据具体事件的因果关系，确定在每一种输入变量取值下，输出变量的相应取值，列出真值表。

（2）逻辑表达式。在写出逻辑表达式时，按表中函数值为1来写时，写出的是原函数的逻辑表达式；用表中的0来写时，写出的是反函数的逻辑表达式。为使写出的逻辑表达式简单，函数值中1少时，写原函数的逻辑表达式；0少时写反函数的逻辑表达式，构成电路时可用两边同时取反的方法变成原函数逻辑表达式。

① 当要求用SSI实现时，首先要进行化简，得到最简式后，还要根据所用器件化成相应的形式。

② 当要求用MSI实现时，要根据所用的器件类型，变成器件要求的相应形式。

（3）根据逻辑表达式画逻辑图。

（4）把逻辑电路变为具体的电路装置，还需要一系列的工艺设计工作，包括设计印制板、机箱、电源、显示电路等，最后还必须完成装配、调试。

在设计过程中还需注意组合电路对信号传输时间的要求，即对组合电路级数的要求。在实际问题中常常遇到多输出电路，即对应一种输入组合，有一组函数输出。多输出函数电路是一个整体，设计时要求对总体电路进行简化，而不是对局部进行简化，即应考虑同一个门电路能为多少个函数所公用，从而使总体电路所用门数减少，电路最简单。设计过程中还应考虑所用逻辑门输入端个数的限制等。

3. SSI组合逻辑电路设计举例

下面以具体的例子来说明设计过程，具体问题不同设计过程也会有一些差异。

【例3-3】 用与非门设计一个三人控制的保险箱电路，其中一人是主管，要求每次必须主管和另外两人中的一人输入密码正确，才能给出开锁信号，否则不能开锁。

解： 用 A、B、C 分别表示管理保险箱的三个人，作为输入变量，其中 A 代表主管。开锁信号用 Y 表示，作为输出变量。A、B、C 和 Y 每一个变量都有0、1两种取值，约定 A、B、C 三个变量在取值为1时表示输入密码正确，取值为0时表示密码不正确。Y 在取值为1时，表示开锁；在取值为0时，表示不能开锁。这种约定是人为的，当然也可以反过来约定，这两种约定的区别在于有效信号不同，前者是1有效，后者是0有效。根据题目要求得到真值表，见表3-3。

表3-3 例3-3真值表

A B C	Y
0 0 0	0
0 0 1	0
0 1 0	0
0 1 1	0
1 0 0	0
1 0 1	1
1 1 0	1
1 1 1	1

可直接把真值表转化为卡诺图，见图 3-6，得到最简式为$Y = AB + AC$。

由于要求用与非门实现，所以函数式要相应地变形为与非与非式：$Y = ((AB)'(AC)')'$。

按与非与非式画逻辑图，见图 3-7。

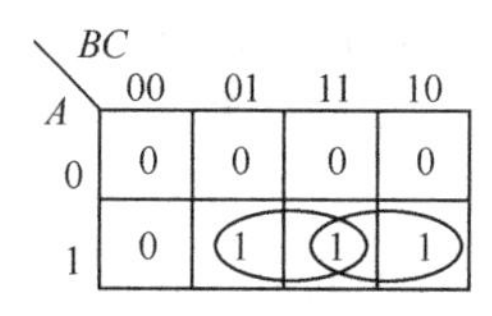

图 3-6　例 3-3 卡诺图

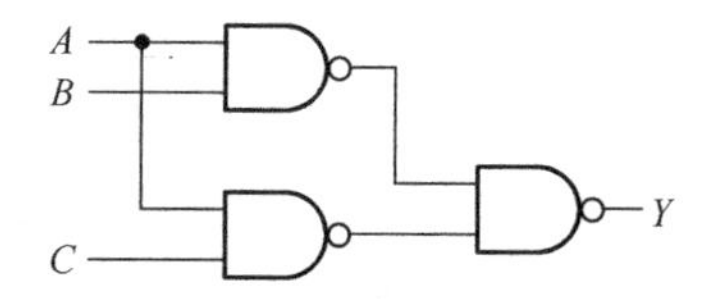

图 3-7　例 3-3 逻辑图

【例 3-4】　某工厂有一水箱，一台小泵 P_S 和一台大泵 P_L 向其供水，水箱内设置了 A、B、C 三个检测元件，如图 3-8 所示。现要求设计一个根据 A、B、C 三个检测元件给出的液位控制两泵工作状态的电路。要求在液位低于 A 时，两泵同时供水；液位在 A、B 之间时，大泵单独供水；液位在 B、C 之间时，小泵单独供水；液位超过 C 时，两泵均停止工作。已知当液位高于检测元件时，检测元件给出高电平。

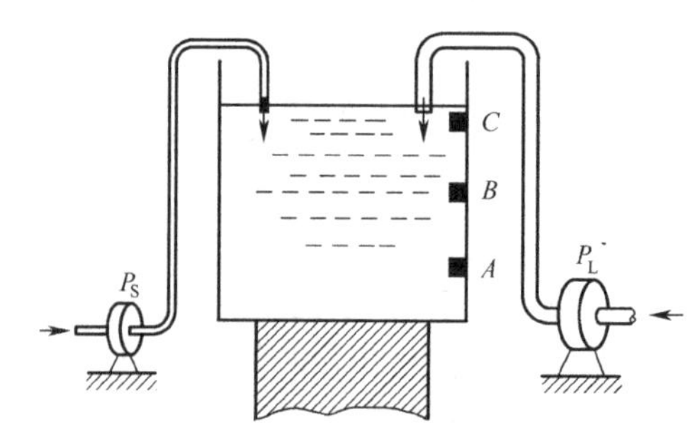

图 3-8　例 3-4 图

解：两泵的工作状态是由 A、B、C 三个检测元件给出的信号决定的，因此 A、B、C 三个检测元件给出的信号是输入变量，根据已知条件输入变量为 1 表示液位高于检测点，0 表示液位低于检测点。电路的输出要控制两个泵的工作状态，因此该电路要有两路输出信号分别控制大泵和小泵，用 P_S 和 P_L 表示，约定 1 表示水泵工作，0 表示水泵停止工作。经上述分析，该电路是 3 输入 2 输出的电路，可得真值表见表 3-4。

表 3-4　例 3-4 真值表

A B C	P_S	P_L	A B C	P_S	P_L
0 0 0	1	1	1 0 0	0	1
0 0 1	×	×	1 0 1	×	×
0 1 0	×	×	1 1 0	1	0
0 1 1	×	×	1 1 1	0	0

在变量的各种取值中，有些取值如 001 根据题意表示液位低于 A、低于 B、高于 C，而在实际中这种情况是不存在的，是约束项。

把真值表直接转化为卡诺图，如图 3-9 所示。

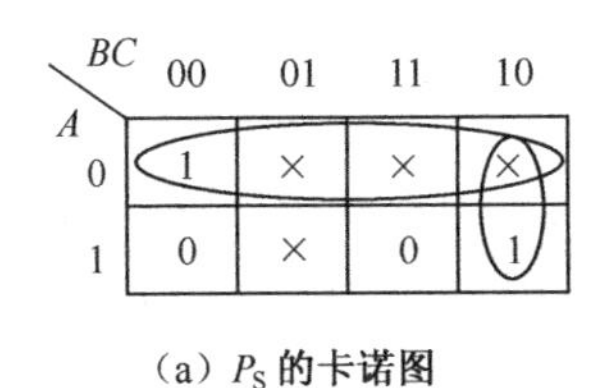

（a）P_S 的卡诺图

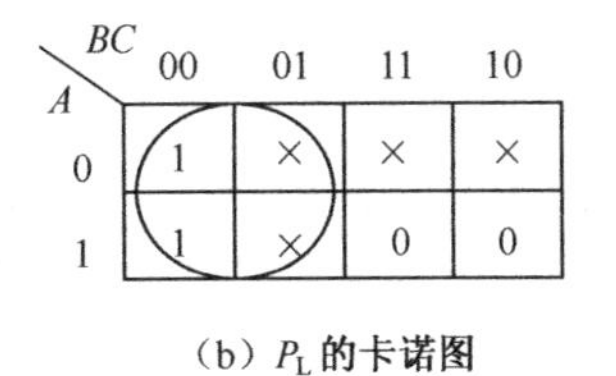

（b）P_L 的卡诺图

图 3-9　例 3-4 卡诺图

写出最简逻辑表达式为

$$\begin{cases} P_S = A' + BC' \\ P_L = B' \end{cases} \tag{3.1}$$

如果使用的器件没有特别要求可直接按式（3.1）构成电路，见图 3-10。如果要求用与非门实现，则式（3.1）可变化形式为

$$\begin{cases} P_S = (A(BC')')' \\ P_L = B' \end{cases} \tag{3.2}$$

由式（3.2）构成的逻辑图见图 3-11。

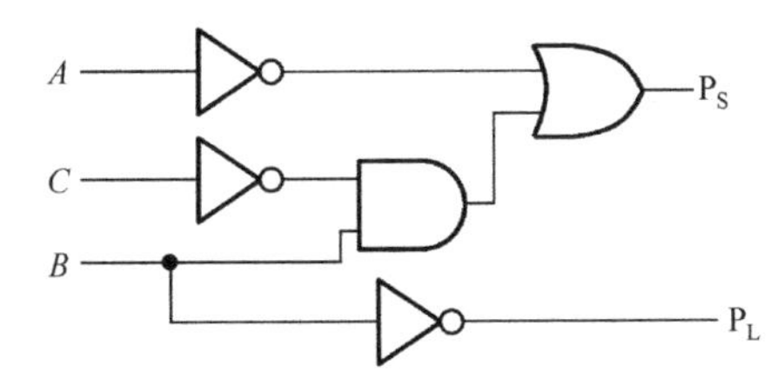

图 3-10　用与门和或门实现逻辑图

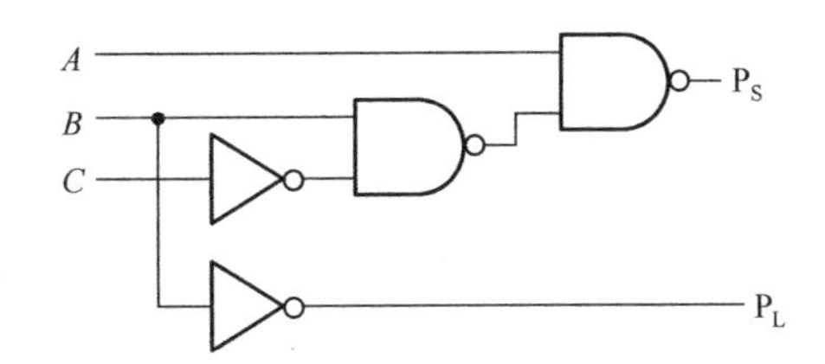

图 3-11　用与非门实现逻辑图

在逻辑表达式中既有原变量又有反变量，有的信号源能够同时提供原变量和反变量，有的信号源只提供原变量而不提供反变量，只能由电路本身提供所需的反变量。最简便的方法是对每个输入的原变量增加一个非门，产生所需要的反变量。但是，这样处理往往是不经济的，而且增加了组合电路的级数，使信号的传输时间受影响，通常需要采取适当的设计方法来节省器件，满足信号传输的时间要求。

3.3　常用组合逻辑电路

随着半导体技术的发展，很多常用的组合逻辑电路都可以集成到一个芯片上构成中规模集成电路。这些集成器件标准化程度高、体积小、通用性强，可以提高设计的可靠性，使电路设计更加灵活，广泛用于各种复杂的数字电路和大型数字系统中。常用的中规模组合逻辑器件品种较多，主要有编码器、译码器、数据选择器、数值比较器、加法器等。这些器件根据型号可以查找到详细的芯片资料，使用者可以通过资料了解芯片的引脚名称、功能等来设计自己的数字产品，常用组合逻辑电路型号见附录 A 中表 A-1 和表 A-2。下面分别介绍这些常用的中规模集成电路的工作原理和使用方法。

3.3.1 编码器

在日常生活中常常会用到代码，代码是用一组数字表示一定的事物，数字不再代表数量的大小，只表示一定的含义，这时这组数字就变成了代码。例如，125 房间，125 没有了数量大小的含义，只代表某一个房间，它就成为了代码，日常生活中通常使用十进制代码。由于数字电路只有开、关两种状态，在数字电路中使用二进制代码，用 n 位二进制数代表某种特定含义，以便系统识别。用代码表示某一事物的过程就是编码。例如，用 00、01、10 和 11 分别表示人类的 O、A、B 和 AB 四种血型的过程就是编码。在编码过程中通常要遵守一定的原则。例如，在对一栋大楼的房间进行编码时，为了方便通常用房间代码的第一位或前两位表示房间所在的楼层，在楼道左侧的房间末位为单数，右侧的房间末位为双数等。在编码过程中所遵循的原则通常称为码制。按照不同的码制编码就有不同的二进制代码，如 BCD 码、格雷码（循环码）等。实现编码操作的数字电路称为编码器（Encoder），常用 MSI 编码器采用的是 8421BCD 码。编码器按其功能的不同，可分为普通编码器和优先编码器。

编码器的逻辑电路示意图见图 3-12，m 路输入信号，编成 n 位二进制码，$I_0I_1\cdots I_{m-1}$ m 路输入信号全部送入数字电路中进行逻辑运算是繁杂且不经济的，因此在数字电路中为区分这 m 路信号将其编成 n 位二进制码，用 $Y_0Y_1\cdots Y_{n-1}$ 表示，要求 $0<m\leqslant 2^n$。例如，8 个病房的呼叫系统中，每个病房给出的呼叫信号是相同的，为了区分是哪一个病房进行了呼叫，把不同病房的呼叫信号编成不同二进制码，以便进行区分和下一步的逻辑运算，由于 $0<8\leqslant 2^3$，所以编成 3 位二进制码。若 $m=2^n$，把这种编码器称为二进制编码器。若 $0<m\leqslant 2^n$ 且 m=10，则将其称为二－十进制编码器。输入信号被限制为某一时刻，$I_0I_1\cdots I_{m-1}$ 这 m 路输入信号中只允许有一路信号有效，这种只能处理受到限制的输入信号的编码器叫做普通编码器。实际上如上面的病房呼叫系统，某一时刻有可能有多个病房同时呼叫，即多路同时给出有效信号，能够处理这样信号的编码器叫做优先编码器。优先编码器同普通编码器一样在某一时刻只能对某一路信号进行编码，在多路信号同时有效时对哪一路信号进行编码呢？在优先编码器设计时对输入信号的优先级别进行了排队，某一时刻多路信号同时有效时，只对其中优先级别最高的那一路信号进行编码。优先编码器有二进制优先编码器，也有二－十进制优先编码器。

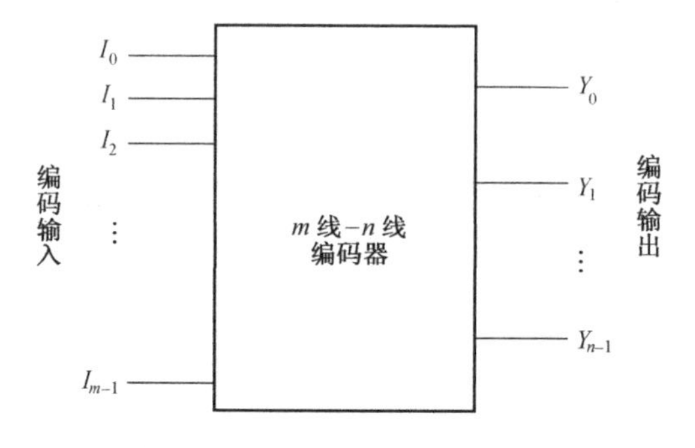

图 3-12　编码器逻辑电路示意图

1．普通编码器

普通编码器要求输入信号在某一时刻只能有一路输入信号有效，否则将产生错误输出，也就是说普通编码器的输入信号是受限制的，不允许多路信号同时有效。以 2 位二进制普通编码器的设计为例来进行说明。

【例 3-5】 设计 2 位二进制普通编码器。

解：（1）真值表。2 位二进制编码器 n=2，$m=2^n$=4，有 I_0、I_1、I_2、I_3 共 4 路输入，Y_1、Y_0 2 位输出，因此也称为 4 线－2 线编码器。根据编码器的逻辑功能可得真值表，见表 3-5。

表 3-5　2 位二进制编码器真值表

输　入	输　出
I_0 I_1 I_2 I_3	Y_1 Y_0
1 0 0 0	0 0
0 1 0 0	0 1
0 0 1 0	1 0
0 0 0 1	1 1
其他	× ×

输入信号 1 有效，表 3-5 中的 4 种输入取值表示某一路信号为有效信号时其他输入信号为无效信号。表 3-5 中的最后一行表示其他取值不允许出现，作为约束项，因此普通编码器是含有约束的逻辑函数。

（2）逻辑表达式。利用卡诺图进行化简（想一想是否还有其他的化简方案），如图 3-13 所示。某一时刻变量取值仅有一个为 1，这种逻辑函数通常称为变量互相排斥的逻辑函数，这种逻辑函数的化简有共同的特点。根据卡诺图化简得最简式为

$$\begin{cases} Y_1 = I_2 + I_3 \\ Y_0 = I_1 + I_3 \end{cases} \tag{3.3}$$

由此可知互相排斥变量逻辑函数只要将输出函数值为 1 所对应的输入有效信号的变量相加即可得到最简式。

（3）逻辑图。根据逻辑函数式得到编码器逻辑图见图 3-14，是由或门组成的电路。当 I_1、I_2、I_3 均为无效信号时，电路输出的是 I_0 为有效信号的编码。

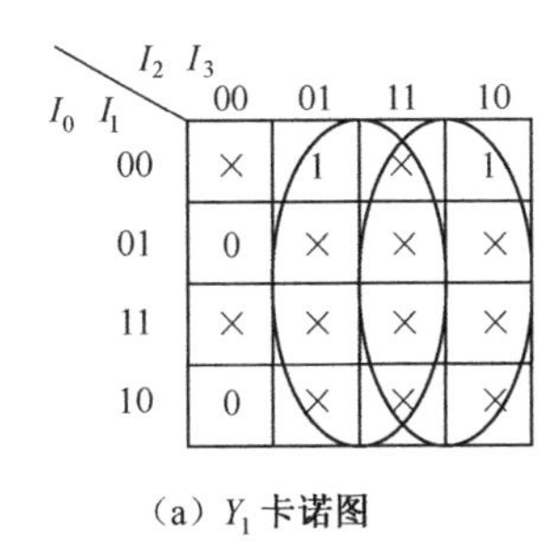

（a）Y_1 卡诺图

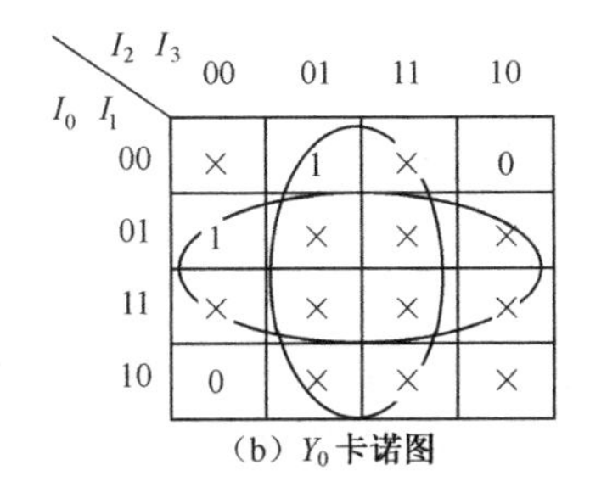

（b）Y_0 卡诺图

图 3-13　2 位二进制普通编码器卡诺图

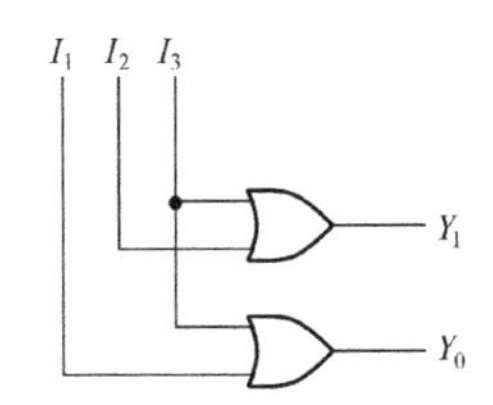

图 3-14　4 线－2 线编码器

2．优先编码器

优先编码器允许输入信号多路同时有效，对输入信号的优先级别预先进行了排队，某一时刻只对优先级别最高的信号进行编码，也就是说优先级别低的输入信号只有在优先级别高的信号都为无效信号时，才能够被编码。常见的MSI优先编码器有8线－3线优先编码器（74148）和10线－4线优先编码器（74147）等。

1）集成8线－3线优先编码器74HC148

（1）电路构成。74HC148逻辑图见图3-15，虚线框内的电路是优先编码器的主体部分，完成了优先编码器的逻辑功能。在设计集成电路时为扩展逻辑功能和提高使用的灵活性，74HC148增加了使能（片选）输入端EI'、选通输出端EO'和扩展输出端GS'及G_1、G_2、G_3构成的控制电路。

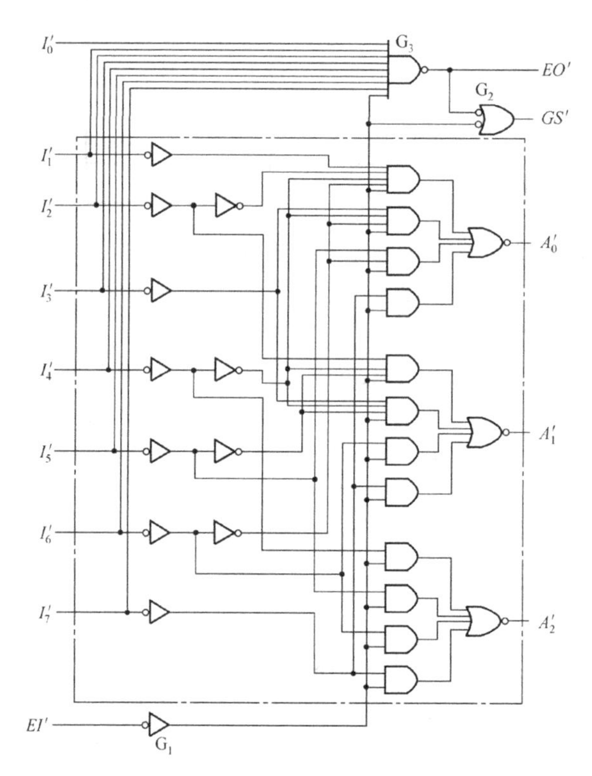

图3-15　74HC148逻辑图

（2）逻辑表达式。由逻辑图写出逻辑表达式为

$$\begin{cases} A_2' = ((I_4 + I_5 + I_6 + I_7) \cdot EI)' \\ A_1' = ((I_2 I_4' I_5' + I_3 I_4' I_5' + I_6 + I_7) \cdot EI)' \\ A_0' = ((I_1 I_2' I_4' I_6' + I_3 I_4' I_6' + I_5 I_6' + I_7) \cdot EI)' \\ EO' = (I_0' I_1' I_2' I_3' I_4' I_5' I_6' I_7' \cdot EI)' \\ GS' = EO + EI' = (EO' \cdot EI)' \end{cases} \tag{3.4}$$

（3）功能表。由于集成电路附加了控制电路，增加了输入端和输出端，真值表转化为功能表，74HC148 功能表见表 3-6。

表 3-6 74HC148 功能表

输入		输出		工作状态
EI'	I_0' I_1' I_2' I_3' I_4' I_5' I_6' I_7'	A_2' A_1' A_0'	EO' GS'	
1	× × × × × × × ×	1 1 1	1 1	禁止编码
0	1 1 1 1 1 1 1 1	1 1 1	0 1	可编码，无有效信号
0	× × × × × × × 0	0 0 0	1 0	编码
0	× × × × × × 0 1	0 0 1	1 0	
0	× × × × × 0 1 1	0 1 0	1 0	
0	× × × × 0 1 1 1	0 1 1	1 0	
0	× × × 0 1 1 1 1	1 0 0	1 0	
0	× × 0 1 1 1 1 1	1 0 1	1 0	
0	× 0 1 1 1 1 1 1	1 1 0	1 0	
0	0 1 1 1 1 1 1 1	1 1 1	1 0	

输入信号 I_0'、I_1'、I_2'、I_3'、I_4'、I_5'、I_6'、I_7' 和 EI' 名称上面的非号表示输入信号低电平有效，对应于门电路和逻辑符号的输入端的小圈。像 G_1 这样的门电路符号，其输入端有小圈（见图 3-15）包含两个意义：一代表非逻辑，即 G_1 还是非逻辑门（仅对于门电路符号成立；如果门电路符号输入端和输出端都有小圈呢？）；二表示低电平有效，即当输入为低电平“0”时，认为有信号输入，其对应功能被执行。输出信号 A_2'、A_1'、A_0' 名称上有非号，以及逻辑符号上对应的输出端上有小圈，这都表示反码输出。反码输出是指优先级别最高的输入信号为有效信号时，所编出的码最小。若将输出的反码逐位取非，则可变为原码输出。

从功能表编码部分的第 1 行可以看出，当 I_7'=0（低电平有效，即有信号输入），其他信号输入端 I_0'～I_6' 无论输入什么信号（×表示无关，即是 0 或 1 都可以）都不会影响输出结果，只对 I_7' 编码。因此，可以推导出 I_7' 优先级别最高。同理，优先级依次降低，I_0' 优先级别最低。

74HC148 输入信号低电平有效，反码输出，功能表表明 74HC148 有 3 种工作状态：

① 禁止编码状态。由式（3.4）可知只有在片选端 $EI'=0$ 的情况下才会有编码输出，当 $EI'=1$ 时 3 位编码输出均为 1，同时附加输出端 EO' 和 GS' 均输出 1，编码器处于禁止编码状态，也就是功能表中第一行所表征的情况。在这种情况下，无论 I_0'～I_7' 是否有有效信号输入，编码器输出均为 1，EO' GS' 给出 11 表征此时编码器处于禁编状态，以便和编码器全部输入 1 状态相区别。

② 可编码，无有效信号状态。$EI'=0$，片选信号为有效信号，可以输出编码，但输入信号均为无效信号，这时编码器输出均为 1，如表 3-6 第二行所示。为使这种状态与禁编状态加以区分，附加输出端 EO' GS' 给出 01 输出。

③ 编码状态。片选信号为有效信号，输入信号任一输入端为有效信号，编码器处于编码状态，附加输出 EO' GS' 给出 10，以表征编码器的工作状态。当电路处于编码状态时，电路也可给出 111 输出，这时与前两种情况区别在于表征工作状态的附加输出不同。

（4）逻辑框图和引脚图。通常用逻辑框图表示中规模集成电路，74HC148 的逻辑框图见图 3-16（a）。在方框内部标器件名称及输入、输出变量的原变量，在方框外部标输入、输出信号的名称。如果输入、输出信号是低电平有效，在相应的输入端、输出端上加小圈表示低电平有效，否则为高电平有效。图 3-16（b）是 74HC148 引脚图，是实际芯片的引脚分布图。

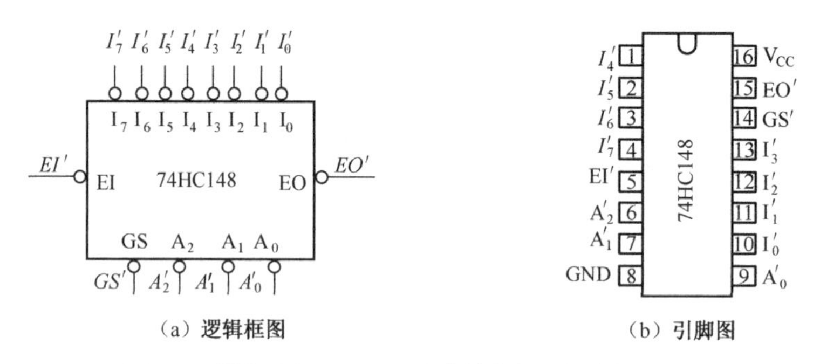

（a）逻辑框图　　（b）引脚图

图 3-16　74HC148 逻辑框图和引脚图

（5）逻辑功能扩展

一片 8 线－3 线编码器最多只能对 8 个输入信号进行编码，当输入信号超过 8 个时，需要用多片 8 线－3 线编码器构成多路编码器，这就涉及编码器逻辑功能的扩展，下面以 74HC148 构成 16 线－4 线优先编码器为例说明逻辑功能的扩展方法。

【例 3-6】 用 74HC148 构成 16 线－4 线优先编码器。

解： 输入信号增加为 74HC148 的 2 倍，因此需要两片 74HC148，$L'_0 \sim L'_{15}$ 16 路输入的优先级别从左至右逐渐升高，L'_{15} 优先级别最高，输入信号低电平有效，$D_3{}'D_2{}'D_1{}'D_0{}'$ 为 4 位反码输出，扩展方法见图 3-17。

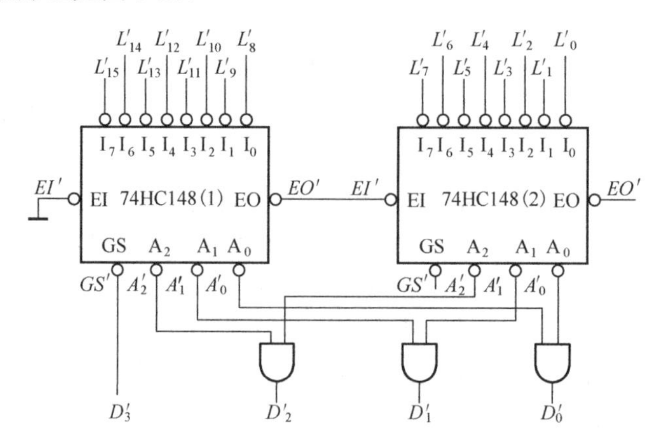

图 3-17　74HC148 逻辑功能的扩展

逻辑功能扩展总的原则是两片轮流工作。74HC148(1)的片选端接有效信号，即

74HC148(1)总是处于工作状态。74HC148(1)的选通输出端EO'与74HC148 (2)的片选端EI'相连，这就保证了74HC148(1)上的输入端优先级别高于74HC148(2)，因为74HC148(2)的片选端只有在74HC148(1)处于无有效信号的情况下，才能获得有效信号。因此$L'_0 \sim L'_{15}$ 16路信号分为两组，优先级别高的一组$L'_{15} \sim L'_8$应按优先级别的高低分别接74HC148(1)的输入端，$L'_7 \sim L'_0$分别按优先级别接 74HC148(2)的输入端。两片在输入不同信号时的工作状态见表3-7。

表3-7 两片74HC148工作状态表

输 入	74HC148(1)工作状态	74HC148(2)工作状态	输 出
$L'_{15} \sim L'_8$有有效信号	编码状态 $EO'=1$ $GS'=0$	禁编状态 $A'_2A'_1A'_0=111$	$D'_3=0$
$L'_{15} \sim L'_8$无有效信号 $L'_7 \sim L'_0$有有效信号	可编码，无有效信号 $EO'=0$ $GS'=1$ $A'_2A'_1A'_0=111$	编码状态	$D'_3=1$
$L'_{15} \sim L'_8$无有效信号 $L'_7 \sim L'_0$无有效信号	可编码，无有效信号 $EO'=0$ $GS'=1$ $A'_2A'_1A'_0=111$	可编码，无有效信号 $EO'=0$ $GS'=1$ $A'_2A'_1A'_0=111$	$D'_3D'_2D'_1D'_0=1111$

通过上表分析两片轮流编码，由于74HC148处于禁编和可编码无有效信号时输出端均为1，所以构成16线－4线编码器时输出端用与门将两片输出同名端连接在一起，产生输出4位码的低三位。这样连接可使处于编码工作状态的编码器输出不受禁编工作状态编码器输出的影响。由于反码输出，把74HC148(1)的GS'端作为最高位，最高位的输出情况见表3-7。若以原码输出，则输出端用与非门连接即可。用同样的方法还可以进一步进行扩展，如4片74HC148构成32线－5线优先编码器等。

2）集成二－十进制优先编码器74HC147

常用的优先编码器中，除了上面讲的二进制编码器以外，还有一类是二－十进制优先编码器。它的逻辑功能是将10路信号编成4位BCD码，也称为10线－4线优先编码器。74HC147是将10路信号编成4位8421BCD码。

（1）电路构成。集成二－十进制优先编码器74HC147的逻辑图见图3-18，$I'_0 \sim I'_9$ 10路信号从左至右优先级别逐渐升高，I'_9级别最高，输入信号低电平有效。

（2）逻辑表达式。根据逻辑图得到逻辑表达式为

$$\begin{cases} A'_3=(I_8+I_9)' \\ A'_2=(I_7I'_8I'_9+I_6I'_8I'_9+I_5I'_8I'_9+I_4I'_8I'_9)' \\ A'_1=(I_7I'_8I'_9+I_6I'_8I'_9+I_3I'_4I'_5I'_8I'_9+I_2I'_4I'_5I'_8I'_9)' \\ A'_0=(I_9+I_7I'_8I'_9+I_5I'_6I'_8I'_9+I_3I'_4I'_6I'_8I'_9+I_1I'_2I'_4I'_6I'_8I'_9)' \end{cases} \tag{3.5}$$

（3）功能表。从式（3.5）可知，输出逻辑函数式与优先级别最低的I'_0无关，因此74HC147功能表和逻辑图中没有I'_0，在$I'_1\sim I'_9$均为无效信号时，编码器输出1111，相当于优先级别最低的I'_0输入有效信号。74HC147 反码输出，输出范围是 0110～1111，其原码为0000～1001，正好是0～9这10个数字的8421BCD码。74HC147功能表见表3-8。

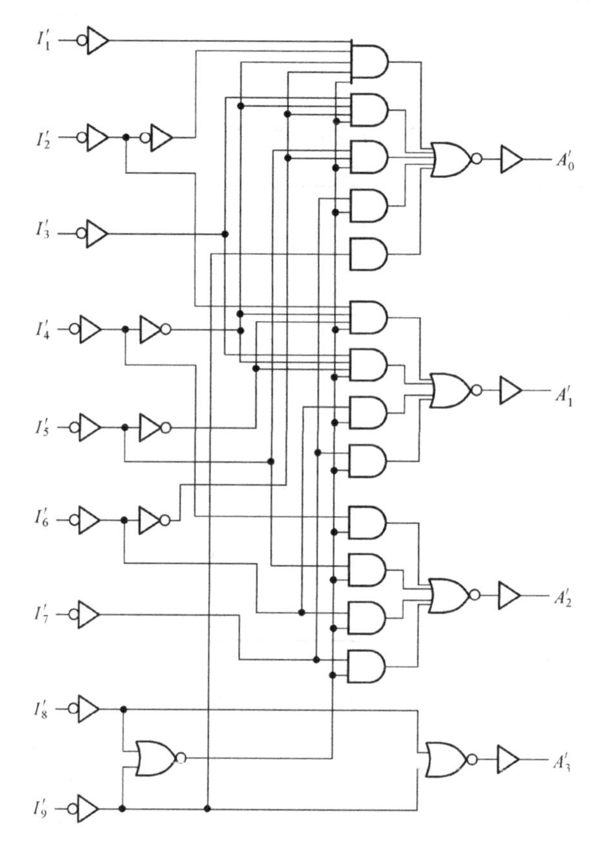

图 3-18　74HC147 逻辑图

表 3-8　74HC147 功能表

输入									输出			
I'_1	I'_2	I'_3	I'_4	I'_5	I'_6	I'_7	I'_8	I'_9	A'_3	A'_2	A'_1	A'_0
1	1	1	1	1	1	1	1	1	1	1	1	1
×	×	×	×	×	×	×	×	0	0	1	1	0
×	×	×	×	×	×	×	0	1	0	1	1	1
×	×	×	×	×	×	0	1	1	1	0	0	0
×	×	×	×	×	0	1	1	1	1	0	0	1
×	×	×	×	0	1	1	1	1	1	0	1	0
×	×	×	0	1	1	1	1	1	1	0	1	1
×	×	0	1	1	1	1	1	1	1	1	0	0
×	0	1	1	1	1	1	1	1	1	1	0	1
0	1	1	1	1	1	1	1	1	1	1	1	0

（4）逻辑框图和引脚图。74HC147 逻辑框图和引脚图见图 3-19，图中 NC（No Connection）表示未接，即该引脚没有使用。

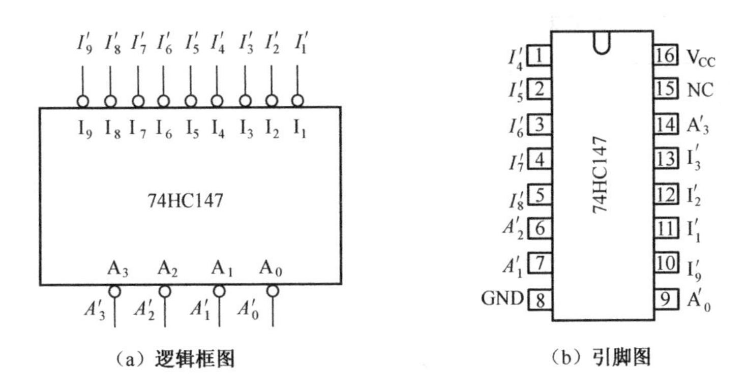

（a）逻辑框图　　（b）引脚图

图 3-19　74HC147 逻辑框图和引脚图

在使用集成芯片时，芯片的具体型号因厂家不同而有所不同，每一种芯片都有相应的资料（Datasheet）可查，要学会使用芯片的功能表，从中读出芯片各引脚的功能、有效电平等信息，而对芯片内部的结构不必深究，也就是说要学会使用芯片。

3.3.2　译码器

译码是编码的逆过程，是将给定的二进制代码翻译成编码时所代表的原意，即将输入的每一组二进制代码，译成与之相对应输出的高、低电平信号。完成译码逻辑功能的电路称为译码器（Decoder）。译码器有着广泛的应用，如数字仪表的各种显示译码器、计算机中的地址译码器、指令译码器及通信设备中数据分配器，以及各种代码变换器等，译码器框图见图 3-20。

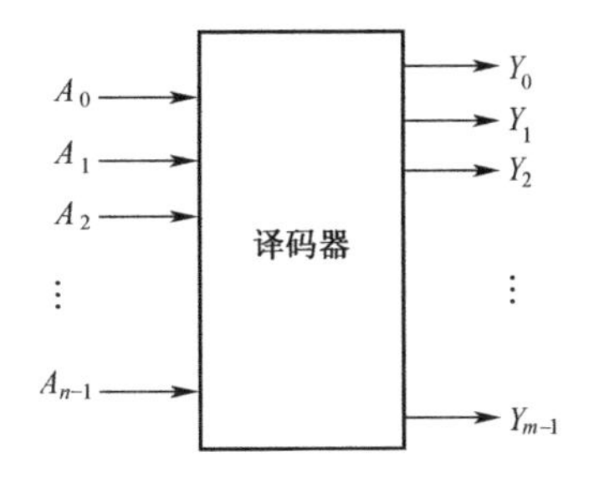

图 3-20　译码器框图

译码器有 $A_0 \sim A_{n-1}$ n 个输入，$Y_0 \sim Y_{m-1}$ m 个输出，n 与 m 之间满足 $0 < m \leqslant 2^n$，也称为 n 线－m 线译码器。常用译码器有二进制译码器、二－十进制译码器和显示译码器等。

1．二进制译码器

n 位二进制码一共有 2^n 种组合状态，把 2^n 种状态一一对应翻译出来的译码器称为二进制译码器。二进制译码器输入与输出个数之间的关系为 $m = 2^n$。译码器的每一路输出的有效电平都仅与一个二进制代码相对应。译码器的输出可以低电平有效也可以高电平有效。

1）2 位二进制译码器

以 2 位二进制译码器（2 线－4 线译码器）设计为例说明其工作原理。

【例 3-7】　设计 2 位二进制译码器，要求原码输入，输出高电平有效。

解：（1）真值表。2 线－4 线译码器是 4 线－2 线编码器的逆过程，有 A_1 A_0 两个输入，

$Y_0\ Y_1\ Y_2\ Y_3$ 四个输出，原码输入，表示输入码所对应的十进制数与输出的序号一致，如 $A_1A_0=00$，输出应为 Y_0 这一路是有效信号，输出高电平有效，真值表见表 3-9。

表 3-9　2 线－4 线译码器真值表

输　入	输　出
$A_1\ A_0$	$Y_3\ Y_2\ Y_1\ Y_0$
0 0	0 0 0 1
0 1	0 0 1 0
1 0	0 1 0 0
1 1	1 0 0 0

（2）逻辑表达式。由真值表得到输出逻辑表达式为

$$\begin{cases} Y_0 = A_1'A_0' = m_0 \\ Y_1 = A_1'A_0 = m_1 \\ Y_2 = A_1A_0' = m_2 \\ Y_3 = A_1A_0 = m_3 \end{cases} \tag{3.6}$$

由式（3.6）可知，2 线－4 线译码器每一路输出对应输入变量的一个最小项，因此可将输出逻辑表达式扩展到 n 位二进制译码器，输出 1 有效 n 位二进制译码器逻辑表达式为

$$Y_i = m_i (i = 0,1,\cdots,2^n - 1) \tag{3.7}$$

输出高电平有效译码器的每一路输出对应输入变量一个最小项。当输出低电平有效时，把真值表输出部分 0 变为 1，1 变为 0，即可得到输出低电平有效译码器逻辑表达式，其逻辑表达式为 $Y_i' = m_i'(i = 0,1,\cdots,2^n - 1)$，即输出低电平有效译码器的每一路输出对应输入变量一个最小项的非。

（3）逻辑图。构成译码器电路的形式很多，在大规模集成电路内部常用二极管与门阵列构成译码器，如图 3-21 所示为二极管与门阵列构成的 2 线－4 线译码器。

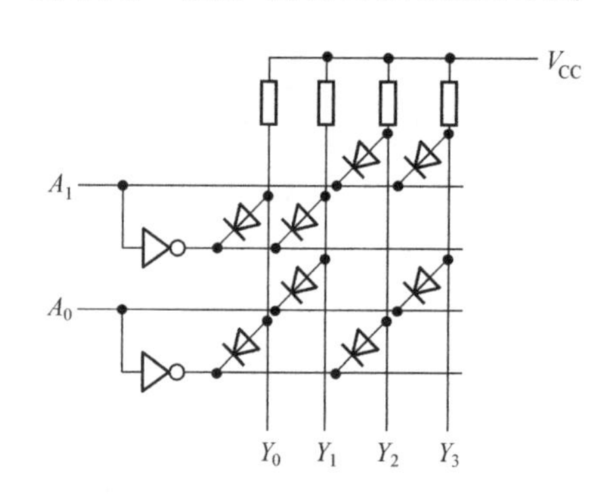

图 3-21　二极管与门阵列构成的 2 线–4 线译码器

二极管与门阵列构成的译码器由于有电平偏移等严重缺点只能用于大规模集成电路内部，如掩模只读存储器（ROM）中构成地址译码器阵列，产生地址码的最小项，再由或门阵列实现和运算。常用的中规模集成译码器通常采用 TTL 或 CMOS 集成电路构成。

2）集成双 2 线－4 线译码器 74HC139

74HC139 中集成了两个完全独立的 2 线－4 线译码器，图 3-22 给出了 74HC139 中的一个 2 线－4 线译码器逻辑图。

74HC139 输出低电平有效，每个输出端增加两个非门起缓冲作用，在构成集成电路时为提高使用的灵活性增加了使能输入端 E'，使能信号 0 有效，逻辑表达式为 $Y_i' = (E \cdot m_i)'$，74HC139 功能表见表 3-10。

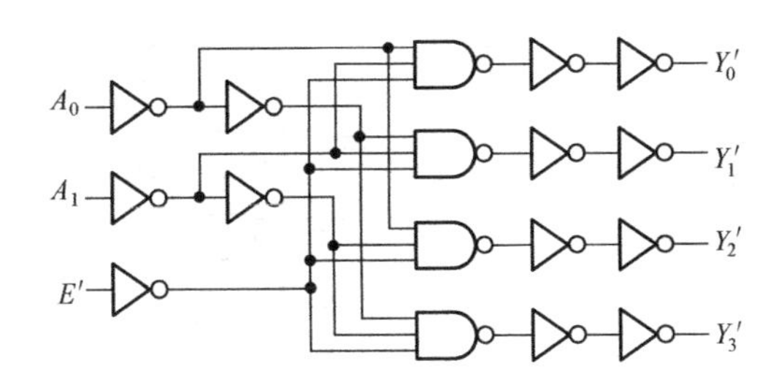

图 3-22 74HC139 中一个译码器逻辑图

表 3-10 74HC139 功能表

输 入		输 出	工作状态
E'	A_1 A_0	Y_3' Y_2' Y_1' Y_0'	
1	× ×	1 1 1 1	禁译
0	0 0	1 1 1 0	译码
0	0 1	1 1 0 1	
0	1 0	1 0 1 1	
0	1 1	0 1 1 1	

74HC139 在使能信号的控制下有两种工作状态，当 $E'=1$ 时，译码器处于禁译状态，译码器输出全部为 1；当 $E'=0$ 时，译码器处于译码状态，将输入信号译到相应的输出上。

74HC139 的逻辑框图和引脚图见图 3-23。

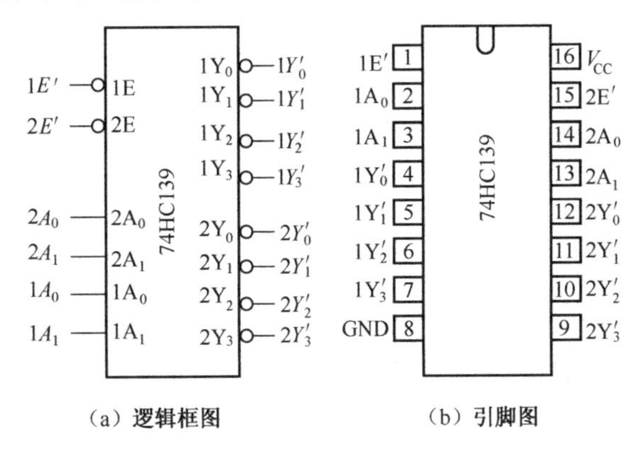

图 3-23 74HC139 逻辑框图和引脚图

3）集成 3 线－8 线译码器 74HC138

中规模集成译码器中 3 线－8 线译码器用得比较多，下面简单介绍集成 3 线－8 线译码器 74HC138，其逻辑图见图 3-24。

74HC138 有 E_1'、E_2'、E_3 3 个使能信号，E_1' 和 E_2' 低电平有效，E_3 高电平有效，芯片内总的使能信号是由 G_E 门给出的，$E=E_3E_2E_1=E_3(E_2'+E_1')'$，这种结构增强了芯片的使用灵活性。

输出逻辑表达式为 $Y_i'=(E\cdot m_i)'$，输出低电平有效，其功能表见表 3-11。

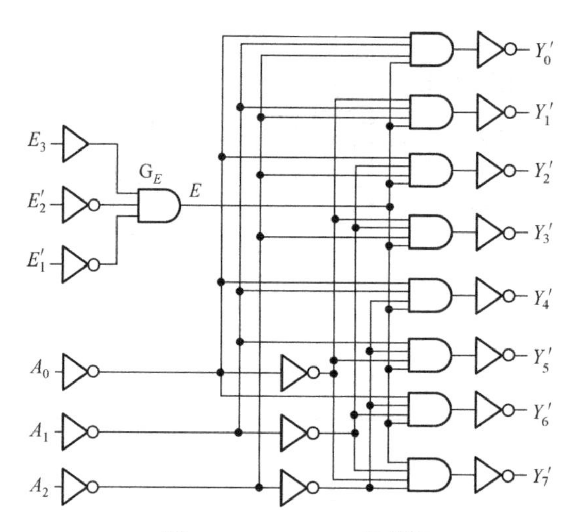

图 3-24　74HC138 逻辑图

表 3-11　74HC138 功能表

输入			输出	工作状态
E_3	$E_2'+E_1'$	A_2 A_1 A_0	Y_7' Y_6' Y_5' Y_4' Y_3' Y_2' Y_1' Y_0'	
0	×	× × ×	1 1 1 1 1 1 1 1	E=0，禁译
×	1	× × ×	1 1 1 1 1 1 1 1	
1	0	0 0 0	1 1 1 1 1 1 1 0	译码
1	0	0 0 1	1 1 1 1 1 1 0 1	
1	0	0 1 0	1 1 1 1 1 0 1 1	
1	0	0 1 1	1 1 1 1 0 1 1 1	
1	0	1 0 0	1 1 1 0 1 1 1 1	
1	0	1 0 1	1 1 0 1 1 1 1 1	
1	0	1 1 0	1 0 1 1 1 1 1 1	
1	0	1 1 1	0 1 1 1 1 1 1 1	

74HC138 逻辑框图和引脚图见图 3-25。

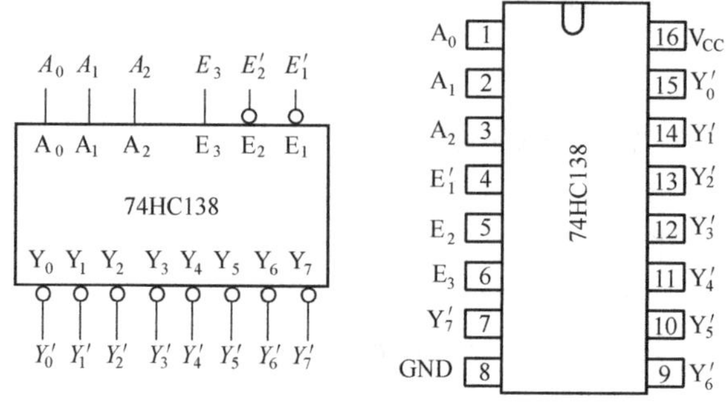

（a）逻辑框图　　（b）引脚图

图 3-25　74HC138 逻辑框图和引脚图

4）译码器逻辑功能扩展

逻辑功能扩展的方法：

（1）现有译码器 n 位码输入端的同名端并接，构成扩展后译码器输入码的低位。

（2）扩展后输入码的高位接译码器的使能端，控制芯片轮流工作。

（3）输出并列。

以两片 74HC138 构成 4 线－16 线译码器为例说明扩展方法。

【例 3-8】 用 74HC138 构成 4 线－16 线译码器。

解：由 3 线－8 线译码器扩展为 4 线－16 线译码器，由 3 位码输入扩展为 4 位码输入，输出由 8 路扩展为 16 路，需要两片 74HC138，逻辑图见图 3-26。

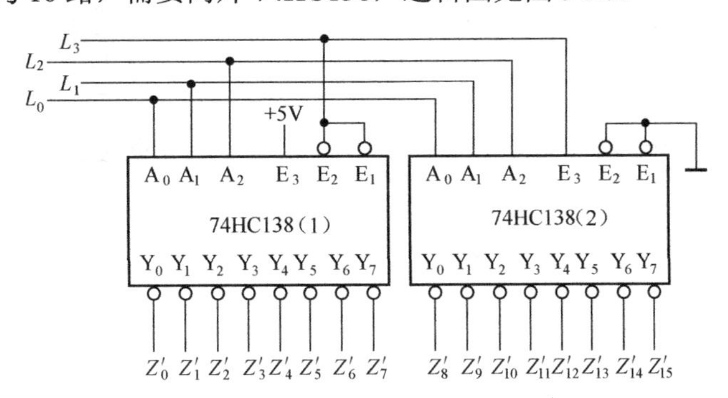

图 3-26 两片 74HC138 构成 4 线－16 线译码器逻辑图

图 3-26 中两片 74HC138 3 位码输入同名端并接，分别为 L_2、L_1、L_0，而高位 L_3 分别接两片的使能端。为了控制两片轮流工作，L_3 接 74HC138(1)的 0 有效使能端，同时接 74HC138(2)的 1 有效使能端。$L_3=0$，74HC138(1)译码，译到 $Z_0'\sim Z_7'$ 中的一路；$L_3=1$，74HC138(2)译码，译到 $Z_8'\sim Z_{15}'$ 中的一路，两片的工作状态见表 3-12。

表 3-12 两片 74HC138 工作状态表

输 入	74HC138(1)工作状态	74HC138(2)工作状态	输 出
$L_3=0$ $L_3L_2L_1L_0$：0000～0111	译码	禁译 输出均为 1	译到 $Z_0'\sim Z_7'$ 中的一路
$L_3=1$ $L_3L_2L_1L_0$：1000～1111	禁译 输出均为 1	译码	译到 $Z_8'\sim Z_{15}'$ 中的一路

用同样的方法，可以进一步进行逻辑功能的扩展。

2．二－十进制译码器

二－十进制译码器是二－十进制编码器的逆过程，将输入的 BCD 码翻译成十路信号的高、低电平，也称为 4 线－10 线译码器。不同的 BCD 码对应着不同的二－十进制译码器，常用的集成 8421BCD 码译码器 74HC42 的逻辑图如图 3-27 所示。

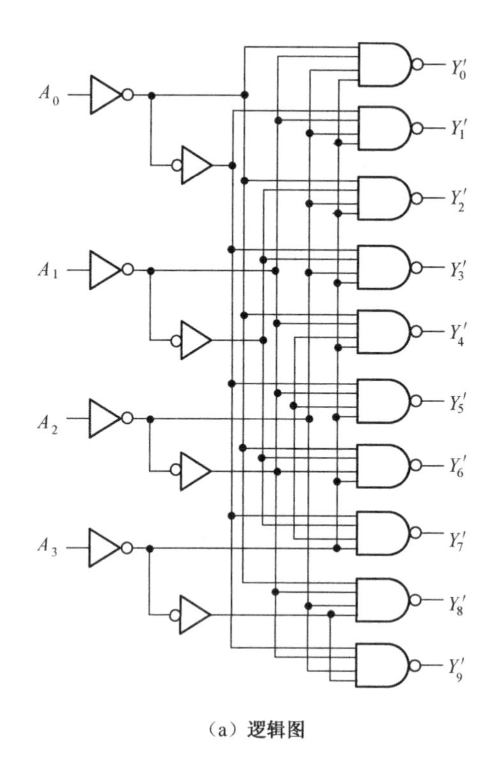

（a）逻辑图

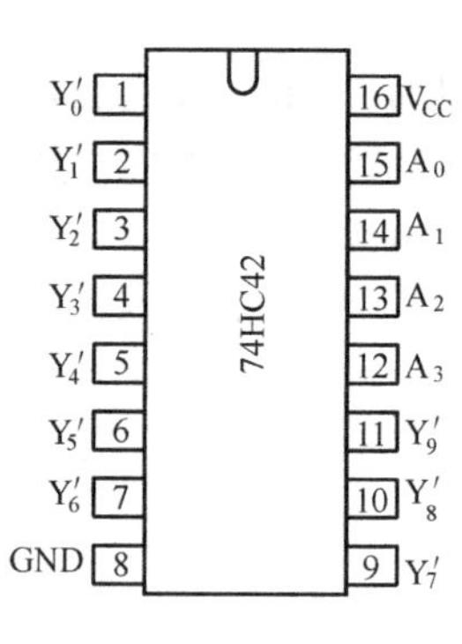

（b）引脚图

图 3-27　74HC42 逻辑图和引脚图

由图 3-27 可得输出逻辑表达式，$Y_i' = m_i' (i = 0,1,\cdots,9)$。根据逻辑表达式，74HC42 输出 0 有效，功能表见表 3-13。

表 3-13　74HC42 功能表

输　入	输　出										备　注
$A_3\ A_2\ A_1\ A_0$	Y_0'	Y_1'	Y_2'	Y_3'	Y_4'	Y_5'	Y_6'	Y_7'	Y_8'	Y_9'	
0 0 0 0	0	1	1	1	1	1	1	1	1	1	译码
0 0 0 1	1	0	1	1	1	1	1	1	1	1	
0 0 1 0	1	1	0	1	1	1	1	1	1	1	
0 0 1 1	1	1	1	0	1	1	1	1	1	1	
0 1 0 0	1	1	1	1	0	1	1	1	1	1	
0 1 0 1	1	1	1	1	1	0	1	1	1	1	
0 1 1 0	1	1	1	1	1	1	0	1	1	1	
0 1 1 1	1	1	1	1	1	1	1	0	1	1	
1 0 0 0	1	1	1	1	1	1	1	1	0	1	
1 0 0 1	1	1	1	1	1	1	1	1	1	0	
1 0 1 0	1	1	1	1	1	1	1	1	1	1	伪码
1 0 1 1	1	1	1	1	1	1	1	1	1	1	
1 1 0 0	1	1	1	1	1	1	1	1	1	1	
1 1 0 1	1	1	1	1	1	1	1	1	1	1	
1 1 1 0	1	1	1	1	1	1	1	1	1	1	
1 1 1 1	1	1	1	1	1	1	1	1	1	1	

正常情况下，输入为0000～1001这10个8421BCD码，而1010～1111在8421BCD码中是不允许出现的，这6个代码称为伪码。应当注意，BCD码不同，相应的6个伪码也不相同。从真值表中可以看出，当伪码出现时译码器74HC42拒绝译码，即当伪码出现时，所有输出都为无效信号。这是因为电路在设计时，没有将伪码作为约束项，当伪码出现时电路拒绝译码。若把伪码当做约束项，电路可以达到最简，但电路不能拒绝伪码，也就是说因某种因素，伪码出现时，有可能被译到某一路上，引起逻辑运算错误。例如，在写Y_9'的逻辑表达式时，如把伪码作为约束项，其卡诺图见图3-28，逻辑表达式为$Y_9'=(A_3A_0)'$。当伪码1011、1101或1111出现时都会使$Y_9'=0$。

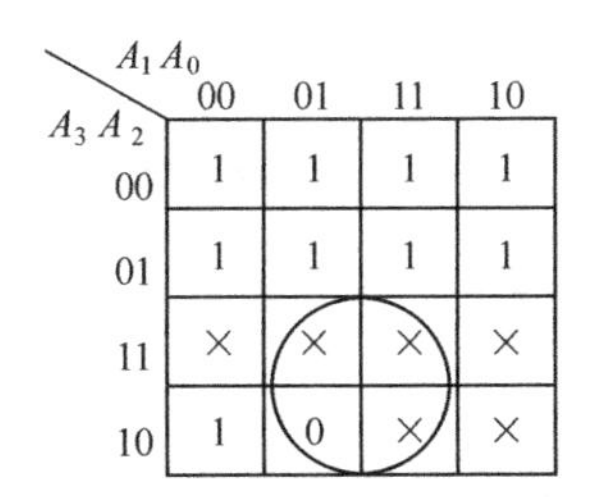

图3-28 把伪码作为约束项的Y_9'卡诺图

二－十进制译码器除了74HC42外还有74HC43余3码二－十进制译码器等，在使用时可查阅相关资料。

3. 显示译码器

在各种数字系统中，常常需要将数字、字母、符号等直观地显示出来，供人们直接读取结果或监视数字系统的工作状况，数字显示电路是许多数字设备不可缺少的组成部分。能够显示数字、字母或符号的器件称为数字显示器。在数字电路中，数字量都是以一定的二进制代码形式出现的，而这些二进制代码不能直接被显示器识别，数字量要经过译码器才能驱动显示器。把数字量翻译成数字显示器所能识别信号的译码器称为显示译码器。显示译码器随显示器的类型而异，要想了解显示译码器，首先要了解显示器的原理，了解什么样的信号能够被显示器识别。下面分别对数码显示器和显示译码器的电路结构和工作原理加以简单介绍。

1）数码显示器

数码显示器按组成方式不同可分为分段式显示器、点阵式显示器、字形重叠显示器等，分段式显示器使用比较广泛。点阵式显示器通常用于大屏幕显示器，用电子计算机控制。字形重叠显示器是将0～9这10个字形做成互相绝缘的电极重叠放置，哪一个电极加电压，则显示哪一个字形。分段显示器是由7个字段构成字形，又称为七段字符显示器，或称为七段数码管。显示器还可以按发光物质不同分为半导体发光二极管数码管（LED）、辉光数码管、荧光数码管、液晶显示器（LCD）、等离子显示板等。在这里介绍使用广泛的由发光二极管构成的七段数码管。

七段数码管由7个发光二极管排出如图3-29所示的形状，分别是*a*、*b*、*c*、*d*、*e*、*f*、*g*段，有时还加上表示小数点的DP段（在这里暂不考虑小数点）。当七段都点亮时，显示器显示十进制数 8；如果 e、f 段不亮，其余的都亮，则显示十进制数 3。七段数码管用这种方式显示 0～9 这 10 个数字。

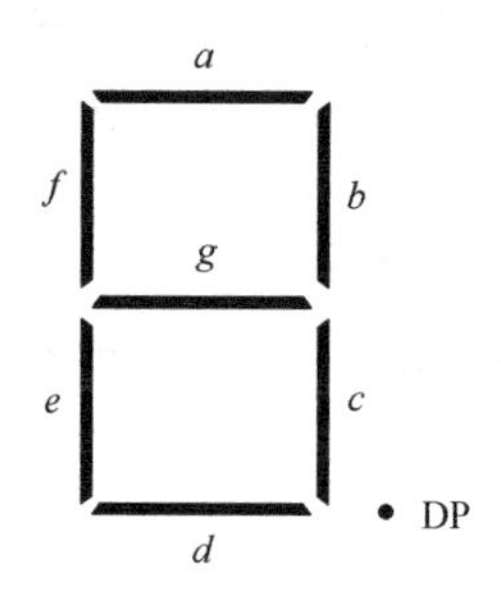

图 3-29　七段字形

七段发光二极管电路的连接方式有两种，一种是共阴极接法，即 7 个发光二极管的阴极接在一起，接低电平，如图 3-30（a）所示，阳极可以如图中 a 段所示，经限流电阻 R 分别接驱动信号，驱动信号高电平时点亮。另一种是共阳极接法，发光二极管的阳极接在一起，接高电平，每个发光二极管的阴极分别经限流电阻接驱动信号，驱动信号低电平时点亮，见图 3-30（b）。这两种接法数码管可以由 TTL 或 CMOS 集成电路直接驱动。常用共阴极显示器有 BS201、BS202、LCS011-11 等，常用共阳极显示器有 BS204、BS206、LA5011-11 等。

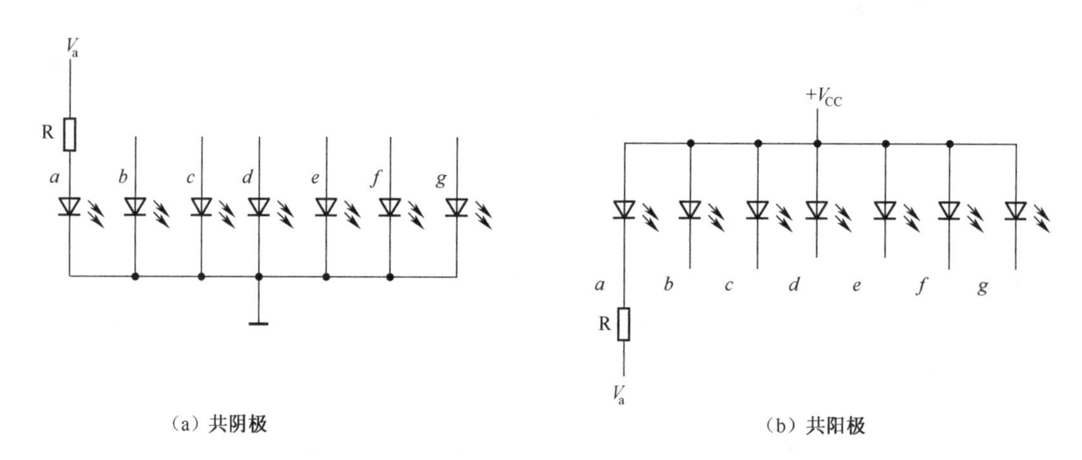

图 3-30　七段数码管电路接法

2）BCD－七段显示译码器

（1）基本原理。通过对七段数码管的分析，显示器显示 0～9 这 10 个数字中的任何一个数字都需要同时给出驱动七段发光二极管的 7 路信号。在数字电路中 0～9 这 10 个数字是以 4 位 BCD 码给出的，显然 4 路信号不能直接驱动显示器，这中间需要一个能把 4 位 BCD 码转换为 7 路信号的器件，这个器件就是 BCD－七段显示译码器。显示译码器有 4 个输入，7 个输出，也称为 4 线－7 线译码器，8421BCD－七段显示译码器真值表见表 3-14。

表 3-14 8421BCD－七段显示译码器真值表

输入	输出	字形
A_3 A_2 A_1 A_0	Y_a Y_b Y_c Y_d Y_e Y_f Y_g	
0 0 0 0	1 1 1 1 1 1 0	0
0 0 0 1	0 1 1 0 0 0 0	1
0 0 1 0	1 1 0 1 1 0 1	2
0 0 1 1	1 1 1 1 0 0 1	3
0 1 0 0	0 1 1 0 0 1 1	4
0 1 0 1	1 0 1 1 0 1 1	5
0 1 1 0	0 0 1 1 1 1 1	6
0 1 1 1	1 1 1 0 0 0 0	7
1 0 0 0	1 1 1 1 1 1 1	8
1 0 0 1	1 1 1 0 0 1 1	9
1 0 1 0	0 0 0 1 1 0 1	
1 0 1 1	0 0 1 1 0 0 1	
1 1 0 0	0 1 0 0 0 1 1	
1 1 0 1	1 0 0 1 0 1 1	
1 1 1 0	0 0 0 1 1 1 1	
1 1 1 1	0 0 0 0 0 0 0	全灭

从真值表可知，显示译码器有 6 个伪码，当伪码出现时，显示特殊符号，以区别于其他有效字符。当 1111 出现时输出全部为 0，根据真值表该电路可驱动共阴极数码管。

（2）集成七段显示译码器 7448。集成 8421BCD－七段显示译码器 7448 在构成集成电路时增加了试灯输入 LT'、灭零输入 RBI'，以及一个既可以做输入端又可以做输出端的特殊端口——灭灯输入/灭零输出 BI'/RBO' 端，其简化功能表见表 3-15。

表 3-15 7448 简化功能表

输入		特殊端	输出	工作状态
LT' RBI'	A_3 A_2 A_1 A_0	BI'/RBO'	Y_a Y_b Y_c Y_d Y_e Y_f Y_g	
0 ×	× × × ×	1	1 1 1 1 1 1 1	试灯
× ×	× × × ×	0（输入）	0 0 0 0 0 0 0	灭灯
1 0	0 0 0 0	0（输出）	0 0 0 0 0 0 0	灭零
1 1	0 0 0 0	1	1 1 1 1 1 1 0	输出“0”
1 ×	0 0 0 1	1	0 1 1 0 0 0 0	按表 3-14 译码译出 1 至 15
⋮	⋮	⋮	⋮	
1 ×	1 1 1 1	1	0 0 0 0 0 0 0	

注：表中 BI'/RBO' 没标注的表示该端口做输出。

由功能表可见7448有如下4种工作状态。

- 试灯：$LT'=0$，译码器7路输出均为1，可驱动共阴极数码管七段均点亮，测试发光二极管是否能够正常工作，当测试完成后，译码器处于其他工作状态应使该端口接高电平。
- 灭灯：双向端口BI'/RBO'端做输入时，$BI'=0$，这时7路输出全部为0。无论是否有BCD码输入，无论BCD码是何代码，数码管都熄灭。这一功能可以使某些不用的数码管熄灭。
- 灭零：多位数码管显示时，按习惯某些位不希望显示0。对于整数部分，最高位运算结果为0，不希望显示；对于小数部分，最低位如果运算结果为0，也不希望显示。在$LT'=1$的前提下，对于某位不希望显示的0，可以让该位译码器$RBI'=0$。在灭零功能下，当要显示0时，此时译码输出全部为低电平，对应的数码管熄灭、不显示；同时在双向端（BI'/RBO'端）输出$RBO'=0$，以表征本级的工作状态，为进一步级联做准备。若要显示其他不是0的数，则可以正常显示。
- 译码：$LT'=1$，在BI'/RBO'做输出的前提下，一种情况显示0要求$RBI'=1$，另一种情况译码显示其他数码，则对RBI'的取值没有要求，可为任意值，对显示的数码没有影响。

7448的逻辑框图和引脚图见图3-31。

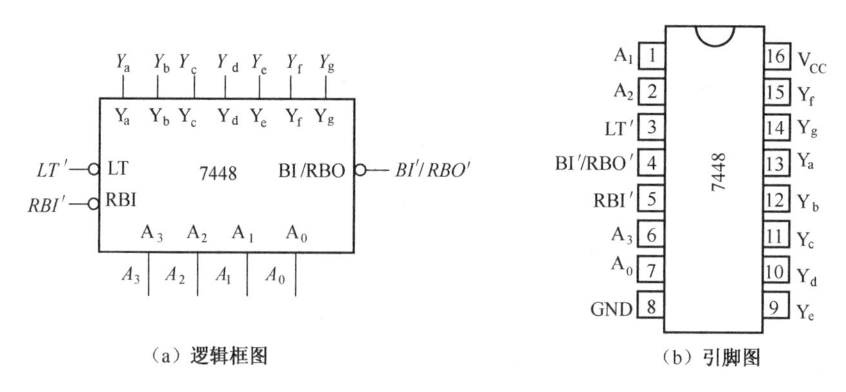

（a）逻辑框图　（b）引脚图

图3-31　7448逻辑框图和引脚图

（3）译码器驱动数码管

译码器可以直接驱动半导体数码管，输出高电平有效的译码器可以直接驱动共阴极半导体数码管，输出低电平有效的译码器可以直接驱动共阳极半导体数码管。当$V_{CC}=5V$时，译码器的高电平输出通常只能提供2mA左右的电流，当发光二极管正常发光需要的电流超过这个数值时，为提高输出电流，在译码器输出端接电阻R，R的阻值一般为1kΩ左右。7448驱动半导体数码管BS201A（驱动电流大于2mA）电路如图3-32所示。

（4）多位数码显示灭零控制

当有多位数码显示时，根据正常观看和书写的习惯，有些0是不希望显示的，整数最高位的0不应显示，小数部分最低位的0不应显示。例如，5位数码管显示电路，整数3位，小数2位，如图3-33所示。整数部分最高位$RBI'=0$，只要显示0即熄灭，它的RBO'输

出端接低位片的 *RBI'* 输入端，在保证本位熄灭的同时让低位片在显示 0 时也可以熄灭，整数部分灭零信号的传递方式是从高位向低位传递。对于小数点位，当它显示 0 时不应熄灭，*RBI'* 接 1。对于小数部分这种灭零信号的传递方式应该从最低位开始，最低位 *RBI'* 接 0，显示 0 即熄灭，熄灭信号由低位向高位传递，直到小数点后第一位，当它显示 0 时不应熄灭，则这位的 *RBI'* 应接 1。图 3-33 同时给出了按图示输入灭零控制的显示结果。

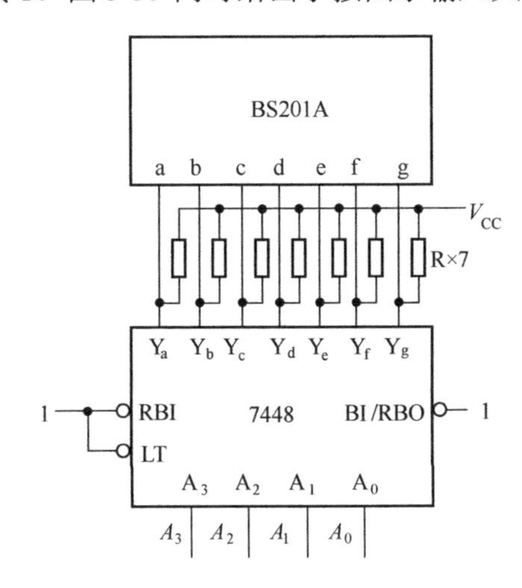

图 3-32　7448 驱动半导体数码管 BS201A 电路

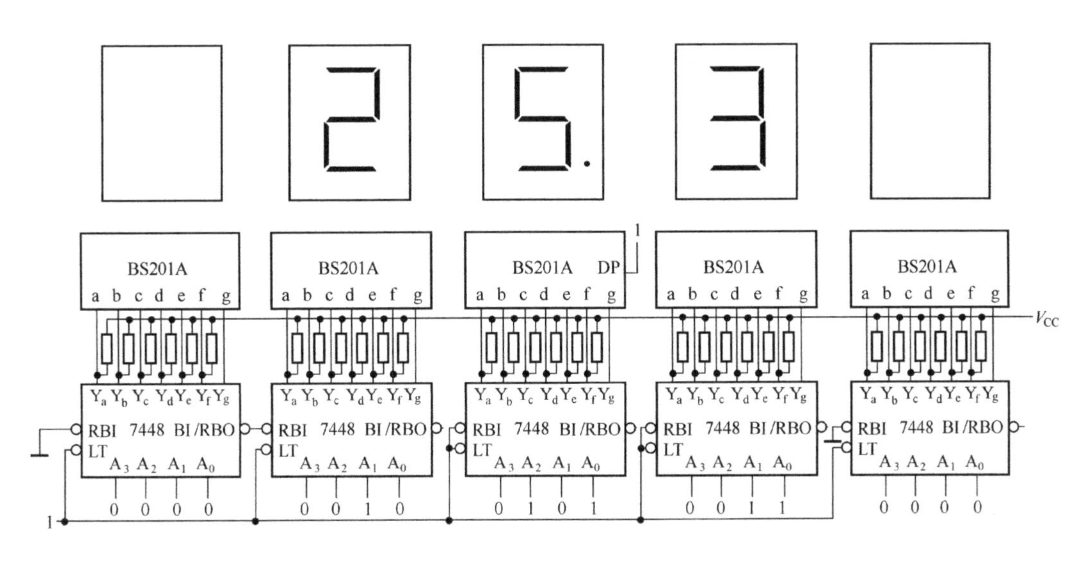

图 3-33　5 位灭零控制数码管显示电路及显示结果

3.3.3　数据选择器

数据选择器又称多路开关（Multiplexer，简称 MUX），逻辑功能是从多路数据中选择一路作为输出，多路数据中选择哪一路做输出由输入的地址信号决定，数据选择器的功能类似于一个单刀多掷开关，如图 3-34 所示。数据选择器有 $I_0,I_1,\cdots,I_{m-1}$ m 路输入信号，$S_0,S_1,\cdots,S_{n-1}$ n 位地址输入，一路输出。通常中规模集成数据选择器 $m=2^n$，每一路输入信号对应一个地址码。常用的数据选择器有 4 选 1 数据选择器和 8 选 1 数据选择器等。

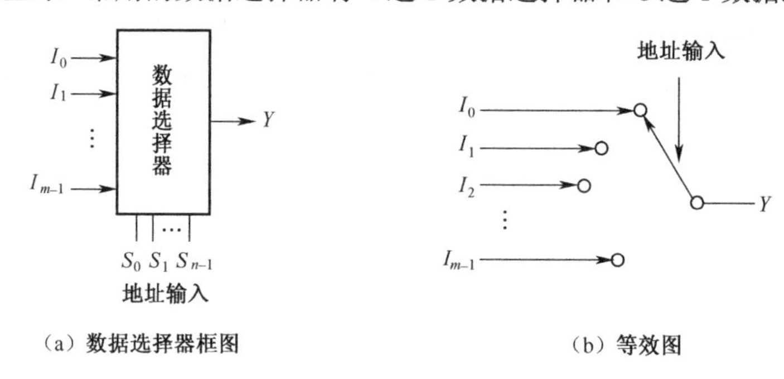

（a）数据选择器框图　　（b）等效图

图 3-34　数据选择器框图及等效图

1. 集成双 4 选 1 数据选择器 74HC153

以集成双 4 选 1 数据选择器 74HC153 为例，说明数据选择器的工作原理，其逻辑图和引脚图见图 3-35。

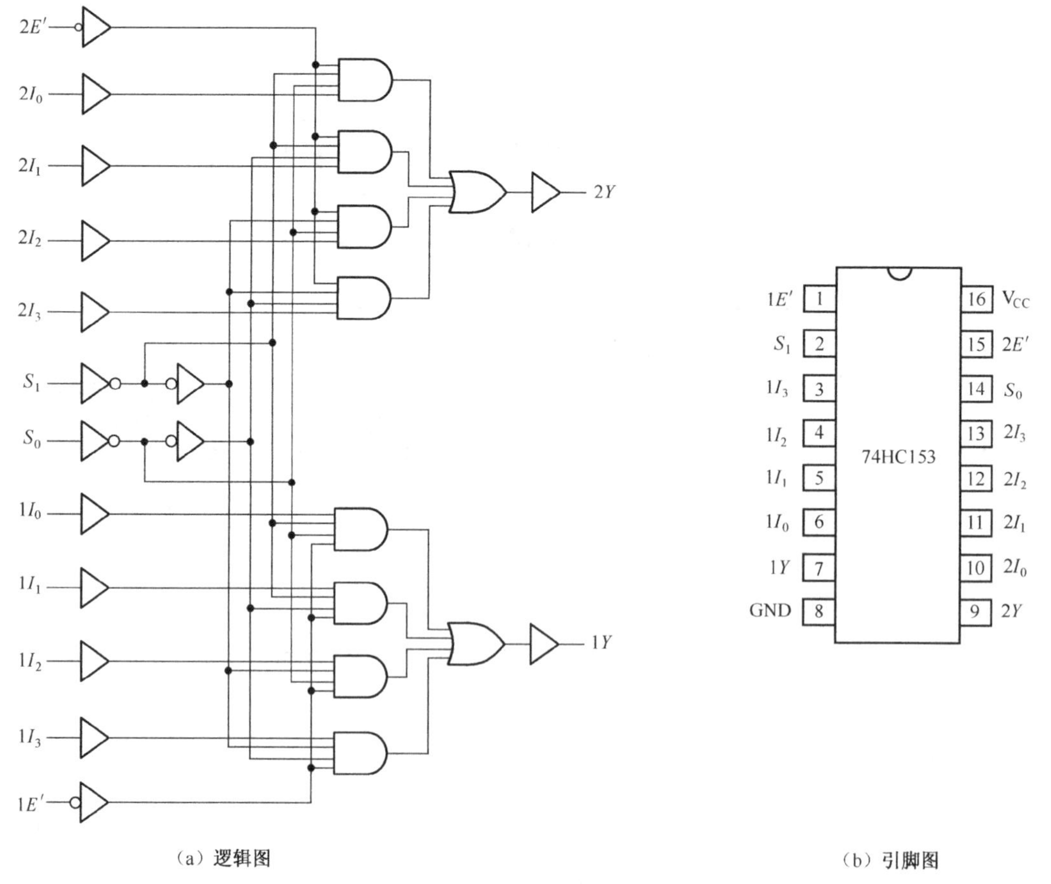

（a）逻辑图　　（b）引脚图

图 3-35　74HC153 逻辑图和引脚图

74HC153 集成两个 4 选 1 数据选择器，每个数据选择器有独立的使能信号，见图 3-35 中 $1E'$ 和 $2E'$，其中 1 和 2 是为了区分两个数据选择器。两个数据选择器共用地址输入 S_1、S_0。

分析 74HC153 中的一个数据选择器，从 $I_0, I_1, \cdots, I_3$ 4 个输入中选择 1 路数据作为输出，输出逻辑表达式为 $Y = \left(I_0(S_1'S_0') + I_1(S_1'S_0) + I_2(S_1S_0') + I_3(S_1S_0)\right) \cdot E$。

在使能信号为有效信号情况下，数据选择器输出逻辑表达式可以推广到 n 位地址码数据选择器，其逻辑表达式为

$$Y = I_0 m_0 + I_1 m_1 + I_2 m_2 + \cdots + I_{2^n-1} m_{2^n-1} = \sum_{i=0}^{2^n-1} I_i m_i \tag{3.8}$$

根据逻辑表达式，74HC153 功能表见表 3-16。

表 3-16　74HC153 功能表

输　入		输　出	工作状态
E'	S_1　S_0	Y	
1	×　×	0	禁止工作
0	0　0	I_0	工作
0	0　1	I_1	
0	1　0	I_2	
0	1　1	I_3	

注：功能表中没有给出数据输入端的取值。

数据选择器在使能信号的控制下有两种工作状态，使能信号为无效信号时（$E'=1$），数据选择器禁止工作，输出低电平；使能信号为有效信号时（$E'=0$），数据选择器处于工作状态。

2．数据选择器逻辑功能扩展

用下面例题说明数据选择器逻辑功能扩展方法。

【例 3-9】　用 74HC153 构成 8 选 1 数据选择器。

解： 逻辑功能扩展总的原则是使数据选择器轮流工作，即任何时刻只允许一个数据选择器工作。8 选 1 数据选择器数据输入端由原来的 4 个增加到 8 个，需要两片 4 选 1 数据选择器，双 4 选 1 数据选择器 74HC153 一片。地址信号由原来的 2 位（$S_1\ S_0$）扩展到 3 位（$S_2\ S_1\ S_0$），现有芯片地址信号同名端并接，作为低位地址码，74HC153 两个 4 选 1 共用地址信号不用在芯片外连接。高位地址码接两片的使能信号，由于每片只有一个使能信号，高位地址码不能直接接两片的使能端，需要借助于译码器将其译成两路互补信号再分别接到两片的使能端，见图 3-36，图中 S_2 信号经 1 线－2 线译码器分别接两片使能端。

每片 4 选 1 数据选择器有一路输出，两路输出要变成一路输出，由于在数据选择器禁止工作时，输出为 0，两输出端用或门连接变成一路输出。$S_2=0$ 时 1 号片工作，从 I_0, I_1, I_2, I_3 中选择一路数据输出；$S_2=1$ 时 2 号片工作，从 I_4, I_5, I_6, I_7 中选择一路输出，因此 1 号片 4 个数据输入端分别接低 4 位输入，两片数据选择器工作状态见表 3-17。

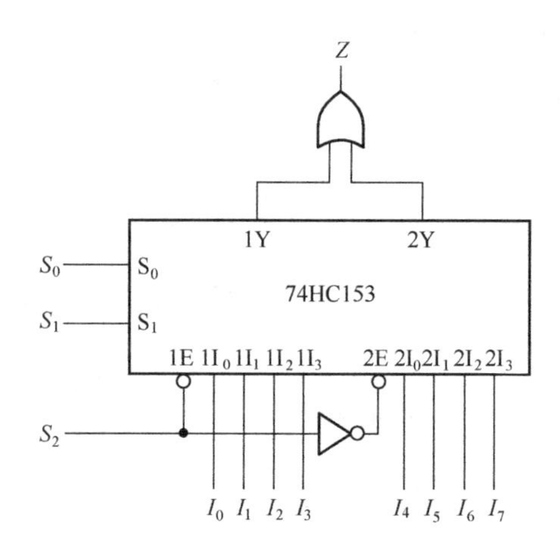

图 3-36　74HC153 构成 8 选 1 数据选择器

表 3-17　两片数据选择器工作状态

地　址　码	1 号片工作状态	2 号片工作状态	输　　出
$S_2=0$ $S_2S_1S_0$：000～011	工作	禁止工作输出 0	从 I_0,I_1,I_2,I_3 中选择一路输出
$S_2=1$ $S_2S_1S_0$：100～111	禁止工作输出 0	工作	从 I_4,I_5,I_6,I_7 中选择一路输出

通过例 3-9 总结数据选择器逻辑功能扩展方法为：

（1）根据输入端个数决定使用 4 选 1 数据选择器的个数 M 。

（2）根据 M 值决定需用译码器的种类——X 线－M 线译码器（ $M=2^X$ ）。

（3）根据使能端选择用于输出端并联的门电路：①使能端无效时输出低电平的，选择或门；②使能端无效时输出高电平的，选择与门。

【例 3-10】　试用 74HC153 构成一个 16 选 1 数据选择器。

解：16 选 1 数据选择器有 16 个输入端，4 选 1 数据选择器有 4 个输入端，应用 4 片 4 选 1 数据选择器，用两片 74HC153。$M=4$ ，$X=2$ ，应用 2 线－4 线译码器。74HC153 使能端无效时输出为 0，输出端选用或门。逻辑图见图 3-37，2 线－4 线译码器用 74HC139 的半片。

根据这种扩展方法，各片的工作状态见表 3-18。

3.3.4　加法器

算术运算是数字系统的基本功能之一，更是数字计算机中不可缺少的组成单元。构成算术运算电路的基本单元是加法器（Adder），因为两个二进制数之间的算术运算，无论是加、减、乘、除，都可化为若干步加法运算来进行，加法运算是整个运算电路的核心。能够完成二进制加法运算的逻辑电路是加法器。加法器最基本的单元是只考虑两个一位二进制数相加的半加器和全加器，在此基础上可构成多位加法器。

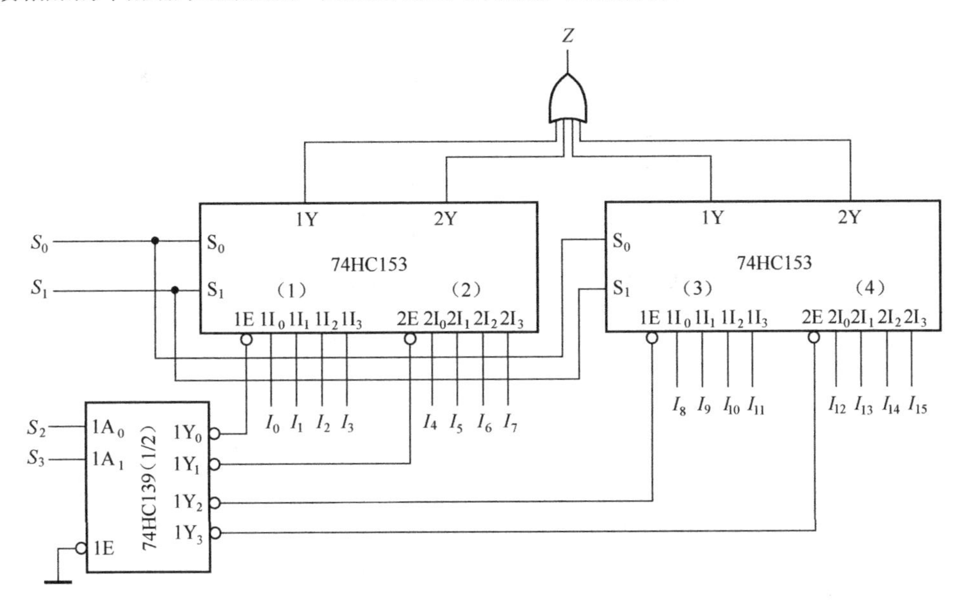

图 3-37 4 选 1 数据选择器构成 16 选 1 数据选择器

表 3-18 各片数据选择器工作状态

地址码	(1)片工作状态	(2)片工作状态	(3)片工作状态	(4)片工作状态	输出
$S_3S_2=00$ $S_3S_2S_1S_0$: 0000～0011	工作	禁止	禁止	禁止	从 I_0,I_1,I_2,I_3 中选择一路输出
$S_3S_2=01$ $S_3S_2S_1S_0$: 0100～0111	禁止	工作	禁止	禁止	从 I_4,I_5,I_6,I_7 中选择一路输出
$S_3S_2=10$ $S_3S_2S_1S_0$: 1000～1011	禁止	禁止	工作	禁止	从 I_8,I_9,I_{10},I_{11} 中选择一路输出
$S_3S_2=11$ $S_3S_2S_1S_0$: 1100～1111	禁止	禁止	禁止	工作	从 $I_{12},I_{13},I_{14},I_{15}$ 中选择一路输出

1. 半加器和全加器（一位加法器）

1）半加器

半加器（Half Adder）是不考虑低位对本位是否有进位，只完成两个一位二进制数相加运算的逻辑电路。用 A、B 分别表示两个一位二进制数，按二进制加法的运算规则，两个一位二进制数相加会出现 1+1=10 的情况，因此半加器要有两位输出，本位相加的和输出用 S（Sum）表示，向高位的进位输出用 CO（Carry Out）表示，半加器真值表见表 3-19。

表 3-19 半加器真值表

输入		输出	
A	B	S	CO
0	0	0	0
0	1	1	0
1	0	1	0
1	1	0	1

输出逻辑表达式为

$$\begin{cases} S = A \oplus B \\ CO = AB \end{cases}$$

半加器可由一个异或门和一个与门实现，其逻辑图和逻辑符号见图3-38。

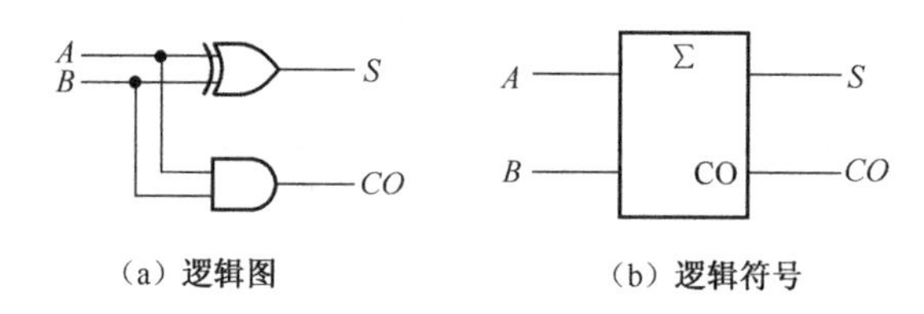

（a）逻辑图　（b）逻辑符号

图3-38　半加器逻辑图和逻辑符号

2）全加器

在进行多位二进制数相加运算时，除了考虑本位的两个数相加外，还要考虑低位对本位的进位，某一位的和是这3个数相加的结果。完成两个一位二进制数及低位进位3个二进制数相加运算的逻辑电路称为全加器（Full Adder）。

全加器是3个输入，两个输出的逻辑函数，用 CI 表示低位的进位输入，真值表见表3-20。

表3-20　全加器真值表

输　入	输　出	输　入	输　出
A　B　CI	S　CO	A　B　CI	S　CO
0　0　0	0　0	1　0　0	1　0
0　0　1	1　0	1　0　1	0　1
0　1　0	1　0	1　1　0	0　1
0　1　1	0　1	1　1　1	1　1

用卡诺图进行化简，卡诺图见图3-39。

（a）S卡诺图　（b）CO卡诺图

图3-39　全加器卡诺图

全加器逻辑函数的形式很多，在卡诺图中用圈1的方法得到逻辑表达式为

$$\begin{cases} S = A'B'CI + A'BCI' + AB'CI' + ABCI \\ CO = AB + ACI + BCI \end{cases} \tag{3.9}$$

式（3.9）可以变化为

$$\begin{cases} S = A \oplus B \oplus CI \\ CO = AB + (A+B)CI \end{cases} \tag{3.10}$$

在卡诺图中用圈 0 的方法得到的另外一种形式的逻辑表达式见式（3.11），双全加器 74LS183 采用这种形式构成。

$$\begin{cases} S = \left(A'B'CI' + A'BCI + AB'CI + ABCI'\right)' \\ CO = \left(A'B' + A'CI' + B'CI'\right)' \end{cases} \tag{3.11}$$

由式（3.10）构成的全加器逻辑图和全加器逻辑符号见图 3-40。

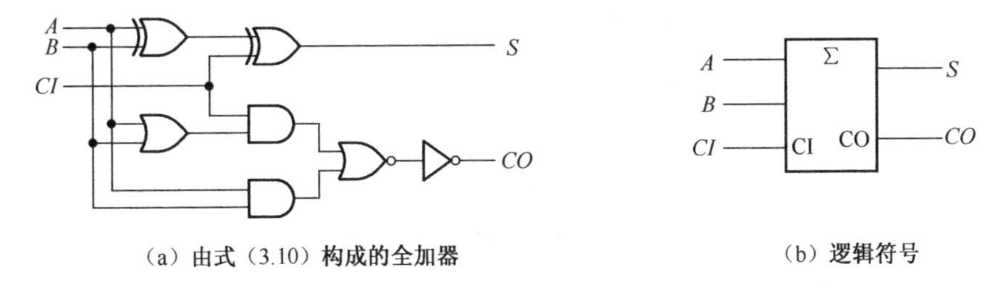

（a）由式（3.10）构成的全加器　　（b）逻辑符号

图 3-40　全加器逻辑图和逻辑符号

2. 多位加法器

1）串行进位加法器

进行多位加法运算时，每一位运算都要考虑低位的进位，因此每一位相加运算用一个全加器完成，这些全加器间最简单的进位方法是由低位向高位逐位串行传递，这种加法器称为串行进位加法器（Serial Carry Adder），其逻辑图见图 3-41。

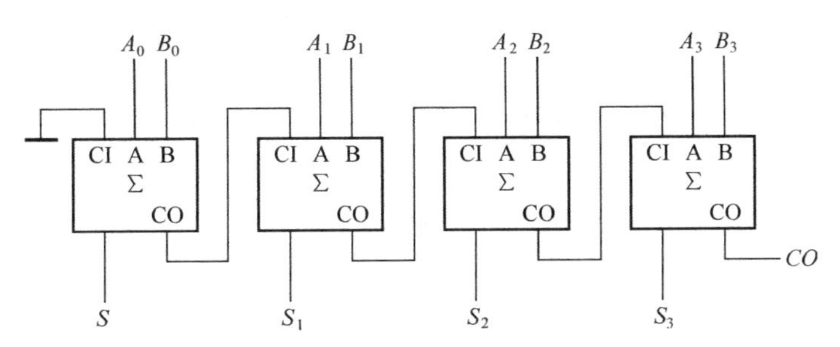

图 3-41　4 位串行进位加法器逻辑图

图 3-41 中 4 位串行进位加法器，左边为最低位，由于其低位没有进位，其进位输入接低电平，低位进位输出接高位进位输入，进位信号从左至右逐级传递，右边为最高位。因为两个 4 位二进制数相加有时会有 5 位输出，所以最高位全加器的进位输出作为 4 位加法器的进位输出，即作为第 5 位输出（最高位）。

这种串行进位方式，高位输出必须等到低位进位，其输出才能建立，最高位全加器要经过 4 个全加器的传输延迟时间才能得到稳定、可靠的输出结果。串行进位加法器的特点是电路结构简单，但运算速度慢。

在串行进位加法器中，因 $CI_i = CO_{i-1}$ 第 i 位的进位信号可以表示为

$$CO_i = A_iB_i + (A_i + B_i)CO_{i-1} \tag{3.12}$$

第 i 位的和为

$$S_i = A_i \oplus B_i \oplus CI_i = A_i \oplus B_i \oplus CO_{i-1} \tag{3.13}$$

2）超前进位加法器

（1）原理。为提高加法器运算速度，产生了超前进位加法器（Look-ahead Carry Adder），也称为快速进位加法器（Fast Carry Adder）。超前进位加法器各位进位输出直接由输入的 n 位二进制数产生，而不是由低位全加器的进位输出间接给出，即每一位的进位输出都变成两个 n 位二进制输入的函数，不需要等待低位的进位信号。其原理如下：

$$\begin{cases} CI_i = CO_{i-1}, CI_0 = 0 \\ CO_0 = A_0B_0 + (A_0 + B_0)CI_0 \\ CO_1 = A_1B_1 + (A_1 + B_1)CI_1 \end{cases} \tag{3.14}$$

把 $CI_1 = CO_0$ 代入 CO_1 中，则 CO_1 可以表示成 A_0, B_0, A_1, B_1 的函数为

$$CO_1 = A_1B_1 + (A_1 + B_1)(A_0B_0 + (A_0 + B_0)CI_0) \tag{3.15}$$

用同样的方法可以得到

$$CO_2 = A_2B_2 + (A_2 + B_2)\big(A_1B_1 + (A_1 + B_1)(A_0B_0 + (A_0 + B_0)CI_0)\big) \tag{3.16}$$

任意一位的进位输出都可以写成两个 n 位二进制输入的函数：

$$CO_i = A_iB_i + (A_i + B_i)CO_{i-1} = f_{CO_i}(A_0 \cdots A_i, B_0 \cdots B_i) \tag{3.17}$$

由于 $CI_i = CO_{i-1}$ 及式（3.13），S_i 也可以写成输入的函数，因此 S_i 和 CO_i 都可根据输入直接得到，不必等待低位输出。

（2）集成4位超前进位加法器74LS283。74LS283就是用上述方法构成的4位超前进位加法器。由于 $A_i \oplus B_i = (A_iB_i)'(A_i + B_i)$，因此和输出由 $S_i = (A_iB_i)'(A_i + B_i) \oplus CO_{i-1}$ 表达式构成，其逻辑图见图3-42。

74LS283中 G_1～G_4 分别输出 $A_i \oplus B_i$，G_5～G_8 按式（3.14）～式（3.16）构成，产生进位输出 CO_i，S_i 按式（3.13）构成，74LS283逻辑框图和引脚图见图3-43。

根据以上分析，超前进位加法器无论多少位都只经过3个逻辑级即可产生输出，减小了延迟时间，提高了速度，但应当注意到的是运算时间的缩短是以增加电路的复杂程度为代价的。当加法器的位数增加时，电路的复杂程度也随之急剧上升。对于多位字长的超前进位加法器，既要保持同时进位的快速性能，又要减少电路的复杂性，通常的做法是根据元器件的特性，将超前进位加法器分为若干个小组，对小组内的进位逻辑和组间的进位逻辑做不同的选择，形成多种进位链结构，这里不做详细介绍。

3.3.5 数值比较器

完成两个二进制数比较逻辑功能的电路称为数值比较器（Comparator）。构成数值比较器的最基本单元是一位数值比较器，在此基础上可构成多位数值比较器。

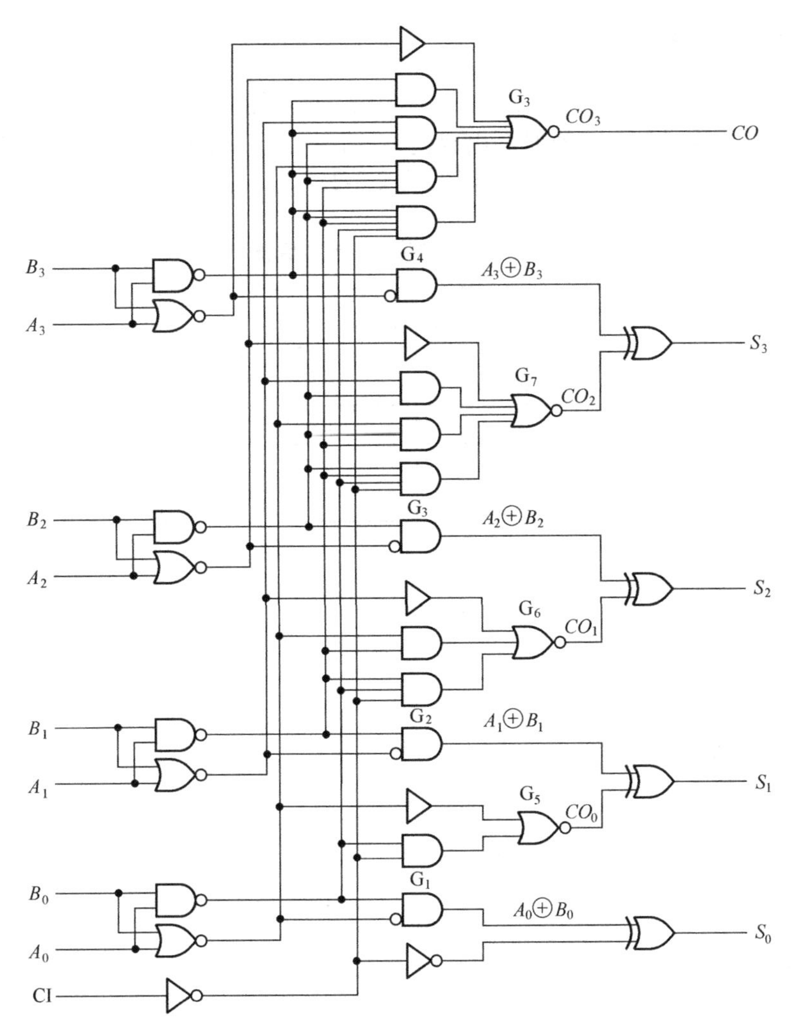

图 3-42　74LS283 逻辑图

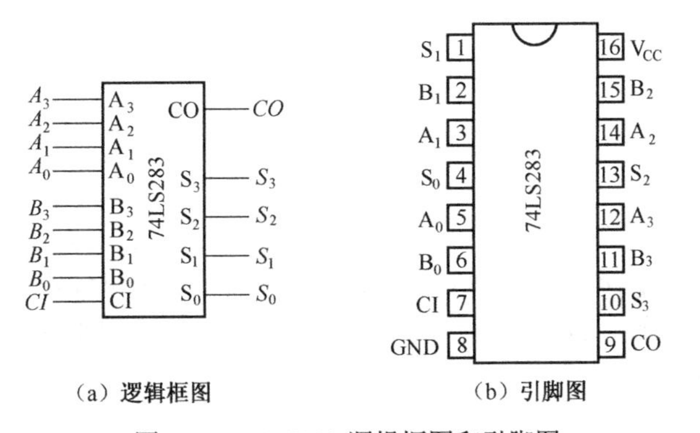

（a）逻辑框图　　（b）引脚图

图 3-43　74LS283 逻辑框图和引脚图

1. 一位数值比较器

一位数值比较器是实现两个一位二进制数比较逻辑功能的电路。A、B 分别表示两个一位二进制数，在比较两个数的大小时会出现大于、小于、等于3种情况，因此输出有3个，分别用 $Y_{A>B}$、$Y_{A<B}$、$Y_{A=B}$ 来表示，其真值表见表3-21。

表3-21　一位数值比较器真值表

输　入	输　出
A　B	$Y_{A>B}$　$Y_{A<B}$　$Y_{A=B}$
0　0	0　0　1
0　1	0　1　0
1　0	1　0　0
1　1	0　0　1

由真值表直接得到输出逻辑表达式为

$$\begin{cases} Y_{A>B} = AB' \\ Y_{A<B} = A'B \\ Y_{A=B} = A'B' + AB = A \odot B \end{cases} \tag{3.18}$$

可以由上面逻辑表达式直接构成电路，从实用化角度考虑构成集成电路通常采用如下形式，式（3.18）变形为

$$\begin{cases} Y_{A>B} = A(AB)' \\ Y_{A<B} = B(AB)' \\ Y_{A=B} = (A(AB)' + B(AB)')' \end{cases} \tag{3.19}$$

由式（3.19）构成的电路逻辑图见图3-44。

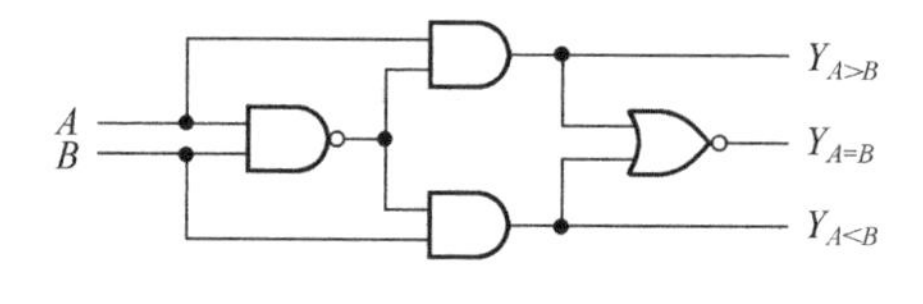

图3-44　一位数值比较器

2. 多位数值比较器

在实际应用中经常遇到多位二进制数进行比较的情况，两个 n 位二进制数 $A(A_{n-1}A_{n-2}\cdots A_0)$和 $B(B_{n-1}B_{n-2}\cdots B_0)$比较大小时，首先从最高位开始比较，若 $A_{n-1} > B_{n-1}$，则无须进行其他位的比较，直接可以得到 $A>B$；若 $A_{n-1} < B_{n-1}$，则 $A<B$；只有在 $A_{n-1} = B_{n-1}$ 时，才需要比较次高位的大小，该位相等时再比较下一位的大小。只有在所有位都相等时，才能得到 $A=B$ 的结果。

在构成集成电路时，为了进行多位二进制数的比较，引入3个扩展输入端 $I_{A>B}$、$I_{A<B}$ 和 $I_{A=B}$，负责将低位片的比较结果送入本片加以运算。若本片负责高位的比较，当本片比

较的结果相等时，需要低位片比较的结果，从而给出最终的比较结果，低位片比较的结果通过这 3 个扩展输入端引入本片。多位数值比较器与多位加法器类似，进行多位数值比较时，每一位二进制数的比较用一个一位数值比较器完成，根据每一位比较的结果和扩展输入的情况给出总的比较结果。常用 4 位数值比较器 74HC85 功能表见表 3-22。

表 3-22　74HC85 功能表

输入							输出			备注
A_3 B_3	A_2 B_2	A_1 B_1	A_0 B_0	$I_{A>B}$	$I_{A<B}$	$I_{A=B}$	$Y_{A>B}$	$Y_{A<B}$	$Y_{A=B}$	
$A_3>B_3$	×	×	×	×	×	×	1	0	0	比较结果 $A>B$
$A_3=B_3$	$A_2>B_2$	×	×	×	×	×	1	0	0	
$A_3=B_3$	$A_2=B_2$	$A_1>B_1$	×	×	×	×	1	0	0	
$A_3=B_3$	$A_2=B_2$	$A_1=B_1$	$A_0>B_0$	×	×	×	1	0	0	
$A_3=B_3$	$A_2=B_2$	$A_1=B_1$	$A_0=B_0$	1	0	0	1	0	0	
$A_3=B_3$	$A_2=B_2$	$A_1=B_1$	$A_0=B_0$	0	0	1	0	0	1	比较结果 $A=B$
$A_3=B_3$	$A_2=B_2$	$A_1=B_1$	$A_0=B_0$	0	1	0	0	1	0	比较结果 $A<B$
$A_3=B_3$	$A_2=B_2$	$A_1=B_1$	$A_0<B_0$	×	×	×	0	1	0	
$A_3=B_3$	$A_2=B_2$	$A_1<B_1$	×	×	×	×	0	1	0	
$A_3=B_3$	$A_2<B_2$	×	×	×	×	×	0	1	0	
$A_3<B_3$	×	×	×	×	×	×	0	1	0	

由真值表可写出逻辑表达式为

$$\begin{aligned}Y_{A>B}=&Y_{A_3>B_3}+Y_{A_3=B_3}Y_{A_2>B_2}+Y_{A_3=B_3}Y_{A_2=B_2}Y_{A_1>B_1}\\&+Y_{A_3=B_3}Y_{A_2=B_2}Y_{A_1=B_1}Y_{A_0>B_0}+Y_{A_3=B_3}Y_{A_2=B_2}Y_{A_1=B_1}Y_{A_0=B_0}I_{A>B}\end{aligned} \tag{3.20}$$

$$\begin{aligned}Y_{A<B}=&Y_{A_3<B_3}+Y_{A_3=B_3}Y_{A_2<B_2}+Y_{A_3=B_3}Y_{A_2=B_2}Y_{A_1<B_1}\\&+Y_{A_3=B_3}Y_{A_2=B_2}Y_{A_1=B_1}Y_{A_0<B_0}+Y_{A_3=B_3}Y_{A_2=B_2}Y_{A_1=B_1}Y_{A_0=B_0}I_{A<B}\end{aligned} \tag{3.21}$$

$$Y_{A=B}=Y_{A_3=B_3}Y_{A_2=B_2}Y_{A_1=B_1}Y_{A_0=B_0}I_{A=B} \tag{3.22}$$

图 3-45 是集成 4 位数值比较器 74HC85 的逻辑图，图中每一个虚线框内都是一个一位数值比较器，每个数值比较器的输出按式（3.20）～式（3.22）连接，构成该片的 3 个输出。

如果本片只完成 4 位二进制数的比较，根据式（3.20）～式（3.22），以扩展输入不影响 4 位比较结果的输出为原则，令扩展输入端 $I_{A>B}=I_{A<B}=0$，$I_{A=B}=1$ 即可。有些集成芯片 $Y_{A>B}$ 或 $Y_{A<B}$ 是采用其他形式构成的。例如，CC14585 其 $Y_{A<B}$ 形式与式（3.21）相同，$Y_{A>B}=(Y_{A<B}+Y_{A=B})'$ 不是 $A<B$ 或 $A=B$，则是 $A>B$。由于电路结构形式不同，所以其扩展输入端的使用方法也不相同。

74HC85 逻辑框图和引脚图见图 3-46。

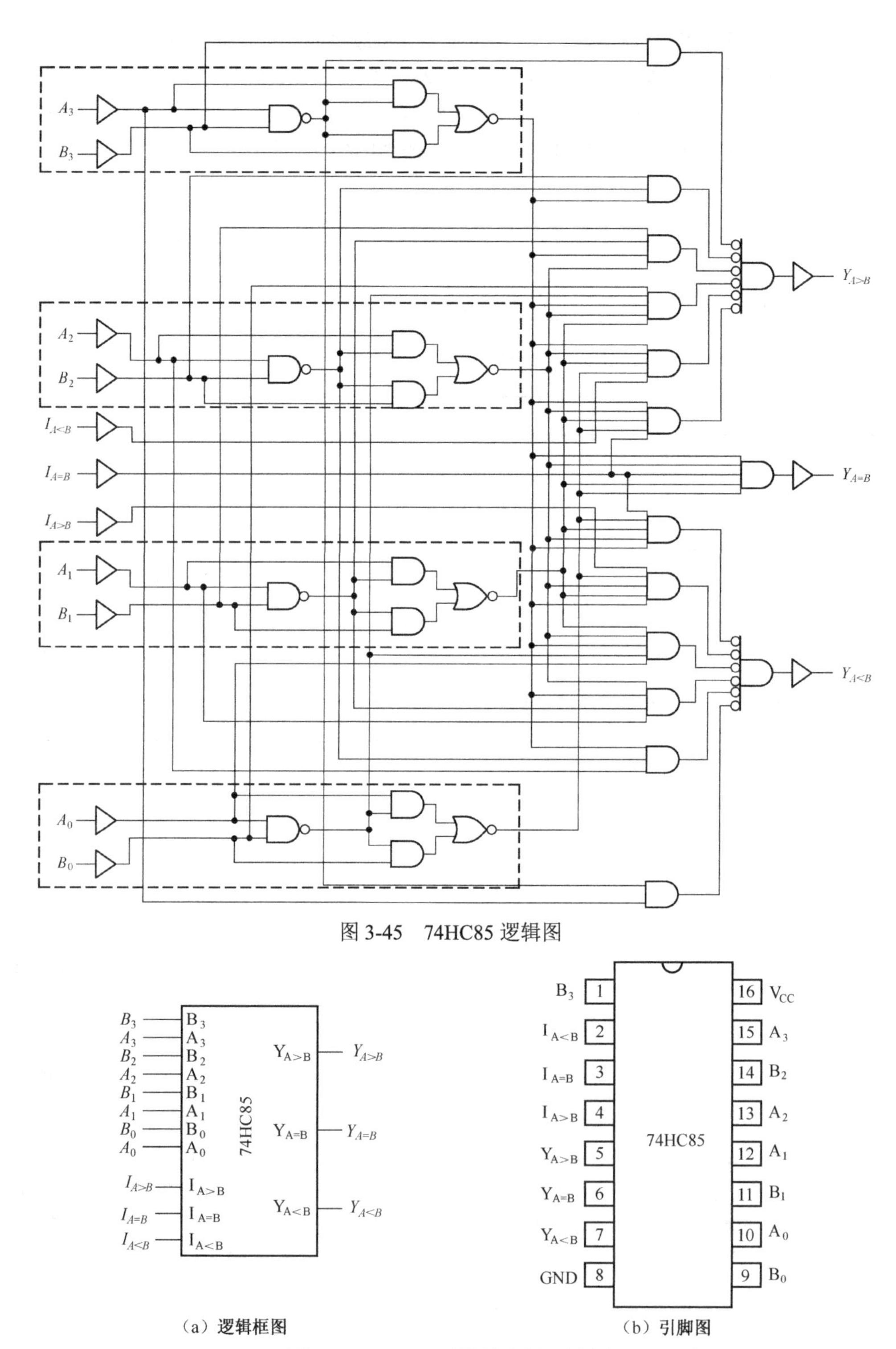

图 3-45　74HC85 逻辑图

（a）逻辑框图　　（b）引脚图

图 3-46　74HC85 逻辑框图和引脚图

3. 比较器逻辑功能扩展

以两片 74HC85 构成 8 位数值比较器来说明数值比较器逻辑功能的扩展，扩展方式见图 3-47。两个 8 位二进制数分成两组，高位接 74HC85(2)，低位接 74HC85(1)。低位片的 3 个输出分别接高位片的扩展输入端，低位片只负责比较低 4 位，其扩展输入端按只负责比较 4 位接法连接，即 $I_{A>B}=I_{A<B}=0$，$I_{A=B}=1$。

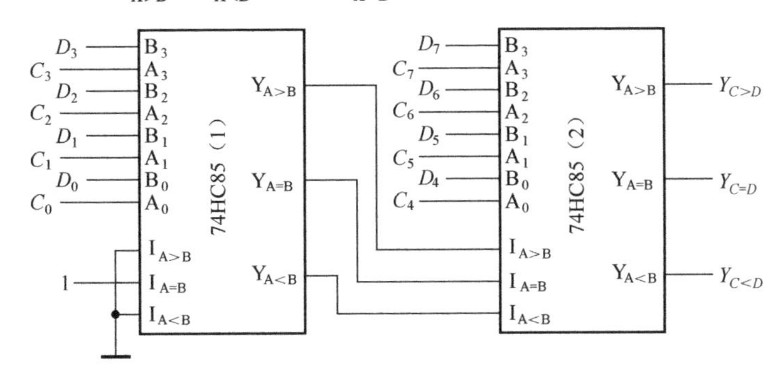

图 3-47 两片 74HC85 接成 8 位数值比较器

3.4 用中规模集成电路设计组合逻辑电路

随着数字集成电路生产工艺的不断发展，中、大规模通用数字集成电路产品被广泛用于数字电路中，不仅可以使电路体积大大缩小，还可减少连线，提高电路的可靠性，降低电路的成本。在这种电路设计中仍然要求设计是最优的，这里最优是指所用集成块数最少。

用 MSI 设计组合逻辑电路，设计依赖于对各种常用 MSI 组合逻辑电路的了解，以 SSI 的设计方法为基础，其步骤基本与 SSI 设计相同，只是在写逻辑表达式时要根据所使用的 MSI 器件变换相应的形式，不需要化简。变换中除根据器件的逻辑表达式做相应变换外，还应注意利用器件的使能端。每一种常用 MSI 器件各有其特点，其设计方法也有很大的区别。使用比较方便、比较多的是译码器和数据选择器。本节分别讲解了用译码器、数据选择器和加法器实现组合逻辑电路设计的方法，以及在 EDA 中的应用。

3.4.1 用译码器设计组合逻辑电路

1. 基本原理

n 位二进制译码器在使能端有效时，其输出表达式为 $Y_i=m_i$ 或 $Y_i'=m_i'$，因此其输出可以得到输入 n 位二进制码的全部最小项。在输出端增加必要的门，则可以实现 n 变量的任意组合逻辑函数。

2．设计步骤

（1）确定输入、输出。根据逻辑问题按 SSI 设计方法列真值表，要进行逻辑抽象、状态赋值等过程。

（2）选择器件。n 变量逻辑函数选用 n 位二进制译码器。

（3）写逻辑表达式。根据真值表直接写成最小项和的形式。若已知逻辑表达式，则把非标准形式写成最小项和的标准形式。

（4）附加门选用。所选用译码器输出低电平有效，附加门选用与非门；所选用译码器输出高电平有效，附加门选用或门。

（5）画逻辑图。

3．应用举例

1）用译码器实现组合逻辑函数

【例 3-11】 用译码器设计全减器。

全减器与全加器类似，完成的是两个一位二进制数的减法运算，不但要考虑被减数和减数相减，而且还要考虑低位对本位的借位，分别用 A、B、C 表示被减数、减数和低位的借位。用 Z_1、Z_2 表示差和向高位的借位输出。

解：根据二进制减法的运算规则其真值表见表 3-23。

表 3-23　全减器真值表

输　入			输　出	
A	B	C	Z_1	Z_2
0	0	0	0	0
0	0	1	1	1
0	1	0	1	1
0	1	1	0	1
1	0	0	1	0
1	0	1	0	0
1	1	0	0	0
1	1	1	1	1

由于全减器有 3 个输入，因此选择 3 位输入译码器，这里选择 74HC138。由于 74HC138 输出低电平有效，当使能端为有效信号时，输出表达式为 $Y_i' = m_i'$。按真值表 3-23 直接写出两输出的最小项和的逻辑表达式并进行变形，其逻辑表达式为

$$\begin{cases} Z_1 = m_1 + m_2 + m_4 + m_7 = (m_1'm_2'm_4'm_7')' \\ Z_2 = m_1 + m_2 + m_3 + m_7 = (m_1'm_2'm_3'm_7')' \end{cases} \tag{3.23}$$

根据式（3.23），译码器附加两个 4 输入与非门构成电路，其逻辑图见图 3-48。

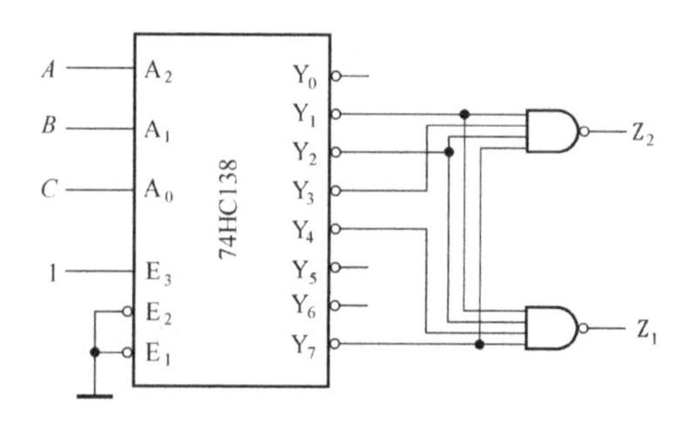

图 3-48　74HC138 实现全减器逻辑图

连接电路时要注意芯片使能端接有效信号，这样译码器才能够处于译码状态。另外，应该注意到集成译码器逻辑功能已经固化在芯片中不能改变，也就是说芯片各引脚的逻辑功能是固定的，在写逻辑表达式时默认了输入变量的高、低位，在连接电路时应按默认的高、低位顺序分别接所使用芯片的高、低位，如果顺序接错，那么输出的逻辑关系将发生变化。

还应指出，若使用芯片输出高电平有效，译码器输出逻辑表达式为$Y_i = m_i$，则在写逻辑表达式时可直接写成最小项和的形式，附加门采用或门即可。

2）用译码器构成数据分配器

n 位译码器除了可以实现任意 n 变量组合逻辑函数外，还可以构成数据分配器。数据分配器的逻辑功能与数据选择器正好相反，是将一路数据分配到 m 个输出中的一路上，且有 $m = 2^n$，分配到哪一路上由地址输入信号决定，也称为 1 线－m 线数据分配器。数据分配器的框图见图 3-49，数据分配器可以用译码器实现。

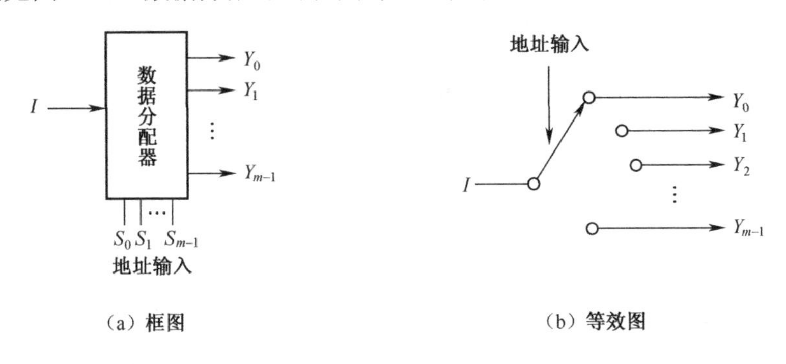

图 3-49　数据分配器框图及等效图

【例 3-12】　译码器构成 1 线－4 线数据分配器。

解： 1 线－4 线数据分配器除一路信号输入外，还应有两位地址码输入，根据数据分配器的功能其真值表见表 3-24。

表 3-24　1 线－4 线数据分配器真值表

输　入		输　出
I	S_1　S_0	Y_0　Y_1　Y_2　Y_3
$I=0$	0　0	0　1　1　1
$I=0$	0　1	1　0　1　1
$I=0$	1　0	1　1　0　1
$I=0$	1　1	1　1　1　0

1 线－4 线数据分配器有效信号是 0 信号，两位地址输入，4 路输出，选用输出低电平有效的 2 线－4 线译码器 74HC139。把数据输入 I 接 2 线－4 线译码器的使能端，两位码输入作为地址输入，译码器的 4 路输出直接作为数据分配器的输出，其逻辑图见图 3-50。

74HC139 为双 2 线－4 线译码器，构成 1 线－4 线数据分配器只用了其中的一半，当图 3-50（a）中要分配的数据 I=0 时，译码器处于译码状态，根据地址信号将数据输入端的

0信号分配到相应的输出端；而当I=1时，译码器处于禁止译码状态，所有输出端均输出1，相当于地址码指定输出端输出1。图3-50（b）中，当I=1时译码器处于译码状态，将输入数据有效信号1分配到相应输出端。

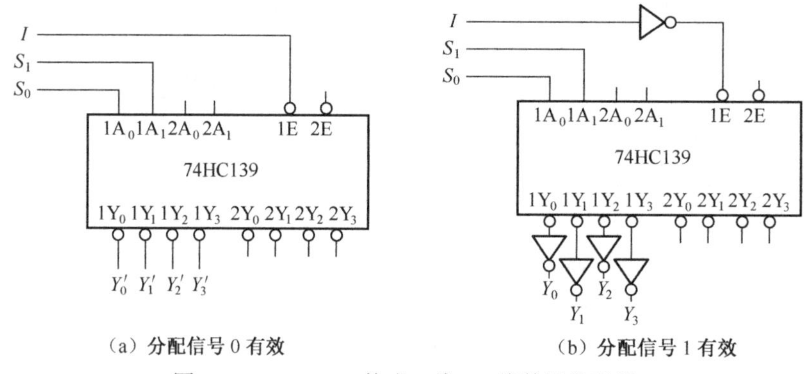

（a）分配信号0有效　　（b）分配信号1有效

图3-50　74HC139构成1线－4线数据分配器

3.4.2　用数据选择器设计组合逻辑电路

1．基本原理

当使能端有效时，数据选择器的输出表达式为

$$Y = I_0 m_0 + I_1 m_1 + I_2 m_2 + \cdots + I_{2^n-1} m_{2^n-1} = \sum_{i=0}^{2^n-1} I_i m_i$$

数据选择器的输出提供了地址变量的所有最小项，任何组合逻辑函数都可以写成最小项和的形式，通过数据输入端的不同取值可以实现组合逻辑函数。数据输入端I_i可以取0或1，如$I_1=0$，在输出表达式中m_1这个最小项就不会出现；而当$I_1=1$时，m_1这个最小项保留在输出表达式中。数据输入端不仅可以输入数值，还可以输入变量，如$I_1=C$，则在输出表达式中$m_1 I_1$这一项变成m_1这个最小项与变量C的积，因此用n位地址码数据选择器最多可以实现n+1个变量的组合逻辑函数。

2．设计步骤

（1）确定输入、输出。根据逻辑问题按SSI设计方法列真值表。

（2）选择数据选择器。若函数变量个数为M，则可选用地址码位数$n=M-1$的数据选择器。

（3）写逻辑表达式。直接根据真值表写出最小项和的逻辑表达式。若已知逻辑表达式，则把非标准形式写成最小项和的标准形式。

（4）求选择器数据输入变量表达式。有两种方法可以得到数据选择器输入变量的逻辑表达式，一种是公式法，另外一种是真值表法。所谓公式法是通过比较函数逻辑表达式和数据选择器的逻辑表达式，确定各输入变量的表达式。真值表法是将函数和数据选择器的真值表画在一个表中，通过比较函数值确定输入变量的表达式，具体方法见例3-13。

（5）画逻辑图。

3．应用举例

【例 3-13】　用数据选择器设计全减器。

解：通过例 3-11 分析全减器有 3 个输入、2 个输出，真值表见表 3-23。由于有 3 个输入端，数据选择器地址码位数 $n=M-1=3-1=2$；全减器有 2 个输出，而一个数据选择器只有一个输出，因此要用 2 个数据选择器。根据以上分析选择共用地址输入端的双 4 选 1 数据选择器 74HC153。

全减器 2 个输出的逻辑表达式分别为

$$Y_1 = A'B'C + A'BC' + AB'C' + ABC \tag{3.24}$$

$$Y_2 = A'B'C + A'BC' + A'BC + ABC = A'B'C + A'B + ABC \tag{3.25}$$

（1）公式法。写出数据选择器的逻辑表达式为$Y = I_0m_0 + I_1m_1 + I_2m_2 + I_3m_3$。

若把 A、B、C 这 3 个输入中的 A、B 分别接数据选择器地址输入端 S_1 和 S_0，则上式可写为

$$Y = A'B'I_0 + A'BI_1 + AB'I_2 + ABI_3 \tag{3.26}$$

对照式（3.24）和式（3.26），令 $Y_1 = Y$，则实现 Y_1 数据选择器输入变量表达式为

$$I_0 = C, I_1 = C', I_2 = C', I_3 = C \tag{3.27}$$

对照式（3.25）和式（3.26），令 $Y_2 = Y$，则实现 Y_2 数据选择器输入变量表达式为

$$I_0 = C, I_1 = 1, I_2 = 0, I_3 = C \tag{3.28}$$

根据式（3.27）和式（3.28）分别连接两个数据选择器，逻辑图见图 3-51。

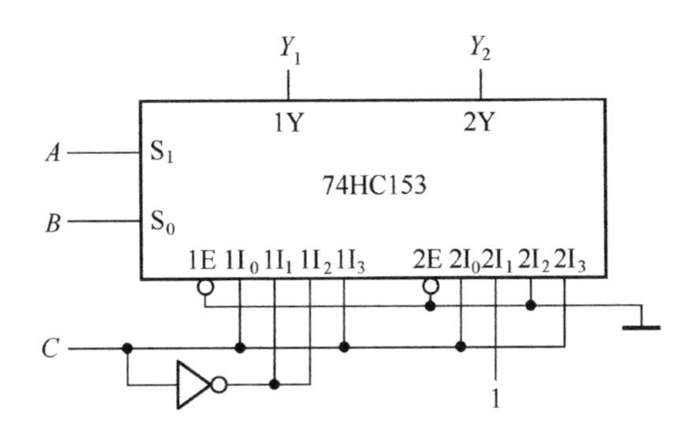

图 3-51　数据选择器实现全减器

（2）真值表法。求输入变量的逻辑表达式还有另外一种方法——真值表法，这种方法是将函数和数据选择器的真值表画在同一个真值表中，然后通过对照求输入变量的表达式。这里以求实现 Y_1 数据选择器输入变量表达式来说明，约定 A、B 分别接数据选择器的地址端 S_1、S_0，则函数真值表中 A、B 的取值表示数据选择器地址输入的取值，将两个真值表画在一起，见表 3-25。

表 3-25 全减器和数据选择器真值表

输入			全减器输出	数据选择器输出
$A(S_1)$	$B(S_0)$	C	Y_1	Y
0	0	0	0	I_0
0	0	1	1	
0	1	0	1	I_1
0	1	1	0	
1	0	0	1	I_2
1	0	1	0	
1	1	0	0	I_3
1	1	1	1	

令$Y_1 = Y$，分别对照I_i和C的取值，最终得到I_i的表达式。例如，I_0的取值和C的取值相同，则$I_0 = C$；I_1的取值与C的取值相反，则$I_1 = C'$；同理得到$I_2 = C', I_3 = C$。

用同样的方法可以得到实现另一个输出数据择器输入变量表达式，即$I_0 = C$，$I_1 = 1$，$I_2 = 0$，$I_3 = C$，其结果与公式法结果相同。当函数变量较少时，这种方法形象、直观、不易出错，但变量多时比较繁琐。

在用数据选择器构成电路时，应注意使能端要接有效信号，只有这样数据选择器才能够处于工作状态，还要注意在M个变量中哪些变量接地址端，高、低位应按约定顺序连接，否则逻辑关系将发生改变。对于多输出的逻辑函数，每一个输出要单独用一个数据选择器，即所用数据选择器个数与函数输出个数相同。

3.4.3 用加法器设计组合逻辑电路

加法器除了可以进行二进制加法运算外，还可以实现代码转换、减法运算、BCD码的加减运算、乘法运算等。

1. 构成减法器

两个二进制数相减运算可以转化成被减数加上减数的补码，即$C - D = C + D_{补}$，若把减数变成补码后送入加法器，则加法器可以实现减法运算。

【例 3-14】 设计4位二进制减法器。

解： 设被减数为$C_3C_2C_1C_0$，减数为$D_3D_2D_1D_0$，差为$Y_3Y_2Y_1Y_0$，两个4位二进制数的减法运算有如下表达式：

$$Y_3Y_2Y_1Y_0 = C_3C_2C_1C_0 - D_3D_2D_1D_0 = C_3C_2C_1C_0 + (D_3D_2D_1D_0)_{补} \tag{3.29}$$

由于n位二进制数的补码是这个二进制数逐位取反然后加1，因此

$$Y_3Y_2Y_1Y_0 = C_3C_2C_1C_0 + D_3'D_2'D_1'D_0' + 1 \tag{3.30}$$

用4位超前加法器74LS283，同时考虑到这时加法器是补码输出，即加法器74LS283

的 CO 输出是符号位。符号位为 1 时表示差为正数，没有借位输出用 0 表示；当符号位为 0 时表示差为负数，有借位输出用 1 表示，因此借位输出 $Y_4 = CO'$，逻辑图见图 3-52。

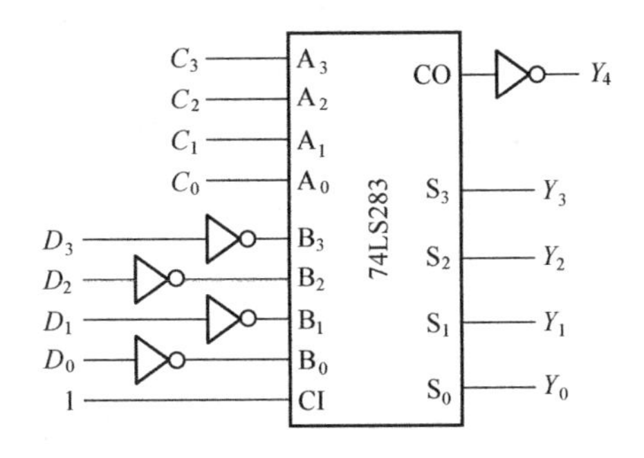

图 3-52　4 位减法器电路逻辑图

2. 代码转换

加法器还可以用来实现加/减固定值的代码转换电路。

【例 3-15】 设计将余 3 码转换成 8421 码逻辑电路。

解： 余 3 码和 8421 码之间的关系如表 3-26 所示的真值表，余 3 码（$C_3C_2C_1C_0$）是在 8421 码（$Y_3Y_2Y_1Y_0$）的基础上加二进制数 0011 实现的，因此 $C_3C_2C_1C_0 = Y_3Y_2Y_1Y_0 + 0011$。

$Y_3Y_2Y_1Y_0 = C_3C_2C_1C_0 - 0011$，则 $Y_3Y_2Y_1Y_0 = C_3C_2C_1C_0 + (0011)_{补}$。

由于 $(0011)_{补}=1101$，因此 $Y_3Y_2Y_1Y_0 = C_3C_2C_1C_0 + 1101$。

表 3-26　余 3 码转换成 8421 码真值表

输　入	输　出	输　入	输　出
C_3 C_2 C_1 C_0	Y_3 Y_2 Y_1 Y_0	C_3 C_2 C_1 C_0	Y_3 Y_2 Y_1 Y_0
0 0 1 1	0 0 0 0	1 0 0 0	0 1 0 1
0 1 0 0	0 0 0 1	1 0 0 1	0 1 1 0
0 1 0 1	0 0 1 0	1 0 1 0	0 1 1 1
0 1 1 0	0 0 1 1	1 0 1 1	1 0 0 0
0 1 1 1	0 1 0 0	1 1 0 0	1 0 0 1

用 4 位超前进位加法器 74LS283 构成，逻辑图见图 3-53。

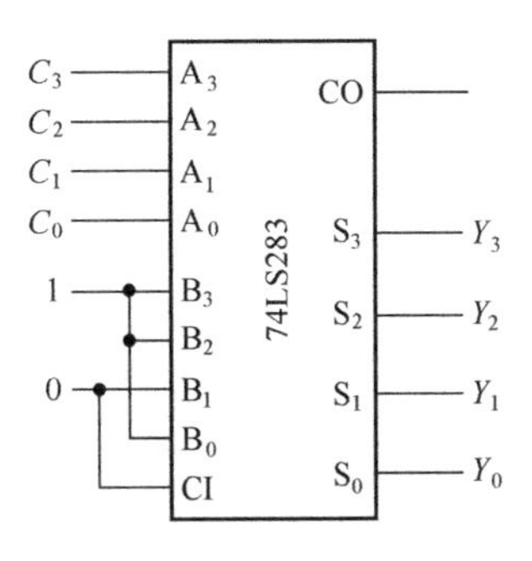

图 3-53　余 3 码转换成 8421 码逻辑图

3. BCD 码加法运算

在数值运算中，由于 BCD 码比较容易转换成人们所熟悉的 10 个阿拉伯数字 0～9 显示，因此常使用 BCD 码的加、减法运算。BCD 码的加、减法运算可以用加法器构成。

【例 3-16】 设计一位 BCD 码加法运算电路。

解： 根据 BCD 码加法运算的规则，当两数相加的结果小于等于 9（1001）时，相加的结果与二进制数相加结果一样；相加的结果大于9（1001）时，相当于按二进制数相加所得的结果再加6（0110）。因此，首先要把两个BCD码做加法运算，运算的结果经过判断决定是否加6。小于等于9直接输出，大于9做加6运算，因此还需要一个加法器，完成加6运算，可用两片74LS283构成电路。

两个BCD码分别用$C_3C_2C_1C_0$和$D_3D_2D_1D_0$表示，用一片74LS283先把这两个BCD码相加，相加的结果是$CO\,E_3E_2E_1E_0$（CO为74LS283的进位输出，作为最高位），这时需要有一个判断电路判断这时的输出是否大于9，该部分电路用门电路完成。若第一次相加的结果CO=1，则肯定大于9，$E_3E_2E_1E_0$输出也有大于 9 的情况。将$E_3E_2E_1E_0$作为判断逻辑的输入变量，判断这4路信号是否大于9，输出用Y表示。最终的加6控制信号（判断结果）用S_4表示。

S_4应该是上述两种情况的或，即$S_4=Y+CO$，产生Y信号这部分设计的真值表见表3-27，卡诺图见图3-54。

表3-27　Y信号真值表

输　入	输　出
E_3 E_2 E_1 E_0	Y
0 0 0 1	0
0 0 1 0	0
0 0 1 1	0
0 1 0 0	0
0 1 0 1	0
0 1 1 0	0
0 1 1 1	0
1 0 0 0	0
1 0 0 1	0
1 0 1 0	1
1 0 1 1	1
1 1 0 0	1
1 1 0 1	1
1 1 1 0	1
1 1 1 1	1

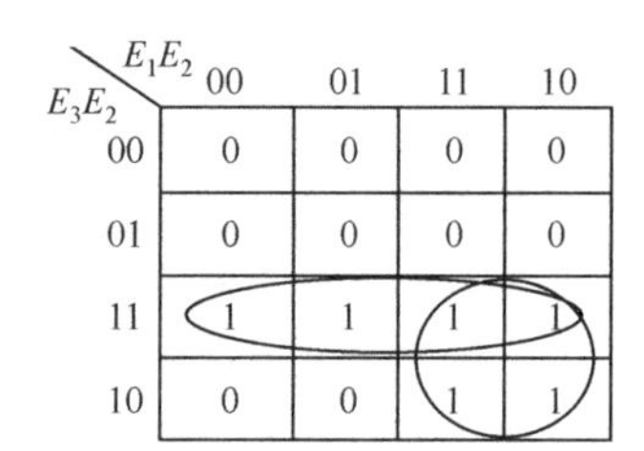

图3-54　Y输出卡诺图

Y的逻辑表达式为

$$Y=E_3E_2+E_3E_1 \tag{3.31}$$

则

$$S_4=E_3E_2+E_3E_1+CO \tag{3.32}$$

一位BCD码加法器逻辑图见图3-55。

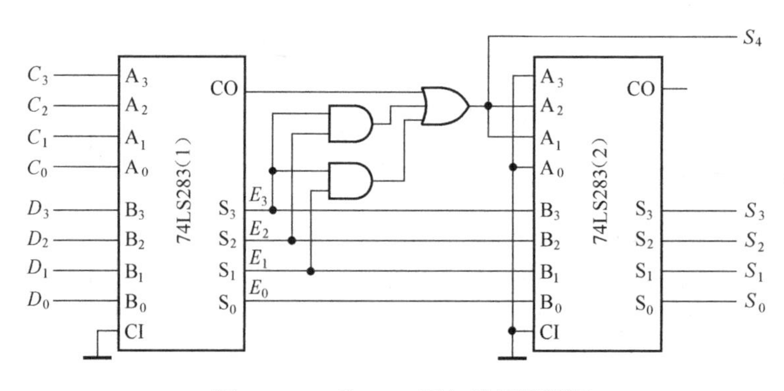

图3-55　一位BCD码加法器逻辑图

S_4直接接74LS283(2)的A_2A_1，A_3A_0接0。这样当$S_4=1$时，74LS283(1)运算结果大于

9，加 6（0110）；当 $S_4=0$ 时，74LS283(1)运算结果小于等于 9，加 0（0000），满足运算规则的要求，同时 S_4 给出进位输出。

3.4.4* 综合设计

1. 设计步骤

常用 MSI 构成数字电路时并不是哪一类器件单独使用，在构成复杂系统时是这些器件的综合运用，其中也包括时序逻辑电路的应用。MSI 综合设计方法如下：

（1）设计总体方案。

① 明确电路的要求、任务，确定输入、输出。

② 把总电路划分成几个功能块（模块）。在划分模块时，尽量按常用 MSI 器件的功能划分模块。

（2）设计实现各模块功能。根据前面所学的 SSI 及各种 MSI 设计组合逻辑电路的方法进行设计。

（3）构成总电路。将各模块按模块之间的关系连接成总电路。

2. 设计举例

【例 3-17】 设计 16 路断路报警电路，当某路信号断路时，给出报警信号，同时显示断路线路编号的阿拉伯数字，断路信号低电平有效。当同时有多路断路信号时，按 $I_0 \sim I_{15}$ 优先级别逐渐升高的顺序，显示优先级别最高的那一路编号。

解：（1）总体设计方案。根据题目要求，有 16 路输入信号，在电路中不能让 16 路信号均参与运算，要对 16 路信号进行编码，但编码器产生的是二进制代码，而要求显示的是断路编号的阿拉伯数字。要把二进制码转换成 BCD 码，BCD 码经过译码后才能够驱动数码管，有断路时还要求有报警信号，因此将设计分成编码、代码转换、显示和报警 4 个模块。

（2）设计实现各模块功能。

① 编码模块。根据题目的要求，$I_0 \sim I_{15}$ 优先级别从左至右逐渐升高，某路断路时给出低电平信号，由于有 16 个输入信号，因此用 16 线－4 线优先编码器将 16 路断路信号按优先级别进行编码，可选用两片 8 线－3 线优先编码器 74148 构成 16 线－4 线优先编码器。按题目要求应将反码输出变成原码输出，输出端用与非门连接。

② 代码转换模块。由于需要显示断路编号的阿拉伯数字，而 16 线－4 线优先编码器给出的是 4 位二进制码，所以需要把 4 位二进制码转换成 BCD 码。由于有 16 路信号，需要两位 BCD 码。代码转换电路可以用门电路构成，在这里用加法器 74283 构成。当 0～9 路断路时，其 BCD 码与 4 位二进制码相同，大于 9 时在 4 位二进制码的基础上加 6（0110）即可转换为两位 BCD 码。利用与例 3-16 中 Y 信号设计相同的方法，可得到控制信号 Y，Y 的逻辑表达式见式(3.31)($Y=E_3E_2+E_3E_1$)。代码转换电路的低 4 位输出（$S_3S_2S_1S_0$）作为 BCD 码的低位，而 Y 作为高位 BCD 码的最低位，其余 3 位用 0 补齐。

③ 报警信号产生模块。根据 74148 的功能表见表 3-6，编码器处于编码状态 $GS'=0$，

只要 74148（1）或 74148（2）处于编码状态，就说明有断路，报警信号 1 有效，把这两片的 GS' 与非作为断路报警信号 M。这个信号作为断路报警信号的好处在于多路同时报警时，若优先级别高的路恢复后，优先级别低的路有断路仍然有报警信号。

④ 显示模块。两位 BCD 码不能直接驱动数码管显示器，分别经译码器 7448 驱动数码管 BS201A。为使没有断路时不显示，将报警信号 M 分别接 7448 的 BI' 端。当 M=1 有断路信号时显示，否则熄灭。

（3）总电路。将各模块连接在一起形成总电路，逻辑图见图 3-56。

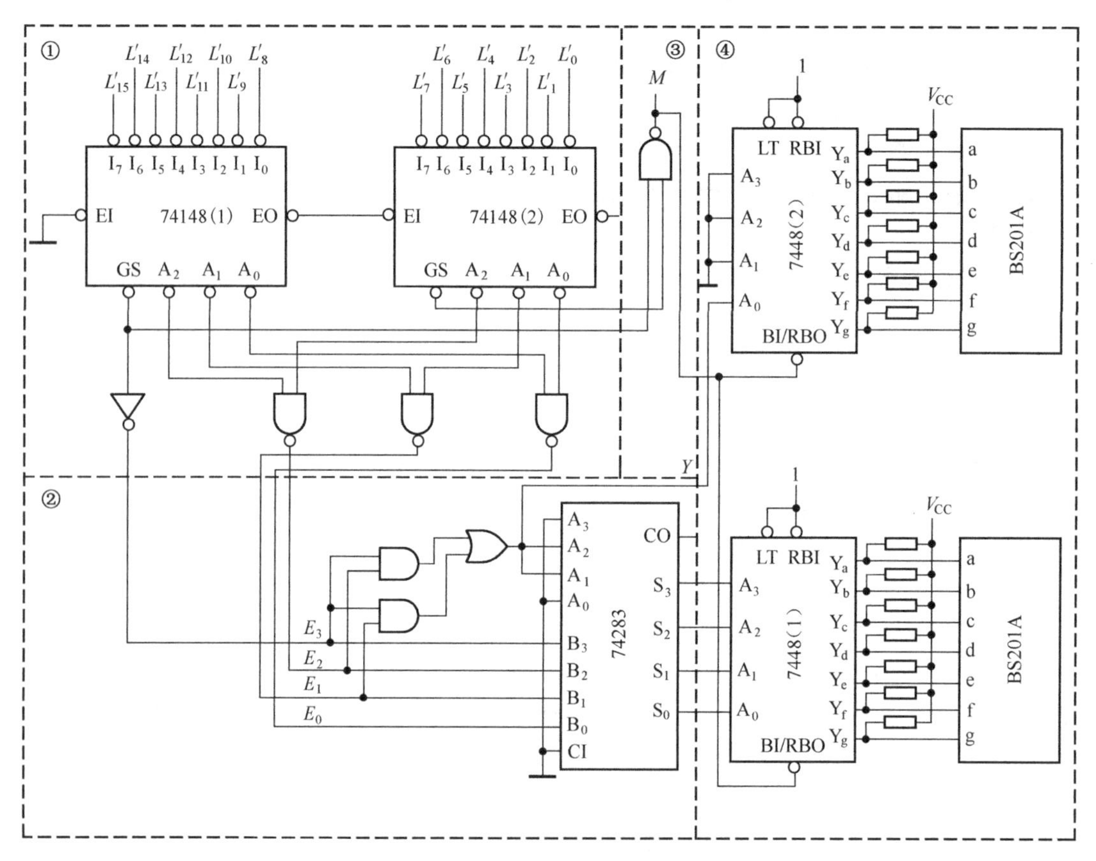

图 3-56　16 路断路报警显示电路

【例 3-18】　设计 0～9 这 10 个数字键盘输入显示电路，键盘按下时给出低电平，用一位数码管显示，按相应键显示相应数字，没有按键按下时不显示。

解：0～9 这 10 个数字键盘输入，输入低电平有效，用 $I_0' \sim I_9'$ 表示。按相应键显示相应数字，需将 10 路信号编成 1 位 BCD 码。选用二－十进制优先编码器 74147，74147 输入低电平有效，键盘输入信号可直接送入编码器，74147 反码输出。由于要求按相应键显示相应数字，因此要把反码变为原码输出，将 74147 输出取非即可变成原码输出。用显示译码器 7448 译成 7 路信号，由于要求没有按键按下时不显示，因此当无按键按下时，让 7448 的熄灭输入为有效信号 0 即可实现这一功能，按键按下时给出 0 信号，用 10 个按键信号的与非作为 BI' 信号。7448 可驱动共阴极数码管，选择数码管显示器 BS201A，逻辑图见图 3-57。

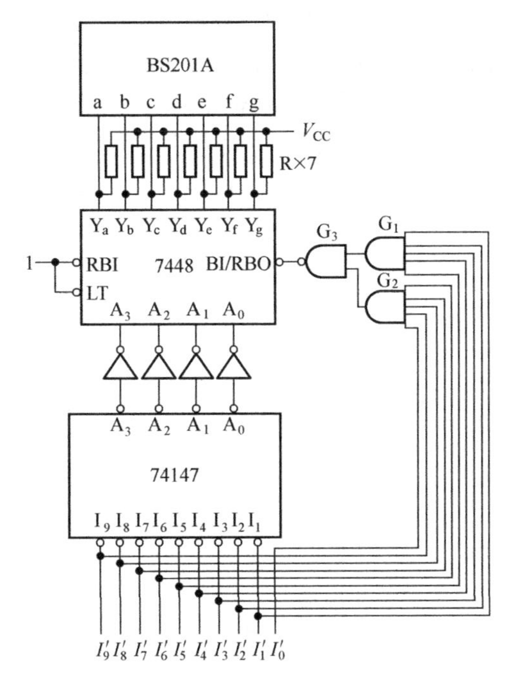

图 3-57　一位键盘输入显示电路

【例 3-19】　设计一个串行数据传输系统，实现多路数据以一根总线分时传输到多个输出端，如图 3-58 所示。要求从 $I_0 \sim I_7$ 中根据地址信号选出一路送到总线，并根据同一地址送到相应的输出端。

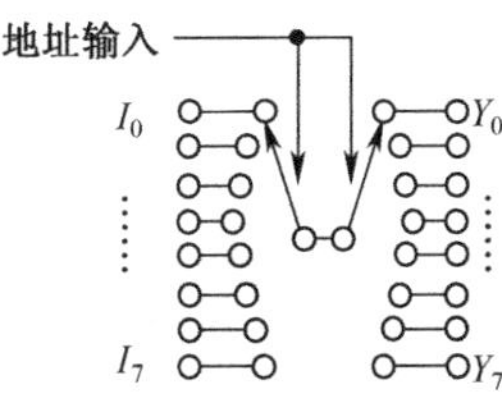

图 3-58　例 3-19 图

解：根据题目要求，从 $I_0 \sim I_7$ 8 路信号中选择一路送到总线，用数据选择器可实现这一功能，用双 4 选 1 数据选择器 74HC153 构成 8 选 1 数据选择器来完成。把总线上的一路数据以相同的地址送到 $Y_0 \sim Y_7$ 相应的输出端上，可用译码器构成数据分配器实现。选用 3 线－8 线译码器 74HC138，数据分配器和数据选择器共用地址端，逻辑图见图 3-59。

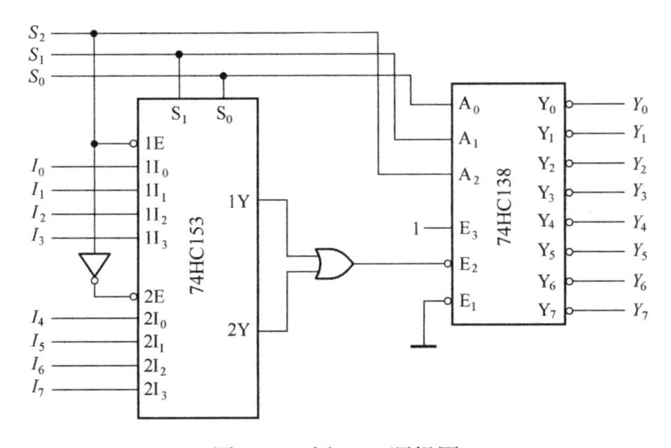

图 3-59　例 3-19 逻辑图

该电路不但可以实现信号的分时传输而且减少了传输线。

【例 3-20】 3 位固定密码锁，3 位密码固定为 349。设计一个电路，当密码输入正确时给出开锁信号，电路内固定密码和输入的每位密码以 4 位二进制数表示。

解： 验证密码是否正确，输入的密码要与固定的密码相比较，因此可用数值比较器实现，选用 3 片 74HC85。3 位输入密码分别用 C（$C_3C_2C_1C_0$）、D（$D_3D_2D_1D_0$）、E（$E_3E_2E_1E_0$）表示，每一片数值比较器负责一位密码的比较。根据 74HC85 功能表，当两数相等时 $Y_{A=B}=1$，3 片的 $Y_{A=B}$ 端用与门连接在一起，只有在 3 片比较均相等时，才给出开锁信号 Y，高电平有效，逻辑图见图 3-60。要注意每一片的附加输入端应按只负责 4 位数值比较接法连接。

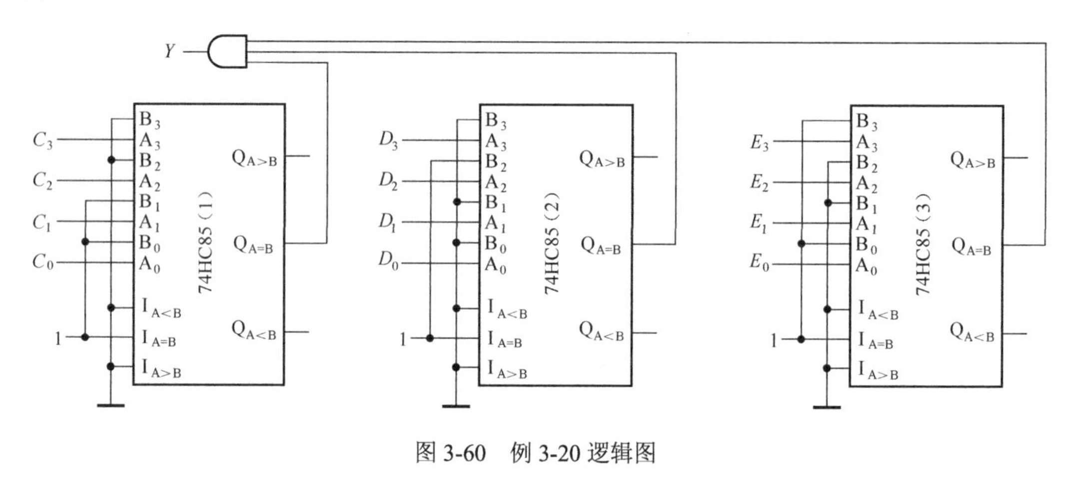

图 3-60　例 3-20 逻辑图

3.5　组合逻辑电路的竞争－冒险现象

前面几节介绍的组合逻辑电路分析与设计都是假设逻辑电路处于理想状态，即忽略了脉冲信号传输过程中的延迟，也忽略了脉冲信号的波形变化。如果考虑到实际电路中信号的瞬时状态，电路的输出会出现一些与稳态电路逻辑关系不符的尖峰脉冲，这种现象称为组合电路的竞争－冒险。这些逻辑错误的尖峰脉冲会对负载产生不良的影响，使负载产生错误的反应。

3.5.1　竞争－冒险的概念及其产生原因

在组合逻辑电路中，输入量通过两条或两条以上途径达到输出端，由于延迟时间的差异，脉冲到达时间会有所不同，这种现象称为竞争。竞争的结果是输出端可能出现不符合稳态逻辑关系的输出，一般都是短暂的脉冲，这种现象称为冒险。在组合逻辑电路中，竞争是必然存在的，但不一定会出现冒险现象。

图 3-61 是一个简单的例子，用来说明竞争－冒险的产生原因，图 3-61（a）是与门，

在稳态下 A=1、B=0，或 A=0、B=1，输出都应该是 Y=0。但当 A 和 B 同时向相反方向跳变时会出现什么情况呢？图 3-61（a）中 A 由 1 变 0 的时刻与 B 由 0 变 1 的时刻有一点差异，B 上升到 $V_{L(max)}$ 时，A 尚未下降到 $V_{L(max)}$，因此在 t_1 到 t_2 这个短暂的时间内，A=1 且 B=1。在这段短暂时间内出现 Y=1，这和与门的稳态逻辑关系是相反的，这个短暂的 1 脉冲称为 1 冒险，是输入信号 A 和 B 竞争的结果。应该指出的是，A 与 B 的竞争有时不会产生冒险现象。例如，A 信号由 1 跳变到 0 的时刻早于 B，如图 3-61（a）中的虚线所示，则输出端不会产生尖峰 1 脉冲。

这个尖峰脉冲可以看做是稳态逻辑电路中的噪声，由系统本身产生的噪声会影响到下一级电路。如果下一级电路是组合逻辑电路或惯性大的仪表，则这个噪声不会造成严重的影响。如果负载是时序逻辑电路（触发器等），则会产生误动作。图 3-61（b）是或门，A 和 B 的竞争导致了输出 Y=0 的尖峰脉冲，称为 0 冒险。

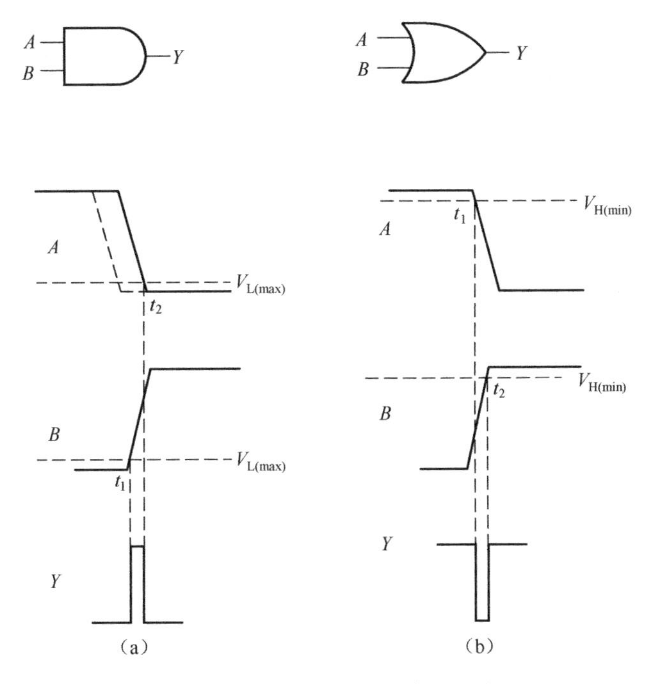

图 3-61　与门和或门的竞争 - 冒险

图 3-62 是复杂一些的例子，在输入信号 A 由 1 跳变到 0，同时 B 从 0 跳变 1 时，2 线 - 4 线译码器的 4 个输出中只有 Y_3 和 Y_0 输入信号同时向相反方向变化，有可能出现尖峰脉冲。

3.5.2　消除竞争 - 冒险的方法

在设计组合逻辑电路时，输入信号在不同路径的传输延迟时间，以及脉冲波形的细微变化都难以准确知道，对于复杂的多输入的组合逻辑电路在理论上很难判断电路是否存在竞争与冒险，一般需要用实验来检验。

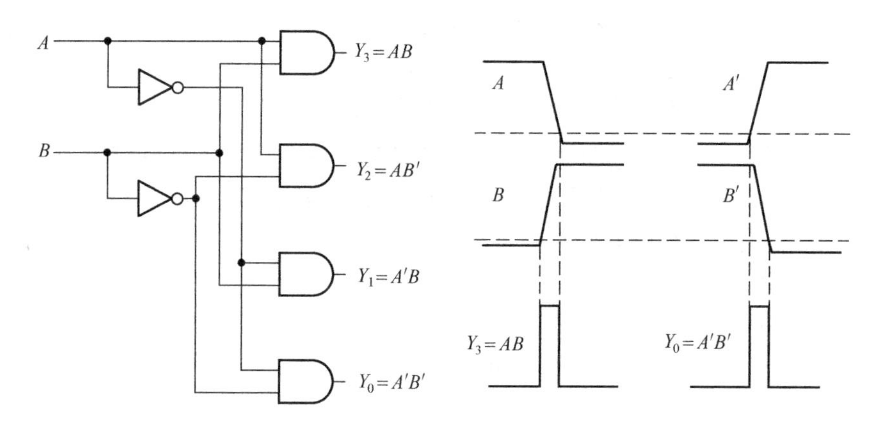

图 3-62　2 线－4 线译码器的竞争－冒险

竞争－冒险的结果是输出端出现一些“毛刺”脉冲，这些毛刺脉冲有时会严重影响下一级电路的功能，无法实现设计的功能，因此需要设法消除竞争－冒险产生的毛刺脉冲。消除竞争－冒险的常用方法有以下几种。

1．接入滤波电容

由前面的分析知道竞争－冒险所产生的毛刺脉冲的脉冲宽度都很窄，一般在几十纳秒，因此可以在组合电路输出端加入与负载并联的电容 C，如图 3-63（a）所示。这个电容可以起到滤波的作用，使输出信号中毛刺脉冲的幅度降到门电路的阈值电平以下。由于毛刺脉冲很窄，所以电容值只需要几十到几百皮法。图 3-63（b）是加电容滤波后的脉冲波形变化，毛刺脉冲的幅度已经很小，但这种方法会使正常脉冲的上升时间和下降时间增加。电容取值及对脉冲波形的影响都需要实验确定。

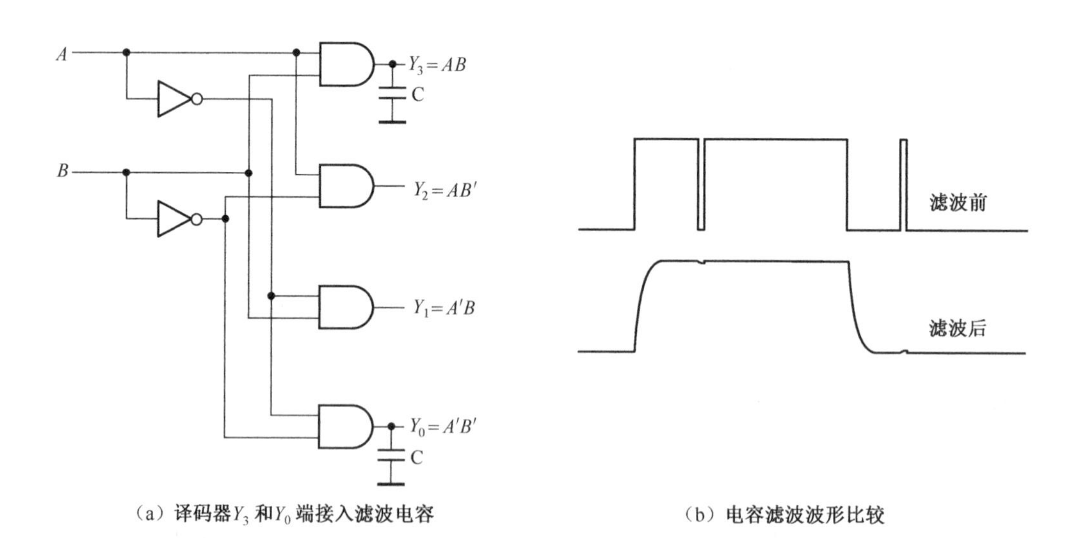

（a）译码器 Y_3 和 Y_0 端接入滤波电容　　（b）电容滤波波形比较

图 3-63　接入滤波电容消除竞争－冒险

2．修改逻辑电路的设计

对于一些特殊的组合逻辑电路，可以采用增加冗余项的方法来消除某个输入变量引起的竞争－冒险。判断是否有竞争－冒险的一种简单方法是当 A 信号发生突变时，若输出函数在一定条件下可以简化成 $Y = A + A'$ 或 $Y = A \cdot A'$，则可判定存在竞争冒险。如图 3-64 所示电路的逻辑关系是 $Y = AB + A'C$。当 B=C=1 只有 A 状态改变时，$Y = A + A'$；当 A 跳变时存在竞争－冒险，为了消除这种竞争－冒险，在逻辑关系式加上冗余项 BC，即 $Y = AB + A'C + BC$ 与原来的逻辑关系是等价的。增加这项后，当 B=C=1 时，Y=1，A 的状态变化不会再产生竞争－冒险。实际电路的连接如图 3-64 虚线所示，增加了门 G_1。这个例子提示人们，得到的最简逻辑关系并不一定是最好的逻辑电路设计，冗余项有时会有很好的用处。但是这个例子是特殊的，而且增加的冗余项只能消除 A 状态改变导致的竞争－冒险，B 和 C 的状态改变仍然有可能引起竞争－冒险。实际上，大量的组合逻辑电路是不能用这个方法来消除竞争－冒险的，这种方法有很大的局限性。

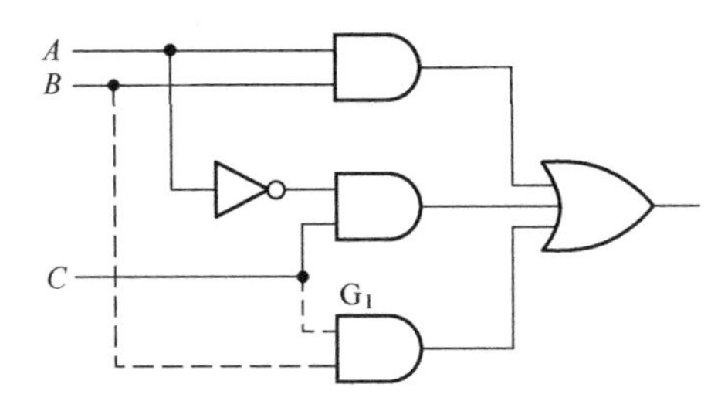

图 3-64　冗余项消除竞争－冒险

3．引入选通脉冲

在输出引入选通端，在选通端加入选通脉冲是消除竞争－冒险的有效办法。如图 3-65 所示电路，在与非门输入端引入选通脉冲 P，选通脉冲的开始时间稍晚于各输入信号状态变化的时刻，因此状态变化导致的冒险毛刺脉冲都被选通脉冲的低电平封锁，输出在选通脉冲高电平时，电路已经达到稳态，故输出消除了竞争－冒险。目前，许多 MSI 器件都备有选通控制端，为引入选通脉冲消除竞争－冒险提供了方便。

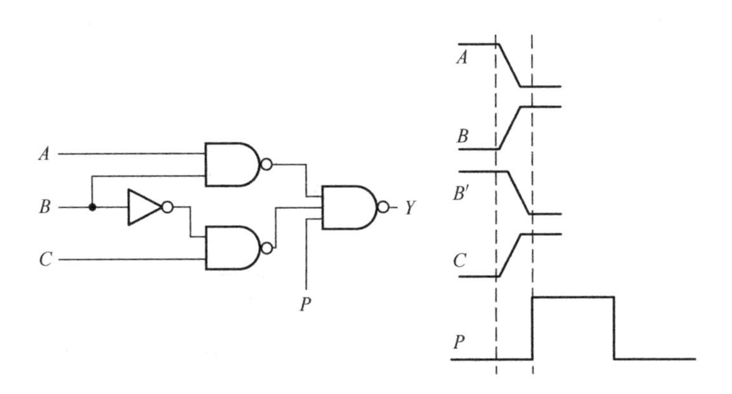

图 3-65　选通脉冲消除竞争－冒险

综上所述，由3种方法可见，引入冗余项的方法适用范围有限，但效果良好，能应用这种方法的尽量选择冗余项；接入滤波电容的方法多用于实验调试；加选通脉冲是行之有效的办法，但要注意选通脉冲的作用时间和脉冲宽度的选择。

3.6* 用MAX+plus II设计组合逻辑电路

MAX+plus II的器件库可提供各种逻辑门和常用组合逻辑器件，如AND2、OR3、74138、74153等，库内可调用组合器件见表3-28。

表3-28 MAX+plus II器件库中组合逻辑器件表

库内名称	器件名称	备注
VCC	电源、高电平	
GND	地、低电平	
AND2	2输入与门	AND4是4输入与门，其他与门以此类推
OR2	2输入或门	OR4是4输入或门，其他或门以此类推
NOT	非门	
NAND2	2输入与非门	NAND4是4输入与非门，其他与非门以此类推
NOR2	2输入或非门	NOR4是4输入或非门，其他或非门以此类推
INPUT	输入信号端子	每个功能模块都必须有输入、输出端子
OUTPUT	输出信号端子	
XOR2	2输入异或门	XOR4是4输入异或门，其他异或门以此类推
XNOR2	2输入同或门	XNOR4是4输入同或门，其他同或门以此类推
74HC147等		常用集成组合逻辑电路与74系列编号相同，见附录A

MAX+plus II有原理图和语言输入两种输入法，采用原理图输入法可进一步熟悉逻辑符号构成的原理图，并进一步熟悉各种器件的逻辑功能，用例3-21来说明用MAX+plus II原理图输入法设计组合逻辑电路。

【例3-21】 用MAX+plus II原理图输入法设计16路断路报警电路，要求与例3-17相同。

解：设计思路与设计方法与例3-17相同。在MAX+plus II原理图界面下，双击左键按表3-28库内名称输入（器件名称输入不区分大小写）调用相应器件，然后连线，即可构成电路。mokuai1的原理图如图3-66所示，为了能够更直观地看到器件的仿真波形，mokuai1中不包含显示译码器。

利用MAX+plus II的仿真功能对电路进行仿真，仿真波形图如图3-67所示，图中仿真了L0～L15分别有断路信号时两位BCD码的输出情况，并仿真了在多路同时有报警信号时的仿真波形，仿真波形均满足要求。当有断路信号时即产生报警信号M（高电平有效），将mokuai1生成默认符号。

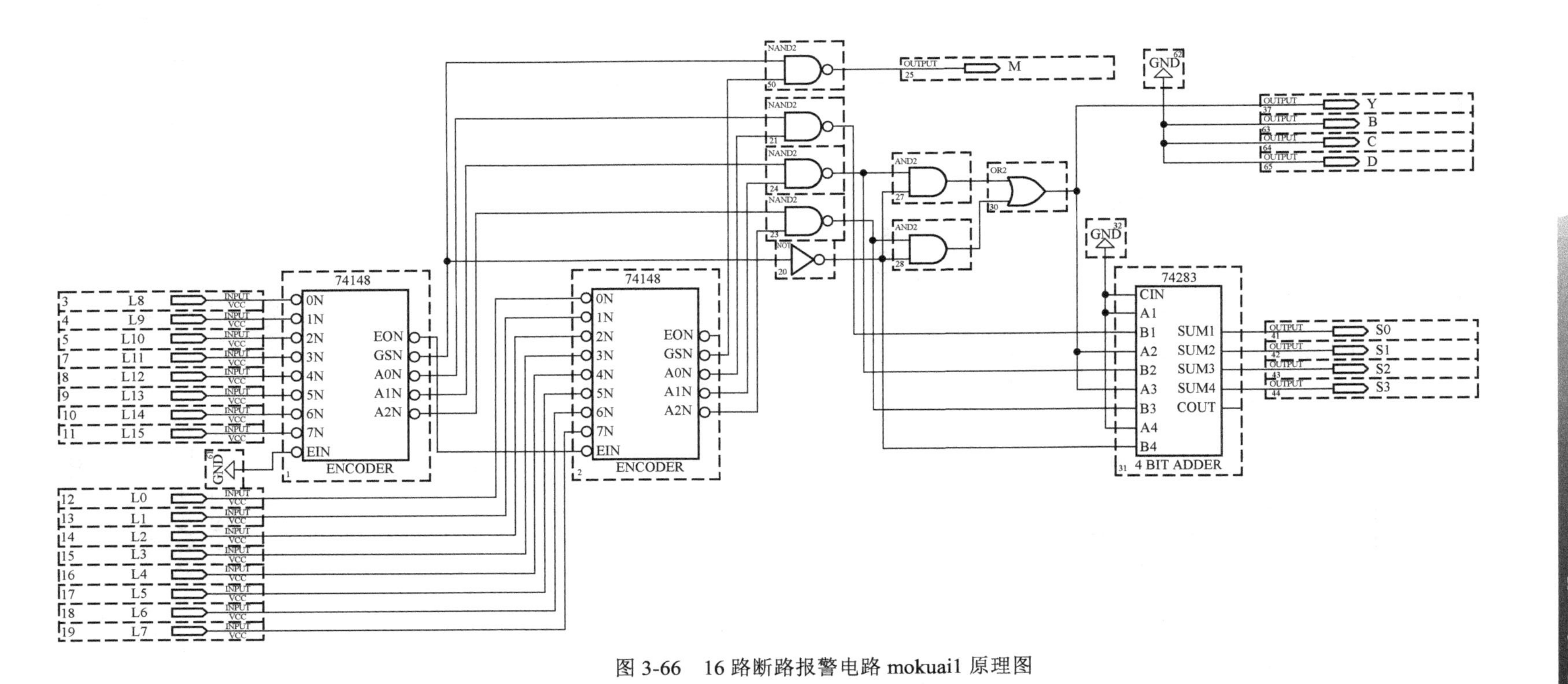

图 3-66　16 路断路报警电路 mokuai1 原理图

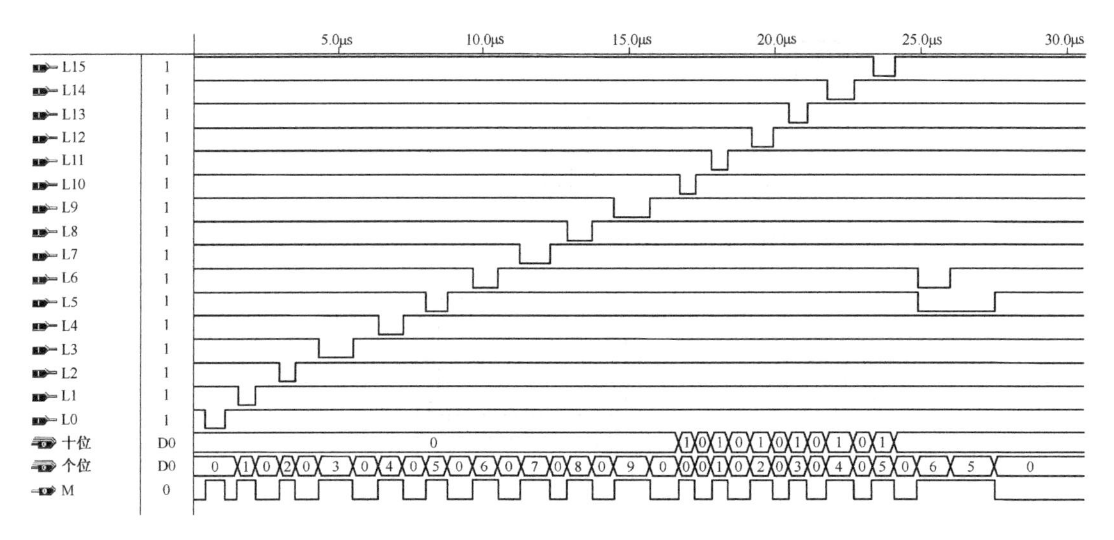

图 3-67　16 路断路报警电路仿真波形

直接在库内调用 mokuai1 构成总电路，总电路见图 3-68，图中 7448 输入悬空端口软件默认为无效信号。为使在无断路信号情况下无显示，M 除输出报警信号外，还把它作为 7448 熄灭输入 *BIN'* 信号。在没有断路时不显示，在只有 L0 断路信号时正常显示 0。

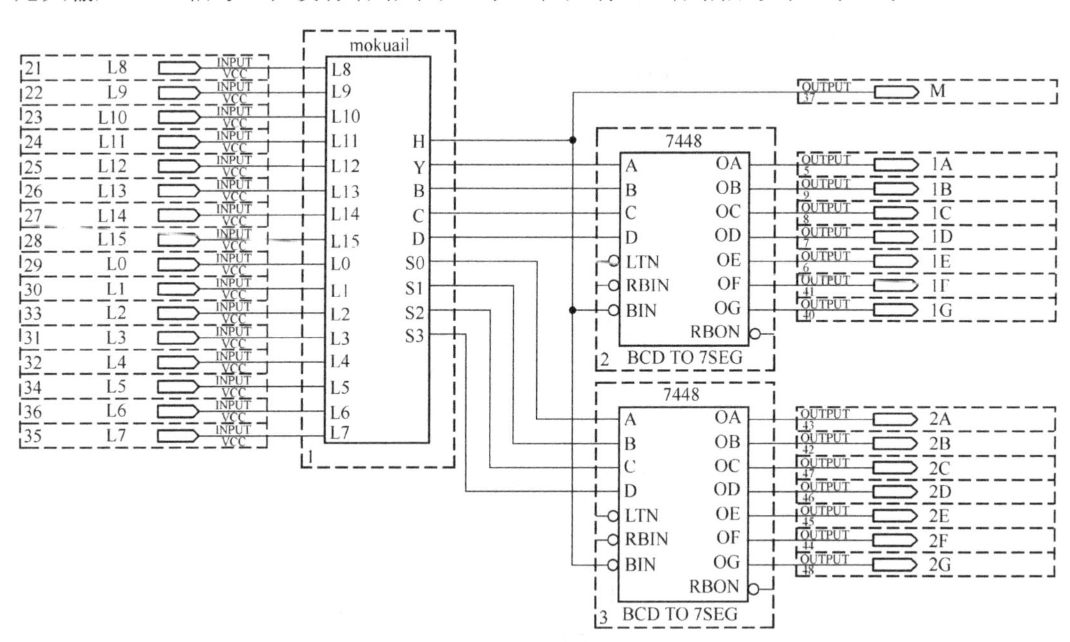

图 3-68　16 路断路报警电路总电路

经过仿真验证电路的功能之后，可将设计的电路下载到可编程逻辑器件中。根据所设计电路规模的大小，在 MAX+plus II 的器件库中选择合适的目标硬件或根据现有的可编程逻辑器件选择目标硬件。例如，本例现有型号为 EPF10K10LC84-x（x 为代表速度等级的数字）的可编程逻辑器件，在软件中选择 EPF10K10 系列。MAX+plus II 对电路进行下载配置，将设计中的输入、输出分配到可编程逻辑器件的相应可用引脚上。在软件上按下载功能键，即可把设计下载到所用的可编程逻辑器件上，进行硬件调试。当硬件调试出现问题时，可直接回到软件修改设计，然后重新下载，大大缩短了设计周期。

本 章 小 结

组合逻辑电路是数字电路的重要组成部分，其特点是任一时刻的输出只与该时刻的输入有关，与电路的原状态无关。电路构成以门电路为基础，按一定方式、方法组装而成，无记忆元件，无输出到输入的反馈。本章介绍了组合逻辑电路的分析方法、设计方法及常用组合逻辑电路，包括编码器、译码器、加法器、数据选择器和数值比较器，介绍了各种常用组合逻辑电路的工作原理、常用集成芯片及其应用，最后简单介绍了竞争－冒险产生的原因和消除方法。

习题与思考题

题 3.1　分析如图 3-69 所示电路的逻辑功能。

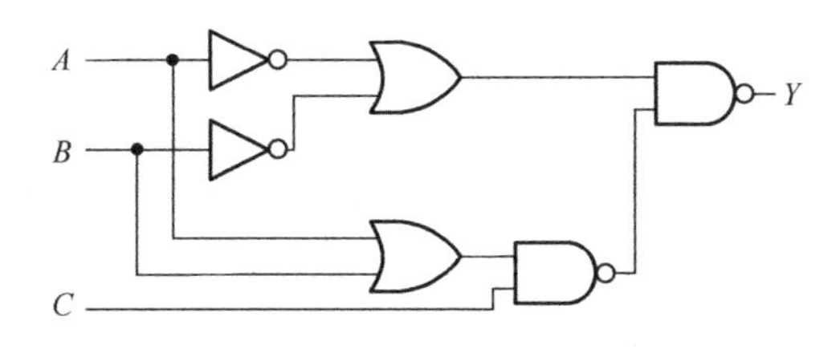

图 3-69　题 3.1 的电路图

题 3.2　如图 3-70 所示的电路中，S_1、S_0 为控制输入，A、B 为输入信号，写出在控制端取不同值时输出 Y 的逻辑表达式。

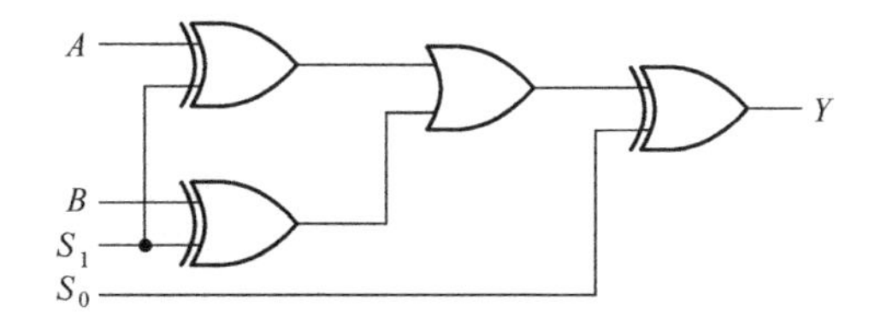

图 3-70　题 3.2 的电路图

题 3.3　编码器的逻辑功能是什么？普通编码器和优先编码器的主要区别是什么？

题 3.4　若区分 30 个不同的信号，应编成几位码，若用 74HC148 构成这样的编码器应采用几片 74HC148。

题 3.5　写出如图 3-71 所示电路的输出逻辑表达式，并分析其逻辑功能，然后用与非门实现该逻辑功能。

题 3.6　设计两个 12 位二进制数比较电路，给出大于、小于和等于输出。

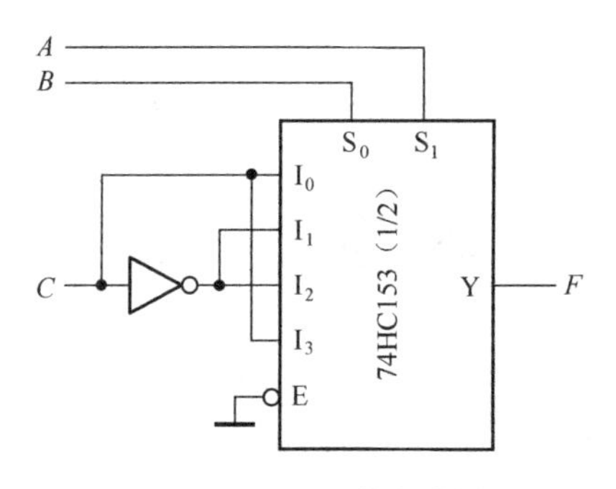

图 3-71　题 3.5 的电路图

题 3.7　用 74HC148 设计原码输出二—十进制优先编码器。

题 3.8　用 74HC139 设计 3 线－8 线译码器。

题 3.9　设计两个 2 位二进制数乘法电路，要求：（1）用与非门设计；（2）用译码器设计。

题 3.10　有一火灾报警系统，有 3 种不同类型的火灾探测器，为防止误报警，当两种或两种以上探测器发出火灾探测信号时，电路才产生报警信号。用 1 表示有火灾，用 0 表示没有火灾。设计实现该逻辑功能的数字电路。

题 3.11　七段显示译码器 7448 和优先编码器 74HC148 构成的电路如图 3-72 所示，问：（1）当 $I_0'=I_4'=I_7'=0$ 时，7448 的输入为何值，数码管显示何字符。（2）当只有 $I_0'=0$ 时，7448 的输入为何值，数码管显示何字符。（3）当 $I_0'\sim I_7'$ 均为 1 时，7448 的输入为何值，数码管显示何字符。

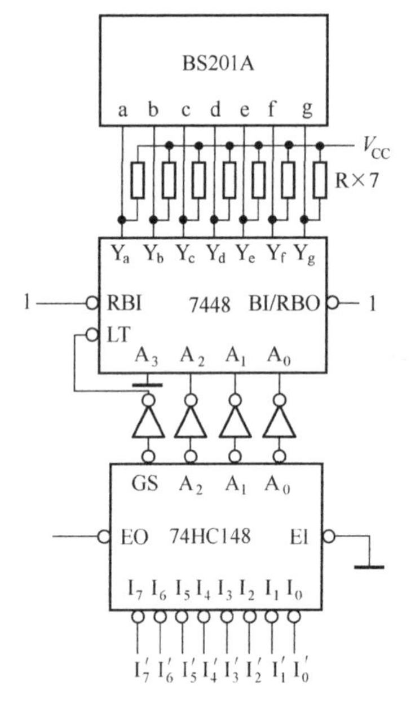

图 3-72　题 3.11 的电路图

题 3.12　某医院有编号为 1、2、3、4、5 的 5 个病房，每个病房有一个呼叫按钮，当患者按下按钮时给出低电平呼叫信号，在护士室对应每个病房装有 5 个指示灯，高电平点亮。当患者按下按钮后，要求护士室相应病房指示灯同时点亮，由于这几个病房所住患者危重情况不同，当 1 号病房呼叫时，不管其他病房是否有呼叫，只有 1 号病房指示灯亮，这 5 个病房的优先级别从 1～5 逐渐降低，试用 74HC148 和门电路设计满足上述要求的逻辑电路（不能将呼叫信号直接送入护士室）。

题 3.13　分析如图 3-73 所示电路的功能，当输入如图 3-73 所示时，哪一个发光二极管亮？

题 3.14　用集成 3 线－8 线译码器 74HC138 实现下列一组逻辑函数，画出逻辑图。

$$Y_1 = A'B' + AC$$

$$Y_2 = \sum m(0,1,5,6)$$

$$Y_3 = A' + BC' + ABC$$

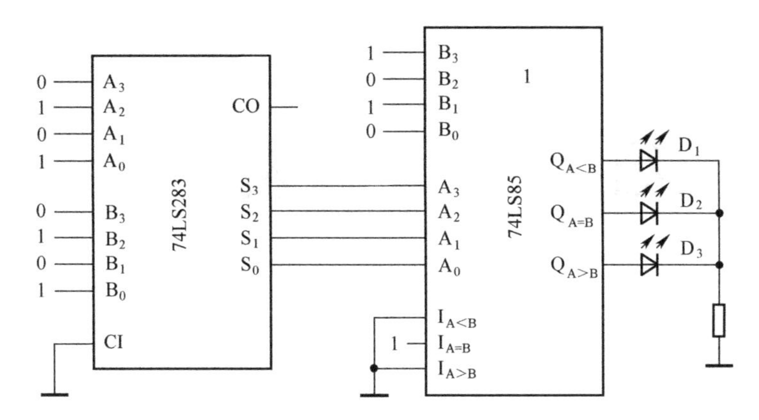

图 3-73　题 3.13 的电路图

题 3.15　用 8 选 1 数据选择器 74HC151 实现 $Y = AB' + A'C + BC + C'D$，画出逻辑图，74HC151 功能表见表 3-29。

表 3-29　74HC151 功能表

E'	S_2 S_1 S_0	Y
1	× × ×	0
0	0 0 0	I_0
0	0 0 1	I_1
0	0 1 0	I_2
0	0 1 1	I_3
0	1 0 0	I_4
0	1 0 1	I_5
0	1 1 0	I_6
0	1 1 1	I_7

题 3.16　用译码器 74HC138 设计全加器。

题 3.17　试用 4 片 74HC138 设计 5 线－32 线译码器。

题 3.18　用集成 4 位超前进位加法器 74LS283 设计一个两个 4 位二进制数的加/减运算电路，要求控制信号 M=0 时做加法运算，M=1 时做减法运算。

题 3.19　什么是竞争－冒险，当某一个门的两个输入端同时向相反方向变化时，是否一定会产生竞争－冒险。

题 3.20　消除竞争－冒险的方法有哪些，各有何优点、缺点。

第4章　触　发　器

内容提要

本章介绍数字系统中具有记忆功能的基本逻辑单元——触发器。首先介绍复杂触发器的基本组成单元——基本 SR 触发器（4.2 节），然后结合具体的电路结构介绍三类不同触发方式的触发器（4.3～4.5 节），最后介绍触发器的逻辑功能分类等。

教学基本要求

1．了解各种触发器的电路结构、工作原理。

2．掌握电平、脉冲和边沿触发方式的动作特点。

3．掌握 SR 触发器、JK 触发器、D 触发器和 T 触发器的逻辑功能（特性方程、激励条件与输出状态的关系）。

4．了解常用集成触发器的逻辑功能和触发方式。

5．掌握不同逻辑功能触发器之间的转换方法。

重点内容

能够根据输入的激励信号波形，画出触发器的输出波形。

4.1 概述

触发器（FF，Flip-Flop）是数字电路系统中的基本逻辑单元之一，但不同于门电路，触发器具有对信号的记忆存储功能，单个触发器能够存储一位二进制信号（0 或 1）。利用多个触发器，可以将多位信号或算术、逻辑运算结果保存起来。正是因为触发器的这一重要功能，使它成为时序逻辑电路的重要组成部分。

要实现记忆信号的功能，触发器应具备以下两个工作特点：

（1）具有两个稳定状态，分别命名为 0 状态和 1 状态。

（2）在外界触发信号的控制下，触发器根据不同的输入（激励）信号可改变为 0 状态或 1 状态。

目前，触发器有两种主要的分类方法，分别是按触发方式分类和按逻辑功能分类。触发器按触发信号的触发方式可以分为直接触发、电平触发、脉冲触发和边沿触发 4 种。触发方式由触发器的电路结构来决定，且不同触发方式的触发器在状态改变过程中具有不同的动作特点，掌握这些动作特点十分必要。

触发器按逻辑功能主要分为 SR 触发器、JK 触发器、T 触发器和 D 触发器等几种，可以依据触发器输入信号的不同来判断其逻辑功能，掌握上述各种触发器的逻辑功能也十分必要。

触发方式和逻辑功能是触发器的两个重要属性。在利用触发器进行电路设计时，需要根据设计要求选择好触发器的这两个属性。

4.2 基本 SR 触发器（SR 锁存器）

基本 SR 触发器也称为 SR 锁存器（Set-Reset Latch），它是最简单的触发器形式，是后续各种复杂触发器的基本组成部分。它没有触发控制信号（时钟脉冲），而是直接由输入信号来控制完成 0、1 两个状态之间的转变。因此，可将基本 SR 触发器的触发方式称为（输入信号）直接触发。

4.2.1 由与非门构成的基本 SR 触发器

1. 电路结构

图 4-1（a）给出了由两个与非门构成的基本 SR 触发器，其中 Q、Q' 为状态输出端，S'_D 和 R'_D 为信号输入端。与非门的特点是只要有一个输入信号为低电平，其输出信号就可确定（为高电平）。因此，对与非门构成的基本 SR 触发器，低电平为有效输入信号。图 4-1（c）为触发器的存储核心电路，是实现存储功能的基础。

为强调说明低电平有效，图 4-1（a）中的输入信号端分别用 S'_D 和 R'_D 表示。另外，在图 4-1（b）的符号中，输入端加注了小圆圈。加注非号及小圆圈是常用的提示低电平有效的方法，在后续内容中会经常出现。

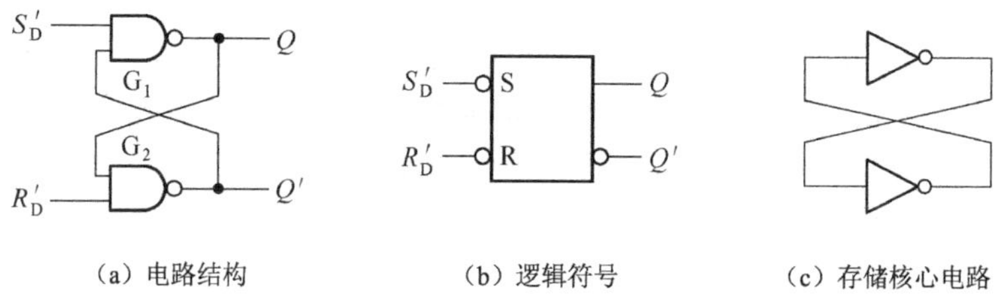

（a）电路结构　（b）逻辑符号　（c）存储核心电路

图 4-1　用与非门组成的基本 SR 触发器

相比于第 3 章中的组合逻辑电路，触发器在结构上的重要特征是采用了输出反馈形式：G_1 门的输出 Q 反馈作为 G_2 门的一个输入信号；而 G_2 门的输出 Q' 则反馈作为 G_1 门的一个输入信号。这样即使 S'_D 或 R'_D 端的有效输入信号消失而变为高电平，两个与非门仍然可以从 Q、Q' 端获得输入信号，从而使触发器的状态保持下去。

2. 工作原理

触发器的特点之一是具有 0 和 1 两个稳定状态。这里定义触发器的 1 状态：Q=1，Q'=0；0 状态：Q=0、Q'=1。此状态定义也同样适用于后续各种触发器。

下面分析 4 种不同输入信号情况下，基本 SR 触发器的状态：

（1）输入 S'_D=0、R'_D=1 时，G_1 输出可以确定为 Q=1，此输出反馈至 G_2 门，与 R'_D 信号共同作用决定 G_2 门输出 Q'=0。由此触发器处于 1 状态，并保持稳定。

即使 S'_D 端的有效输入信号（低电平）消失，即 S'_D 变为 1 时，触发器的 1 状态仍然会得以保持。原因在于 Q' 端的 0 一直反馈至 G_1 门的输入端，从而决定 Q 始终输出 1。

（2）输入 S'_D=1、R'_D=0 时，G_2 输出可以确定为 Q'=1，此输出反馈至 G_1 门，与 S'_D 信号共同作用决定 G_1 门输出 Q=0，由此触发器处于 0 状态，并保持稳定。当 R'_D 变为 0 时，触发器的 0 状态仍会保持，原理同（1）中的分析。

（3）输入 $S'_D=R'_D$=1 时，触发器将保持原来的状态不变，原状态（0 或 1）则由上述情况（1）或（2）决定。

（4）输入 $S'_D=R'_D$=0 时，两与非门都输出高电平，即 $Q=Q'$=1。此时触发器的状态未定义，既不是 0 状态，也不是 1 状态。并且，当 S'_D 和 R'_D 端的低电平同时消失时，触发器的状态变 0 或变 1 则无法确定。因此，除非特殊情况，正常工作时一般不应同时在 S'_D 和 R'_D 端输入低电平，即要遵循 $S_D \cdot R_D = 0$ 的输入信号约束条件（也可理解为 $S'_D + R'_D$=1）。

3. 特性表及逻辑功能

将上述 4 种输入、输出逻辑关系列成真值表的形式，就得到由与非门构成的基本 SR 触发器的特性表（也称功能表），如表 4-1 所示。其中 Q^*为输出变量，它表示输入信号发生变化后触发器新的状态，称为“次态”；而表中的 Q 则表示触发器原来的状态，称为“初态”或“原状态”。

表 4-1 由与非门构成的基本 SR 触发器的特性表

组号	S'_D	R'_D	Q	Q^*	功能
①	1	1	0	0	保持
	1	1	1	1	
②	0	1	0	1	置 1
	0	1	1	1	
③	1	0	0	0	置 0
	1	0	1	0	
④	0	0	0	1*	未定义
	0	0	1	1*	

注：1*表示状态未定义，具体为 $Q=Q'=1$。

有些情况下，Q^*仅由输入信号 S'_D 和 R'_D 就可决定（见表中第②、③组情况）。但有些情况下要由 S'_D、R'_D和初态 Q 共同决定（见第①组），因此表中将初态 Q 也作为一个输入变量列出。

对与非门结构触发器，低电平是有效输入信号。在满足约束条件 $S'_D+R'_D=1$ 的情况下，当 S'_D 输入 0 时，触发器的次态将被置成 1 状态（如表 4-1 中第②组，$Q^*=1$），因此 S'_D 被称为置 1 端或置位端；而当 R'_D 输入 0 时，触发器的次态将被置成 0 状态（如表 4-1 中第③组，$Q^*=0$），因此 R'_D 被称为置 0 端、清零端或复位端。当 S'_D 和 R'_D 都输入无效的高电平时，触发器的次态则由初态 Q 决定（如表 4-1 中第①组，$Q^*=Q$）。该表也表明基本 SR 触发器具有 3 种逻辑功能：保持、置 1 和置 0。

若将该表视为真值表，并利用卡诺图化简，则可得到关于 Q^*的表达式，如式 4.1 所示。

$$\begin{cases} Q^* = S_D + R'_D Q \\ S_D \cdot R_D = 0（约束条件） \end{cases} \tag{4.1}$$

该式称为基本 SR 触发器的特性方程。

【例 4-1】 对于如图 4-2（a）所示的基本 SR 触发器，已知输入信号 S'_D 和 R'_D 的电压波形如图 4-2（b）和（c）所示，试画出输出端 Q 和 Q' 对应的电压波形。

解：本题考察的是由与非门构成的基本 SR 触发器的特性。首先分析电压波形图中各时间段内 S'_D 和 R'_D 的高、低电平状态（已用数字 0、1 标出），然后查阅表 4-1 中对应的触发器次态 Q^*，就可以确定 Q 和 Q' 端的状态。实际上，在掌握了各输入信号端的功能及其有效电平之后，可直接根据输入波形画出输出波形。例如，在 t_2～t_3 时间段内 $R'_D=1$、$S'_D=0$，即置 1 端有效，那么触发器次态会被置为 1 状态，具体表示为 $Q=1$、$Q'=0$。依此类推。

注意：在图 4-2（b）中 t_4～t_5 期间 $R'_D=S'_D=0$，查到表 4-1 中第④组情况，次态为未定义状态，$Q=Q'=1$，但在 t_5 时刻 S'_D 首先回到高电平，所以锁存器次态是可以确定的。而在图 4-2（c）中 t_4～t_5 期间 $R'_D=S'_D=0$，并且在 t_5 时刻 R'_D 和 S'_D 同时回到高电平，即驱动端信号由有信号同时变为没有信号输入。这种情况下会引起次态不确定的问题，即次态可能是高电平，也可能为低电平。状态不确定往往用网状来表示。（为什么？需要考虑门电路的传输延迟时间。）

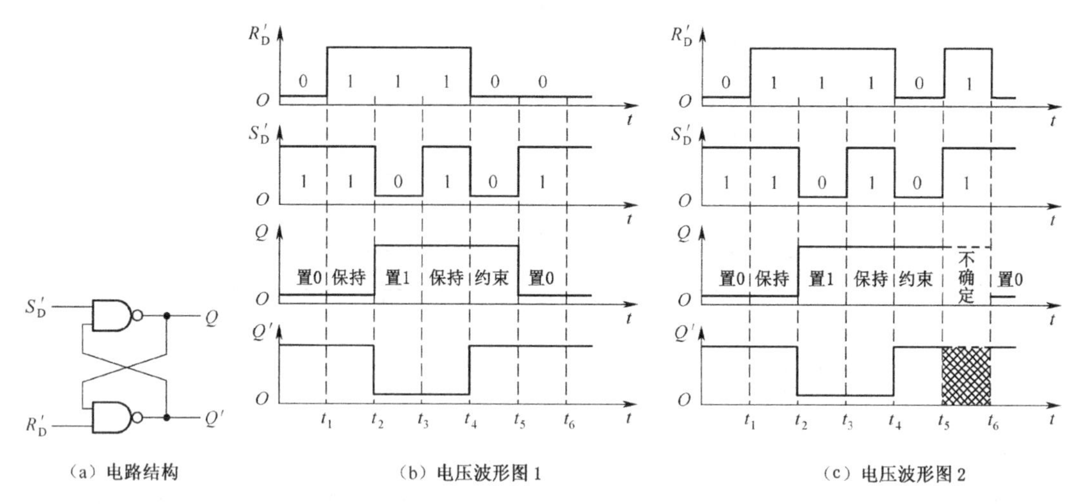

（a）电路结构　（b）电压波形图 1　（c）电压波形图 2

图 4-2　例 4-1 的电路和电压波形

4.2.2　由或非门构成的基本 SR 触发器

用或非门也可以构成基本 SR 触发器，其电路图和逻辑符号如图 4-3 所示。对或非门而言，高电平是有效输入信号。

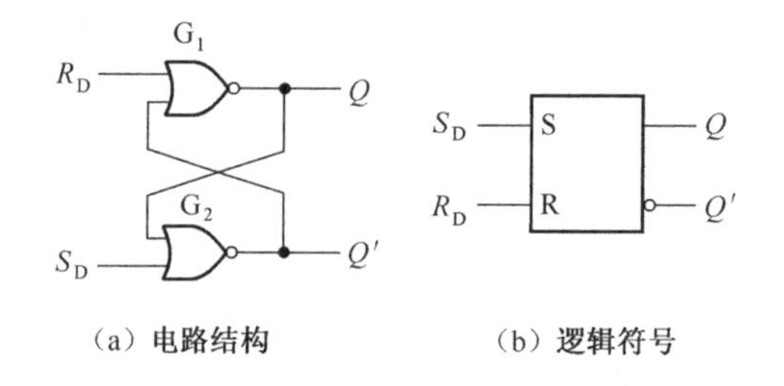

（a）电路结构　（b）逻辑符号

图 4-3　用或非门组成的基本 SR 触发器

表 4-2 给出了其特性表，列出了 4 种不同输入信号情况下触发器所表现出的特性。具体分析可参照前面内容进行。

表 4-2　由或非门构成的基本 SR 触发器的特性表

组　号	R_D	S_D	Q	Q^*	功　能
①	0	0	0	0	保持
	0	0	1	1	
②	0	1	0	1	置 1
	0	1	1	1	

续表

组 号	R_D	S_D	Q	Q^*	功 能
③	1	0	0	0	置 0
	1	0	1	0	
④	1	1	0	0^*	未定义
	1	1	1	0^*	

注：0*表示状态未定义，具体为 $Q=Q'=0$。

在满足约束条件下，当复位端 R_D 有效时（输入 1），触发器的次态必被置成 0 状态（见表 4-2 中第③组，$Q^*=0$）；而当置位端 S_D 有效时，触发器必被置成 1 状态（见表 4-2 中第②组，$Q^*=1$）；而当 R_D 和 S_D 都输入无效的 0 时，触发器的次态则由初态 Q 决定（见表 4-2 中第①组，$Q^*=Q$）。表 4-2 中第④组情况表明：当 R_D、S_D 同时输入 1 时，触发器的 Q、Q' 端同时输出 0，此状态没有定义，并且当 R_D 和 S_D 同时回到 0 时，无法判断触发器的状态是 1 还是 0。因此，正常工作时，触发器应遵循 $S_D \cdot R_D=0$ 的约束条件，即不能同时输入 1。

【例 4-2】 对于如图 4-4（a）所示的基本 SR 触发器，已知输入信号 R_D 和 S_D 的电压波形如图 4-4（b）所示，试画出输出端 Q 和 Q' 对应的电压波形。

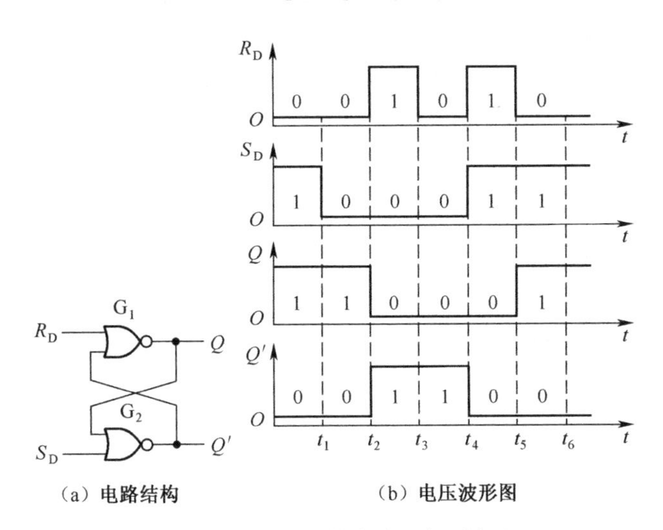

（a）电路结构　　（b）电压波形图

图 4-4　例 4-2 的电路和电压波形

解： 本题考察的是由或非门构成的基本 SR 触发器的特性。首先分析电压波形图中各时间段内 R_D、S_D 的高、低电平状态（已用 0、1 标出），然后查阅表 4-2 中对应的触发器次态 Q^*，就可以确定 Q 和 Q' 端的状态。

注意，在 t_4～t_5 时间段内 $R_D=S_D=1$，查到表 4-2 中第④组的情况，次态为未定义的 0^*，具体表示为 $Q=Q'=0$。

无论是由或非门（如图 4-1 所示）还是由与非门（如图 4-3 所示）构成的基本 SR 触发器，都没有触发信号控制，输入信号是直接加到输出门上的，任何时间输入信号发生的变化都会马上对输出产生影响。因此，也将 R_D、R'_D 称为直接复位端，将 S_D、S'_D 称为直接置位端，相关电路也称为直接复位、直接置位 SR 触发器。

4.3 同步触发器（电平触发）

同步触发器相比于基本 SR 触发器增加了起同步作用的触发信号，习惯上把这个同步触发信号称为时钟脉冲，简称时钟（用 *CLK* 表示）。在数字电路中，当希望多个触发器在同一时刻动作时，就必须通过 *CLK* 来对它们进行同步触发控制。

利用时钟脉冲进行同步控制的时间点和时间段各有两种：上升沿或下降沿、高电平或低电平。下面要介绍的同步触发器是在 *CLK* 高电平时间段内触发的触发器，因此从触发方式的角度将其归为电平触发类。

4.3.1 同步 SR 触发器

1．电路结构

同步 SR 触发器可在基本 SR 触发器基础上构成，如图 4-5 所示。该电路包括两部分，由与非门 G_1、G_2 构成的基本 SR 触发器，以及由与非门 G_3、G_4 构成的输入控制电路。其中 *S*、*R* 为信号输入端，*CLK* 为时钟脉冲输入端。

如图 4-5（b）所示的符号中，方框中的 C1 表示 *CLK* 的编号，因为有些触发器输入的时钟脉冲不止一个。而 1S、1R 分别表示受 C1 这个 *CLK* 控制的两个输入信号。

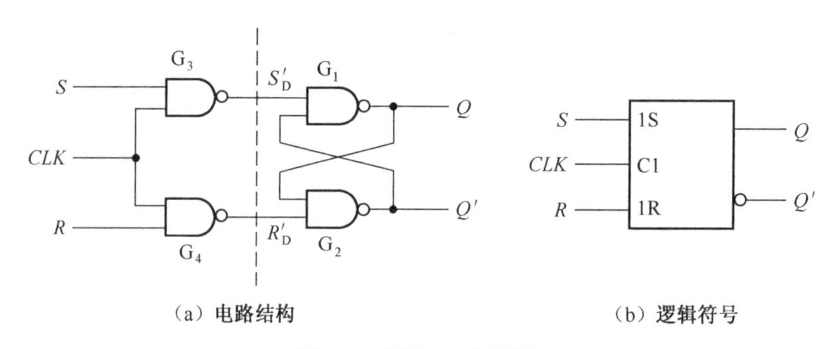

（a）电路结构　　（b）逻辑符号

图 4-5　同步 SR 触发器

2．工作原理及逻辑功能

对同步触发器的分析要从 *CLK* 入手，需考虑 *CLK* 为高、低电平两种情况。另外，在得到门 G_3、G_4 的输出信号后，即可根据表 4-1 所列的基本 SR 触发器的功能来判断整个同步 SR 触发器的状态。

（1）当 *CLK*=0 时，不论 *S*、*R* 输入什么信号，门 G_3、G_4 被封锁从而始终输出高电平，即 $S'_D=R'_D$=1，触发器保持原状态不变。

（2）当 *CLK*=1 时，门 G_3、G_4 的输出就要取决于 *S*、*R* 的输入情况，此时同步 SR 触发器的状态才由输入信号决定。需分 4 种情况讨论，如表 4-3 所示。从表 4-3 中可以看出，置位端 *S* 和复位端 *R* 是高电平有效的。需特别注意的是当 *S*=*R*=1 时，*Q*=*Q'*都输出高电平，这时触发器的状态没有定义。因此，正常工作时，同步 SR 触发器也要满足 $S \cdot R$=0 的约束条件，即至少有一个输入信号为 0。除引入时钟脉冲外，同步 SR 触发器与基本 SR 触发器的功能相同。

表 4-3 同步 SR 触发器的特性表

CLK	S	R	Q	Q^*	功 能
0	×	×	0	0	保持
0	×	×	1	1	
1	0	0	0	0	保持
1	0	0	1	1	
1	1	0	0	1	置 1
1	1	0	1	1	
1	0	1	0	0	置 0
1	0	1	1	0	
1	1	1	0	1^*	未定义
1	1	1	1	1^*	

注：1^*表示状态未定义，具体为$Q=Q'=1$。

考虑功能表中 CLK=1 的各情况，得到触发器次态 Q^*的卡诺图形式，如图 4-6 所示。注意，表 4-3 中将 S=R=1 的情况作为约束项来处理。

利用该卡诺图可以导出化简后的 SR 触发器的特性方程，注意此特性方程附带有约束条件，如式（4.2）所示。

Q \ SR	00	01	11	10
0	0	0	×	1
1	1	0	×	1

图 4-6 表 4-3 中同步 SRFF 次态 Q^*的卡诺图形式

$$\begin{cases} Q^* = S + R'Q \\ S \cdot R = 0\text{（约束条件）} \end{cases} \quad (4.2)$$

特性方程是反映触发器逻辑功能和特性的数学公式，应该熟练掌握。利用特性方程完全可以推导出表 4-3 中所列触发器的 3 种功能。

3. 动作特点

（1）CLK=0 时间段内，不管输入信号如何变化，触发器都不动作，只保持原状态。

（2）CLK=1 时间段内，同步 SR 触发器可视为基本 SR 触发器，其状态会随着输入信号 S、R 的变化而发生改变。当 CLK 回到 0 后，触发器存储的是回到 0 瞬间（下降沿）的状态。

以上两点是相对的，如果在如图 4-5 所示电路的 CLK 端加一个反相器，那么上述两个动作特点要做调换。此外，第二个动作特点也说明了同步 SR 触发器的缺点，即抗干扰能力有限。在 CLK=1 期间，如果有干扰脉冲作用到输入信号端，则可能造成触发器状态不必要的翻转。

【例4-3】 对于如图4-7（a）所示的同步SR触发器，已知输入信号S和R的电压波形如图4-7（b）所示，试画出输出端Q和Q'对应的电压波形。设触发器初始状态为Q=0。

解：根据同步SR触发器的动作特点，CLK=0期间，触发器不工作，无须进行状态判断。因此，只需要观察CLK=1期间S、R的电平情况，再依据功能表来判断触发器的状态即可。

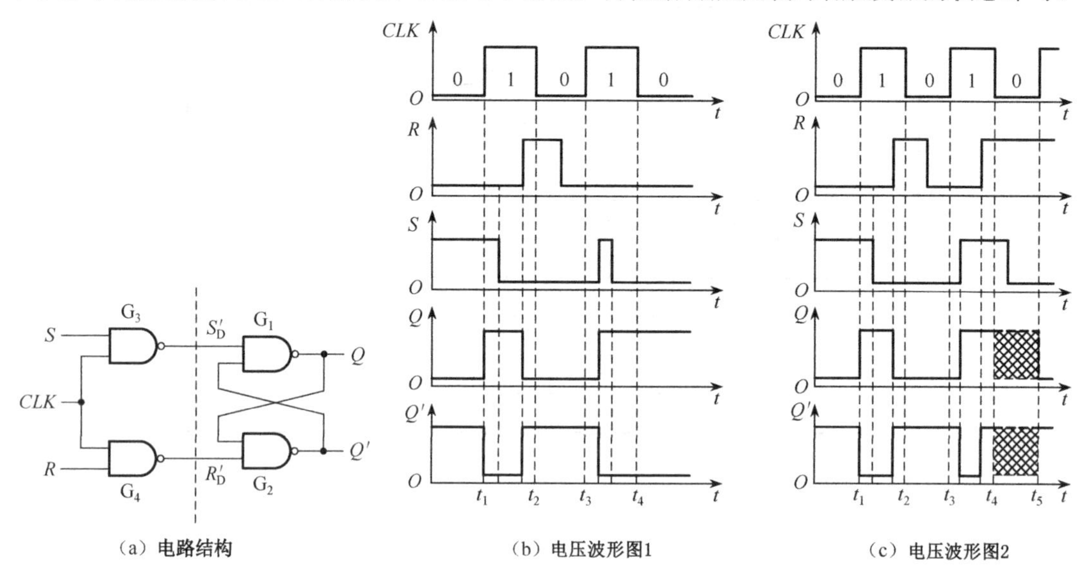

图4-7 例4-3的电路和电压波形

在电压波形图4-7（b）中，t_1～t_2为第一个CLK高电平区间，注意用虚线划分出的S、R信号各变化区间。首先S=1、R=0，触发器被置成1状态（Q=1、Q'=0）；随后S=0、R=0，触发器保持1状态；最后S=0、R=1，触发器被置成0状态。CLK回到0以后，触发器在t_2～t_3时间段保持0状态。t_3～t_4为第二个CLK高电平区间，此期间S信号有一个窄脉冲，致使触发器状态发生一次变化，即由0状态变为1状态。若无此脉冲，触发器的状态将始终保持0状态不变。如果窄脉冲是一个噪声信号，并出现在CLK=1期间，则会影响触发器的正常工作。由此可以看出同步触发器的抗干扰能力有限。

在电压波形图4-7（c）中，t_1～t_3分析方法同上。但在t_3～t_4期间S和R出现同时有效情况，并持续到了CLK的下降沿时刻t_4。这对于图4-7（a）中虚线右侧的基本SR触发器来说，相当于有效信号同时撤销，会引起次态不确定的问题。也就是说，同步结构的SR触发器更容易违反约束条件，而出现次态不确定的问题。（相同的问题是否会出现在其他结构的SR触发器中呢？）

4．带异步控制端的触发器

在实际应用场合经常出现如图4-8所示的电路结构和逻辑符号。其基本逻辑功能还是SR触发器，但保留了原来基本结构触发器的输入控制端S_D'和R_D'。其中S和R称为同步控制端/输入端/驱动端，与之区别S_D'和R_D'称为异步控制端。

同步的意思是“同时起步”，即节奏一致。从另一个角度说，同步也包含“控制”与“被控”的概念。同步是相对的，只有和某个参考对象节奏一致，才可以认为（相对于参考对象来说）是同步的，即参考对象起到了“控制”的作用。

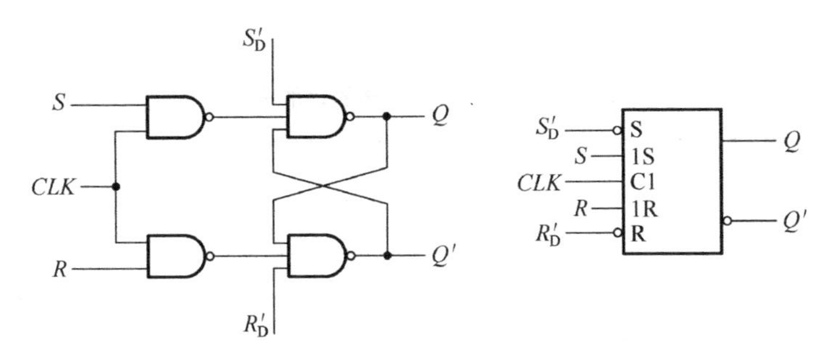

（a）带异步控制端的同步 SR 触发器　　（b）逻辑符号

图 4-8　带异步控制端的同步 SR 触发器

观察图 4-8（a），很显然 S 和 R 只有当 CLK=1 的时候，才可以改变触发器存储内容，即可以说 S 和 R 是受 CLK 信号控制的。也就是说，S 和 R 相对于 CLK 是同步的，所以称为同步控制端。而 S_D'和 R_D'可以直接改变触发器状态，不受 CLK 信号的控制，所以称为异步控制端。异步控制端名称中下标“D”是单词“Direct”的首字母。同步和异步控制端名称标识也存在区别。同步控制端名称中，有表示分组的数字，如 C1、1S，数字相同表示具有同步关系。而且，数字在后表示起控制作用的参考信号端，如 C1；与之对应，数字在前表示处于被控地位的输入信号端，如 1S 和 1R。

4.3.2　同步 D 触发器（D 锁存器）

在同步 SR 触发器电路基础上，将 S 端通过一个反相器与 R 端相连，然后将 S 端更名为 D 端，就得到了同步 D 触发器（也称 D 锁存器），如图 4-9 所示。同步 D 触发器满足了对单端输入信号的需要，并有相应的集成电路产品。

将 S=D，R=D'代入 SR 触发器的特性方程式（4.2）中，经过化简就可得到 D 触发器的特性方程，如式（4.3）所示。此外，式（4.2）中的约束条件 $S \cdot R = D \cdot D' = 0$ 在这里自动满足。

$$Q^* = D \tag{4.3}$$

此特性方程简单明了，它表明同步 D 触发器的次态只取决于输入信号 D，而与触发器的原状态无关。不过，同步 D 触发器仍然具有同步 SR 触发器的动作特点，即只在 CLK=1 时动作。

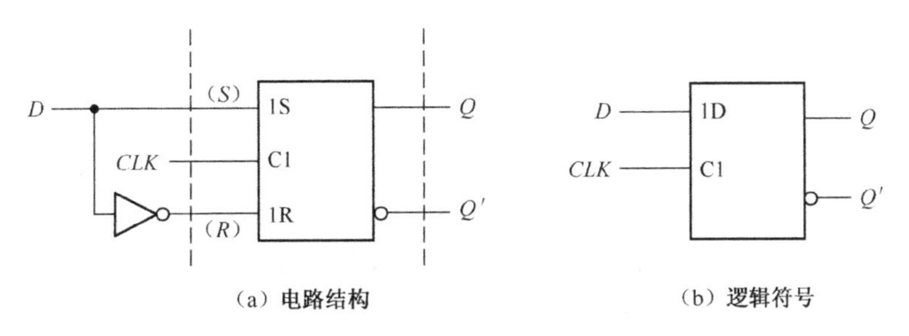

（a）电路结构　　（b）逻辑符号

图 4-9　同步 D 触发器（D 锁存器）

同步D触发器的功能表如表4-4所示，正常工作情况下，它只具有置0和置1两种功能，并由D的数值来决定实现哪一种功能。

表4-4　同步D触发器的功能表

CLK	D	Q	Q^*	功　能
0	×	0	0	保持
0	×	1	1	
1	0	0	0	置0
1	0	1	0	
1	1	0	1	置1
1	1	1	1	

【例4-4】 已知同步D触发器的输入信号D的电压波形如图4-10所示，试画出输出端Q和Q'对应的电压波形。设触发器初始状态为Q=0。

解： 由同步D触发器的动作特点和特性方程可知，它只在CLK=1期间工作，并且触发器的状态与输入信号D的状态一致。

t_1时刻为CLK高电平区间开始，此时D=1，所以触发器被置成1状态；随后D=0，触发器被置成0状态。t_2时刻，CLK回到0，由于此时触发器仍然是0状态，所以在t_2～t_3时间段触发器将保持0状态。而在t_4时刻，由于触发器是1状态，所以t_4之后触发器将保持1状态。

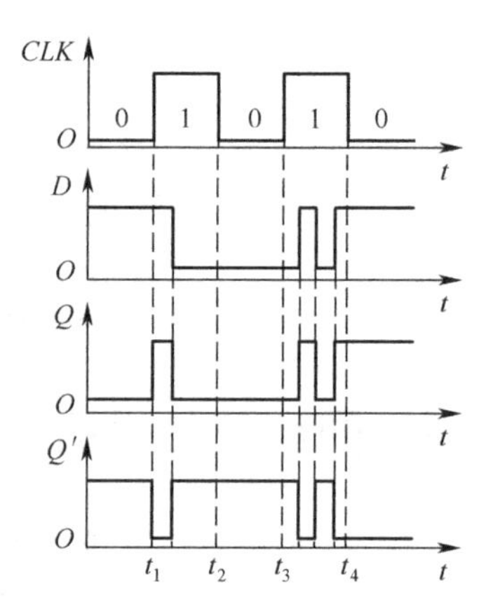

图4-10　例4-4的电压波形

4.4　主从触发器（脉冲触发）

同步触发器在CLK=1时输入信号对输出状态的直接控制降低了其抗干扰能力。为提高触发器工作的可靠性，在同步触发器的基础上设计出了主从结构触发器。主从触发器由主触发器和从触发器两部分构成，其输出的状态在每个CLK周期内只能改变一次。

4.4.1　主从SR触发器

1. 电路结构

主从SR触发器由两个相同的同步SR触发器构成，分别命名为主触发器（用FF_m表示）和从触发器（用FF_s表示），如图4-11所示。S、R既是FF_m的输入信号，也是整个主从SR触发器的输入信号；而Q、Q'既是FF_s的输出信号，也是整个主从SR触发器的输出信号。

此外，FF_s的输入信号S_s、R_s则分别来自于FF_m的输出信号Q_m和Q'_m，而其时钟信号

CLK_s则由FF_m的时钟CLK通过一个反相器G提供，即存在关系CLK_s=CLK'。

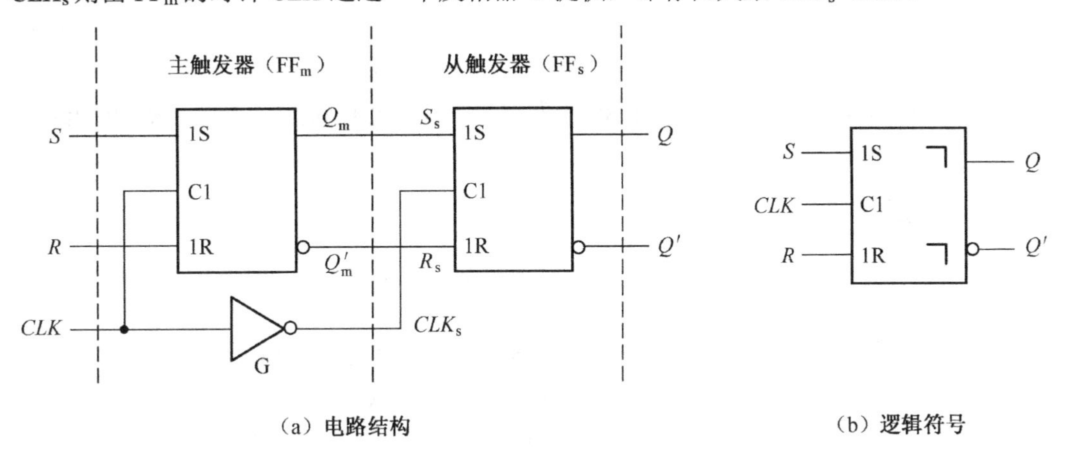

（a）电路结构　　（b）逻辑符号

图4-11　主从SR触发器

2．工作原理

（1）CLK=1时，FF_m工作，其次态由输入信号决定，按照同步SR触发器的动作特点和功能进行触发。由于CLK_s=CLK'=0，故FF_s不工作，其输出保持原状态。由于FF_s的输出代表了整个主从触发器的状态，因此CLK=1期间，主从SR触发器将保持原状态。

（2）当CLK由1变0时（下降沿），FF_m将停止工作，此时FF_m有一个最终状态；与此同时，CLK_s由0变1，FF_s开始工作触发，由于其输入信号由FF_m提供，因此FF_s的次态等于此时FF_m的状态，即$Q^* = Q_m$。

（3）CLK=0时，FF_m不工作，其状态保持不变。此时CLK_s=1，尽管FF_s处于工作状态，但由于为其提供输入信号的FF_m不工作，即Q_m不变，因此FF_s的状态也保持不变。

通过上面分析可知，主从SR触发器的Q状态改变只在时钟的下降沿。

3．逻辑功能

主从SR触发器的基本单元还是同步SR触发器，因此其逻辑功能和同步SR触发器相同，仍具有保持、置0、置1这3种逻辑功能，如表4-5所示。

表4-5　主从SR触发器的功能表

CLK	S	R	Q^*	功　能
×	×	×	Q	保持
⎍↓	0	0	Q	保持
⎍↓	1	0	1	置1
⎍↓	0	1	0	置0
⎍↓	1	1	1^*	未定义

注：1*表示状态未定义，具体为Q=Q'=1。

但与同步SR触发器高电平触发不同的是，在主从SR触发器的CLK一栏中，用“⎍↓”

表示其脉冲触发特性，它包含了两个时间段和时间点：高电平时 FF_m 触发、在时钟下降沿时 FF_s 触发。此外，在图 4-11（b）的符号输出端，加上了“┐”标记，以表示主从触发器的状态变化发生在 *CLK* 的下降沿，以此和同步 SR 触发器的符号区别开。

主从 SR 触发器的特性方程与同步 SR 触发器的一样，并且同样要遵守 $S \cdot R = 0$ 的约束条件，否则就会出现功能表 4-5 最后一行列出的情况，即出现未定义状态。

4．动作特点

（1）FF_s 的输出状态（Q、Q'）改变只发生在 *CLK* 的下降沿，其状态与下降沿时刻的 FF_m 状态相同，这是较同步 SR 触发器的一大进步。

（2）FF_m 的状态在 *CLK*=1 期间可能会发生多次翻转，因为此时 FF_m 是完全开放的，输入信号 S、R 对它是直接控制的，这是主从 SR 触发器的缺点。

【例 4-5】 已知主从 SR 触发器的 *CLK*、S 和 R 端的电压波形如图 4-12 所示，试画出 Q 和 Q'的电压波形。设触发器初始状态为 0 状态。

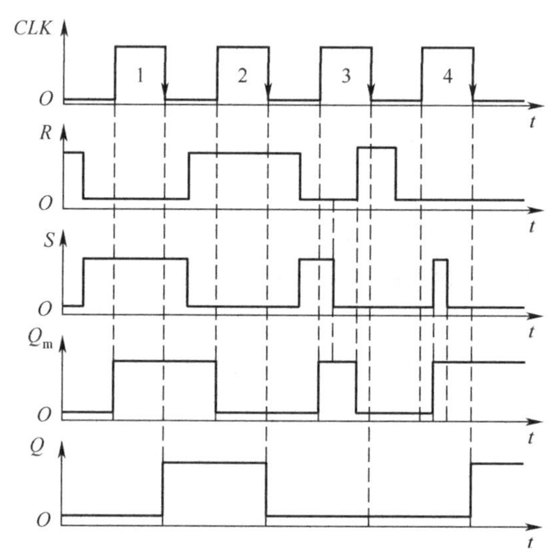

图 4-12 例 4-5 的电压波形（略去了 Q_m' 和 Q' 波形）

解： 考虑到主从 SR 触发器的第二个动作特点，会导致有时直接根据 *CLK* 下降沿时刻 S、R 信号来判断触发器的状态不准确。因此，一种比较好的处理方法是先画出 FF_m 的状态波形（Q_m 和 Q_m'），然后在每个 *CLK* 下降沿时刻，直接根据该时刻的 FF_m 状态画出 FF_s 的状态波形，即有 $Q=Q_m$。

图 4-12 中，FF_m 的波形（Q_m）按照同步 SR 触发器的逻辑功能和动作特点画出即可。需要注意的是在第 3、4 个 *CLK*=1 期间，输入信号的多次变化造成了 Q_m 的多次翻转。FF_s 的状态变化只发生在 *CLK* 下降沿，其他时间都保持原状态。

对于第 4 个下降沿，如果直接根据 S、R 的值，FF_s 应该保持 0 状态，但实际上 FF_s 要变为 1 状态（因为此时 FF_m 是 1 状态）。因此，画主从触发器波形比较稳妥的方法是先画出 FF_m 波形，再依据其画 FF_s 波形。

4.4.2 主从 JK 触发器

主从 JK 触发器是以主从 SR 触发器为基础，进行电路结构的改进得到的，目的是消除 $S \cdot R = 0$ 的约束，即实现能同时输入两个高电平信号。

1. 电路结构

主从 JK 触发器的电路结构和逻辑符号如图 4-13 所示，其中信号输入端命名为 J、K，以便和 S、R 端相区别。从结构上，它是将 FF_s 的输出信号 Q 和 Q' 分别引回到输入端，并通过 G_1、G_2 两个门与外界输入信号 J、K 相与后，作为主从 SR 触发器的输入信号。

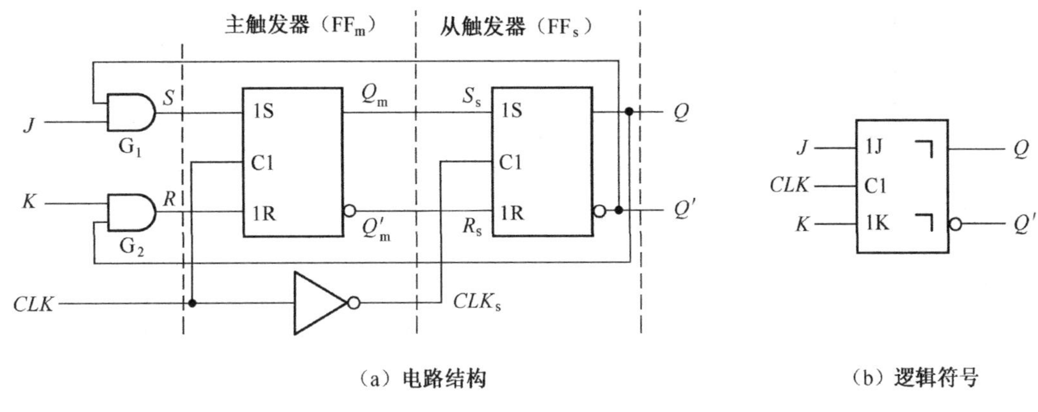

（a）电路结构　　　　（b）逻辑符号

图 4-13　主从 JK 触发器

2. 工作原理及特性方程

这里从推导主从 JK 触发器的特性方程入手来对其进行分析。根据图 4-13 可知：$S = J \cdot Q'$、$R = K \cdot Q$，分别代入 SR 触发器的特性方程 $Q^* = S + R'Q$ 中，可得

$$Q^* = (J \cdot Q') + (K \cdot Q)'Q \ = JQ' + K'Q \tag{4.4}$$

而对于约束条件则恒成立：

$$S \cdot R = (JQ') \cdot (KQ) \equiv 0$$

这说明主从 JK 触发器的输入信号没有约束条件的限制。

3. 逻辑功能

下面根据式（4.4），分 4 种情况来分析主从 JK 触发器的逻辑功能：

（1）当 J=0、K=0 时，$Q^* = 0Q' + 0'Q \ = Q$，此时触发器保持原状态。

（2）当 J=0、K=1 时，$Q^* = 0Q' + 1'Q \ = 0$，此时触发器被置成 0 状态。

（3）当 J=1、K=0 时，$Q^* = 1Q' + 0'Q \ = 1$，此时触发器被置成 1 状态。

（4）当 J=1、K=1 时，$Q^* = 1Q' + 1'Q \ = Q'$，此时触发器将翻转，即若初态 Q=0，则 $Q^* = 1$；若 Q=1，则 $Q^* = 0$。

综上所述，主从 JK 触发器具有保持、置 0、置 1 和翻转 4 种逻辑功能，它具备了触发器所有的逻辑功能，是功能最全的一种触发器。主从 JK 触发器的功能表如表 4-6 所示。

表 4-6 主从 JK 触发器的功能表

CLK	J	K	Q	Q^*	功　能
×	×	×	0	0	保持
×	×	×	1	1	
⎍	0	0	0	0	保持
⎍	0	0	1	1	
⎍	0	1	0	0	置 0
⎍	0	1	1	0	
⎍	1	0	0	1	置 1
⎍	1	0	1	1	
⎍	1	1	0	1	翻转
⎍	1	1	1	0	

在记忆输入信号与触发器状态对应关系时要抓住两点：一是 J 端称为置 1 端，K 端称为置 0 端；二是 J、K 端都是高电平有效。

4．动作特点

由于同属主从结构触发器，主从 JK 触发器和主从 SR 触发器的动作特点基本相同。

（1）在 CLK=1 期间，FF_m 工作，输入信号对其状态是直接控制的，控制规律已在表 4-6 中列出。其他时间，FF_m 保持原状态。

（2）在 CLK 下降沿，FF_s 触发，其状态等于该时刻 FF_m 的状态。其他时间，FF_s 保持原状态。

（3）主从 JK 触发器与主从 SR 触发器的不同之处在于 CLK=1 期间，不论输入信号 J、K 如何变化，FF_m 的状态只可能翻转变化一次，这里称为一次变化现象。

这里结合图 4-13（a）进行分析：Q、Q' 始终互为反信号，由于它们的反馈，使任意时刻 G_1、G_2 总有一个被封锁而始终输出 0，那么这个门所对应的输入信号也随之失效（即可视为恒输入 0）。具体如下：

① 某下降沿时刻，若 Q_m=0、Q'_m=1，则 Q=0、Q'=1，反馈后 G_2 被封，K 端开始失效（可认为 $K\equiv 0$）。进入 CLK=1 时间段后，若出现 J=1 的情况，FF_m 将被置成 1 状态（Q_m=1、Q'_m=0），之后就不可能再翻转回到 0 状态了，因为置 0 功能端失效（$K\equiv 0$）。

② 同理，某下降沿时刻，若 Q_m=1、Q'_m=0，则 Q=1、Q'=0，反馈后 G_1 被封，J 端开始失效（可认为 $J\equiv 0$）。进入 CLK=1 时间段后，若出现 K=1 的情况，FF_m 将被置成 0 状态（Q_m=0、Q'_m=1），之后就不可能再翻转回到 1 状态了，因为置 1 功能端失效（$J\equiv 0$）。

【例 4-6】 已知主从 JK 触发器的 CLK、J 和 K 端的电压波形如图 4-14 所示，试画出 Q 和 Q' 的电压波形。设触发器初始状态为 0 状态。

解： 先画出 FF_m 的状态波形（Q_m 和 Q'_m），然后在每个 CLK 下降沿时刻，直接根据该时刻的 FF_m 状态画出 FF_s 的状态波形。

FF_m 的动作区间是 CLK=1，Q_m 的波形按照逻辑功能表判断并画出即可。在第 3、4 个 CLK=1 期间，虽然输入信号发生多次变化，但只要 Q_m 发生一次状态变化，就可停止此

CLK=1 段内的判断。

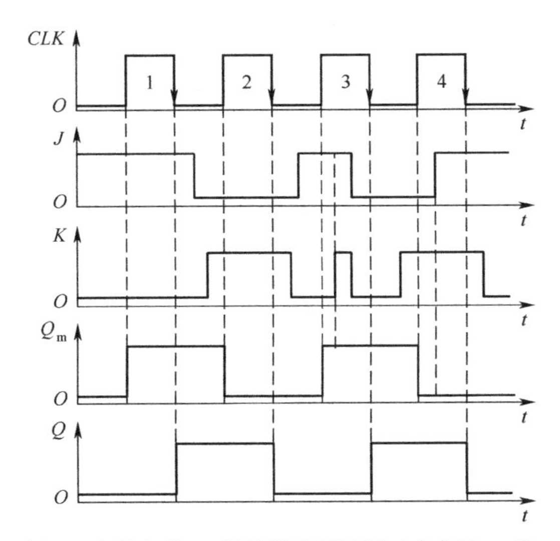

图 4-14 例 4-6 中的主从 JK 触发器电压波形（略去了 Q'_m 和 Q' 波形）

第 3 个 CLK=1 开始时，J=1、K=0，所以 Q_m 由 0 翻转为 1。注意，此时就发生了一次状态变化，因而不必再考虑后面 J、K 情况，而 Q_m=1 状态也会一直保持到下一个 CLK=1 开始。第 4 个 CLK=1 开始后，J=0、K=1，Q_m 被置成 0 状态，发生一次状态变化，结束判断。

FF_s 的状态变化只发生在 CLK 下降沿，该时刻 Q 的状态等于 Q_m 的状态，其他时间都保持原状态。

4.5 边沿触发器（边沿触发）

边沿触发器的次态只取决于 CLK 的下降沿（或上升沿）时刻输入信号的状态，而与其他时间输入的变化无关。因此，边沿触发器是一种理想的触发器，工作可靠性高，抗干扰能力强。

目前，在数字集成电路产品中，边沿触发器有多种构成形式。这里主要介绍 3 种比较常见的边沿触发器：采用维持阻塞结构的边沿 SR 触发器、利用门电路传输延迟时间的边沿 JK 触发器、用两个同步 D 触发器串联构成的边沿 D 触发器。前两种多见于 TTL 电路，后一种结构多见于 CMOS 电路。

4.5.1 维持阻塞结构的边沿触发器

边沿触发器的一种实现方式是采用维持阻塞结构，该结构在 TTL 电路中应用比较多。

1. 维持阻塞结构的边沿 SR 触发器

图 4-15 给出了维持阻塞结构的边沿 SR 触发器的电路结构。之所以称为维持阻塞结构，是根据图中①、②、③、④这 4 条连线所起的作用而得名的。

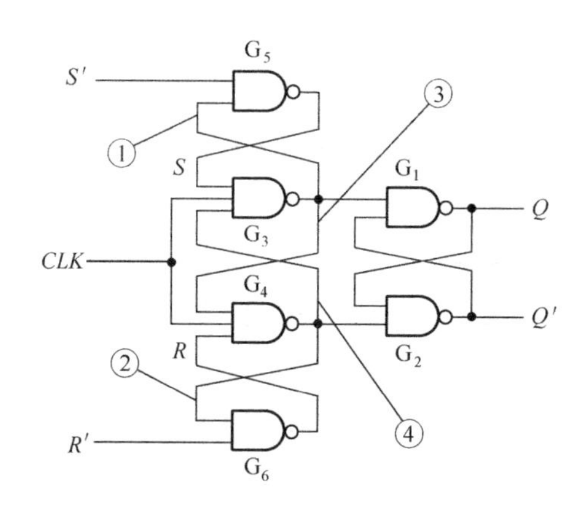

图 4-15　维持阻塞结构的边沿 SR 触发器

该边沿触发器是在同步 SR 触发器基础上演变得到的，演变的结果是其中包含一个同步 SR 触发器和两个基本 SR 触发器，并且有些门电路要复用，具体情况如下：

- G_3 和 G_5 构成一个基本 SR 触发器，S' 和 CLK 分别是置 1 和置 0 信号输入端，低电平有效（忽略 G_3 的④号连线）。
- G_4 和 G_6 构成另一个基本 SR 触发器，R' 和 CLK 分别是置 0 和置 1 信号输入端，也是低电平有效（忽略 G_4 的③号连线）。
- G_1～G_4 构成一个同步 SR 触发器，R 和 S 分别是置 0 和置 1 信号输入端（忽略③、④号连线）。另外，G_1 和 G_2 可看成是第三个基本 SR 触发器。

可以看出，G_3 和 G_4 两个门是复用的，既属于基本 SR 触发器，又属于同步 SR 触发器。注意，R' 和 S' 是整个维持阻塞结构的边沿触发器的输入信号，低电平有效。

其工作原理分析可分为两部分，一个是实现状态“维持”，另一个是实现状态“阻塞”。

同步 SR 触发器在整个 CLK=1 期间都会触发，要实现仅在 CLK 上升沿触发，在 CLK=1 期间就必须保持（即维持）S 和 R 的值不变。这里起关键作用的就是①、②号两条连线。

（1）当 CLK=0 时，G_3 和 G_4 被封锁，始终输出为 1，这样③、④号线为高电平，它们反馈的信号对 G_3 和 G_4 没影响。而整个维持阻塞结构的边沿触发器的输出状态（Q、Q'）保持不变。

（2）当 CLK 由 0 变为 1（上升沿）时，分 4 种情况讨论：

① 考虑 S'=0、R'=1 的情况。由 S'=0 可知 G_5 和 G_3 构成的基本 SR 触发器将锁存 1 状态，即 G_5 输出 S=1，并且④号线此时也为 1，所以 G_3 输出 0 并通过①号线反馈将 G_5 封锁。这样，当 CLK=1 时无论 S' 如何变化，G_5 输出 S=1 始终不变，因此①号线被称为“置 1 维持线”。

此外，G_3 输出的 0 还通过③号线反馈将 G_4 封锁，这样在 CLK=1 期间无论 R'、R 如何变化，G_4 输出 1 始终不变，因此③号线被称为“置 0 阻塞线”（即阻止 G_4 置 0）。

这样，在 CLK=1 期间，S 和④号线始终为 1，G_3 始终输出 0，这是一个连锁过程。G_3 为 0、G_4 为 1，整个触发器输出为 1 状态，即 Q=1、Q'=0。

② 考虑 S'=1、R'=0 的情况。由 R'=0 可知 G_4 和 G_6 构成的基本 SR 触发器将锁存 0 状态，即 G_6 输出 R=1，并且③号线此时也为 1，G_4 输出 0 并通过②号线反馈将 G_6 封锁。

这样，当 CLK=1 时无论 R' 如何变化，G_6 输出 R=1 始终不变，因此②号线被称为“置0维持线”（注意，R 端的功能是置0）。

此外，G_4 输出的0还通过④号线反馈将 G_3 封锁，这样在 CLK=1 期间无论 S'、S 如何变化，G_3 输出1始终不变，因此④号线被称为“置1阻塞线”（即阻止 G_3 置0而使 Q 被置1）。

这样，在 CLK=1 期间，R 和③号线始终为1，G_4 始终输出0，这又形成一个连锁过程。G_3 为1、G_4 为0，整个触发器输出为0状态，即 Q=0、Q'=1。

③ 当 S'=1、R'=1 时，由于①、②号线上也是高电平，因此 S=0、R=0，整个触发器保持原状态。

④ 当 S'=0、R'=0 时，触发器的状态无法确定，因此正常工作时，此种输入情况不允许出现。

通过上述分析，维持阻塞结构的边沿SR触发器的逻辑功能与同步SR触发器、基本SR触发器的功能相同。主要区别在动作特点上，维持阻塞结构的边沿SR触发器是 CLK 上升沿触发的边沿触发器。当然，在 CLK 前加反相器，可以很容易更改为下降沿触发的形式。

此外，要注意输入信号的有效电平，对如图4-15所示的电路，两个输入信号 S' 和 R' 是输入低电平有效的。

2. 维持阻塞结构的边沿D触发器

若将图4-15中的 S' 连至 R 端，即可构成维持阻塞结构的边沿D触发器，如图4-16所示。图4-16中 D 为数据输入端，②号线兼有置1阻塞和置0维持线的功能。工作原理如下：

（1）CLK=0 时，当 D=0 时，有 S=0、R=1，在 CLK 上升沿，触发器被置0；CLK=1 时，②号线为低电平，①、③号线为高电平，状态保持。

（2）CLK=0 时，当 D=1 时，有 S=1、R=0，在 CLK 上升沿，触发器被置1；CLK=1 时，②号线始终为高电平，①、③号线始终为低电平，状态保持。

综上所述，如图4-16所示的触发器动作时间是 CLK 上升沿，特性方程 $Q^* = D$，是具有置0和置1功能的边沿D触发器。其逻辑符号中，CLK输入端处框内“>”表示其为边沿触发器，而且是上升沿触发。

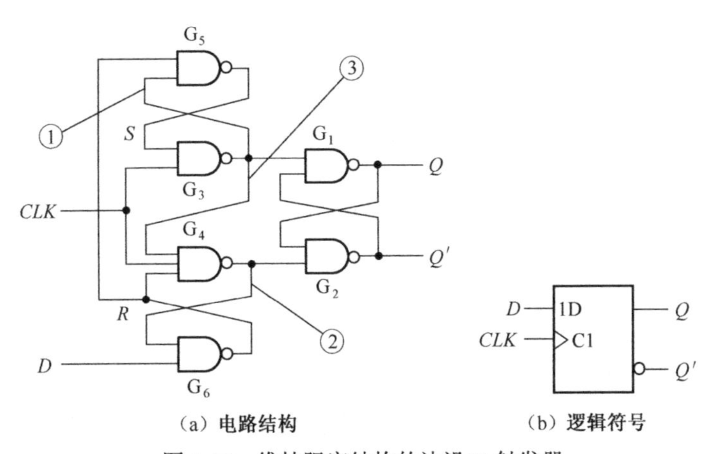

（a）电路结构　（b）逻辑符号

图4-16　维持阻塞结构的边沿D触发器

维持阻塞结构的边沿触发器有时做成多输入端的结构，同时设置异步置1和清零端，如图4-17所示。其中D_1、D_2两个输入信号是“与逻辑”关系，因此特性方程为$Q^* = D_1 \cdot D_2$。另外，电路还设置了异步置1端S'_D和异步清零端R'_D。无论CLK状态如何，都可以通过在S'_D端或R'_D端加低电平将触发器的状态置1或置0。

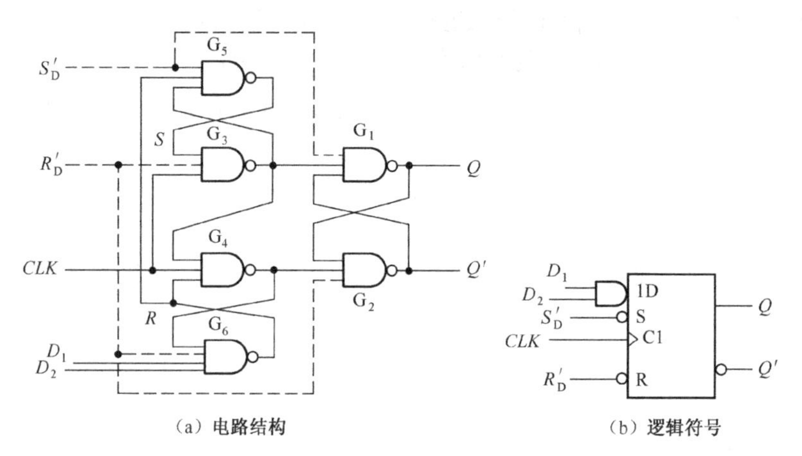

（a）电路结构　　（b）逻辑符号

图4-17　带异步置1、清零和多输入端的维持阻塞结构D触发器

4.5.2　基于门电路传输延迟的边沿JK触发器

利用门电路传输延迟时间的不同也可以实现边沿触发器，这种电路常见于TTL电路中。在设计制造这类触发器时，可以根据需要将其中某些门电路的传输延迟时间延长。

1．电路结构

图4-18给出了利用门电路传输延迟的边沿JK触发器的电路结构，该电路由两部分构成：一是由G_1～G_6构成的基本SR触发器，其中G_2和G_3的作用等同，有一方输出1，都会使Q端置0；G_5和G_6的作用也等同，有一方输出1，都会使Q'端置0。二是由G_7、G_8构成的门控单元电路，G_7、G_8的输出S'、R'是基本SR触发器的输入信号。

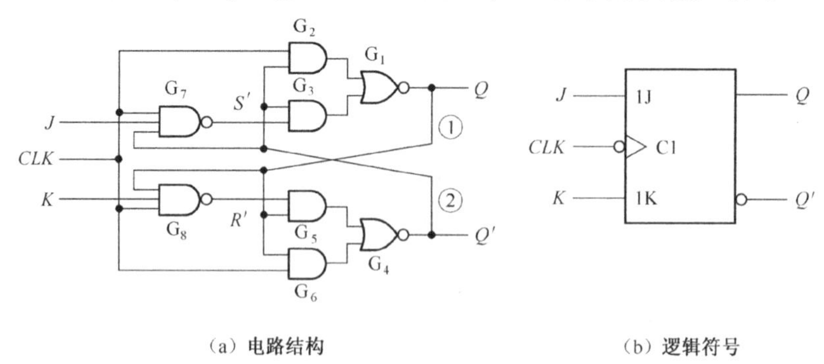

（a）电路结构　　（b）逻辑符号

图4-18　利用门电路传输延迟的边沿JK触发器

特别注意，该电路在设计时，使门控单元的传输延迟时间大于基本SR触发器的翻转时间。也就是说，如果某一时刻触发信号CLK发生变化，门控单元和基本SR触发器同时

响应，但是基本 SR 触发器处理时间比门控单元快，因此 Q 和 Q' 端的状态会先发生改变，而后 S' 和 R' 端的状态才发生变化。

该边沿触发器为 CLK 下降沿触发，因此其逻辑符号的 CLK 端要加一个小圆圈，以示和上升沿触发器相区别。

2. 工作原理

设触发器初始状态为 0 状态，即 Q=0、Q'=1。

（1）当 CLK=0 时，G_2、G_6 被封锁而失去对基本 SR 触发器的影响；G_7、G_8 也被封锁，无论 J、K 如何变化，它们的输出 $S'=R'$=1，由此基本 SR 触发器将保持原状态 0。

（2）在 CLK 上升沿，一方面 G_2、G_6 立即解除封锁，基本 SR 触发器的状态通过 G_2、G_6 仍然得以保持。另一方面，CLK 信号解除对 G_7、G_8 的封锁，但①号线（连接 Q 端）上的低电平仍封锁 G_8，R' 始终输出 1，这相当于 K 端失效，无法输入置 0 信号。此时，只有 G_7 门能接收 J 端的信号，若此时 J=1，则 S'=0。尽管有 S'=0、R'=1，但基本 SR 触发器不会马上被置 1，因为此时 G_2 输出的 1 对或非门 G_1 起着决定性作用。

（3）当 CLK 下降沿到来时，一方面 G_2、G_6 被立即封锁从而失去对基本 SR 触发器的影响，此时由上一阶段产生的 S'=0、R'=1 发生作用，使触发器状态置 1，即 Q=1、Q'=0。另一方面，G_7、G_8 也被封锁，无论 J、K 如何变化，它们的输出 $S'=R'$=1，由此基本 SR 触发器将保持原状态。注意，这里门电路的传输延迟时间差发挥了作用，当 S'、R' 变为 1 时，Q、Q' 端早已变化为 1 和 0。因此，下降沿后，基本 SR 触发器保持的将是 1 状态。

3. 逻辑功能及动作特点

通过上述工作原理的分析，利用门电路传输延迟时间差可以实现触发器的边沿触发。如图 4-18 所示的电路为 CLK 下降沿触发。如果在 CLK 端加一反相器，可改为上升沿触发形式。

边沿 JK 触发器的完整逻辑功能可以在上述分析的基础上，通过改变触发器初始状态和第（2）阶段的 J、K 值后再进行分析获得，这里就不一一列举了。边沿 JK 触发器的逻辑功能表如表 4-7 所示，可以看出边沿 JK 触发器与主从 JK 触发器在逻辑功能上并无区别。为表明其下降沿触发的边沿触发特性在 CLK 一栏中用“↓”进行了标注。

表 4-7 下降沿触发的边沿 JK 触发器的功能表

CLK	J	K	Q	Q^*	功 能
×	×	×	×	Q	保持
↓	0	0	0	0	保持
↓	0	0	1	1	
↓	0	1	0	0	置 0
↓	0	1	1	0	
↓	1	0	0	1	置 1
↓	1	0	1	1	
↓	1	1	0	1	翻转
↓	1	1	1	0	

【例 4-7】 已知下降沿触发的边沿 JK 触发器的 *CLK*、*J* 和 *K* 端的电压波形如图 4-19 所示，试画出 *Q* 和 *Q'*的电压波形。设触发器初始状态为 0 状态。

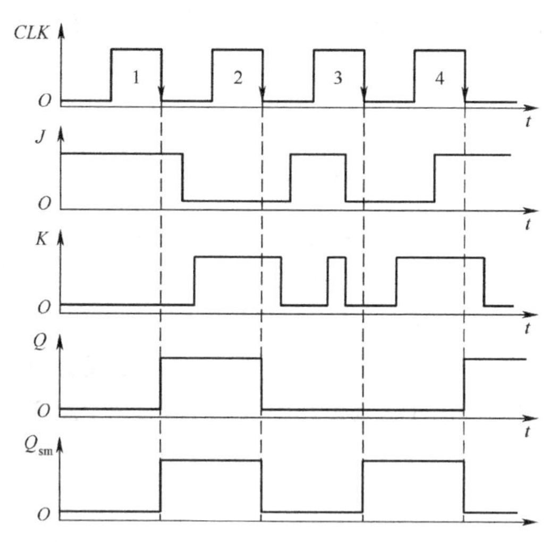

图 4-19 例 4-7 中下降沿触发的边沿 JK 触发器的电压波形

解：根据边沿 JK 触发器的动作特点，只需在每个 *CLK* 下降沿时刻，根据 *J*、*K* 信号值确定触发器状态即可。图 4-19 中 Q_{sm} 为主从 JK 触发器的输出波形，画出是为了方便对比。

第一个 CLK 下降沿时，J=1、K=0，触发器被置为 1 状态（Q=1）。

第二个 *CLK* 下降沿时，*J*=0、*K*=1，触发器被置为 0 状态（*Q*=0）。

第三个 *CLK* 下降沿时，*J*=0、*K*=0，触发器保持原状态 0（*Q*=0）。

第四个 *CLK* 下降沿时，*J*=1、*K*=1，触发器由 0 状态翻转为 1 状态（*Q*=1）。

4.5.3 边沿 D 触发器（利用两个同步 D 触发器构成）

1．电路结构

边沿 D 触发器可由两个同步 D 触发器串联而成，分别用 FF_1 和 FF_2 表示，如图 4-20 所示。*D* 既是 FF_1 的输入信号，也是整个边沿触发器的输入信号，而 *Q*、*Q'* 既是 FF_2 的输出信号，也是整个边沿触发器的输出信号。此外，FF_2 的输入信号来自于 FF_1 的输出信号 Q_1，而其时钟信号之间的关系为 $CLK_1=CLK'$、$CLK_2=CLK$。

目前这种架构形式的边沿触发器在 CMOS 集成电路中被广泛采用。

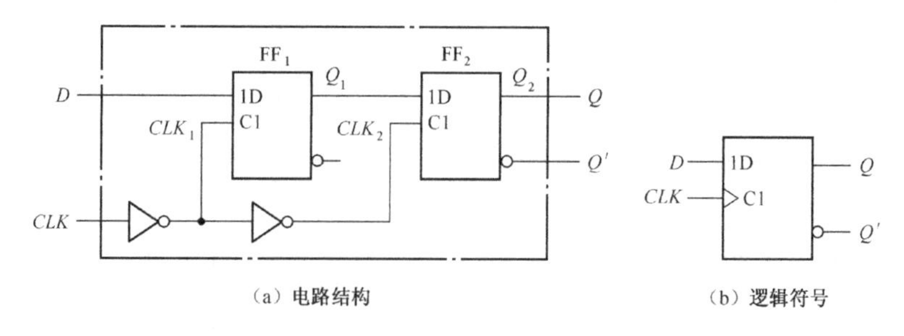

图 4-20 上升沿触发的边沿 D 触发器

2. 工作原理

（1）当 CLK=0 时，可知 CLK_1=1，FF_1 工作，其输出 Q_1 始终跟随输入端 D 的状态变化，即始终保持 Q_1=D；而由于 CLK_2=0，FF_2 不工作，其输出 Q_2（Q）保持原状态不变。

（2）CLK 由 0 变为 1 的瞬间（上升沿），CLK_1 则由 1 变为 0，FF_1 瞬间停止工作，其状态将保持 CLK 上升沿时刻 D 的状态。此外，CLK_2 与 CLK 变化相同，FF_2 瞬间开始工作，由于 FF_2 的输入来自于 Q_1，因此其输出 Q 也将被置成 CLK 上升沿时刻 D 的状态。

（3）当 CLK=1 时，可知 CLK_1=0，FF_1 不工作，不论 D 端如何变化，其输出 Q_1 都保持原状态不变。此外，尽管 CLK_2=1，FF_2 工作，但由于其输入信号 Q_1 不变，因此其输出 Q 仍然保持原状态不变。

虽然图 4-20（a）电路是主从结构的。但作为主触发器的同步 D 触发器特点是：在触发电平有效期间输出跟随输入信号 D 变化，只在最后时刻锁存（即锁定存储内容），进而决定了主从结构的 D 触发器的动作特点是边沿触发的。也就是说，没有对应于脉冲触发的主从 D 触发器。这并不奇怪，一般来说：①触发器电路结构和触发条件是一一对应的，但不是绝对的；②触发器的电路结构和逻辑功能是相互独立的，但也不是绝对的。

3. 动作特点

通过上述工作原理的分析，如图 4-20 所示的边沿 D 触发器只在 CLK 上升沿动作，其他时间状态均保持不变。边沿 D 触发器可以上升沿触发，也可以在 CLK 端加上反相器做成下降沿触发。具体触发形式，可以通过逻辑符号中 CLK 端标记加以区分。

4. 逻辑功能

边沿 D 触发器的特性方程和逻辑功能都与同步 D 触发器相同，具有置 0 和置 1 的功能，其功能表如表 4-8 所示。注意，在 CLK 一栏中，“↑”表明了其上升沿动作的边沿触发特性。

表 4-8 上升沿触发的边沿 D 触发器的功能表

CLK	D	Q	Q^*	功 能
×	×	×	Q	保持
↑	0	0	0	置 0
↑	0	1	0	
↑	1	0	1	置 1
↑	1	1	1	

【例 4-8】 已知边沿 D 触发器的输入信号 D 的电压波形如图 4-21 所示，试画出输出端 Q 和 Q' 对应的电压波形。设触发器初始状态为 Q=0。

解：由边沿 D 触发器的动作特点和特性方程可知，它只在 CLK 的上升沿触发，且触发器的状态与输入信号 D 的状态一致。

触发器初始状态为 Q=0。到第一个 CLK 上升沿时，由于 D=1，所以 Q 被置成 1；第二个 CLK 上升沿时，D=0，触发器又被置成 0。其他时间触发器均不动作（可以和例 4-4 中的同步 D 触发器的电压波形进行比较）。

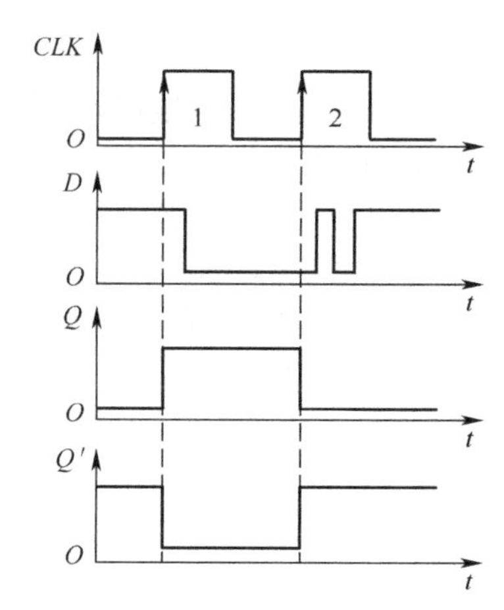

图 4-21　例 4-8 的边沿 D 触发器的电压波形

4.6　触发器的逻辑功能及描述方法

触发器的逻辑功能共有 4 种：置 0、置 1、翻转和保持。前面几节对各种触发器的介绍都是按照结构和触发方式进行分类的，下面再按逻辑功能对触发器进行分类。

（1）触发器按逻辑功能分类。

① SR 触发器：有两个输入信号（S、R），具有置 0、置 1 和保持 3 种功能。

特性方程：$\begin{cases} Q^* = S + R'Q \\ S \cdot R = 0\text{（约束条件）} \end{cases}$

② D 触发器：有一个输入信号（D），具有置 0 和置 1 两种功能。

特性方程：$Q^* = D$

③ JK 触发器：有两个输入信号（J、K），具有置 0、置 1、翻转和保持 4 种功能。

特性方程：$Q^* = JQ' + K'Q$

④ T 触发器：有一个输入信号（T），具有翻转和保持两种功能。

特性方程：$Q^* = TQ' + T'Q$

当 T=0 时，$Q^* = Q$ （保持功能）；当 T=1 时，$Q^* = Q'$（翻转功能）。当 T 端始终接入高电平时，触发器只具有翻转功能，此时可称为 T′ 触发器。

T 触发器的功能表如表 4-9 所示，T 触发器的逻辑符号如图 4-22 所示，该符号给出的是下降沿触发的边沿 T 触发器形式。当然，还存在其他触发方式的 T 触发器。

表 4-9　T 触发器的功能表

T	Q	Q^*	功　能
0	0	0	保持
0	1	1	
1	0	1	翻转
1	1	0	

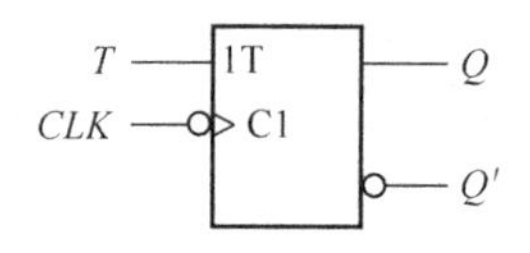

图 4-22　T 触发器的逻辑符号

这里对T触发器的结构不做专门介绍，因为T触发器可在JK触发器基础上进行非常简单的配置后得到。此外，通过结构上的变化，很多触发器之间可以相互转换，相关内容在后续章节会有介绍。

（2）功能描述方法。对触发器的逻辑功能描述方法有3种：功能表、特性方程和状态转换图。其中前两种方法在前几节内容中都有过介绍。

各种触发器的状态转换图如图4-23所示。图中的两个圆圈用来表示触发器的0和1两种状态，箭头表示状态转换方向，而箭头旁边给出的是状态转换的条件。

（3）触发器电路结构与触发方式、逻辑功能之间的关系。带时钟的触发器的触发方式有电平触发、脉冲触发和边沿触发3种。一般来说，触发器的电路结构决定了其触发方式，二者存在比较固定的关系。例如，同步结构的触发器是电平触发方式，即在整个*CLK*触发电平（高电平或者低电平）期间都可触发；而主从结构的触发器一般是脉冲触发方式，如在*CLK*高电平期间主触发器工作，而在*CLK*下降沿时从触发器触发；而采用维持阻塞结构的触发器，一定是边沿触发方式，即只在*CLK*上升沿或下降沿触发。

触发器的电路结构与逻辑功能并无固定关系。同一种电路结构可以构成多种功能的触发器。如采用同步结构的触发器有SR触发器和D触发器，采用主从结构的触发器可以有SR触发器和JK触发器，采用维持阻塞结构的触发器可以有SR触发器和D触发器。

但是还是存在一些比较特殊的情况。除了在4.5.3中讲到的，没有对应于脉冲触发的主从结构的D触发器之外，还有些结构的触发器是不存在的，比如基本结构的D触发器、JK触发器等（为什么？从逻辑功能的角度考虑）。另外，同步、主从和边沿结构的SR触发器要谨慎使用。因为SR触发器存在约束条件，这些结构的触发器动作特点决定了其更容易违反约束条件而引起次态不确定的问题。

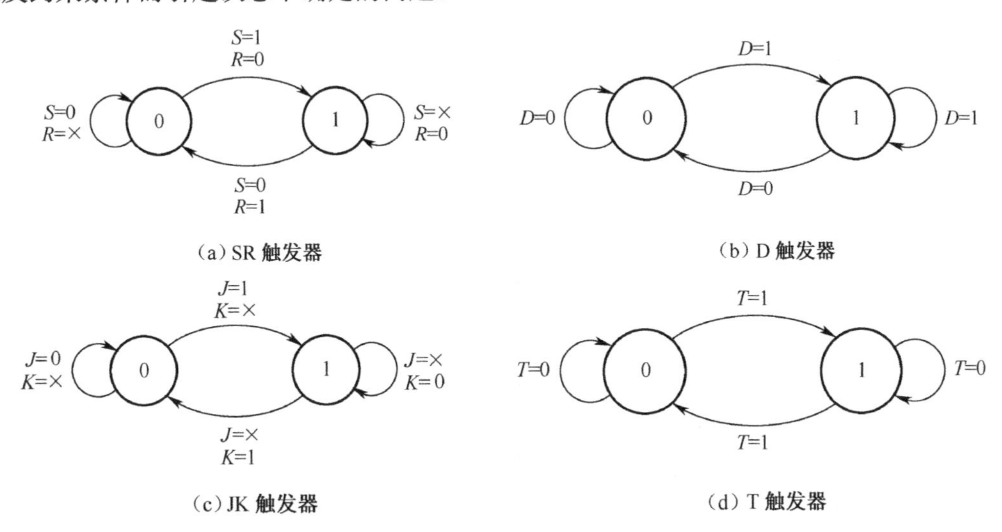

图4-23 各种触发器的状态转换图

触发方式和逻辑功能是触发器最重要的两个特性，使用触发器之前必须对它们进行明确定义。在集成的触发器产品说明书中，对这两个特性都有明确的说明。

4.7 集成触发器

在需要使用触发器的场合，一般都采用集成产品，而不是用分立器件进行组装，但并不是所有类型的触发器都有生产。目前生产的定型触发器产品以 JK 触发器和 D 触发器两种居多。JK 触发器是功能最全面的触发器，在需要其他类型触发器的时候，可以在 JK 触发器的基础上转换。

在选用触发器时，首先要注意的是触发方式和逻辑功能这两个最重要的属性。此外，还需注意电源、功耗、驱动能力等电气性能参数，这些都可以通过查阅集成电路的数据手册（Datasheet）获得。

4.7.1 常用集成触发器

1. 双 JK 触发器 74LS76

74LS76 是有预置和清零功能的双 JK 触发器，采用 TTL 工艺制造，引脚图和符号图如图 4-24 所示。它内部集成了两个相同功能的 JK 触发器，共 16 个引脚。其中引脚名称中包含数字“1”的对应第一个触发器，包含数字“2”的对应另外一个触发器。两个触发器除共用电源端（V_{CC}）和接地端（GND）外，其他信号端都是相互独立的。从符号图中可以看出，74LS76 是边沿触发器，在 *CLK* 下降沿触发。

此外，集成触发器往往增加异步的清零端和置 1 端，分别用 R_D' 和 S_D' 表示。这两个功能端不受时钟脉冲的控制，因而称为异步端。它们的作用是在必要的时刻将触发器的状态清零或置 1。

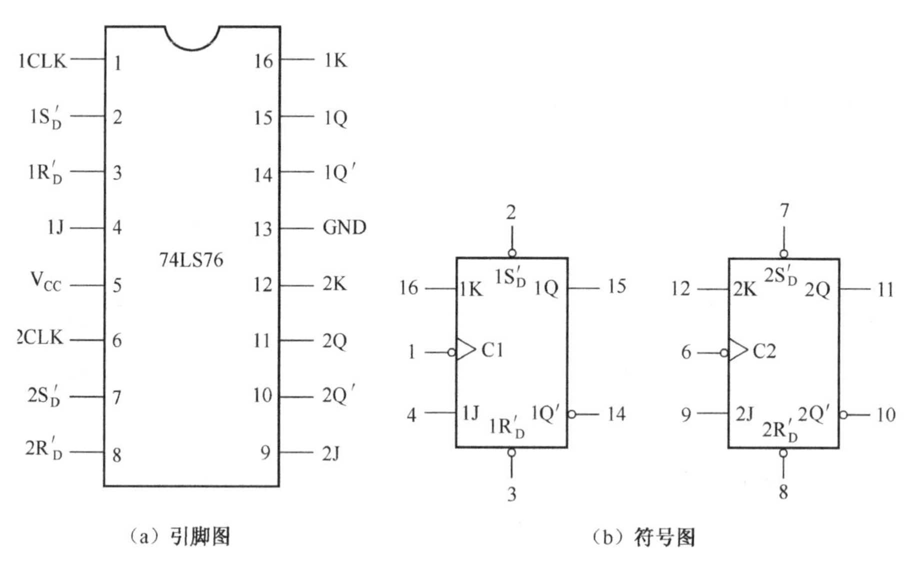

图 4-24　双 JK 触发器 74LS76

74LS76 的功能表如表 4-10 所示，除了增加了 R_D' 和 S_D' 两功能端外，其他各项与前面介绍的 JK 触发器的功能表一样。

表 4-10 双 JK 触发器 74LS76 的功能表

R'_D	S'_D	CLK	J	K	Q	Q^*	功 能
0	1	×	×	×	×	0	异步清零
1	0	×	×	×	×	1	异步置 1
1	1	↓	0	0	0	0	保持
1	1	↓	0	0	1	1	
1	1	↓	0	1	0	0	置 0
1	1	↓	0	1	1	0	
1	1	↓	1	0	0	1	置 1
1	1	↓	1	0	1	1	
1	1	↓	1	1	0	1	翻转
1	1	↓	1	1	1	0	

对 R'_D 和 S'_D 端的功能具体解释如下：

（1）当 $R'_D=0$，$S'_D=1$ 时，不论 CLK、J、K 如何变化，触发器立刻被置成 0 状态。由于清零与 CLK 信号无关，所以称为异步清零。

（2）当 $R'_D=1$，$S'_D=0$ 时，不论 CLK、J、K 如何变化，触发器立刻被置成 1 状态。由于置 1 与 CLK 信号无关，所以称为异步置 1。

（3）当 $R'_D=1$，$S'_D=1$ 时，只有在 CLK 下降沿到来时，才根据 J、K 端的取值决定触发器的状态。如果无 CLK 下降沿到来，则无论有无输入信号，触发器都保持原状态不变。

2. 双 D 触发器 74LS74

74LS74 的引脚图如图 4-25 所示，共 14 个引脚。其内部包含两个相同功能的边沿 D 触发器，在 CLK 的上升沿触发。引脚名称前带数字“1”的是第一个 D 触发器的引脚，带数字“2”的属于第二个 D 触发器的引脚。

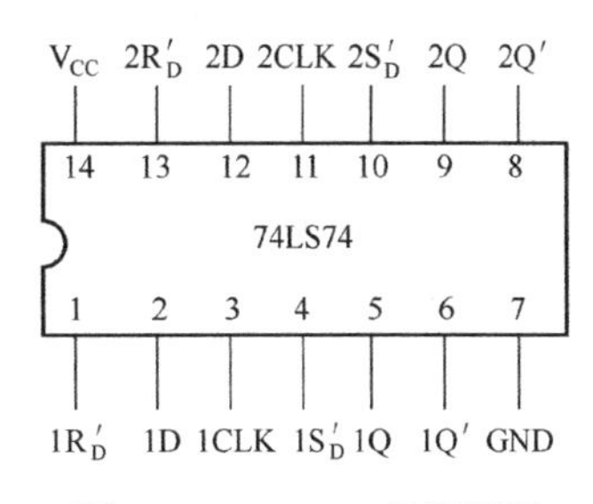

图 4-25 74LS74 的引脚图

74LS74 的功能表如表 4-11 所示。R'_D 端为异步清零端，S'_D 端为异步置 1 端。当 R'_D=0、S'_D=1 时，不论 CLK、D 为何值，触发器马上被置为 0 状态；而当 R'_D=1、S'_D=0 时，触发器马上被置为 1 状态；只有 $R'_D=S'_D=1$ 时，并且在 CLK 上升沿，触发器才根据输入信号 D 进行触发。

表 4-11 双 D 触发器 74LS74 的功能表

R'_D	S'_D	CLK	D	Q^*	功 能
0	1	×	×	0	异步清零
1	0	×	×	1	异步置 1
1	1	↑	0	0	置 0
1	1	↑	1	1	置 1

3. 其他集成触发器

集成触发器的型号有很多，这里不能全部进行详细介绍，表 4-12 列出了一些常用的触发器的型号和特点，实际使用时还需查阅相关的数据手册。

表 4-12　一些常用集成触发器的情况

类　型	型　号	工　艺	说　明
JK 触发器	CC4027	CMOS	双集成主从型、下降沿触发
	74LS112	TTL	双集成边沿型、下降沿触发
D 触发器	CC4013	CMOS	双集成主从型、上升沿触发
	CC4508	CMOS	四集成同步型、高电平工作
	74LS74	TTL	双集成维持阻塞型、上升沿触发
	74LS75	TTL	四集成同步型、高电平工作
SR 触发器	74LS279	TTL	四集成基本型
	CC4043	CMOS	双集成基本型

4.7.2 触发器的功能转换

通过电路上的适当配置，触发器之间的功能可以相互转换。如果电子市场上没有或买不到所需要的触发器，功能转换就体现出了它的意义。由于市场上出售的集成触发器以 JK 触发器和 D 触发器居多，所以下面就介绍以这两种触发器为基础的功能转换。

1. 利用 JK 触发器转换得到其他触发器

JK 触发器是功能最全的一种触发器，它具备了触发器的全部 4 种功能。当用 JK 触发器实现其他触发器时，是功能上的缩减，因此结构上的变化都比较小，只需增加很少的（或无须增加）门电路即可。可以从特性方程入手来分析如何转换。

1）JK 触发器转换为 SR 触发器

该转换可以看成是将 JK 触发器的特性方程式（4.5）变换为 SR 触发器的特性方程式（4.6）（该式由如图 4-26 所示的卡诺图化简得到）的过程。

$$Q^* = JQ' + K'Q \tag{4.5}$$

$$Q^* = SQ' + R'Q \tag{4.6}$$

很明显，只需令 J=S、K=R，就可完成转换。图 4-27 是 JK 触发器转换为 SR 触发器的电路图，在结构上不用做任何变化，只需将 J、K 端直接用做 S、R 端即可。

Q \ SR	00	01	11	10
0	0	0	×	1
1	1	0	×	1

图 4-26　SR 触发器次态 Q^* 的卡诺图形式

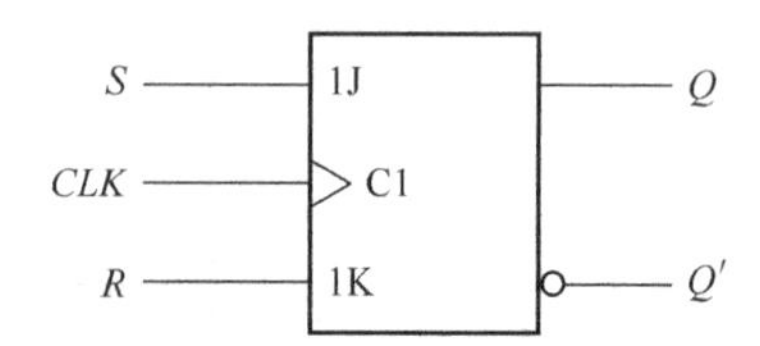

图 4-27　JK 触发器转换为 SR 触发器的电路图

2）JK 触发器转换为 D 触发器

D 触发器的特性方程 $Q^* = D$ 可变换为

$$Q^* = DQ' + DQ \tag{4.7}$$

与式（4.5）的 JK 触发器特性方程对照，令 J=D、K= D'，即可完成变换。图 4-28 是 JK 触发器转换为 D 触发器的电路图，J 端直接用作 D 端使用；同时，将此端通过一个反相器再连接到 K 端。

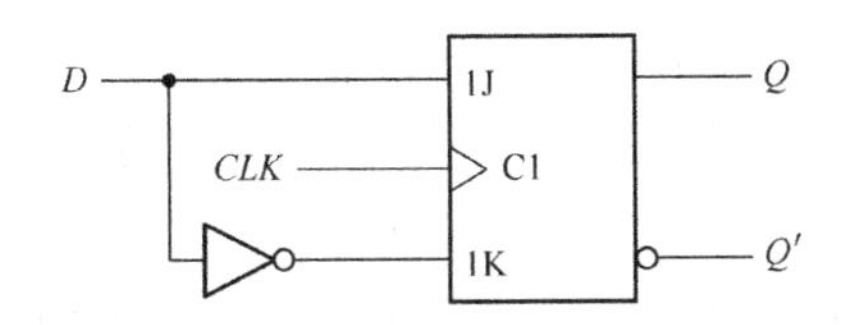

图 4-28　JK 触发器转换为 D 触发器的电路图

3）JK 触发器转换为 T 触发器

将 T 触发器的特性方程 $Q^* = TQ' + T'Q$ 与 JK 触发器的特性方程做对照，令 J=K=T 即可完成转换。图 4-29 是 JK 触发器转换为 T 触发器的电路图，J、K 端直接相连用作 T 端使用。

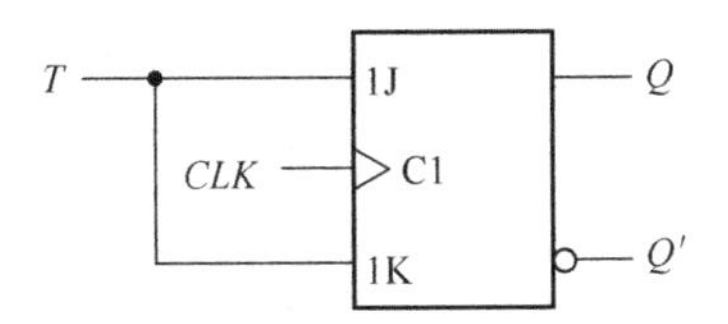

图 4-29　JK 触发器转换为 T 触发器的电路图

2. 利用 D 触发器转换得到其他触发器

基本思路是先用 D 触发器实现 JK 触发器，然后利用前面介绍的方法实现其他触发器，因此下面只介绍 D 触发器到 JK 触发器的转换。

D 触发器只有置 0 和置 1 两种功能，用它实现 JK 触发器时结构上变化较大，需增加较多的门电路。

这里还是从特性方程入手，需令 $D = JQ' + K'Q$，即可将 D 触发器的特性方程变换为 JK 触发器的特性方程。图 4-30 是 D 触发器转换为 JK 触发器的电路图，在 D 触发器基础上增加了一个反相器、两个 2 输入与门和一个 2 输入或门，共 4 个门电路。

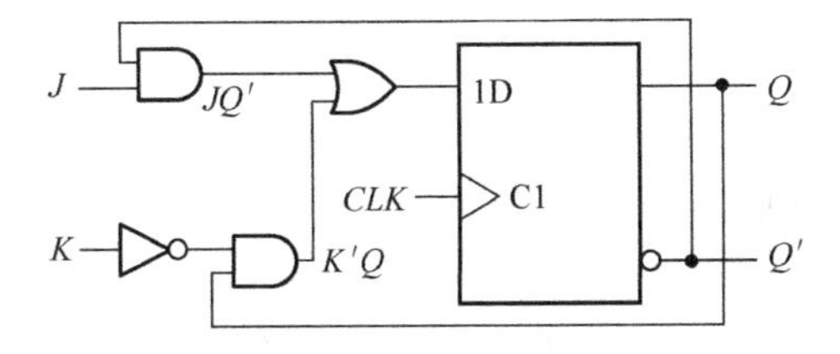

图 4-30　D 触发器转换为 JK 触发器的电路图

4.8 触发器应用举例

触发器可以单独使用，也可以多个组合使用，这里将各举一例。实际上，触发器往往用于构成具有各种逻辑功能的时序逻辑电路，因此更多触发器的应用将在第5章中介绍。

1. 用SR锁存器实现防抖动输出的开关电路

图4-31（a）给出了利用一个SR锁存器实现防抖动输出的开关电路。当切换开关S时，产生的两个信号会各自翻转，但是开关触点在接通瞬间会发生震颤，使信号从产生到稳定期间出现多次波动的情况（如R_D'和S_D'波形所示），这会引起开关控制的后续电路产生误动作。因此信号的多次波动是十分不利的，必须要加以消除。

消除的方法是在开关两个触点端连接一个SR锁存器，利用它的特性将R_D'和S_D'中的波动部分去除掉，在Q和Q'端输出正确的开关波形，如图4-31（b）所示。

对于电路图中的SR锁存器，可以采用表4-12列出的集成触发器74LS279或CC4043实现。

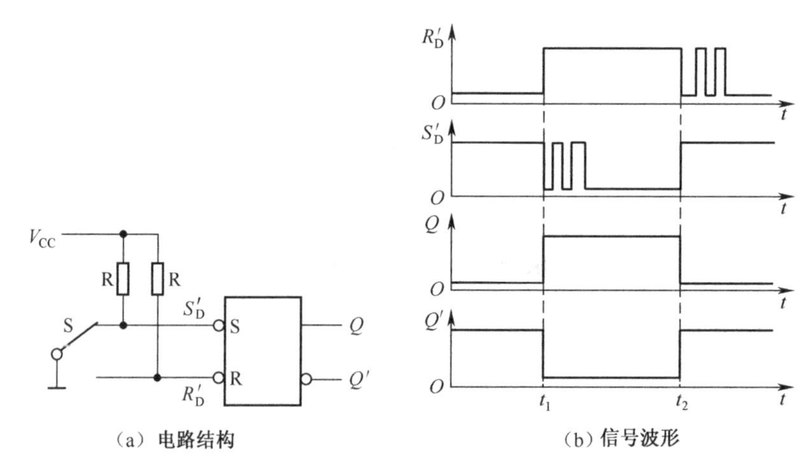

图4-31 防抖动输出开关电路图

2. 用D触发器设计三人抢答逻辑电路

具体要求为：

（1）每名竞赛选手控制一个按钮，通过按动按钮发出抢答信号。

（2）竞赛开始后，先按动按钮者对应的指示灯亮，此后其他两人再按动按钮无效。

（3）竞赛主持人另外控制一个按钮，用于将电路复位。

根据题目要求设计的电路如图4-32所示。比赛开始前，主持人M可先按下其控制的开关，将各触发器清零，各Q'端为1；同时与门G打开，高频CLK信号送入触发器。抢答开始后，若A、B、C三名选手其中一个按下按键时，则它对应的D触发器触发，Q'端变0。由此产生两个效果：一是将与门G封锁，CLK信号无法送达各触发器，其他两名选手即使按键也不会被响应；二是对应的发光二极管被点亮。一轮抢答结束后，主持人按下清零按键，电路复位，可进入下一轮抢答。

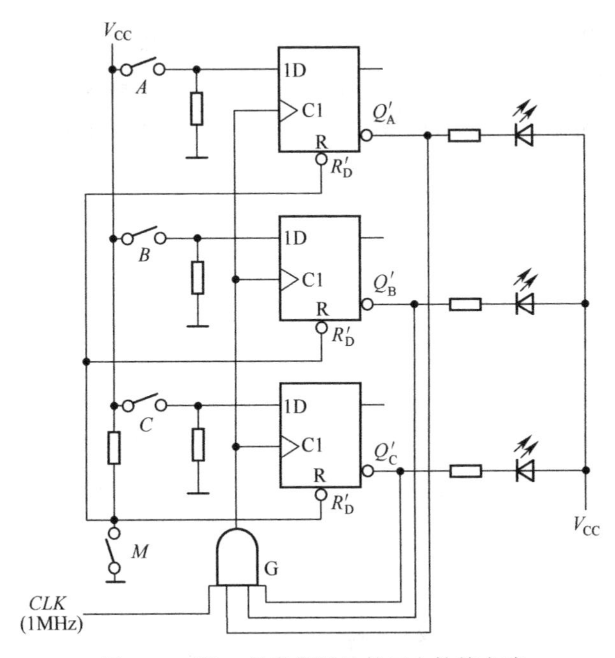

图 4-32　用 D 触发器设计的三人抢答电路

4.9*　用 MAX+plus II 验证触发器逻辑功能

MAX+plus II 的软件库中提供了各种类型的触发器，通过输入对应的名称（如 DFF）或集成电路型号（如 7474）就可调出相应的触发器，然后再利用它们设计各种电路并进行功能验证。

图 4-30 给出了用 D 触发器设计实现的 JK 触发器电路图，从特性方程角度来看这种实现方法是合理的。本节将用 MAX+plus II 对这个电路进行设计并功能仿真，通过给出其时序图来分析判断这个电路是否能真正实现一个 JK 触发器的功能。

【例 4-9】 用边沿 D 触发器和门电路设计实现一个边沿 JK 触发器，并验证其逻辑功能。

解：根据图 4-30 中出现的各种门电路和触发器，在 MAX+plus II 软件的器件库中调出 D 触发器、反相器 7404、2 输入与门 7408、2 输入或门 7432，构成如图 4-33 所示电路。

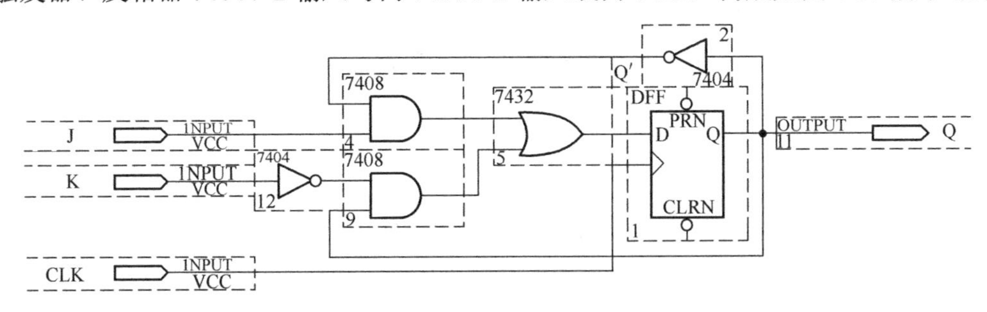

图 4-33　用 MAX+plus II 软件构建的图 4-30 的电路

利用 MAX+plus II 提供的电路仿真功能对时钟波形和触发器输出波形进行观测，得到如图 4-34 所示的时序图。分析波形可知，在 J、K 全部 4 种输入组合下，触发器均能按照 JK 触发器的特性进行触发，输出正确的状态。因此，该电路能实现 JK 触发器的逻辑功能。

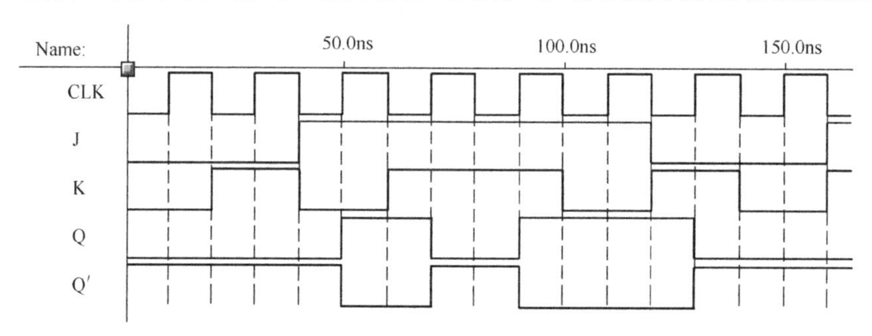

图 4-34　用 MAX+plus II 仿真功能获得的图 4-33 电路的时序图

本 章 小 结

触发器和门电路一样，都是构成复杂数字电路系统的基本逻辑单元。它的基本功能是可以存储一位二进制代码或数据，因此触发器又是系统中的记忆单元。

触发器的电路结构与触发方式之间存在比较固定的关系。本章是以结构－触发相结合的方式介绍了 3 种类型的触发器，分别是同步结构－电平触发、主从结构－脉冲触发和边沿触发器。其中边沿触发方式的触发器结构形式较多，文中介绍了 3 种结构。触发方式是触发器的一个重要特征，不同触发方式的触发器在状态转换过程中具有不同的动作特点。因此，在选择触发器时，触发方式是必须关注的内容之一。

选择触发器时另外一个必须关注的是触发器的逻辑功能。需要说明的是触发器的结构与逻辑功能无固定关系。触发器的全部逻辑功能有 4 种，即置 0、置 1、翻转和保持。并不是所有触发器都具有全部这些功能。按照触发器所具功能种类的不同，可分为 D 触发器、T 触发器、SR 触发器和 JK 触发器。

电路设计中使用的都是集成触发器，使用时要参考其数据手册（Datasheet），一是注意触发方式，二是注意其逻辑功能。此外，市场上出售的集成触发器种类有限，必要时可以利用已有触发器类型转换得到其他触发器类型。也就是说，不同逻辑功能的触发器可以相互转换。

习题与思考题

题 4.1　如图 4-35 所示为由或非门构成的基本 SR 触发器及输入信号的波形，请画出 Q 和 Q' 端的波形。

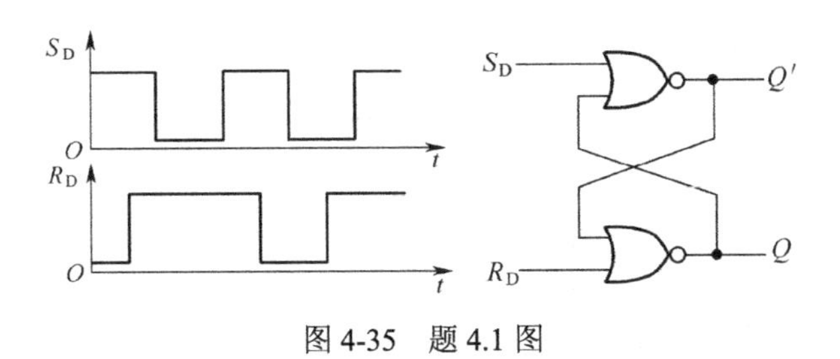

图 4-35 题 4.1 图

题 4.2 如图 4-36 所示为由与非门构成的基本 SR 触发器及输入信号的波形，请画出 Q 和 Q' 端的波形。

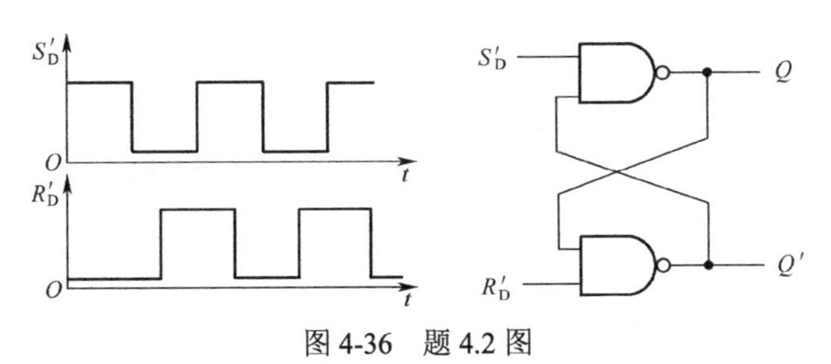

图 4-36 题 4.2 图

题 4.3 如图 4-37 所示为同步 SR 触发器，并给出了 CLK 和输入信号 S、R 的波形，请画出 Q 和 Q' 端的波形。设触发器初始状态为 Q=0。

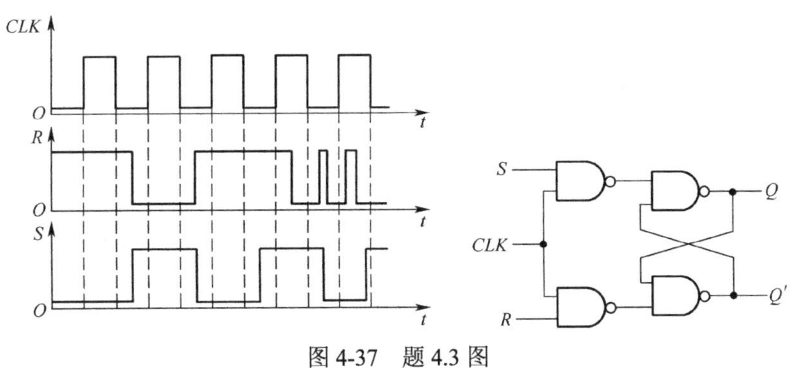

图 4-37 题 4.3 图

题 4.4 图 4-38 给出了主从 SR 触发器的 CLK 及 S、R 的波形，请画出 Q 和 Q' 端的波形。设触发器初始状态为 Q=0。

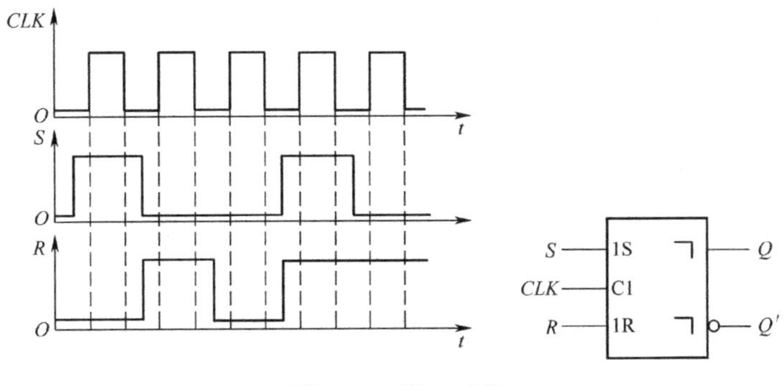

图 4-38 题 4.4 图

题 4.5　如图 4-39 所示为主从 SR 触发器的 *CLK*、*R*、*S* 及异步置 1 端 S_D' 的波形，异步清零端 R_D'=1，请画出 *Q* 和 *Q'* 端的波形。设触发器初始状态为 *Q*=0。

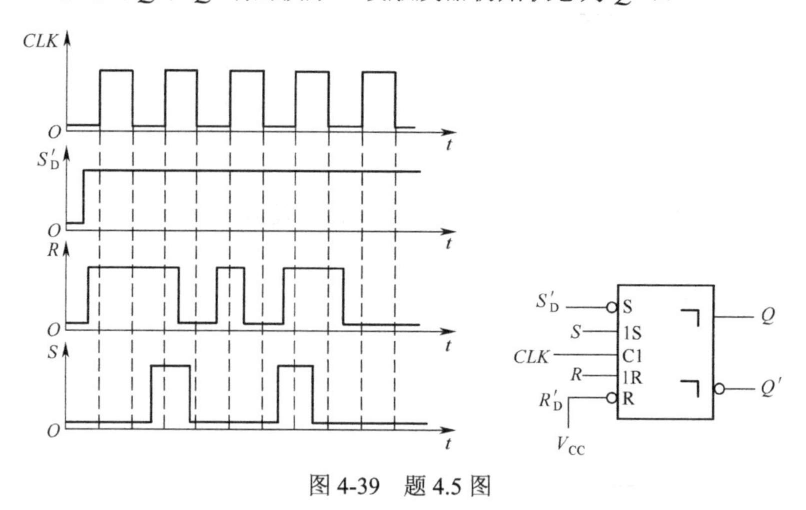

图 4-39　题 4.5 图

题 4.6　如图 4-40 所示为主从 JK 触发器的 *CLK*、*J*、*K* 端的波形，请画出 *Q* 和 *Q'* 端的波形。设触发器初始状态为 *Q*=0。

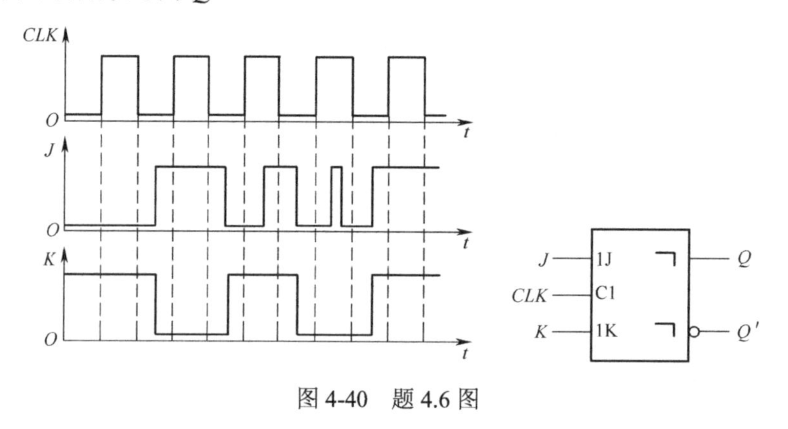

图 4-40　题 4.6 图

题 4.7　如图 4-41 所示为主从 JK 触发器的 *CLK*、*J*、*K* 端的波形，请画出 *Q* 和 *Q'* 端的波形。设触发器初始状态为 *Q*=0。

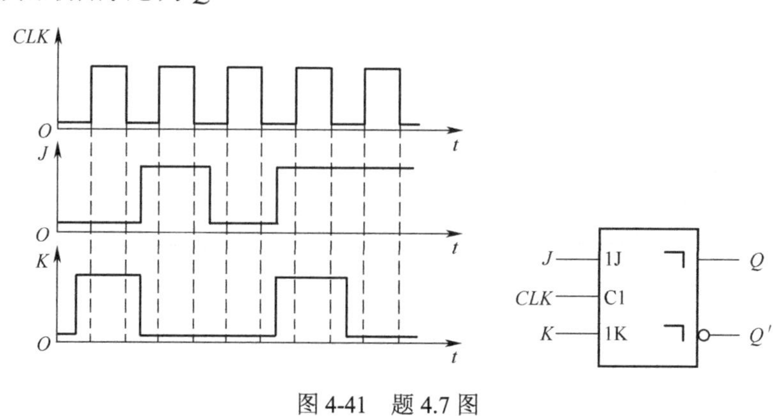

图 4-41　题 4.7 图

题 4.8 图 4-42 给出了边沿触发 JK 触发器的逻辑符号图（下降沿触发）及 *CLK*、*J*、*K* 端的波形，请画出 *Q* 和 *Q'* 端的波形。设触发器初始状态为 *Q*=0。

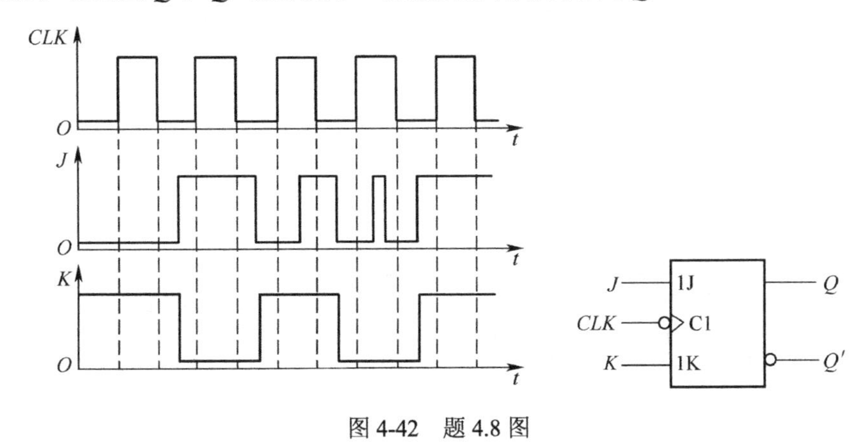

图 4-42 题 4.8 图

题 4.9 图 4-43 给出了边沿触发 JK 触发器的逻辑符号图（上升沿触发）及 *CLK*、*J*、*K* 端的波形，请画出 *Q* 和 *Q'* 端的波形。设触发器初始状态为 *Q*=0。

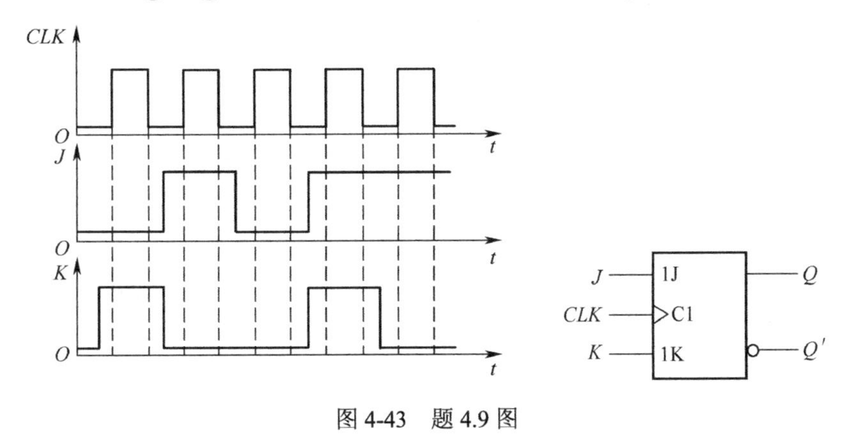

图 4-43 题 4.9 图

题 4.10 图 4-44 给出了边沿触发 D 触发器的逻辑符号图（上升沿触发）及 *CLK*、*D* 端的波形，请画出 *Q* 和 *Q'* 端的波形。设触发器初始状态为 *Q*=0。

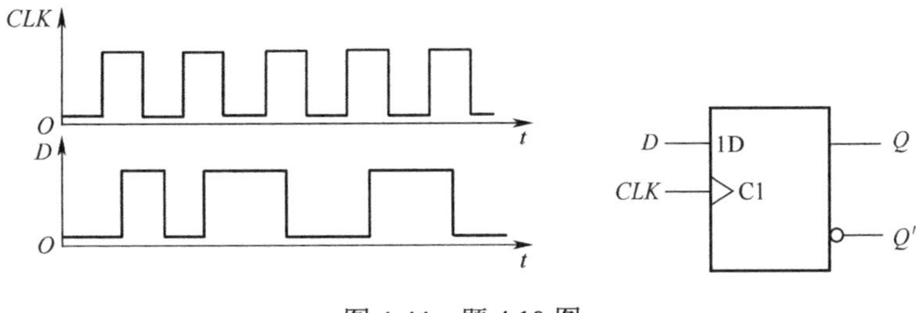

图 4-44 题 4.10 图

题 4.11 列出图 4-45 中各触发器电路的特性方程，然后画出在连续时钟信号 *CLK* 作用下的触发器 *Q* 端的波形。设各触发器初始状态均为 *Q*=0。

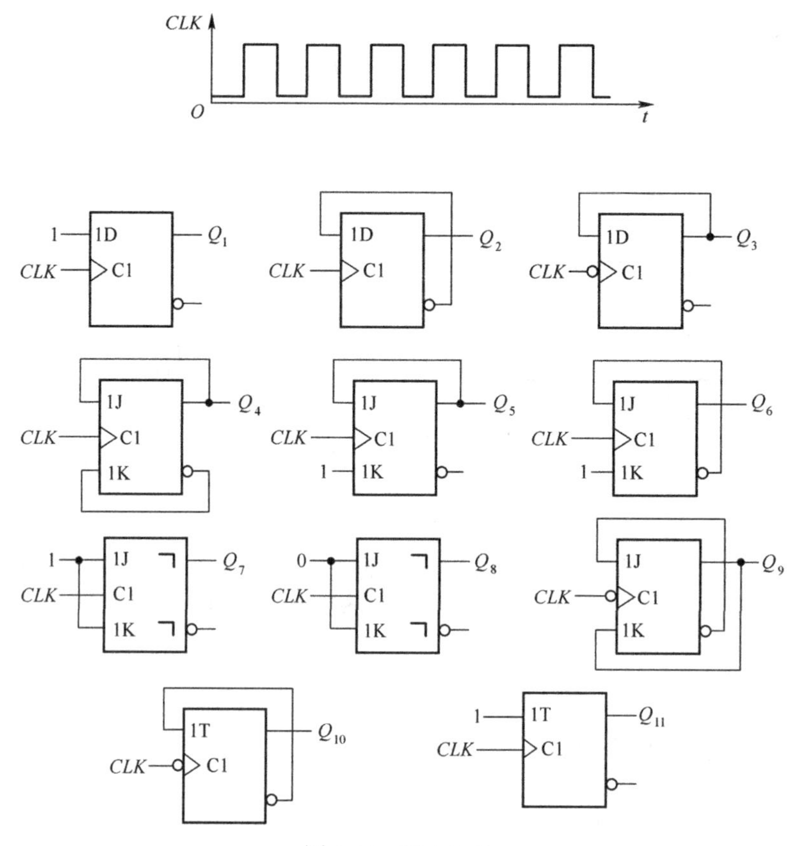

图 4-45　题 4.11 图

题 4.12　列出图 4-46 电路的特性方程，根据图中给出的 A、B 端波形画出电路 Q 和 Q' 端的波形。设触发器初始状态为 Q=0。

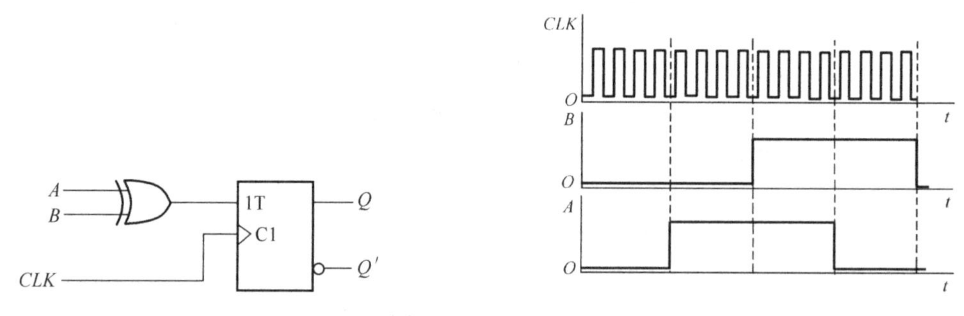

图 4-46　题 4.12 图

第5章 时序逻辑电路

内容提要

本章主要内容为时序逻辑电路的基本概念、分析方法、设计方法和常用时序电路。

首先概述了时序逻辑电路的分类、基本结构及描述方法，然后介绍了时序电路的分析方法。在常用时序电路中，重点介绍了寄存器和计数器，包括它们的组成、工作原理和一些集成芯片及其应用。最后着重介绍了时序电路的设计方法，包括电路自启动设计。

教学基本要求

1. 掌握时序电路的分析方法。
2. 了解（移位）寄存器、计数器的电路结构和工作原理。
3. 掌握寄存器、计数器的逻辑功能和应用方法。
4. 掌握时序电路的设计方法。

重点内容

1. 同步时序电路的分析方法和设计方法（利用触发器设计计数器）。
2. 集成计数器的应用：利用集成计数器实现任意进制计数器（分析和设计）。

5.1 时序电路的基本概念

时序电路是一类具有状态记忆功能的电路，这是它与组合逻辑电路的主要区别。为实现记忆功能，时序电路中必须包含触发器。触发器是时序电路中最基本，同时也是最重要的逻辑单元。

由于包含触发器，所以时序电路必须在时钟信号（*CLK*）的协调控制下工作。任意时刻各个触发器的输出状态组合代表了该时序电路当前的输出状态。时序电路的输出状态具有可控性和延续性，通常输出状态数是有限的，并且构成一个工作循环。因此，时序电路也称“状态机”。既然状态是循环的，那么某一时刻时序电路的输出状态就不仅与当前的输入（激励）信号有关，更重要的是取决于电路的原状态，或者说必须以前一时刻的状态为基础。这是时序电路的重要特点。

通常可以利用时序电路的输出状态对发生的“事件”进行循环记录。而“事件”的定义则非常广泛，这取决于设计者的具体用途，如最常见的“计数”。

5.1.1 时序电路的分类

1. 按电路中触发器的触发时间分类

时序电路可分为同步时序电路和异步时序电路两种。

同步时序电路中所有触发器的时钟端都并联到一起，它们的动作都受同一时钟脉冲控制，即触发器的状态变化是同时进行的。因此，同步时序电路中只有一个时钟脉冲输入端，每输入一个脉冲信号，电路的状态改变一次。

异步时序电路中至少有一个触发器的时钟信号与其他触发器不同。触发器的时钟信号来源不同，它们的状态变化也不会同步，即不在同一时间动作。

2. 按电路输出的控制方式分类

时序电路又可分为米利（Mealy）型和莫尔（Moore）型两种。

米利型的特点是电路的输出与触发器的状态和输入信号都有关，而莫尔型的特点是电路的输出只与触发器的状态有关。因此，莫尔型电路可以看作是米利型电路的特例。

根据上述两种电路的特点，除了时钟信号外，米利型时序电路必须有外界激励信号输入端。而莫尔型时序电路则不需要外界输入信号，完全依靠触发器的触发来实现状态的更替。

5.1.2 时序电路的基本结构和描述方法

1. 基本电路结构

图 5-1 给出了时序电路的一般性结构。可以看出，时序逻辑电路通常由存储电路（触发器）和组合逻辑电路（各种逻辑门）组成。其中组合电路的功能是实现一些逻辑上的控

制，它不是必须存在的。而存储电路则必须有，并且它的输出（$\boldsymbol{Q}$）要反馈给组合电路，并与外界输入信号（$\boldsymbol{X}$）进行一些逻辑运算后，再作为输入激励信号（$\boldsymbol{Z}$）作用到触发器的输入端，以对其次态（$\boldsymbol{Q}^*$）产生影响。同时，整个时序电路除了触发器状态输出（$\boldsymbol{Q}$）外，有时还需要从组合电路部分输出信号（$\boldsymbol{Y}$）。注意，上述字母均为向量形式，其中包含的信号个数可以为多个。

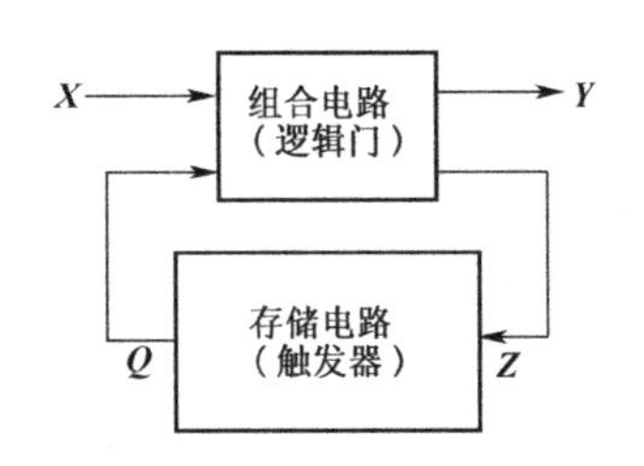

图 5-1 时序逻辑电路的结构框图

2．逻辑功能描述方法

描述一个时序电路的逻辑功能有多种方法，如逻辑表达式、状态转换表、状态转换图和时序（波形）图等，这些方法之间可以相互转换。

1）逻辑表达式

逻辑表达式就是通过一组数学方程描述时序电路的功能。这种方法最简洁，但比较抽象、不直观，不能直接观察出具体的逻辑功能。

时序电路的逻辑功能表达式具体包括以下几种方程（组）。

（1）时序电路的输出方程。

$$\begin{cases}\text{米利型：}\boldsymbol{Y}=f(\boldsymbol{X},\boldsymbol{Q})\\ \text{莫尔型：}\boldsymbol{Y}=f(\boldsymbol{Q})\end{cases} \tag{5.1}$$

式（5.1）给出了图 5-1 中输出变量$\boldsymbol{Y}$方程的一般形式，米利型电路的输出变量是输入变量$\boldsymbol{X}$和触发器状态$\boldsymbol{Q}$的函数，而莫尔型电路的输出变量仅是触发器状态的函数。

（2）触发器的驱动（激励）方程。

$$\boldsymbol{Z}=g(\boldsymbol{X},\boldsymbol{Q}) \tag{5.2}$$

式（5.2）给出了触发器的激励方程，也就是触发器输入信号的逻辑表达式。它通常是时序电路输入变量$\boldsymbol{X}$和触发器状态$\boldsymbol{Q}$的函数。当时序电路无输入信号时，激励方程将只是$\boldsymbol{Q}$的函数。

（3）触发器的次态方程。

$$\boldsymbol{Q}^*=h(\boldsymbol{X},\boldsymbol{Q}) \tag{5.3}$$

式（5.3）给出了触发器的次态方程，它通常是时序电路输入变量$\boldsymbol{X}$和触发器初态$\boldsymbol{Q}$的函数。当时序电路无输入信号时，次态方程将只是$\boldsymbol{Q}$的函数。

注意：触发器的次态方程也称为时序电路的状态方程。另外，驱动方程和输出方程主要描述的是电路结构，可以统称为结构方程；而次态方程/状态方程和输出方程主要描述逻辑关系，可以统称为逻辑方程。

（4）触发器的时钟方程。

时钟方程给出的是各触发器时钟信号的来源。同步时序电路的时钟方程只有一个，而异步时序电路的时钟方程为两个以上。

触发器的时钟一般由外界 *CLK* 信号直接提供，但有时也会先通过一些逻辑门控电路再接到触发器上，或由电路的内部信号产生。

2）状态转换表

状态转换表以表格形式体现了时序电路的输出、触发器的次态与输入信号、触发器初态之间的逻辑关系。

3）状态转换图

状态转换图以拓扑形式给出了时序电路全部输出状态之间的转换关系。完整的状态转换图应是一个状态循环形式，从初始状态出发，最后回到初始状态。

4）时序图

时序图（或称波形图）描述了在时钟脉冲控制下触发器状态和电路输出的变化过程及对比关系。在利用 EDA（电子设计自动化的简称）技术设计时序电路过程中，时序图是验证所设计电路逻辑功能的重要手段。

5.2 同步时序电路的分析方法

5.2.1 同步时序电路的分析任务

时序电路分析的任务：通过分析给定的逻辑电路图，找出电路的状态和输出信号在输入变量和时钟信号作用下的变化规律，以此规律总结出时序电路的具体逻辑功能。注意输入信号对时序电路并不是必须的。

5.2.2 同步时序电路的分析步骤

根据分析任务，时序电路分析的重点在于设法找出电路的工作状态和输出信号的变化规律。

具体分析可分为三大步骤。

1. 列出相关方程（逻辑表达式）

这里需要列出的方程涉及时钟方程、触发器驱动方程、电路状态方程和输出方程等。

（1）列时钟方程。根据时序电路中各触发器时钟信号端的连接情况，写出它们的时钟方程。对于同步时序逻辑电路，由于所有时钟端是连接在一起的，所以可以省略此步骤。

（2）列触发器驱动（激励）方程。根据各触发器输入信号端（激励端）的连接情况，列出形如式（5.2）所示的驱动方程，根据触发器具体类型，方程左侧可以是 R、S、J、K、D 或 T。

驱动方程实际上给出了触发器激励信号的来源。

（3）列触发器次态方程（电路状态方程）。将驱动方程代入到相应触发器的特性方程中，根据需要进行整理、化简后，可以得到触发器的次态方程，即时序电路的状态方程。

由于整个时序电路的工作状态是由各个触发器的状态组合决定的，因此获取触发器次态方程尤为重要。电路的状态就是根据次态方程推导出来的。

（4）列输出方程。一般时序电路都会设置输出信号，根据输出信号端的连接情况，就可列出输出方程。通常电路的输出与电路的状态紧密联系。

2．列出时序电路状态转换表（或状态转换图、时序图）

只有列出状态转换表（或状态转换图、时序图），才能分析出时序逻辑电路的具体功能。获取状态转换表需依靠次态方程和电路输出方程。具体做法：先设定一个电路初态（也称现态，一般设为 0）并代入到触发器次态方程和输出方程中，以获得该初态下的输出和电路的次态；然后将得到的次态作为新的初态，再代入到次态方程和输出方程中，又会得到新的输出值和次态。如此重复下去，最后将全部状态和输出列成表格形式，就得到了状态转换表。

对于具有输入变量的米利型电路，需分别设定输入变量的所有可能值，然后根据上述方法获得各个输入变量值对应的状态转换表。

另外，根据实际要求和需要还可进一步列出状态转换图和时序图。状态转换表、状态转换图和时序图三者的作用是等同的。

3．说明电路的逻辑功能

根据状态转换表、状态转换图或时序图显示的分析结果，观察状态循环情况，描述出电路的具体逻辑功能（包括自启动能力）。常见的如计数器。

【例 5-1】 分析图 5-2 给出的时序电路的逻辑功能。要求给出状态转换表、状态转换图和时序图，并进行自启动能力分析。

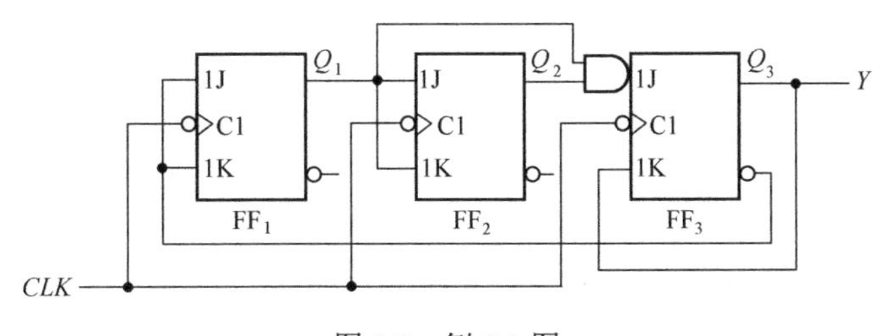

图 5-2 例 5-1 图

解：该电路为没有输入变量的同步时序逻辑电路，其中使用了 3 个下降沿触发的边沿 JK 触发器（编号为 FF_1、FF_2、FF_3），触发器的状态组合 $Q_3Q_2Q_1$ 代表了时序电路的工作状态。另外整个电路有一个输出信号 Y。

（1）首先根据电路连接情况列出各种方程（同步电路不必列时钟方程）。

① 触发器驱动方程。FF_1、FF_2 是单激励触发器，而 FF_3 是多激励触发器，其 J 端信号由两个激励信号相与后提供。各触发器驱动方程如下（注意标号区别）：

$$\begin{cases} FF_1: & J_1 = K_1 = Q_3' \\ FF_2: & J_2 = K_2 = Q_1 \\ FF_3: & J_3 = Q_1 \cdot Q_2,\ K_3 = Q_3 \end{cases}$$

② 触发器次态方程。将上述驱动方程分别代入到 JK 触发器的标准特性方程

（$Q^* = JQ' + K'Q$）中，整理后得到次态方程，即电路的状态方程为

$$\begin{cases} \text{FF}_1: \ Q_1^* = Q_3'Q_1' + Q_3Q_1 = Q_1 \odot Q_3 \\ \text{FF}_2: \ Q_2^* = Q_1Q_2' + Q_1'Q_2 = Q_1 \oplus Q_2 \\ \text{FF}_3: \ Q_3^* = Q_1Q_2Q_3' + Q_3'Q_3 = Q_1Q_2Q_3' \end{cases}$$

③ 输出方程：

$$Y = Q_3$$

（2）列状态转换表、状态转换图和时序图。

① 状态转换表。

设电路初态 $Q_3Q_2Q_1 = 000$，代入到次态方程和输出方程中，得到的输出 $Y = 0$ 和次态 $Q_3^*Q_2^*Q_1^* = 001$。将次态 001 作为新的初态再代入到次态方程。如此重复操作，得到了如表 5-1 和表 5-2 所示的电路状态转换表。

表 5-1　图 5-2 电路的状态转换表

$Q_3\ Q_2\ Q_1$	$Q_3^*\ Q_2^*\ Q_1^*$	Y
000	001	0
001	010	0
010	011	0
011	100	0
100	000	1
101	011	1
110	010	1
111	001	1

表 5-2　图 5-2 电路的状态转换表的另一种形式

CLK 顺序	$Q_3\ Q_2\ Q_1$	Y
0	000	0
1	001	0
2	010	0
3	011	0
4	100	1
5	000	0
0	101	1
1	011	0
0	110	1
1	010	0
0	111	1
1	001	0

② 状态转换图。为能更清晰地说明电路的工作状态转换过程，给出了如图 5-3 所示的状态转换图。图中箭头表示了状态转换的方向，其中 000～100 这 5 个状态构成了一个循环。时序电路正常工作时就是按照这个状态循环进行的，称这个循环为“有效循环”，其中的 5 个状态称为“有效态”。注意，当电路运行到 100 状态时，Y 端会输出高电平作为标志。

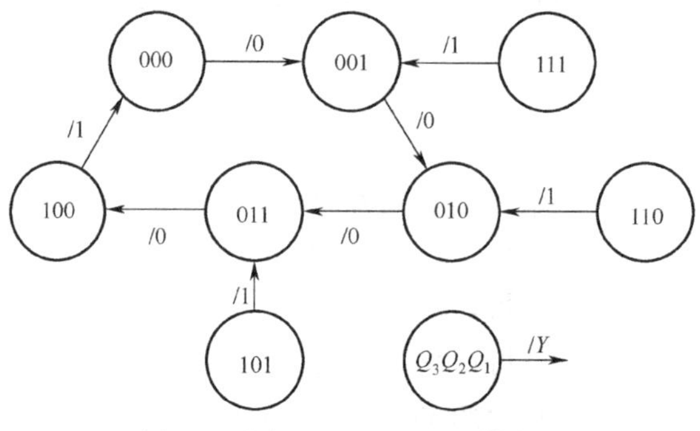

图 5-3　图 5-2 电路的状态转换图

因为用 3 位二进制编码共可以表示 8 个状态，有效态之外的 3 个状态（即 101、110 和 111）称为“无效态”。转换图中也给出了以无效态为初态时的转换情况，可以看出 3 个无效态的次态分别为 011、010 和 001。这说明即使电路以无效态为初始工作状态，最终也能转换为有效态，并进入到有效循环之中，这种能力称为“自启动”。

具有自启动能力的时序电路抗干扰能力强，在进行时序电路设计时要考虑自启动。

③ 时序图。图 5-4 给出了电路的波形图，它以触发器和电路的输出高、低电平形式描述了有效态的转换过程。

时序图通常用于在计算机模拟和实验测试中检验电路的逻辑功能。

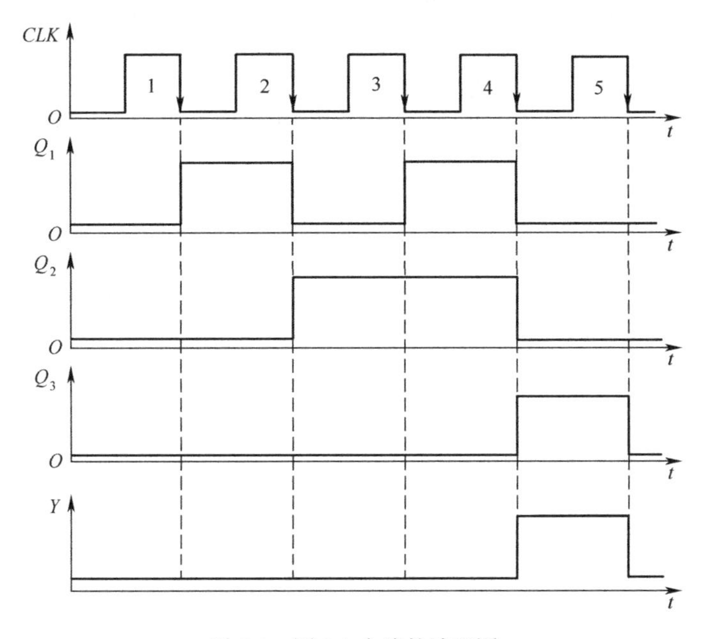

图 5-4　图 5-1 电路的波形图

（3）电路的逻辑功能。

时序电路逻辑功能要根据状态转换表、状态转换图或时序图中的有效循环情况来决定。通过观察图 5-3 可发现，其十进制数的状态编码变化规律对应的是 0→1→2→3→4，和十进制递增或加法计数的过程规律（0→1→2→3→4→5→6→7→8→9）是相似的，所以此电路功能可以称为递增/加法计数器。又因为状态循环包含 5 个状态，或者每 5 个时钟脉冲完成一次状态循环，所以这个电路可以进一步称为五进制递增/加法计数器。一般情况下，计数器和数制是一一对应的，即五进制计数器的状态/状态编码规律往往和五进制计数法则是一致的。五进制计数器对应的是五进制计数法则，其模为 5，或者说计数过程中逢五进一。而与之对应，Y 端每 5 个时钟脉冲就输出一个脉冲信号，所以 Y 是表示计数器计满一个循环的进位输出端。请问真正表示进位的标志是 Y 的低电平、高电平、上升沿，还是下降沿呢？（这里是下降沿，但不是绝对的。）

【例 5-2】　分析图 5-5 所给时序电路的逻辑功能。要求给出状态转换表和状态转换图，并进行自启动能力分析。

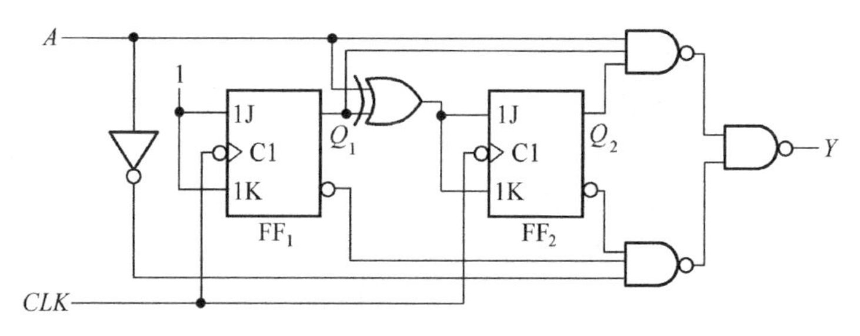

图 5-5　例 5-2 的电路图

解：该电路为具有输入变量（A）的莫尔型同步时序逻辑电路，其中使用了两个下降沿触发的边沿 JK 触发器（编号为 FF_1、FF_2），触发器的状态组合 Q_2Q_1 代表了时序电路的工作状态。另外，整个电路有一个输出信号 Y。

（1）首先根据电路连接情况列出各种方程（同步电路不必列时钟方程）。

① 触发器驱动方程。

$$\begin{cases} FF_1: \ J_1 = K_1 = 1 \\ FF_2: \ J_2 = K_2 = A \oplus Q_1 \end{cases}$$

② 触发器次态方程。将上述驱动方程分别代入到 JK 触发器的特性方程（$Q^* = JQ' + K'Q$）中，整理后得到次态方程，即电路的状态方程。

$$\begin{cases} FF_1: \ Q_1^* = 1Q_1' + 1'Q_1 = Q_1' \\ FF_2: \ Q_2^* = (A \oplus Q_1)Q_2' + (A \oplus Q_1)'Q_2 = A \oplus Q_1 \oplus Q_2 \end{cases}$$

③ 输出方程。

$$\begin{aligned} Y &= ((AQ_1Q_2)' \cdot (A'Q_1'Q_2')')' \\ &= AQ_1Q_2 + A'Q_1'Q_2' \end{aligned}$$

（2）列状态转换表、状态转换图。

① 状态转换表。设电路初态为$Q_2Q_1 = 00$，分别考虑 A=1、A=0 两种情况下的状态转换情况，如表 5-3 和表 5-4 所示。

表 5-3　图 5-5 电路的状态转换表（A=1）

CLK 顺序	$Q_2\ Q_1$	Y
0	00	0
1	11	1
2	10	0
3	01	0
4	00	0

表 5-4　图 5-5 电路的状态转换表（A=0）

CLK 顺序	$Q_2\ Q_1$	Y
0	00	1
1	01	0
2	10	0
3	11	0
4	00	1

② 状态转换图。图 5-6 给出了状态转换图，图中包含了两个方向上的状态循环。A=0 时进行顺时针循环，计数值逐渐递增；A=1 时进行逆时针循环，计数值逐渐递减。循环中的 4 个状态为有效态，因为 2 位二进制编码共可以表示 4 个状态，所以此电路没有无效态，电路能自启动。

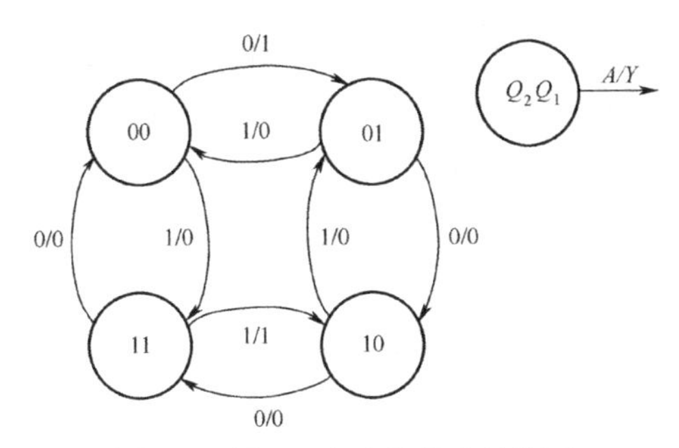

图 5-6　图 5-5 电路的状态转换图

（3）电路的逻辑功能。

根据状态表和状态图可以发现，每经过 4 个时钟脉冲该电路的状态完成一个递增或递减的循环过程。所以，这个电路当 A=0 时完成 2 位二进制（四进制）加法计数功能，当 A=1 时完成 2 位二进制减法计数功能，计数对象是时钟脉冲。Y 端可看成进/借位输出端。

异步时序逻辑电路的分析过程和同步电路基本相同。唯一不同的是，电路的异步特性决定了其状态方程对应的触发条件并不一定是相同的。那么在利用状态方程计算得到状态转换表的过程中一定要注意：只有满足触发条件的状态方程（不一定同时满足），才可以通过计算得到次态，否则状态保持不变。

5.3　寄存器

时序逻辑电路通常是数字系统的控制核心，因此其应用非常广泛。寄存器和计数器是最常见的两种时序电路。本节首先介绍寄存器（包括衍生的移位寄存器）的基本组成结构和工作原理，然后介绍几种集成寄存器及其应用。计数器将在下一节介绍。

5.3.1　寄存器和移位寄存器结构组成及工作原理

1. 寄存器

在数字系统中，寄存器（Register）用来暂时存放待处理的二进制数（数值或代码）。因为二进制数只由 0 和 1 构成，而 D 触发器具有置 0 和置 1 功能，且操作简单，因此寄存器内部一般由 D 触发器组成。对构成寄存器的触发器的触发方式没有严格限制，电平触发、脉冲触发和边沿触发都可以。

一个 D 触发器只能寄存 1 位数据，如需同时寄存 N 位数据，则寄存器需要 N 个 D 触发器组成。下面以 4 位寄存器为例介绍其结构组成和工作原理。

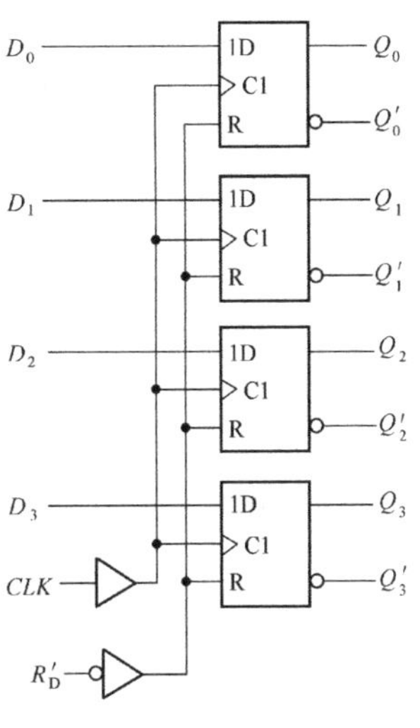

图 5-7　4 位寄存器电路图

1）结构组成

图 5-7 给出了一个 4 位寄存器的电路图，由 4 个上升沿触发的边沿 D 触发器构成，它们的时钟端并联到一起，受

同一时钟信号 *CLK* 控制，以保证同时触发动作，同时寄存数据。

D_0～D_3是数据输入端，Q_0～Q_3是数据同相输出端，Q_0'～Q_3'是数据反相输出端。此外，该电路还增加了异步置0端 R_D'，低电平有效。根据使用场合的不同，有些寄存器还具有三态控制功能和数据保持功能。

2）工作原理

工作时，首先将需寄存的4位二进制数同时加载到D_0～D_3端，当 *CLK* 端出现时钟上升沿时，D触发器触发动作，根据D触发器的特性方程（$Q^*=D$），4位数据即被触发器接收（寄存），随即出现在Q_0～Q_3端。由于数据是同时输入、同时输出的，因此把这种方式称为并行输入、并行输出方式。

当 R_D' 端加低电平时，不论此时其他信号端状态如何，所有D触发器都被置0，即相当于将寄存器数据清零。

2．移位寄存器

在数字系统中，有时希望寄存器中的数据能在各触发器中按次序移动，这就需要使用移位寄存器（Shift Register）。例如，计算机上的通用串行总线（USB）接口，既可以将计算机内部的并行数据转换为串行方式按序输出，也可以将外部数据串行输入到计算机中。

移位寄存器既可以寄存数据，又可以在时钟信号控制下移动数据。此外，它的输入/输出方式较寄存器更灵活多样，一些集成芯片可以提供串行/并行两种输入方式，串行/并行两种输出方式。

1）结构组成

图5-8给出了用4个边沿D触发器组成的移位寄存器的电路图。该电路只提供了串行输入方式，输出方式有串行/并行输出两种。

数据从D_I端，即FF_0的D端输入。后续3个触发器（FF_1～FF_3）的输入D端分别连接前一个触发器的输出Q端，即从前一个触发器获得数据。D_O端，即FF_3的Q_3端为数据的串行输出端。此外，存储的4位数据可同时从$Q_3\,Q_2\,Q_1\,Q_0$端并行输出。

CLK 为控制数据移动的时钟信号，也称移位脉冲信号，图5-8中的D触发器为上升沿触发，因此每个时钟脉冲上升沿数据从左至右移动一位。

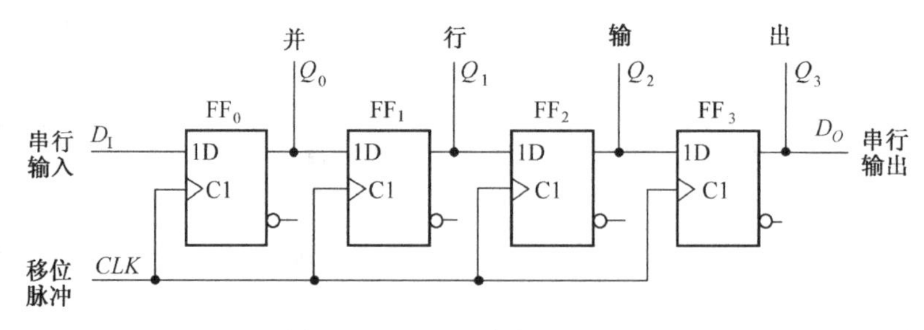

图5-8　4位移位寄存器电路图

2）工作原理

电路中各触发器的时钟端并联，因此它们的状态同时变化。次态方程如下：

$$Q_3^* = Q_2;\ Q_2^* = Q_1;\ Q_1^* = Q_0;\ Q_0^* = D_I \tag{5.4}$$

从次态方程可以看出，除了 FF_0 从 D_I 端获取新数据外，其他 3 个触发器的次态（存入的新数据）等于其前面触发器的原状态（原来存入的数据）。这是因为触发器从 D 端接收新数据到数据出现在 Q 端需要一定的传输延迟时间。

例如，对于 FF_0，时钟上升沿从 D_I 端接收新数据，但新数据不会马上出现在 Q_0 端，这段传输时间内 Q_0 端仍然保持原状态；而 FF_1 与 FF_0 是同时动作的，所以 FF_1 接收的是 Q_0 的原状态；当 Q_0 端出现新数据时，因为时钟上升沿已过，FF_1 也不会触发接收这个数据，只能等下一个上升沿。

表 5-5 给出了图 5-8 电路移入 4 位数据 1010 时的数据移动情况，设各触发器初始状态都是 0。

可以看出，经过 4 个 CLK 信号后，待输入的 4 位数据代码全部串行移入到了移位寄存器中，可以在 4 个触发器的输出端得到并行输出的数据。因此，利用该电路可以实现串行—并行的数据格式转换。

表 5-5　移位寄存器中的代码移动情况（以移入 1010 为例）

CLK 顺序	输入 D_I	Q_0　Q_1　Q_2　Q_3
0	×	0　0　0　0
1	1	1　0　0　0
2	0	0　1　0　0
3	1	1　0　1　0
4	0	0　1　0　1

此外，有些集成的移位寄存器还具有并行输入功能（如后面要介绍的 74LS194）。如果并行置入 4 位数据，然后经过 4 个 CLK 脉冲信号，就可以从 D_O 端串行输出得到该 4 位数据，从而实现数据的并行—串行的格式转换。

5.3.2　集成（移位）寄存器及其应用

1．集成寄存器

1）4 位寄存器 74LS175

图 5-9 给出了 74LS175 的引脚排列和内部电路连接情况。它的内部由 4 个边沿 D 触发器构成，时钟端并联，这样可以同时寄存 4 位数据，并从 Q_0～Q_3 端输出。同时提供了数据的反相输出端 Q_0'～Q_3'。74LS175 共有 16 个引脚，时钟从 9 号引脚接入，1 号引脚 R_D' 为异步清零信号输入端。

表 5-6 给出了 74LS175 的逻辑功能。当异步清零端 R_D' 为低电平时，不论时钟端和 D 端信号如何，输出 Q_i 都为 0。只有在 R_D' 为高电平时，在时钟信号上升沿，寄存器才可以完成数据的寄存。在其他时间，寄存器保持原状态（上升沿时刻的状态）。

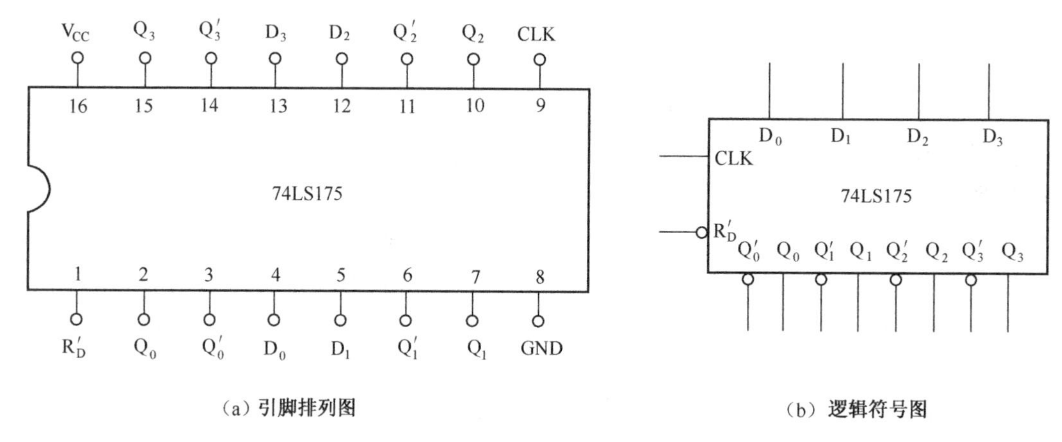

（a）引脚排列图　　（b）逻辑符号图

图 5-9　74LS175 的引脚排列图及逻辑符号图

表 5-6　74LS175 的逻辑功能表

输入信号			输出信号	
R_D'	CLK	D_i	Q_i	Q_i'
0	×	×	0	1
1	↑	1	1	0
1	↑	0	0	1
1	0 或 1	×	保持	保持

2）8 位寄存器（74LS374）/锁存器（74LS373）

图 5-10 给出了 74LS374 的引脚排列及内部连接情况，此图来自美国国家半导体公司（National Semiconductor）的产品说明书。它是 8 位集成寄存器，内部集成有 8 个边沿 D 触发器，在时钟信号上升沿进行数据的存储。此外，电路还具有三态输出功能，1 号引脚 OE' 是使能控制端，当 OE'=1 时，寄存器输出高阻状态。

74LS373 是 8 位集成锁存器，如图 5-11 所示。锁存器与寄存器功能类似，只是锁存器内部使用的是电平触发的同步 D 触发器（即 D 锁存器）。当 11 号引脚（CLK 端）处于高电平时，锁存器接受并寄存数据，低电平时保持锁存的数据。另外，它的 1 号引脚 OE' 也是三态控制端。

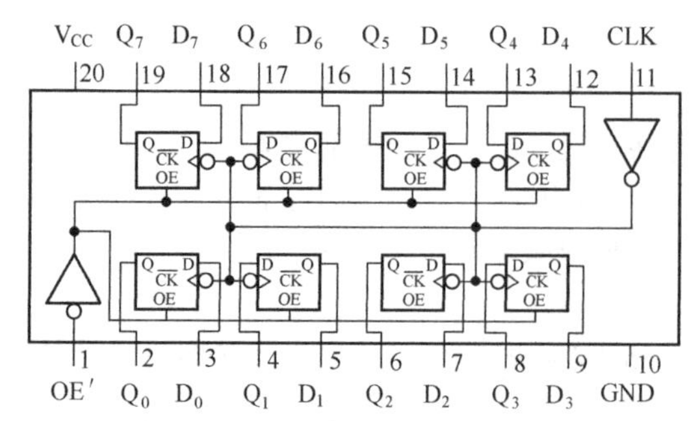

图 5-10　74LS374 的引脚排列及内部连接图

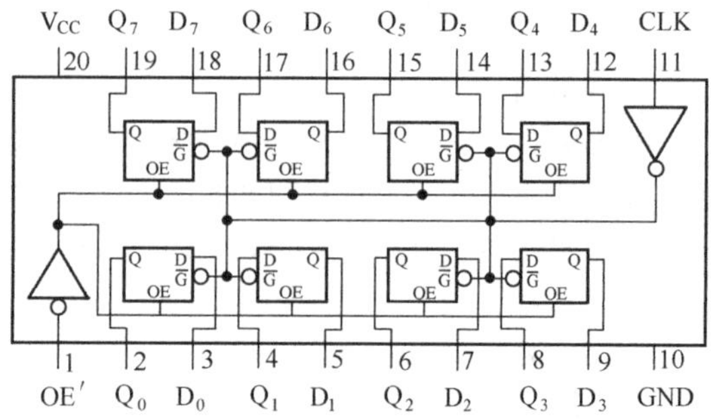

图 5-11　74LS373 的引脚排列及内部连接图

上述两种寄存器/锁存器的功能表分别如表5-7和表5-8所示。三态控制端为高电平时，整个电路输出为高阻状态；为低电平时，电路正常工作。

从电路结构和功能表来看，74LS374和74LS373除触发特性不同外，其他方面完全相同。

表5-7 74LS374的功能表

输入信号			输出信号
OE'	CLK	D_i	Q_i
1	×	×	高阻
0	↑	1	1
0	↑	0	0
0	0或1	×	保持

表5-8 74LS373的功能表

输入信号			输出信号
OE'	CLK	D_i	Q_i
1	×	×	高阻
0	1	1	1
0	1	0	0
0	0	×	保持

2. 4位集成双向移位寄存器74LS194

74LS194是最常见的4位集成双向移位寄存器，其内部也主要由4个边沿D触发器构成。它功能全面，具有并行/串行输入、并行/串行输出功能。此外，数据具有双向移动能力，既可以自左向右串行移动，又可以自右向左串行移动。

图5-12给出了74LS194的引脚排列图。

（1）CLK：时钟信号端，上升沿完成数据寄存或移动。

（2）R_D'：异步清零端，低电平有效。

（3）S_1、S_0：工作状态控制端。

（4）D_3～D_0（从高至低）：4位并行输入端。

（5）Q_3～Q_0（从高至低）：4位并行输出端。

（6）2号引脚（D_{IR}）：右移串行数据输入端（数据移动方向$Q_0 \rightarrow Q_3$）。

（7）7号引脚（D_{IL}）：左移串行数据输入端（数据移动方向$Q_3 \rightarrow Q_0$）。

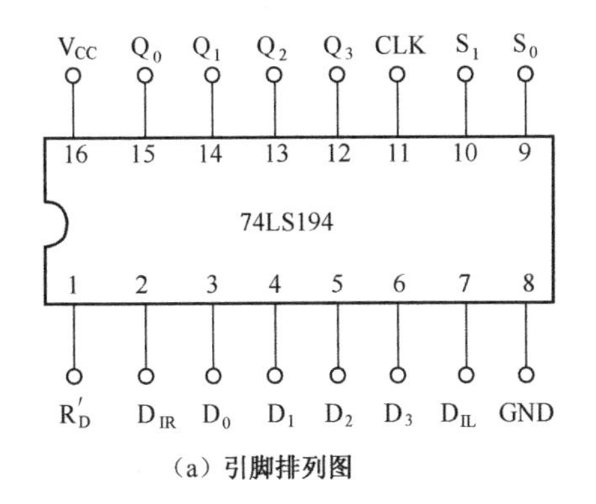

（a）引脚排列图

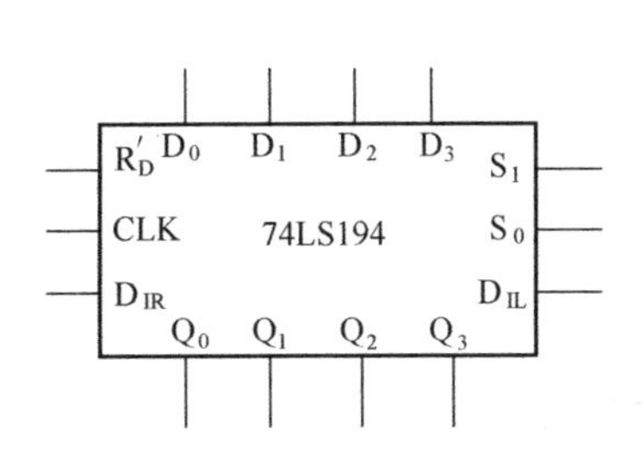

（b）逻辑符号图

图5-12 74LS194的引脚排列图及逻辑符号图

74LS194的功能表如表5-9所示，当R_D'端为低电平时，无论其他功能端状态如何，整个寄存器都被清零。

表 5-9　74LS194 的功能表

R'_D	S_1　S_0	CLK	功能（寄存器状态）
0	×　×	×	清零（$Q_3Q_2Q_1Q_0$=0000）
1	0　0	×	保持（$Q_3^*Q_2^*Q_1^*Q_0^*=Q_3Q_2Q_1Q_0$）
1	0　1	↑	右移（$Q_3^*=Q_2$；$Q_2^*=Q_1$；$Q_1^*=Q_0$；$Q_0^*=D_{IR}$）
1	1　0	↑	左移（$Q_3^*=D_{IL}$；$Q_2^*=Q_3$；$Q_1^*=Q_2$；$Q_0^*=Q_1$）
1	1　1	↑	并行输入（$Q_3^*Q_2^*Q_1^*Q_0^*=D_3D_2D_1D_0$）

当处于数据移动工作状态时，在每个时钟信号的上升沿，数据在各触发器间移动一位。右移时数据移动方向为 Q_0→Q_3，注意 Q_0 从 D_{IR} 端输入数据；左移时数据移动方向为 Q_3→Q_0，注意 Q_3 从 D_{IL} 端输入数据。

有时 4 位寄存器并不能满足实际需要，这就需要进行位数的扩展。利用两片 74LS194 可以很方便地扩展成一个 8 位的双向移位寄存器，如图 5-13 所示，其中左边的 74LS194A 为低位片，右边为高位片，具体如下所述。

（1）低位片的 Q_3 端连接高位片的 D_{IR} 端，目的是实现数据右移时从低 4 位向高 4 位传送的衔接。

（2）低位片的 D_{IL} 端连接高位片的 Q_0 端，目的是实现数据左移时从高 4 位向低 4 位传送的衔接。

（3）其他功能引脚分别并联，如时钟 CLK、R'_D、S_1、S_0。

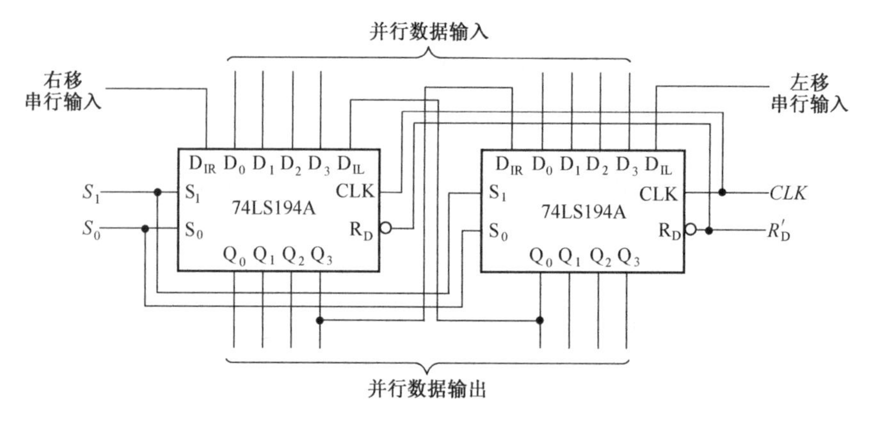

图 5-13　用两片 74LS194 构成 8 位双向移位寄存器

3．移位寄存器的应用

移位寄存器应用很广，可构成移位寄存器型计数器、顺序脉冲发生器、串行累加器；还可用作数据转换，即把串行数据转换为并行数据，或把并行数据转换为串行数据等。

下面介绍基于移位寄存器的顺序脉冲发生器。顺序脉冲发生器的功能是能输出一组在时间上有一定先后顺序的脉冲信号，然后用这组脉冲信号去形成各种控制信号。

图 5-14 给出了一种顺序脉冲发生器的逻辑电路图，它在 4 位移位寄存器的基础上，通过一个或非门将 Q_0、Q_1 和 Q_2 反馈至第一个触发器。

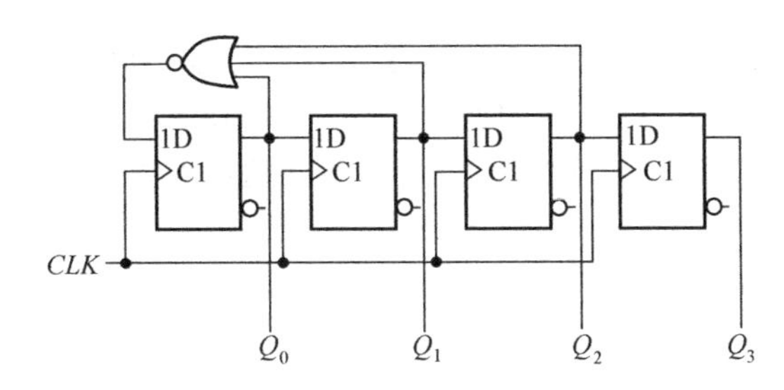

图 5-14 利用移位寄存器构成的顺序脉冲发生器

根据该逻辑图得到它的状态方程为

$$Q_3^* = Q_2;\quad Q_2^* = Q_1;\quad Q_1^* = Q_0;\quad Q_0^* = (Q_2 + Q_1 + Q_0)' \tag{5.5}$$

根据状态方程，经过推导可画出电路的状态转换图，如图 5-15 所示。该转换图表明电路只有一个由 4 个状态构成的有效循环，即 1000、0100、0010 和 0001，其余 12 个状态都是无效态，但是整个电路能够自启动。

根据有效循环，当电路正常工作后，在时钟信号 *CLK* 的驱动下，Q_0～Q_3 端将依次输出正脉冲并不断循环，如图 5-16 所示。

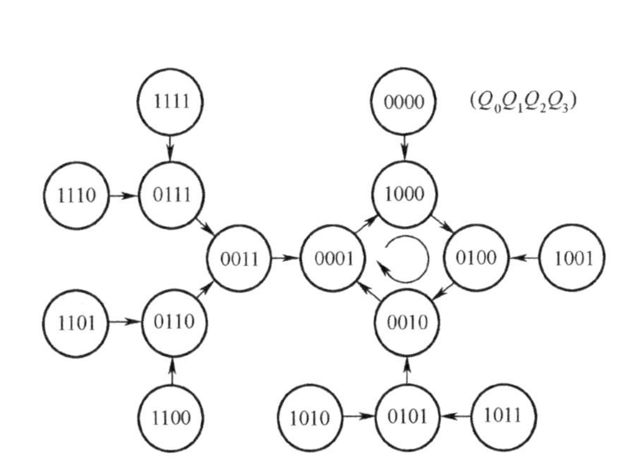

图 5-15 顺序脉冲发生器的完整状态转换图

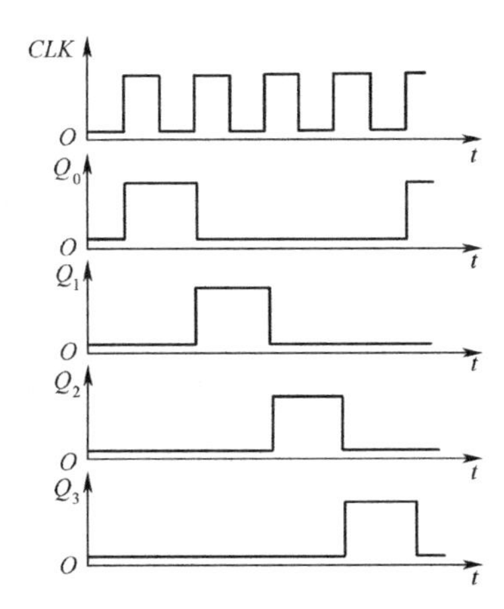

图 5-16 顺序脉冲发生器的输出波形

5.4 计数器

计数器是数字系统中最常用的时序电路之一。它的基本功能是对时钟脉冲进行计数，以此为基础，能用于定时、分频等。在与其他逻辑功能电路组合后，还可以产生脉冲序列、节拍脉冲，并能进行数值运算等复杂功能。

计数器的种类繁多，分类方法也多种多样，主要有以下几种。

（1）按触发器触发时间。触发器是构成计数器的基本单元，一个计数器至少应包含两个以上的触发器。按照触发器的触发时间可将计数器分为同步方式和异步方式两种。对于同步计数器，其中所有触发器的时钟端并联到一起，因此它们同时触发翻转；对于异步计数器，触发器的时钟端信号来源不同，因此它们的触发不是同时发生的，而是有先后之分。

（2）按计数值的增减方式。计数器的基本逻辑功能是对输入的时钟脉冲个数进行计数。

按计数时的数字增减方式可以分为加法计数器、减法计数和可逆计数器（或称加/减计数器）。加法计数器对输入脉冲进行数字的递增计数，而减法计数器则进行递减计数，既能递增计数又能递减计数的称为可逆计数器。可逆计数器通常设置有控制方式信号端，以进行加/减工作方式的选择。

（3）按计数值的编码方式。计数器的用途不同，其采用的编码方式也不尽相同。最常用的是二进制编码方式，其他的如采用 BCD 编码的二—十进制计数器等。

（4）按计数器容量。计数器按计数容量可分为三大类：（n 位）二进制计数器、十进制计数器和 N 进制计数器。计数器的最大计数容量取决于包含的触发器个数。如果一个计数器包含 n 个触发器，理论上最大计数容量为 2^n，按 2^n 容量工作的计数器统称为（n 位）二进制计数器。例如，最大计数容量为 16 时，称为 4 位二进制计数器，也可简称为十六进制计数器。

实际上，通过修改某种计数器的内部或外部电路，可以让计数器不按照最大计数容量工作。最具代表性的也最常用的就是十进制计数器，其内部也要包含 4 个触发器。除了二进制和十进制之外，其他统称 N 进制计数器，它可在前两种计数器的基础上实现。

5.4.1 同步计数器结构组成及原理

本节将介绍 4 种同步计数器的组成及工作原理，分别是 4 位二进制加法计数器、4 位二进制减法计数器、4 位二进制加/减计数器和十进制加法计数器。

1. 同步 4 位二进制加法计数器

同步二进制计数器通常由 T 触发器构成。4 位二进制加法计数器中包含 4 个 T 触发器，每个触发器的状态代表计数值的一位，因此可完成 4 位二进制的加法计数。

加法计数器是对输入的时钟脉冲进行递增计数，根据二进制加法的运算规则，最低位触发器在每个计数脉冲输入之后都要翻转。而对于高位触发器，只有当低位触发器状态全部为 1 时，再输入计数脉冲它才会翻转，否则状态不变。对于 T 触发器，当 T 端为 1 时可完成状态翻转功能。

由此，4 位二进制加法计数器中各触发器的驱动方程（T 表达式）可表示为

$$\begin{cases} T_0 = 1 \\ T_i = Q_{i-1} \cdot Q_{i-2} \cdots Q_0 \quad (i = 1,2,3) \end{cases} \tag{5.6}$$

对于其他 n 位二进制计数器的 T 表达式也可按照式（5.6）进行扩展。按此规律即可以设计出各 n 位二进制加法计数器。

1）电路结构

图 5-17 给出了 4 位二进制加法计数器的电路图，其中的 T 触发器是在 JK 触发器基础上构成的（J、K 端相连）。由于是同步时序电路，所以各触发器的时钟端并联到一起，并且在 CLK 下降沿触发。

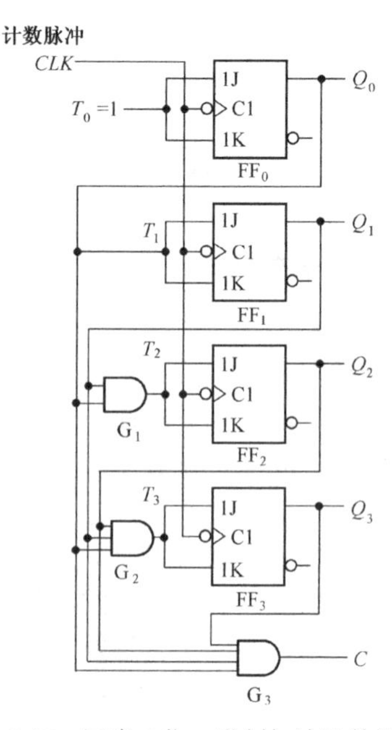

图 5-17 同步 4 位二进制加法计数器

2）电路原理分析

下面按照时序电路的分析方法对该计数器的工作原理和功能进行分析。

（1）根据电路图列出相关方程。

① 触发器驱动方程。T 触发器只有一个激励信号端，各触发器驱动方程如下（注意标号区别）。

$$\begin{cases} FF_0: \ T_0 = 1 \\ FF_1: \ T_1 = Q_0 \\ FF_2: \ T_2 = Q_1Q_0 \\ FF_3: \ T_3 = Q_2Q_1Q_0 \end{cases}$$

② 计数器电路的状态方程。将上述驱动方程分别代入到 T 触发器的标准特性方程（$Q^* = TQ' + T'Q$）中，整理后得到次态方程，即电路的状态方程。

$$\begin{cases} FF_0: \ Q_0^* = Q_0' \\ FF_1: \ Q_1^* = Q_0Q_1' + Q_0'Q_1 \\ FF_2: \ Q_2^* = Q_0Q_1Q_2' + (Q_0Q_1)'Q_2 \\ FF_3: \ Q_3^* = Q_0Q_1Q_2Q_3' + (Q_0Q_1Q_2)'Q_3 \end{cases}$$

③ 输出方程：$C = Q_3Q_2Q_1Q_0$。

（2）列状态转换表、状态转换图和时序图。

设电路初态为$Q_3Q_2Q_1Q_0 = 0000$，代入到状态方程和输出方程中，得到的状态转换表如表 5-10 所示，状态转换图如图 5-18 所示。

表 5-10　同步 4 位二进制加法计数器的状态转换表

CLK 顺序	电路状态 $Q_3\ Q_2\ Q_1\ Q_0$	等效十进制数	进位输出 C
0	0000	0	0
1	0001	1	0
2	0010	2	0
3	0011	3	0
4	0100	4	0
5	0101	5	0
6	0110	6	0
7	0111	7	0
8	1000	8	0
9	1001	9	0
10	1010	10	0
11	1011	11	0
12	1100	12	0
13	1101	13	0
14	1110	14	0
15	1111	15	1
16	0000	0	0

（3）电路功能。

从状态转换表和状态转换图可以看出，4 位二进制加法计数器完成一个工作循环需要输入 16 个脉冲，分别对应 16 个状态。这些状态按照 4 位二进制数值递增的顺序进行变化，即加法计数。当状态为 1111 时，输出信号 C 为高电平，其余状态下输出低电平。

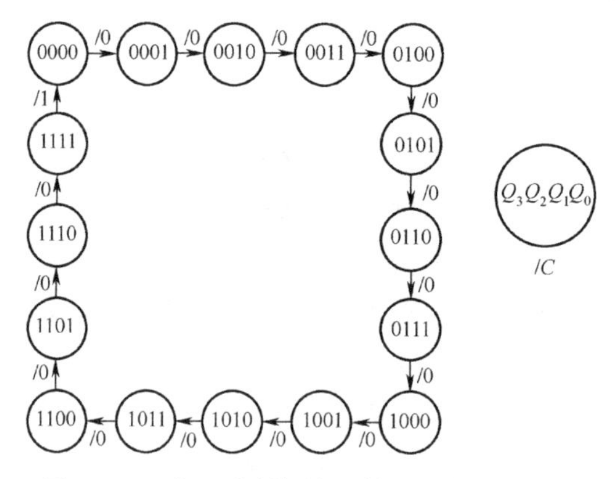

图 5-18　4 位二进制加法计数器的状态转换图

计数器的时序图如图 5-19 所示。从输出的脉冲波形周期可以看出，如果设 CLK 周期为 T_c，则 Q_0、Q_1、Q_2 和 Q_3 输出的波形周期分别为 $2T_c$、$4T_c$、$8T_c$ 和 $16T_c$。从频率角度考虑，如果设 CLK 频率为 f_c，则 Q_0、Q_1、Q_2 和 Q_3 输出的脉冲波形频率分别为 $\frac{1}{2}f_c$、$\frac{1}{4}f_c$、$\frac{1}{8}f_c$ 和 $\frac{1}{16}f_c$。由此看出计数器还具有对输入的时钟信号进行分频的功能，可作为分频器使用。上述 Q_0、Q_1、Q_2 和 Q_3 分别称为对时钟脉冲的 2 分频，4 分频，8 分频和 16 分频，这也是计数器的常用功能之一。

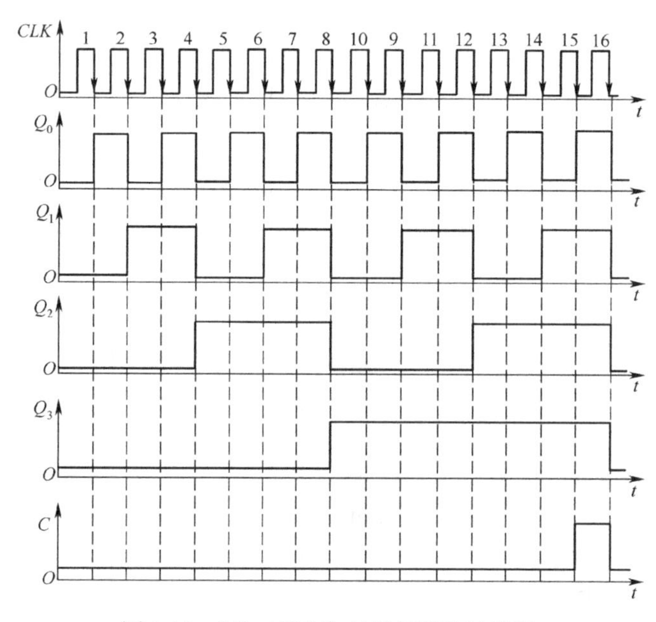

图 5-19　4 位二进制加法计数器的时序图

此外，C 端信号在计数器输入第 15 个时钟后，会输出一个正脉冲，并在第 16 个时钟的下降沿结束，持续时间正好为一个时钟周期 T_c。由此，C 端的正脉冲可作为计数器电路的进位输出信号，当多个计数器级联时，C 端负责向高位计数器进位。

是不是 Q_3 也可以做进位信号来使用呢？答案是可以。作为进位信号往往有这样的特点：①周期=计数器的模×时钟周期 T_c，即进位信号相对于时钟信号的分频数正好是计数器的模（这里当然是 16 分频）；②进位信号在一个计数器周期内（不算开始和结束时刻），只会发生一次变化。显然 C 和 Q_3 都满足这两个条件，而且进位标志都是下降沿。但 C 和 Q_3 不同的是，对应于最后一个计数状态信号电平的持续时间长度不同。C 只持续一个脉冲周期，Q_3 更多。为了区分，我们可以把像 C 一样的进位信号称为标准的进位信号。

2. 同步 4 位二进制减法计数器

减法计数器是对输入的时钟脉冲进行递减计数，根据二进制减法的运算规则，最低位触发器在每个计数脉冲输入之后都要翻转。而对于高位触发器，只有当低位触发器状态全部为 0 时，再输入计数脉冲它才会翻转，否则状态不变。对于 T 触发器，当 T 端为 1 时可完成状态翻转功能。

由此，4 位二进制减法计数器中各触发器的驱动方程（T 表达式）可表示为

$$\begin{cases} T_0 = 1 \\ T_i = Q'_{i-1} \cdot Q'_{i-2} \cdots Q'_0 \qquad (i = 1,2,3) \end{cases} \tag{5.7}$$

对于其他 n 位二进制减法计数器的 T 表达式也可按照式（5.7）进行扩展。按此规律即可以设计出 n 位二进制减法计数器。

图 5-20 给出了 4 位二进制减法计数器的电路图，其中的 T 触发器是在 JK 触发器基础上构成的（J、K 端相连）。由于是同步时序电路，所以各触发器的时钟端并联到一起，并且在 CLK 下降沿触发。

它的分析方法和步骤和前面介绍的内容一致，这里只列出输出方程：

$$B = Q'_3 Q'_2 Q'_1 Q'_0 \tag{5.8}$$

由于是减法计数器，B 可以作为借位信号。当 $Q_3Q_2Q_1Q_0 = 0000$ 时，B 为高电平。

图 5-21 给出了状态转换图。注意，电路上电后的初始状态仍然是 0000（电路上电状态），第 1 个脉冲输入后，递减为 1111（15）；随后一直按照二进制递减的规则进行状态转换，第 16 个脉冲后，又递减到初始状态 0000，此时借位信号 B 输出 1。此外，电路能自启动。

3. 同步 4 位二进制加/减计数器（可逆计数器）

加/减计数器也称可逆计数器，它既能进行递增计数，也能进行递减计数。图 5-22 给出了 4 位二进制加/减计数器的电路图，它可以看作图 5-17 的加法计数器和图 5-20 的减法计数器电路的合并，并引入了加/减计数控制信号 U'/D 。

当电路处于正常计数工作状态时，各触发器的驱动方程可写为

$$\begin{cases} T_0 = 1 \\ T_1 = (U'/D)'Q_0 + (U'/D)Q'_0 \\ T_2 = (U'/D)'(Q_1Q_0) + (U'/D)(Q'_1Q'_0) \\ T_3 = (U'/D)'(Q_2Q_1Q_0) + (U'/D)(Q'_2Q'_1Q'_0) \end{cases} \tag{5.9}$$

可以看出，当$U'/D=0$时，式(5.9)与式(5.6)相同，计数器将进行加法计数；当$U'/D=1$时，式（5.9）与式（5.7）相同，计数器将进行减法计数。

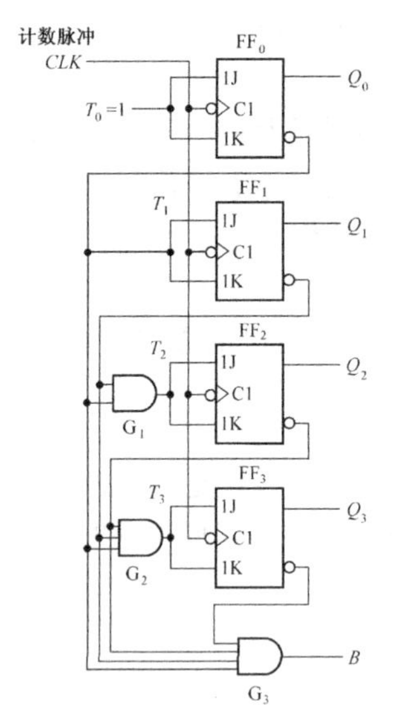

图 5-20　同步 4 位二进制减法计数器

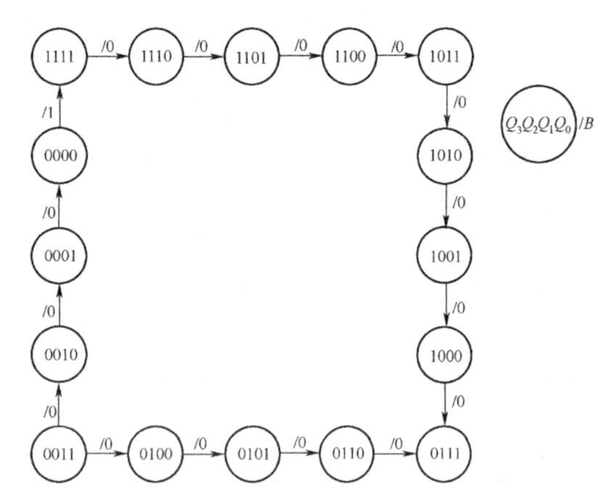

图 5-21　4 位二进制减法计数器的状态转换图

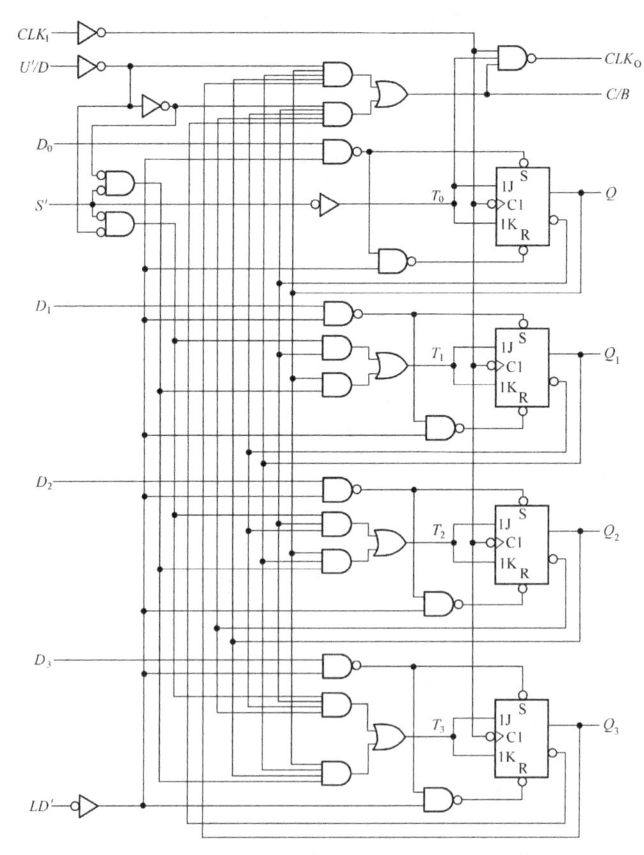

图 5-22　同步 4 位二进制加/减计数器电路图（型号为 74191）

该电路结构代表一种集成加/减计数器，型号为74191。除了加/减控制端，它还具有其他一些附加功能控制端，相关内容将在“集成计数器及其应用”一节中介绍。

4．同步十进制加法计数器

同步十进制加法计数器的一个工作循环包括10个状态0000～1001，因此可在4位二进制计数器电路基础上修改得到十进制计数器电路。

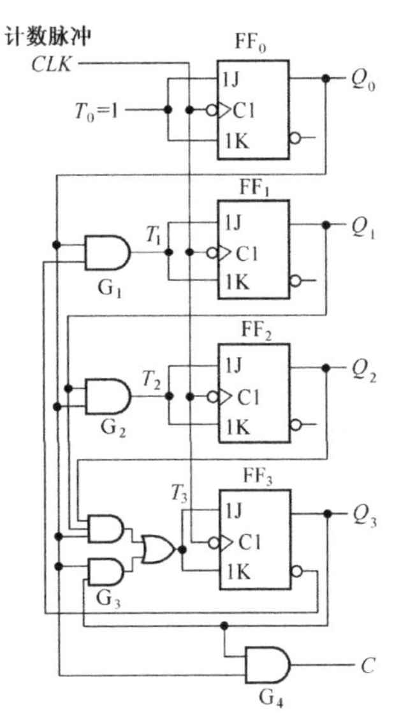

图5-23　同步十进制加法计数器电路图

图5-23给出了十进制加法计数器电路图，由4个T触发器构成。根据此电路图列出电路的驱动方程如下。

$$\begin{cases} FF_0: & T_0 = 1 \\ FF_1: & T_1 = Q_3'Q_0 \\ FF_2: & T_2 = Q_1Q_0 \\ FF_3: & T_3 = Q_2Q_1Q_0 + Q_3Q_0 \end{cases}$$

将上述驱动方程分别代入到T触发器的特性方程，可得到电路的状态方程如下。

$$\begin{cases} FF_0: & Q_0^* = Q_0' \\ FF_1: & Q_1^* = Q_0Q_3'Q_1' + (Q_0Q_3')'Q_1 \\ FF_2: & Q_2^* = Q_0Q_1Q_2' + (Q_0Q_1)'Q_2 \\ FF_3: & Q_3^* = (Q_0Q_1Q_2 + Q_0Q_3)Q_3' + (Q_0Q_1Q_2 + Q_0Q_3)'Q_3 \end{cases}$$

电路的进位输出方程为

$$C = Q_3Q_0$$

设电路的初态为$Q_3Q_2Q_1Q_0 = 0000$，循环代入状态方程和输出方程中，得到电路的状态转换表和状态转换图，分别如表5-11和图5-24所示。可以看出，从0000至1001这10个状态构成了计数器的有效工作循环，可以分别对应输入的10个时钟脉冲，因此可作为十进制加法计数器。当状态运行到1001时，C端输出高电平。

此外，该电路能够自启动，从6个无效态（1010～1111）中的任何一个出发，最终都能回到有效循环中。

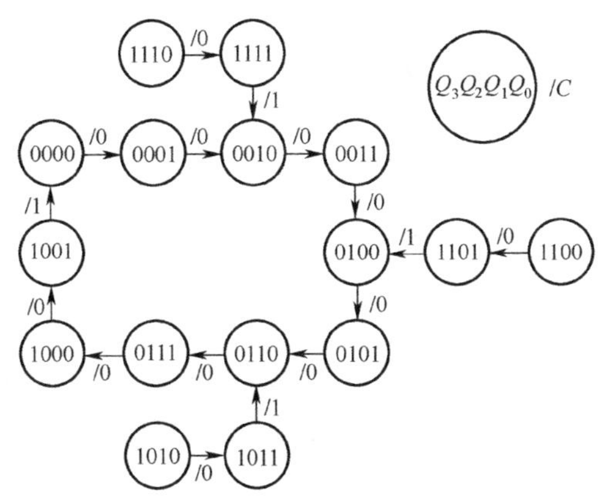

图5-24　十进制加法计数器电路的状态转换图

表 5-11　十进制加法计数器电路的状态转换表

计数顺序	电路状态 Q_3	Q_2	Q_1	Q_0	等效十进制数	输出 C
0	0	0	0	0	0	0
1	0	0	0	1	1	0
2	0	0	1	0	2	0
3	0	0	1	1	3	0
4	0	1	0	0	4	0
5	0	1	0	1	5	0
6	0	1	1	0	6	0
7	0	1	1	1	7	0
8	1	0	0	0	8	0
9	1	0	0	1	9	1
10	0	0	0	0	0	0
0	1	0	1	0	10	0
1	1	0	1	1	11	1
2	0	1	1	0	6	0
0	1	1	0	0	12	0
1	1	1	0	1	13	1
2	0	1	0	0	4	0
0	1	1	1	0	14	0
1	1	1	1	1	15	1
2	0	0	1	0	2	0

如图 5-25 所示为十进制加法计数器电路的时序图，进位信号 C 在计数器输入第 9 个时钟后，会输出一个正脉冲，并在第 10 个时钟的下降沿结束，持续时间正好为一个时钟周期 T_c。

5.4.2　异步计数器结构组成及原理

本节将以异步加法计数器为例，介绍异步计数器的电路结构特点和工作原理。

异步加法计数器在进行计数时，采取从低位到高位的串行进位方式工作，各个触发器不是同时翻转的。图 5-26 给出了异步 3 位二进制加法计数器的电路，其中包括 3 个 JK 触发器，令 J=K=1 接成只具有翻转功能的 T′ 触发器。由此，最低位触发器 FF_0 在 CLK_0 的下降沿翻转，CLK_0 为要记录的计数输入脉冲，触发器 FF_1 在时钟 CLK_1（即 Q_0）的下降沿翻转，触发器 FF_2 在时钟 CLK_2（即 Q_1）的下降沿翻转。计数值分别从 3 个触发器的输出端 Q_2、Q_1、Q_0 引出。

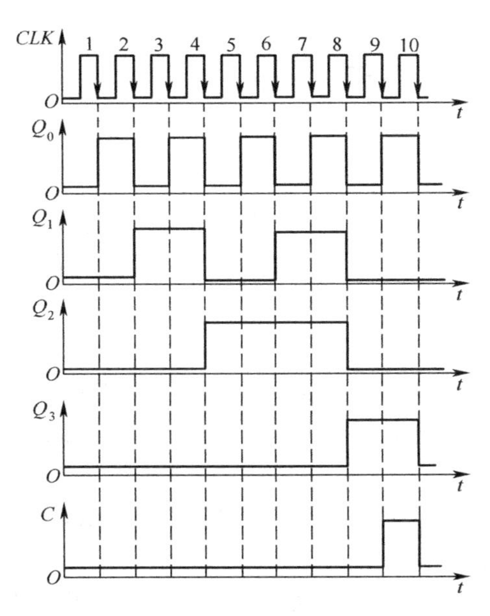

图 5-25　十进制加法计数器电路的时序图

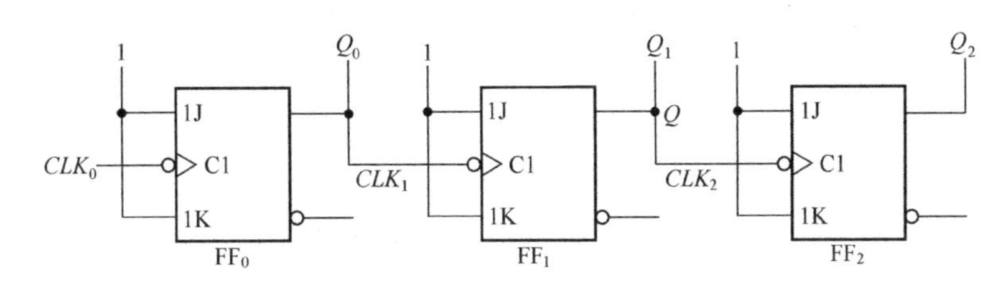

图 5-26　异步 3 位二进制加法计数器电路图

根据 T′ 触发器的翻转规律可画出该异步加法计数器的时序图，如图 5-27（a）所示。可以看出每 8 个时钟脉冲完成一个状态循环。如果考虑触发器的延迟时间（见图 5-27（b）），就会发现触发器状态变化存在延迟时间积累的问题，这限制了异步电路的工作速度。

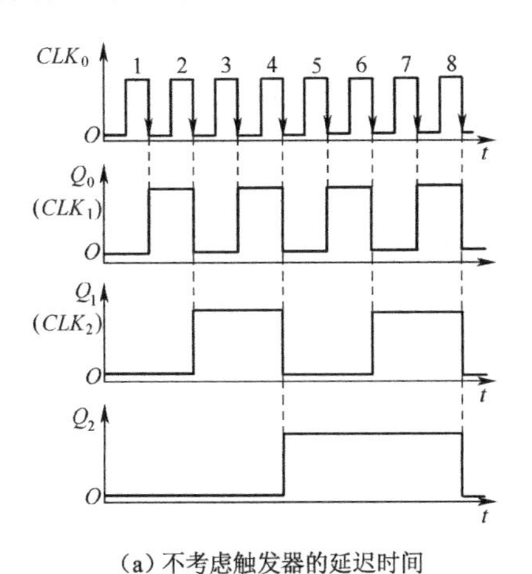

（a）不考虑触发器的延迟时间

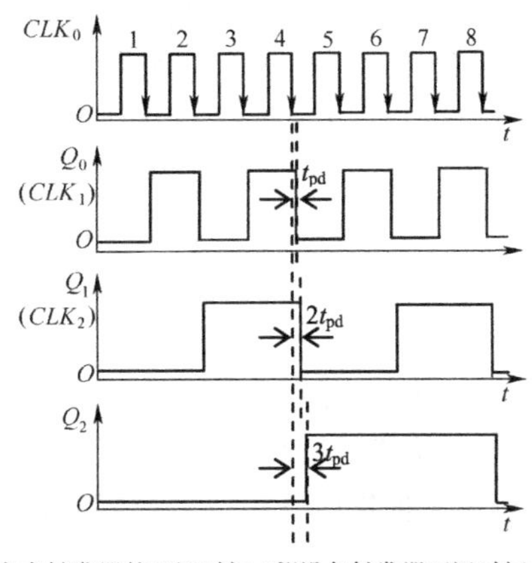

（b）考虑触发器的延迟时间（假设各触发器延迟时间都是 t_{pd}）

图 5-27　异步 3 位二进制加法计数器工作时序图

5.4.3 集成计数器及其应用

1. 集成计数器

计数器在数字系统中应用非常广泛，因此半导体厂商设计、生产了各种不同功能的通用集成计数器。电子工程师在设计数字系统时，要先查阅厂商提供的器件数据手册，在了解了器件的功能特性、输入/输出关系及应用场合后，再选择合适的器件组建系统。

1）集成计数器的控制功能

集成计数器种类繁多，使用时一般要了解以下几点控制功能。

（1）时钟控制方式。所有触发器受同一时钟控制，称为同步计数方式，反之则为异步计数方式。

（2）触发方式。计数器中所用触发器均为边沿触发方式，根据脉冲的有效边沿可分为下降沿触发和上升沿触发两种。

（3）进制（模）。集成计数器的进制数或有效状态循环数也称为“模”，是最基本的一个控制功能。常用集成计数器有二进制、八进制、十六进制等，这些从本质上都属于二进制计数器范畴。非二进制计数器有五进制、六进制和十进制等。

（4）计数方式。计数方式就是计数过程中的数值增减方式，分加法（递增）、减法（递减）和可逆计数 3 种方式。实际上，没有单独的减法集成计数器，而是集成到可逆计数器中。可逆计数器通过电平信号控制来选择是加法还是减法方式计数。此外，可逆计数器还有双脉冲控制方式的类型，即加、减计数输入不同的计数脉冲。

（5）复位方式。集成计数器一般都提供复位信号端（*CLR*），其作用是在需要时将计数值清零。复位信号分低电平有效和高电平有效两种。当复位信号有效时，计数器被立即清零的称异步复位方式。在复位信号有效的同时，还需计数脉冲参与的称为同步复位方式。

（6）置数方式。计数器默认的初始计数状态为 0，可以通过置数端（*LD*）提供的功能改变初态。新初态通过器件提供的并行数据输入端加载到计数器中。置数端也分高、低电平有效及同步、异步方式，具体含义和清零端的相关定义一样。

（7）使能控制。集成计数器通常具有使能控制端 *EN*。只有在使能控制端有效的前提下，计数器方可进行正常的计数，否则计数状态不变。

（8）进、借位方式。集成计数器一般具有进位或借位信号，以便于器件级联形成更高进制的计数器。通常，加法计数器的进位信号 *C* 在计数值最大时输出有效，而减法计数器的借位信号在计数值为 0 时输出有效。对于可逆计数器，进、借位有时用一个信号端 *C/B* 表示。

表 5-12 列出了部分集成计数器的信号及功能。

2）几种集成计数器的介绍

下面对 3 种集成计数器进行展开介绍。

（1）集成同步十进制加法计数器 74160。图 5-28 给出了 74160 的引脚排列图和逻辑符号图。除了具有十进制加法计数功能外，还具有异步复位、同步预置数和计数状态保持等功能。图 5-28 中 RD'为异步复位端、LD' 为预置数控制端、D_3～D_0为预置状态输入端、C为进位输出端、EP 和 ET 为工作状态控制端（双使能端，ET 优先级更高）。

表 5-12 部分集成计数器

型 号	时钟方式	触发方式	进制数	计数方式	复位方式	置数方式	进借位方式	使能方式
7490	异步	下降沿	5	加法	异步	异步置 9	无	无
74160	同步	上升沿	10	加法	异步 0 有效	同步 0 有效	有	双使能 1 有效
74190	同步	上升沿	10	可逆	无	异步 0 有效	有	使能 0 有效
74161	同步	上升沿	16	加法	异步 0 有效	同步 0 有效	有	双使能 1 有效
74191	同步	上升沿	16	可逆	无	异步 0 有效	有	使能 0 有效
74193	同步	上升沿	16	双时钟可逆	异步 1 有效	异步 0 有效	有	无

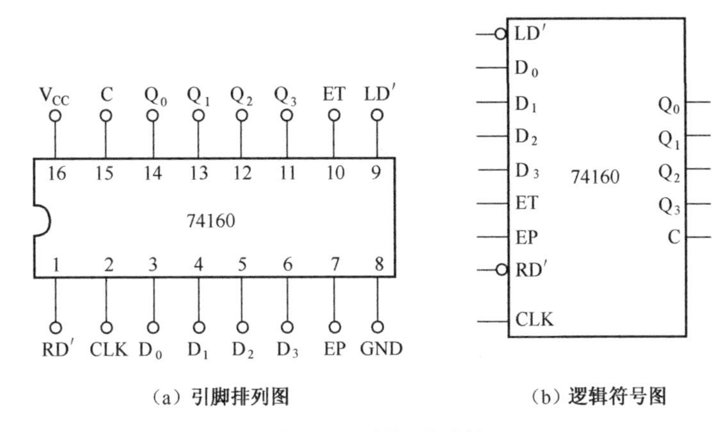

（a）引脚排列图　　（b）逻辑符号图

图 5-28 集成十进制加法计数器 74160

表 5-13 是 74160 的功能表，它给出了各种控制信号作用下计数器的工作状态，具体如下。

表 5-13 74160 的功能表

序 号	CLK	RD'	LD'	EP ET	工 作 状 态
1	×	0	×	× ×	复位
2	↑	1	0	× ×	预置数
3	↑	1	1	1 1	正常计数
4	×	1	1	× 0	保持，且 C=0
5	×	1	1	0 1	保持

① 当 RD'=0 时，无论其他功能端为何状态，计数器都将复位，有 Q_3～Q_0=0000（注：Q_3 为状态端最高位）。

② 当 RD'=1、LD'=0 时，计数器处于预置数状态。在出现此情况后的第一个 CLK 上升沿，将预置输入端加载的数据送入计数器，即有 Q_3～Q_0=D_3～D_0（注：D_3 为置入端最高位）。

③ 只有当 $RD'=LD'=1$，并且 $EP=ET=1$ 时，计数器才能进行正常的计数工作。在每个 CLK 的上升沿，计数值加 1。

④ 当 $RD'=LD'=1$，并且 EP 任意，$ET=0$ 时，计数器处于保持状态，但进位信号 $C=0$。

⑤ 当 $RD'=LD'=1$，并且 $EP=0$、$ET=1$ 时，计数器处于保持状态，此时进位信号 C 取决于所保持的计数状态值。

（2）集成 4 位二进制加法计数器 74161。集成同步 4 位二进制加法计数器 74161 的引脚排列图和逻辑符号如图 5-29 所示。其功能表与 74160 完全相同，唯一不同的是它们的计数容量，74161 计数容量为 16。

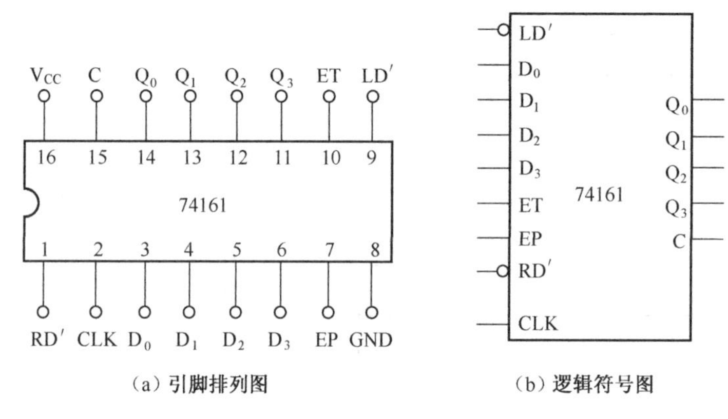

图 5-29 4 位二进制加法计数器 74161

（3）集成同步 4 位二进制加/减法计数器 74191。图 5-30 给出了 74191 的引脚排列图和逻辑符号图。除了具有 4 位二进制加/减法计数功能外，还具有异步预置数和计数状态保持等功能。其中 LD'为异步预置数控制端，当 $LD'=0$ 时，数据从 D_3～D_0 端被置入到触发器中。S'为使能控制端，当 $S'=1$ 时，计数器保持当前计数状态不变。C/B 端为计数时的进/借位信号输出端。CLK_I 为计数脉冲输入端，CLK_O 为串行时钟输出端，级联时 CLK_O 端可给下一级提供进位或借位脉冲。

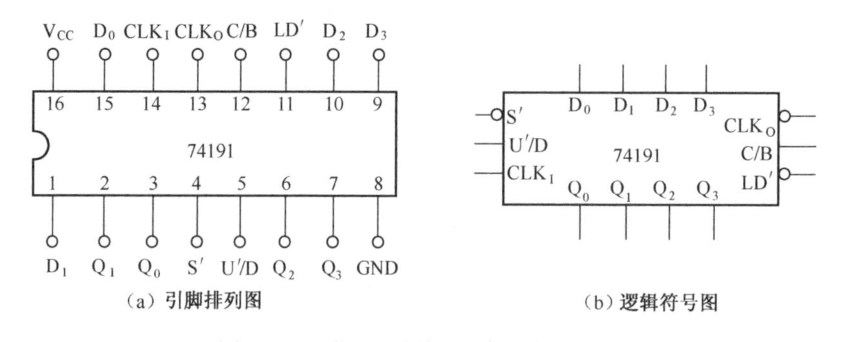

图 5-30 4 位二进制加/减法计数器 74191

表 5-14 是 74191 的功能表，它给出了各种控制信号作用下计数器的工作状态。

表 5-14　74191 的功能表

序　号	CLK_I	S'	LD'	U'/D	工作状态
1	×	×	0	×	预置数
2	×	1	1	×	保持
3	↑	0	1	0	加法计数
4	↑	0	1	1	减法计数

2．集成计数器的应用

进制数（模值）为 N 的集成计数器可以用来实现模值为任意值 M 的计数器。当 $M<N$ 时，可以利用单片 N 进制集成计数器提供的复位或置数功能减小模值；当 $M>N$ 时，则可以先利用多片 N 进制集成计数器进行级联扩展，得到 N'进制计数器（$N'>M$），然后再利用整体复位或置数的方法构成 M 进制计数器。

下面先介绍改变集成计数器电路计数值的 3 种方法。

1）反馈复位（清零）法

基本思想是利用集成计数器提供的复位功能实现状态的跳转，减少有效循环中的状态数。

该方法的跳转原理如图 5-31 所示。当利用 N 进制的集成计数器实现 M 进制计数器时（$M<N$），可在计数值运行到 S_M 时，利用门电路产生复位信号，反馈送至计数器的复位端，使计数器立即清零并回到 S_0 状态。由于 S_M 状态存在时间极短，被称为暂态，其并不属于有效循环之中，因此有效循环中的状态为 S_0～S_{M-1}。

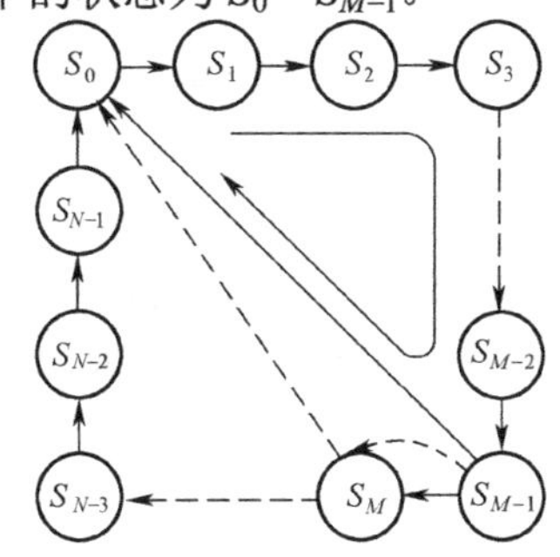

图 5-31　复位（清零）法状态跳转原理图

注意，复位信号是低电平还是高电平取决于集成计数器的型号。

【例 5-3】　利用反馈复位法将 74160 接成五进制计数器。

解：74160 具有异步复位功能，因此可以用复位法。74160 为十进制计数器，目标为五进制计数器，$M<N$。

由于 74160 的复位端是异步的，所以产生复位信号的状态（可以称为转换状态）应该在第 $M+1$ 个状态；又由于利用的是复位/清零控制端，所以全零状态肯定是新计数循环中的一个有效状态，即 0000 可以作为新状态转换图的起点。这样，由 0000 开始数到第 5+1 个状态 $Q_3Q_2Q_1Q_0$=0101 为转换状态。当计数器过渡到转换状态的时候，复位端 RD' 应该有信号输入，即 $RD'=0$。由此可以推出计数器状态与 RD' 的关系如图 5-32（a）所示，对应的表达式为 $RD'=(Q_3'Q_2Q_1'Q_0)'$。由于加法计数器状态编码存在递增的规律，除了五进制计数器的 5 个有效状态和 1 个转换状态外，其他状态都不会出现，当作约束项处理，如图

5-32（b）所示。利用无关项化简最终得到最简的反馈电路表达式 $RD'=(Q_2Q_0)'$。其实对于加法计数器，反馈电路存在规律：只需要用与非门连接转换状态中数值为 1 的状态变量对应的状态输出端。比如，$Q_3Q_2Q_1Q_0$=0101 为转换状态，则与非门的两个输入端分别连接 74160 的状态端 Q_2 和 Q_0 即可。利用反馈复位法将 74160 接成五进制计数器电路，如图 5-32（c）所示。

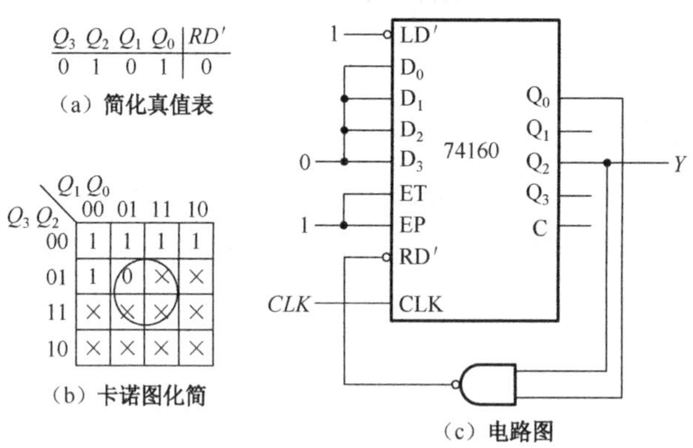

图 5-32　用反馈复位法将 74160 接成五进制计数器

进位输出可以利用进位信号的特点选取或者构造。根据五进制计数器的状态转换图有 0000→0001→0010→0011→0100。通过观察发现，Q_0 和 Q_1 信号变化多次，Q_3 没有变化，只有 Q_2 符合进位信号一个计数周期内只变化一次的要求，所以可以选择 Q_2 作为进位输出。选择的进位信号不一定都是标准的。当然可以直接构造标准的进位信号，即对应最后一个计数状态时，进位信号电平不同，表达式为 $Y=Q_3'Q_2Q_1'Q_0'$或者取非的形式 $Y=(Q_3'Q_2Q_1'Q_0')'$。两个表达式对应的都是标准进位信号，不同的是前者进位标志是下降沿，后者是上升沿。

利用 74160 构成的五进制计数器电路的时序图如图 5-33 所示，图中状态编码是以十进制的形式给出的。由于 74160 的复位端是异步的，所以一旦计数器进入转换状态 0101（对应十进制数 5），RD'=0，清零功能马上执行。这样一来，计数器在转换状态停留的时间相对于正常的状态很短暂。所以，虽然新的计数循环中包含了额外的转换状态，但因为其持续时间短，不能算作有效状态了。但这也带来了问题：RD'=0 依赖转换状态，转换状态持续时间短，决定了复位控制信号 RD'=0 持续的时间也短，这可能造成计数器不能可靠清零的现象。为了解决这个问题，可以在 RD' 信号电路加入基本 SR 触发器，延长清零信号时间，以提高清零的可靠性。

2）反馈置数法

该方法的基本思想是利用集成计数器提供的预置数功能实现状态的跳转，减少有效循环中的状态数。

该方法的跳转原理如图 5-34 所示，当利用 N 进制集成计数器实现 M 进制计数器时，置数值 D 可为 N 以内的任意值。若 $D=j$，则以 S_j 为计数起点，设当计入第 M–1 个脉冲后计数器运行到 S_i 状态，此时通过附加门电路产生一置数信号，送至计数器的预置数控制端，第 M 个脉冲到来后，计数器会被置入 j 值，从而变为 S_j 状态。因此，有效循环中的状态为 S_j～S_i 共 M 个状态，而从 S_{i+1} 到 S_{j-1} 的 $N-M$ 个状态则被跳过。产生的预置数信号是低电平还是高电平取决于集成计数器的型号。

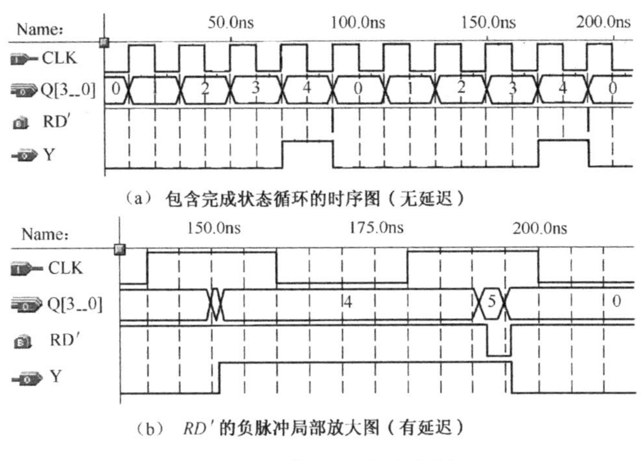

（a）包含完成状态循环的时序图（无延迟）

（b）*RD′*的负脉冲局部放大图（有延迟）

图 5-33 例 5-3 的时序图

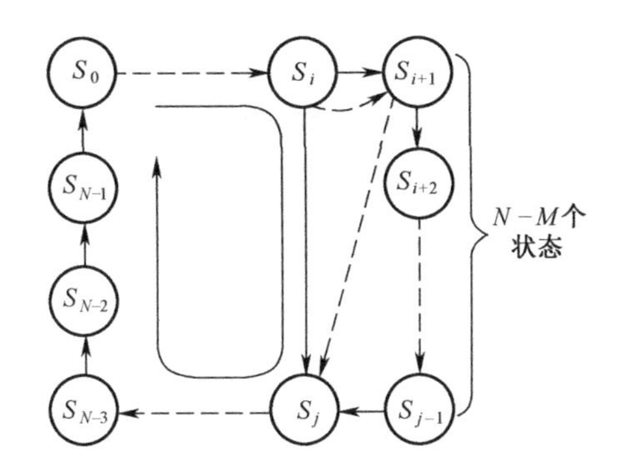

图 5-34 置数法状态跳转原理图

此外，若 D=0，则当计数器运行到 S_{M-1} 状态时，产生置数信号送至计数器的预置数控制端。当第 M 个脉冲到来后，计数器被置入 0 值，回到 S_0 状态。因此，有效循环中的状态为 S_0～S_{M-1}，共 M 个状态。

【例 5-4】 利用反馈置数法将 74160 接成五进制计数器。

解：74160 具有同步预置数功能，因此可采用置数法。74160 为十进制计数器，目标为五进制计数器，M<N。利用置数法时可以从计数循环中任意一个状态置入适当数值而跳过 N–M 个状态，从而得到 M 进制计数器。

图 5-35 给出了两种不同的方案，设计过程与复位法相同。不同的两点是：①74160 的置数功能是同步的，转换状态选择在第 M 个状态（而不是第 M+1 个）；②新状态转换图的起点，从置数数据输入端置入的状态算起。如图 5-35（a）中的置入数值为 $D=D_3D_2D_1D_0$=0000，以之为起点数 5 个状态，转换状态是 0100。根据例 5-3 构造反馈电路的结论，只需要反相器的输入端连接 74160 的 Q_2 端，输出端连接同步预置数控制端（LD'）即可。图 5-35（a）电路的时序图如图 5-36（a）所示。

图 5-35（b）中电路置入的数值为 $D=D_3D_2D_1D_0$=0011，以之为起点数 5 个状态，则转换状态为 0111，或者计算生成置数信号的状态值：D+(M–1)=7，即二进制数 0111 为转换状态。其他同前。图 5-35（b）电路的时序图如图 5-36（b）所示。

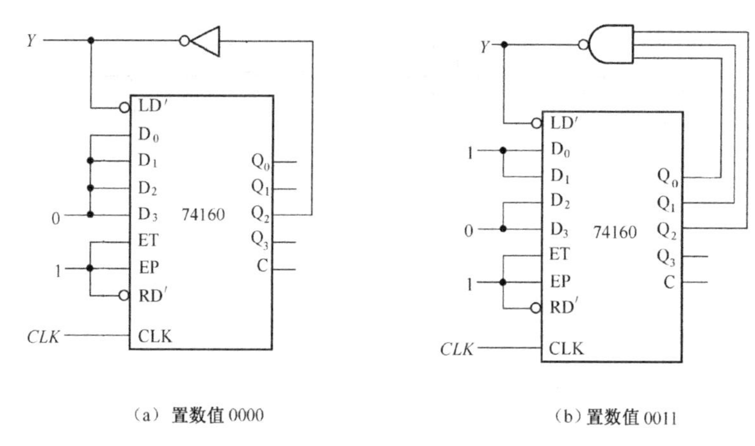

（a）置数值 0000　　（b）置数值 0011

图 5-35　用置数法将 74160 接成五进制计数器

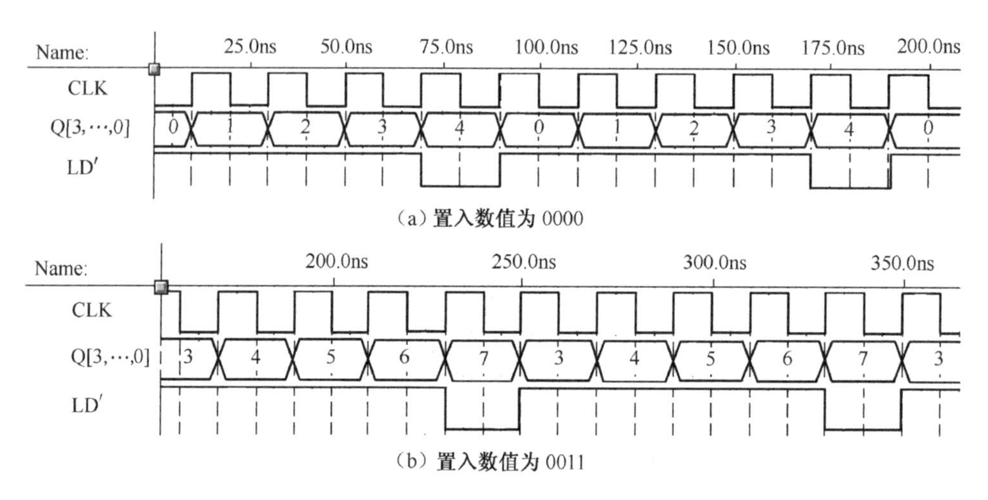

（a）置入数值为 0000

（b）置入数值为 0011

图 5-36　图 5-35 电路的时序图

利用同步控制端构成任意进制计数器时，进位信号更容易得到。用于连接同步控制端的信号，就可以直接作为进位输出，而且还是标准的进位信号。另外，如果新的状态循环中包含了原来计数循环中的最后一个状态，那么可以利用原来计数器的进位信号 C，作为新计数器的进位信号。

3）级联扩展

当所需计数器进制大于单片集成计数器进制时（即 $M>N$），需利用多片集成计数器进行级联扩展。级联时低位片向高位片的进位方式有两种：并行进位和串行进位。下面以两片 N 进制计数器级联为例介绍相关方法。

① M 不可分解：可先采用并行/串行进位法扩展为 $N\times N$ 进制计数器，然后再利用前面介绍的复位法或置数法原理将两片计数器同时清零或置数，分别称为整体复位法和整体置数法。

② M 可分解：上述整体法依然可以使用。此外，若 M 可分解为 $M=X_1\times X_2$ 的形式（注意，X_1、X_2 均不大于 N），则可先用两片 N 进制计数器分别实现 X_1 进制和 X_2 进制，然后采用串行进位法将两片计数器级联。

【例 5-5】 将两片 74160 连接成 100 进制计数器。

解： 由于 100=10×10，因此只需采用并行进位或串行进位将两片计数器级联即可，无须进行 74160 自身进制的修改。

解法 1：并行进位。此法以低位片的进位输出作为高位片的工作控制信号。如图 5-37 所示，两片 74160 采用并行进位方式连接。尽管时钟端并联，但第 1 片的进位输出端 C 连接到第 2 片的 ET 和 EP 两个工作状态控制端上。由于 74160 的进位信号 C=1 的时间仅维持 1 个时钟周期，所以每计入 10 个脉冲，第 2 片数值才增加 1，电路时序图如图 5-38 所示。

两片 74160 的其他功能端做正常处理即可，第 1 片的 LD' 、RD' 、ET 和 EP 均接高电平，第 2 片的 LD' 和 RD' 也接高电平。

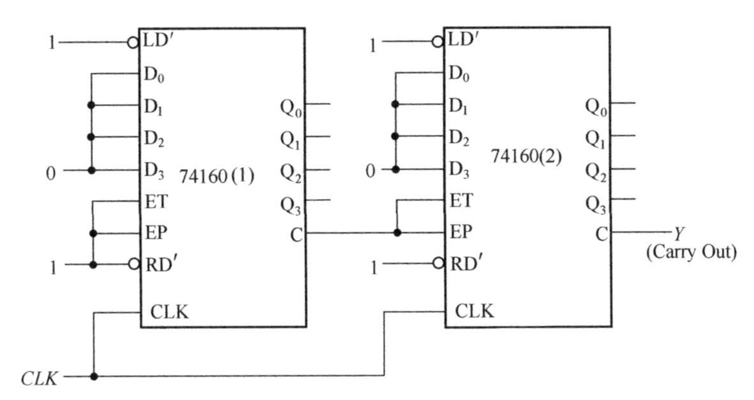

图 5-37 两片 74160 级联构成 100 进制计数器（并行进位方式）

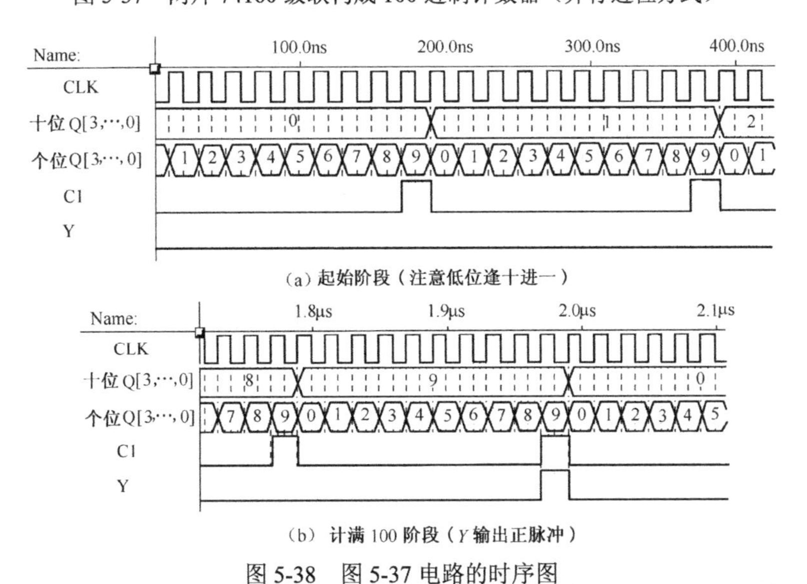

图 5-38 图 5-37 电路的时序图

解法 2：串行进位。此法以低位片的进位输出作为高位片的时钟信号。如图 5-39 所示，两片 74160 采用串行进位方式连接。以第 1 片的进位输出信号 C 通过反相器后连接到第 2 片的时钟端上。这样每计入 10 个脉冲，第 1 片的进位输出信号 C 输出一个正脉冲，反相后变为负脉冲，其上升沿正好对应第 10 个脉冲，第 2 片数值增加 1。

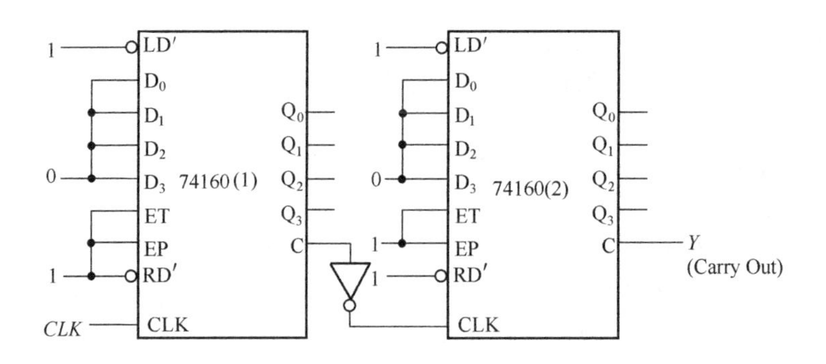

图 5-39　两片 74160 级联构成 100 进制计数器（串行进位方式）

对两片 74160 的功能端做正常处理即可，两片的 LD' 、RD' 、ET 和 EP 均接高电平。

【例 5-6】　利用整体置 0 法将两片 74160 接成八十二进制计数器。

解：74160 为十进制计数器（N=10），目标为 M=82 进制计数器，因此为 M>N 问题。但 82 无法分解成小于 10 的两个数相乘的形式，因此要用整体法。

首先将两片 74160 级联构成 100 进制计数器（参见图 5-37），然后将一个 2 输入与非门的两个输入端分别连接 74160(2)的 Q_3 端和 74160(1)的 Q_0 端，输出端同时连接两片 74160 的同步预置数控制端 LD'，如图 5-40 所示。

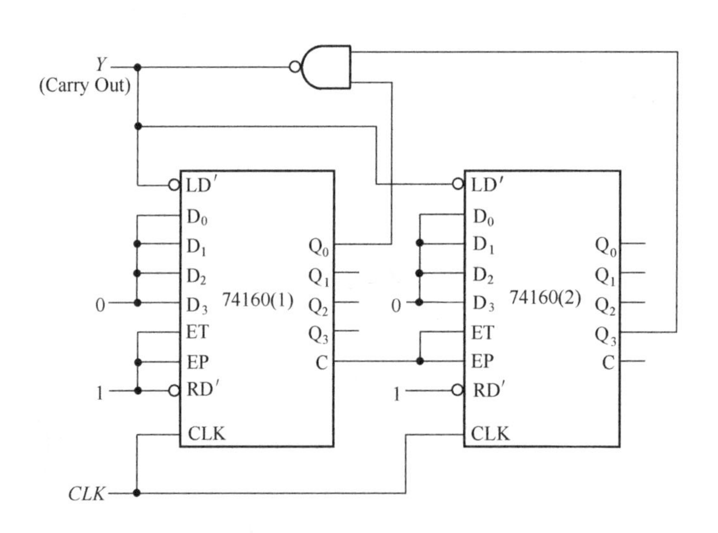

图 5-40　利用两片 74160 实现八十二进制计数器（整体置 0 法）

分析：利用整体置数法，计数器起点状态为 0，当计入第 81（即 $M-1$）个脉冲后，即 74160(2)的值为 8（Q_3=1，其余端等于 0）和 74160(1)的值为 1（Q_0=1，其余端等于 0）时，与非门输出低电平，两个 LD'=0。这样，当第 82 个脉冲输入时，两片计数器被同时置 0，完成一个计数循环。

若要用整体复位法，则需将与非门的两个输入分别连接 74160(2)的 Q_3 端和 74160(1)的 Q_1 端，输出端同时连接两片 74160 的异步复位端 RD' 。

5.5　同步时序电路的设计方法

时序电路设计的范围很广，凡是有时序器件参与的设计都可称为时序电路的设计。比如 5.4 节中介绍的用 N 进制集成计数器实现 M 进制计数器就属于这一范畴。但本节要介绍的时序电路设计是用分立器件触发器和门电路来设计实现时序逻辑电路，采用的例题也是 M 进制计数器的设计，读者可从中掌握时序电路设计的一般步骤。

5.5.1　时序电路设计的基本任务

电路设计是电路分析的逆过程，其最终目的是给出能实现某种逻辑功能的电路图。时序电路设计采用的器件是触发器和各种门电路。

要达到这一目的，其前提是获知触发器的时钟方程和驱动方程，以及整个电路的输出方程。对同步电路而言，所有触发器共用同一时钟源，所以时钟方程可不考虑。因此，对触发器而言，关键是驱动方程的获取，而触发器驱动方程必须从电路的状态方程中提取。状态方程的提出需建立在电路的状态转换表或状态转换图基础之上。而状态转换表或状态转换图可以通过对设计任务的解析得出。

由此，时序电路设计的基本任务是根据设计要求解析出状态转换表（图），然后分析得出电路的状态方程，进而推导出触发器的驱动方程和电路输出方程，最后据此绘出时序电路图。实际上，实现这些基本任务的过程也就构成了时序电路的一般设计步骤。

5.5.2　时序电路的设计步骤

时序电路的设计分以下步骤。

1．分析设计要求，列出状态转换表或状态转换图

（1）确定输入、输出的变量个数并进行定义。

（2）确定电路的状态个数 m，可先做简单定义并按顺序编号，如 S_0，S_1，…，S_{m-1}。

（3）按转换顺序列出原始状态转换图，并标注相应的输入条件和输出值。

（4）分析状态转换图是否含有等价状态。如果两个状态在相同的输入下有相同的输出，并且能转换到相同的次态，则这两个状态称为等价状态。等价状态是重复的，可以合并为一个状态，从而简化状态转换图。这样状态数减少，最终设计出的电路图的复杂性也降低了。

2．求解状态方程，并据此推导出驱动方程和输出方程

（1）确定触发器的个数并进行状态的编码。触发器个数 n 与状态个数 m 应满足：

$$2^{n-1} < m \leqslant 2^n \tag{5.10}$$

状态的编码值可用 n 位二进制码表示，即用每个触发器的输出表示编码的一位。如 n=3 时，可用 3 位编码 001 来表示 S_1 这个状态，并分别由 3 个触发器的输出端 Q_2、Q_1、Q_0 输出。

（2）将原始状态转换图中的各状态用 n 位二进制编码替换掉，得到正式的状态转换表或状态转换图。

（3）依据状态转换表或状态转换图画出各触发器的次态卡诺图和电路输出变量的卡诺图，并利用卡诺图化简得到次态表达式（即电路的状态方程）和输出方程。

（4）选定触发器的型号（如 JK 触发器、D 触发器等），然后将状态方程调整为相应触发器的特性方程标准形式，以求出触发器的驱动方程。

（5）进行自启动检查。方法是将各无效态分别代入状态方程中，如果最终它们的次态都是有效态，则电路能自启动。对于不能自启动的电路，应返回到第（2）步，在状态转换表或状态转换图中将无效态加入，并手动将其指向某一有效态，即在设计前将其次态确定为某一有效态，这样做的结果是所设计的电路不一定是最简的，但电路一定能够自启动。

3．绘出电路图

根据求得的驱动方程和输出方程，对 n 个触发器进行各信号端的连接，即可得到最终的电路图。画图时可使用必要的门电路。

下面通过一个具体的设计计数器的例子来详细说明上述设计方法。

【例 5-7】 利用 JK 触发器和门电路设计一个带进位输出同步七进制加法计数器。

解：（1）分析设计要求，列出状态转换表或状态转换图。

① 计数器的工作特点是在时钟信号作用下自动、按序进行状态转换，因此不需要额外的输入信号参与控制，但按要求需提供一个进位输出信号。

这里用逻辑变量 C 表示计数器的进位输出，并规定 C=1 表示产生进位信号，C=0 表示没有产生进位信号。

② 七进制加法计数器应该有 7 个有效状态，可分别用 S_0，S_1，…，S_6 表示。

③ 原始状态转换图如图 5-41 所示，当电路运行到 S_6 状态时，进位输出 C=1，其他状态下 C=0。

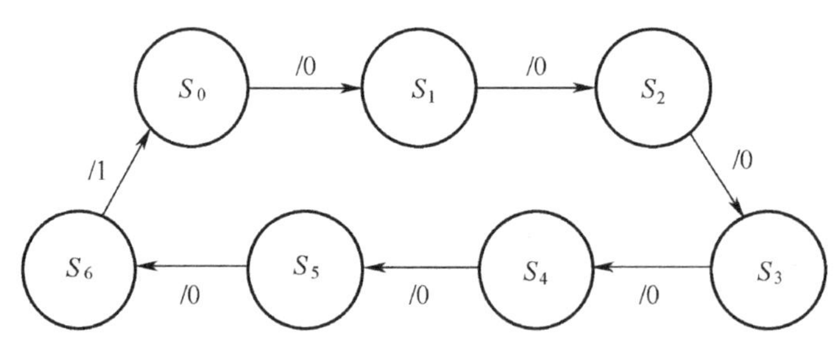

图 5-41 七进制加法计数器的原始状态转换图

（2）求解状态方程，并据此推导出驱动方程和输出方程。

① 计算所需触发器的个数。因为 $2^{3-1}<7<2^3$，所以需要 3 个触发器，分别定义为 FF_2、FF_1 和 FF_0，它们的状态输出组合（$Q_2Q_1Q_0$）用来表示计数过程中的状态编码。由于是加法计数器，所以一共要采用 7 个 3 位二进制编码（000～110），并按数值递增顺序依次来表示 S_0～S_6 这 7 个状态。

② 表 5-15 给出了正式的状态转换表，图 5-42 给出了计数器电路的正式状态转换图。

表 5-15　七进制加法计数器的状态转换表

CLK 顺序	状态变化顺序	状态编码 Q_2 Q_1 Q_0	进位输出 C	等效十进制
0	S_0	0　0　0	0	0
1	S_1	0　0　1	0	1
2	S_2	0　1　0	0	2
3	S_3	0　1　1	0	3
4	S_4	1　0　0	0	4
5	S_5	1　0　1	0	5
6	S_6	1　1　0	1	6
7	S_0	0　0　0	0	0

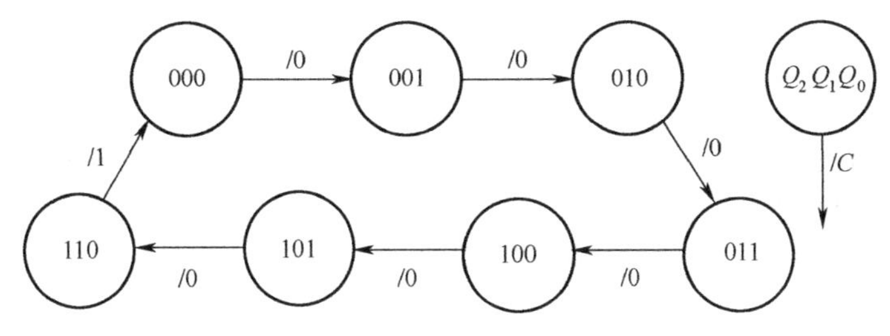

图 5-42　七进制加法计数器的状态转换图

③ 根据状态转换图或状态转换表得到的电路次态/输出总卡诺图如图 5-43 所示。方格中填入的是该方格对应状态的次态。由于 111 状态属于无效状态，所以其次态和输出都用"×"表示，意思是"不关心"无效状态的次态和输出，即是什么都可以，和逻辑关系无关。

Q_2 \ Q_1Q_0	00	01	11	10
0	001/0	010/0	100/0	011/0
1	101/0	110/0	×××/×	000/1

图 5-43　电路的次态/输出总卡诺图（$Q_2^*Q_1^*Q_0^*/C$）

为便于求出状态方程，可将总卡诺图拆分成 4 个独立的卡诺图，如图 5-44 所示。其中图 5-44（a）中 Q_2^* 的值对应总卡诺图每个方格中的第 1 个数字，图 5-44（b）中 Q_1^* 的值、图 5-44（c）中 Q_0^* 的值、图 5-44（d）中 C 的值分别对应总卡诺图每个方格中的第 2 个、第 3 个和第 4 个数字。

根据图 5-44 中给出的画圈方式，得到电路的次态方程组和输出方程如下所述。

$$\begin{cases} FF_2: Q_2^* = Q_2'Q_1Q_0 + Q_2Q_1' = (Q_1Q_0)\,Q_2' + (Q_1')Q_2 \\ FF_1: Q_1^* = Q_1'Q_0 + Q_2'Q_1Q_0' = (Q_0)Q_1' + (Q_2'Q_0')Q_1 \\ FF_0: Q_0^* = Q_1'Q_0' + Q_2'Q_0' = (Q_2Q_1)'Q_0' + (1')\,Q_0 \end{cases}$$

$$C = Q_2Q_1$$

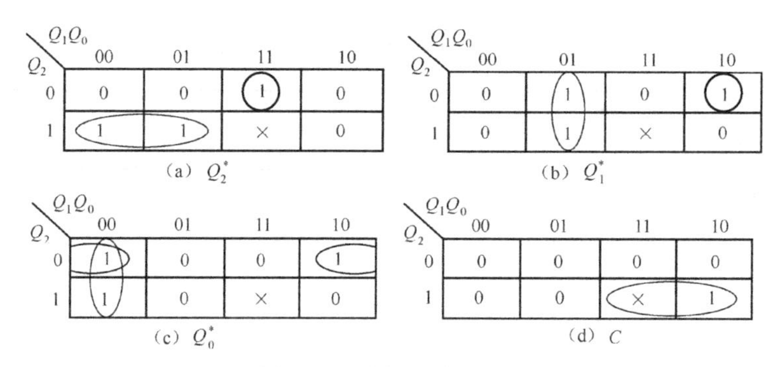

图 5-44　总卡诺图的分解

④ 将状态方程与 JK 触发器的特性方程的标准形式 $Q^* = JQ' + K'Q$ 对照，即可得到驱动方程组。

$$\begin{cases} FF_2: J_2=Q_1Q_0, K_2=Q_1 \\ FF_1: J_1=Q_0, K_1=(Q_2'Q_0')' \\ FF_0: J_0=(Q_2Q_1)', K_0=1 \end{cases}$$

⑤ 将无效态 111 代入到状态方程中，其次态为 000，说明电路能够自启动。

（3）绘出时序电路图。

根据驱动方程和输出方程绘出电路图，如图 5-45 所示。

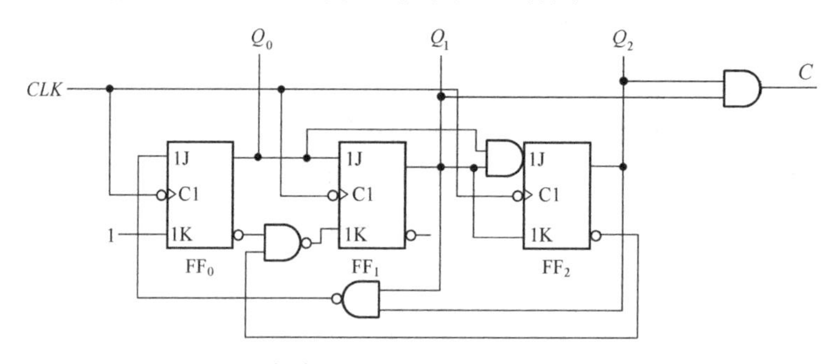

图 5-45　用 JK 触发器设计的同步七进制加法计数器电路

【例 5-8】　分别用 D、JK、T 触发器和必要的门电路设计一个串行数据检测器，要求连续输入 4 个或 4 个以上 1 时输出为 1，其他输入情况下输出为 0。

解： 虽是利用 3 种触发器实现设计，但基本过程是相同的，不同的是求驱动方程部分。

1）相同步骤

（1）分析设计要求，列出状态转换图。

① 设输入变量为 A，用于表示输入的串行数据；设输出变量为 Y，用于表示检测结果。

② 设定 5 个有效态：S_0、S_1、S_2、S_3 和 S_4。其中电路没有输入 1 以前的状态用 S_0 表示，输入一个 1 以后的状态用 S_1 表示，连续输入两个 1 以后的状态用 S_2 表示，连续输入 3 个 1 以后的状态用 S_3 表示，连续输入 4 个或 4 个以上 1 以后的状态用 S_4 表示。

③ 原始状态转换图如图 5-46 所示。

④ 等价状态分析。比较一下 S_3 和 S_4 两个状态发现，它们在相同的输入下具有相同的输出，并且转换的次态也相同，因此它们是等价状态，可以合并为一个。化简后的状态转换图如图 5-47 所示。

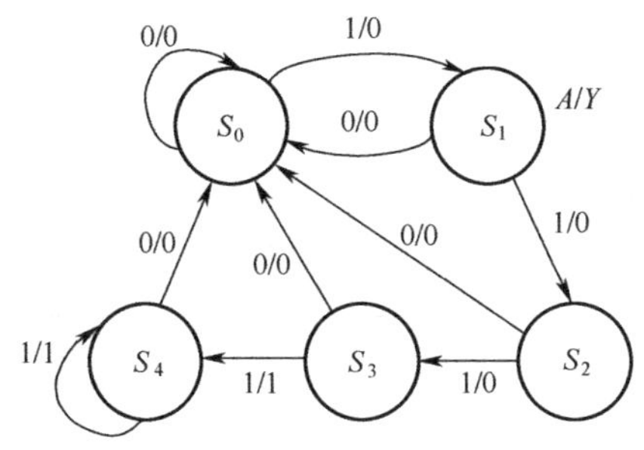

图 5-46　串行数据检测器的原始状态转换图

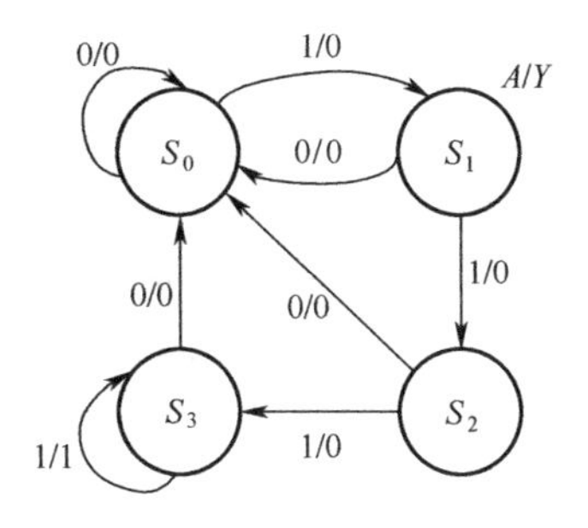

图 5-47　经过化简后的状态转换图

（2）求解状态方程，并据此推导出驱动方程和输出方程。

① 计算所需触发器的个数。因为 $2^2=4$，所以需要两个触发器，分别定义为 FF_1 和 FF_0，它们的状态输出组合（Q_1Q_0）用来表示数据检测过程中的状态编码。一共要采用 4 个 2 位二进制编码（00～11），并按数值递增顺序依次来表示 S_0～S_3 这 4 个状态。

② 图 5-48 给出了计数器电路的正式状态转换图。

③ 根据状态转换图或状态转换表得到的电路次态及输出总卡诺图如图 5-49 所示。方格中填入的是该方格对应状态的次态及输出。

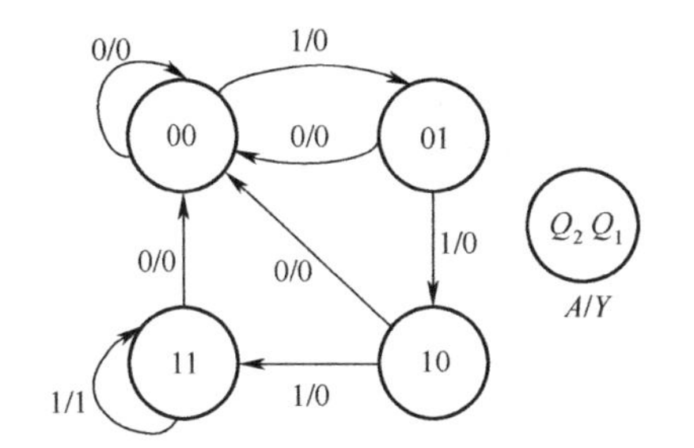

图 5-48　编码后的状态转换图

A \ Q_1Q_0	00	01	11	10
0	00/0	00/0	00/0	00/0
1	01/0	10/0	11/1	11/0

图 5-49　串行数据检测器电路的次态及输出总卡诺图（$Q_1^*Q_0^*/Y$）

为便于求出状态方程，可将总卡诺图拆分成 3 个独立的卡诺图，如图 5-50 所示。其中图 5-50（a）中 Q_1^* 的值对应总卡诺图每个方格中的第 1 个数字，图 5-50（b）中 Q_0^* 的值和图 5-50（c）中 Y 的值分别对应总卡诺图每个方格中的第 2 个和第 3 个数字。

2）求驱动方程

（1）用 D 触发器实现。

① 由于 D 触发器的特性方程特点——形式简单，所以求状态方程的时候，只需要化成最简形式就可以了。利用卡诺图化简，如图 5-50 中给出的画圈方式，得到电路的次态方程组和输出方程为

$$\begin{cases} FF_1: Q_1^* = AQ_1 + AQ_0 = A(Q_1 + Q_0) \\ FF_0: Q_0^* = AQ_1 + AQ_0' = A(Q_1 + Q_0') \end{cases}$$

$$Y = AQ_1Q_0$$

② 将状态方程与 D 触发器的特性方程的标准形式 $Q^* = D$ 对照，即可得到驱动方程组为

$$\begin{cases} FF_1: D_1 = A(Q_1 + Q_0) \\ FF_0: D_0 = A(Q_1 + Q_0') \end{cases}$$

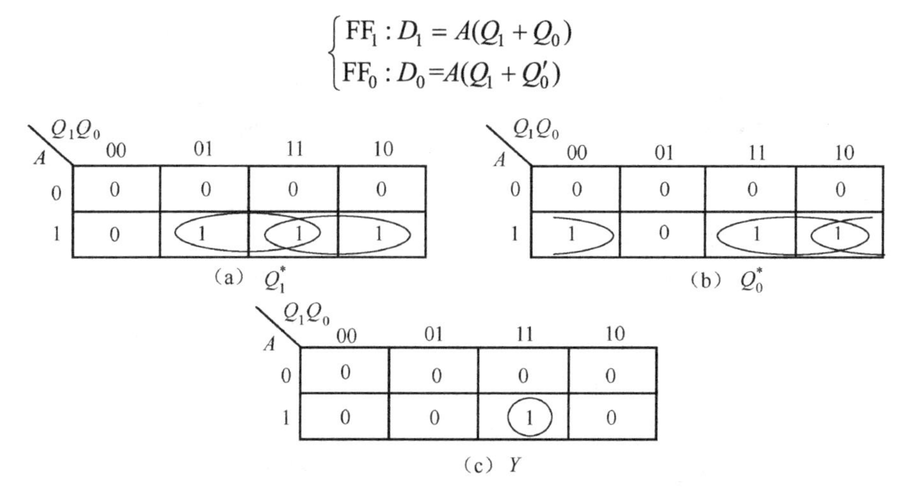

图 5-50　串行数据检测器电路总卡诺图的分解

③ 因为全部 4 个状态都是有效态，因此电路能够自启动。

④ 绘出时序电路图。

根据驱动方程和输出方程绘出电路图，如图 5-51 所示。

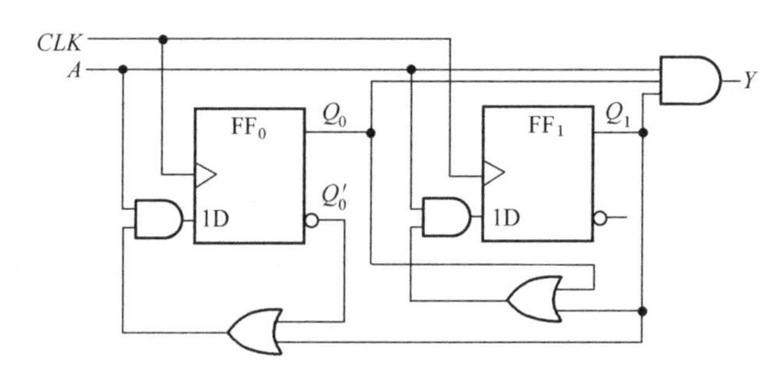

图 5-51　用 D 触发器构成的串行数据检测器电路

（2）用 JK 触发器实现。

由于 JK 触发器特性方程复杂，为了更容易求得驱动方程，需要在求状态方程时采用适当化简的原则。此时卡诺图化简如图 5-52 所示。

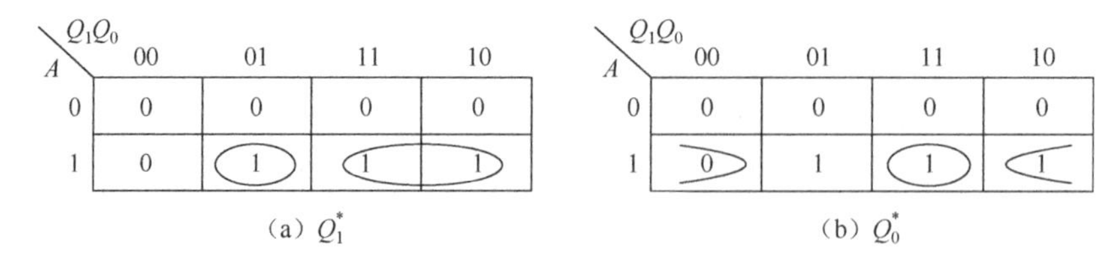

图 5-52　卡诺图分解化简

这时，得到状态方程和 JK 触发器的特性方程形式一致，即

$$\begin{cases} FF_1: Q_1{}^* = AQ_0Q_1{}' + AQ_1 \\ FF_0: Q_0{}^* = AQ_0{}' + AQ_1Q_0 \end{cases}$$

再通过与 JK 触发器特性方程对比，可以容易地得到驱动方程为

$$\begin{cases} FF_1: J_1 = AQ_0 \ ; \ K_1 = A' \\ FF_0: J_0 = A \ ; \ K_0 = (AQ_1)' \end{cases}$$

自启动检测和逻辑图略。

（3）用 T 触发器实现。

T 触发器特性方程形式和 JK 触发器相似，直接利用 JK 触发器的化简结果求驱动方程。以 FF_0 为例。

FF_0 的状态方程为

$$Q_0{}^* = AQ_0{}' + AQ_1Q_0$$

T 触发器的特性方程为

$$Q^* = TQ' + T'Q$$

根据表达式对比法，也可以容易地得到驱动方程为

$$T_0 = A \qquad T_0 = (AQ_1)'$$

同一个变量得到了两个不同的答案，这显然是矛盾的。由此得出结论：状态方程对比法求驱动方程是有限制的。那如何求 T 触发器的驱动方程呢？这个问题不难回答，因为在状态转换表中就已经包含了驱动方程的信息，如图 5-53 所示。

$A\ Q_1\ Q_0$	$Q_1{}^*\ Q_0{}^*$	$T_1\ T_0$	FF状态说明
0 0 0	0 0	0 0	状态不变
0 0 1	0 0	0 1	FF_0翻转
0 1 0	0 0	1 0	FF_1翻转
0 1 1	0 0	1 1	都翻转
1 0 0	0 1	0 1	FF_0翻转
1 0 1	1 0	1 1	都翻转
1 1 0	1 1	0 1	FF_0翻转
1 1 1	1 1	0 0	状态不变

（a）带驱动变量的状态表

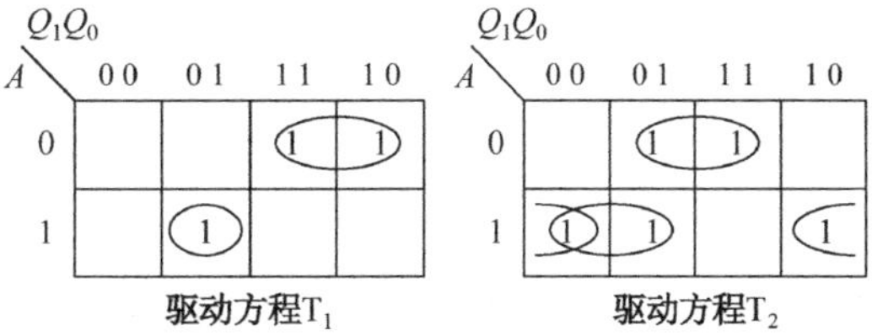

$A \backslash Q_1Q_0$	00	01	11	10
0			1	1
1		1		

驱动方程T_1

$A \backslash Q_1Q_0$	00	01	11	10
0		1	1	
1	1	1		1

驱动方程T_2

（b）卡诺图化简

图 5-53　状态表求驱动方程

以状态转换表第 1 和 2 行为例说明。第 1 行，初态为 00，输入 A=0，根据逻辑功能要求，次态为 00。显然两个 T 触发器状态都没有改变，即 T 触发器的驱动端 T_0=T_1=0。同理，第 2 行 FF_0 由 1 变到 0，发生了翻转，那么触发器 FF_0 对应的驱动端 T_0=1。以此类推，最终就可以得到驱动端 T 与 A 和状态变量 Q_1 与 Q_0 的关系的表格（真值表）。利用这个表格，再经过化简就可以直接得到驱动方程为

$$\begin{cases} FF_1: T_1 = A'Q_1 + AQ_1{}'Q_0 \\ FF_0: T_0 = A'Q_0 + AQ_0{}' + AQ_1{}' \end{cases}$$

自启动检测和逻辑图略。

利用状态表直接求驱动方程的方法具有通用性。但对于 JK 触发器而言，由于有两个驱动端，列带驱动变量的状态表会比较麻烦，建议还是使用状态方程比较法更方便。

5.6　用中规模集成电路设计时序电路

随着集成电路技术的不断发展，在数字电路系统的设计中越来越多地采用了集成电路，这样可以减少连线，提高电路可靠性并降低成本。

利用中规模数字集成电路（MSI）设计时序电路并无固定的设计步骤，但一个基本点是要对各种 MSI 的逻辑功能有很清楚的认识，然后分析要设计的任务，再选择适合的 MSI 和外围器件并进行连接。另外，就是注意使能端的连接。

本章介绍的常用 MSI 包括（移位）寄存器和计数器，配以适当的外围电路就可实现很多的逻辑功能。若与组合逻辑电路配合使用，则可以构成比较复杂的数字电路系统。

下面将给出用时序 MSI 进行电路设计的例子，最后给出两个综合设计的例子。

5.6.1　用移位寄存器设计

1．移位寄存器的功能

74LS194 是最常见的 4 位集成移位寄存器，不但具有数据寄存功能，还能实现存储数据的双向移动，此外还具有并行/串行输入、并行/串行输出功能。具体控制信息详见表 5-9。

74LS194 既可用于各种电子设备的控制电路设计，还可用于实现二进制数值的计算，如乘法（左移）、除法（右移）。后一种应用将在综合设计中介绍，下面将给出移位寄存器在电路控制中的应用。

2．设计实例

设计内容：设计一个节日彩灯控制器。彩灯为 8 个发光二极管（LED），状态变化规律为（上电）全部点亮后依次熄灭，然后依次点亮，如此反复；状态变化间隔为 1s。

解：分析题意，确定以下设计方案和步骤。

（1）用两片 4 位双向移位寄存器 74LS194 级联构成 8 位的移位寄存器，并将 8 位并行输出端（Q 端）连接 8 个 LED。当 Q=0（低电平）时，对应 LED 点亮，否则熄灭。

（2）为实现设计要求的状态变化规律，将 74LS194(2)的 Q_3 端通过一个反相器连至 74LS194(1)的 D_{IR} 端（右移串行输入端），并使 S_1S_0=01（右移功能）。

这样当电路上电后所有 Q=0，8 个 LED 均为点亮状态，然后在时钟信号的控制下，通过反相器的作用，8 个 LED 从左至右会依次熄灭。全灭后，所有 Q=1。然后又会依次点亮，如此反复。

（3）设置清零按键，任何时刻按下，使所有 Q=0，全部 LED 被点亮。时钟信号 CLK 输入频率为 1Hz，以实现状态变化间隔 1s 的要求。

最终设计的彩灯控制器如图 5-54（a）所示。两片 74LS194 的 Q 端输出波形如图 5-54（b）所示，其中 Q_{10}～Q_{13} 为第 1 片输出，Q_{20}～Q_{23} 为第 2 片输出。可以看出，Q 端状态初值全为 0，然后依此变为高电平，再依此变为低电平。每 16 个时钟脉冲，状态循环变化一次。图 5-54（b）中给出了两个循环周期的时序图。

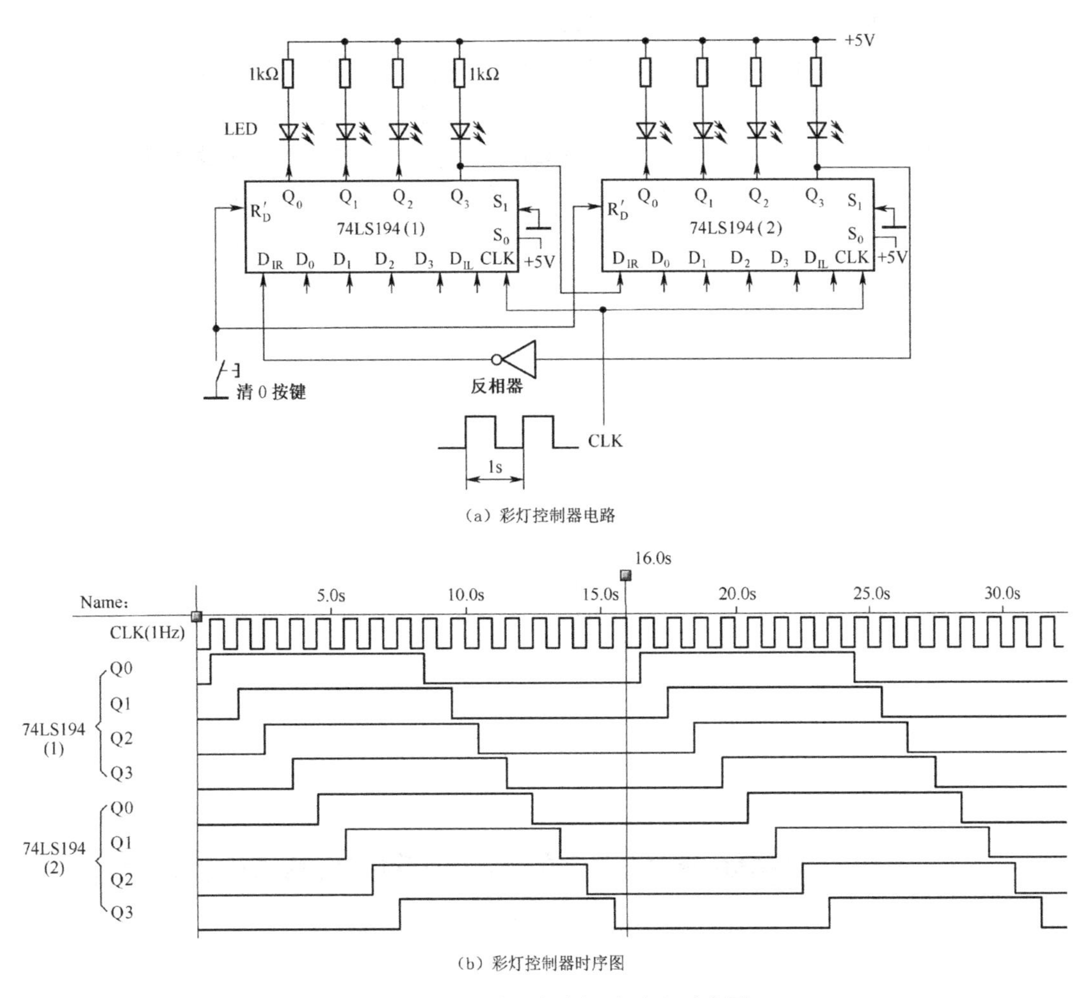

（a）彩灯控制器电路

（b）彩灯控制器时序图

图 5-54　节日彩灯控制器电路和时序图

5.6.2　用计数器设计

1. 计数器的基本功能

计数器的基本功能是对输入脉冲进行计数，当脉冲频率固定时，即可通过计数的方法实现两个重要而常用的功能：分频和定时。

2. 设计实例 1

设计内容：某时钟信号源产生的基准脉冲信号频率为f=32768Hz，要求用计数器设计一个分频电路，分频得到周期为1s的脉冲信号。

解：分析题意可知要对基准频率进行1/32768分频才可得到频率为1Hz的脉冲信号。根据5.4.1节知，一个n位二进制计数器可实现对输入时钟信号的$1/2^n$分频。令2^n=32768，

则 n=15，因此需要一个 15 位二进制的计数器。

集成产品中并没有 15 位二进制的计数器，但可以用 4 个 4 位二进制计数器 74161 来组合设计实现。如图 5-55（a）所示，通过并行进位法，将它们连成最大进制形式，即 16 位二进制计数器。但是，并不需要附加门电路修改进制数，只需从第 4 片（最高位片）74161 的 Q_2 端引出输出信号 Y 即可，Y 端是整个计数器的第 15 位。当 CLK 端加载 32768Hz 的时钟信号后，Y 端输出的脉冲信号周期即为 1s，如该电路的时序图 5-55（b）所示。

该设计具有实际意义，电子表和石英表中使用的就是基准频率为 32768Hz 的时钟信号源（即石英晶体振荡器），先进行 2^{15} 分频后得到秒脉冲信号，再进行计数实现计时。此外，该秒脉冲还可作为前面彩灯控制器电路中移位寄存器的时钟信号。

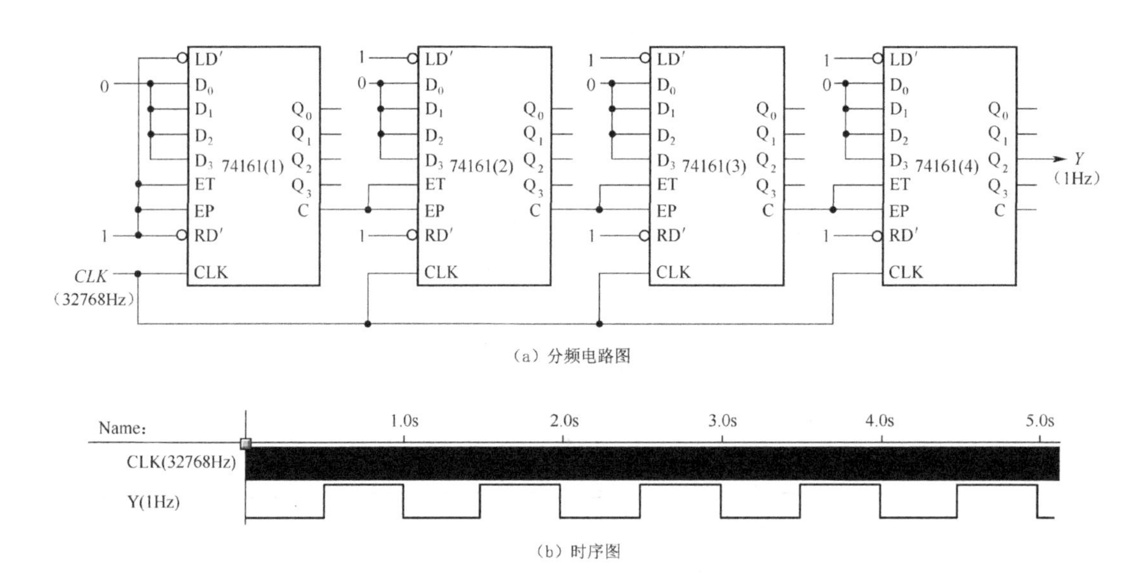

（a）分频电路图

（b）时序图

图 5-55　由 4 个 74161 构成的 1Hz 分频电路和时序图

3．设计实例 2

设计内容：利用 74160 设计一个计数器电路，当触发端有信号输入时开始计数，计 5 个脉冲后，停止计数。再有触发信号时，重复此过程。可以把这种电路称为单次计数器或触发计数器，主要用于自动定时的场合。

解：计数器计数到某个状态后自动停止计数，显然存在一个反馈电路实现计数器控制；控制计数器停止的方式可以利用计数器本身的控制端（如使能端、清零端、置数端），或者通过控制时钟脉冲实现。从触发控制的角度，存在电平触发和边沿触发。部分实现电路和时序图如图 5-56 所示，Timer 是定时输出端，Trigger 是触发输入端。单次计数电路结构还有许多种。（单次计数器和后面第 7 章要讲的“单稳态触发器”功能相同。）

图 5-56（c）和（d）所示的时序图表明，输出端 Timer 对应的高电平大约都为 5 个脉冲周期。但由于实现方式存在区别，对应状态存在差异。

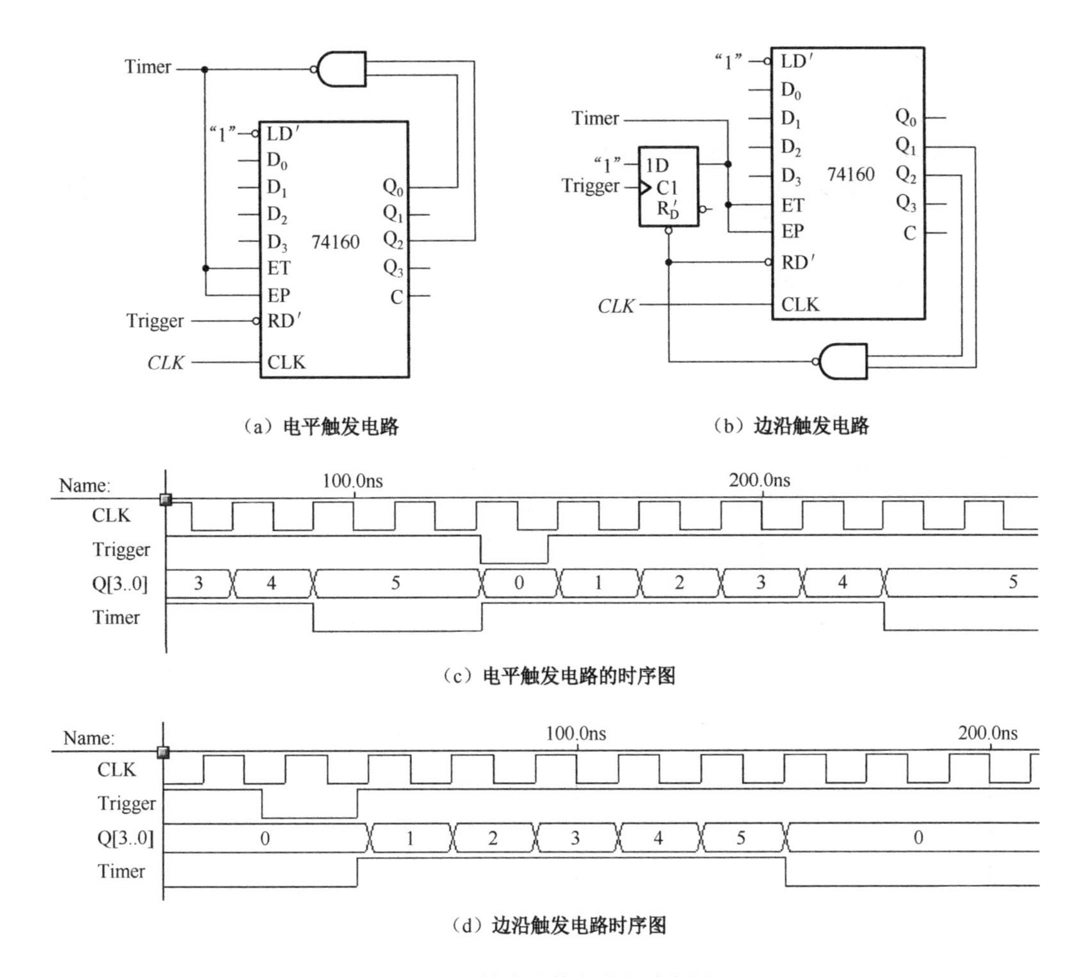

图 5-56 单次计数电路与时序图

5.6.3* 综合设计

当要实现的数字电路系统较为复杂时，往往需要时序逻辑电路和组合逻辑电路配合使用。这就涉及集成型的时序和组合电路的混合设计，基本设计方法如下。

1）总体方案设计

① 根据设计要求确定输入、输出信号。

② 把整个系统划分成若干功能模块。可先划分成时序模块和组合模块两大部分，然后再细分。

在进行功能模块划分时，尽量按常用 MSI 器件所能实现的功能划分，如计数/定时、编码、译码、显示模块等。

2）各功能模块设计

根据模块功能要求，选择适合的 MSI 器件进行模块的设计实现，注意保留必要的输入和输出信号，以及时序模块和组合模块的连接。（注：在实际设计中应对各个模块进行功能仿真，以验证设计的正确性。）

3）实现系统总电路图

依照总体设计方案将各个模块连接到一起构成总电路。（注：在实际设计中，总电路完成后要进行系统的功能仿真，以验证设计的正确性。）

本节将给出两个综合设计的例子，一个是移位寄存器和加法器配合实现二进制数值运算的电路，另一个是计数器与编码器实现病房呼叫系统的电路。

1．用移位寄存器和加法器实现二进制数值运算

设计要求：实现一个4位二进制数的自相加，自加次数为20次。

解：（1）总体方案设计。

根据题目要求，设定输入变量为 $X = x_3x_2x_1x_0$，表示该4位二进制数；设输出变量为 $Z = z_8z_7z_6z_5z_4z_3z_2z_1z_0$，表示自加结果。本题要实现 $Z = 20X$。

根据表达式，如果单纯进行 X 的20次自加，效率比较低，可将表达式变换为

$$Z = 16X + 4X = 2^4 X + 2^2 X$$

根据变换后的表达式，可将总体方案划分为3个功能模块，包括2个移位模块和1个求和模块。其中，2个移位模块采用两组8位移位寄存器，分别实现 X 的右移4位和右移2位操作，即相当于进行了求 $16X$ 和 $4X$ 的操作（右移一位相当于数值乘2）。8位移位寄存器可用两片74LS194级联构成。求和模块将移位后的二进制数值进行相加，求得最终结果 $20X$，可用两片4位加法器74283级联构成一个8位的加法电路。

（2）各功能模块设计。

① 移位模块。利用两片移位寄存器74LS194A连接成一个8位的单向移位寄存器，这里只需要向右移动。以低位片的并行输入端分别连接 x_3、x_2、x_1、x_0。需要两组相同的移位模块。

② 求和模块。利用两片4位加法器74283连接成一个8位加法器，加数和被加数端分别连接两个移位模块的并行输出端。

（3）系统总电路图。

将各模块连接在一起形成总电路，如图5-57（a）所示，以高位片74283的进位输出端作为求和结果的最高位 z_8。

此外，要正确完成 $Z = 20X$ 的计算需在图5-57（b）给出的时序控制下进行。在 CLK_1 和 CLK_2 的第一个上升沿，S_1S_0=11，74LS194A完成同步置数操作，将 X 存入。随后令 S_1S_0=01，CLK_1 再输入4个脉冲，完成向右移动4位的操作；而 CLK_2 再输入2个脉冲，完成向右移动2位的操作。移位一旦结束，就可在两片74283的输出端得到求和结果。

2．用计数器和编码器等实现病房呼叫系统

设计要求如下：

（1）用低电平表示5个病房的呼叫输入信号，1号优先级最低，1～5号优先级依次升高。

（2）用一个数码管显示呼叫信号的号码，没呼叫信号时显示0。有多个呼叫信号时，显示优先级最高的呼叫号。

（3）凡有呼叫均发出5s的呼叫声。

解：（1）总体方案设计。

根据题目要求，系统需要5个输入变量 $C_1 \sim C_5$，分别表示5个病房的呼叫信号；一个

输出变量 Y，表示发出的呼叫声。

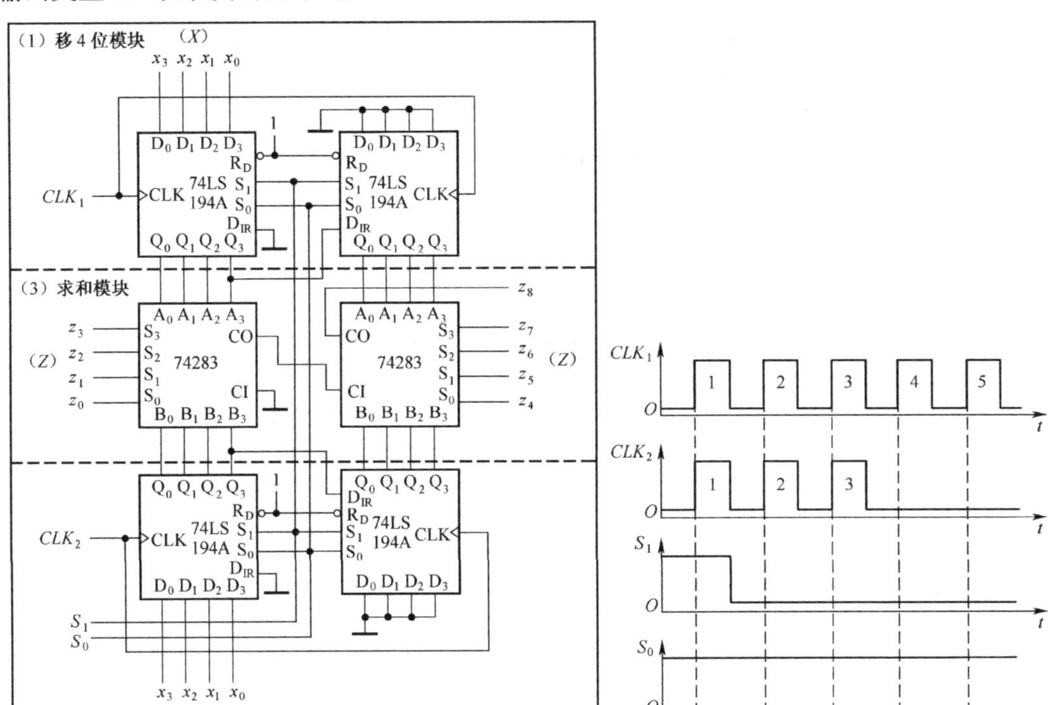

(a) 用 74LS194A 和 74283 实现电路　　(b) 时序操作图

图 5-57　实现 Z=20X 运算的电路及时序操作图

此外，总体方案可划分为编码、显示和定时 3 个功能模块。编码模块，将有优先级之分的 5 个病房的呼叫信号（低电平）编码为 3 位二进制代码，可利用 8 线—3 线优先编码器实现。显示模块，将病房的编码值用数码管显示出来，可利用 BCD—七段显示译码器实现。定时模块，实现 5s 定时，并产生时长 5s 的高电平作为呼叫声，可利用计数器实现。

（2）各功能模块设计。

① 编码模块。根据要求，$C_1 \sim C_5$ 优先级别逐渐升高，并以低电平作为呼叫信号，因此可用一片 8 线—3 线优先编码器 74HC148 对 $C_1 \sim C_5$ 按优先级别进行编码。同时给编码输出端加上反相器，将反码输出变成原码输出。

② 显示模块。需要用一个数码管显示病房号，可选用共阴极七段数码管 BS201A。此外，BCD 码不能直接送入数码管显示，中间要经过显示译码器 7448 译码后再驱动数码管显示病房号的阿拉伯数字。

③ 定时模块。可将十进制计数器 74160 通过异步清零法配置成五进制计数器。当输入 1Hz 时钟信号时，即可实现 5s 定时。将异步清零信号反相后即可获得 5s 的高电平信号（呼叫声）。

（3）系统总电路图。

将各模块连接在一起形成总电路，如图 5-58 所示。连接时需要注意以下一些细节。

① 74HC148 I_0、I_6、I_7 都应接高电平，以保证 $C_1 \sim C_5$ 无呼叫信号时，产生码 000，从而能在数码管上显示数字 0。

② 当 $C_1 \sim C_5$ 有呼叫信号时，74HC148 的 EO 端信号由 0 变 1，即产生一个上升沿，使 T′ 触发器触发翻转，Q 由 0 变 1，Q 端的高电平用于控制蜂鸣器发出呼叫声。同时，定时模块开始工作，5s 后 Y 端出现一个负脉冲，将 74160 和 T′触发器同时清零，呼叫声停止。

此外，需要注意各芯片使能端的处理。

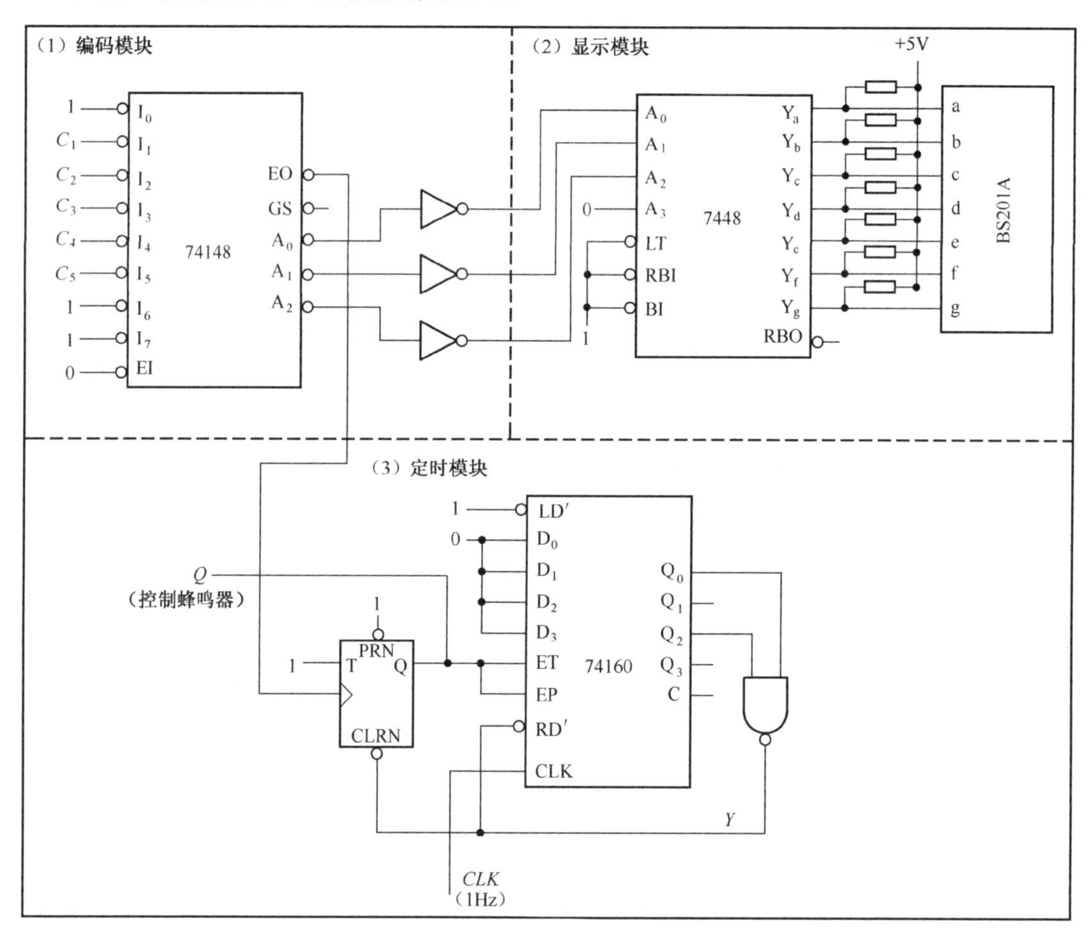

图 5-58　病房呼叫系统电路总图

5.7*　用 MAX+plus II 设计时序逻辑电路

MAX+plus II 软件的设计功能非常强大，利用它完全可以实现非常复杂的数字电路系统的设计，如在 5.6.3 节中介绍的两个综合设计实例。考虑到设计全部过程较为复杂，另外也有很多相关的专业书籍，因此在本节中仅介绍一个较为简单的设计实例，目的是体会一下利用 MAX+plus Ⅱ 软件进行时序电路设计的基本过程。

在 5.5 节的例 5-7 中，画出了一个同步七进制加法计数器的电路（见图 5-45）。如果采用小规模集成 JK 触发器和门电路进行实现，单布线一项任务就是十分繁琐的事情。而采用 MAX+plus Ⅱ 软件进行设计，从电路图的绘制、功能验证，到下载至硬件（可编程逻辑器件）中实现等这一系列流程都会非常便捷。

下面就通过设计这样一个同步七进制加法计数器电路，来说明如何使用 MAX+plus Ⅱ 软件设计时序电路。

【例 5-9】 用 JK 触发器和门电路设计同步七进制加法计数器，画出电路的时序图，验证电路的功能，最后给出下载后目标硬件的引脚排列图。

解： 首先按照时序电路的设计步骤求出驱动方程和输出方程如下。

$$\begin{cases} \mathrm{FF}_2: J_2=Q_1Q_0,\ K_2=Q_1 \\ \mathrm{FF}_1: J_1=Q_0,\ K_2=(Q_2'Q_0')' \\ \mathrm{FF}_0: J_0=(Q_2Q_1)',\ K_0=1 \end{cases}$$

$$C=((Q_2Q_1)')'$$

进位输出之所以采用非非的形式，目的是利用触发器 FF_0 驱动端 J_0 的方程，实现输出方程（$C=(J_0)'$），以减少与逻辑门的使用数量。

根据方程中出现的逻辑关系，在 MAX+plus Ⅱ 软件的器件库中调出 JK 触发器、反相器 7404、2 输入与门 7408、2 输入与非门 7400、高电平 V_{CC}，构成如图 5-59 所示电路。其中 *CLK* 端加了反相器，目的是将上升沿触发的 JK 触发器改为下降沿触发。

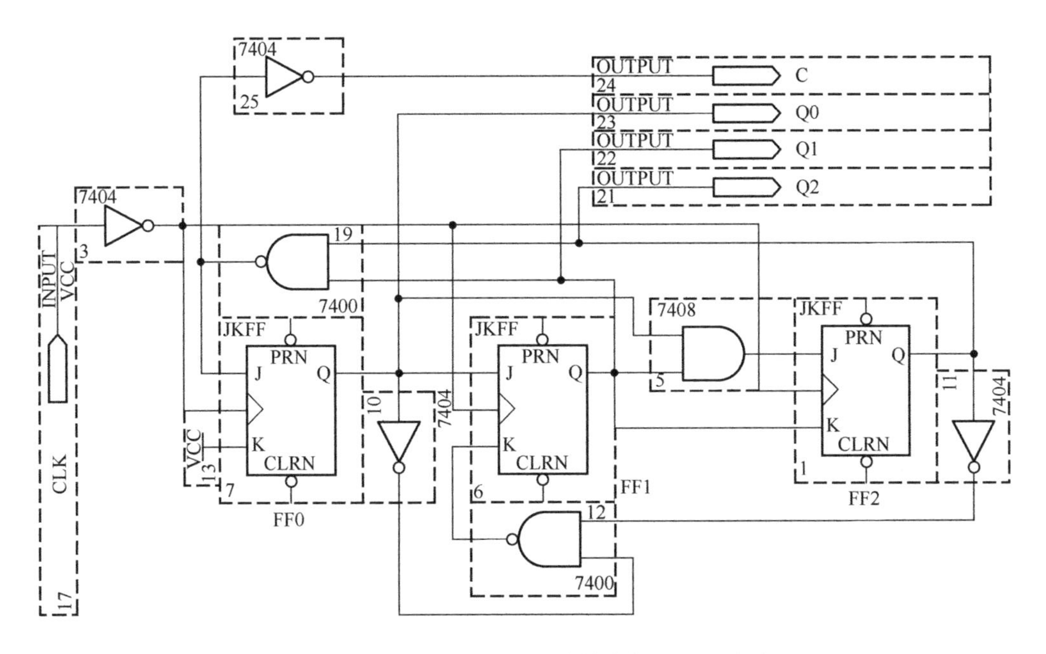

图 5-59　用 MAX+plus Ⅱ 软件构建的图 5-45 电路

利用 MAX+plus II 提供的电路仿真功能对计数器的时钟波形和状态输出、进位输出波形进行观测，得到如图 5-60 所示的时序图。分析波形可知，每 7 个时钟周期状态输出波形（Q_2～Q_0）就重复一次，并在 C 端产生一个进位脉冲。因此，这个电路是一个七进制加法计数器。

经过仿真验证了电路的功能之后，可以进入硬件实现阶段，即将整个计数器电路下载到一片可编程逻辑器件中。根据所设计电路规模的大小，在 MAX+plus II 的器件库中选择合适的目标硬件，本例中选择了型号为 EPM7032SLC44—5 的可编程逻辑器件。此时利用 MAX+plus II 对电路进行编译，即可将计数器的输入、输出端分配到 EPM7032SLC44—5 的可用引脚上，如图 5-61 所示。其中时钟端分配给了 43 号引脚，Q_2～Q_0 端分配给了 39～41 号引脚，进位输出分配给了 37 号引脚。

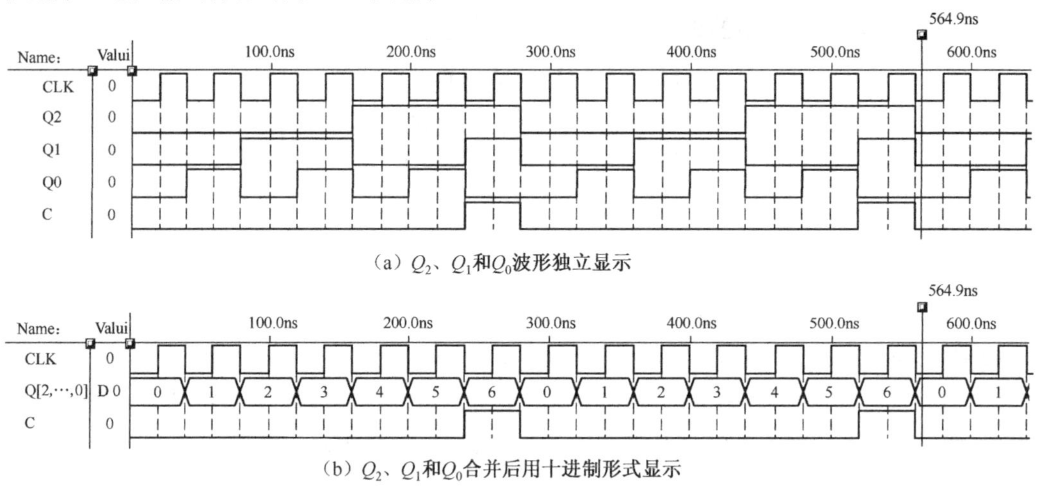

（a）Q_2、Q_1和Q_0波形独立显示

（b）Q_2、Q_1和Q_0合并后用十进制形式显示

图 5-60　用 MAX+plus II 的仿真功能获得的图 5-59 的时序图

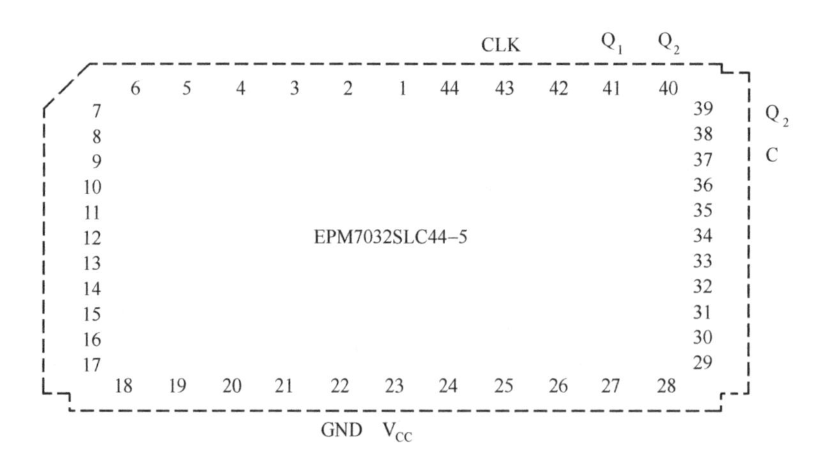

图 5-61　计数器输入/输出端口在可编程逻辑器件上的引脚分配情况

图 5-61 表明，当计数器电路下载到可编程逻辑器件中以后，只需要很少的外部连线即

可进行硬件阶段的功能验证。相比于用分立元件（触发器和门电路）实现，工作量大大减轻，并且易于电路的查错和修正。

本章小结

时序电路在数字系统中应用广泛。它在逻辑功能上的特点是任意时刻的输出不仅与当时的输入信号有关，而且还与电路原来的状态有关。因此，为记忆电路的状态，时序电路中必须包含由触发器构成的存储电路，这与组合电路在电路结构上不同。此外，时序电路在逻辑功能及其描述方法、分析方法和设计方法等方面都有别于组合电路。

通常用于描述时序电路功能的方法有方程组（主要包括状态方程、驱动方程和输出方程等）、状态转换表、状态转换图、时序图等几种。

在分析时序电路时，可以直接得到的是输出方程和驱动方程，状态方程只能通过驱动方程间接得到，然后再通过输出方程和状态方程才可以得到电路的状态转换表或状态转换图。时序图便于进行电路的信号波形观察，最适合用于计算机辅助设计和实验调试。

时序电路的设计正好是电路分析的逆过程，其中最重要的是能够根据给定的逻辑问题抽象出状态转换表或状态转换图，然后推导出方程组，进而绘制出逻辑图。本章以利用触发器设计计数器为例，描述了时序电路设计的一般方法。

具体的时序电路种类繁多，本章只介绍了常见的寄存器、移位寄存器和计数器。时序电路一般性分析方法同样适合于它们。在利用集成时序电路设计时，与一般方法相比，有共同之处，也有不同之处。它们都以状态转换图为基础，但由于集成时序电路都已形成特定的工作循环，因此设计的主要任务是设法改变这个循环。在集成时序电路中，计数器的应用非常广泛，应多加关注。

习题与思考题

题 5.1　分析图 5-62 给出的时序电路的逻辑功能。要求列出状态方程、输出方程，画出状态转换图，并检查电路自启动情况。注意，A 为输入变量。

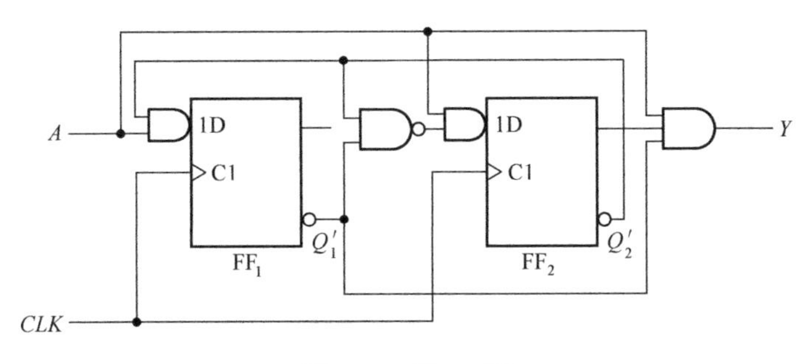

图 5-62　题 5.1 图

题 5.2　分析图 5-63 给出的时序电路的逻辑功能。要求列出状态方程、输出方程，画出状态转换图，并检查电路自启动情况。

题 5.3　分析图 5-64 给出的时序电路的逻辑功能。要求列出状态方程、输出方程，画出状态转换图，并检查电路自启动情况。

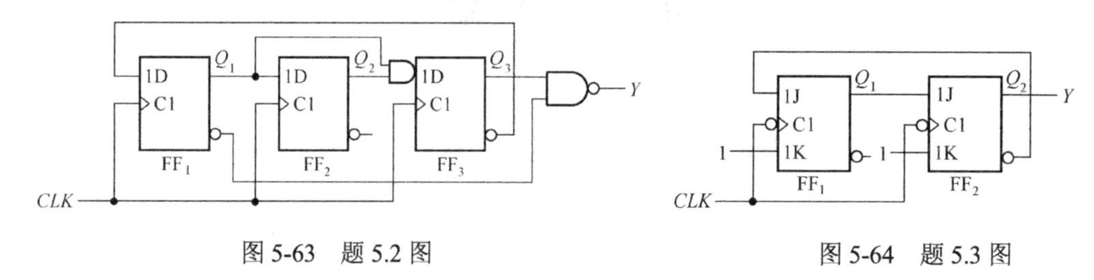

图 5-63　题 5.2 图　　图 5-64　题 5.3 图

题 5.4　分析图 5-65 给出的计数器电路，要求画出状态转换图，说明这是多少进制的计数器。74160 的功能表见表 5-13。

题 5.5　分析图 5-66 给出的计数器电路，说明当 X=0 和 X=1 时各为几进制，并画出相应状态转换图。74160 的功能表见表 5-13。

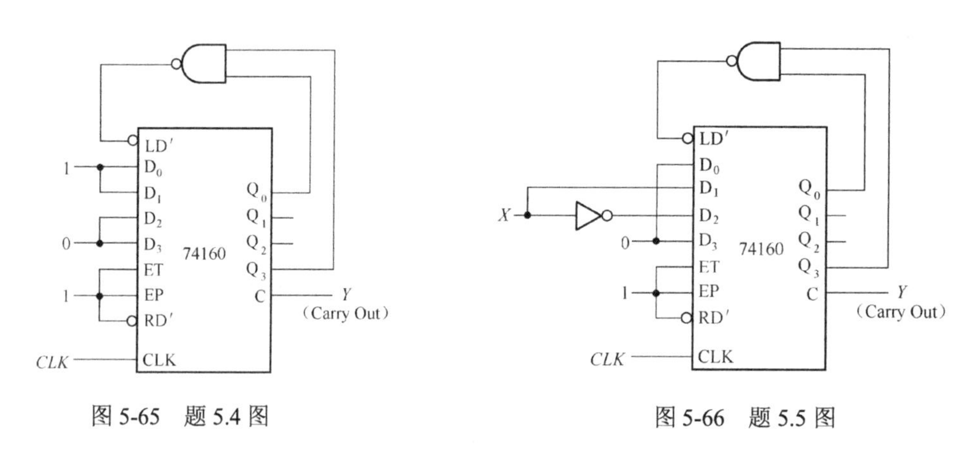

图 5-65　题 5.4 图　　图 5-66　题 5.5 图

题 5.6　分析图 5-67 给出的计数器电路，要求画出状态转换图，说明这是多少进制的计数器。74161 的功能表与表 5-13 相同。

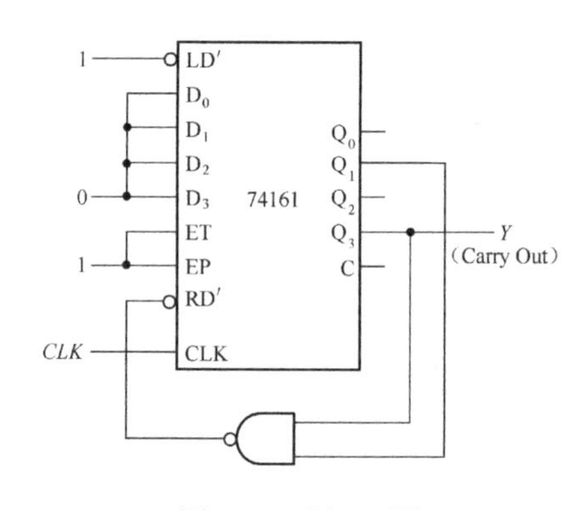

图 5-67　题 5.6 图

题 5.7　要求使用异步复位端 *RD′* 将集成十进制计数器 74160 接成八进制加法计数器，并标出输入端、进位输出端。可以附加必要的门电路。74160 的功能表见表 5-13。

题 5.8　同上题，要求使用同步置数端 *LD′* 将集成十进制计数器 74160 接成八进制加法计数器，置入状态值可随意选择。

题 5.9　要求使用异步复位端 *RD′* 将集成 4 位二进制计数器 74161 接成十三进制加法计数器，并标出输入端、进位输出端。可以附加必要的门电路。74161 的功能表与表 5-13 相同。

题 5.10　同上题，要求使用同步置数端 *LD′* 将集成 4 位二进制计数器 74161 接成十三进制加法计数器，置入的数值可随意选择。

题 5.11　分析图 5-68 给出的计数器电路，要求画出状态转换图，说明这是多少进制的计数器。74160 的功能表见表 5-13。

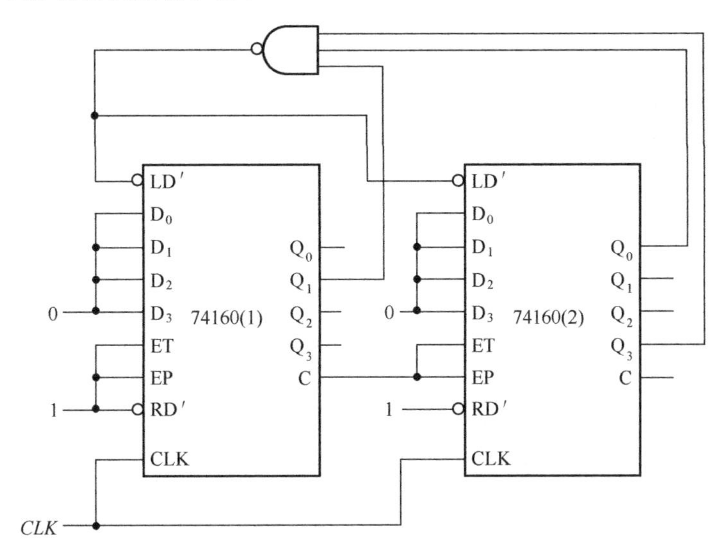

图 5-68　题 5.11 图

题 5.12　若将图 5-69 中的 74160 改为 74161，说明这是多少进制的计数器，并画出状态转换图。74161 的功能表与表 5-13 相同。

题 5.13　利用两片集成十进制计数器 74160 接成二十四进制加法计数器。

题 5.14　利用 3 片集成十进制计数器 74160 接成三十六进制加法计数器。

题 5.15　利用两片集成 4 位二进制计数器 74161 接成三十进制加法计数器。

题 5.16　利用 JK 触发器设计一个带进位输出的同步六进制加法计数器。

题 5.17　利用 JK 触发器设计一个带借位输出的同步六进制减法计数器。

题 5.18　利用 D 触发器设计一个同步七进制加法计数器。

题 5.19　设计一个数字钟电路，要求能用 24 小时制显示时、分、秒。

第 6 章　半导体存储器与可编程逻辑器件

内容提要

半导体存储器和可编程逻辑器件都是基于半导体集成电路工艺的数字电路芯片，是复杂数字电子系统的重要组成部分。

本章首先介绍半导体存储器的基本结构和原理，以及存储器容量扩展的方法。然后，介绍可编程逻辑器件的基本原理和结构。最后，介绍了可编程逻辑器件主要的设计方法——硬件描述语言，并通过典型的硬件描述语言 VHDL 程序实例，介绍用硬件描述语言设计数字逻辑系统的基本原理和方法。

教学基本要求

1. 掌握半导体存储器的功能及分类，了解它们在数字系统中的作用。
2. 了解只读存储器 ROM、随机存储器 RAM 的组成及工作原理。
3. 掌握存储容量的扩展方法。
4. 了解用存储器实现组合逻辑函数的方法和可编程逻辑器件分类及其原理。
5. 了解 VHDL 语言。

重点内容

1. 半导体存储器的功能及分类。
2. 存储容量的扩展方法。

6.1 概述

1. 半导体存储器

存储器从数据存储特点上可以分为挥发性存储器（VM，Volatile Memory，也称为易失性存储器）和非挥发性存储器（NVM，Non-Volatile Memory，非易失性存储器）。当系统关机断电后，挥发性存储器存储的数据将会丢失，而非挥发性存储器内的数据则可以保留。从存储原理和介质上又可以分为半导体存储器、光存储器和磁存储器等。按照存储器的容量大小和作用不同，又可以分为存储器（Memory）、缓冲器或缓存器（Buffer 或 Cache）、寄存器（Register）。其中缓存器和寄存器往往都是起临时存储数据的作用，而且存储容量一般较小。按照存储器读写特性可以分为随机存储器（RAM，Random Access Memory）和只读存储器（ROM，Read Only Memory）。其中 RAM 也可以称为读写存储器（Read-write memory），以便和 ROM 区分。

半导体存储器属于固态存储器（Solid State Memory）。固态存储器本身不存在运动部件，具有体积小、重量轻、存储密度大、功耗低等优势。半导体存储器主要分为两大类：RAM 和 ROM。RAM 又可分为静态存储器（SRAM，Static RAM）和动态存储器（DRAM，Dynamic RAM）。其中，DRAM 又有同步动态存储器（SDRAM，Synchronous DRAM）、双倍速率 SDRAM（DDR SDRAM，Double Date Rate SDRAM）等之分。ROM 主要包括固定 ROM（也称为掩模 ROM）、可编程 ROM（PROM，Programmable ROM）、可擦除可编程 ROM（EPROM，Erasable PROM）、电擦除可编程 ROM（EEPROM 或 E^2PROM，Electrically EPROM）和快闪 ROM（Flash ROM）。PROM 只能编程一次，所以也称为只能编程一次的 ROM（OTPROM，One-Time PROM）。EPROM 需要利用紫外线擦除后才可以再次编程，所以也称为紫外线擦除 ROM（UVEPROM，Ultra- Violet EPROM）。Flash ROM 根据其结构特点不同，主要分为 NOR 和 NAND 等类型。半导体存储器总体分类情况如图 6-1 所示。

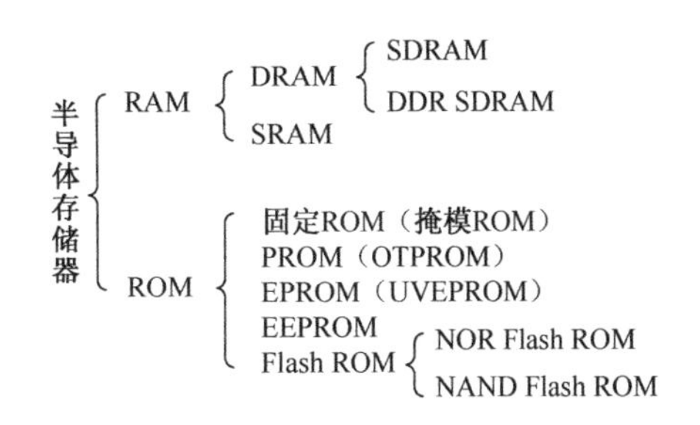

图 6-1 半导体存储器总体分类情况

半导体存储器的性能指标主要是存储容量和存取速度。存储容量用“字数×位数”的形式表示，存取速度往往用存取周期或工作频率表示。

2. 可编程逻辑器件

可编程逻辑器件（PLD，Programmable Logic Device）是一类半导体集成电路，区别于中、小规模集成门电路等通用集成电路和专用集成电路（ASIC，Application Specific Integrated Chip），PLD 内部逻辑在制作芯片的时候是没有定义的，或者说是空白的，属于半定制集成电路。PLD 芯片内部主要包括可以实现逻辑功能的各种资源，如门电路、触发器、连线等。在一些高级的PLD内部还集成了锁相环（PLL，Phase Lock Loop）、高速收发通道等资源。衡量PLD性能的主要指标为工作速度，以及内部包含资源的种类和数量。

PLD起源于可以实现任意组合逻辑的ROM存储器。后来的PROM、EPROM和EEPROM等方便了逻辑函数的实现，但是也存在一些问题，如资源使用效率低和功耗大等问题。另外，由于ROM内部一般没有触发器，所以不能实现时序逻辑。20世纪70年代和80年代可编程阵列逻辑（PAL，Programmable Array Logic）和通用阵列逻辑（GAL，General Array Logic）先后出现，将可编程逻辑器件带入一个新的纪元。

一般，PAL和GAL只能满足等效为几百个门的小规模逻辑系统的设计需要。为了满足逻辑系统对可编程逻辑器件资源的要求，复杂可编程逻辑器件（CPLD，Complex Programmable Logic Device）和现场可编程门阵列（FPGA，Field Programmable Gate Array）应运而生。其中，CPLD基于EEPROM工艺，而FPGA则基于SRAM。因此，FPGA编程内容具有挥发性，需要和非挥发性存储器配合使用。CPLD和FPGA无论在资源的种类和数量上都是可圈可点的。例如，Altera公司的FLEX10K系列芯片包含的等效门电路的数量为10 000～250 000，RAM容量为40Kbit。另外为了使用方便，CPLD和FPGA都具有在系统可编程（ISP，In-System Programming）能力，也就是说PLD芯片在目标系统中可以直接编程，不需要专门的编程器，也不需要从电路板上取下。

随着半导体工艺的提高，可编程逻辑器件内部集成的资源数量越来越多、种类越来越丰富，使实现片上系统（SOPC，System On a Programmable Chip）成为可能。它是PLD和ASIC技术融合的结果，涵盖了数字信号处理技术、高速数据收发器、复杂计算及嵌入式系统设计技术的全部内容。两大PLD厂商Altera和Xilinx分别推出了相应支持SOPC的FPGA产品，制造工艺达到28nm，系统门数也超过百万门。并且，这一阶段的逻辑器件内嵌了硬核高速乘法器、Gbits差分串行接口、时钟频率高达500MHz的PowerPC™微处理器，不仅实现了软件需求和硬件设计的完美结合，还实现了高速与灵活性的完美结合，使其已超越了ASIC器件的性能和规模，也超越了传统意义上FPGA的概念，使PLD的应用范围从单片扩展到系统级。

3．硬件描述语言

随着半导体集成电路集成规模不断扩大，逻辑功能越来越复杂，通过人工手动实现设计效率低，甚至是不可能的，必须利用计算机平台借助各种高效的设计方法。其中，应用最广泛的设计方法之一就是硬件描述语言（HDL，Hardware Description Language）。

HDL是一种用形式化方法描述数字电路和系统的语言。利用这种语言，数字电路系统的设计可以从上层到下层（从抽象到具体）逐层描述设计思想，用一系列分层次的模块来表示极其复杂的数字系统。利用电子设计自动化（EDA，Electronic Design Automation）工具逐层进行仿真验证，再把其中需要变为实际电路的模块组合，经过自动综合工具转换到门级电路网表。然后，再用专用集成电路ASIC或可编程逻辑器件PLD的自动布局、布线工具把网表转换为要实现的具体电路布线结构。最后，可以通过PLD快速实现逻辑系统，或制造成全定制的ASIC。

目前，硬件描述语言可谓是百花齐放，有 VHDL、Verilog HDL、Superlog、SystemC、Cynlib C++、C Level 等。1980 年，VHDL 由美国国防部开发。1987 年，IEEE（Institute of Electrical and Electronics Engineers，电气电子工程师协会）将 VHDL 制定为标准，也是目前使用最广泛的 HDL 之一。

6.2 随机存储器 RAM

随机存储器 RAM 分为 SRAM 和 DRAM。其中，SRAM 的存储单元本身可以长期自行保持其存储的内容，而 DRAM 存储单元本身的数据存储时间只有毫秒量级，所以 DRAM 必须和外部控制电路配合才可以实现数据的长期存储。因此，从功能上可以认为 DRAM+控制电路=SRAM，但两者性能和成本存在较大差异。SRAM 的控制逻辑简单、读写速度快，但存储密度低、成本高，所以一般用在速度要求高的场合，如 CPU 内部的高速缓冲器、I/O 接口的缓冲器；而 DRAM 的优势在于它的成本低，被广泛用做计算机等电子设备中的主存，如计算机的内存。

6.2.1 RAM 存储单元

SRAM 和 DRAM 的存储单元都存在多种结构，下面主要介绍典型的存储单元。

1. SRAM 存储单元

SRAM 存在多种单元电路，比较常见的是 6 管 CMOS 电路。顾名思义，这种 SRAM 单元电路需要 6 个 MOS 管，并具有 CMOS 电路结构，如图 6-2 所示。

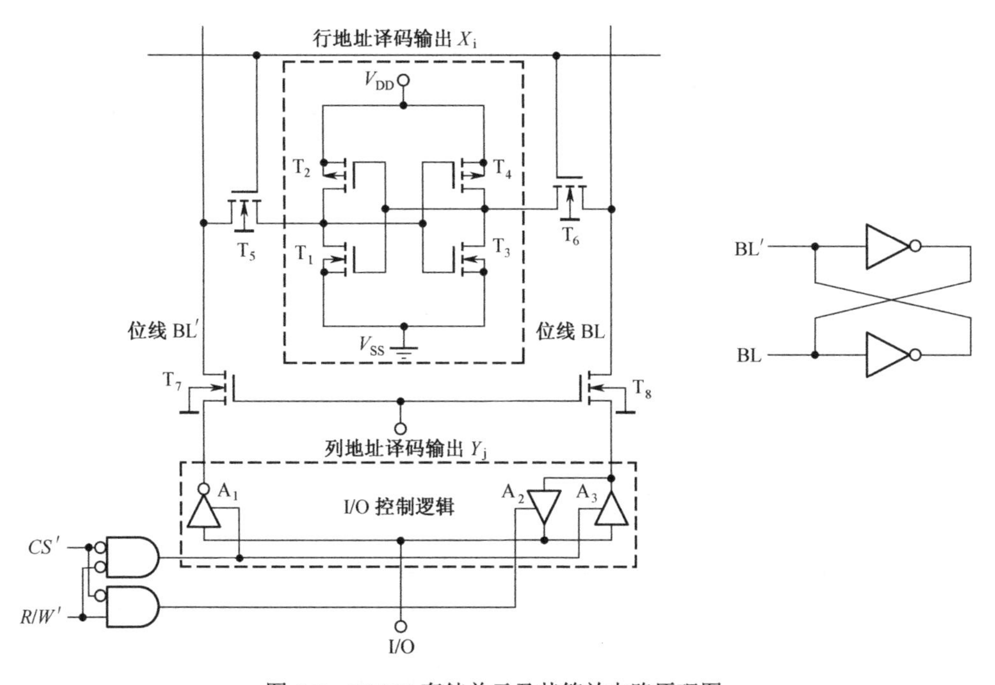

图 6-2 SRAM 存储单元及其等效电路原理图

存储单元的 6 个 MOS 管中，T_1～T_4起数据存储的作用，T_1、T_2及 T_3、T_4分别构成了 CMOS 反相器；而 T_5和 T_6主要是起开关作用。每个单元有两条位线互补输入/输出，以提高抗干扰能力。从存储单元电路结构上来看，T_1～T_4构成的是双稳态触发器，因此可以长期自行保持其存储数据。图 6-2 中，CS' 和 R/W' 信号控制存储器的读写和输出高阻状态。RAM 的 I/O 电路是由三态门构成的双向数据传输电路（图中三态门符号没有小三角，这也是三态门常用符号之一）。当 CS' 为高电平 1 时，三态门 A_1、A_2和 A_3都为高阻状态，存储器既不可输入也不能输出数据。当 CS' 为低电平 0 时，R/W' 为 1，三态门 A_2工作在逻辑状态，存储器工作在读出（Read）数据状态；否则 A_1和 A_3工作在逻辑状态，存储器工作在写入（Write）数据状态。

2. DRAM 存储单元

DRAM 的存储单元电路非常简单，只需要一个 MOS 管和一个电容，而且存储电容 C_S可以利用 MOS 管的栅极实现，工艺简单，如图 6-3 所示。

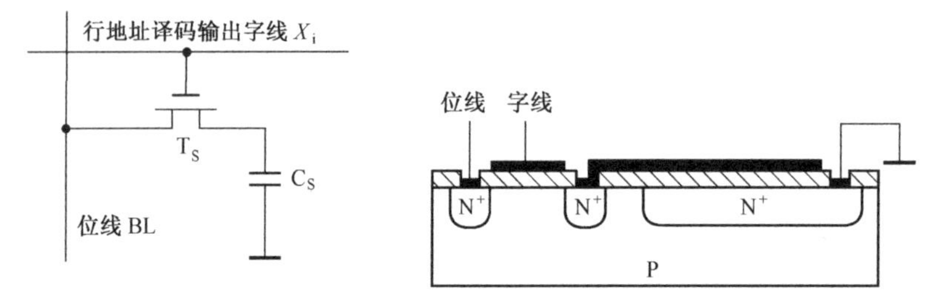

图 6-3　单管 DRAM 存储单元原理图

图 6-3 中 MOS 管 T_S主要起开关的作用，数据是由电容 C_S上存储的电荷量多少决定的。由于电容本身的漏电属性，所以 DRAM 存储单元不能长时间自行保存数据，需要刷新（预充电）控制电路配合，通过周期性的读写操作以实现长时间数据存储。因为电容的充、放电需要一定的时间，所以刷新频率不可能无限提升，严重地限制了 DRAM 存储单元的工作频率。但是由于其结构简单、存储密度高、成本低，所以广泛应用在各种电子设备中。

6.2.2　RAM 的结构

一般 RAM 芯片主要包括存储矩阵、I/O 控制逻辑和地址译码器，如图 6-4 所示。其中，存储矩阵是存储数据的场所，以字为基本存取单位。字长是字包含的位数，代表存储芯片一次读写的数据量。I/O 控制逻辑主要实现读、写和高阻状态控制。地址译码器实现对输入地址进行译码从而选择对应的字（或存储单元）。m 条地址线输入对应 2^m 条字线输出（即 2^m 个字），地址译码器其实就是二进制译码器。典型的 RAM 芯片如表 6-1 所示。

表 6-1　典型的 RAM 芯片

型　号	类　别	规格（字数×位数，单位 bit）	地 址 线 数
2114	SRAM	1K×4	10
6116	SRAM	2K×8	11
2118	DRAM	16K×1	7

SRAM 的地址线数和字数是对应的，但是 DRAM 的地址线往往较少，如表 6-1 所示，2118 的规格是 16K×1 位，需要 14 条地址线，但实际上为了节省芯片引脚数量，芯片只用 7 根复用地址线，分两批传送 14 位地址。

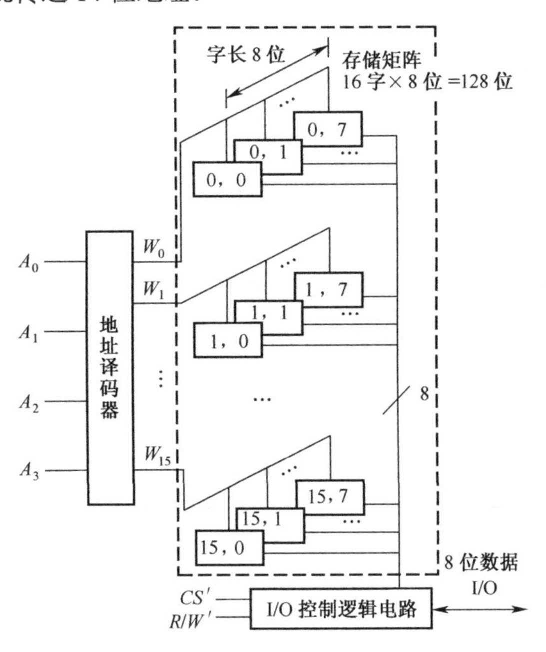

（a）一维地址译码 16 字×8 位的 RAM 原理图

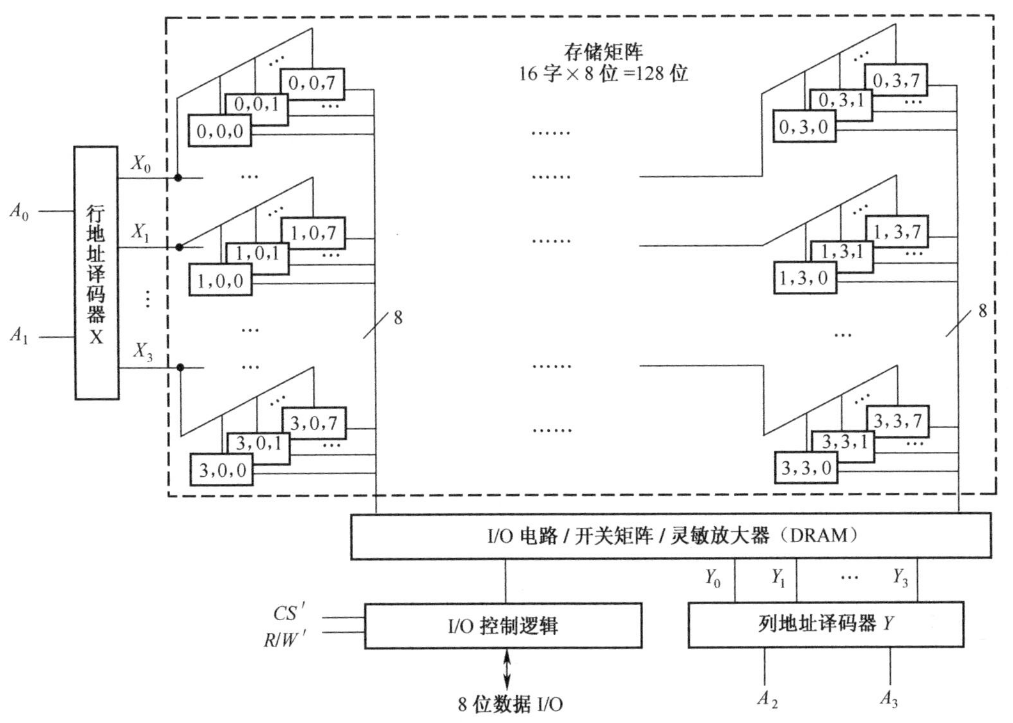

（b）二维行列地址译码 16 字×8 位的 RAM 原理图

图 6-4　RAM 存储器结构原理图

根据存储容量不同，地址译码器可以采用一维译码或行列二维译码结构。容量大的存储芯片一般采用行译码器和列译码器实现二维译码。从基本结构上来看，SRAM 和 DRAM 的基本结构是相同的。配合 DRAM 的刷新控制电路往往不在 DRAM 芯片内部。列地址译码器和开关矩阵实现的逻辑功能可以认为是数据选择器，实现从行地址译码选择的若干个"字"中选择出 1 个或若干个字。例如，图 6-4（b）中行地址译码器输出选择 4 个字，每个字长是 8 位，所以列地址译码器和开关矩阵实现的是 8 个 4 选 1 数据选择器的功能，从 4 个字中选择出一个字输出。由于 DRAM 电容存储的数据信号很微弱，所以还需要包括起放大作用的敏感放大器。通过观察 RAM 结构可以发现，系统可以直接访问任何一个字，这也是其名称中"随机存取"的含义所在。

I/O 控制逻辑主要包括两个控制信号控制存储器的基本状态，如图 6-4 所示。其中 CS' 称为片选端（Chip Select），只有片选端有效的时候才可以进行读写操作。R/W' 称为读写控制端，高电平时实现读操作，低电平时实现写操作。现在很多芯片将读写控制端分开为读使能端和写使能端，即 OE' 和 WE'，功能如表 6-2 所示。

表 6-2　RAM 控制信号真值表

CS'	OE'	WE'	工作模式	I/O 状态
H	×	×	没被选择	高阻
L	H	H	不能输出	
L	×	L	写	输入数据
L	L	H	读	输出数据

动态 RAM 在 SDRAM 之前存在 FPM DRAM（Fast Page Mode DRAM，快页模式内存）和 EDO DRAM（Extended Data Output DRAM，扩展数据输出内存）等，都是工作在异步状态。SDRAM 工作在同步状态，其另一个更确切的称呼为 SDR SDRAM（SDR，Single Data Rate，单倍速率）。

DRAM 内存有 3 种不同的频率指标，分别是核心频率、时钟频率和有效数据传输频率。核心频率即内存单元阵列（电容）的刷新频率，它是内存的真实运行频率；时钟频率即 I/O 缓存的工作频率；而有效数据传输频率就是指数据传送的频率（即等效频率）。由于存储单元的频率不能无限提升，所以只有通过改进 I/O 单元来提高性能，这就诞生了 DDR SDRAM（DDR，Double Data Rate，双倍速率）、DDR2 和 DDR3 等形形色色的内存种类，如表 6-3 所示。

表 6-3　常见 DRAM 内存频率对照表

内存规格	标准	核心频率（MHz）	I/O 频率（MHz）	等效频率（MHz）
SDR-133	PC-133	133	133	133
DDR-266	PC-2100	133	133	266
DDR-400	PC-3200	200	200	400
DDR2-667	PC2-5300	166	333	667
DDR2-800	PC2-6400	200	400	800
DDR3-1600	PC3-12800	200	800	1600

通过表 6-3 非常容易看出，近年来内存的频率虽然在成倍增长，可实际上真正的存储单元频率一直在 133MHz 与 200MHz 之间徘徊，这是因为电容的刷新频率受制于制造工艺，很难取得突破。DDR 的双倍是指在一个时钟周期内传输两次数据，即在时钟脉冲的上升沿和下降沿各传输一次数据。可以在存储阵列工作频率不变的情况下，使数据传输率达到 SDR 的 2 倍，此时需要 I/O 电路从存储阵列中预存取 2 倍宽度的数据，即如果 SDR 需要存取 1 位数据，则 DDR 需要 2 位。为了进一步提高性能，就出现了 DDR2 和 DDR3，如 DDR2-800，其存储单元工作频率为 200MHz，I/O 的工作频率是存储阵列频率的 2 倍，即 400MHz，加之是双倍速率传输，所以最终的速率（等效频率）为 800MHz，此时就需要 I/O 从存储阵列中预存取 4 倍宽度的数据。

大容量 RAM 为了寻址更方便，存储矩阵以 Bank 为单位进行组织，如图 6-5 所示。在 DDR SDRAM 中以页（Page）为读写单位，一页是输入到 I/O 电路或灵敏放大器的数据量。

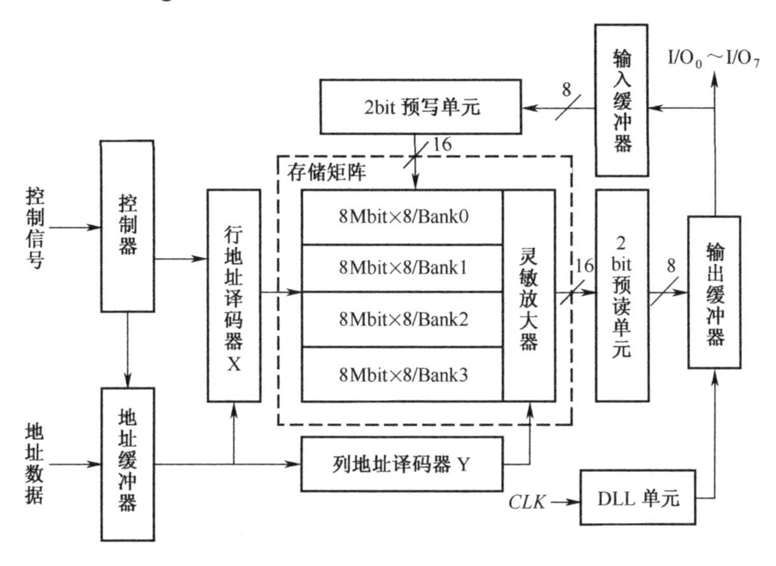

图 6-5　256Mbit DDR SDRAM 原理图

另外，因为 DRAM 存储矩阵容量大，为了减少芯片引脚数量，DRAM 的行、列地址输入端往往是复用的。DLL 是延迟锁定环（Delay Locked Loop），用来管理时钟信号，提供 I/O 电路所需的时钟信号。

6.2.3　RAM 的扩展

在许多场合为了满足系统对存储容量和数据宽度的要求，往往利用 RAM 存储芯片级联的方式来扩大总的存储容量或增加数据宽度。如前所述，存储容量由存储芯片的位线和字线的数量决定，所以可以通过增加位线和字线数量的方法扩展存储容量，分别称为位扩展和字扩展。

1. 位扩展

由 256×1 的 RAM 芯片构成 256×4 的存储器是典型的位扩展，因为容量扩展前后“字数”没有改变，而位线的数量增加了。

首先，通过计算得出所需芯片数量 N=目标容量/芯片容量，然后进行电路连接。由于扩展后字数没有变化，即地址空间没有变化，所以各个芯片的地址线分别并联。扩展后各个芯片的读写操作和状态控制是一致的，所以控制信号也分别并联。各个芯片的位线相互独立构成了扩展后的存储器数据 I/O 端口，电路如图 6-6 所示。

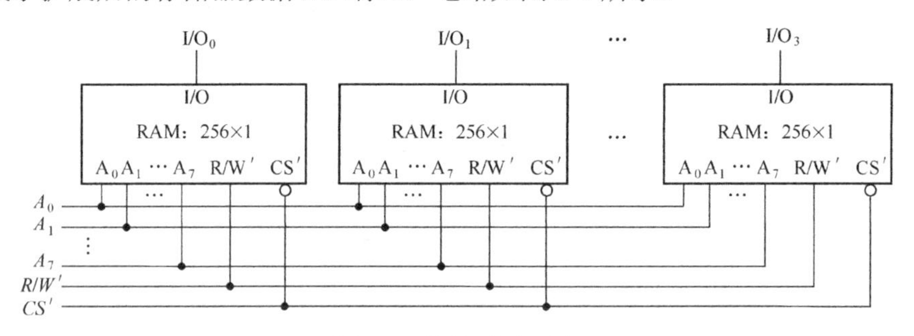

图 6-6　位扩展原理图

2. 字扩展

由 256×4 的 RAM 芯片构成 1024×4 的存储器是典型的字扩展，扩展前后“位数”没有变化，但“字数”增加了。

首先，通过计算得出所需芯片数量 N=目标容量/芯片容量，然后进行电路连接。由于扩展前后位数没有变化，所以芯片的数据 I/O 端分别并联即可。芯片的读写控制是一致的，因此也需要并联起来构成整个存储器的读写控制信号。但由于字数增加了，即地址空间增加了，所以必须构造出额外的地址输入端。原来的 8 条地址线分别并联，地址空间为 2^8（256 个字），扩展后应为 2^{10}（1024 个字），所以需要构造出额外的 2 条地址线才可以访问到所有的字。一般的做法是通过二进制译码器，译码输出控制各个芯片的 CS'端实现地址空间的扩展，如图 6-7 所示。

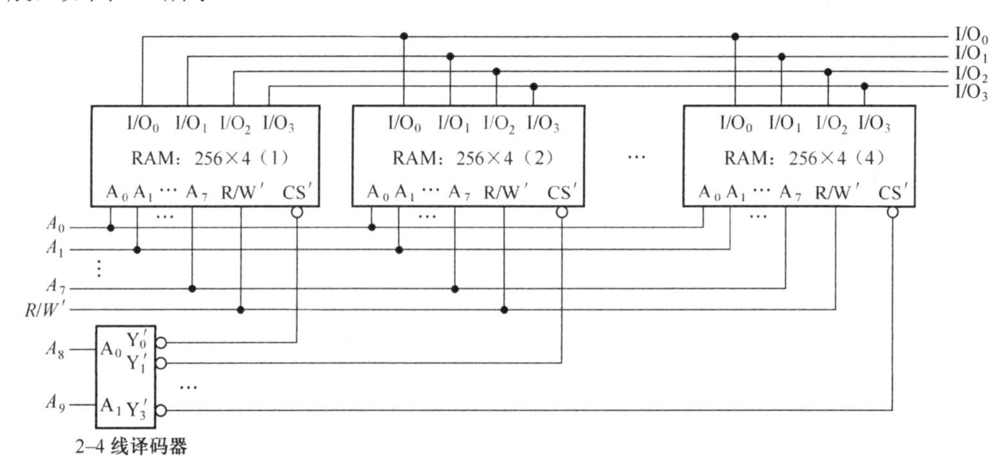

图 6-7　字扩展原理图

扩展地址端 A_8 和 A_9 通过译码器控制 RAM 芯片的 CS' 端，保证各芯片在任意时刻只有一个芯片工作在读写状态，其他都工作在高阻状态。字扩展后芯片的地址空间发生了变化，如表 6-4 所示。

表 6-4 字扩展后的地址空间

器件编号	扩展地址 A_9 A_8	扩展地址译码输出 Y_3' Y_2' Y_1' Y_0'	各个芯片地址范围（十六进制）	芯片状态
1	0 0	1 1 1 0	0 00～0 FF	芯片（1）读写，其他高阻
2	0 1	1 1 0 1	1 00～1 FF	芯片（2）读写，其他高阻
3	1 0	1 0 1 1	2 00～2 FF	芯片（3）读写，其他高阻
4	1 1	0 1 1 1	3 00～3 FF	芯片（4）读写，其他高阻

如果位扩展或字扩展单独无法满足系统对容量和数据宽度的要求，则可以同时进行位扩展和字扩展。

6.3 只读存储器 ROM

只读存储器 ROM，顾名思义只能读出其存储内容而不能写入。最初的 ROM 的确如此，但随着半导体工艺的发展和应用场合的需要，ROM 也可以写入数据，而且其写入方式越来越方便、快捷。所以，不能再用是否可写区分 ROM 和 RAM。目前区分 ROM 和 RAM 的方式是看其是否具有挥发特性。

6.3.1 固定 ROM

固定 ROM 存储的数据只能读出而不能写入，也称为掩模 ROM（Mask ROM）。固定 ROM 的数据是在生产过程中存储并固定下来的。总体上，ROM 基本结构分 3 个部分：地址译码器、存储矩阵和输出控制，如图 6-8 所示，各部分功能和 RAM 相似。

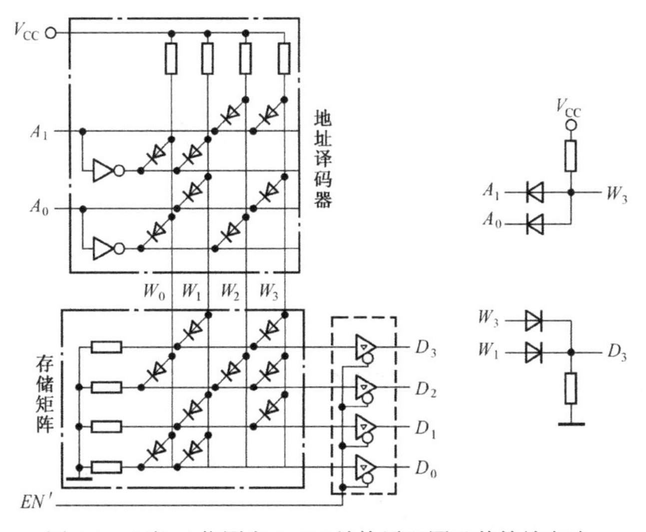

图 6-8 4 字×4 位固定 ROM 结构原理图及其等效电路

通过等效电路可以发现地址译码器就是二进制译码器，译码输出为地址输入变量的最小项，如 $W_3=A_1A_0=m_3$，每个地址译码器输出端对应一个字，所以称为字线。整个地址译码器是与逻辑矩阵。当地址输入时，有唯一的一条字线输出为高电平，相当于选择了该字。从逻辑的角度考虑，存储矩阵的输入变量是地址译码器输出字线，输出为存储的数据，称为位线。通过等效电路可以发现存储矩阵的电路结构是或逻辑矩阵，如位线 $D_3=W_3+W_1$，因此本质上可以将存储矩阵看做编码器。输出逻辑电路主要实现三态控制。

通过上述分析可以发现，位线输出和地址输入之间是与或逻辑（标准与或式，最小项之和的形式），如 $D_3=A_1A_0+A_1'A_0=m_3+m_1$，所以从电路逻辑分类上看，ROM 属于组合逻辑电路。另外，从电路结构看，数据读出过程是先对地址变量译码，然后再通过存储矩阵进行编码的过程。而存储器本质含义是查找表（LUT，Look Up Table）。通过与或逻辑计算可以得到其存储数据如表 6-5 所示。

表 6-5　固定 ROM 查找表

A_1	A_0	D_3	D_2	D_1	D_0
0	0	0	1	0	1
0	1	1	0	1	1
1	0	0	1	0	0
1	1	1	1	1	0

通过比较表 6-5 与图 6-8 中存储矩阵电路发现，字线与位线交叉点如果存在二极管，相当于存储的是“1”，否则是“0”。用 MOS 管构成的存储矩阵如图 6-9 所示，其存储原理相同。只不过字线选中单元 MOS 管导通输出低电平“0”，利用输出电路的三态非门输出为高电平“1”。换句话说，MOS 管存储矩阵本身是或非逻辑矩阵。

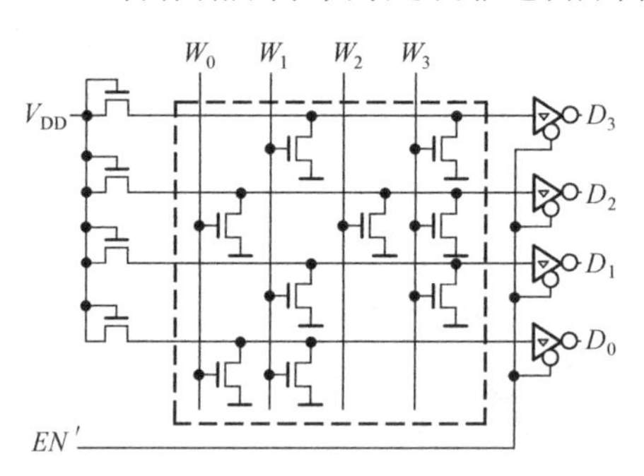

图 6-9　MOS 管构成的存储矩阵

6.3.2　可编程只读存储器 PROM

大批量生产使用时，固定 ROM 具有非常强的成本优势。但是，随着电气设备更新换代速度的加快和研发周期的缩短，越来越需要一种可以直接由用户写入数据的 ROM，即可编程 ROM。

1. 只能编程一次的 PROM

一次可编程只读存储器（OTPROM，One-Time-Programmable ROM），编程后其存储内容就不能再改变，如同固定 ROM 只能读出数据而不能写入，其电路结构如图 6-10 所示。一般 OTPROM 被简称为 PROM。

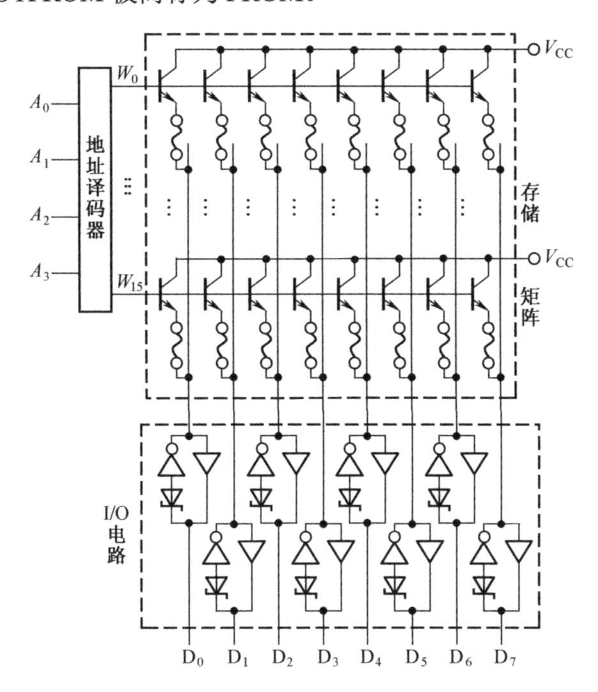

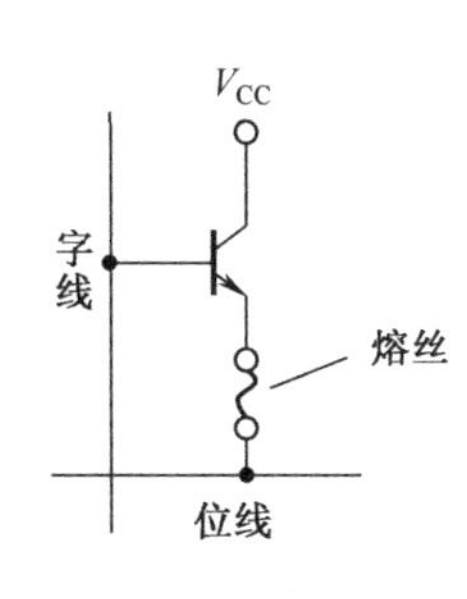

图 6-10　OTPROM 电路原理图

OTPROM 的电路结构和固定 ROM 相似，主要不同的是构成存储矩阵的存储元件是双极型三极管，并且通过发射极串联低熔点熔丝将字线和位线连接起来。PROM 生产出厂时，熔丝都是完好的，相当于存储矩阵存储的都是“1”。当某位需要存储“0”时，首先需要地址译码选中该字，然后在 V_{CC} 和对应的位线上加上较高电压，利用大电流产生较高温度将熔丝熔断，进而实现“0”的存储。由于熔丝的熔断是不可逆的，所以一旦熔丝熔断后就不能恢复原状，决定了 OTPROM 只能编程一次的特性。

2. 可擦除可编程只读存储器 EPROM

虽然 OTPROM 实现了数据的写入，但只能实现一次写入，使用起来不方便。EPROM 在进行擦除操作后可以重复写入数据，大大地提高了 ROM 使用效率。

1）*EPROM 存储元件*

EPROM 典型存储元件为具有两个栅极的叠栅场效应管，如图 6-11 所示。

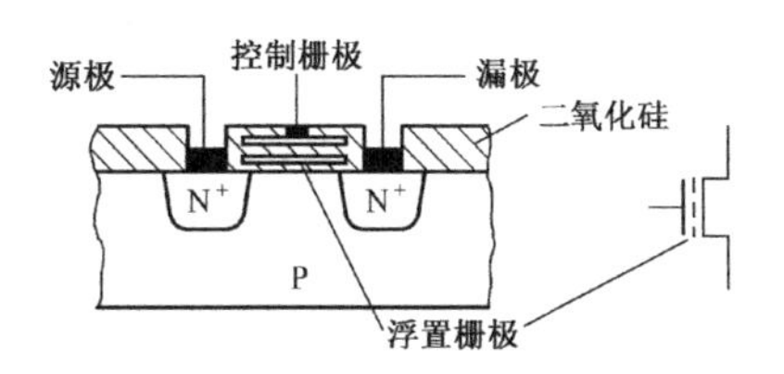

图 6-11　叠栅场效应管原理图

叠栅场效应管和普通 MOS 管不同，具有两个栅极。其中一个栅极通过电极与外部电路相连，称为控制栅极。而另一个栅极是悬浮在控制栅极和衬底之间的二氧化硅（SiO_2）绝缘层中间，称为浮置栅极，简称为浮栅，一般是由多晶硅（Poly-Si，Poly-Silicon）构成。典型的 EPROM 芯片有 2716（2K×8）、2732（4K×8）、2764（8K×8）、27128（16K×8）、27256（32K×8）和 27512（64K×8）等。

2）存储原理

由于浮置栅极与四周绝缘，所以具有电荷存储能力。浮栅存储电荷会影响叠栅 MOS 管的开启电压。当浮栅存储电荷（主要指的是电子）时，会抵消外部栅极施加在衬底表面的电场强度，进而增大了 MOS 管的开启电压，如图 6-12 所示。

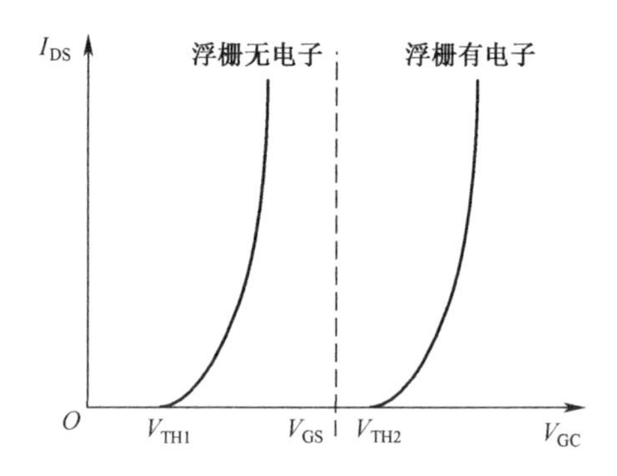

图 6-12　叠栅 MOS 管开启电压变化

如果浮栅没有存储电荷，正常的控制栅极电压 V_{GS} 可以使叠栅 MOS 管导通，相当于存储的是“1”。但如果浮栅存储电荷，此时叠栅 MOS 管阈值由 V_{TH1} 提高到 V_{TH2}，正常的控制栅极电压就不能使 MOS 管导通，相当于存储的是“0”。因此，浮栅存储电荷可以实现数据的存储。又由于浮栅周围是绝缘的 SiO_2，放电回路电阻非常大，所以电荷可以保存相当长的时间，决定了其非挥发的存储特性。

对于 EPROM 而言，关键是如何将电荷存储到浮栅中，以及如何将浮栅中存储的电荷去除。一般向浮置栅极存电荷的过程称为编程，而其相反过程称为擦除。

3）热电子注入（Hot-electron injection）编程和紫外线擦除原理

热电子注入也称雪崩注入，编程时需要在漏极和源极之间加上比较高的电压，使之发生雪崩击穿，在衬底表面的导电沟道上会形成高速电子流，即所谓的热电子。此时，在控制栅极上加正的电压脉冲，能吸引高速运动（高能量）的电子克服绝缘层 SiO_2 的势垒阻碍，进入浮置栅极而被捕获，原理如图 6-13 所示。

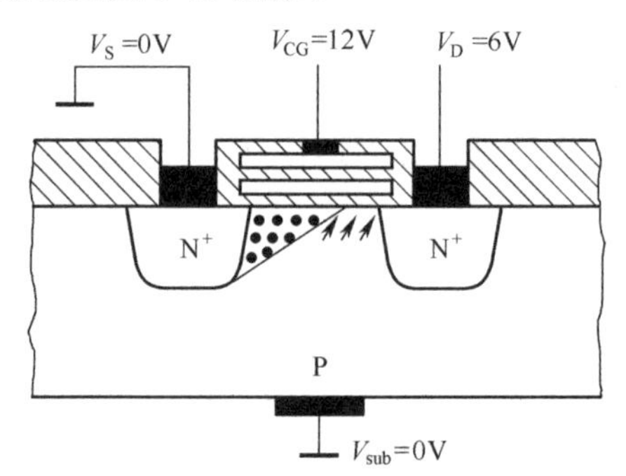

图 6-13　热电子注入编程

热电子注入只能实现编程，而不能实现擦除。EPROM 是通过紫外线等高能射线消除浮栅存储的电荷，所以这种 EPROM 更确切的应被称为 UVEPROM（Ultra-Violet EPROM，紫外线擦除 EPROM）。为了便于实现射线照射擦除，UVEPROM 的封装上都留有透明的石英窗口（试想如果 UVEPROM 没有保留透明窗口会怎样？），如图 6-14 所示。

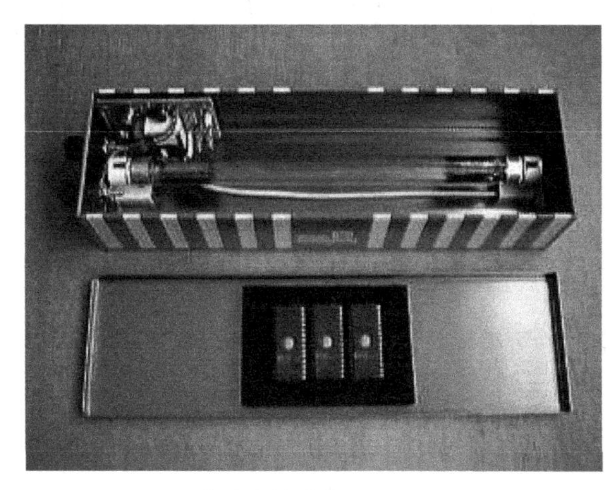

图 6-14　UVEPROM 芯片和擦除器

EPROM 需要特殊的擦除器，一般需要用紫外线照射 15～20 分钟。因为日常光线中也包含紫外线，所以 UVEPROM 在正常使用的时候都会用不透明标签将窗口覆盖，以免误擦除。

4）FN 隧道穿越（Fowler-Nordheim tunneling）编程和擦除原理

当浮栅与衬底之间绝缘的 SiO_2 层厚度小于 12nm 时，可以通过隧道穿越实现编程和擦除。隧道效应根据隧道的形态又分为均匀隧道和非均匀隧道。均匀隧道指的是整个衬底表面都是隧道区，如图 6-15 所示；而非均匀隧道的隧道区位于靠近漏极或源极区域，如图 6-16 所示。

下面以均匀隧道说明编程和擦除原理。在控制栅极与衬底之间加上较高的正电压，在电场的吸引作用下，电子获取足够能量穿越衬底表面绝缘的 SiO_2，进入浮置栅极，进而实现编程操作，如图 6-15（a）所示。如果在控制栅极和衬底之间加上较高的负电压，在电场的吸引作用下，会将浮栅存储的电子吸引出来，实现擦除操作，如图 6-15（b）所示。在编程或擦除过程中，源极和漏极加上相应的电压或等效悬空，以减小对电源功率的要求。

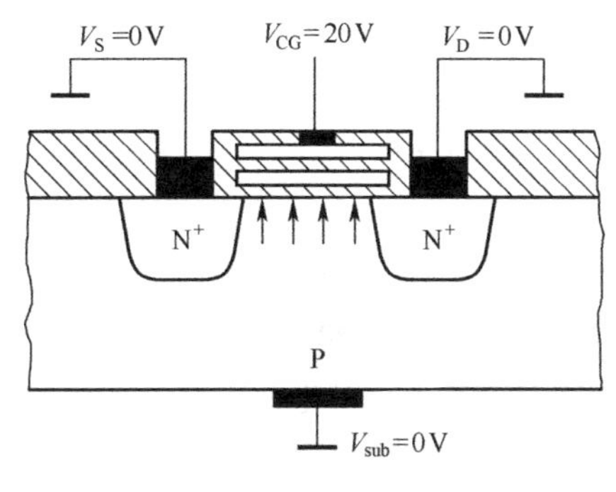

（a）均匀隧道编程原理

V_S=20V　V_{CG}=0V　V_D=20V

N^+　N^+

P

V_{sub}=20V

（b）均匀隧道擦除原理

图 6-15　均匀隧道编程与擦除

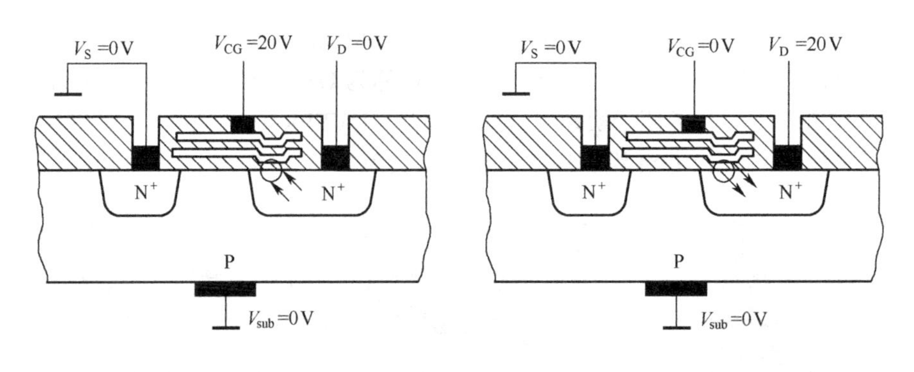

（a）非均匀隧道编程原理　（b）非均匀隧道擦除原理

图 6-16　非均匀隧道编程与擦除

3．电擦除可编程只读存储器 EEPROM

UVEPROM 基于紫外线擦除，使用不方便。20 世纪 70 年代，电擦除的 EEPROM 开始出现，其存储元件和单元电路如图 6-17 所示。

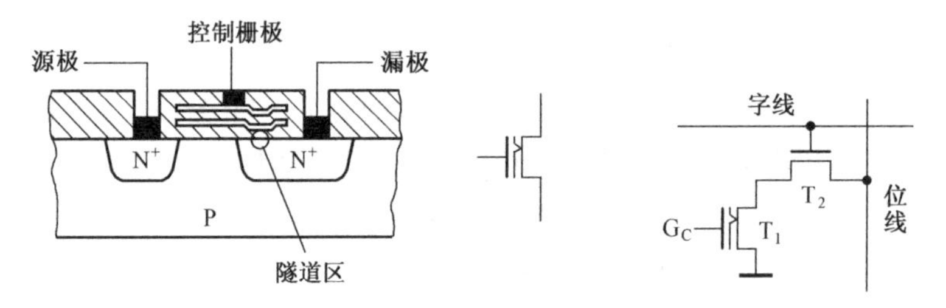

图 6-17　EEPROM 存储元件和单元电路

EEPROM 的编程和擦除都基于非均匀隧道穿越原理。到此为止讲到的固定 ROM、PROM、EPROM 和 EEPROM 都是线性编址的。并且，无论是读取、擦除和编程都是以字为单位进行的，可以实现随机存取操作。典型芯片有 2816（2K×8）和 2864（8K×8）。

6.3.3　现代常用 ROM

1．Flash ROM

Flash ROM 出现于 20 世纪 80 年代，属于 EEPROM，有时也称为 Flash EEPROM。Flash ROM 存储单元由 EEPROM 的双管结构减少为单管结构，如图 6-18 所示。Flash ROM 集成度更高，成本更低。并且其特殊的结构使之具有按块（Block）擦除的特性，擦除速度很快，名称中的 Flash 就是形容其擦除速度很快的特性。Flash ROM 依然采用叠栅 MOS 管作为存储元件。不同的是随着半导体工艺的提高，衬底表面与浮栅之间的绝缘层可以做得非常薄（10～15nm），并且隧道区由漏区移到源区，因此更容易通过隧道穿越实现擦除和编程，速度更快。Flash ROM 和 EEPROM 一样也是多电压电路系统，但由于内部集成了用于升压的电荷泵，所以不像 EEPROM 需要专门用于擦除和编程的编程器。

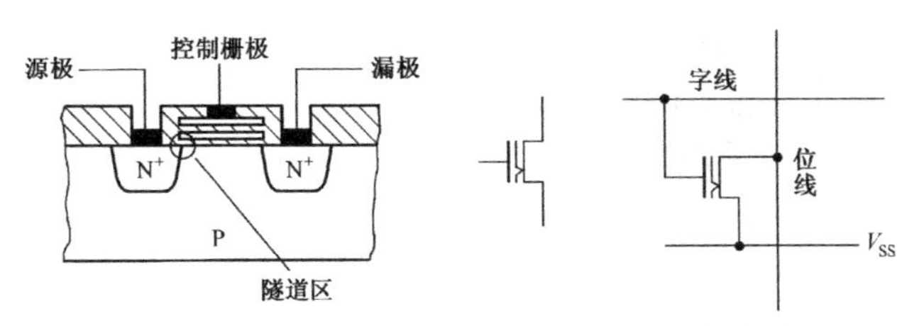

图 6-18　Flash ROM 存储元件及其存储单元电路原理图

Flash ROM 按存储矩阵结构主要分为 NOR 和 NAND 类型结构。NOR 和 NAND 结构的擦除操作都是按块（Block）进行的，但是 NOR 结构的数据读取和编程是以字节为单位随机进行的，而 NAND 结构的编程和读取都是按页（Page）进行的，每页的典型数值为 512Bytes，也有 2KB 或 4KB 的。

NOR 结构的各个存储单元是并联在字线上的，如图 6-19 所示。从逻辑上看位线输出与字线输入是或非的关系，也就是说 NOR 结构的存储矩阵是或非逻辑矩阵，这也是 NOR Flash ROM 命名的主要原因。而 NAND Flash 位线上的各个单元是串联的，如图 6-20 所示，要求数据在读写的时候也需要串行实现，存储矩阵是与非逻辑。

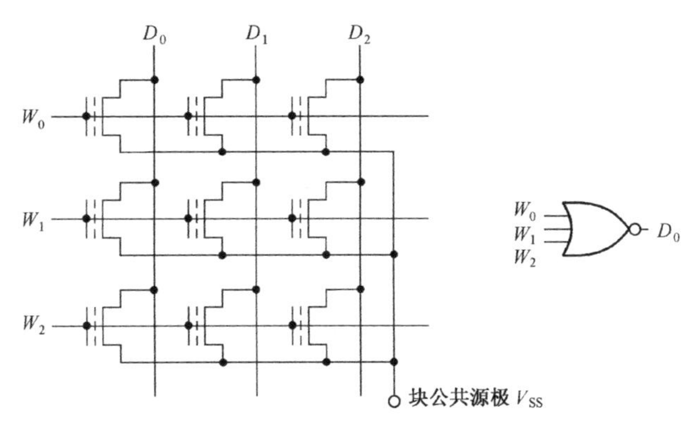

图 6-19　NOR Flash ROM 存储矩阵及其等效电路

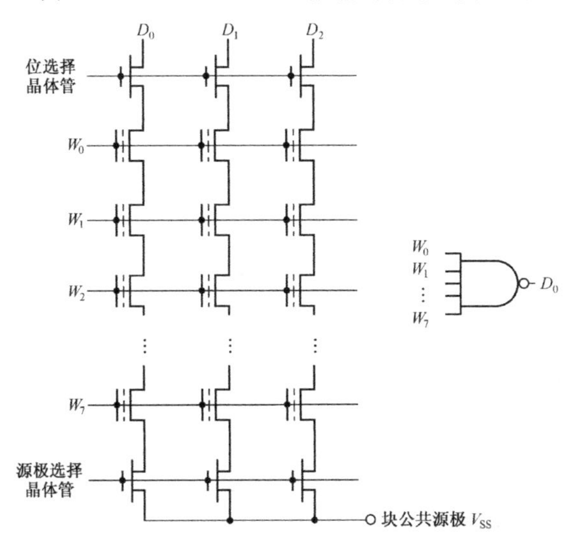

图 6-20　NAND Flash ROM 存储矩阵及其等效电路

由于 NAND Flash ROM 通过一组 I/O 实现数据、地址和命令的传递，数据以页为单位的顺序存取，所以不能实现随机访问，接口逻辑相对较复杂，适合存储大量数据。典型的 NAND Flash ROM 的结构如图 6-21 所示。

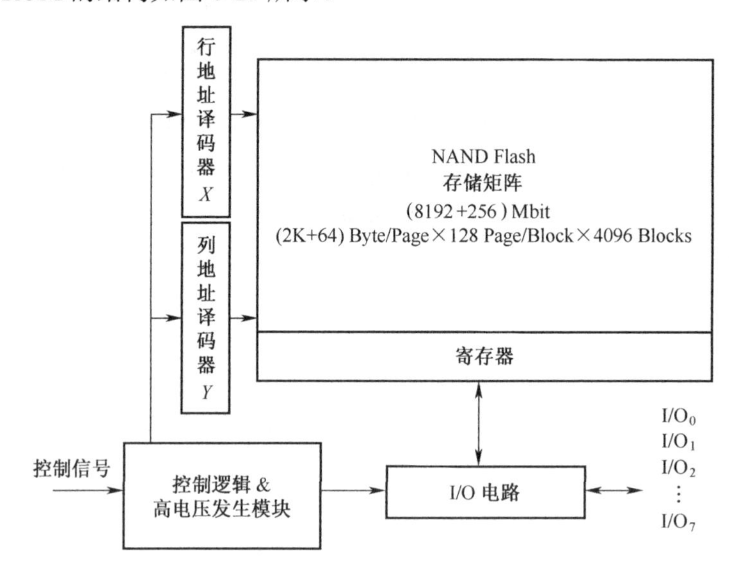

图 6-21　典型的 NAND Flash ROM 的结构

该 NAND Flash ROM 容量为 1GB，共包括 4096 个块，每块有 128 页，每页除了包括用于数据存储的 2KB 之外，还有用于检错和纠错的额外的 64Bytes。擦除 NOR 器件时是以 64～128KB 大小的块进行的，执行一个写入/擦除操作时间大约为 5s；与此相反，擦除 NAND 器件是以 8～32KB 大小的块进行的，执行相同的操作最多只需要 4ms。NOR 和 NAND 两者各有所长，如表 6-6 所示。

表 6-6　NOR 与 NAND 比较

参　数		NOR Flash ROM	NAND Flash ROM
容　量		中等容量（256MB）	大容量（16GB 或更高）
程序直接运行（XIP，eXecute In Place）		可以	不可以
工作速度	擦除	慢（5s）	快（4ms 以下）
	写	慢	快
	读	较快	快
擦除次数		10 000～100 000	100 000～1 000 000
擦除方式		FN 隧道穿越	FN 隧道穿越
编程方式		热电子注入	FN 隧道穿越
访问方式		随机访问	顺序访问
价格		高	很低
擦除单位		块	小块（8～32KB）
编程单位		字节	页（典型为 528Byte）
读取单位		字节	页
优势		随机访问	寿命长、成本低

2. 单比特单元与多比特单元

前面所讲到的 ROM 都属于单电平存储单元（SLC，Single-Level Cell），每个单元只能存储 1bit 数据。随着半导体技术的发展，出现了多电平存储单元（MLC，Multi-Level Cell），即每个单元可以存储多个比特。这主要是通过控制浮置栅极电荷量实现的，如图 6-22 所示。

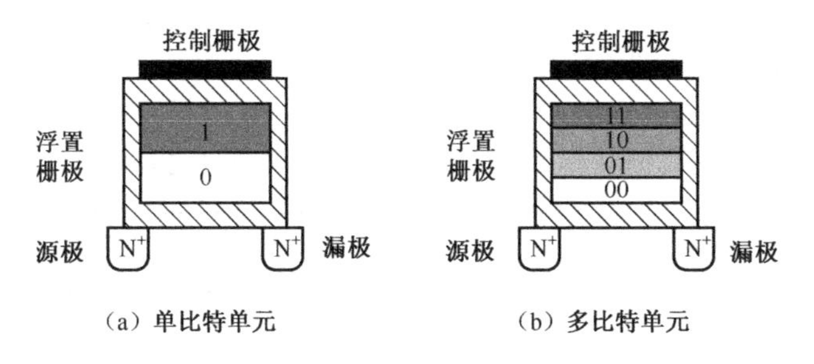

图 6-22 单比特与多比特单元原理图

浮栅的颜色代表了不同的状态，对应不同的电荷量。单比特单元只需要分辨两个状态，即有和没有电荷就可以了。但是，多比特单元需要分辨出更多的状态。例如，两比特单元就需要分辨出 4 种状态。目前 MLC 单元的 NAND Flash ROM 已经普遍使用了；而三比特单元（TLC，Trinary-Level Cell）Flash ROM 也开始了商业化生产，如三星 840 固态硬盘。为了与 TLC 相区别，MLC 一般特指为两比特单元。虽然 MLC 和 TLC 技术提高了存储密度，降低了存储成本，但性能也受到一定的限制，如表征 ROM 寿命的完全擦写次数（P/E），SLC 的寿命最长（见表 6-6），MLC 次之（大约为几千次左右），而 TLC 从目前资料来看，只有千次左右（当然，寿命还和其他因素相关，如半导体技术工艺等）。但也不必过分担心，从存储器的角度来看，由于采用了磨损均衡算法等技术，存储器寿命要比存储单元的寿命长得多。

6.4 可编程逻辑器件 PLD

PLD 是可编程逻辑器件（Programmable Logic Device）的缩写，FPGA 是现场可编程门阵列（Field Programmable Gate Array）的缩写，两者的功能基本相同，只是实现原理略有不同，所以有时可以忽略这两者的区别，统称为可编程逻辑器件或 PLD。

6.4.1 PLD 基本原理

在本章 6.3.1 节中可以看到，ROM 本身就可以根据其存储的内容不同，在数据输出变量和地址输入变量之间实现任意逻辑关系。因此可以说，可编程 ROM 本身就可以作为 PLD 实现逻辑函数。例如，利用 PROM 可实现如下函数：

$$\begin{cases} Y_1 = AB + A'C \\ Y_2 = AB'C' + A'BC + A'BD \end{cases}$$

由于 ROM 地址译码输出为输入变量的最小项，所以先将逻辑表达式转化为最小项之和的标准与或式（注意变量数量需要统一）：

$$\begin{cases} Y_1(A,B,C,D)=\sum m(2,3,6,7,12,13,14,15) \\ Y_2(A,B,C,D)=\sum m(5,6,7,8,9) \end{cases}$$

实现 2 个具有 4 个变量的函数，用一个容量为 2^4 字×2 位的 PROM 就可以满足要求。首先将 A、B、C 和 D 分别接到 4 位地址输入端 A_3、A_2、A_1 和 A_0（注意顺序要一致）。此时，地址译码器输出，即所谓的字线会产生所有的最小项。然后只要按照逻辑要求在相应的存储单元存入“1”就可以在数据输出端得到逻辑函数，如图 6-23 所示。

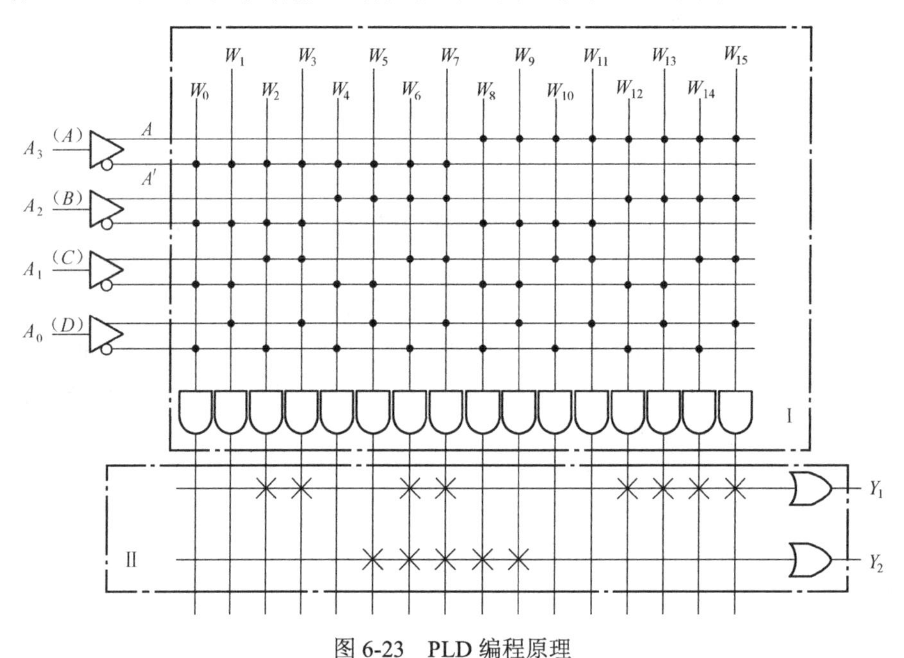

图 6-23　PLD 编程原理

图 6-23 中 I 部分表示与逻辑矩阵，II 部分表示或逻辑阵。“●”表示固定连接关系，“×”表示可编程（即可改变）连接关系，这两种都没有的表示不连接。PLD 电路中常用的表示方法如图 6-24 所示。

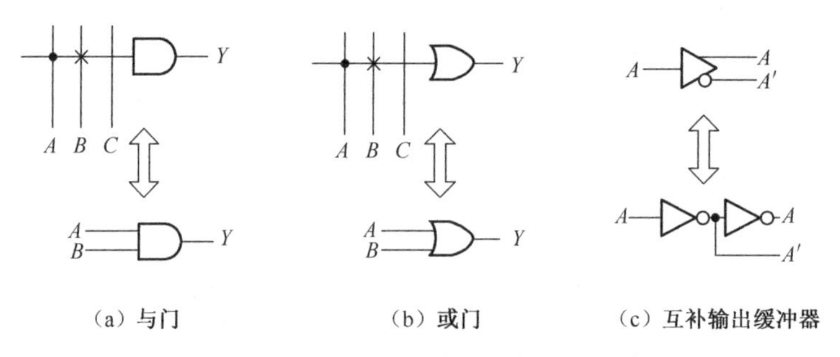

图 6-24　PLD 电路中常用的表示方法

虽然 ROM 可以实现逻辑关系的可编程，但是其资源的利用率往往比较低，所以一般使用专门的 PLD 实现逻辑编程。

6.4.2 PLD 分类

PLD 按照编程实现原理不同可分为两类：基于乘积项（PT，Product Term）的 PLD 和基于查找表（LUT，Look Up Table）的 PLD。

1. 基于乘积项的 PLD

基于乘积项的 PLD 芯片大多是基于断电不挥发的 E^2PROM 或 Flash ROM 工艺，一上电就可以工作，无须其他芯片配合，通常称为 CPLD。但是，一般基于乘积项的 PLD 密度小、触发器数量少，所以主要适合实现中、小规模的，比较复杂的逻辑电路。采用这种编程结构的 PLD 芯片有 Altera 公司的 MAX7000 和 MAX3000 系列、Xilinx 公司的 XC9500 系列、Lattice 公司和 Cypress 公司的大部分产品。

任何逻辑函数总是可以表示为与或式，基于乘积项的 PLD 编程原理就是利用与逻辑矩阵和或逻辑矩阵实现与或逻辑函数的。这和 6.4.1 节中 ROM 实现逻辑函数的原理是相同的。只不过在 ROM 实现逻辑函数过程中，地址译码器会生成所有最小项，但并不是所有最小项都一定用到，造成了资源浪费。而 PLD 可以只生成逻辑所需要的最小项或仅仅是乘积项，而且连接关系更灵活，资源种类更丰富。

下面以一个简单的逻辑电路 $Y=m_1+m_3+m_4+m_7$ 为例，具体说明 PLD 是如何利用乘积项结构实现逻辑函数。

变量 A、B 和 C 由 PLD 芯片的 I/O 引脚输入后进入可编程互连阵列（PIA，Programmable Interconnection Array），在内部会产生 A 和 A'、B 和 B'，以及 C 和 C' 这 6 个互补变量输入到与逻辑矩阵，通过设定连接关系得到相应的乘积项（最小项），然后通过设定或逻辑矩阵的连接关系实现逻辑函数，如图 6-25 所示。图 6-25 中每一个交叉表示相连关系，可以通过熔丝或叠栅 MOS 管等 EPROM 技术实现。然后，变量 Y 通过芯片的 I/O 模块输出。I/O 模块一般可以提供原变量和反变量输出、触发器输出、三态或开路结构输出等功能。以上这些步骤都是由软件自动完成的，不需要人为干预。

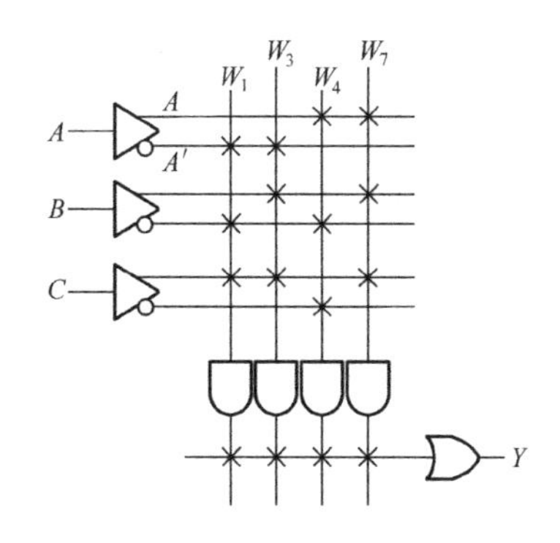

图 6-25 基于 PT 的 PLD 可编程原理

按照与或逻辑矩阵的可编程特性，低密度 PLD 又可以分为与或逻辑矩阵都可以编程的可编程逻辑阵列（PLA，Programmable Logic Array）、可编程与逻辑矩阵和固定或逻辑矩阵的可编程阵列逻辑（PAL，Programmable Array Logic）、通用阵列逻辑（GAL，General Array Logic）。

2. 基于查找表的 PLD

基于查找表的 PLD 在本质上就是 RAM 存储器，基于 SRAM 工艺，通常称为 FPGA。而基于 SRAM 工艺的芯片在掉电后信息就会丢失，所以一定要外加一片专用非挥发配置芯片，在上电时，由这个专用配置芯片把数据加载到 FPGA 中，然后 FPGA 才可以正常工作。一般配置时间很短，不会影响系统正常工作。FPGA 资源密度高、触发器多，多用于 10 000

门以上的大规模设计，适合做复杂的时序逻辑，如数字信号处理和各种复杂算法。采用这种结构的 PLD 芯片有 Altera 公司的 ACEX 和 APEX 系列、Xilinx 公司的 Spartan 和 Virtex 系列等。

目前 FPGA 中多使用 4 输入的查找表 LUT，所以每一个查找表可以看成一个有 4 位地址线、容量为 16×1 的 RAM。当用户通过原理图或 HDL 语言描述了一个逻辑电路以后，PLD/FPGA 开发软件会自动计算逻辑电路所有可能的逻辑输出结果，并把结果事先写入 RAM。这样，每输入一组变量进行逻辑运算就相当于输入一个地址进行查表。从图 6-26 中也可以观察到这一点，左侧是逻辑真值表，而右侧是存储数据的查找表，显然两者在形式上是一致的。

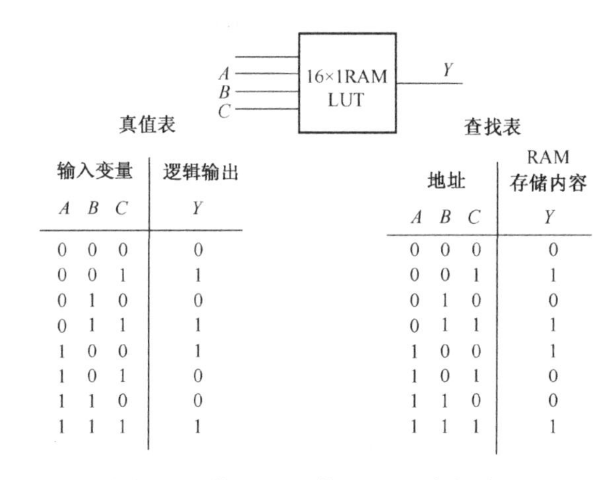

真值表

输入变量			逻辑输出
A	B	C	Y
0	0	0	0
0	0	1	1
0	1	0	0
0	1	1	1
1	0	0	1
1	0	1	0
1	1	0	0
1	1	1	1

查找表

地址			RAM 存储内容
A	B	C	Y
0	0	0	0
0	0	1	1
0	1	0	0
0	1	1	1
1	0	0	1
1	0	1	0
1	1	0	0
1	1	1	1

图 6-26　基于 LUT 的 PLD 可编程原理

下面以逻辑电路 $Y=m_1+m_3+m_4+m_7$ 为例，具体说明 PLD 是如何利用以上结构实现逻辑函数的。

变量 A、B 和 C 由 FPGA 芯片的引脚输入后进入可编程连线，作为地址线连接到查找表 LUT。查找表中已经事先写入了所有可能的逻辑结果，通过地址查找到相应的数据然后输出，这样组合逻辑就实现了。以上这些步骤都是由软件自动完成的，不需要人为干预。

这个电路是一个很简单的例子，只需要一个 LUT 单元就可以完成。对于一个查找表无法完成的逻辑，可以通过进位扩展端将多个 LUT 单元级联，这样 FPGA 就可以实现任意复杂的逻辑函数。

3．其他 PLD

随着技术的发展，在 2004 年以后，一些厂家推出了一些新型的 CPLD 和 FPGA，这些产品模糊了 CPLD 和 FPGA 的界限。Altera 公司最新的 MAXII 系列 CPLD 是一种基于 SRAM 工艺的 LUT 类型芯片，但内部集成了配置芯片。本质上它就是一种在内部集成了配置芯片的 FPGA，但由于配置时间极短，上电就可以工作，所以对用户来说，感觉不到配置过程，可以像传统的 CPLD 一样使用，加上容量和传统 CPLD 类似，所以 Altera 把它归为 CPLD。Lattice 公司的 XP 系列 FPGA 也是使用了同样的原理，将外部配置芯片集成到内部，在使用方法上和 CPLD 类似，但是因为容量大，性能和传统 FPGA 相同，所以 Lattice 把它归为 FPGA。

6.5 高密度可编程逻辑器件

PAL和GAL等低密度器件其内部往往只有一个或为数很少的与或可编程矩阵，只能满足等效为几百个门的小规模逻辑系统的需要。为了满足逻辑系统对可编程逻辑器件资源的要求，复杂可编程逻辑器件CPLD和现场可编程门阵列FPGA应运而生。典型高密度PLD芯片如表6-7所示。

表6-7 典型高密度PLD芯片

芯片型号	类型	等效门数量	基本单元数量	芯片引脚数	用户可用引脚数	其他特性
MAX7000	CPLD	5000	256个宏单元	208	164	工作频率175 MHz
FLEX10K	FPGA	250 000	12 160个逻辑单元	600	470	工作频率175 MHz
Stratix EP1S	FPGA	40 000 000	79 040个逻辑单元	1508	1203	工作频率420 MHz，包含DSP模块，锁相环PLL等

*注：表中涉及数量都是该系列中的最大值。

本节分别通过Altera的MAX7000和FLEX10K的典型器件说明CPLD和FPGA的特点。

6.5.1 复杂可编程逻辑器件CPLD

Altera公司的MAX7000系列CPLD可分为3个基本部分：宏单元（Maro-Cell）、可编程互连阵列PIA和I/O控制块。宏单元是CPLD的核心结构，由它实现基本的逻辑运算，如图6-27所示（因为宏单元较多，没有一一画出）。可编程连线负责信号传递，连接所有的宏单元。I/O控制块负责输入、输出的电气特性控制，如可以设定集电极开路输出、摆率控制和三态输出等。图6-27左上的CLK、CLRn、OE1和OE2分别是全局时钟、清零和输出使能信号。这几个信号通过专用连线与CPLD中每个宏单元相连，信号到每个宏单元的延时基本一致，以保证系统的可靠性。

宏单元的具体结构如图6-28所示。

图6-28左侧就是一个与或阵列，每一个交叉点都是一个可编程点，如果导通就是实现与逻辑。后面的乘积项选择矩阵是一个或逻辑阵列。两者一起完成组合逻辑运算，即CPLD是基于乘积项的PLD。每个宏单元具有十几个至几十个输入端，如果不够用，还可以通过级联的方式实现输入端数量的扩展。

图6-28右侧是一个可编程的D触发器。它的时钟和清零输入都可以编程选择（逻辑上是通过数据选择器实现），可以使用专用的全局清零和全局时钟，也可以使用内部逻辑（乘积项阵列）产生的时钟和清零。如果不需要触发器，也可以将此触发器旁路（绕过去），信号直接输给PIA或输出到I/O脚。

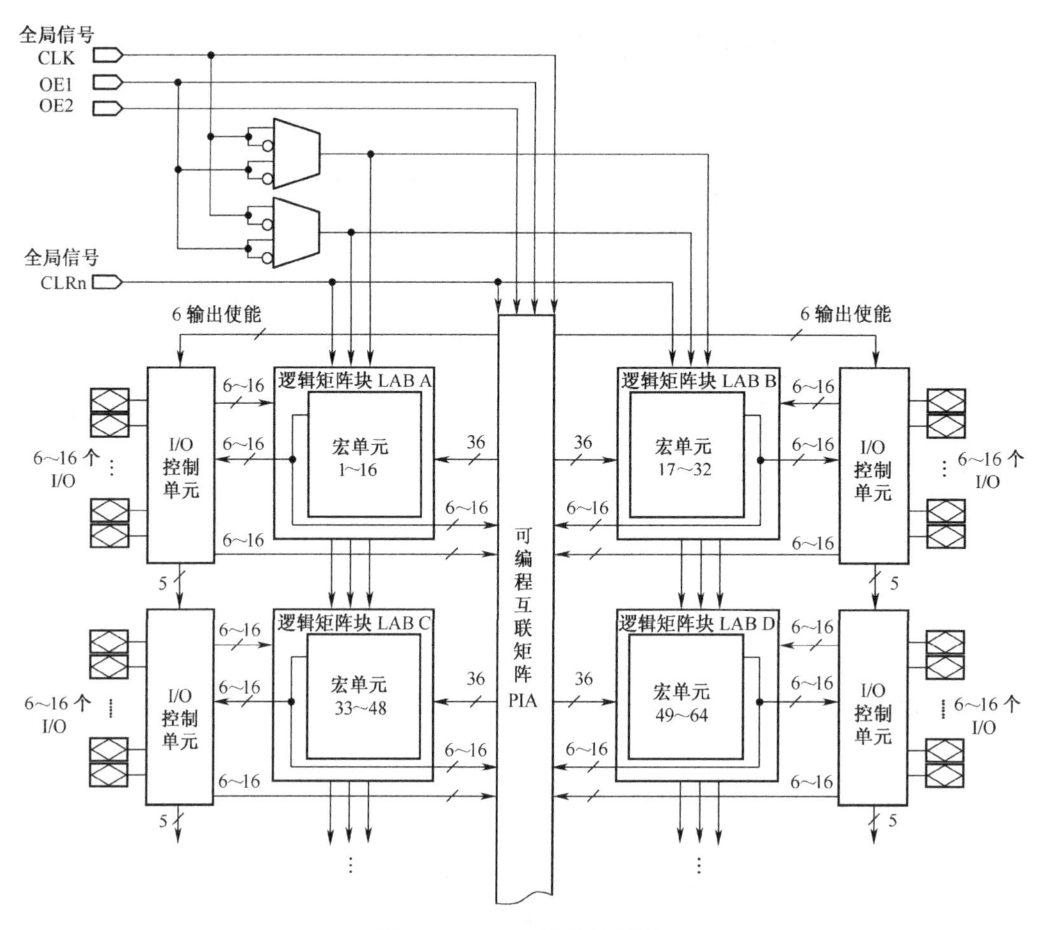

图 6-27　CPLD 结构原理图

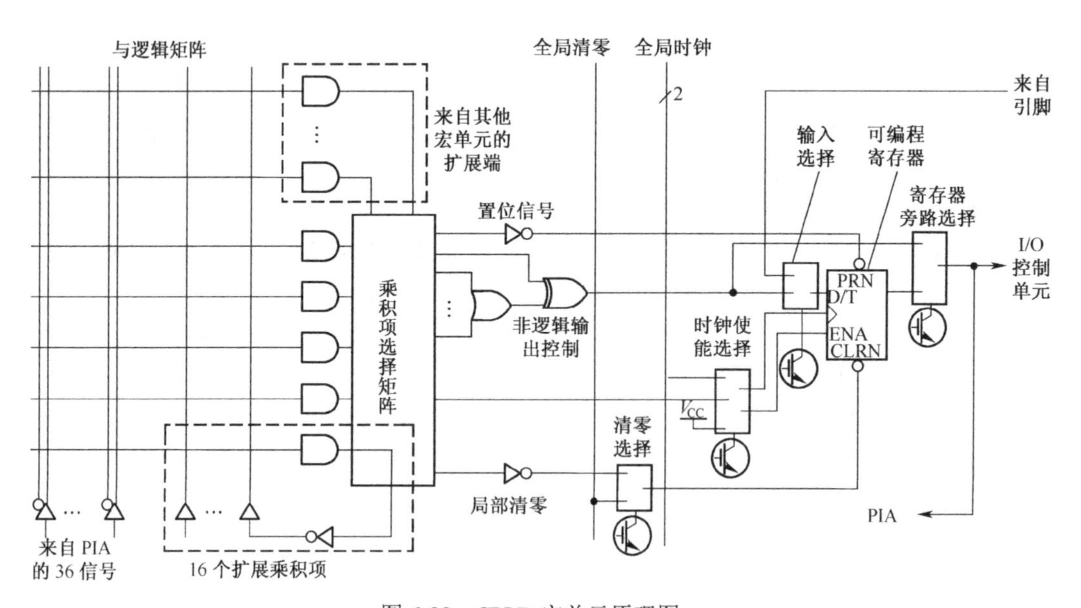

图 6-28　CPLD 宏单元原理图

6.5.2 现场可编程门阵列 FPGA

以 Altera 的 FLEX10K 为代表的 FPGA 主要包括嵌入矩阵块（EAB，Embedded Array Block）、逻辑矩阵块（LAB，Logic Array Block）、可编程连线和 I/O 控制块 IOE（Input Output Element），如图 6-29 所示。

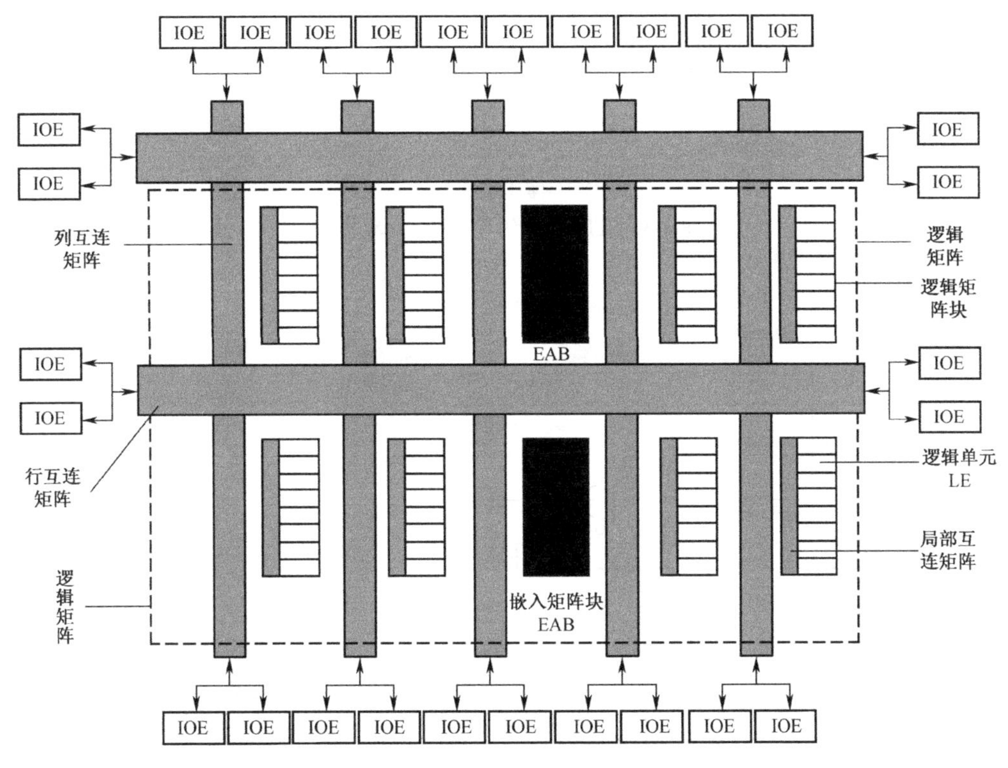

图 6-29 FPGA 结构原理图

其中，EAB 有时也称为 RAM 块，主要用来生成存储器或特定的、复杂逻辑功能，如 RAM、ROM、乘法器、控制器和 DSP 处理函数等。LAB 用来实现一般逻辑函数，LAB 往往由若干个逻辑单元（LE，Logic Cell）构成，而 LE 是实现逻辑运算的最基本单元，其结构如图 6-30 所示。

每个 LE 都包含一个 4 输入的 LUT 和可编程的 D 触发器。LUT 可以方便实现各种逻辑功能，如果输入端个数不够用，还可以通过级联扩展输入端个数。逻辑结果可以通过 D 触发器输出，当然可以也直接输出。并且 D 触发器可以实现置位、清零和使能的功能。FLEX10K 器件的 LE 有 4 种工作模式：普通模式、算术模式、加减计数器模式和清零计数器模式，以分别适用生成不同的逻辑功能。

一般 CPLD 或 FPGA 芯片都具有三态输出、开路输出和调节输出电平变化速率（Slew-Rate Control）的功能，并支持多电平标准，结构如图 6-31 所示。FLEX10 可编程逻辑器件的多电平兼容情况如表 6-8 所示。

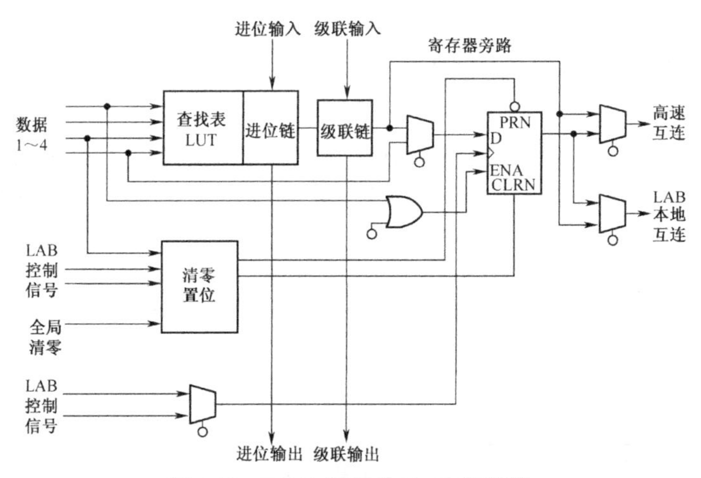

图 6-30 FPGA 逻辑单元 LE 原理图

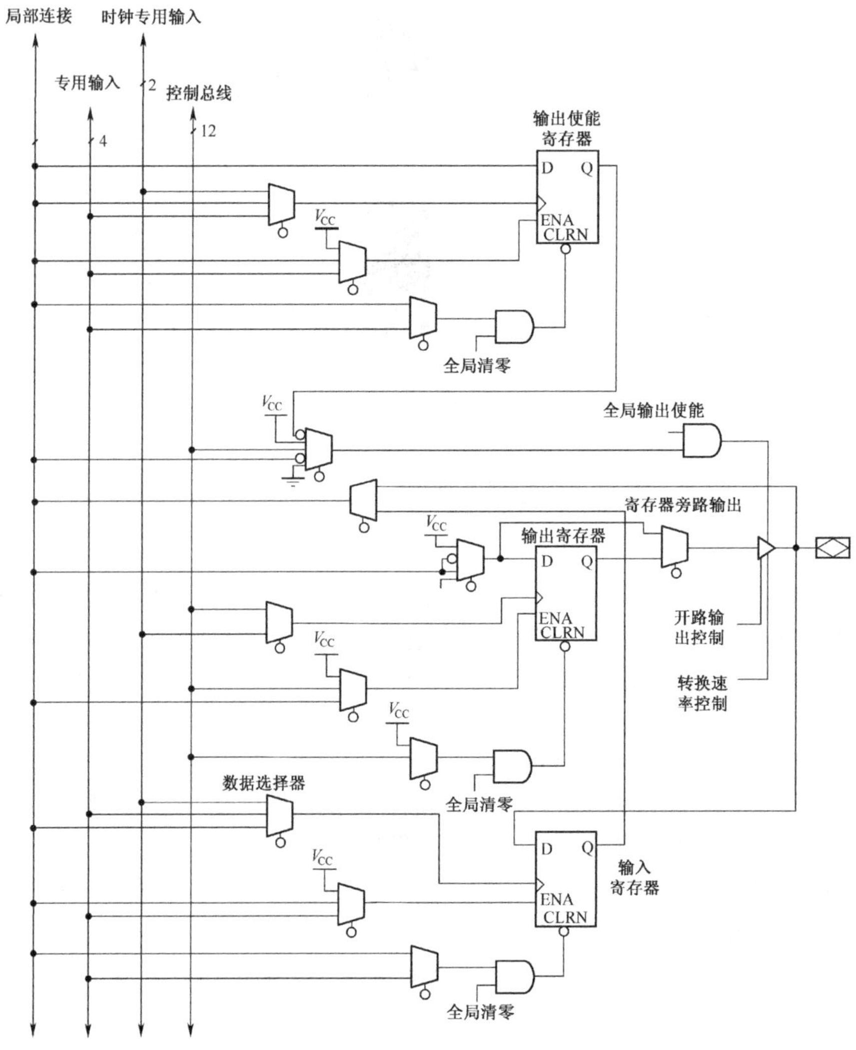

图 6-31 FPGA 的 I/O 单元原理图

表 6-8　FLEX10 可编程逻辑器件的多电平兼容情况

器　件	电源电压（V）		兼容电平（V）	
	核 心 电 压	接口电源电压	输 入 电 压	输 出 电 压
FLEX10K	5.0	5.0	3.3 和 5.0	5.0
	5.0	3.3	3.3 和 5.0	3.3 和 5.0
FLEX10KA	3.3	3.3	2.5、3.3 和 5.0	3.3 和 5.0
	3.3	2.5	2.5、3.3 和 5.0	2.5

6.5.3　基于芯片的设计方法

由于 PLD 软件已经发展得相当完善，用户甚至可以不用详细了解 PLD 的内部结构，也可以用自己熟悉的方法，如用原理图输入或 HDL 语言来完成相当优秀的 PLD 设计。所以对初学者，首先应了解 PLD 开发软件和开发流程。而了解 PLD 的内部结构，将有助于提高设计的效率和可靠性。

1．设计过程

PLD 器件种类和型号繁多，不同的公司都针对自己的器件研制了各种功能完善的 PLD 开发系统。PLD 开发系统包括开发硬件和开发软件两个部分。硬件主要指的是计算机和编程器。编程器是对 PLD 进行写入和擦除的专用设备，它能提供编程信息的写入和擦除所需要的电压和控制信号，并通过并行或串行接口从计算机接收编程数据，最终写入 PLD。现在的 CPLD 和 FPGA 往往具有在系统可编程能力（即 ISP），所以不再需要专用的编程器。

PLD 的设计流程一般包括设计分析、设计输入、设计处理和器件编程 4 个步骤，与后 3 个步骤对应的有功能仿真、时序仿真和器件测试 3 个校验过程，如图 6-32 所示。

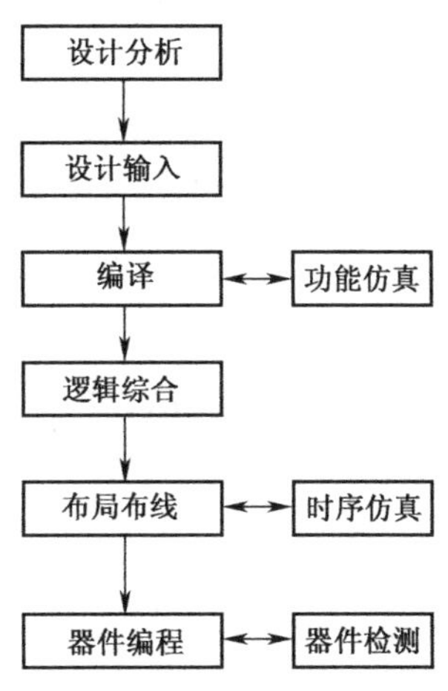

图 6-32　PLD 设计流程图

（1）设计分析。利用 PLD 进行数字系统设计之前，根据 PLD 开发环境及系统复杂度、工作频率和功耗等要求进行周密的分析，选择合适的设计方案和器件类型。

（2）设计输入。将要设计的数字系统以开发软件所要求的某种形式表示出来，并输入到相应的开发软件中。设计输入有多种表达方式，常用的有原理图输入法、硬件描述语言（HDL）输入法和混合式输入方法。

HDL 的可移植性好，使用方便，但效率不如原理图；原理图输入的可控性好、效率高、比较直观，但设计大规模 PLD 时显得很繁琐、移植性差。在 PLD 设计中，通常建议采用原理图和 HDL 相结合的方法来设计，适合用原理图的地方就用原理图，适合用 HDL 的地方就用 HDL，并没有强制的规定。在最短的时间内，用自己最熟悉的工具设计出高效、稳定和符合设计要求的逻辑电路才是最终目的。例如，顶层设计可以采用原理图输入，而具体每个模块可以用硬件描述语言设计。

（3）编译。和其他的计算机编程语言一样，设计在运行之前需要进行编译，主要进行语法检查，并将设计转化为计算机系统可以识别的格式。只有设计编译成功之后才可以进行后续各种操作。编译成功后可以将设计调入仿真软件进行功能仿真，检查逻辑功能是否正确，也称为前仿真。

（4）逻辑综合。逻辑综合是把语言转换成最简的逻辑表达式和信号的连接关系，并生成扩展名为.edf（edif）的 EDA 工业标准文件。

（5）布局布线。将.edf 文件调入 PLD 厂家提供的软件中进行布局布线，即建立逻辑设计与目标 PLD 芯片资源之间的映射关系。此时可以利用在布局布线中获得的精确参数，进行时序仿真，分析定时关系和估计目标系统性能，也称为后仿真。时序仿真成功后，才可以说该设计可以正常工作。

（6）器件编程。将在布局布线阶段生成的编程数据文件下载到具体的 PLD 中，使 PLD 具有所设计的逻辑功能。最后还要进行器件测试，检验器件的功能和性能指标是否达到最终目标。

上述设计过程可以在同一个设计软件中实现，也可以在不同的软件中分别实现。

2. 设计软件

许多 PLD 公司都提供设计软件的免费试用版或演示版。例如，可以免费从 www.altera.com 网站上下载 Altera 公司的 Quartus II（Web 版），或向其代理商索取这套软件。Xilinx公司也提供免费软件——ISE WebPack，可以从 www.xilinx.com 网站下载。Lattice 公司和Actel公司等也都提供类似的免费软件。以上免费软件往往需要在网上注册申请 License 文件。通常这些免费软件已经能够满足一般的设计需要。当然，要想软件功能更强大一些，只能购买商业版软件。

如果打算使用 VHDL 或 Verilog HDL 硬件描述语言来开发 CPLD 和 FPGA，通常还需要使用一些专业的 HDL 开发软件。这是因为 PLD 厂商提供的软件的 HDL 综合能力一般都不是很强，往往需要其他软件来配合使用。

6.6* 硬件描述语言简介

随着 EDA 技术的发展，使用硬件语言设计 PLD 成为一种趋势。目前最流行的硬件描述语言是 VHDL 和 Verilog HDL。VHDL 发展较早，语法严格，而 Verilog HDL 是在 C 语言基础上发展起来的一种硬件描述语言，语法较自由。VHDL 和 Verilog HDL 两者相比，VHDL 的书写规则比 Verilog 繁琐一些，但 Verilog 自由的语法也容易让初学者出错。目前国内 VHDL 参考书很多，便于查找资料，而 Verilog HDL 参考书相对较少，这给学习 Verilog HDL 带来一些困难。从 EDA 技术的发展上看，已出现用于 PLD 设计的硬件 C 语言编译软件，虽然还不成熟，应用极少，但它有可能会成为继 VHDL 和 Verilog HDL 之后，设计大规模 PLD 的又一种常用的 HDL。

6.6.1 VHDL 简介

VHDL 的英文全名是 Very-High-Speed Integrated Circuit Hardware Description Language，诞生于1982年。1987年年底，VHDL被IEEE和美国国防部确认为标准硬件描述语言。自IEEE公布了VHDL的标准版本IEEE-1076（简称87版）之后，各EDA公司相继推出了自己的VHDL设计环境，或宣布自己的设计工具可以和VHDL接口兼容。此后，VHDL在电子设计领域得到了广泛应用，并逐步取代了原有的非标准的硬件描述语言。1993年，IEEE对VHDL进行了修订，从更高的抽象层次和系统描述能力上扩展了VHDL，公布了新版本的VHDL，即IEEE标准的1076-1993版本（简称93版）。2008年，IEEE再次对VHDL进行比较全面的修订，公布了新版本的VHDL，即IEEE标准的1076-2008版本。现在，VHDL和Verilog HDL作为IEEE的工业标准硬件描述语言，得到众多EDA公司的支持，在电子工程领域已成为事实上的通用硬件描述语言。

1. VHDL 特点

VHDL主要用于描述数字系统的结构、行为、功能和接口，除了含有许多具有硬件特征的语句外，VHDL的语言形式、描述风格和语法十分类似于一般的计算机高级编程语言。VHDL的程序结构特点是将一项工程设计，或称设计实体（Entity）分成外部接口和内部算法。在对一个设计实体定义了外部接口之后，其他的设计就可以直接调用这个实体，而不用考虑实体内部逻辑的实现机制。因此，可以说实体内部功能和算法的完成部分好像处于一个黑箱（Black Box）中。这种将设计实体分成内、外部分的概念是VHDL系统设计的基本点，使其具有很强的灵活性。除此之外，应用VHDL进行工程设计的优点是多方面的，如下所述。

（1）与其他的硬件描述语言相比，VHDL具有更强的行为描述能力，从而决定了其成为系统设计领域最佳的硬件描述语言。强大的行为描述能力可以避开具体器件结构，是从逻辑行为上描述和设计大规模电子系统的重要保证。

（2）VHDL丰富的仿真语句和库函数，使在任何大系统的设计早期就能查验设计系统的功能可行性，随时可对设计进行仿真模拟。

（3）VHDL语句的行为描述能力和程序结构决定了它具有支持大规模设计的分解和已有设计的共享。这符合市场需求的大规模系统高效、快速地完成必须由多人甚至多个开发组共同并行工作才能实现的趋势。

2. VHDL 程序结构

VHDL程序即实体Entity的基本结构包括实体（主要指实体描述）和结构体两部分。一个逻辑系统可以包括一个实体，也可以包含多个实体，如图6-33所示。一个实体的功能可以是简单的门电路、触发器或其他单元电路，也可能是相当复杂的逻辑系统。

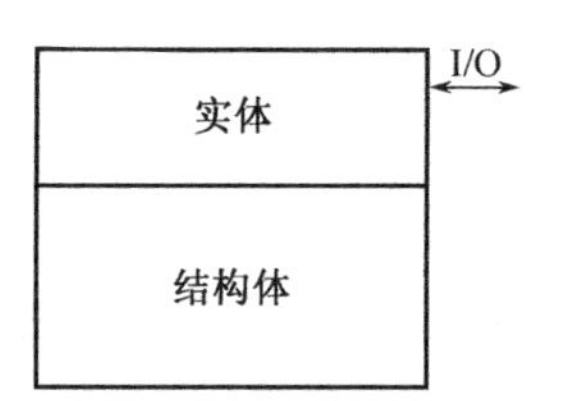

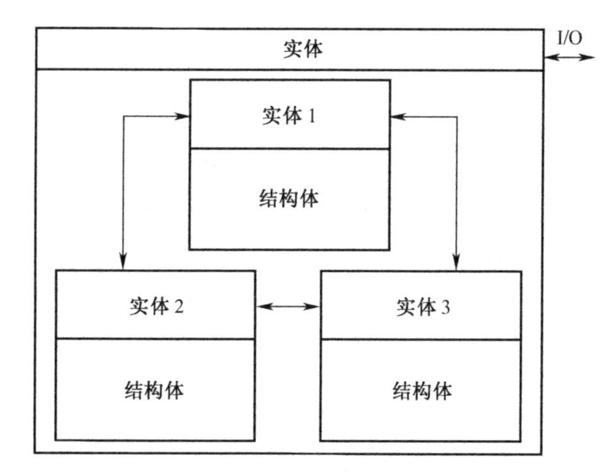

图 6-33　VHDL 程序基本结构原理图

实体部分定义了 ENTITY 的外部接口特性，即有哪些输入端和输出端及其意义和功能，如

```
ENTITY black_box IS PORT (
        clk, rst: IN Bit;
              d: IN   Bit_vector(7 DOWNTO 0);
              q: OUT   Bit_vector(7 DOWNTO 0);
             co: OUT   Bit);
END black_box;
```

从形式上看，VHDL 和计算机其他编程语言是一样的，具有相同的体系结构，只是设计目标不同，所以 VHDL 中的许多概念可以直接按照其他计算机语言理解。黑体字部分为 VHDL 的保留字，具有定义和说明的作用。例如，**ENTITY** 定义了实体的开始；**IN** 和 **OUT** 定义了信号的传输方向，称为模式；**Bit** 和 **Bit_vector** 定义了端口的数据类型和宽度；“black_box”是此实体的名称；d、q 和 co 是定义的该实体的输入端和输出端，其中 d 是输入端对应输入变量，q 和 co 是输出端对应输出变量。d 和 q 的数据宽度是 8 位，相当于 8 位数组，数组元素为 d[7]，d[6]，…，d[1]，d[0]，实体逻辑符号如图 6-34 所示。

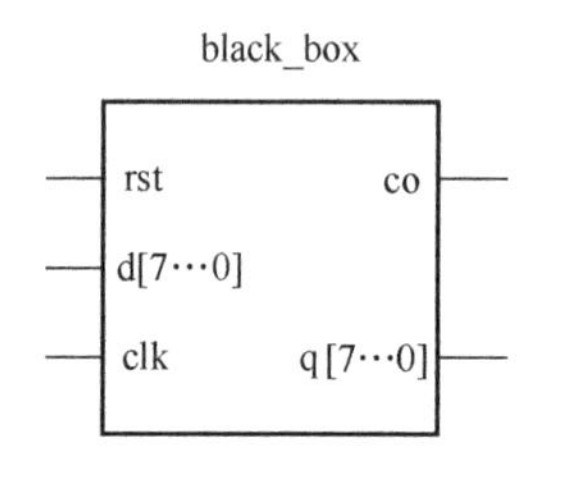

图 6-34　实体定义对应的逻辑符号

仅定义实体接口部分不是一个完整的 VHDL 程序，还需要所谓的结构描述部分实现逻辑功能，其框架为

```
ARCHITECTURE a OF black_box IS
BEGIN

[并行处理语句]

END a;
```

“a”是结构体名称，在 **BEGIN** 和 **END** 之间就是实现逻辑功能的各种语句。在结构体中，逻辑功能主要是通过结构描述（Structure description）、行为描述（Behavior description）和数据流描述（Data flow description）方式实现。

（1）结构描述。结构描述侧重描述设计单元之间的硬件连接关系。这种描述方式等效于原理图（逻辑图），相当于将原理图用表达式和文字描述出来了，因此具有原理图设计方法的特点，描述方式繁琐但更形象，主要适用于系统模块之间关系的描述。

（2）行为描述。行为描述是描述电路的行为或电路功能，而没有直接指明或涉及实现这些行为的硬件结构。行为描述只表示数据在输入与输出之间进行转换的行为，不包括任何结构信息。行为描述主要使用顺序语句，以算法的形式描述数据变化和传送。行为描述的优点在于抽象层次高，只需要描述清楚输入与输出的行为，而不需要花费过多的精力关注设计功能的具体电路结构，可以大大地提高设计效率。

（3）数据流描述。数据流描述方式也称为寄存器传输级（RTL，Register Transfer Level）描述，它既显式地表示了设计单元的行为，又隐含地表示了该设计单元的结构。主要使用并行信号赋值语句来描述这种信号间的数据传递。当语句中输入信号的值发生改变时，赋值语句就被激活。随着这种语句对电路行为的描述，大量有关这种结构的信息也从这种逻辑描述中显现出来。数据流描述方式也能比较直观地表达底层逻辑行为。

相对来说，数据流描述和行为描述的抽象层次更高，更容易设计实现复杂的逻辑功能；结构描述类似于逻辑图，可以清晰地表明系统层次和结构。所以，各种描述方式可以灵活运用、相互配合。

3. HDL 学习提示

（1）用硬件电路设计思想来编写 HDL。学好 HDL 的关键是充分理解 HDL 语句和硬件电路的关系。编写 HDL 就是在描述一个电路，所以设计一段 HDL 程序以后，应当对生成电路有一些大体上的了解，而不能用纯软件的设计思路来编写硬件描述语言程序。

（2）HDL 的可综合性。HDL 程序有两种用途：系统仿真和硬件实现。如果程序只用于仿真，那么几乎所有的语法和编程方法都可以使用。但如果 HDL 程序是用于硬件实现，那么设计者必须保证程序的“可综合性”(程序的功能可以用硬件电路实现)。不可综合的 HDL 语句在软件综合时将被忽略或报错。所以，应当牢记一点“所有的 HDL 描述都可以用于仿真，但不是所有的 HDL 描述都能用硬件实现”。

（3）语法掌握贵在精而不在多。30%的基本 HDL 语句可以完成 95%以上的电路设计，很多生僻的语句并不能被所有的综合软件支持，在程序移植或更换软件平台时，容易产生兼容性问题，也不利于其他人阅读和修改。建议多用心钻研常用语句，理解这些语句的硬件含义，这比多掌握几个新语法更实用。

6.6.2 VHDL 描述逻辑电路举例

VHDL 的体系庞大，所以利用简短的篇幅不能全面说明，而且也超出了本书的范围。下面利用几个简单的设计实例说明 VHDL 的基本知识。

1. 组合逻辑电路设计

VHDL 语言存在并行语句和串行语句之分。并行语句之间的执行不分先后顺序，即语句的书写顺序不代表执行（实现）顺序，如下面两组语句：

```
x <= a AND b;                    y <= x NAND c;
y <= x NAND c;                   x <= a AND b;
```

这两组语句中，**AND** 和 **NAND** 分别表示“与”和“与非”逻辑运算，虽然语句书写顺序分先后，但执行结果是一样的。换句话说，对应的是相同的逻辑功能和电路结构，如图 6-35 所示。

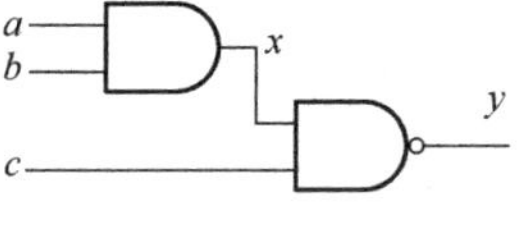

图 6-35　逻辑电路图

直接出现在结构体 Architecture 中的语句都是并行语句，并行语句的执行是不分先后的。如果希望实现某种算法，需要语句串行执行，可以将语句放在“进程”（Process）中。VHDL 的进程好比普通计算机语言的函数，但是也存在着比较大的区别。VHDL 中的进程是不能通过进程名称调用的，而是通过进程的“敏感参数”调用。只要设定的敏感参数的数值发生变化，该进程就会自动执行计算输出结果，否则保持原来的状态不变。这一点和实际电路的运行情况是一致的，即输入决定输出，输入不变输出自然也不变。

下面通过 8 位加法器的实现分别说明并行和串行实现，以及进程的使用。

```
LIBRARY   IEEE;                                  --加载库
USE IEEE.Std_logic_1164.ALL;                     --加载程序包
ENTITY adder_8bits IS
    PORT (op1, op2 : IN Integer range 0 to 255; --定义两个 8 位加数
             c: OUT Bit;                         --定义进位输出
           sum: OUT Integer);                    --定义和输出变量，可加上 range 0 to 255
END adder_8bits;
--------------并行实现------------------------------------------------------------------------
ARCHITECTURE a1 OF adder_8bits IS
SIGNAL tmp: Integer;                             --定义 signal 类型变量，便于实现
BEGIN
    tmp <= op1 + op2;                            --加法运算，这 3 条语句顺序可以颠倒
    c <= '1' WHEN tmp>255 ELSE '0';              --获得进位信号
    sum<=tmp-256 WHEN tmp>255 ELSE tmp;          --限制和的数值范围
END a1;
-------------串行实现-------------------------------------------------------------------------
ARCHITECTURE a2 OF adder_8bits IS
BEGIN
    PROCESS(op1,op2)                             --敏感参数是 op1 和 op2
    Variable num :Integer;                       --定义变量，便于实现
       BEGIN
       num :=op1 + op2;
```

```
        IF num >255 THEN c<='1';ELSE c<='0'; END IF;          --进位
        IF num >255 THEN sum <= num-256; ELSE sum<=num; --限制和的数值范围
        END IF;
    END PROCESS;
END a2;
```

程序中，LIBRARY 和 USE 语句类似于 C 语言的 Include 语句，用来加载库和程序包，也可以加第三方和用户自定义的程序包。以“--”开头表示注释内容。本设计的实体描述部分，定义了 op1 和 op2 两个输入变量和 c、sum 输出变量及其数据类型。VHDL 支持多种数据类型。本设计中 op1 和 op2 定义为整数，它的范围是 0～255，即限制为 8 位宽度。这样两个数的加法也可以直接利用“+”运算符，没有必要再写出“和”与“进位”的逻辑表达式，大大简化了设计过程。进位信号 c 定义为 bit，表示为一位，即数值输出为 1 或 0，如果变量数值包括高阻态 *Z* 等其他状态，则变量只能定义为 Std_logic 或 Std_logic_vector。而且在设计开始需要加上“**LIBRARY** IEEE; **USE** IEEE.Std_logic_1164.ALL;”两行语句加载相应的库和程序包，本设计中的这两条语句是可以删除的。

结构体 a1 属于并行实现，结构体 a2 属于串行实现。在结构体 a2 中，两个加数 op1 和 op2 作为进程（Process）的敏感参数，即只要其一发生数值变化，该进程就会被执行计算出新的结果。设计仿真如图 6-36 所示。

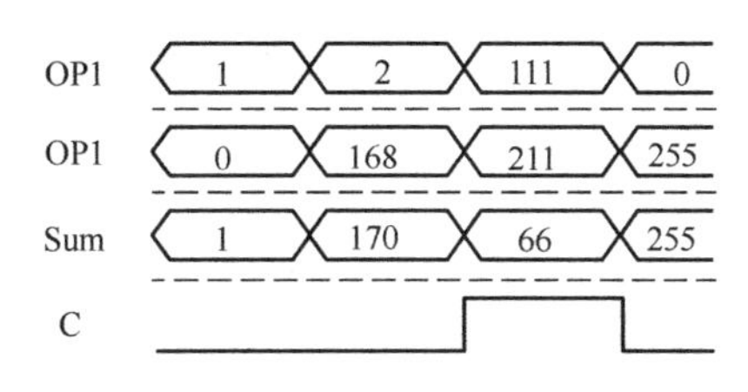

图 6-36　8 位加法器仿真图

这里还要注意，在进程中加法的结果是先赋值给变量（Variable）num 的，能不能直接赋值给输出信号 sum 呢？（可以，但后续语句会出错，除非 sum 定义为 BUFFER 类型，即具有反馈输入能力）。在进程中可以使用 IF 语句实现判断分支，就像前面提到的 VHDL 中存在并行和串行语句之分，其使用的场合也是对应的。例如，IF 属于串行语句，只能在“进程”之类的单元中使用。另外，由于设计软件默认整数类型宽度为 32 位，所以在给整数型输出 sum 赋值时，当出现进位时需要减去进位的数值（256）进行修正。虽然在修正语句“sum<=tmp-256 **WHEN** tmp>255 **ELSE** tmp;”和“**IF** num >255 **THEN** sum <= num-256; **ELSE** sum<=num;”中出现了减法，但在最后的设计电路中是不会出现减法逻辑电路的。当然也可以在定义 sum 时，通过“**range** 0 **to** 255”限制其数值范围，这样直接赋值就可以了。不同的设计软件的设定规则可能不同，所以编译结果也会存在差异。

8 位加法器的另一种实现方式如下。

```
LIBRARY ieee;
USE ieee.std_logic_1164.ALL;
USE ieee.std_logic_unsigned.all;        --需要加载此 package，否则“+”不支持向量类型
ENTITY adder8b IS
PORT
(cin: IN std_logic;                     --用于扩展的进位输入
```

```
a,b: IN std_logic_vector(7 downto 0);
  s: out std_logic_vector(7 downto 0);
cout: OUT std_logic);
END adder8b;
ARCHITECTURE a OF adder8b IS
signal sint: std_logic_vector(8 downto 0);      --定义存放结果的中间量
signal aa,bb: std_logic_vector(8 downto 0);     --定义存放两个加数的中间量
BEGIN
aa<='0'&a;    bb<='0'&b;               --连接操作符
sint<=aa+bb+cin;                       --带进位输入的加法
s<=sint(7 downto 0);                   --从结果中分离出“和”
cout <= sint(8);                       --从结果中分离出“进位”
END a;
```

与第一个8位加法器不同，加数定义为向量类型std_logic_vector，为了使“+”运算符支持向量类型，必须加载ieee.std_logic_unsigned.all包。使用向量类型的优点是加法结果分离更直接。

组合逻辑可以直接在结构体Architecture中并行实现或在进程Process中串行实现，但触发器和其他时序逻辑只能在进程Process中实现。

2. 触发器设计

下面是D触发器的两种实现方式，它们具有相同的实体描述部分。

```
ENTITY regdff IS PORT (                           --实体说明，定义输入端和输出端
                 d, clk:  IN BIT;
                      q:  OUT BIT);
END regdff;
------------第一种实现------------------------------------------------------------------------
ARCHITECTURE a1 OF regdff IS
BEGIN
    PROCESS (clk)                                 --时钟脉冲触发
    BEGIN
        IF (clk'EVENT AND clk = '1') THEN         --定义上升沿触发
                q <= d;  --特性方程
        END IF;
    END PROCESS;
END a1;
-----------第二种实现------------------------------------------------------------------------
ARCHITECTURE a2 OF regdff IS
```

```
BEGIN
    PROCESS                                         --可以没有敏感参数，但要有 WAIT 语句
    BEGIN
        WAIT UNTIL (clk'EVENT AND clk = '1');     --定义上升沿触发
        q <= d;
    END PROCESS;
END a2;
```

上述两种实现方法不同的地方在于上升沿触发的定义。第一种方法的clk' EVENT是clk的属性，表示 clk 信号在很短的时间间隔内发生了变化，主要指的是在高、低电平之间的跳变时其值为真。该属性配合 clk=1 共同判断是否产生上升沿。在第二种方法中，当进程中出现 **WAIT** 语句时，可以没有敏感参数。**WAIT** 语句中的参数等效为敏感参数。各种逻辑功能的 HDL 实现可以是多种多样的。

3．计数器设计

本程序是一个通用计数器程序，可以通过改变 modulus 常量数值，构成十六及以下进制计数器。本例中 modulus=10，为十进制计数器。

```
ENTITY mycounter IS
PORT(
clk, clear: IN Bit;
        c: OUT Bit;
    qc: OUT Integer range 0 to 15);
    Constant modulus: Integer :=10;              --设定计数器模数为 10
END mycounter;
ARCHITECTURE a OF mycounter IS
--Signal cnt: Integer range 0 to 16;             --Signal 中间量不能声明在 Process 中，语句 1
BEGIN
  PROCESS (clk,  clear)
    Variable  cnt  : Integer range 0 to 16;      --定义用于计数的变量，语句 2
    BEGIN
      IF (clear='0') THEN    cnt:= 0;     c<='0'; --异步清零
        ELSIF (clk'EVENT AND clk = '1')   THEN
          IF cnt<modulus-1 THEN cnt:=cnt+1; ELSE cnt:=0 ;   END IF; --加法计数，语句 3
          IF cnt=modulus-1 THEN c<='1'; ELSE c<='0';   END IF;      --进位信号，语句 4
      END IF;
      qc<=cnt;                                   --赋值到状态输出
```

```
        END PROCESS;                                    --语句 5
    End a;
```

十进制计数器仿真图如图 6-37 所示。

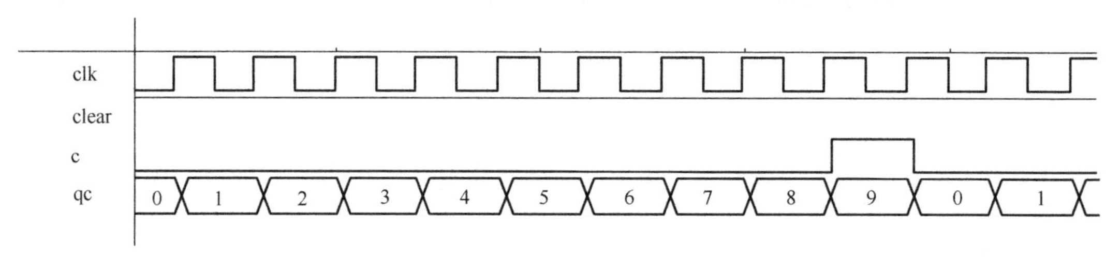

图 6-37　十进制计数器仿真图

请问程序中标出的语句 3 和语句 4 顺序是否可以颠倒？当然不能，如果颠倒则进位信号 c 的高电平将出现在下一个周期的第一个状态“0”，而不是当前周期的最后一个状态“9”。（为什么会这样？顺序语句。）

在编写程序过程中，读者可能已经注意到有的中间量定义成信号 Signal，有的则定义为变量 Variable。两者不同点见表 6-9。

表 6-9　Signal 与 Variable

	Signal	Variable
赋值符号	<=	:=
定义位置	结构体中	进程中
适用范围	全局	局部，某个进程中
赋值延迟	有	无
赋值时机	进程结束时	立即赋值

知道了信号与变量的区别，那么上面程序中，计数中间量 cnt 定义如果使用语句 1 中的 Signal 类型，而不是语句 2 的 Variable 类型（当然相应的赋值符号也需要改变），则计数结果又是怎样？计数中间量 cnt 如果是 Signal 类型，则 cnt 数值为“8”状态时，语句 3 成立，计数结果“+1”成状态“9”。但由于此时 cnt 为 Signal 类型，赋值有延迟。所以，只有在进程结束时（语句 5 处）才会赋值，因此语句 4 比较语句中使用的 cnt 的状态数值还是“8”。这样一来，进位信号 c 的高电平将会出现在下一个周期的第一个状态“0”，而不是当前周期的最后一个状态“9”。

4．串行数据检测器设计

对于复杂的逻辑往往要求多个逻辑模块之间协同工作，此时对应的 VHDL 程序会存在多个进程。下面以串行数据检测器逻辑来说明这种情况。串行数据检测器逻辑为当输入 3 个或 3 个以上个数的“1”时，输出为“1”，否则为“0”。经过逻辑抽象、状态化简之后，状态转换图如图 6-38 所示。

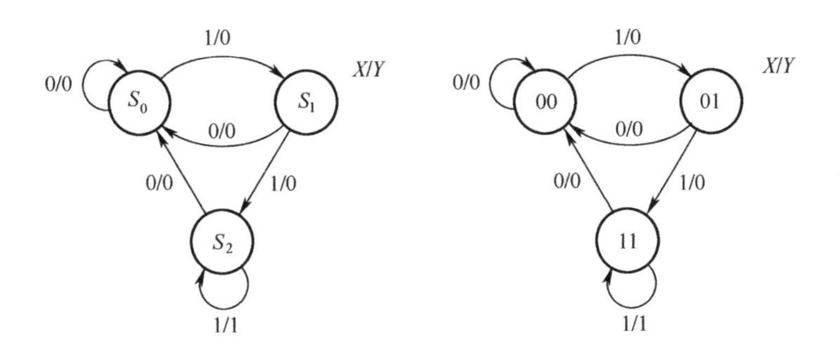

（a）原始状态图　　（b）编码后状态图

图 6-38　状态转换图

```
ENTITY stmch5 IS PORT(
      clk, x, rst: IN Bit;
               y: OUT Bit;
              st: OUT Bit_vector(1 downto 0)) ;
END stmch5;
ARCHITECTURE behave5 OF stmch5 IS
 TYPE state_values IS (s0, s1, s2);                           --定义枚举类型
SIGNAL state : state_values;                                  --定义 signal 类型枚举变量
BEGIN
      pro1: PROCESS (clk, rst)
      BEGIN                                                   --进程 1，时序逻辑
            IF rst = '1' THEN           state <= s0; y <='0';    --异步清零
            ELSIF clk'EVENT AND clk='1'    THEN
              CASE state IS                                   --实现的是状态转换和结果输出
                WHEN s0 => IF x = '1' THEN state <= s1; y <='0'; ELSE state <= s0; y <='0'; END IF;
                WHEN s1 => IF x = '1' THEN state <= s2; y <='0'; ELSE state <= s0; y <='0'; END IF;
                WHEN s2 => IF x = '1' THEN state <= s2; y <='1'; ELSE state <= s0; y <='0'; END IF;
                WHEN others => state <= s0; y <='0';
            END CASE;
         END IF;
      END PROCESS;
--进程 2，将时序状态译码输出
      pro2: PROCESS(state)                                    --状态 state 改变，输出改变
      BEGIN
            CASE state IS
                  WHEN s0 => st <="00";
                  WHEN s1 => st <="01";
                  WHEN s2 => st <="11";
```

```
                WHEN others => st <="10";
            END CASE;
        END PROCESS;
    END behave5;
```

进程1定义了3个状态S_0、S_1和S_2，并根据连续输入3个或3个以上个数的“1”时，输出为“1”的逻辑关系进行状态变化，但没有给出每个状态的编码是什么。综合后系统会自动分配状态编码。当然也可以自行设定状态编码，进程2的作用就是将状态转换为特定的编码，提供输出。进程1和进程2是并行关系，同时执行，仿真结果如图6-39所示（试想，如果将输出*y*拿出来直接放在结构体中，“y<='1' **WHEN** state=s2 **AND** x='1' **ELSE** '0';”结果会怎样）。

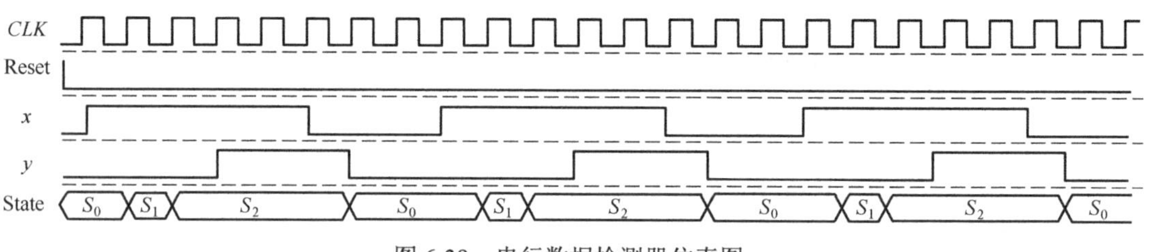

图6-39　串行数据检测器仿真图

需要说明的是，不同编译系统对相同的程序会编译出不同的结果，甚至会报错。以上程序在Altera公司的MAX+plus Ⅱ和Quartus Ⅱ 9.1 Web Edition软件中均编译通过。

本 章 小 结

本章首先简要地介绍了半导体存储器的原理分类及其容量扩展方法。然后，介绍了基于半导体集成电路技术的可编程逻辑器件的可编程原理和CPLD与FPGA的基本结构。最后，通过设计实例简要地介绍了VHDL的基本知识。由于篇幅有限，介绍的内容只是冰山一角，有兴趣的读者可查阅相关资料丰富知识。

习题与思考题

题6.1　试说明ROM和RAM的区别，它们各适用于什么场合？

题6.2　试说明PROM种类，以及擦除和写入方法。

题6.3　试说明SRAM和DRAM存储原理有何不同？

题6.4　一块ROM芯片有10条地址线，8条数据线，试计算其存储容量是多少？

题6.5　某计算机具有16位宽度的地址总线和8位宽度的数据总线，试计算其可访问的最大存储器容量是多少？如果计算机已安装的存储器容量超过此数值，会怎样？

题6.6　试用512×4的RAM芯片构成512×8的存储器。

题 6.7 试用 512×4 的 RAM 芯片构成 2048×4 的存储器。需要一个怎样规格的二进制译码器？

题 6.8 试说明 Flash ROM 有何特点和用途，与其他存储器比较有什么不同？

题 6.9 试说明 CPLD 和 FPGA 各代表什么，其可编程原理各是什么？

题 6.10 试用 VHDL 语言设计六进制加法计数器。

题 6.11 比较下面同一个 VHDL 程序的 4 个结构体 a1~a4，判断哪些结构体实现的功能是等价的。

```
ENTITY myExample IS PORT(
    a,b,c: IN Bit;
       y: OUT Bit) ;
END myExample;
```

```
ARCHITECTURE a1 OF myExample IS
Signal   x : bit ;
BEGIN
  x <= a AND b;
  y <= x NAND c;
END a1;
```

```
ARCHITECTURE a2 OF myExample IS
Signal   x : bit ;
BEGIN
  Pro1:PROCESS (a,b)
  Begin
    x <= a AND b;
  End process;
  Pro2:PROCESS (x,c)
  Begin
    y <= x NAND c;
  End process;
END a2;
```

```
ARCHITECTURE a3 OF myExample IS
Signal   x : bit ;
BEGIN
  PROCESS (a,b,c)
  Begin
    x <= a AND b;
    y <= x NAND c;
  End process;
END a3;
```

```
ARCHITECTURE a4 OF myExample IS
BEGIN
  PROCESS (a,b,c)
  Variable x:   bit;
  Begin
    x := a AND b;
    y <= x NAND c;
  End process;
END a4;
```

第7章　脉冲波形的产生与整形

内容提要

脉冲的产生和整形是数字系统必不可少的部分，脉冲信号的好坏直接影响系统能否正常高效地工作。本章首先介绍555定时器，在此基础上介绍由555定时器构成的施密特触发器、单稳态触发器和多谐振荡器，然后介绍集成和其他施密特触发器、单稳态触发器和多谐振荡器。

教学基本要求

1．重点掌握由555定时器构成多谐振荡器、单稳态触发器、施密特触发器电路的方法。

2．重点掌握施密特触发器、单稳态触发器和多谐振荡器的工作原理、波形图的画法、参数计算及应用。

3．掌握石英晶体多谐振荡器的选频特性和频率稳定性。

4．一般掌握门电路构成的多谐振荡器、单稳态触发器、施密特触发器。

5．一般掌握集成单稳态触发器和施密特触发器的使用方法。

重点内容

重点要求掌握555定时器构成多谐振荡器、单稳态触发器、施密特触发器电路的方法、工作原理、波形图画法和参数计算及石英晶体多谐振荡器的特性。

7.1 概述

7.1.1 矩形脉冲及其基本特性

1. 矩形脉冲

脉冲信号通常是指持续时间短暂的电压或电流信号，常见的有矩形脉冲、三角脉冲、锯齿脉冲和尖脉冲等，脉冲信号可以是连续的也可以是单个的。由于数字信号一般只有 0 和 1 两种状态，因此数字电路中常用具有一定宽度和幅值且边缘陡峭的矩形脉冲，其高低电平用来代表这两种状态，如图 7-1 所示。

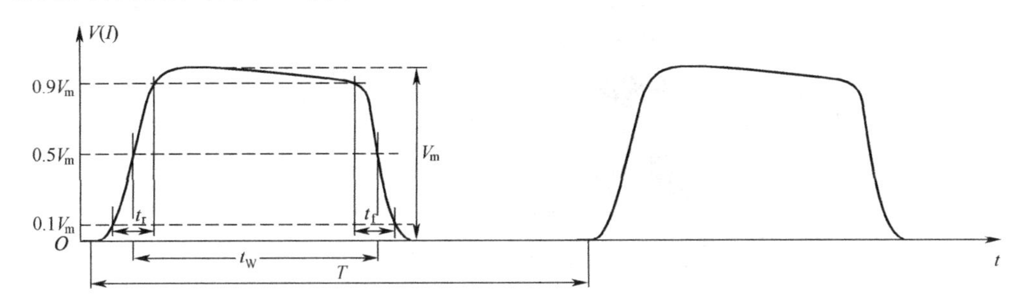

图 7-1 矩形脉冲及其参数

2. 矩形脉冲的特性参数

通常用下面这些参数定量描述矩形脉冲，并在图 7-1 中标出。

（1）脉冲幅度 V_m：也称为峰值 V_p，是高电平的电压或电流值。

（2）脉冲宽度 t_W：幅值为 $0.5V_m$ 所对应的脉冲持续时间。

（3）上升时间 t_r：上升沿由 $0.1V_m$ 上升到 $0.9V_m$ 所需的时间。

（4）下降时间 t_f：下降沿由 $0.9V_m$ 下降到 $0.1V_m$ 所需的时间。

（5）脉冲周期 T：脉冲重复时间。

（6）脉冲频率 f：脉冲重复频率 $f = 1/T$。

（7）占空比 q：脉冲宽度与脉冲周期的比 $q = t_W / T$。

理想的矩形脉冲信号 $t_r = t_f = 0$，实际上这种没有等待和延迟的脉冲信号是不存在的。除了这些参数以外，在实际应用中连续脉冲还有脉冲频率稳定性和幅度稳定性等参数。

3. 数字电路对矩形脉冲的要求

矩形脉冲信号要满足器件的使用要求，如果信号从器件的输入端到输出端的平均传输延迟时间为 t_{pd}，则该器件的最高工作频率为 $f_{max} \leqslant 1/t_{pd}$，这时矩形脉冲的频率 f 必须满足 $f \leqslant f_{max}$。

在数字电路中通常要求有效信号的脉冲宽度要满足 $t_W \geqslant t_{pd}$，也就是说只有在输入有效信号到达器件的输出端时，输入有效信号才能结束，以保证信号的正常传递。

7.1.2 矩形脉冲的产生和整形方法

一个数字系统往往需要各种不同频率和幅度的矩形脉冲信号，如时序电路的时钟信号、定时信号等，因此脉冲产生电路是数字系统不可缺少的组成部分。

在实际数字电路中，由于外界的干扰和电路的失真，经过传输的数字信号都会有一定的畸变，如图 7-2 所示。严重的畸变会影响数字电路的性能，因此需要对失真的矩形脉冲进行整形，以期恢复原有信号的波形。矩形脉冲几乎可以百分之百恢复，不会丢失任何信息，这一点是数字系统最重要的优势。

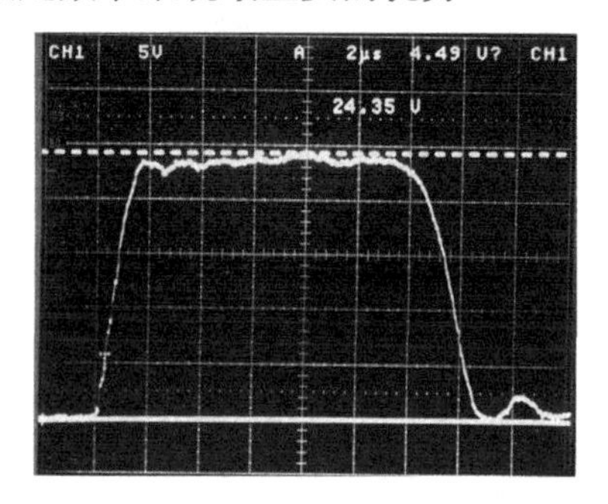

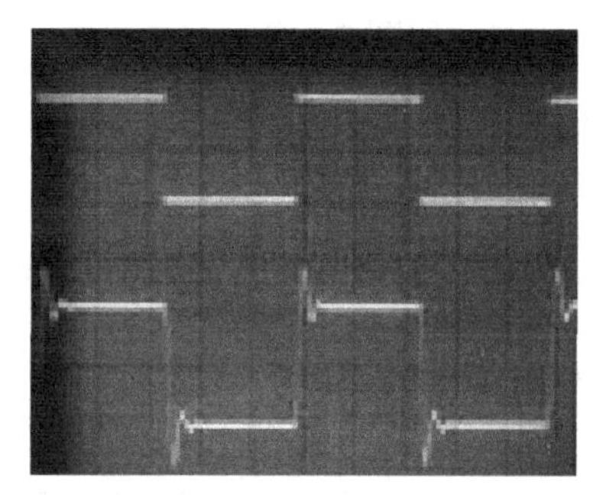

图 7-2 失真的矩形脉冲

获得矩形脉冲信号的途径有两种，一种是利用脉冲信号发生器直接产生符合要求的矩形脉冲，另一种是对已有的信号进行变换，变成满足要求的矩形脉冲。多谐振荡器在不需要外加信号的情况下，能够自动产生矩形脉冲，可作为脉冲信号发生器。施密特触发器、单稳态触发器虽然不能自行产生脉冲信号，但是可把已有的脉冲信号变换成矩形脉冲，此外，还可以对经过传输变差的矩形脉冲进行整形。

施密特触发器和单稳态触发器是两种不同的波形变换和整形电路，施密特触发器可以把变换缓慢或变换快速的非矩形脉冲变换成矩形脉冲，而单稳态触发器能够把脉冲宽度不满足要求的脉冲变换成符合要求的矩形脉冲。

施密特触发器、单稳态触发器和多谐振荡器都可以由 555 定时器外部配接少量电阻和电容构成，也可以由门电路构成，并有相应的集成器件。

7.2 555 定时器及其脉冲电路

7.2.1 555 定时器及其工作原理

555 定时器是一种多用途的数模混合集成电路，可以构成施密特触发器、单稳态触发器和多谐振荡器及其他实用电路，在工业自动控制、测量与控制、家用电器、电子玩具等许多领域中得到了广泛的应用。双极型产品型号最后数码为 555，CMOS 型产品型号最后数码为 7555，它们的逻辑功能和外部引脚排列完全相同。双极型定时器带负载能力和工作速度优于 CMOS 型，而其他性能 CMOS 型优于双极型。目前也有 556 双定时器和 558 四定时器。

1．555 定时器电路特点

555 定时器主要有以下几个特点：

（1）结构简单、使用灵活、用途广泛。

（2）电源电压范围宽（3～18V），提供与 TTL 电路和 CMOS 电路兼容的逻辑电平，能和其他数字电路直接连接。

（3）输出电流大（100～200mA），能直接驱动继电器、小电动机、扬声器等负载。

（4）精度高、工作速度快、可靠性高。

2．555 定时器电路结构

555 定时器把数字电路和模拟电路巧妙地结合在一起，其电路结构如图 7-3 所示。外部引脚输入端 V_{CO} 为电压控制端，V_{I1} 为阈值端（也称高触发端，用 *TH* 标注），V_{I2} 为触发端（也称低触发端，用 *TR'* 标注），R'_D 为置零输入端。输出端有 V_{OD}（放电端）和 V_O。

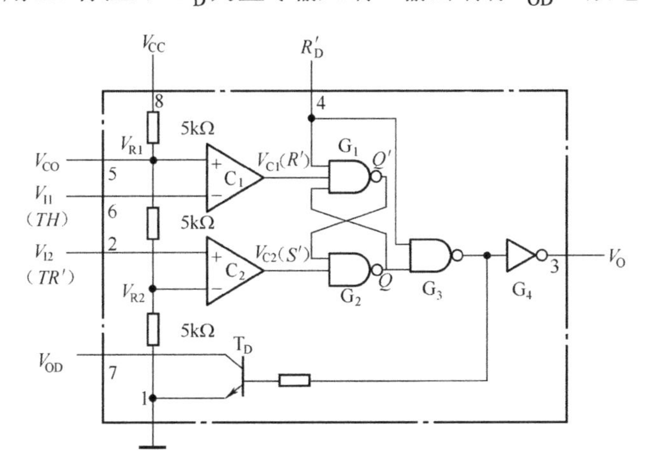

图 7-3　555 定时器的电路结构

电路可以分成以下 5 个部分。

（1）分压器：由 3 个精密的 5kΩ电阻构成电阻分压器（故得名 555 定时器），为比较器 C_1 和 C_2 提供参考电压。V_{R1} 接比较器 C_1 的同相输入端，V_{R2} 接比较器 C_2 的反相输入端。当控制电压输入端 V_{CO} 悬空时，$V_{R1}=\frac{2}{3}V_{CC}$，$V_{R2}=\frac{1}{3}V_{CC}$；当控制电压端 V_{CO} 外加控制电压时，参考电压变为 $V_{R1}=V_{CO}$，$V_{R2}=\frac{1}{2}V_{CO}$。

（2）比较器：C_1、C_2 是两个电压比较器，阈值端 *TH* 接 C_1 的反相输入端，触发端 *TR'* 接 C_2 的同相输入端。当 $V_+>V_-$ 时，比较器输出高电平；当 $V_+<V_-$ 时，比较器输出低电平，并且由于比较器输入电阻趋近于无穷大，输入电流近似为零，所以具有虚短和虚断的特性。

（3）SR 锁存器：G_1、G_2 构成 SR 锁存器，比较器 C_1 和 C_2 的输出分别作为 SR 锁存器

的 R' 和 S' 信号。G_3 引入置零输入端 R'_D，当 $R'_D=0$ 时，触发器不受其他输入信号的影响，$V_O=Q=0$。555 定时器正常工作时，R'_D 应为 1。

（4）晶体管开关：T_D 为 NPN 型三极管，T_D 和电阻构成晶体管开关，T_D 基极接 G_3 输出。当 $R'_D=1$ 时，G_3 的输出为 Q'。若 $Q'=0$，T_D 截止；$Q'=1$，T_D 导通。

（5）输出缓冲器：G_4 为输出缓冲器，用来提高 555 定时器带负载能力，同时也隔离负载对定时器的影响，增加 G_4 使 $V_O=Q$。

555 定时器的逻辑符号和引脚图如图 7-4 所示。

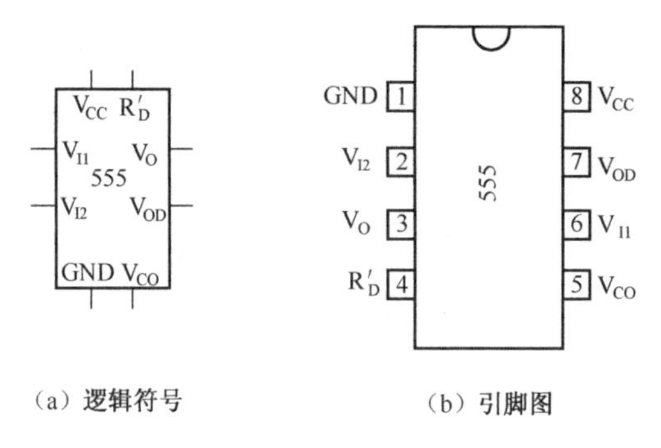

（a）逻辑符号　（b）引脚图

图 7-4　555 定时器的逻辑符号和引脚图

3. 555 定时器工作原理

定时器的主要功能取决于两个比较器输出对 SR 锁存器和晶体管开关 T_D 工作状态的控制，其功能表见表 7-1。在 V_{CO} 悬空的情况下，阈值电压 V_{R1} 和 V_{R2} 分别为 $\frac{2}{3}V_{CC}$ 和 $\frac{1}{3}V_{CC}$，其基本功能主要有以下几个方面。

表 7-1　555 定时器功能表

输　入			SR 锁存器		输　出	
R'_D	V_{I1}（TH）	V_{I2}（TR'）	S'	R'	V_O	T_D 工作状态
0	×	×	×	×	0	导通
1	$>\frac{2}{3}V_{CC}$	$>\frac{1}{3}V_{CC}$	1	0	0	导通
1	$<\frac{2}{3}V_{CC}$	$>\frac{1}{3}V_{CC}$	1	1	保持原状态	保持原状态
1	$<\frac{2}{3}V_{CC}$	$<\frac{1}{3}V_{CC}$	0	1	1	截止

（1）置零，当 $R'_D=0$ 时，SR 锁存器被置零，$V_O=0$，T_D 导通。

（2）在 $R'_D=1$ 前提下，$V_{I1}>\frac{2}{3}V_{CC}$，比较器 C_1 输出为 0，即 $R'=0$；$V_{I2}>\frac{1}{3}V_{CC}$，C_2 输出为 1，即 $S'=1$，基本 SR 锁存器被置 0，$V_O=0$，T_D 导通。

（3）在 $R'_D=1$ 前提下，$V_{I1}<\frac{2}{3}V_{CC}$，比较器 C_1 输出为 1，即 $R'=1$；$V_{I2}>\frac{1}{3}V_{CC}$，C_2 输

出为 1，即 $S'=1$，SR 锁存器保持不变，V_O 和 T_D 保持原状态。

（4）在 $R'_D=1$ 前提下，$V_{I1}<\frac{2}{3}V_{CC}$，C_1 输出为 1，即 $R'=1$；$V_{I2}<\frac{1}{3}V_{CC}$，C_2 输出为 0，即 $S'=0$，SR 锁存器被置 1，$V_O=1$，T_D 截止。

4．555 定时器使用注意事项

555 定时器在使用时，当不需要外部电压控制比较器的参考电压时，V_{CO} 端可外接 0.01μF 的去耦电容滤波，以消除干扰，保证比较器参考电压的稳定。当放电端 V_{OD} 不需要接电容放电时，可以直接悬空。置零输入端通常接 V_{CC}，如需要也可以加入低电平有效的控制信号。

5．555 定时器常用型号

555 定时器国内外常用型号及可互换型号见表 7-2。

表 7-2　555 定时器国内外常用型号

国 产 型 号		国内常用型号	国外常用型号
TTL 型	CB555	5G1555，FD555，FX555	NE555，CA555，LM555，SE555
	CB556	5G1556，FD556，FX556	NE556，CA556，LM556，SE556
CMOS 型	CB7555	5G7555，CH7555	ICM7555， μPD5555
	CB7556	5G7556，CH7556	ICM7556, μPD5556

注：型号尾号是 556 和 7556 为双 555 定时器。

7.2.2　由 555 定时器构成的单稳态触发器

单稳态触发器是一种特殊的触发器，广泛用于脉冲整形、延时，即产生滞后于触发脉冲的输出脉冲及产生固定时间宽度的脉冲信号等电路。

1．单稳态触发器电路特点

（1）输出有稳态和暂稳态两个不同的工作状态。

（2）在输入触发脉冲作用下，输出能从稳态翻转到暂稳态，在暂稳态维持一段时间以后，输出自动返回稳态。

（3）暂稳态维持时间的长短取决于电路本身的参数，与触发脉冲的宽度和幅度无关。

（4）窄脉冲触发。

（5）输入、输出信号频率相同，占空比不同。

2．电路结构

555 定时器组成的单稳态触发器如图 7-5 所示，输入 V_I 接比较器 C_2 的同相端，电容 C 的一端与放电端和比较器 C_1 的反相端通过电阻 R 接正电源，电容的另一端接地，V_{CO} 端接 0.01μF 滤波电容，构成单稳态触发器。

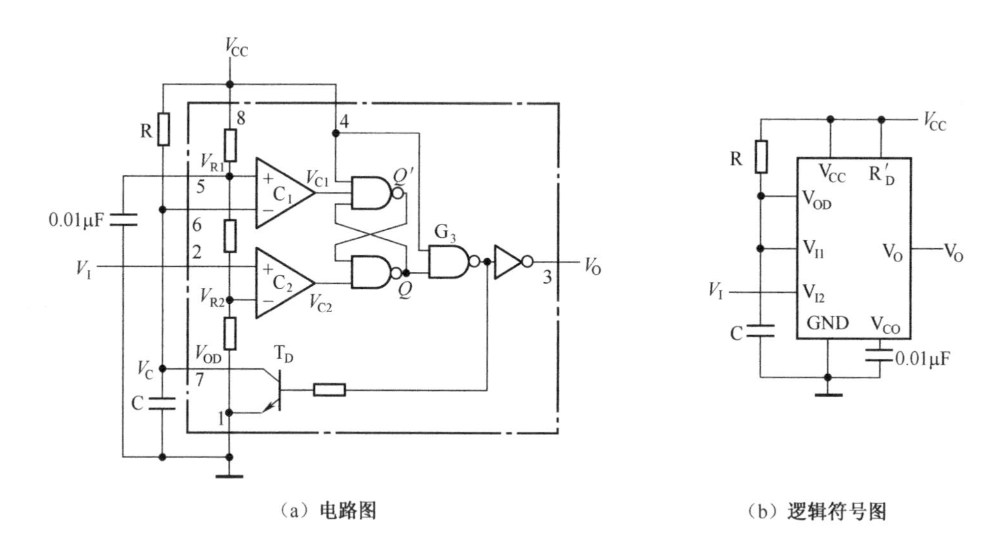

图 7-5　555 定时器构成的单稳态触发器

3. 工作原理

1）稳态

没有触发信号，即$V_I=1$，若电路的初始状态为$V_O=Q=0$，则 T_D 饱和导通，$V_C\approx 0$ 且 V_C 不会发生变化，这时$V_{C1}(R')=V_{C2}(S')=1$，SR 锁存器保持不变，则V_O 保持 0 状态不变，电路处于稳态 0 状态。

2）触发

当输入信号 V_I 从高电平跳变为低电平时，$V_I=0$，$V_{C2}(S')=0$，而 V_{C1} 不变仍为 $V_{C1}(R')=1$，SR 锁存器置 1，单稳态触发器被触发到暂稳态，即$V_O=Q=1$状态，见图 7-6。

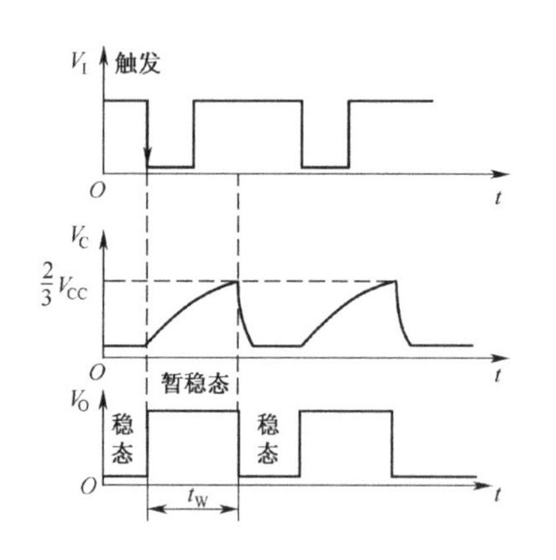

图 7-6　555 定时器组成的单稳态触发器电压波形图

3）暂稳态

电路进入暂稳态 1 状态后，T_D 截止，V_{CC} 经电阻 R 对电容 C 充电，随着充电时间的延长，V_C 逐渐提高，在充电到$\frac{2}{3}V_{CC}$之前，电路将维持暂稳态。

4）自动返回

当充电到$V_C=\frac{2}{3}V_{CC}$时，$V_{C1}(R')=0$。窄脉冲触发，要求电路在暂稳态结束之前输入信号要从低电平返回到高电平，否则电路不能正常工作。由于输入信号已经返回到高电平，$V_{C2}(S')=1$，SR 锁存器置 0，电路返回到稳态 0 状态。这时 T_D 导通，电容 C 通过 T_D 向地迅速放电，V_C 返回到 0。

4. 参数计算

1）输出脉冲宽度 t_W

由图 7-6 可见，输出脉冲宽度与电容 C 充电时间相同，电容 C 充电时间常数为 $\tau = RC$，$V_C(0) = 0V$，$V_C(\infty) = V_{CC}$。当 V_{CO} 没有外接时，$V_C(t) = \frac{2}{3}V_{CC}$，则 t_W 为

$$t_W = \tau \ln \frac{V_C(\infty) - V_C(0)}{V_C(\infty) - V_C(t)} = RC \ln \frac{V_{CC} - 0}{V_{CC} - \frac{2}{3}V_{CC}}$$

$$= RC \ln 3 \approx 1.1RC$$

当 V_{CO} 外接时，则上式变为 $t_W = RC \ln \frac{V_{CC}}{V_{CC} - V_{CO}}$。

2）恢复时间

电容 C 通过 T_D 向地放电，直到 V_C 返回到 0 所用的时间，称为恢复时间，用 t_{re} 表示。t_{re} 的大小与 T_D 饱和导通的等效电阻值 r_{CES} 的大小有关，一般 $t_{re} = (3 \sim 5)r_{CES}C$。

3）分辨时间

分辨时间是指单稳态触发器正常工作输入信号的最小周期，用 t_d 表示。显然，为使电路能正常工作，要满足触发信号的周期 $T \geqslant t_W + t_{re}$，则 $t_d = t_W + t_{re}$。

5. 应用

单稳态触发器不能改变输入信号的频率，但能改变输入信号的占空比及产生一定脉冲宽度的矩形脉冲，因此单稳态触发器在延时、定时和整形方面有广泛的应用。

1）延时

在数字电路中，脉冲的延时通常指脉冲的下降沿或上升沿延迟一定时间出现，这个延迟时间的长短一般与输入脉冲无关。利用单稳态触发器可以方便地延迟脉冲触发时间，延迟时间就是单稳态触发器输出信号的脉冲宽度，如图 7-7 所示。输入信号 V_I 的下降沿，经过两级单稳态触发器后，输出信号 V_O 的下降沿延迟了两级单稳态触发器的脉冲宽度的和，即 $t_{延迟} = t_{W1} + t_{W2}$。

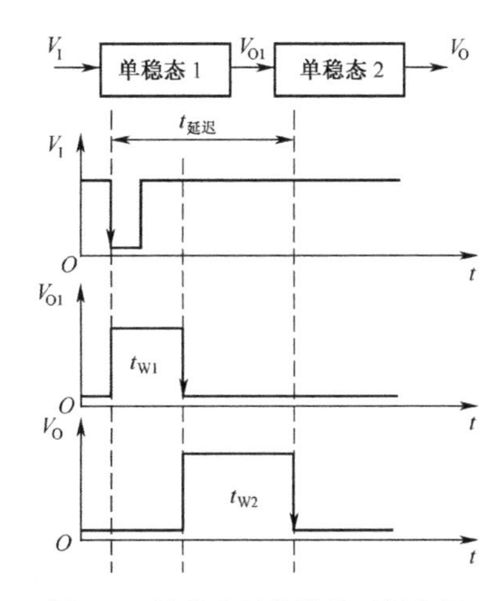

图 7-7 单稳态触发器的延迟作用

2）定时

单稳态触发器能够产生一定脉冲宽度的矩形脉冲，脉冲宽度可以通过改变电阻 R、电容 C 及 V_{CO} 的数值大小来调整，可以利用单稳态触发器的这种特性进行定时。

单稳态触发器的定时功能主要是使某一信号只在固定脉冲宽度内起作用，例如，如图 7-8 所示的数字频率计。脉冲的频率是指单位时间内脉冲的个数，因此要检测某一脉冲信号的频率时只要检测出 1s 内

通过脉冲的个数 n，则被测脉冲的频率即为 nHz。其推导公式为 $1\text{s} = nT_{测}$，则 $f_{测} = n\text{Hz}$。

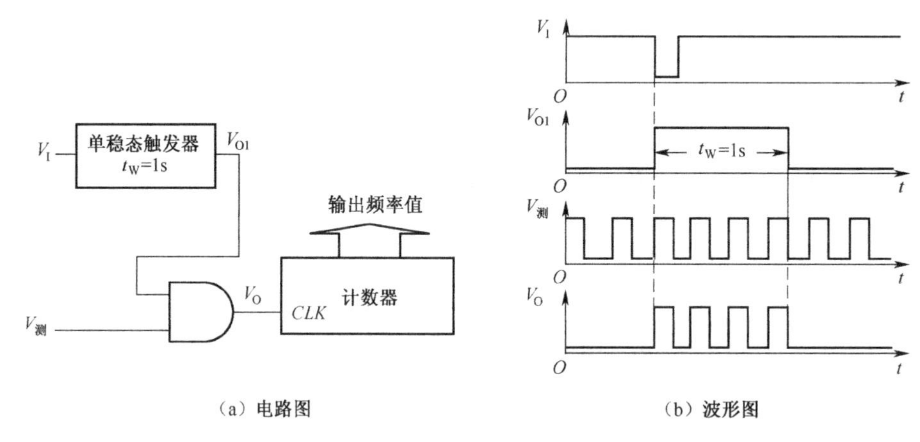

（a）电路图　　（b）波形图

图 7-8　单稳态触发器定时应用——数字频率计

3）整形

单稳态触发器对脉冲的整形是将输入的不规则脉冲整形为具有一定幅度和一定宽度的矩形脉冲，输出信号频率与输入信号频率相同。脉冲宽度由单稳态电路决定，与输入脉冲无关，图 7-9 是整形前后的波形。

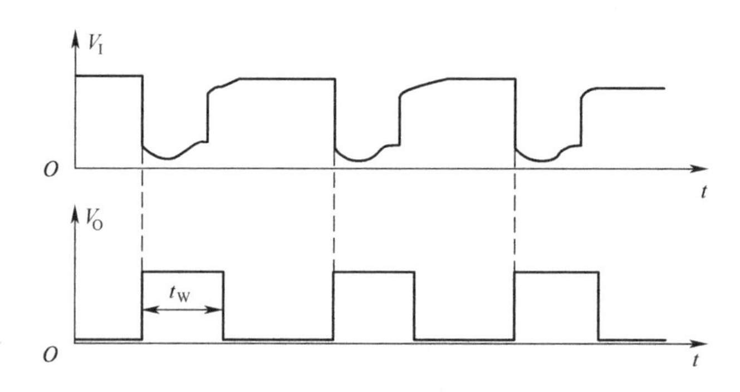

图 7-9　单稳态触发器的脉冲整形

6. 使用注意事项

555 定时器构成的单稳态触发器（见图 7-5）必须是窄脉冲触发，即输入信号的负脉冲宽度（V_I 为低电平的时间）必须小于输出信号的脉冲宽度（V_O 为高电平的时间）。这是由于若不符合窄脉冲触发的要求，在电路处于暂稳态期间 V_I 一直为 0，比较器 C_2 的输出就会一直是 0，即 $V_{C2}(S') = 0$。当电容充电到 $\frac{2}{3}V_{CC}$ 时，V_{C1} 的输出由 1 变为 0，即 $V_{C1}(R') = 0$。这时 SR 锁存器的两个输入端均为 0，对于与非门构成的 SR 锁存器，这时 $Q = Q' = 1$，G_3 的输出为 0，V_O 本应由 1 跳变为 0 回到稳态，但由于输入信号 V_I 没有返回到 1，使输出一直是 1，只有输入信号返回到 1，触发器才会返回到 0。这样，输出信号的脉冲宽度就会受输入信号的控制，与电路的参数无关，因此要求窄脉冲触发。

当输入信号不满足窄脉冲要求时，可在输入端加 RC 微分电路，V_I 经过 RC 微分电路后再接到单稳态触发器输入端，使不满足条件的输入信号满足窄脉冲的要求。应该注意的是，微分电路的电阻要接到 V_{CC}，以保证在 V_I 下降沿到来时单稳态触发器输入端为高电平，如图 7-10 所示。

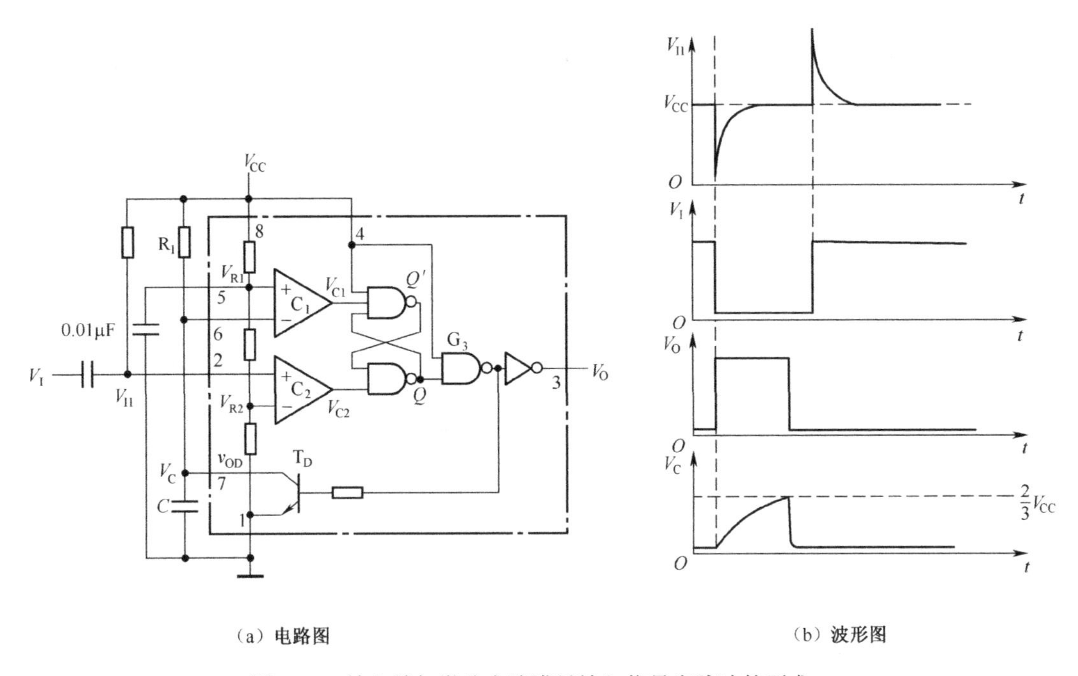

（a）电路图　　（b）波形图

图 7-10　输入端加微分电路满足输入信号窄脉冲的要求

7.2.3　由 555 定时器构成的施密特触发器

施密特触发器（Schmitt Trigger）是一种应用广泛的脉冲电路，常用作脉冲波形的变换、整形和鉴幅。

1．施密特触发器电路特点

（1）有 0 和 1 两个稳定状态。

（2）允许输入信号慢变化。

（3）电平触发，输出从高电平跳变为低电平的触发电平与输出从低电平跳变为高电平的触发电平不同。

（4）输出与输入信号是同频率的矩形脉冲。

2．电路结构

555 定时器的 V_{I1} 和 V_{I2} 两个输入端接在一起作为信号输入端，即可组成施密特触发器，见图 7-11。

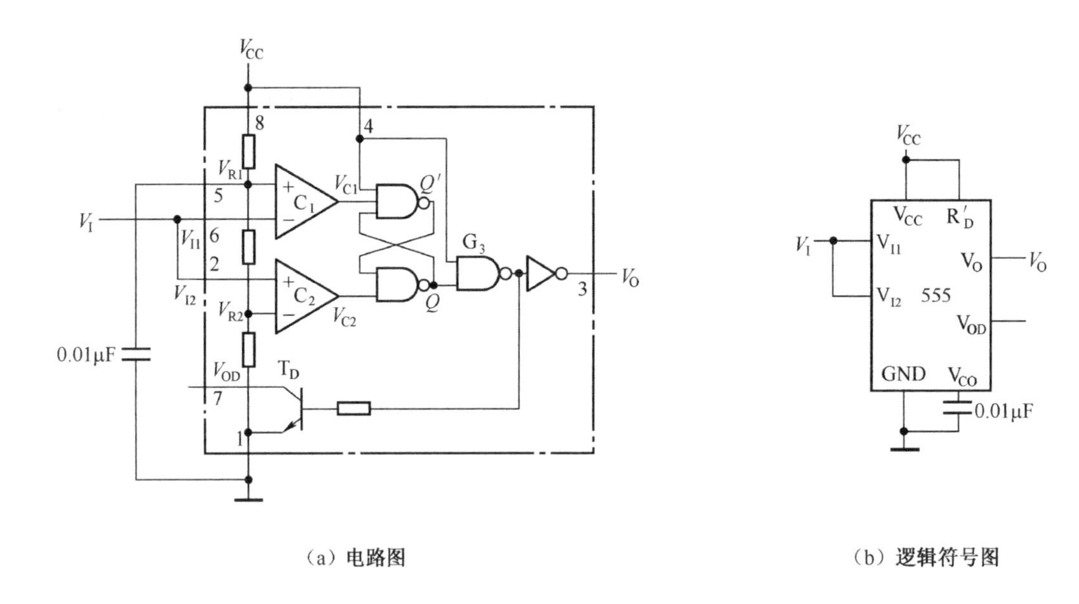

图 7-11　555 定时器构成施密特触发器

3. 工作原理

施密特触发器允许输入信号慢变化，输入信号从 0 上升到V_m，再从V_m下降到 0，一个完整脉冲输入过程中施密特触发器的工作状态如图 7-12 所示。V_{CO}没有外接，阈值电压分别为$\frac{2}{3}V_{CC}$和$\frac{1}{3}V_{CC}$。

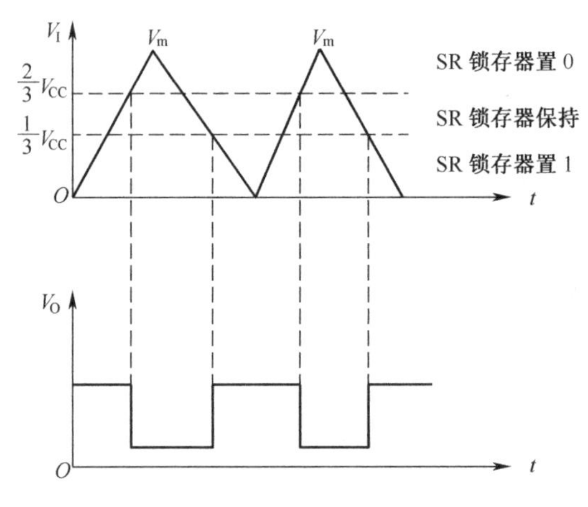

图 7-12　施密特触发器波形图

1）V_I上升过程

$0 \leqslant V_I \leqslant \frac{1}{3}V_{CC}$时，$V_{C1}(R')=1$，$V_{C2}(S')=0$，SR 锁存器置 1，$V_O(Q)=1$。

$\frac{1}{3}V_{CC} < V_I < \frac{2}{3}V_{CC}$ 时，$V_{C1}(R') = 1$，$V_{C2}(S') = 1$，SR 锁存器保持，由于其原状态为 1，所以 $V_O(Q) = 1$。

$\frac{2}{3}V_{CC} \leqslant V_I \leqslant V_m$ 时，$V_{C1}(R') = 0$，$V_{C2}(S') = 1$，SR 锁存器置 0，$V_O(Q) = 0$。

通过上述分析可知，输入信号上升过程中，施密特触发器在 $\frac{2}{3}V_{CC}$ 处发生状态改变，即 $\frac{2}{3}V_{CC}$ 触发。

2）V_I 下降过程

$\frac{2}{3}V_{CC} \leqslant V_I \leqslant V_m$ 时，$V_{C1}(R') = 0$，$V_{C2}(S') = 1$，SR 锁存器置 0，$V_O(Q) = 0$。

$\frac{1}{3}V_{CC} < V_I < \frac{2}{3}V_{CC}$ 时，$V_{C1}(R') = 1$，$V_{C2}(S') = 1$，SR 锁存器保持，由于其原状态为 0，所以 $V_O(Q) = 0$。

$0 \leqslant V_I \leqslant \frac{1}{3}V_{CC}$ 时，$V_{C1}(R') = 1$，$V_{C2}(S') = 0$，SR 锁存器置 1，$V_O(Q) = 1$。

通过上述分析可知，输入信号下降过程中，施密特触发器在 $\frac{1}{3}V_{CC}$ 处发生状态改变，即 $\frac{1}{3}V_{CC}$ 触发。

555 定时器构成的施密特触发器，因为在电路结构中存在触发器，所以输出信号边沿特性好（边沿更陡峭），即上升时间和下降时间更短；也因为存在比较器，所以允许输入信号缓慢变化。对于此电路，$V_I = V_{IL}$ 时 $V_O = V_{OH}$，$V_I = V_{IH}$ 时 $V_O = V_{OL}$，实现的是“非”逻辑功能，所以也可以将此电路称为具有施密特触发特性（滞回特性）的反相器。

4．电压传输特性及参数

555 定时器构成的施密特触发器的电压传输特性又称为滞回特性，见图 7-13。从电压传输特性曲线可直观地看出施密特触发器输出信号随输入信号变化的情况。

输入信号上升过程中，施密特触发器在 $\frac{2}{3}V_{CC}$ 处改变状态，输出由高电平跳变为低电平，这时所对应的输入电压值称为上限阈值电压（正向阈值电压），用 V_{T+} 表示。在输入信号下降过程中，施密特触发器在 $\frac{1}{3}V_{CC}$ 处改变状态，输出由低电平跳变为高电平，这时所对应的输入电压值称为下限阈值电压（负向阈值电压），用 V_{T-} 表示。上限阈值电压和下限阈值电压的差定义为回差电压，用 ΔV_T 表示，即

$$\Delta V_T = V_{T+} - V_{T-} = \frac{2}{3}V_{CC} - \frac{1}{3}V_{CC} = \frac{1}{3}V_{CC}$$

当 V_{CO} 外接的情况下，上限阈值电压和下限阈值电压变为 V_{CO} 和 $\frac{1}{2}V_{CO}$，则 $\Delta V_T = V_{T+} - V_{T-} = V_{CO} - \frac{1}{2}V_{CO} = \frac{1}{2}V_{CO}$，并且随 V_{CO} 的改变而改变。

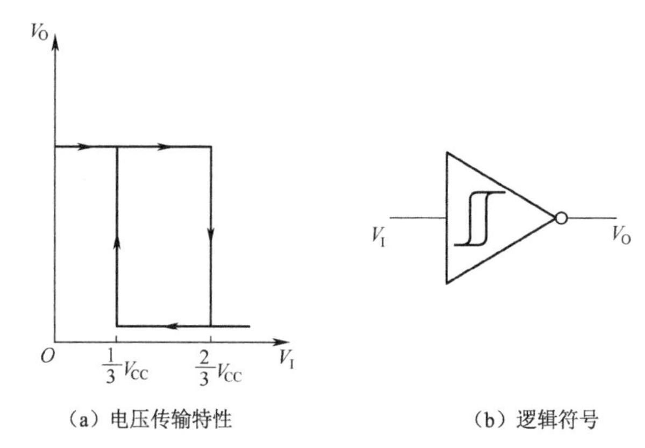

（a）电压传输特性　　（b）逻辑符号

图 7-13　555 定时器构成的施密特触发器电压传输特性和逻辑符号

5．应用

1）波形转换

将变化缓慢的波形变换成矩形波，如将三角波或正弦波变换成同周期的矩形波，如图 7-14 所示。这是因为施密特触发器的电路结构中包含触发器，改善了输出信号的边沿特性。（请问用普通门电路可以吗？）

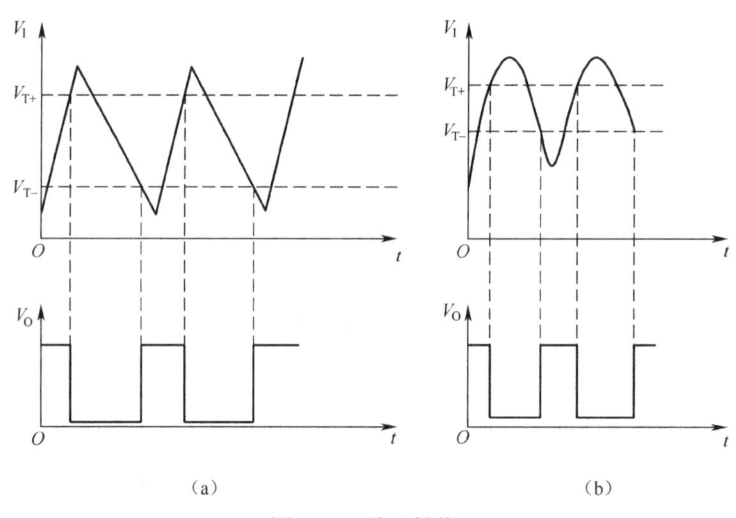

（a）　　（b）

图 7-14　波形转换

2）脉冲整形

在数字系统中，矩形脉冲经传输后往往出现边沿变差、产生振荡或附加噪声等情况。通过施密特触发器整形，可以获得较理想的矩形脉冲，见图 7-15。这是因为施密特触发器具有电压滞回特性，抗干扰能力强。而且，回差电压越大，抗干扰能力越强，但灵敏度减低，实际应用时需要折中考虑。

3）脉冲鉴幅

将一系列幅度各异的脉冲信号加到施密特触发器的输入端，那些幅度大于 V_{T+} 的脉冲会在输出端产生负脉冲输出信号，见图 7-16。可见，施密特触发器能够选出幅度大于上限阈值电压的脉冲，具有脉冲鉴幅能力。

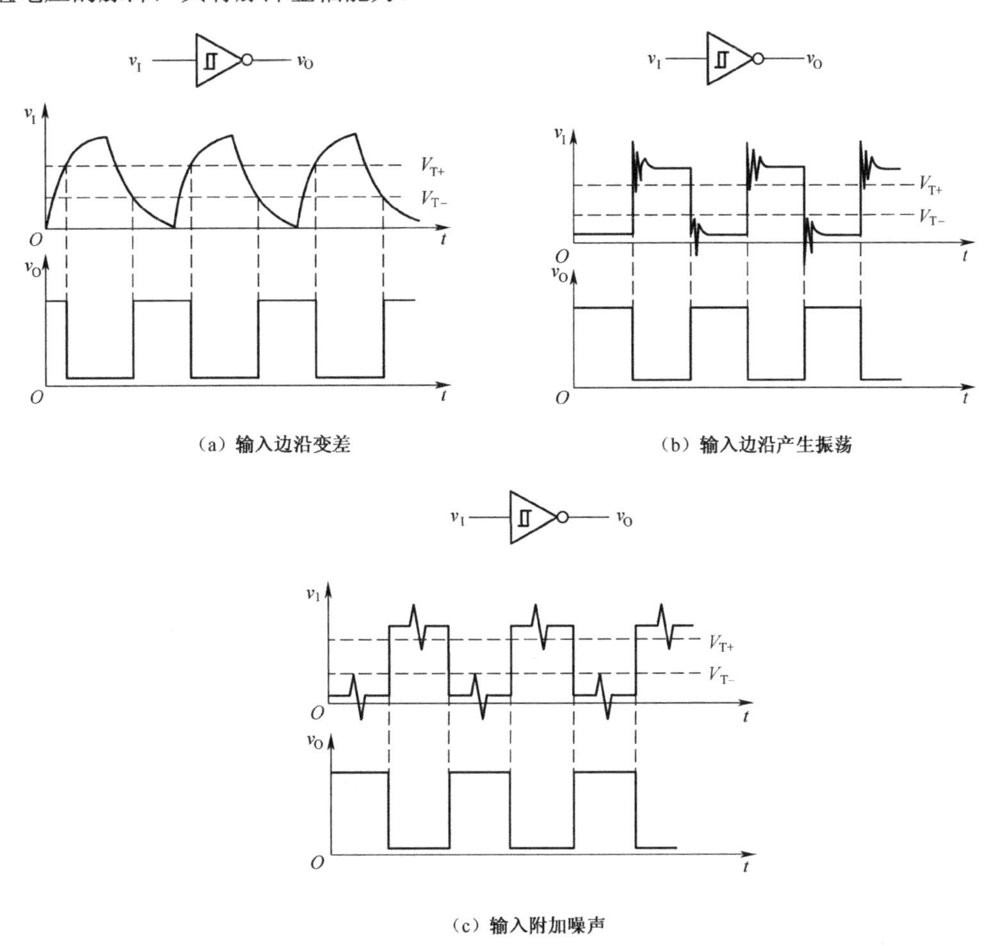

（a）输入边沿变差　（b）输入边沿产生振荡

（c）输入附加噪声

图 7-15　脉冲整形

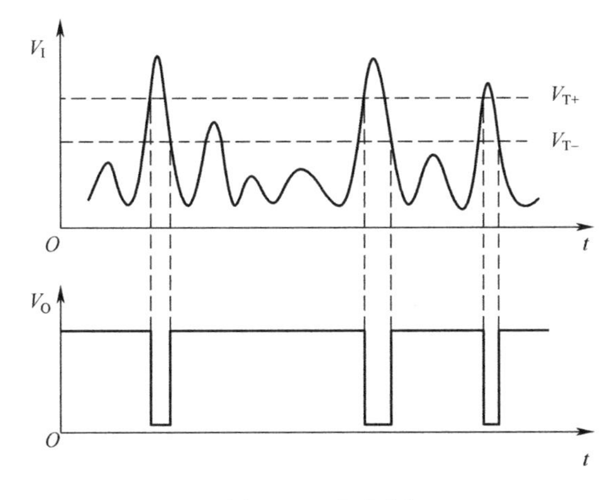

图 7-16　脉冲鉴幅

4）构成多谐振荡器

产生周期矩形脉冲的电路通常称为多谐振荡器，把施密特触发器的输出端经 RC 积分电路接回到它的输入端，即可构成电路简单的多谐振荡器，其电路与波形图见图 7-17。

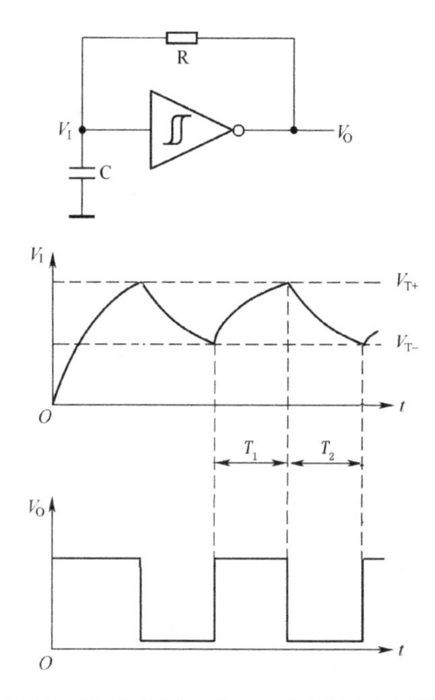

图 7-17　由施密特触发器构成的多谐振荡器电路图及波形图

假设 t=0 时刻，输出为高电平，电容 C 通过电阻 R 充电，电压 V_I 指数上升。根据施密特触发器的电压传输特性，当 $V_I = V_{T+}$ 时，触发器翻转，输出变为低电平，电容 C 开始通过电阻 R 放电，电压 V_I 指数下降。当 $V_I = V_{T-}$ 时，触发器再次翻转，输出变为高电平，循环反复，输出为周期矩形脉冲。

电容 C 的充电时间用 T_1 表示，放电时间用 T_2 表示，矩形脉冲周期为 $T = T_1 + T_2$，T_1 和 T_2 与触发器阈值有关。

由于 $t = RC\ln\dfrac{V_C(\infty)-V_C(0)}{V_C(\infty)-V_C(t)}$，所以 $T_1 = RC\ln\dfrac{V_{OH}-V_{T-}}{V_{OH}-V_{T+}}$，　$T_2 = RC\ln\dfrac{V_{OL}-V_{T+}}{V_{OL}-V_{T-}}$。

假定 $V_{OL} \approx 0\text{V}$，$V_{OH} \approx V_{CC}$，则 $T = T_1 + T_2 = RC\ln\dfrac{V_{CC}-V_{T-}}{V_{CC}-V_{T+}} + RC\ln\dfrac{V_{T+}}{V_{T-}}$。

当 $V_{T+} = \dfrac{2}{3}V_{CC}$，$V_{T-} = \dfrac{1}{3}V_{CC}$ 时，$T = T_1 + T_2 = RC\ln 2 + RC\ln 2 = 2RC\ln 2$，这时占空比为 $q = \dfrac{T_1}{T} = 50\%$。占空比总是 50%时，使用起来较不方便，电路可做如下改进，变成占空比可调的多谐振荡器，如图 7-18 所示。

由于采用这种连接方式，电容充电时只能经过 R_2，电容放电时只能经过 R_1，则矩形脉冲周期为 $T = T_1 + T_2 = R_2C\ln\dfrac{V_{CC}-V_{T-}}{V_{CC}-V_{T+}} + R_1C\ln\dfrac{V_{T+}}{V_{T-}}$。

当$V_{T+}=\frac{2}{3}V_{CC}$，$V_{T-}=\frac{1}{3}V_{CC}$时，$T=T_1+T_2=R_2C\ln 2+R_1C\ln 2=(R_1+R_2)C\ln 2$。

占空比为$q=\frac{T_1}{T}=\frac{R_2}{R_1+R_2}$。

通过调节R_1数值的大小，可以实现占空比可调。

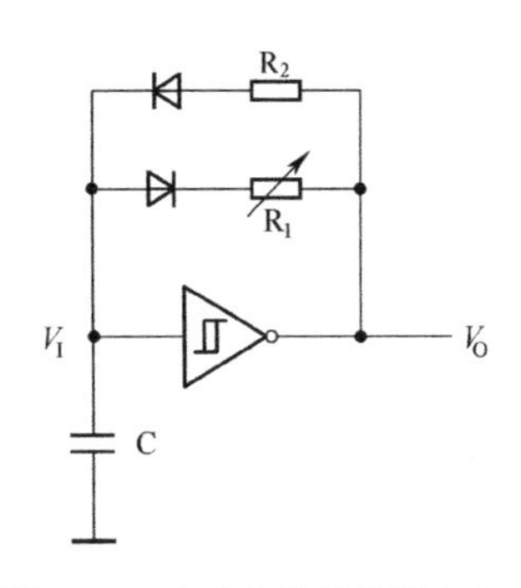

图 7-18　由施密特触发器构成的占空比可调的多谐振荡器

7.2.4　由 555 定时器构成的多谐振荡器

周期矩形脉冲的产生电路常称为多谐振荡器，这是因为矩形脉冲中含有极其丰富的频率为脉冲频率整数倍的高次谐波，相对于正弦波振荡而言就是多谐波振荡器了。

1. 多谐振荡器电路特点

（1）有两个暂稳态，暂稳态 1 和暂稳态 2，在两个暂稳态之间轮流转换。

（2）不需要外界触发信号，能自动产生一定频率的矩形脉冲，其频率由电路内部参数决定。

2. 电路结构

图 7-19 是由 555 定时器构成的多谐振荡器，首先将 555 定时器的V_{I1}和V_{I2}接在一起构成施密特触发器，外接定时元件R_1、R_2和电容 C，V_C为施密特触发器的输入端。

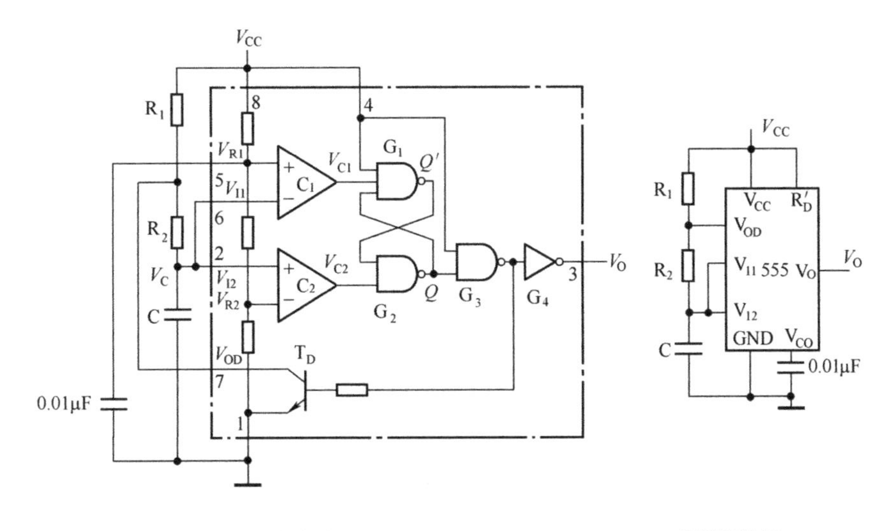

图 7-19　由 555 定时器构成的多谐振荡器

3. 工作原理

1）起始状态

电路刚通电时，电容C来不及充电，C上无电荷，$V_C=0$，V_C为施密特触发器的输入端，施密特触发器输出高电平，$V_O=1$，T_D截止，电容充电，进入暂稳态1。

2）暂稳态1

T_D截止，V_{CC}经电阻R_1、R_2向电容C充电，V_C逐渐升高，相当于施密特触发器输入信号为上升沿，在上限阈值电压V_{T+}改变状态，V_O由高电平转变为低电平，暂稳态1结束，自动进入暂稳态2。

3）暂稳态2

施密特触发器输出低电平，T_D导通，电容C经过R_2和T_D向接地端放电，V_C逐渐降低，相当于施密特触发器输入信号为下降沿，在下限阈值电压V_{T-}改变状态，V_O由低电平转变为高电平，暂稳态2结束，自动返回暂稳态1。

555 电路构成的多谐振荡器，接通电源后就会自动在这两个暂稳态之间轮流转换，产生一定频率的矩形脉冲，其波形图见图7-20。

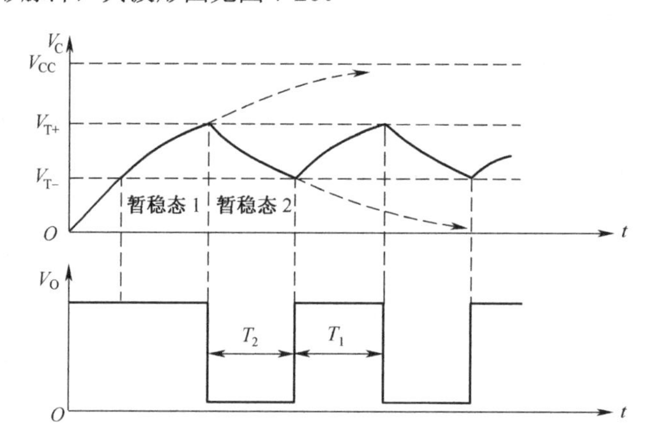

图7-20　555电路构成的多谐振荡器电压波形图

4. 参数计算

1）电容C充电时间T_1

除接通电源的第一个充电过程外，其余的充电过程都是从V_{T-}充电到V_{T+}，充电时间为

$$T_1=(R_1+R_2)C\ln\frac{V_{CC}-V_{T-}}{V_{CC}-V_{T+}}$$

当$V_{T+}=\frac{2}{3}V_{CC}$，$V_{T-}=\frac{1}{3}V_{CC}$时，$T_1=(R_1+R_2)C\ln2\approx0.7(R_1+R_2)C$。

2）电容C放电时间T_2

电容C总是从V_{T+}放电到V_{T-}，放电时间为

$$T_2=R_2C\ln\frac{0-V_{T+}}{0-V_{T-}}$$

当$V_{T+}=\frac{2}{3}V_{CC}$，$V_{T-}=\frac{1}{3}V_{CC}$时，$T_2=R_2C\ln2\approx0.7R_2C$。

3）脉冲周期和频率

脉冲周期为
$$T=T_1+T_2=(R_1+2R_2)C\ln2\approx0.7(R_1+2R_2)C$$

脉冲频率为
$$f=\frac{1}{T}=\frac{1}{(R_1+2R_2)C\ln2}$$

4）占空比 q

$$q=\frac{T_1}{T}=\frac{(R_1+R_2)C\ln2}{(R_1+2R_2)C\ln2}=\frac{R_1+R_2}{R_1+2R_2}$$

由此可知如图 7-19 所示的电路占空比始终大于 50%，通过改进电路实现占空比可调。

5．占空比可调的多谐振荡器

图 7-21 所示电路是利用二极管的单向导通特性实现占空比可调的多谐振荡器。

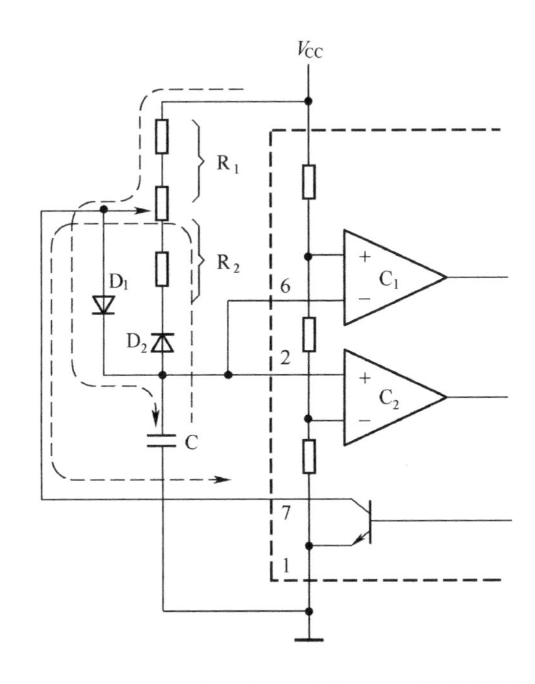

图 7-21　由 555 定时器构成的占空比可调的多谐振荡器

图 7-21 与如图 7-18 所示的电路功能相同。由于二极管 D_1、D_2 具有单向导通特性，所以电容充电时只经过 R_1 和 D_1，充电时间为$T_1=R_1C\ln2$；而电容放电时只经过 R_2 和 D_2，放电时间为$T_2=R_2C\ln2$，占空比变为

$$q=\frac{T_1}{T}=\frac{R_1C\ln2}{(R_1+R_2)C\ln2}=\frac{R_1}{R_1+R_2} \tag{7.1}$$

只要改变电位器活动端的位置，即可改变 R_1、R_2 的阻值，从而可方便地调节占空比。

7.3 集成和其他单稳态触发器

除了由 555 定时器可以构成单稳态触发器外，单稳态触发器还可以由门电路构成，也有集成单稳态触发器，下面分别加以介绍。

7.3.1 由门电路构成的单稳态触发器

单稳态触发器暂稳态的持续时间一般由一阶 RC 电路的充、放电时间决定。根据 RC 电路的不同接法，门电路单稳态触发器分为微分型和积分型两种。下面介绍微分型单稳态触发器。

1. 电路结构

微分型单稳态触发器由门电路和一阶 RC 电路组成，如图 7-22 所示。

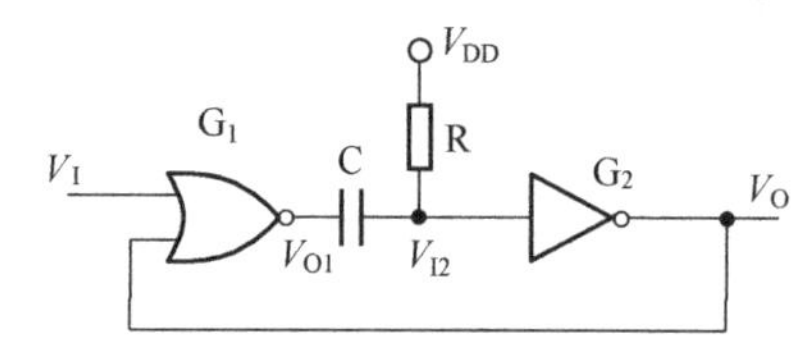

图 7-22 微分型单稳态触发器

2. 工作原理

1）初始状态（稳态）

电路刚接通电源，输入触发脉冲 V_I 初始为低电平，G_2 的输入端经电阻 R 接 V_{DD}，因此输出 V_O 是低电平，G_1 的两个输入端都为 0，使 G_1 的输出 V_{O1} 为 1，电容 C 两端电压近似为 0，电容 C 的状态保持不变，这时触发器处于稳态。

2）触发进入暂稳态

当 t_0 时刻触发脉冲由低电平变为高电平，G_1 的输出 V_{O1} 变为低电平，由于电容 C 的两端电压不能跃变，因此 V_{I2} 也变为低电平，使 G_2 输出 V_O 为高电平，触发器进入暂稳态。V_O 反馈到 G_1 的输入端，即使触发信号再变为低电平，其输出 V_{O1} 仍为低电平，保证了暂稳态的持续。

3）电容 C 充电，自动返回稳态

由于 V_{I2} 为低电平，电源 V_{DD} 通过电阻 R 对电容 C 充电，V_{I2} 指数增加，当 $V_{I2} \geqslant V_{TH}$（门电路的阈值电压）时，输出 V_O 翻转为低电平，暂稳态结束，自动返回稳态。

由于窄脉冲触发，这时 V_I 已经返回到低电平，G_1 的两个输入端均为 0，G_1 的输出 V_{O1} 变为高电平，这时电容 C 通过电阻 R 和 G_2 的保护电路向 V_{DD} 放电，最后电容 C 上的电压为 0，自动返回到初始的稳定状态。

电容在充、放电过程中各点电位的波形如图 7-23 所示。

3. 参数计算

1）脉冲宽度

脉冲宽度为暂稳态持续的时间，即电容 C 从 0 充电到 V_{TH} 的时间，则

$$t_W = RC\ln\frac{V_{DD}}{V_{DD}-V_{TH}}$$

若 $V_{TH} \approx V_{DD}/2$，则脉冲宽度 $t_W = RC\ln 2 \approx 0.7RC$。

2）恢复时间

恢复时间 t_{re} 为电容 C 的放电时间，一般 $t_{re} \approx (3\sim5)\tau$，$\tau$ 为放电电路的时间常数。

3）分辨时间

分辨时间为 $t_d = t_W + t_{re}$。

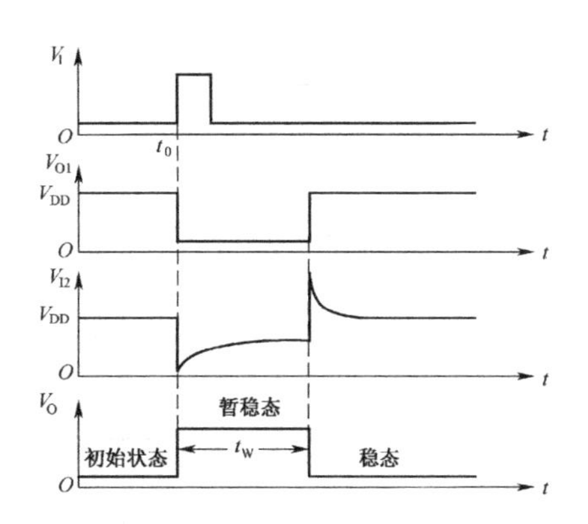

图 7-23 微分型单稳态触发器电压波形图

7.3.2 集成单稳态触发器

集成单稳态触发器分为可重复触发和不可重复触发两种形式。不可重复触发单稳态器触发器是指在进入暂稳态期间，若输入触发脉冲，则触发器不能被触发的单稳态触发器，常见的不可重复触发单稳态触发器有 74LS121 等。而可重复触发单稳态触发器是指触发器在暂稳态还没有结束时，输入触发脉冲，电路重新进入暂稳态的触发器，常见的可重复触发单稳态触发器有 74LS123 等。下面分别介绍这两种集成单稳态触发器。

1. 集成不可重复触发单稳态触发器 74LS121

74LS121 是 TTL 集成单稳态触发器，图 7-24 是 74LS121 的逻辑符号和引脚图，其电路构成是在普通微分型单稳态触发器的基础上采用了施密特触发器输入。对于边沿较差的输入信号也能输出宽度和幅度恒定的矩形脉冲。

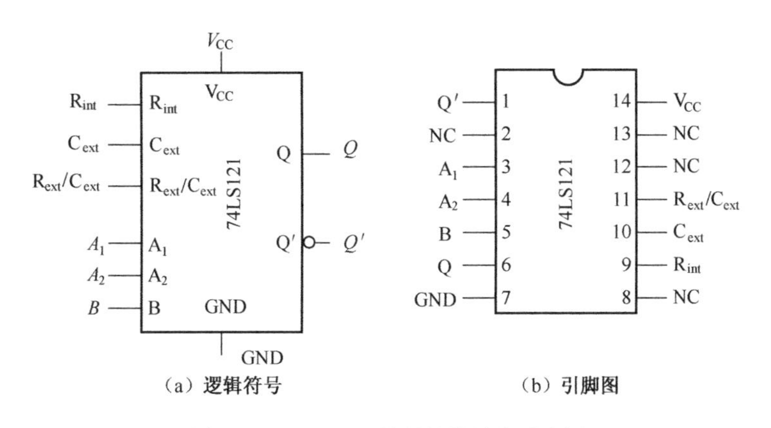

图 7-24 74LS121 的逻辑符号和引脚图

1）触发方式

从表 7-3 可知电路在输入信号 A_1、A_2、B 的静态组合下均处于稳态 $Q=0$，$Q'=1$，输入 A_1、A_2 是下降沿触发，输入 B 是上升沿触发。当 A_1、A_2 或 B 中的任意一端输入相应的触发脉冲时，在 Q 端可以输出一个正向定时脉冲，在 Q' 端输出一个负向定时脉冲。

表 7-3　74LS121 功能表

输入			输出		工作特征
A_1	A_2	B	Q	Q'	
0	×	1	0	1	保持稳态
×	0	1	0	1	
×	×	0	0	1	
1	1	×	0	1	
1	↓	1	⊓	⊔	下降沿触发
↓	1	1	⊓	⊔	
↓	↓	1	⊓	⊔	
0	×	↑	⊓	⊔	上升沿触发
×	0	↑	⊓	⊔	

2）输出波形

图 7-25 是 74LS121 B 端输入上升沿触发的波形图，在定时脉冲宽度内出现触发脉冲，这些触发脉冲对输出没有影响，只有脉冲间隔大于脉冲宽度的触发脉冲才能改变输出。若要得到精确的定时，则两个触发脉冲之间的最小间隔应大于分辨时间即 t_W 与 t_{re} 之和。

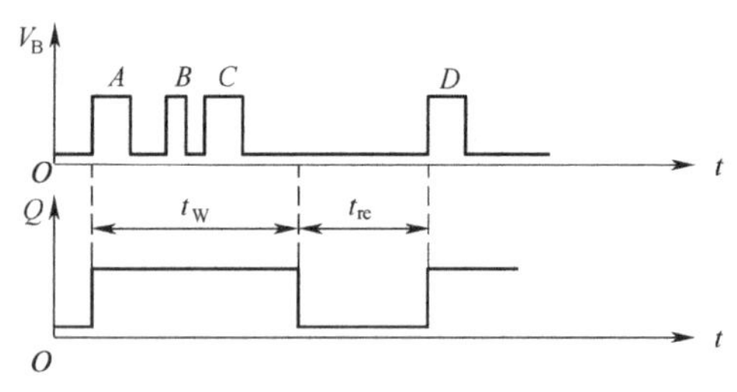

图 7-25　74LS121B 端输入上升沿触发的波形图

3）74LS121 外部引脚连接方法

A_1、A_2 为下降沿触发的输入端，B 为上升沿触发的输入端；Q 输出正向定时脉冲，Q' 输出负向定时脉冲；R_{ext}/C_{ext} 和 C_{ext} 两端外接定时电容 C，C 的取值范围是 10pF～1000μF。定时电阻 R 可以外接，接在电源 V_{CC} 和 R_{ext}/C_{ext} 之间，同时 R_{int} 悬空，R 的取值范围是 1.4～40kΩ。也可以使用内部电阻 R_{int}，R_{int} 接电源 V_{CC}，定时脉冲宽度 $t_W \approx 0.7RC$，见图 7-26。

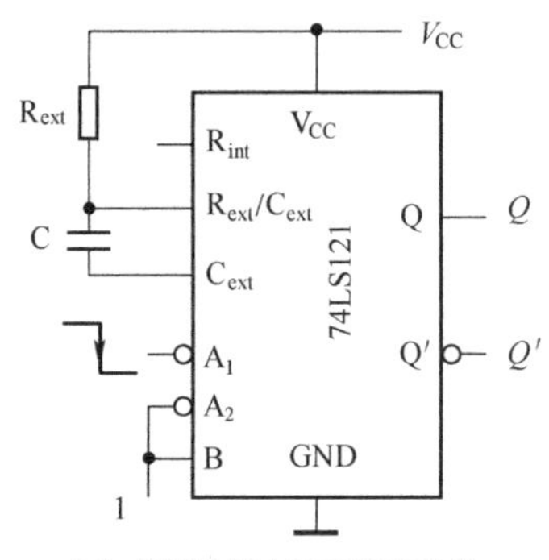

（a）使用外接电阻下降沿触发

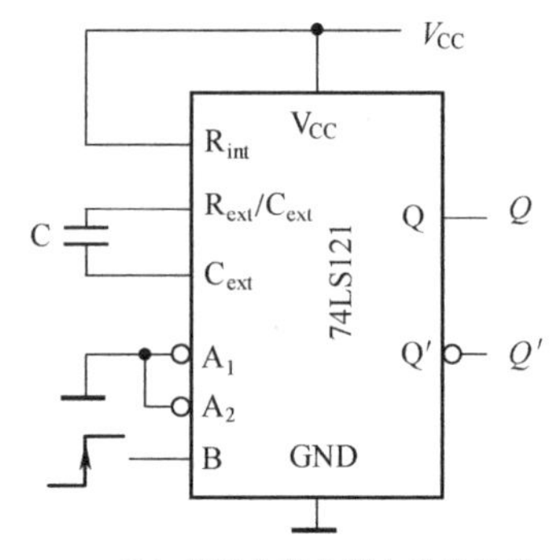

（b）使用内部电阻上升沿触发

图 7-26　74LS121 外部连接方法

2. 集成可重复触发双单稳态触发器 74LS123

74LS123 是 TTL 可重复触发双单稳态触发器，集成了 2 个触发器，并且设有复位输入 R_D' 端。定时电阻 R 和电容 C 的接法与 74LS121 相同，电阻 R 的取值范围是 5～50kΩ，电容 C 没有限制，输出脉冲宽度 $t_W \approx 0.28RC\left(1+\dfrac{0.7}{R}\right)$，其触发方式见表 7-4。

表 7-4 74LS123 功能表

输入			输出		工作特征
R_D'	A	B	Q	Q'	
0	×	×	0	1	置零
×	1	×	0	1	保持稳态
×	×	0	0	1	保持稳态
1	0	↑	⎍	⊔	B 上升沿触发
1	↓	1	⎍	⊔	A 下降沿触发
↑	0	1	⎍	⊔	R_D' 上升沿触发

图 7-27 是 74LS123 的工作波形图，当重复触发脉冲输入时，输出脉冲在定时时间内被重新触发，脉冲宽度增加为 $t_W + t_R$，t_R 是触发脉冲间隔，$t_R < t_W$。输入多个触发脉冲时，也存在恢复时间的问题，只要电路回到稳态，下一次触发脉冲间隔就要大于等于分辨时间。

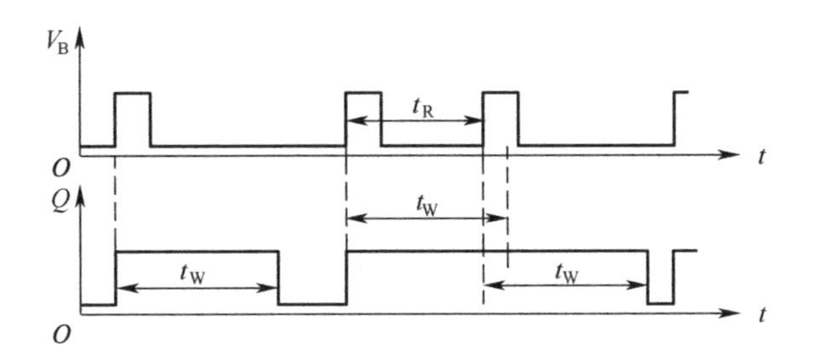

图 7-27 74LS123 工作波形图

7.4 集成和其他施密特触发器

7.4.1 由门电路构成的施密特触发器

1. 电路结构

图 7-28 是两个非门组成的施密特触发器，G_1、G_2 为 CMOS 反相器，输出端 V_O 通过电阻 R_2 反馈到输入端。

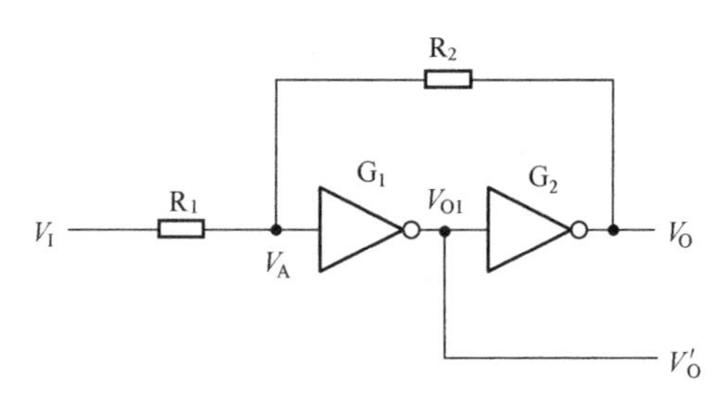

图 7-28　CMOS 非门构成的施密特触发器

2．工作原理及参数计算

（1）初始状态，最初时刻输入电压V_I为 0，则$V_{O1}=V_{DD}$，$V_O=0$。

（2）输入信号上升沿，V_I逐渐增大，当$V_A \geqslant V_{TH}$时，CMOS 门电路进入转折区，发生反转，$V_{O1}=0$，$V_O=V_{DD}$。

由于 CMOS 门输入电流为零，上限阈值电压V_A达到 CMOS 门阈值时所对应的输入电压为V_{TH}，则

$$\frac{V_I-V_A}{R_1}=\frac{V_A-V_O}{R_2} \tag{7.2}$$

$$V_A=V_{TH}=\frac{R_1V_O+R_2V_I}{R_1+R_2} \tag{7.3}$$

上升沿电路在转折区时$V_I=V_{T+}$，将$V_O=0$代入式（7.3），得到上限阈值电压为

$$V_{T+}=\left(1+\frac{R_1}{R_2}\right)V_{TH}$$

（3）输入信号下降沿，V_I逐渐降低，当$V_A \leqslant V_{TH}$时，门电路反转，$V_{O1}=V_{DD}$，$V_O=0$。下降沿电路在转折区时$V_I=V_{T-}$，$V_A=V_{TH}$，$V_O=V_{DD}=2V_{TH}$，代入式（7.3）得到下限阈值电压为

$$V_{T-}=\left(1-\frac{R_1}{R_2}\right)V_{TH}$$

当$V_{TH}=\frac{1}{2}V_{DD}$时，回差电压$\Delta V_T=(R_1/R_2)V_{DD}$，可以通过$R_1$和$R_2$来调整回差电压，但需要电阻满足$R_1<R_2$，否则电路进入自锁状态，不能正常工作。

3．电压传输特性

根据以上参数计算，可得到如图 7-29（a）所示的电压传输特性曲线，从图中可以看出$V_I=0$，$V_O=0$；$V_I=V_{DD}$，$V_O=V_{DD}$。把这种施密特触发器叫做同相输出施密特触发器，逻辑符号见图 7-29（a）。若将V'_O作为输出，其传输特性曲线如图 7-29（b）所示，称为反相输出的施密特触发器。

7.4.2　集成施密特触发器

集成施密特触发器既有 TTL 型产品也有 CMOS 的产品，集成触发器的性能一致性好，

阈值稳定，输出矩形脉冲边沿陡峭，抗干扰能力强，使用方便。常用的集成 TTL 施密特触发器有集成六反相器 74LS14 和 2 输入四与非门 74LS132 等；4000 系列 CMOS 型的施密特触发器产品有集成六反相器CD40106和2输入四与非门CD4093等，这些产品的引脚见图7-30。

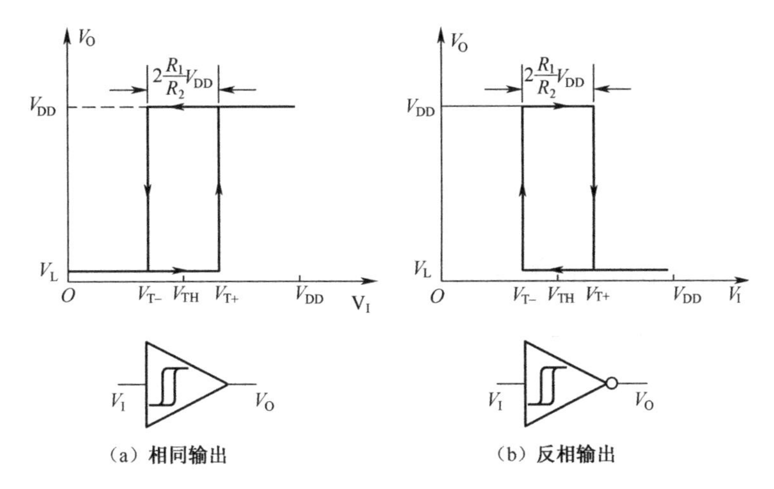

图 7-29　由 CMOS 反相器构成的施密特触发器电压传输特性曲线和逻辑符号

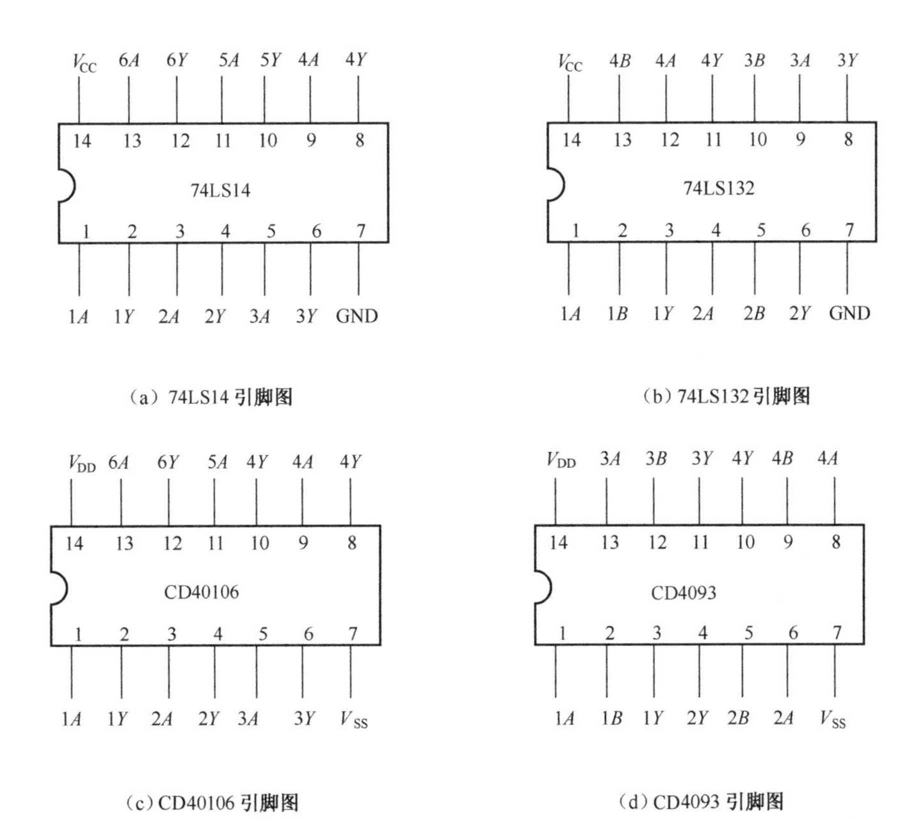

图 7-30　集成施密特触发器引脚图

7.5 其他多谐振荡器

可以构成多谐振荡器的电路很多，如运算放大器、门电路、施密特触发器、555 定时器等都可以构成多谐振荡器。其中，石英晶体多谐振荡器输出信号的频率稳定性能最为突出。另外，在多谐振荡器中一般还需要能够产生固定矩形脉冲周期的器件，通常为电阻和电容组成的 RC 回路。

7.5.1 由门电路构成的多谐振荡器

1. RC 延迟环形多谐振荡器

1）电路构成

图 7-31 是 RC 延迟环形多谐振荡器电路，电路中 R_S 为限流电阻，以防止 G_3 输入电流过大。

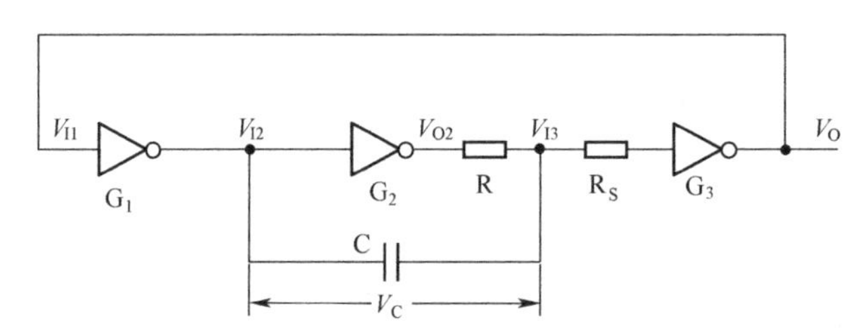

图 7-31 RC 延迟环形多谐振荡器

2）工作原理及参数计算

（1）初始状态。假设初始时刻 $V_O = V_{OL}$，则 $V_{I2} = V_{OH}$，$V_{O2} = V_{OL}$。由于电容 C 两端电压 V_C 不能跃变，因此 $V_{I3} = V_{I2} = V_{OH}$，V_O 维持输出低电平不变，电容通过电阻 R 放电，见图 7-32（a）。当 V_{I3} 降低到门的阈值时，V_O 翻转为高电平，进入暂稳态 1。

三要素：$\tau = RC$，$V_{I3}(\infty) = V_{OL}$，$V_{I3}(0) = V_{OH}$，$V_{I3}(t) = V_{TH}$，$V_C = V_{I2} - V_{I3} = V_{OH} - V_{TH}$。

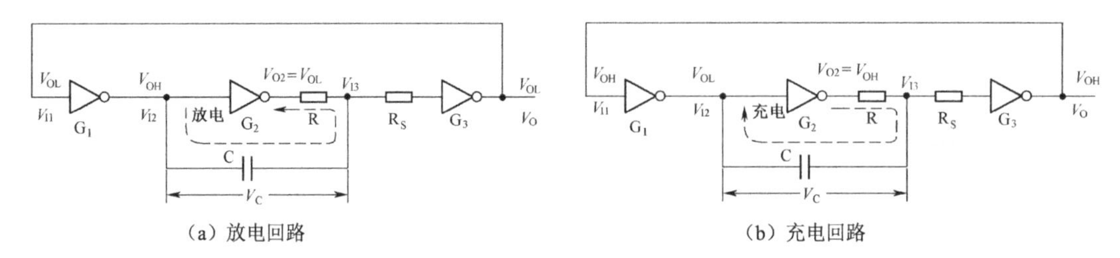

（a）放电回路 （b）充电回路

图 7-32 RC 延迟环形多谐振荡器充、放电回路

（2）暂稳态 1。$V_O = V_{OH}$，则 $V_{I2} = V_{OL}$，$V_{O2} = V_{OH}$。由于电容 C 两端电压 V_C 不能跃变，$V_C = V_{OH} - V_{TH}$，因此 $V_{I3} = V_{OL} - (V_{OH} - V_{TH})$，$V_O$ 维持输出高电平不变，电容通过电阻 R 充电，见图 7-32（b）。当 V_{I3} 上升到门的阈值时，V_O 翻转为低电平，进入暂稳态 2。

三要素：$\tau = RC$，$V_{I3}(\infty) = V_{OH}$，$V_{I3}(0) = V_{OL} - (V_{OH} - V_{TH})$，$V_{I3}(t) = V_{TH}$。电容 C 充电时间即暂稳态 1 维持时间 t_{p1} 为

$$t_{p1} = RC\ln\frac{V_{I3}(\infty) - V_{I3}(0)}{V_{I3}(\infty) - V_{I3}(t)} = RC\ln\frac{V_{OH} - [V_{OL} - (V_{OH} - V_{TH})]}{V_{OH} - V_{TH}} = RC\ln\frac{2V_{OH} - V_{OL} - V_{TH}}{V_{OH} - V_{TH}}$$

当 $V_{OL} \approx 0, V_{TH} \approx V_{OH}/2$ 时，$t_{p1} = \ln 3RC \approx 1.1RC$。

（3）暂稳态 2。暂稳态 2 与初始状态类似，$V_O = V_{OL}$，则 $V_{I2} = V_{OH}$，$V_{O2} = V_{OL}$。由于电容 C 两端电压 V_C 不能跃变，$V_C = V_{OL} - V_{TH}$，因此 $V_{I3} = V_{OH} - (V_{OL} - V_{TH})$，$V_O$ 维持输出低电平不变，电容通过电阻 R 放电，见图 7-32（a）。当 V_{I3} 降低到门的阈值时，V_O 翻转为高电平，重新进入暂稳态 1。

三要素：$\tau = RC$，$V_{I3}(\infty) = V_{OL}$，$V_{I3}(0) = V_{OH} - (V_{OL} - V_{TH})$，$V_{I3}(t) = V_{TH}$。电容 C 放电时间即暂稳态 2 维持时间 t_{p2} 为

$$t_{p2} = RC\ln\frac{V_{I3}(\infty) - V_{I3}(0)}{V_{I3}(\infty) - V_{I3}(t)} = RC\ln\frac{V_{OL} - [V_{OH} - (V_{OL} - V_{TH})]}{V_{OL} - V_{TH}} = RC\ln\frac{2V_{OL} - V_{OH} - V_{TH}}{V_{OL} - V_{TH}}$$

当 $V_{OL} \approx 0, V_{TH} \approx V_{OH}/2$ 时，$t_{p2} = RC\ln 3 \approx 1.1RC$。

电路在暂稳态 1 和暂稳态 2 之间循环反复形成周期振荡，其工作波形见图 7-33。

（4）脉冲周期。振荡周期 $T = t_{p1} + t_{p2} = RC\ln\dfrac{2V_{OH} - V_{OL} - V_{TH}}{V_{OH} - V_{TH}} + RC\ln\dfrac{2V_{OL} - V_{OH} - V_{TH}}{V_{OL} - V_{TH}}$。

当 $V_{OL} \approx 0, V_{TH} \approx V_{OH}/2$ 时，振荡周期 $T \approx 2.2RC$。

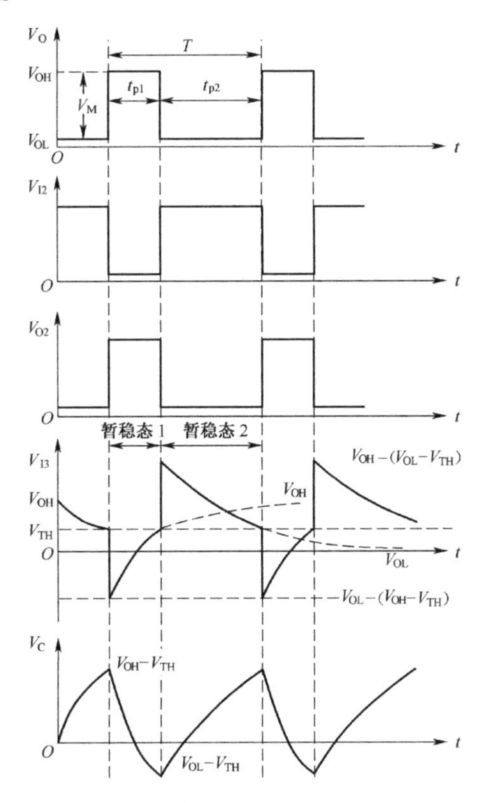

图 7-33　RC 延迟环形多谐振荡器波形图

2. 对称式RC耦合多谐振荡器

1）电路结构

对称式 RC 耦合多谐振荡器由两个非门和两组 RC 电路组成，电路形式是对称的，通过R_1和R_2及C_1和C_2取不同值来调整振荡频率，其电路图见图 7-34。

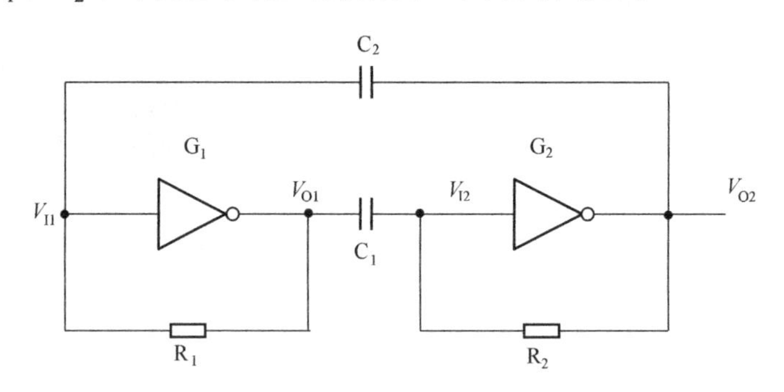

图 7-34　对称式RC耦合多谐振荡器

2）工作原理及参数计算

假设初始时刻电容两端电压为 0，V_{O1}为低电平，V_{O2}为高电平，$V_{I1}=V_{O2}=V_{OH}$，$V_{I2}=V_{OL}$；电容C_1通过电阻R_2、电容C_2通过电阻R_1进行充、放电，V_{I1}和V_{I2}分别指数下降和上升，输出状态不变。

当V_{I1}下降到V_{TH}或V_{I2}上升到V_{TH}时（具体是V_{I1}先下降到V_{TH}，还是V_{I2}先上升到V_{TH}，取决于阈值和时间常数R_1C_2和R_2C_1），V_{O1}和V_{O2}开始翻转，V_{O1}变为高电平，V_{O2}变为低电平，C_1和C_2开始反向充、放电，V_{I1}逐渐增大，V_{I2}逐渐减小，输出不变。

当V_{I1}或V_{I2}达到阈值V_{TH}时，V_{O1}和V_{O2}再次翻转，C_1和C_2再次充、放电，此过程不断重复，V_{O1}和V_{O2}输出矩形波，其波形见图 7-35。

3）脉冲周期

当时间常数R_1C_2和R_2C_1取值不同时，对称式 RC 耦合多谐振荡器周期计算复杂。当$R_1C_2=R_2C_1$时，若取$V_{OL}\approx 0,\ V_{TH}\approx V_{OH}/2$，则脉冲周期估算公式为$T\approx 1.4R_1C_2$。

7.5.2　石英晶体多谐振荡器

含有 RC 回路的多谐振荡器的振荡频率都与 RC 成反比，要得到高频的多谐振荡器，RC 的取值会很小，这将严重影响振荡频率的稳定性。因此，对于频率高、稳定性要求严格的振荡器，一般都是由石英晶体组成的。

石英晶体是一种压电晶体，应用压电效应可以使其具有如图 7-36 所示的电抗－频率特性，它有两个谐振频率。当$f=f_s$时，为串联谐振，晶体的电抗X=0；当$f=f_p$时，为并联谐振，晶体的电抗无穷大。这两个谐振频率是由晶体本身特性，即晶体的结晶方向和外形尺寸决定的，且二者十分接近，故$f_s\approx f_p\approx f_0$（晶体的固有谐振频率）。石英晶体的选频特性极好，$f_0$十分稳定，其稳定度（$\Delta f_0/f_0$）可达$10^{-10}\sim 10^{-11}$，足以满足大多数系统对频率稳定度的要求。

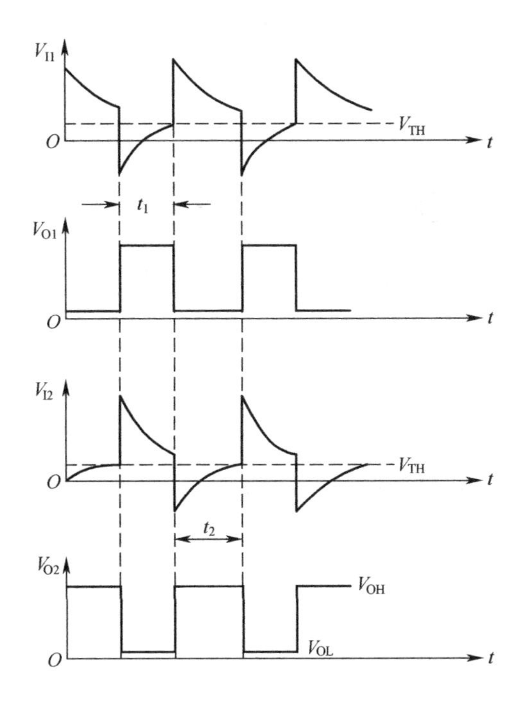

图 7-35 对称式 RC 耦合多谐振荡器工作波形图

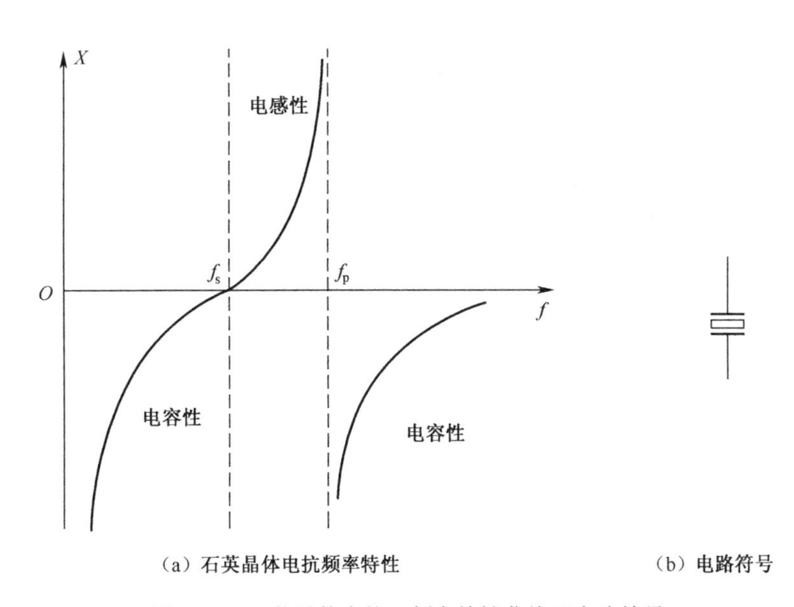

（a）石英晶体电抗频率特性　　（b）电路符号

图 7-36 石英晶体电抗－频率特性曲线及电路符号

石英晶体多谐振荡器是在多谐振荡器电路中接入石英晶体，图 7-37 给出了一些常用石英晶体振荡器。由于石英晶体的选频特性，只有频率为 f_0 的电压信号能够通过石英晶体，其他频率信号经过石英晶体时被衰减，因此无论电路的连接方式是何种形式，振荡器输出矩形脉冲的频率都是石英晶体的固有谐振频率 f_0，与电路的其他参数无关。

石英晶体多谐振荡器振荡频率稳定、精度高，常用作时钟信号源。各种频率的石英晶体振荡器已成为标准化和系列化的产品。

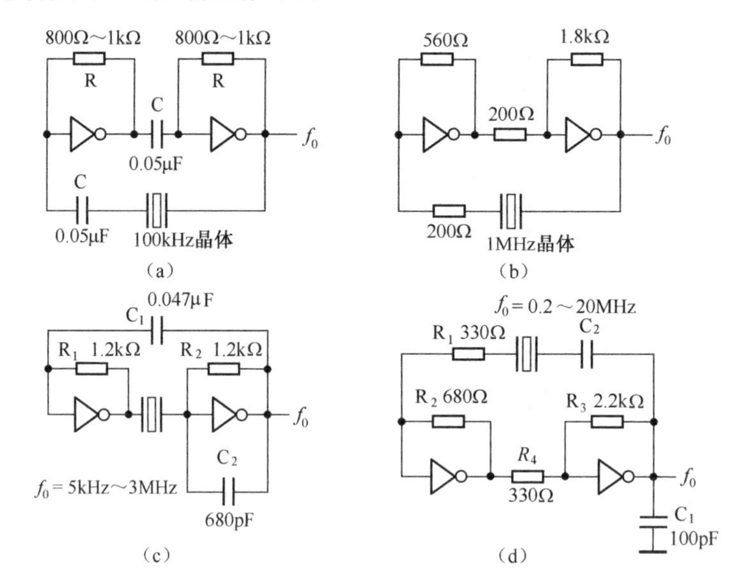

图 7-37　常见石英晶体振荡器

本 章 小 结

本章主要介绍了获得矩形脉冲的两种方法：一种方法是利用多谐振荡器直接产生一定频率的矩形脉冲；另一种方法是利用施密特触发器或单稳态触发器在已有信号的基础上，通过波形变换和整形，使其变成矩形脉冲。多谐振荡器、施密特触发器和单稳态触发器有多种电路结构和实现方式。本章详细介绍了 555 定时器的工作原理及构成单稳态触发器、施密特触发器和多谐振荡器的原理与方法，然后分别介绍了由门电路构成的 3 种电路和集成施密特触发器、单稳态触发器及石英晶体多谐振荡器。

习题与思考题

题 7.1　试说明施密特触发器的工作原理和应用。

题 7.2　试说明单稳态触发器的工作原理和应用。

题 7.3　画出由 555 定时器构成的施密特触发器、单稳触发器和多谐振荡器的电路图。

题 7.4　如图 7-38 所示电路为 D 触发器构成的单稳态电路，设触发器的阈值电压 $V_{TH}=1.4V$，简述工作原理并画出在 CLK 工作下 V_C 和 Q 的波形。设触发器初始状态为 Q=0。

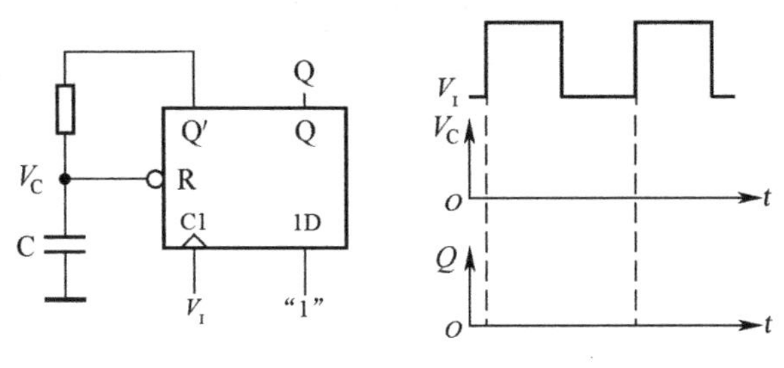

图 7-38　题 7.4 图

题 7.5　试用 555 定时器设计一个单稳态触发器，要求输出脉冲宽度在 1～5s 范围内连续可调，取定时电容 $C=10\mu F$ 。

题 7.6　用 555 定时器连接电路，要求输入如图 7-39 所示，输出为矩形脉冲。连接电路并画出输出波形。

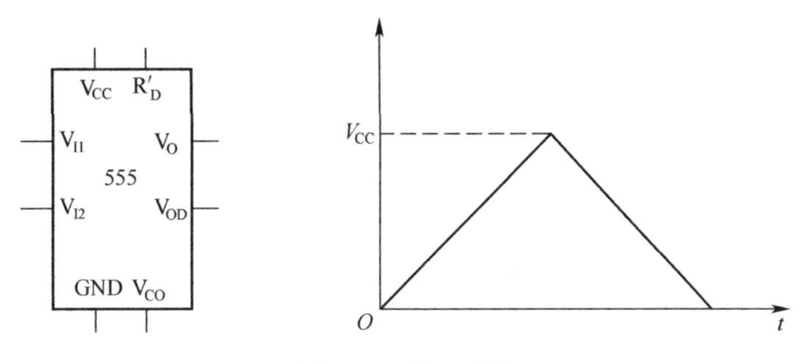

图 7-39　题 7.6 图

题 7.7　用 555 定时器构成的多谐振荡器，欲改变其输出频率可改变哪些参数？

题 7.8　若用如图 7-39 所示的 555 定时器构成一个电路，要求当 V_{CO} 端分别接高、低电平时，V_O 端接的发声设备能连续发出高、低音频率，连接电路并写出输出信号周期表达式。

题 7.9　如图 7-40 所示的电路中 L_1、L_2、L_3 分别是什么电路。若 $R_1=R_2=48k\Omega$，$C=10\mu F$，输出信号 V_O 的频率是多少？

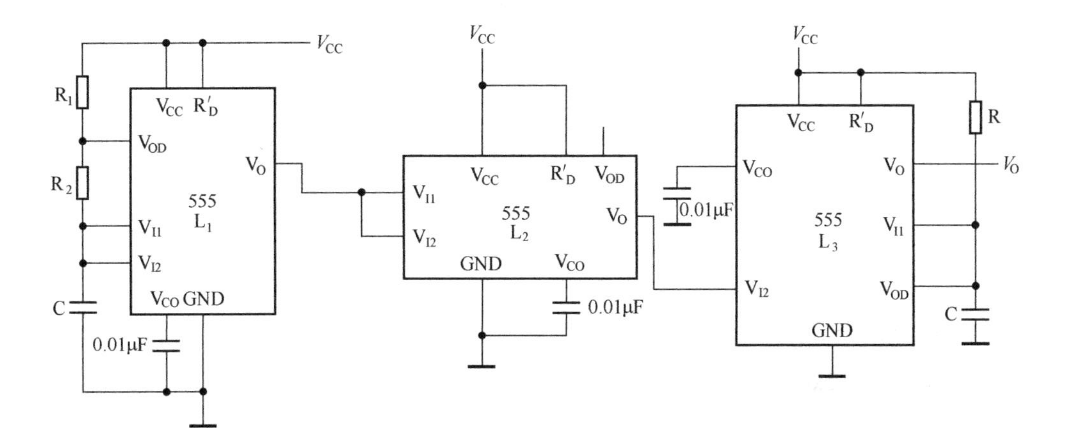

图 7-40　题 7.9 图

题 7.10　如图 7-41 所示的电路是由 555 定时器构成的开机延时电路。给定 $C = 25\mu F$，$R = 91k\Omega$，$V_{CC} = 12V$，计算常闭开关 S 断开后，V_O 经过多长时间跳变为高电平？

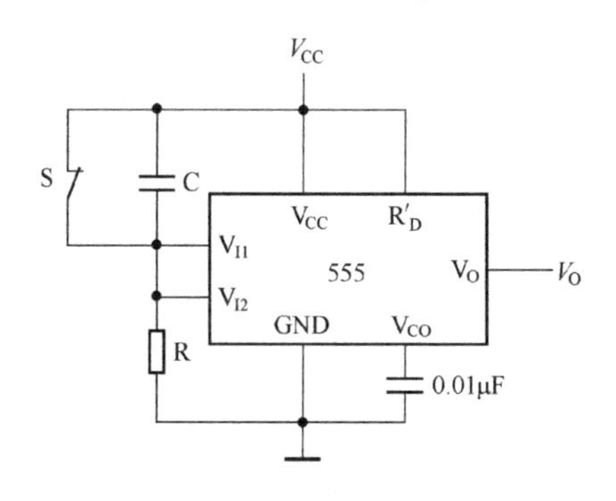

图 7-41　题 7.10 图

题 7.11　集成单稳态触发器可分为哪两类，各有何特点？

题 7.12　图 7-42 中，在 V_I 输入下用什么样的电路可以得到 V_O 的波形？

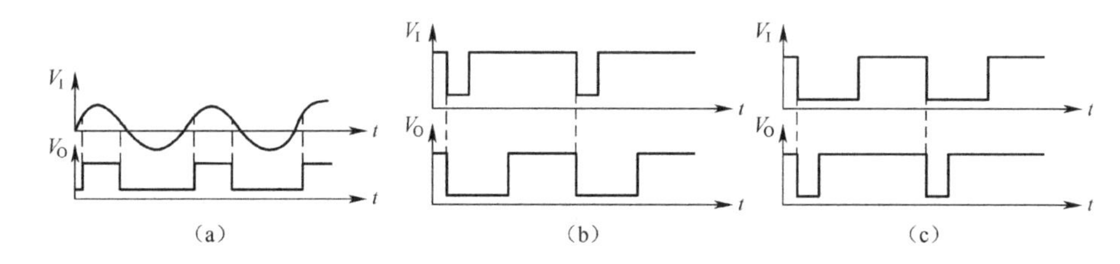

图 7-42　题 7.12 图

题 7.13　图 7-43 中，在 V_I 输入下用什么样的电路可以得到 V_O 的波形？

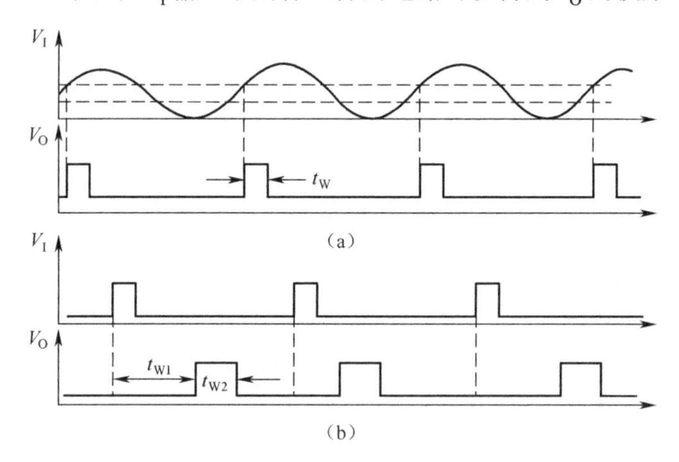

图 7-43　题 7.13 图

题 7.14　要用 74LS121 集成单稳态触发器得到输出脉冲宽度 $t_W = 4ms$ 的脉冲，若使用芯片内部电阻 $R_{int} = 2k\Omega$，则外接定时电容应选多大？

题 7.15　若用可重复触发集成触发器 74LS122（其功能表与 74LS123 相同）实现不可重复触发单稳态触发器的功能，电路应该怎样连接？

第8章　数模和模数转换

内容提要

本章主要内容包括数模转换和模数转换的基本原理和常见的典型器件。

在数模转换电路中主要介绍了倒T形电阻网络数模转换器和权电流型数模转换器，给出了数模转换主要技术参数及常用的集成数模转换器。

在模数转换电路中，首先概述了模数转换的基本原理和步骤，然后介绍了直接型和间接型模数转换器的典型电路，给出了主要技术参数及常用的集成器件，最后讲述了取样—保持电路的原理和典型的集成器件。

教学基本要求

1．了解DAC和ADC在数字系统中的作用及分类方法。

2．掌握DAC的功能、类型、电路组成特点、电路性能特点和计算公式。

3．掌握ADC的功能、类型、转换步骤、取样定理、电路组成特点、电路性能特点、转换时间和使用条件。

4．了解DAC和ADC转换器转换精度和转换速度，影响因素和相关概念。

重点内容

1．倒T形电阻网络DAC的电路特点、性能和计算公式。

2．逐次渐近型ADC与双积分型ADC的工作原理、性能特点。

8.1 概述

随着数字电子技术和集成电路技术的迅速发展，数字系统在各个学科领域中得到了广泛的应用。数字系统一般只能传输和处理数字信号，而控制系统中，被测对象和控制对象几乎都是模拟量，如温度、压力、湿度等，即使通过传感器将这些模拟量转换成电信号，也不能直接输入数字系统中进行处理，还需要通过模数转换器，简称 A/D 转换器或 ADC（Analog Digital Converter），将这些模拟电信号转换成数字信号。再用数模转换器，简称 D/A 转换器或 DAC（Digital Analog Converter），把处理结果还原成模拟量。如图 8-1 所示为一典型的数字控制系统框图。

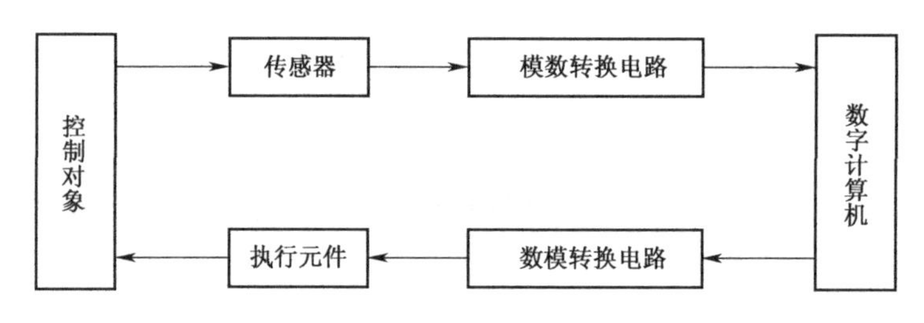

图 8-1　数字控制系统框图

为了保证数据处理结果的准确性，ADC 和 DAC 必须有足够的转换精度。同时，为了适应快速过程的控制和检测，ADC 和 DAC 必须有足够快的转换速度。因此，转换精度和转换速度是衡量 ADC 和 DAC 性能优劣的主要标志。

考虑到 DAC 的工作原理比 ADC 的工作原理简单，而且在逐次渐近型 ADC 中需要用到 DAC 作为内部电路，所以下面先介绍 DAC。

8.2 数模转换器（DAC）

8.2.1 DAC 的基本原理

一个 n 位二进制数可以用下面的形式表示：

$$d_{n-1}2^{n-1}+d_{n-2}2^{n-2}+\cdots+d_1 2^1+d_0 2^0 \qquad (8.1)$$

式中，$d_{n-1},d_{n-2},\cdots,d_1,d_0$ 为二进制数从最高位（MSB，Most Significant Bit）到最低位（LSB，Least Significant Bit）的系数，而 $2^{n-1},2^{n-2},\cdots,2^1,2^0$ 表示各位二进制数的权。为了表示方便，下面用 $D_n=d_{n-1}d_{n-2}\cdots d_1 d_0$ 表示一个 n 位的二进制数。

DAC 就是将离散的数字量转化成为连续变化的模拟量的电路，数字量是用二进制代码表示的，DAC 把并列输入的二进制代码 $d_{n-1},d_{n-2},\cdots,d_1,d_0$ 转换成与之成正比的模拟量（电压或电流）。

DAC 原理框图如图 8-2 所示，图中寄存器用来暂时存放输入的数字信号，n 位寄存器的并行输出分别控制 n 个模拟开关的工作状态。通过模拟开关，将参考电压按权关系加到电阻解码网络。电阻解码网络是一个加权求和电路，通过它把输入数字量 D_n 中的各位 1 按位权变换成相应的电流，再经过运算放大器求和，最终获得与 D_n 成正比的模拟电压 v_O。当一个 n 位二进制数 D_n 接到 DAC 的输入端时，DAC 的输出电压值为

$$v_O = K(d_{n-1}2^{n-1} + d_{n-2}2^{n-2} + \cdots + d_1 2^1 + d_0 2^0)V_{REF} = KD_n V_{REF} \tag{8.2}$$

式中，V_{REF} 为模拟量的参考基准值，K 为比例系数。

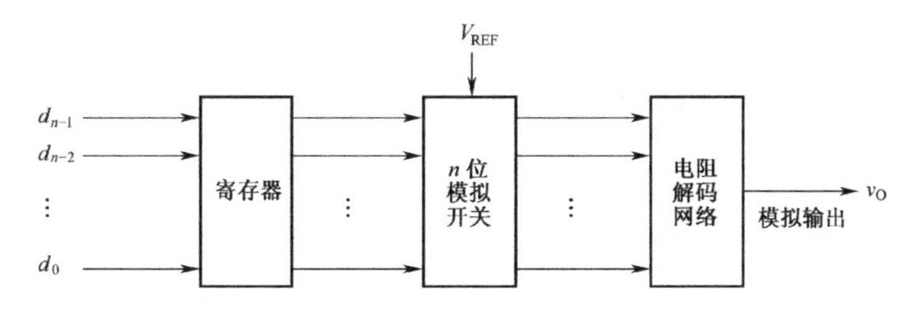

图 8-2 DAC 原理框图

下面结合具体电路，讨论各种 DAC 的工作原理。

8.2.2 倒 T 形电阻网络 DAC

在单片集成的 DAC 中使用最多的是倒 T 形电阻网络 DAC。下面以 4 位 DAC 为例说明其工作原理。

4 位倒 T 形电阻网络 DAC 的原理图如图 8-3 所示。图中 S_0～S_3 为模拟开关，R－2R 电阻解码网络呈倒 T 形，运算放大器 A 构成求和电路。模拟开关 S_i 由输入数码 d_i 控制，当 d_i=1 时，S_i 接运算放大器反相输入端，电流 I_i 流入求和电路；当 d_i=0 时，S_i 将电阻 2R 接地。根据运算放大器线性应用时的“虚地”概念可知，无论模拟开关 S_i 处于何种位置，与 S_i 相连的电阻 2R 均接“地”（地或虚地）。这样流经电阻 2R 的电流与开关位置无关，为确定值。

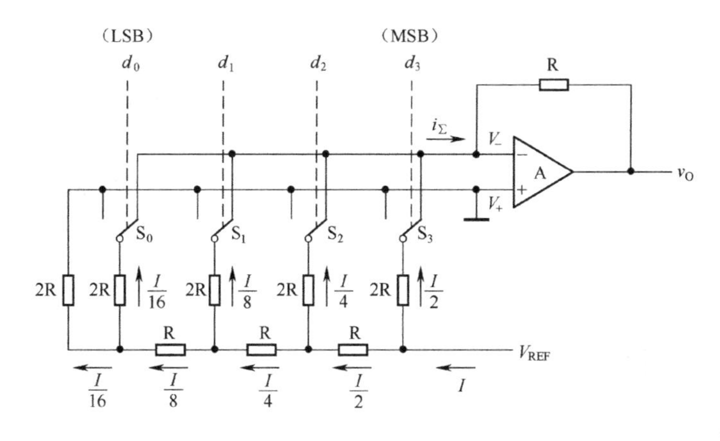

图 8-3 倒 T 形电阻网络 DAC

可以将电阻网络等效地画成图 8-4 的形式。不难看出，从 AA、BB、CC、DD 每个端口向左看过去的等效电阻阻值都是 R，因此从参考电源流入倒 T 形电阻网络的总电流为 $I = V_{\mathrm{REF}} / R$，而每个支路的电流依次为 $I/2$、$I/4$、$I/8$ 和 $I/16$。

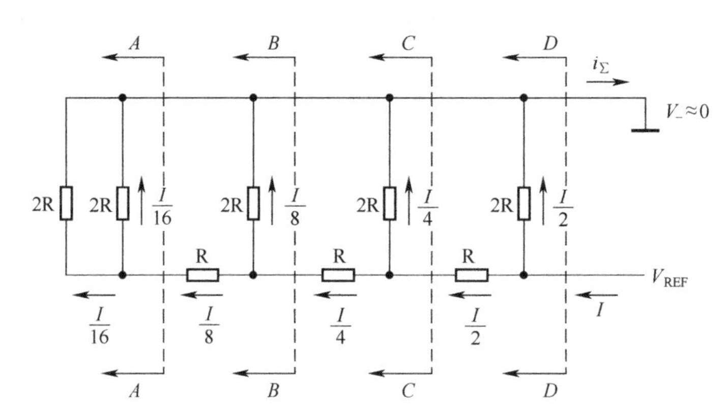

图 8-4　计算倒 T 形电阻网络支路电流的等效电路

于是可得总电流为

$$i_\Sigma = \frac{I}{2}d_3 + \frac{I}{4}d_2 + \frac{I}{8}d_1 + \frac{I}{16}d_0 \tag{8.3}$$

在求和放大器的反馈电阻阻值等于 R 的条件下，输出电压为

$$v_{\mathrm{O}} = -Ri_\Sigma = -\frac{V_{\mathrm{REF}}}{2^4}\left(d_3 2^3 + d_2 2^2 + d_1 2^1 + d_0 2^0\right) \tag{8.4}$$

对于 n 位输入的倒 T 形电阻网络 DAC，在求和放大器的反馈电阻阻值为 R 的条件下，输出模拟电压的计算公式为

$$v_{\mathrm{O}} = -\frac{V_{\mathrm{REF}}}{2^n}\left(d_{n-1} 2^{n-1} + d_{n-2} 2^{n-2} + \cdots + d_1 2^1 + d_0 2^0\right) = -\frac{V_{\mathrm{REF}}}{2^n} D_n \tag{8.5}$$

式（8.5）说明输出的模拟电压与输入的数字量成正比。由于倒 T 形电阻网络 DAC 中各支路电流始终恒定，并且直接流入运算放大器的输入端，所以它们之间不存在传输上的时间差。电路的这一特点不仅提高了转换速度，而且也减少了动态过程中输出端可能出现的尖峰脉冲。它是目前广泛使用的 DAC 中速度较快的一种。常用的 CMOS 开关倒 T 形电阻网络 DAC 的集成电路有 CB7520（10 位）、DAC1210（12 位）和 AK7546（16 位高精度）等。

图 8-5 是倒 T 形电阻网络的单片集成数模转换器 CB7520（AD7520）的电路原理图，它的输入为 10 位二进制数，采用 CMOS 电路构成模拟开关。

使用 CB7520 需要外接运算放大器。运算放大器的反馈电阻可以使用 CB7520 内设的反馈电阻 R，也可以另选反馈电阻接到 I_{out1} 与 v_{O} 之间。外接的参考电压 V_{REF} 必须保证有足够的稳定度，才能确保应有的转换精度。

8.2.3　权电流型 DAC

在前面分析倒 T 形电阻网络 DAC 的过程中，都把模拟开关当成理想开关处理，没有考虑它们的导通电阻和导通压降，而实际上这些开关都有一定的导通电阻和导通压降，而且每个开关的情况又不完全相同。它们的存在无疑将引起转换误差，影响转换精度。为此，常采用权电流型 DAC。4 位权电流型 DAC 原理图如图 8-6 所示。

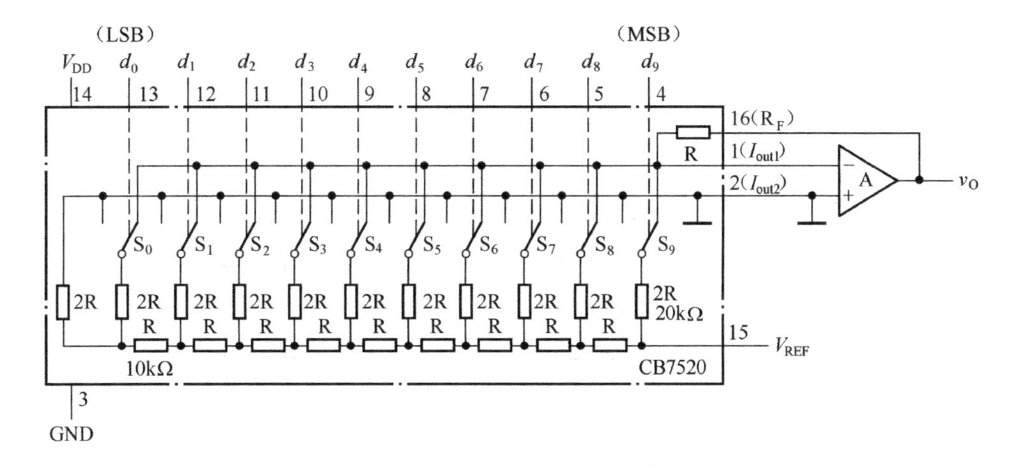

图 8-5　CB7520（AD7520）的电路原理图

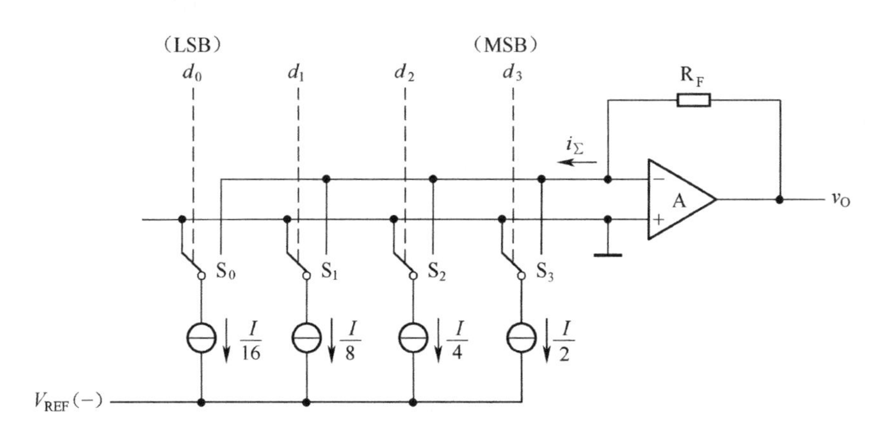

图 8-6　权电流型 DAC

在权电流型 DAC 中，用一组恒流源取代了图 8-3 中的倒 T 形电阻网络，每个恒流源电流的大小依次为前一个的 1/2。当输入数字量的某一位代码为 1 时，开关将恒流源接至运算放大器的输入端；当输入代码为 0 时，对应的开关接地，故输出电压为

$$v_O=\frac{I\cdot R_F}{2^4}\left(d_3 2^3+d_2 2^2+d_1 2^1+d_0 2^0\right) \tag{8.6}$$

可见，v_O 正比于输入的数字量。

由于采用恒流源，每个支路电流的大小不受开关内阻和压降的影响，从而降低了对开关电路的要求，提高了转换精度。而恒流源常采用具有电流负反馈的 BJT（Bipolar Junction Transistor）恒流源电路，实际权电流型 DAC 如图 8-7 所示。

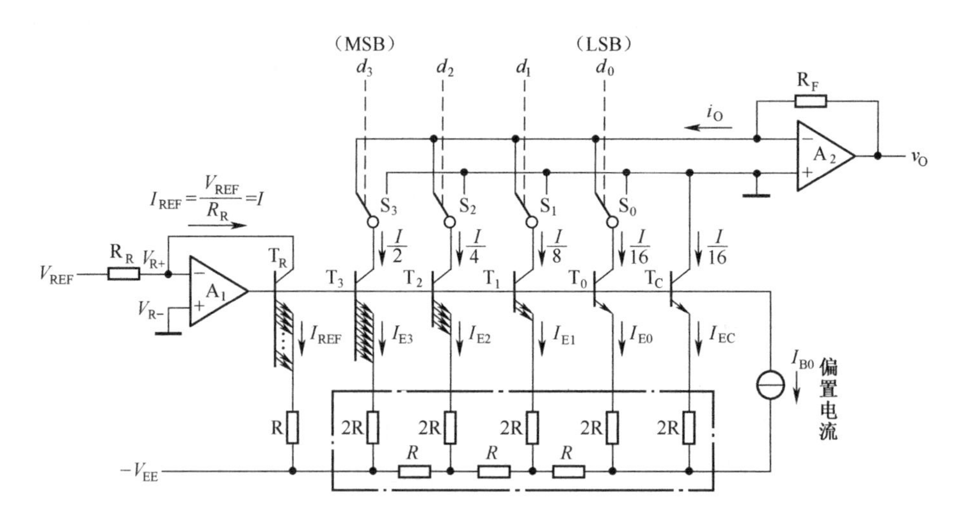

图 8-7　采用倒 T 形电阻网络的权电流型 DAC

由图可见，T_3、T_2、T_1、T_0和 T_C 的基极是接在一起的，为消除因各 BJT 发射结电压V_{BE}的不一致性对 DAC 精度的影响，图中 T_3～T_0均采用了多发射极晶体管，其发射极个数分别是 8、4、2、1，即 T_3～T_0发射极面积比为 8∶4∶2∶1。这样，在各 BJT 电流比值为 8:4:2:1 的情况下，T_3～T_0 的发射极电流密度相等，可使各发射结电压V_{BE}相同，所以它们的发射极处于相同电位。在计算各支路电流时将它们等效连接后，可看出倒 T 形电阻网络与图 8-3 电路工作状态完全相同，流入每个 2R 电阻的电流从高位到低位依次减小1/2，各支路中电流分配比例满足 8:4:2:1 的要求。

运算放大器 A_1、三极管 T_R 和电阻 R_R、R 组成了基准电流发生电路。基准电流 I_{REF} 由外加的基准电压 V_{REF} 和电阻 R_R 决定。由于 T_3 和 T_R 具有相同的 V_{BE} 而发射极回路电阻相差一倍，所以它们的发射极电流也必然相差一倍，故有

$$I_{REF}=2I_{E3}=\frac{V_{REF}}{R_R}=I \tag{8.7}$$

将式（8.7）代入式（8.6）中得到

$$v_O=\frac{R_F V_{REF}}{2^4 R_R}\left(d_3 2^3+d_2 2^2+d_1 2^1+d_0 2^0\right) \tag{8.8}$$

对于输入为 n 位二进制数码的这种电路结构的 DAC，输出电压的计算公式可写成

$$v_O=\frac{R_F V_{REF}}{2^n R_R}\left(d_{n-1}2^{n-1}+d_{n-2}2^{n-2}+\cdots+d_1 2^1+d_0 2^0\right)=\frac{R_F V_{REF}}{2^n R_R}D_n \tag{8.9}$$

由于在这种权电流 DAC 中采用了高速电子开关，电路还具有较高的转换速度。采用这种权电流型 D/A 转换电路生产的集成 DAC 有 AD1408、DAC0806、DAC0808 等。这些器件都采用了双极型工艺制作，工作速度较高。

图 8-8 是 DAC0808 的电路结构框图，图中 d_0～d_7是 8 位数字量的输入端，I_O 是求和电流的输出端。V_{R+}和 V_{R-}接基准电流发生电路中运算放大器的反相输入端和同相输入端。COMP 供外接补偿电容之用。V_{CC} 和 V_{EE} 为正、负电源输入端。

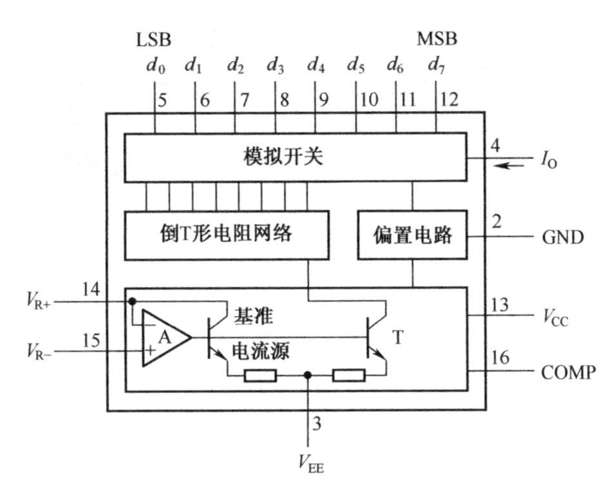

图 8-8　DAC0808 的电路结构图

用 DAC0808 这类器件构成 DAC 时需要外接运算放大器和产生基准电流用的 R_R，如图 8-9 所示。在 $V_{REF}=10V$、$R_R=5k\Omega$、$R_F=5k\Omega$ 的情况下，由式（8.9）可知输出电压。当输入的数字量在全 0 和全 1 之间变化时，输出模拟电压的变化范围为 0～9.96V。

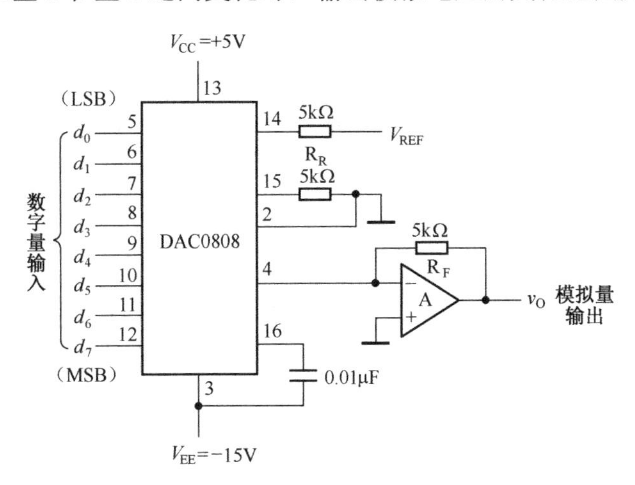

图 8-9　DAC0808 的典型应用

8.2.4　数模转换输出极性的扩展

前述 DAC 的输入信息都是不带符号的数字。如果要将带有符号位的数字代码转换成模拟量，则应具有双极性输出。在二进制运算中通常都把带符号的数值表示成补码形式，所以希望 DAC 能够把补码形式输入的正、负数分别转换成正、负极性的模拟电压。

现以输入为 3 位二进制补码的情况为例，说明转换的原理。3 位二进制补码可以表示从 +3 到 −4 之间的任何整数，它们与十进制的对应关系，以及希望得到的输出模拟电压如表 8-1 所示。

图 8-10 是普通的 3 位倒 T 形电阻网络 DAC，如果把输入的 3 位二进制码看成无符号数（全部为正数），取 $V_{REF}=8V$，则输入代码为 111 时，输出电压为 $v_O=7V$，而输入代码为 000 时，输出电压 $v_O=0$，如表 8-2 所示。将表 8-1 与表 8-2 对照便可发现，如果把表 8-2 中间一列的输出电压偏移–4V，则偏移后的输出电压恰好同表 8-1 所要求得到的输出电压相符。

表 8-1 输入为 3 位二进制补码时要求 DAC 的输出

补码输入			对应的十进制数	要求的输出电压
d_2	d_1	d_0		
0	1	1	+3	+3V
0	1	0	+2	+2V
0	0	1	+1	+1V
0	0	0	0	0
1	1	1	–1	–1V
1	1	0	–2	–2V
1	0	1	–3	–3V
1	0	0	–4	–4V

表 8-2 具有偏移的 DAC 的输出

绝对值输入			无偏移时的输出	偏移–4V 后的输出
d_2	d_1	d_0		
1	1	1	+7V	+3V
1	1	0	+6V	+2V
1	0	1	+5V	+1V
1	0	0	+4V	0
0	1	1	+3V	–1V
0	1	0	+2V	–2V
0	0	1	+1V	–3V
0	0	0	0	–4V

为了得到正、负极性的输出，在图 8-10 的电路中加入了由 R_B 和 V_B 组成的偏移电路，如图 8-11 所示。为了使输入代码为 100 时的输出电压等于 0，只要使 I_B 与 i_Σ 大小相等即可，故应取

$$\frac{|V_B|}{R_B}=\frac{I}{2}=\frac{|V_{REF}|}{2R} \tag{8.10}$$

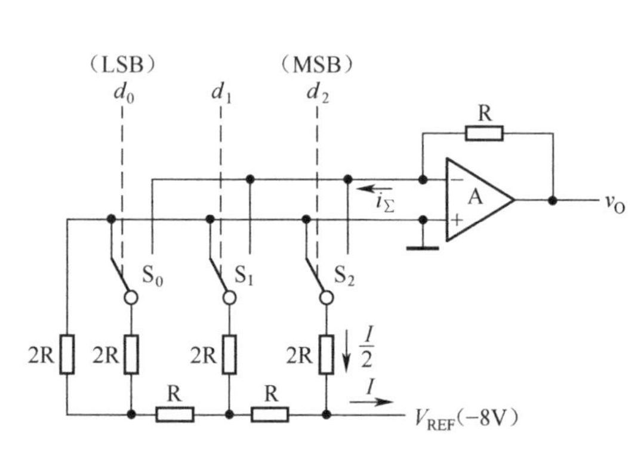

图 8-10　3 位倒 T 形电阻网络 DAC

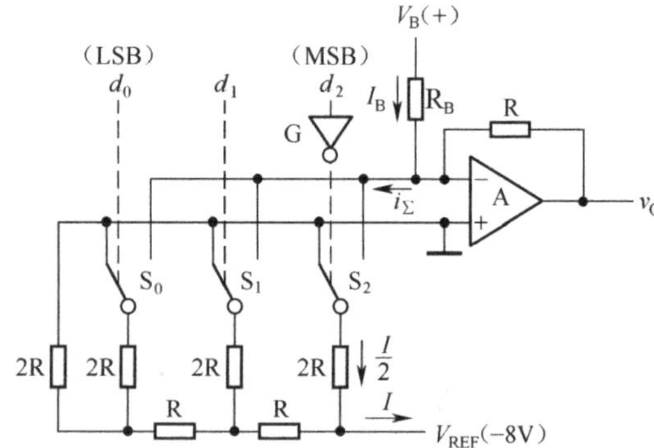

图 8-11　具有双极性输出电压的 DAC

将表 8-1 与表 8-2 最左边一列对照一下还可以发现，只要将表 8-1 中的补码的符号位求反，再加到偏移后的 DAC 上，就可以得到表 8-1 所需要的输入与输出关系了。为此，在图 8-10 中将符号位经反相器 G 反相后才加到 DAC 电路上去，见图 8-11。

通过上述例子可以总结出构成双极性输出 DAC 的一般方法：只要在求和放大器的输入

端接入一个偏移电流，使输入最高位为 1 而其他各位输入为 0 时的输出 $v_O = 0$，同时将输入的符号位反相后接到 DAC 的输入，就得到了双极性输出的 DAC。

8.2.5 DAC 的主要技术参数

无论采用什么转换方式，数模转换器的输出电压都与输入数字量的数值成正比。但由于电路元器件的参数及工作状态并不是理想的，模数转换器的实际输出值也不能完全达到理论计算值，两者的误差取决于 DAC 的技术参数。所以应用时，设计者必须根据技术要求选择指标合适的数模转换器。DAC 的主要技术指标是转换精度和工作速度。

1．转换精度

转换精度是指DAC实际能达到的精确程度。在DAC中通常用分辨率和转换误差来描述。

1）分辨率

分辨率是衡量 DAC 性能的重要静态参数，表示 DAC 在理论上可以达到的精度。分辨率用 DAC 的位数给出。输入数字量位数越多，输出模拟量的等级也越多，划分得越细。

有时也用输入二进制数只有最低位 d_0 为 1（即为 00…01）时的输出电压与输入数字量所有位全为 1（即为 11…11）时的输出电压之比，表示 DAC 的分辨率。n 位 DAC 的分辨率为

$$\text{分辨率}=\frac{1}{2^n-1} \tag{8.11}$$

2）转换误差

转换误差是指全量程内数模转换电路实际输出与理论值之间的最大误差。该误差可以用输入数字量 LSB 的倍数来表示。另外，有时也用输出电压满刻度 FSR（Full Scale Range）的百分数表示输出电压误差绝对值的大小。

造成 DAC 转换误差的原因有零点漂移误差、比例系数误差和非线性误差等。

（1）零点漂移误差。当输入数字量为 0 时，DAC 输出模拟量偏移零点的电压值为零点漂移误差，如图 8-12 所示。图中虚线表示 v_O 值偏离理论值的情况。零点漂移误差在整个转换范围内是恒定的，叠加在每个理想输出值上。产生零点漂移误差的原因主要是输出放大器的零点漂移，可以通过调零措施来抑制（零点调节）。由于放大器的零漂受温度影响，所以数模转换的失调误差同样受温度影响。

（2）比例系数误差。DAC 的实际转换特性与理想转换特性的斜率之差，如图 8-13 所示。根据式（8.5）可知，如果 V_{REF} 偏离标准值 ΔV_{REF}，则输出将产生误差电压为

$$\Delta v_O = -\frac{\Delta V_{REF}}{2^n}\left(d_{n-1}2^{n-1} + d_{n-2}2^{n-2} + \cdots + d_1 2^1 + d_0 2^0\right) \tag{8.12}$$

这说明，由 V_{REF} 变化引起的误差和输入数字量的大小是成正比的。由于该误差产生的原因一般是基准参考电压的误差或输出放大器的增益误差，通常可以通过满度调节来消除。满度调节的方法是在 DAC 输入最大数字值时，调节输出放大器的放大倍数使输出电压为理想最大值。

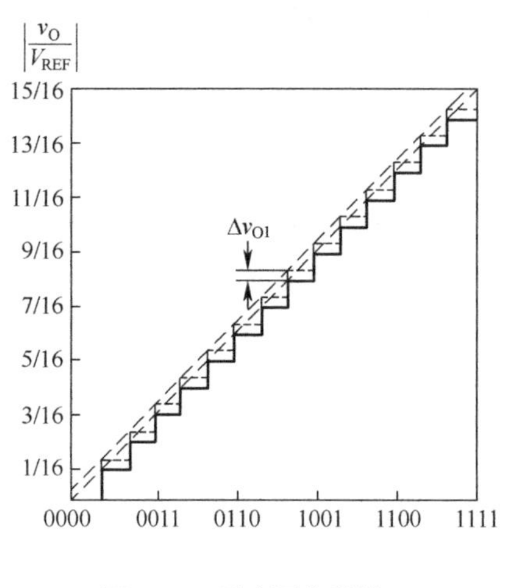

图 8-12　零点漂移误差

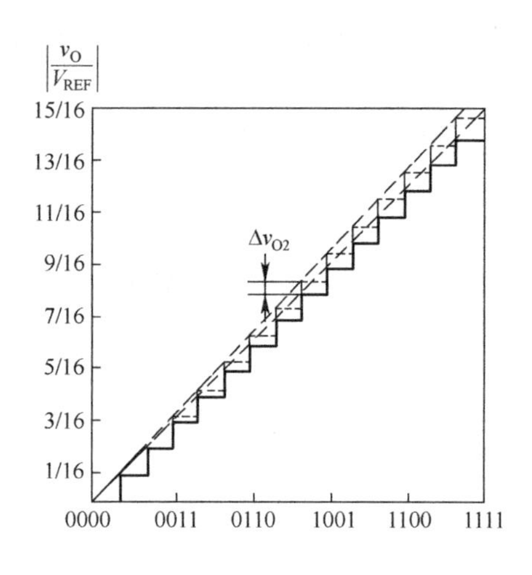

图 8-13　比例系数误差

（3）非线性误差。DAC 实际输出的模拟量与输入数字量的比值在转换范围内不是常数，特性曲线呈非线性，如图 8-14 所示。产生非线性误差的原因主要是模拟开关的导通电阻及电路元器件误差对权电流精度的影响。非线性误差必须通过反馈控制进行补偿。

2. 建立时间

建立时间是 DAC 的动态指标，是指从输入的数字量发生突变开始，直到输出电压进入与稳态值相差 $\pm\frac{1}{2}$LSB 范围以内的这段时间，如图 8-15 所示，它反映了 DAC 的转换速度。按建立时间的不同，DAC 可分为低速、中速、高速和超高速，见表 8-3。

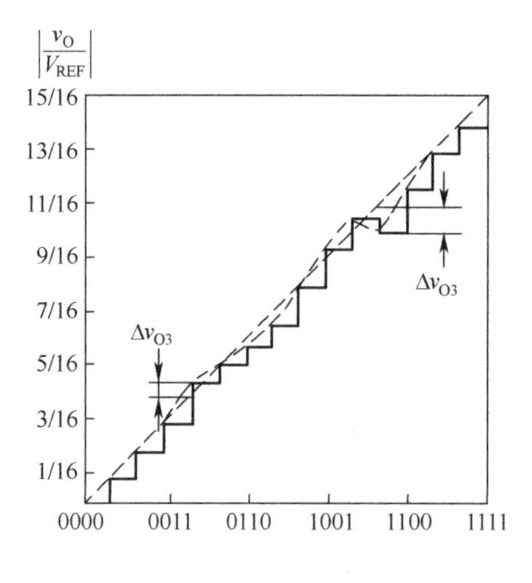

图 8-14　非线性误差

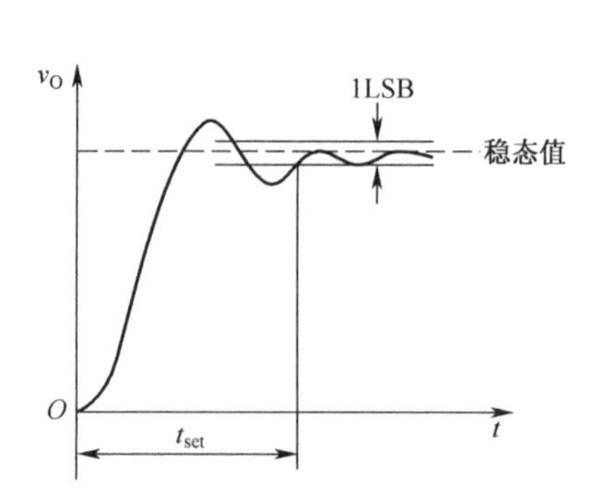

图 8-15　DAC 的建立时间

表 8-3 DAC 的速度指标

类 型	建立时间（μs）	制造工艺
低速	≥300	CMOS
中速	10～300	CMOS
高速	0.01～10	TTL 或 CMOS
超高速	≤0.01	高速 ECL

8.2.6 集成 DAC

1. 集成 DAC 的选择

在设计数模转换电路时，除了根据设计要求和性价比综合考虑 DAC 的性能参数外，还必须选择适当的器件类型，以满足输入、输出信号的匹配问题。主要根据以下几个方面考虑。

1）输入

根据输入数字量的编码形式选择 DAC 器件。

根据分辨率要求选择 DAC 的位数，但是位数越多，价格越高，所以必须从性价比的角度综合考虑，满足分辨率要求即可。

根据系统数据端口的形式选择，可以是并行方式（所有位同时输入）、串行方式（从低位至高位或从高位至低位顺序输入）或分段方式（数据分组并行输入）。并行输入方式还可选择 DAC 内部是否带锁存功能。

根据输入信号电平选择 TTL、CMOS 或 ECL（Emitter Coupled Logic）工艺的 DAC 器件。

2）输出

可以选择内部带运算放大器的电压输出型或需要外部运算放大器的电流输出型。对于倒 T 形电阻网络，可以有两个数值互补的电流输出。另外，还需要考虑输出端口的负载驱动能力。

3）电源

根据电路配置的电源情况可以选择单电源供电或双极性电源供电的 DAC。

根据模拟量的输出范围和误差指标选择幅值合适、精度合适的基准参考电源。

4）转换时间

根据系统的转换速率选择转换时间满足要求的 DAC 器件。

2. DAC0832

DAC0832 是带有与微机连接接口的 DAC 的典型产品之一，它能与微机 CPU 直接连接，不须附加逻辑电路。属于倒 T 形电阻网络 DAC。

图 8-16 为 DAC0832 的逻辑框图，使用时应外接运算放大器。

CS' 为片选端，低电平有效；WR_1' 为写使能控制端，$WR_1'=0$ 时，允许数据写入输入锁存器；WR_2'为写使能控制端，$WR_2'=0$时，允许输入锁存器的内容存入数据寄存器；ILE为输入锁存器的使能端，高电平有效；I_{OUT1}、I_{OUT2}为DAC的输出电流；$XFER'$为传输控制端，低电平有效；V_{REF}为基准电压，其范围为$-10\sim+10$V；V_{CC}为正电源电压；R_{fb}为内部电阻，为外接运算放大器提供反馈电阻。

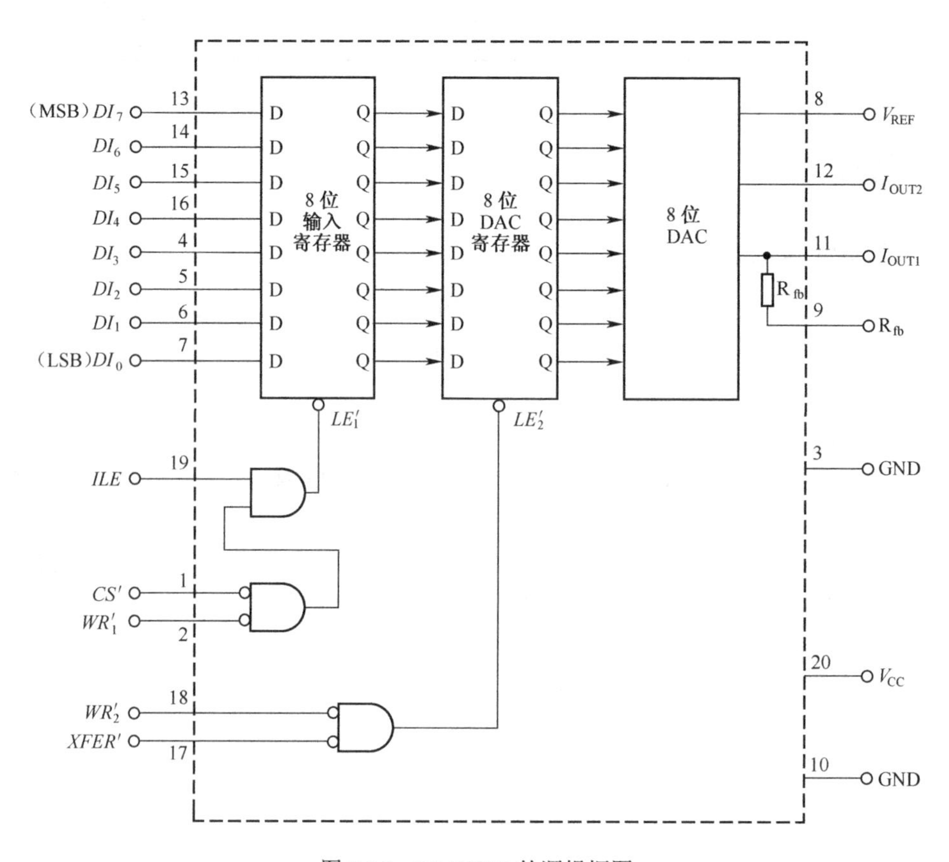

图8-16　DAC0832的逻辑框图

芯片工作过程如下：

当$CS'=0$，$ILE=1$，$WR_1'=0$时，$LE_1'=1$，数据总线上的数据$DI_0\sim DI_7$存入输入锁存器；当WR_1'变高（或CS'变高）时，数据被锁存在输入锁存器中，不再随数据总线上的数据变化而变化。

当$XFER'=0$，$WR_2'=0$时，$LE_2'=1$，输入锁存器的内容存入数据寄存器中；当WR_2'变高时，数据寄存器的内容被锁存，不再随输入锁存器数据的改变而变化。此后数模转换开始，约1μs后I_{OUT1}和I_{OUT2}就有稳定的电流输出。

对于具有多片DAC0832、要求同时进行转换的系统，各芯片的片选信号不同，可由CS'和WR_1'端分时将数据输入到每片输入锁存器中，而各片的$XFER'$和WR_2'端则接在一起，共用一组信号。当$XFER'=0$，$WR_2'=0$时，各片数据同一时刻由输入锁存器传送到各自对应的数据寄存器中；当$WR_2'=1$时，数据均被锁存，各DAC芯片同时开始数模转换。

8.3 模数转换器（ADC）

ADC 的功能是将输入的模拟电压量转换成相应的数字量输出。

ADC 的电路形式有多种，按工作原理可将其分为直接型和间接型两大类。前者直接将模拟电压量转换成输出的数字代码，而后者先将模拟电压量转换成一个中间量（如时间或频率），然后再将中间量转换成数字代码。下面首先说明模数转换的一般原理和步骤，然后分别介绍直接型的并联比较型 ADC、逐次渐近型 ADC 和间接型的双积分型 ADC。

8.3.1 ADC 的基本原理

由于 ADC 的输入量是随时间连续变化的模拟信号，而输出是离散的数字信号，所以转换只能在一系列选定的瞬间对输入的模拟信号取样，取样结束后进入保持时间，在这段时间内将取样的电压量化为数字量，并按一定的编码形式给出转换结果，然后开始下一次取样。因此，模数转换过程是通过取样、保持、量化和编码这 4 个步骤完成的。

1. 取样与保持

由图 8-17 可见，为了能正确无误地用取样信号 v_S 表示模拟信号 v_I，取样信号必须有足够高的频率。可以证明，为了保证能将原来的被取样信号恢复，必须满足

$$f_S \geqslant 2f_{i(max)} \tag{8.13}$$

式中，f_S 为取样信号频率，$f_{i(max)}$ 为输入模拟信号 v_I 最高频率分量的频率。式（8.13）就是取样定理。在满足上述条件下，可以用低通滤波器将 v_S 还原为 v_I。该低通滤波器的电压传输系数在低于 $f_{i(max)}$ 的范围内应保持不变，而在 $f_S - f_{i(max)}$ 以前迅速下降为 0，如图 8-18 所示。

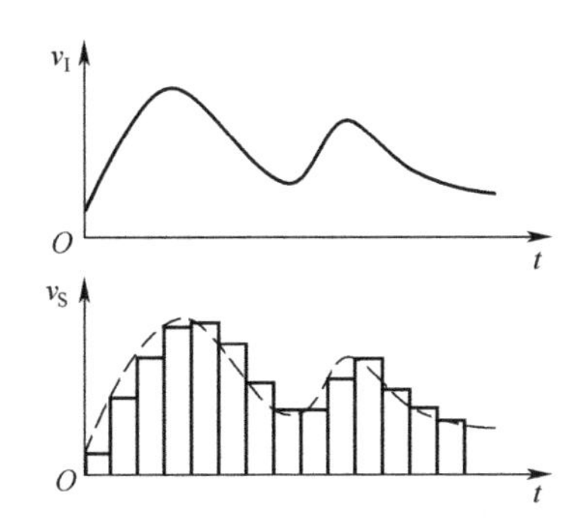

图 8-17 输入模拟电压信号 v_I 的取样保持信号 v_S

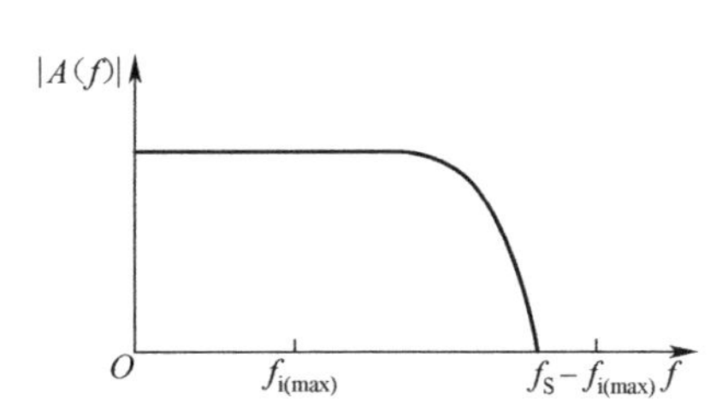

图 8-18 还原取样信号所用滤波器的频率特性

因此，ADC 工作时的取样频率必须高于式（8.13）所规定的频率。取样频率提高以后留给每次转换的时间也相应地缩短了，这就要求转换电路必须具备更快的工作速度。因此，

不能无限制的提高取样频率，通常取 $f_S=(3\sim5)f_{i(max)}$。

由于转换是在取样结束后的保持时间内完成的，所以转换结果所对应的模拟电压是每次取样结束时 v_I 的值。

2. 量化和编码

数字信号不仅在时间上是离散的，而且在数值大小的变化上也是不连续的。而取样—保持电路的输出信号仍然是模拟量，想要转换成数字量，必须把它化成某个最小数量单位的整数倍，这个转换过程叫做量化，所取的最小数量单位称为量化单位，用Δ表示。显然数字信号最低有效位（LSB）的1所代表的数量大小就等于Δ。

将量化的结果用代码表示，称为编码。这些代码就是模数转换的输出结果。

若取样—保持电路的某一输出 v_O 不等于量化单位Δ的倍数，则不可避免会引入量化误差，将模拟电压信号划分为不同的量化等级时，通常有如图8-19所示的两种方法。

第一种是“只舍不入法”。例如，将0～1V的模拟电压转换成3位二进制代码，取 $\Delta=\frac{1}{8}$V。对大于0Δ而小于1Δ的电压当做0Δ处理，用二进制数000表示；对于大于1Δ而小于2Δ的电压当做1Δ处理，用二进制数001表示，如图8-19（a）所示。

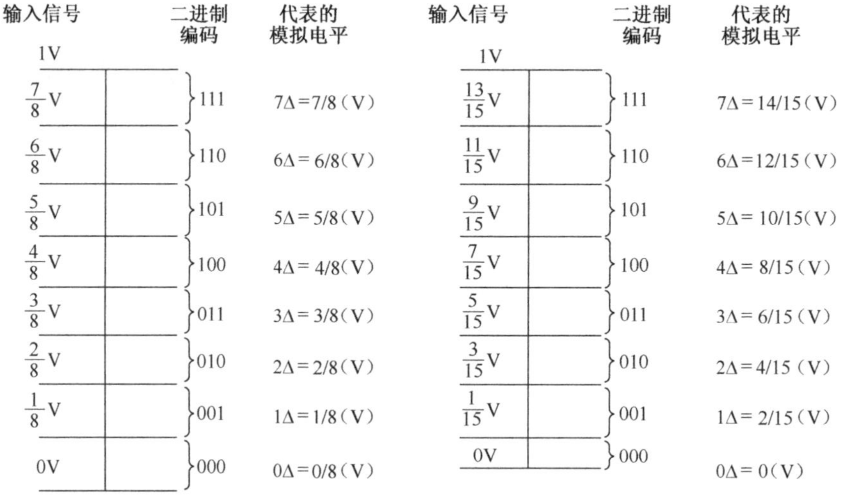

输入信号	二进制编码	代表的模拟电平
1V		
$\frac{7}{8}$V	111	7Δ=7/8（V）
$\frac{6}{8}$V	110	6Δ=6/8（V）
$\frac{5}{8}$V	101	5Δ=5/8（V）
$\frac{4}{8}$V	100	4Δ=4/8（V）
$\frac{3}{8}$V	011	3Δ=3/8（V）
$\frac{2}{8}$V	010	2Δ=2/8（V）
$\frac{1}{8}$V	001	1Δ=1/8（V）
0V	000	0Δ=0/8（V）

（a）只舍不入法

输入信号	二进制编码	代表的模拟电平
1V		
$\frac{13}{15}$V	111	7Δ=14/15（V）
$\frac{11}{15}$V	110	6Δ=12/15（V）
$\frac{9}{15}$V	101	5Δ=10/15（V）
$\frac{7}{15}$V	100	4Δ=8/15（V）
$\frac{5}{15}$V	011	3Δ=6/15（V）
$\frac{3}{15}$V	010	2Δ=4/15（V）
$\frac{1}{15}$V	001	1Δ=2/15（V）
0V	000	0Δ=0（V）

（b）有舍有入法

图8-19 划分量化电平的两种方法

第二种是“有舍有入法”。例如，取量化单位 $\Delta=\frac{2}{15}$V，将大于 0Δ而小于 $\frac{1}{2}\Delta$ 的电压当做0Δ处理，将大于 $\frac{1}{2}\Delta$ 小于 $\frac{3}{2}\Delta$ 的电压当作1Δ处理，如图8-19（b）所示。

上述两种量化方法都有一定的误差，从图8-19可以看出，第一种量化方法的最大误差为Δ，第二种为 $\frac{1}{2}\Delta$。

8.3.2　并联比较型 ADC

并联比较型 ADC 属于直接 ADC，它能将输入的模拟电压直接转换为输出的数字量而不需要经过中间变量。

图 8-20 为并联比较型 ADC 电路的结构图，由电压比较器、寄存器和代码转换电路 3 部分组成。输入为 0～V_{REF} 的模拟电压，输出为 3 位二进制代码 $d_2d_1d_0$。

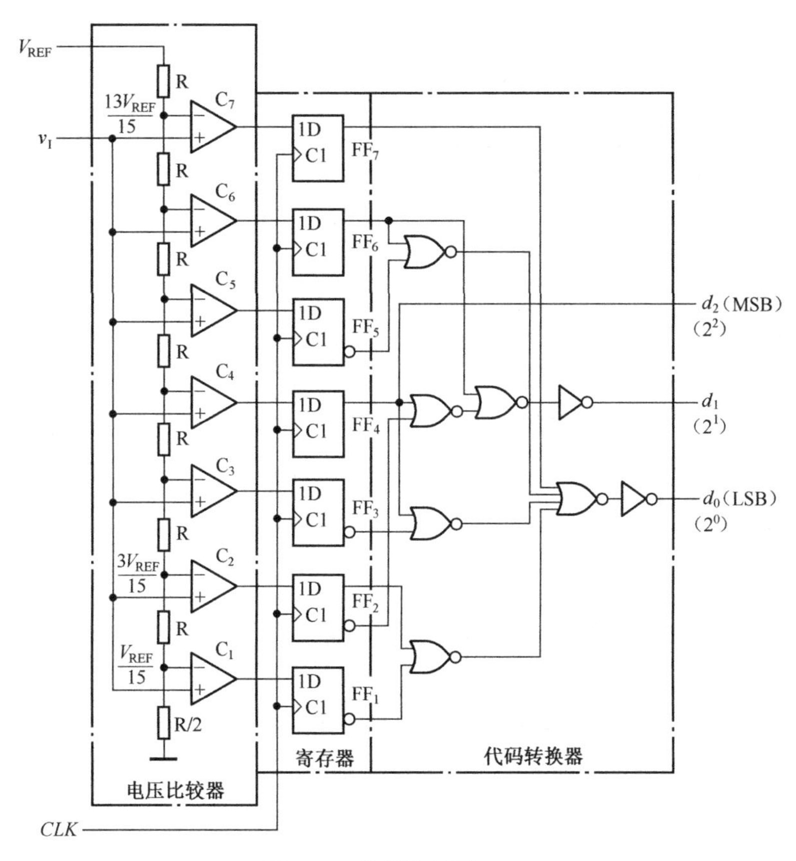

图 8-20　并联比较型 ADC

电压比较器中量化电平的划分采用如图 8-19(b)所示的方式，用电阻链将参考电压 V_{REF} 分压，得到 $\frac{1}{15}V_{REF}$ 与 $\frac{13}{15}V_{REF}$ 之间 7 个比较电平，量化单位为 $\Delta=\frac{2}{15}V_{REF}$。然后，将这 7 个比较电平分别接到 7 个电压比较器 C_1～C_7 的输入端，作为比较基准。同时，将输入的模拟电压同时加到每个电压比较器的另一个输入端上，与这 7 个比较基准进行比较。

若 $v_I<\frac{1}{15}V_{REF}$，则所有的电压比较器的输出全是低电平，*CLK* 上升沿到来后寄存器中所有的触发器（FF_1～FF_7）都被置成 0 状态。

若$\frac{1}{15}V_{REF} \leqslant v_I < \frac{3}{15}V_{REF}$，则只有$C_1$输出高电平，$CLK$上升沿到达后$FF_1$被置1，其余触发器被置0。

以此类推，便可列出v_I为不同电压时寄存器的状态。不过寄存器输出的是一组7位的二值代码，还不是所要求的二进制数，因此必须进行代码转换，如表8-4所示。

表8-4　图8-20电路的代码转换表

输入模拟电压 v_I	寄存器状态（代码转换器输入）							数字量输出（代码转换器输出）		
	Q_7	Q_6	Q_5	Q_4	Q_3	Q_2	Q_1	d_2	d_1	d_0
$(0 \sim \frac{1}{15})V_{REF}$	0	0	0	0	0	0	0	0	0	0
$(\frac{1}{15} \sim \frac{3}{15})V_{REF}$	0	0	0	0	0	0	1	0	0	1
$(\frac{3}{15} \sim \frac{5}{15})V_{REF}$	0	0	0	0	0	1	1	0	1	0
$(\frac{5}{15} \sim \frac{7}{15})V_{REF}$	0	0	0	0	1	1	1	0	1	1
$(\frac{7}{15} \sim \frac{9}{15})V_{REF}$	0	0	0	1	1	1	1	1	0	0
$(\frac{9}{15} \sim \frac{11}{15})V_{REF}$	0	0	1	1	1	1	1	1	0	1
$(\frac{11}{15} \sim \frac{13}{15})V_{REF}$	0	1	1	1	1	1	1	1	1	0
$(\frac{13}{15} \sim \frac{15}{15})V_{REF}$	1	1	1	1	1	1	1	1	1	1

并联比较型ADC的特点：

（1）这种ADC的最大优点是转换速度快。如果从CLK信号的上升沿算起，如图8-20所示的电路完成一次转换所需要的时间只包括一级触发器的翻转时间和三级门电路的传输延迟时间。目前，输出为8位的并联比较型ADC转换时间可以达到50ns以下，这是其他类型的ADC无法做到的。

（2）使用这种含有寄存器的并行模数转换电路时，可以不用附加取样－保持电路，因为比较器和寄存器这两部分也兼有取样－保持功能，这也是该电路的一个优点。

（3）随着分辨率的提高，组建数目要按几何级数增加。一个n位转换器，所用的比较器个数为2^n-1。如果8位并行ADC，则需要$2^8-1=255$个比较器。由于位数越多，电路越复杂，因此制成分辨率较高的集成并行ADC是比较困难的。

8.3.3　逐次渐近型ADC

逐次渐近型ADC又称逐次逼近型ADC，它是一种直接型ADC，其转换过程类似于用天平称物的过程，所使用的砝码一次比一次少一半。

图8-21是逐次渐近型ADC的原理框图。它由比较器、n位DAC、n位寄存器、控制电路、输出电路、时钟源信号等组成。输入为v_I，输出为n位二进制代码。

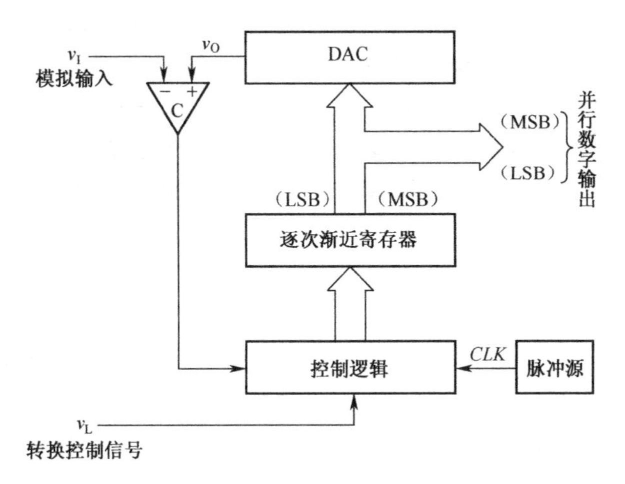

图 8-21　逐次渐近型 ADC

转换开始之前将寄存器清零（$d_{n-1}d_{n-2}\cdots d_1d_0 = 00\cdots00$）。开始转换后，控制电路先将寄存器的最高位 d_{n-1} 置 1，其余位全为 0，使寄存器输出为 $d_{n-1}d_{n-2}\cdots d_1d_0 = 10\cdots00$。这组数码被 DAC 转换成相应的模拟电压 v_O，通过电压比较器与 v_I 进行比较。若 $v_I > v_O$，说明寄存器中的数字不够大，则将这一位的“1”保留；若 $v_I < v_O$，则说明寄存器中的数字太大，则将这一位的“1”清除，从而决定 d_{n-1} 的取值。然后将次高位 d_{n-2} 置成“1”，再通过 DAC 将此时寄存器的输出 $(d_{n-1}d_{n-2}\cdots d_1d_0 = d_{n-1}1\cdots00)$ 转换成相应的模拟电压 v_O，通过与 v_I 比较决定 d_{n-2} 的取值。以此类推，逐位比较下去，一直到最低位为止。下面以如图 8-22 所示的 3 位逐次渐近型 ADC 的电路为例，具体说明转换过程和转换时间。

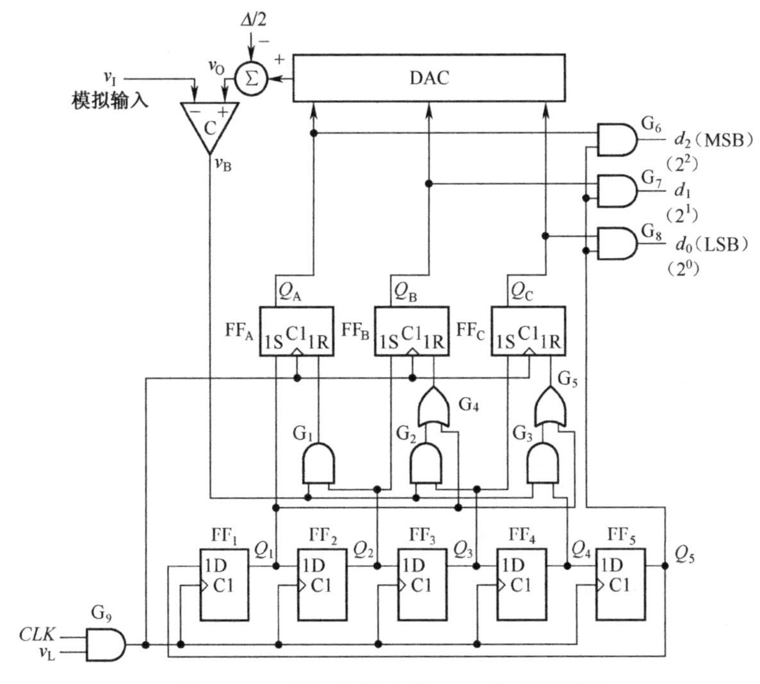

图 8-22　3 位逐次渐近型 ADC 电路原理图

图 8-22 中 FF_A、FF_B和 FF_C组成 3 位寄存器，触发器 FF_1～FF_5和门 G_1～G_5构成控制电路，其中 FF_1～FF_5接成环形移位寄存器，门 G_6～G_8为输出电路。

在转换开始前使 $Q_1Q_2Q_3Q_4Q_5=10000$，且 $Q_A=Q_B=Q_C=0$。

转换控制信号 v_L 变成高电平以后，转换开始。第一个 *CLK* 信号到达后，最高位 FF_A 被置 1，FF_B和 FF_C被置 0。这时寄存器的状态 $Q_AQ_BQ_C=100$ 加到 DAC 的输入端上，在 DAC 的输出端可以得到相应的模拟电压 v_O。v_I 和 v_O 在比较器中比较，其结果不外乎两种，若 $v_I \geqslant v_O$，则 $v_B=0$；若 $v_I < v_O$，则比较器输出 $v_B=1$。同时，移位寄存器右移一位，使 $Q_1Q_2Q_3Q_4Q_5=01000$。

第二个 *CLK* 信号到达时，FF_B被置 1。若原来的 $v_B=1$，则 FF_A被置 0；若原来的 $v_B=0$，则 FF_A的 1 状态保留，同时移位寄存器右移一位，变为 00100 状态。

第三个 *CLK* 信号到达时，FF_C被置 1。若原来的 $v_B=1$，则 FF_B被置 0；若原来的 $v_B=0$，则 FF_B的 1 状态保留，同时移位寄存器右移一位，变为 00010 状态。

第四个 *CLK* 信号到达时，同样根据此时的 v_B 状态决定 FF_C的 1 是否应当保留。这时，FF_A、FF_B、FF_C就是所要的转换结果。同时，移位寄存器右移一位，变为 00001 状态。由于 $Q_5=1$，于是 FF_A、FF_B、FF_C的状态便通过门 G_6、G_7、G_8送到了输出端。

第五个 *CLK* 信号到达后，移位寄存器右移一位，使 $Q_1Q_2Q_3Q_4Q_5=10000$，返回初始状态。同时，由于 $Q_5=0$，门 G_6、G_7、G_8被封锁，转换输出信号随之消失。

为了减小量化误差，令 DAC 的输出产生 $-\Delta/2$ 的偏移量。这里 Δ 表示 DAC 最低有效位输入 1 所产生的输出模拟电压大小，它就是模拟电压的量化单位。

根据以上分析，3 位逐次渐近型 ADC 完成一次转换需要 5 个 *CLK* 周期。依次类推，n 位此类转换器需要（n+2）个 *CLK* 周期，因此它的转换速度比并联比较型 ADC 低，但电路规模小得多。因此，逐次渐近型 ADC 是目前集成 ADC 产品中用得最多的一种电路。

8.3.4　双积分型 ADC

双积分型 ADC 是间接型 ADC 中最常用的一种。它与直接型 ADC 相比具有精度高，抗干扰能力强等特点。双积分型 ADC 首先将输入的模拟电压 v_I 转换为与之成正比的时间量 T。在 T 内对固定频率的时钟脉冲计数，计数的结果就是一个正比于 v_I 的数字量。

图 8-23 是双积分型 ADC 的原理图，包括积分器、比较器、n 位计数器、控制电路和时钟信号源几个组成部分。输入为模拟电压 v_I，输出为 n 位二进制（或二－十进制）代码。下面结合图 8-24 的波形图说明转换过程。

转换开始前（转换控制信号 $v_L=0$）先将计数器清零，并接通开关 S_0，使积分电容 C 完全放电。

$v_L=1$ 时开始转换，转换操作分两步进行。

第一步，令开关 S_1 闭合到输入信号电压 v_I 一侧，积分器对 v_I 进行固定时间 T_1 的积分。积分结束时积分器的输出电压为

$$v_O = \frac{1}{C}\int_0^{T_1} -\frac{v_I}{R}\mathrm{d}t = -\frac{T_1}{RC}v_I \tag{8.14}$$

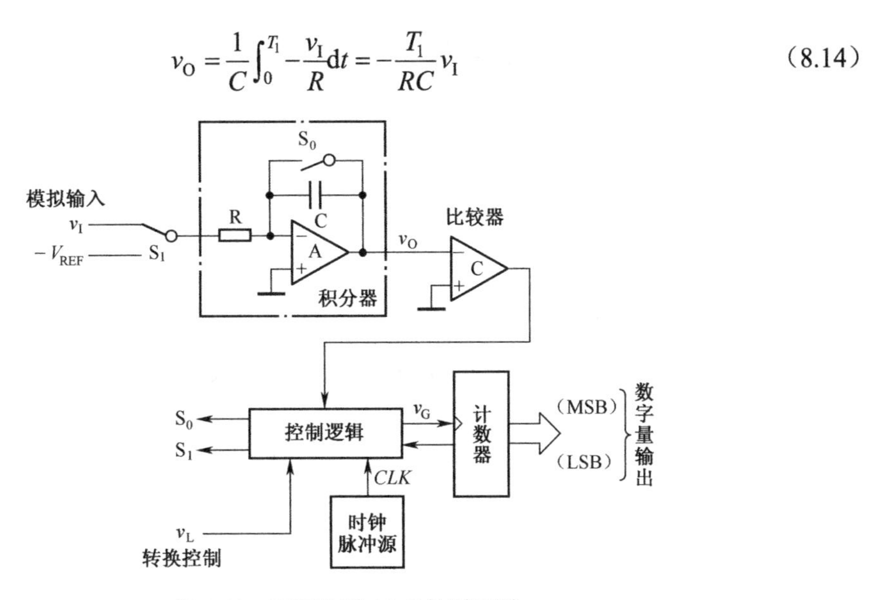

图 8-23 双积分型 ADC 的原理图

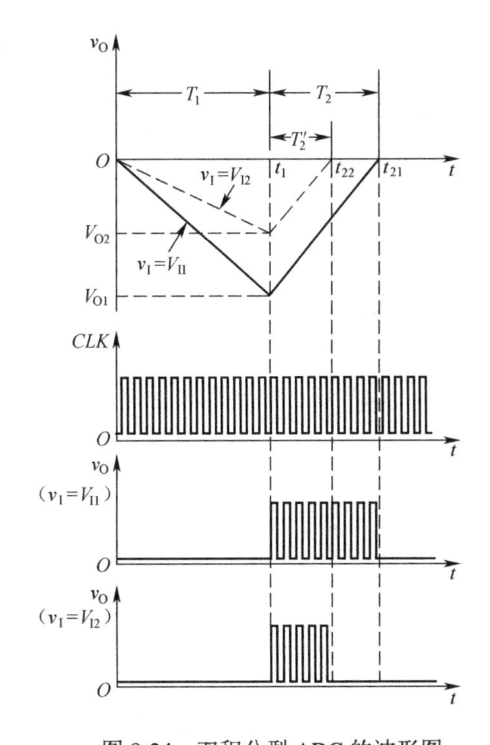

图 8-24 双积分型 ADC 的波形图

式（8.14）说明，在 T_1 固定的条件下积分器的输出电压 v_O 与输入电压 v_I 成正比。

第二步，令开关 S_1 转接至参考电压 $-V_{REF}$ 一侧，积分器向相反方向积分。如果积分器的输出电压上升到 0 时所经过的积分时间为 T_2，则可得

$$v_O = \frac{1}{C}\int_0^{T_2}\frac{V_{REF}}{R}dt - \frac{T_1}{RC}v_I = 0$$

$$\frac{T_2}{RC}V_{REF} = \frac{T_1}{RC}v_I \tag{8.15}$$

得到

$$T_2 = \frac{T_1}{V_{REF}}v_I \tag{8.16}$$

可见，反向积分到 $v_O = 0$ 的这段时间 T_2 与输入信号 v_I 成正比。令计数器在 T_2 这段时间里对固定频率 f_c（$f_c = \frac{1}{T_c}$）的时钟脉冲 CLK 计数，计数结果与 v_I 成正比，即

$$D = \frac{T_2}{T_c} = \frac{T_1}{T_c V_{REF}}v_I \tag{8.17}$$

式中，D 为表示计数结果的数字量。若取 T_1 为 T_c 的整数倍，即 $T_1 = NT_c$，则式（8.17）可以化为

$$D = \frac{N}{V_{REF}}v_I \tag{8.18}$$

从图 8-24 可以看出这个结论的正确性。当 v_I 取两个不同的数值 V_{I1} 和 V_{I2} 时，反向积分时间 T_2 和 T_2' 也不相同，而且时间的长短与 v_I 成正比。由于 CLK 是固定频率的脉冲，所以在 T_2 和 T_2' 期间送给计数器的计数脉冲数目也必然与 v_I 成正比。

控制电路可以用如图 8-25 所示的电路来实现。由一个 n 位计数器、附加触发器 FF_A、模拟开关 S_0 和 S_1 的驱动电路 L_0 和 L_1、控制门 G 所组成。

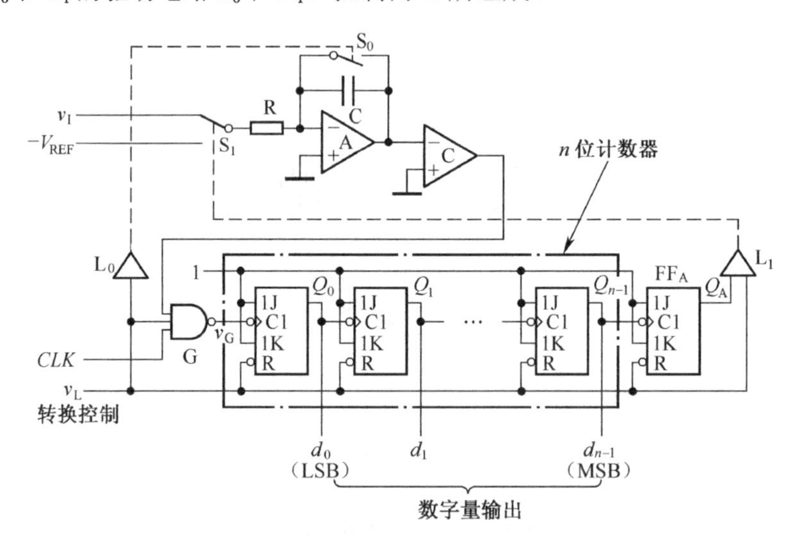

图 8-25　双积分型 ADC 的控制逻辑电路

转换开始前，转换控制信号 $v_L = 0$，因而计数器和附加触发器均被置 0，同时开关 S_0 闭合，使积分电容 C 充分放电。

$v_L = 1$ 以后转换开始，S_0 断开，S_1 接到输入信号 v_I 一侧，积分器开始对 v_I 积分。因为

积分过程中积分器的输出是负电压，所以比较器输出为高电平，将控制门G打开，计数器对 v_G 端的脉冲计数。

当计数器记满 2^n 个脉冲后，自动返回全零状态，同时给 FF_A 一个进位信号，使 FF_A 置1。于是 S_1 转接到 $-V_{REF}$ 一侧，开始反向积分。待积分器的输出回到0以后，比较器的输出变为低电平，将控制门G封锁，至此转换结束。计数器中所存的数字就是转换结果。由于 $T_1 = 2^n T_c$，即 $N = 2^n$，故代入式（8.18）以后得出

$$D = \frac{2^n}{V_{REF}} v_I \tag{8.19}$$

双积分型ADC的优点：① 工作性能比较稳定。在两次积分期间只要 R、C 参数相同，则转换结果与 R、C 的参数无关。另外，式（8.19）还说明，在取 $T_1 = NT_c$ 的情况下转换结果与时钟信号周期无关。因此，可以用精度比较低的元器件制成精度很高的双积分型ADC。② 抗干扰能力强。因为使用了积分器，所以对平均值为零的各种噪声有很强的抑制能力。

主要缺点是工作速度低。如果采用如图8-25所示的控制逻辑电路，则完成一次转换的时间大于 T_1，即 $2^n T_c$；但小于等于 $2T_1$，即 $2^{n+1} T_c$。

因此，在转换速度要求不高的场合，双积分型ADC使用得非常广泛。

8.3.5 ADC的主要技术参数

1. ADC的转换精度

通常用分辨率和转换误差表示ADC的转换精度。

分辨率以输入二进制数或十进制数的位数表示，说明 ADC 对输入模拟信号的分辨能力。从理论上讲，n 位二进制数字输出的ADC应能区分输入模拟电压的 2^n 个不同等级，能区分输入电压的最小差异是 $\frac{1}{2^n}$FSR（满量程输入的 $\frac{1}{2^n}$），所以分辨率表示的是ADC理论上能达到的精度。

转换误差通常以输出误差最大值的形式给出，它表示实际输出的数字量和理论上应有的输出数字量之间的差值，一般以最低有效位的倍数给出，有时也用满量程输出的百分数给出。转换误差是综合性误差，它是量化误差、电源波动及转换电路中各种元件造成的误差总和。

还应指出，手册上给出的转换精度都是在一定的电源电压和环境温度下得到的数据。如果这些条件改变了，将引起附加的转换误差。因此，为获得较高的转换精度，必须保证供电电源有很好的稳定度，并限制环境温度的变化。对于那些要外加参考电压的ADC，尤其需要保证参考电压应有的稳定度。

2. ADC的转换速度

ADC的转换速度主要取决于转换电路的类型，不同类型ADC的转换速度相差悬殊。

并联比较型ADC的转换速度最快。例如，8位二进制输出的单片集成ADC的转换时间可以缩短至50ns以内。

逐次渐近型ADC的转换速度次之。多数产品的转换时间都是10～100μs。

相比之下间接ADC的转换速度要低得多。目前使用的双积分型ADC转换时间多在数十毫秒与数百毫秒之间。

此外，在组成高速ADC时还应将取样－保持电路的获取时间（即取样信号稳定地建立起来所需要的时间）计入转换时间内。一般单片集成取样－保持电路的获取时间在几微秒的数量级，和所选定的保持电容的电容量大小有关。

8.3.6 集成ADC

目前，集成ADC种类繁多，在设计模数转换系统时，根据设计指标要求，从输入模拟信号的性质和对转换精度和转换速度的要求及其他因素全面的考虑，选择性价比最合适的器件。一般从以下几个方面进行考虑。

（1）被测模拟信号的性质，包括输入信号的极性（单极性和双极性）、变化率（信号频谱的最高有效频率分量）、输入方式（单端输入或双端差动输入）。

（2）系统对分辨率、转换误差及转换速度的要求。

（3）系统对输出数字量的要求，包括数字量的码制及格式、输出电平（TTL 电平、CMOS电平或ECL电平等）、输出方式（三态输出、缓冲或锁存等）。

（4）ADC需要的控制信号及时序关系。

（5）环境条件、功耗、体积、成本等非逻辑因素。

表8-5列出了部分集成ADC的性能及相关参数指标。

表8-5 部分集成ADC介绍

型号	输出位数	转换时间/速率	转换精度	输入电压范围（V）	参考电压 V_{REF}（V）	说明
AD7824KN	8	2.5μs	±1/2LSB	5	5	Flash并行、输出锁存
ADC0809	8	100μs	±1LSB	5	5	逐次渐近、三态输出、8通道
ADC1210	12	200μs	±1/2LSB	10	外接	逐次渐近、双极性输入、可单电源工作、输出无缓冲锁存
ADC7802	12	8.5μs	±1/2LSB	5	5	逐次渐近、自动校准、三态输入/输出、4通道
TLC0831	8	32μs	±1LSB	5	5	单通道、逐次渐近、差分输入
AD650	自定	最高1MHz	0.07%FSR	±18	内设	电荷平衡式V/F转换、可单电源供电、OC输出
ICL7135	$4\frac{1}{2}$	40ms	0.1mV	2.0	外接	双积分型、BCD码输出

8.4 取样 - 保持电路

在分析各种 ADC 的原理时，都假定在转换过程中输入电压 v_I 不变或缓慢变化。对一个随时间快速连续变化的模拟输入信号，由于不能保证在转换过程中输入电压不变，显然不能直接进行模数转换。在这种情况下，模数转换一般需要增加一个取样 - 保持过程。按一定取样周期把时域上连续变化的信号变为时域上离散的信号，并保持到下一周期。

取样 - 保持电路的基本形式如图 8-26 所示，T 为 N 沟道增强型 MOS 管，作为模拟开关使用。当取样控制信号 v_L 为高电平时 T 导通，输入信号经电阻 R_1 和 T 向电容 C_H 充电。若取 $R_1 = R_F$，并忽略运算放大器的输入电流，则充电结束后 $v_O = v_C = -v_I$。这里 v_C 为电容 C_H 上的电压。

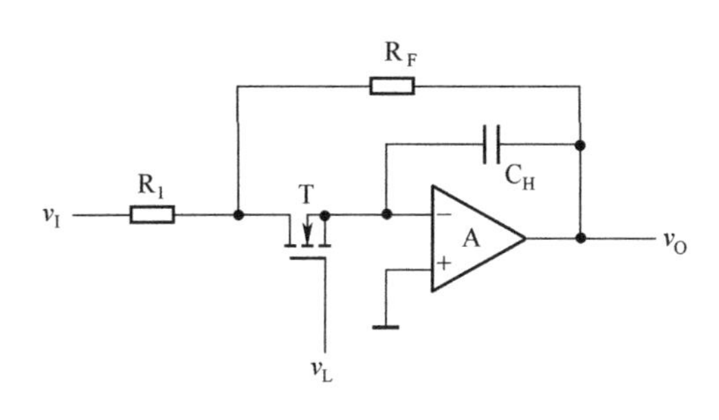

图 8-26　取样 - 保持电路的基本形式

当 v_L 返回低电平以后，MOS 管 T 截止。由于 C_H 上的电压在一段时间内基本保持不变，所以 v_O 也保持不变，取样结果被保存下来。C_H 的漏电越小，运算放大器的输入阻抗越高，v_O 保持的时间也越长。但它的缺点是取样过程中需要输入电压经 R_1 和 T 向电容 C_H 充电，限制了取样速度。

集成取样 - 保持电路 LF398 通过输入端加一级隔离放大器解决了上述问题，如图 8-27 所示。如图 8-27（a）所示为其电路结构图，A_1、A_2 是两个运算放大器，S 是模拟开关，L 是控制 S 状态的逻辑单元。v_L 和 V_{REF} 是逻辑单元的两个输入电压信号，当 $v_L > V_{REF} + V_{TH}$ 时 S 接通，而当 $v_L < V_{REF} + V_{TH}$ 时 S 断开。V_{TH} 称为阈值电压，约为 1.4V。通常使用时将 V_{REF} 接 0。

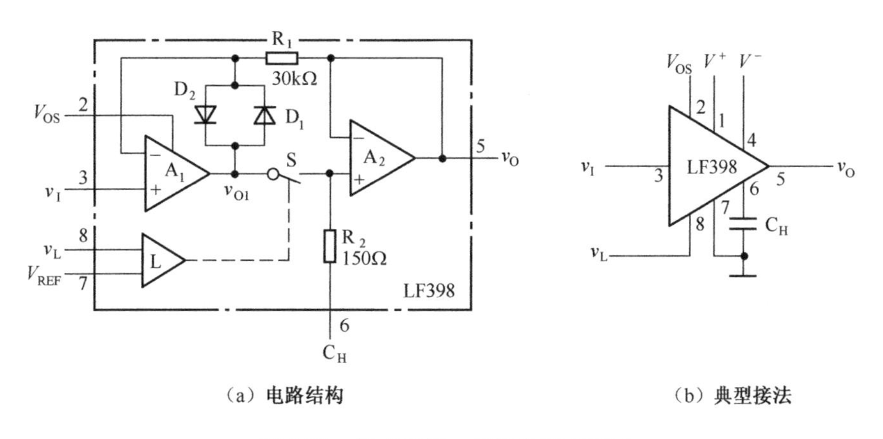

（a）电路结构　　（b）典型接法

图 8-27　集成取样 - 保持电路 LF398

图 8-27(b)是 LF398 的典型接法。由于图中取$V_{REF}=0$，设v_L为 TTL 逻辑电平，则$v_L=1$时，S 接通；$v_L=0$时，S 断开。

当$v_L=1$时，电路处于取样工作状态，这时 S 闭合，A_1和A_2均工作在单位增益的电压跟随器状态，所以有$v_O=v_{O1}=v_I$。如果在R_2的引出端和地之间接入电容C_H，那么电容电压的稳定值也是v_I。取样结束时，v_L回到低电平，电路进入保持状态。这时 S 断开，C_H上的电压基本保持不变，因而输出电压v_O也得以维持原来的数值。

图 8-27（a）中还有一个由二极管D_1、D_2组成的保护电路。在没有D_1和D_2的情况下，如果在 S 再次接通以前v_I变化了，则v_{O1}的变化可能很大，以至于使A_1输出进入饱和状态，从而使开关电路承受过高的电压。接入D_1和D_2以后，当v_{O1}比v_O所保持的电压高出一个二极管的压降时，D_1将导通，v_{O1}被钳位在v_I+V_{D1}。这里V_{D1}表示二极管D_1的正向导通压降。相反，若v_{O1}比v_O低一个二极管的压降时，D_2导通，将v_{O1}钳位在v_I-V_{D2}。在 S 导通的条件下，D_1和D_2都不导通，保护电路不起作用。

另外，常用的高速取样—保持电路还有 SHC804，可用于 12 位高速数据获取和信号处理系统。在 12 位系统中，当信号在 350ns 内变化 10V 时，还能够获得$\pm\frac{1}{2}$LSB 的精度，同时能够保证非线性误差低于$\pm\frac{1}{2}$LSB。温度稳定性也非常好，在–25～85°C 都能够正常工作。其取样—保持建立时间为 150ns，是 24 引脚的金属封装。

目前，高档的集成 ADC 中一般也自带取样 - 保持电路，其可靠性和稳定性非常高。

但在实际应用中取样—保持电路中的保持电路不一定是必要的。如果被取样的模拟信号变化相当缓慢或采用了足够快的 ADC，则在完成一次量化中均能保证模拟信号的变化小于一个量化单位，就可省略保持电路。

例如，输入的模拟信号是正弦信号$v_I(t)=E\sin\omega t$。在$t=0$时刻，输入的信号变化率最大，$\left.\frac{\mathrm{d}v_I(t)}{\mathrm{d}t}\right|_{t=0}=E\omega=E2\pi f$。取样系统中使用的 ADC 的转换时间为$t_c$。该器件的量化单位为

$$\Delta=\frac{2E}{2^n} \tag{8.20}$$

式中，$2E$为模拟输入信号峰—峰值，n为 ADC 的位数。

要求在t_c间隔里，模拟信号变化小于一个量化单位，即

$$\Delta E=E2\pi f t_c \tag{8.21}$$

$$\Delta E<\Delta \tag{8.22}$$

如果已知输入的模拟信号最高频率及 ADC 的位数n，则将式（8.20）与式（8.21）代入式（8.22），可以求出不用保持电路时允许 ADC 的最大转换时间

$$t_c=\frac{1}{f_{max}2^n\pi} \tag{8.23}$$

本 章 小 结

本章主要介绍了数模和模数转换电路，解决了数字电路和模拟电路的接口问题。

DAC 的功能是将数字信号转换为与之成正比的模拟信号，其电路种类很多，本章主要介绍了倒 T 形电阻网络、权电流型两种 DAC 的电路结构和工作原理，并简单介绍了集成数模转换器 DAC0832。

ADC 的功能是将模拟信号转换为与之成正比的数字信号。通常要经过取样、保持、量化和编码 4 步。根据工作原理，ADC 可分成直接型和间接型两大类。本章介绍了直接型 ADC 中的并联比较型、逐次渐近型和间接型中的双积分型 ADC 的结构和工作原理。

转换精度和转换速度是衡量 DAC 和 ADC 的两个最重要的指标，也是选择器件的主要依据。

习题与思考题

题 8.1　已知某 8 位倒 T 形电阻网络 DAC 电路中，输入二进制数 10000000，输出模拟电压 $v_O = 6.4V$。当输入二进制数 10101000 时，计算输出模拟电压的大小。

题 8.2　在如图 8-28 所示的 DAC 电路中，给定 $V_{REF} = 5V$，试计算：

（1）输入数字量的 $d_9 \sim d_0$ 每一位为 1 时在输出端产生的电压值。

（2）输入为全 1、全 0 和 1000000000 时对应的输出电压值。

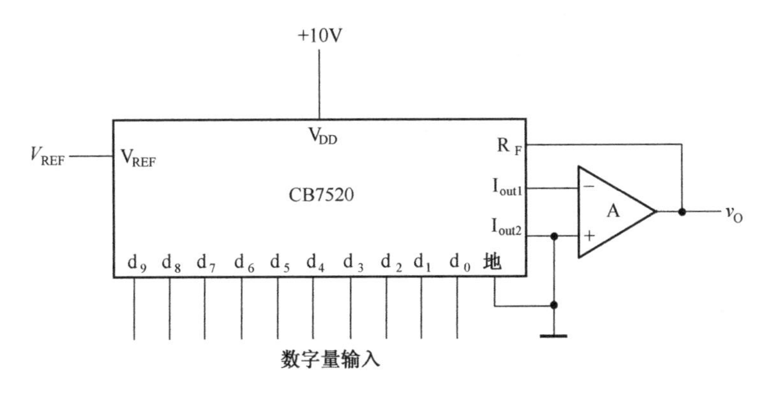

图 8-28　题 8.2 图

题 8.3　对于一个 8 位 DAC：

（1）若最小输出电压增量为 0.02V，试问当输入代码为 01001111 时，输出电压 v_O 为多少？

（2）若其分辨率用百分数表示，则应是多少？

题 8.4　如图 8-29 所示是用 CB7520 和同步十六进制计数器 74LS161 组成的波形发生器电路。已知 CB7520 的 $V_{REF}=-10V$，试画出输出电压 v_O 的波形，并标出波形图中各点电压的幅度。

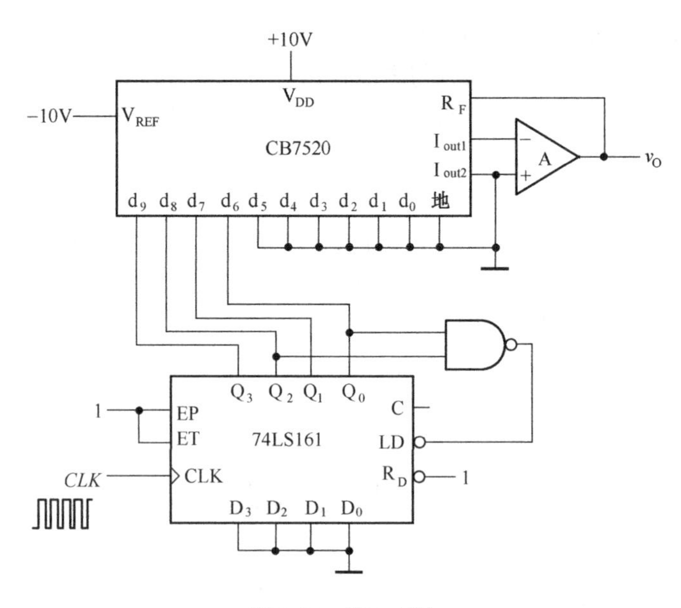

图 8-29　题 8.4 图

题 8.5　用一个 4 位二进制计数器 74LS161、一个 4 位数模转换电路和一个 2 输入与非门设计一个能够产生如图 8-30 所示波形的波形发生器电路。

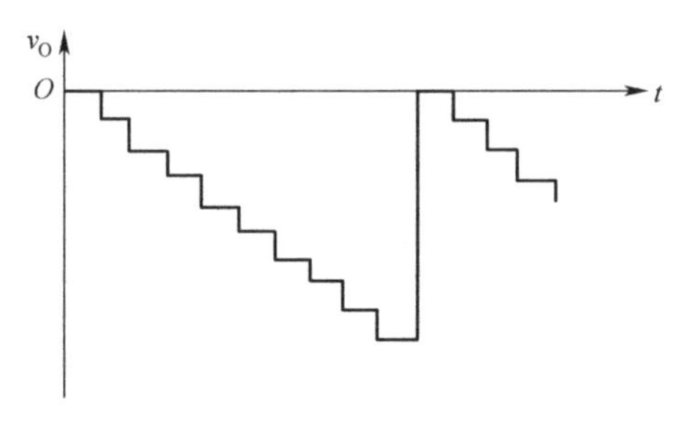

图 8-30　题 8.5 图

题 8.6　若 ADC（包括取样—保持电路）输入模拟电压信号的最高变化频率为 10kHz，试说明取样频率的下限是多少？完成一次模数转换所用的时间上限是多少？

题 8.7　在 10 位逐次渐近型 ADC 中，其 DAC 输出电压波形与输入电压 v_I 如图 8-31 所示。

（1）求转换结束时，该 ADC 的数字输出状态为多少？

（2）若该 DAC 的最大输出电压为 14.322V，试估计此时 v_I 的范围。

题 8.8　如果一个 10 位逐次渐近型 ADC 的时钟频率为 500kHz，试计算完成一次转换操作所需要的时间。如果要求转换时间不得大于 10μs，那么时钟信号频率应选多少？

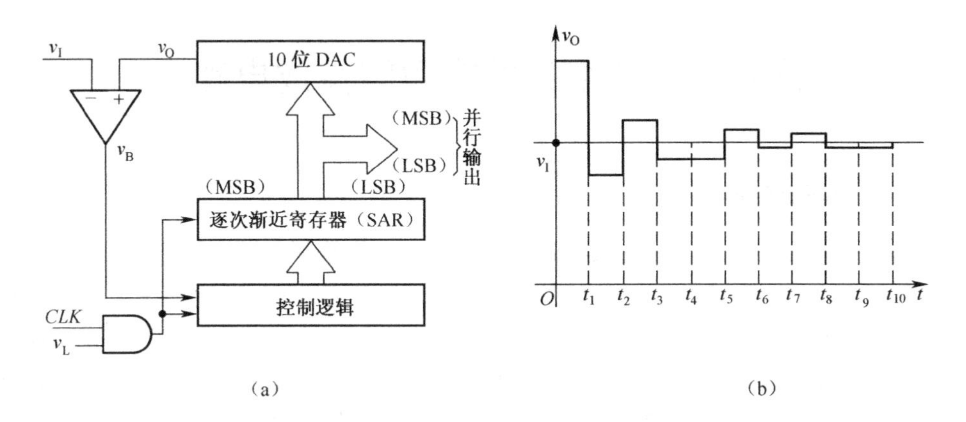

图 8-31　题 8.7 图

题 8.9　在双积分 ADC 中，试问：

（1）两次积分完毕时输出电压 v_O 分别为多少？

（2）设第一次积分时间为 T_1，第二次积分时间为 T_2，总积分时间为 T_1+T_2，问输出数字量与哪个时间成正比。

（3）若 $|v_I|>|V_{REF}|$，其中 V_{REF} 为参考电压，v_I 为输入电压，则转换过程会产生什么现象？

题 8.10　如果一个 10 位双积分型 ADC 的时钟信号频率为 1MHz，试计算转换器的最大转换时间。

附录A　常用的数字逻辑集成电路

1. 数字逻辑集成电路系列

7400系列是最早被广泛使用的数字逻辑集成电路，由德州仪器公司（TI）首创，7400是该系列第一个产品。该系列最早开始使用的是TTL技术，后来发展使用了CMOS和BiCOMS技术。该系列包含了数百个产品，主要包括门电路、触发器、计数器等。5400系列的功能和封装基本上与7400系列兼容，但具有更宽的工作温度和电源电压范围。4000系列是CMOS数字电路，晚于7400系列出现，由美国无线电公司（RCA）首先开发，后来由摩托罗拉出产更多产品。开始速度比较慢，后来高速系列完全与7400系列兼容。常用的7400系列和4000系列芯片如表A-1和表A-2所示。

表A-1　部分7400/5400系列芯片

型　号	功能描述	型　号	功能描述
7400	2输入端四与非门	7401	开路输出2输入端四与非门
7402	2输入端四或非门	7403	开路输出2输入端四与非门
7404	六反相器	7405	开路输出六反相器
7406	开路输出六反相器（高压驱动）	7407	开路输出六同相器（高压驱动）
7408	2输入端四与门	7409	开路输出2输入端四与门
7410	3输入端三与非门	7411	3输入端三与门
7412	开路输出3输入端三与非门	7413	施密特4输入端双与非门
7414	六施密特反相器	7415	开路输出3输入端三与门
7420	4输入端双与非门	7421	4输入端双与门
7422	开路输出4输入端双与非门	7427	3输入端三或非门
7430	8输入端与非门	7432	2输入端四或门
7442	BCD－十进制译码器	7445	BCD－十进制译码器/驱动器
7448	BCD－七段译码器	7449	开路输出BCD－七段译码器
7450	双2输入端二与或非门（可扩展）	7451	双2输入端二与或非门
7464	4/2/3/2输入端与或非门（4个与逻辑，逻辑输入端数量分别为4、2、3、2）	7465	开路输出4/2/3/2输入端与或非门（4个与逻辑，逻辑输入端数量分别为4、2、3、2）
7473	带复位的双主从JK触发器	7474	带置位复位上升沿触发的双D触发器
7480	全加器	7485	4位数值比较器
7490	2/5/10进制计数器(包括3种进制的计数器)	7494	4位移位寄存器
74100	4位双D锁存器	74112	下降沿触发双JK触发器
74133	13输入端与非门	74134	12输入端三态输出与非门

续表

型　　号	功 能 描 述	型　　号	功 能 描 述
74138	3 线－8 线译码器	74139	2 线－4 线双译码器
74145	BCD－十进制译码器	74147	10 线－4 线优先编码器
74148	8 线－3 线优先编码器	74150	16 选 1 数据选择器
74151	8 选 1 数据选择器	74153	4 选 1 双数据选择器
74154	4 线－16 线译码器	74155	2 线－4 线双译码器
74160	带异步清零的同步十进制计数器	74161	带异步清零的同步 4 位二进制计数器（十六进制）
74165	8 位移位寄存器	74168	同步加/减十进制计数器
74169	同步加/减 4 位二进制计数器	74190	同步加/减十进制计数器
74191	同步加/减 4 位二进制计数器（带模式选择）	74194	4 位双向移位寄存器
71248	BCD－七段译码器	74283	4 位加法器
74290	2/5/10 进制计数器	74293	2/8/16 进制计数器
74451	8 选 1 双数据选择器	74453	4 选 1 四数据选择器
74461	三态输出 8 位二进制计数器	74468	MOS-TTL 双电平转换器
74484	BCD－二进制转换器	74485	二进制－BCD 转换器
74560	带三态输出的十进制计数器	74561	带三态输出的 4 位二进制计数器
74682	8 位数值比较器	74748	8 线－3 线优先编码器
74874	八 D 触发器	747266	四异或门

表 A-2　部分 4000 系列芯片

型　　号	功 能 描 述	型　　号	功 能 描 述
4000	3 输入端双或非门和反相器	4001	2 输入端四或非门
4002	4 输入端双或非门	4008	4 位超前进位全加器
4009	六反相缓冲器	4010	六同相缓冲器
4011	2 输入端四与非门	4012	4 输入端双与非门
4013	双主从 D 触发器	4014	8 位串入/并入－串出移位寄存器
4016	四传输门	4017	十进制计数器
4022	八进制计数器	4023	3 输入端三与非门
4025	3 输入端三或非门	4027	双 JK 触发器
4030	四异或门	4055	BCD－七段译码器
4063	4 位数值字比较器	4069	六反相器
4071	2 输入端四或门	4072	4 输入端双或门
4073	3 输入端三与门	4075	3 输入端三或门

续表

型　号	功能描述	型　号	功能描述
4081	2 输入端四与门	4082	4 输入端双与门
4093	2 输入端四施密特触发器	4095	3 输入端 JK 触发器
4501	4 输入端双与门及 2 输入端或非门	4502	三态输出六反相器
4511	BCD－七段译码	4512	8 选 1 数据选择器
4520	双 4 位二进制计数器	4532	8 线－3 线优先编码器
40100	32 位左/右移位寄存器	40107	2 输入端双与非门
40110	十进制加/减计数器	40160	带异步清零的十进制计数器
40161	带异步清零的 4 位二进制计数器	40175	四 D 触发器
40192	可预置 BCD 加/减计数器（双时钟）	40193	可预置 4 位二进制加/减计数器

注：中文数值往往指芯片内包含的单元数量，阿拉伯数字往往表示输入端个数或触发器位数，如 7400 系列的表述为“2 输入端四与非门”，“四”表示芯片内有 4 个与非门，每个与非门有 2 个输入端，如图 A-1 所示（图中黑点对应芯片 1 号引脚）。

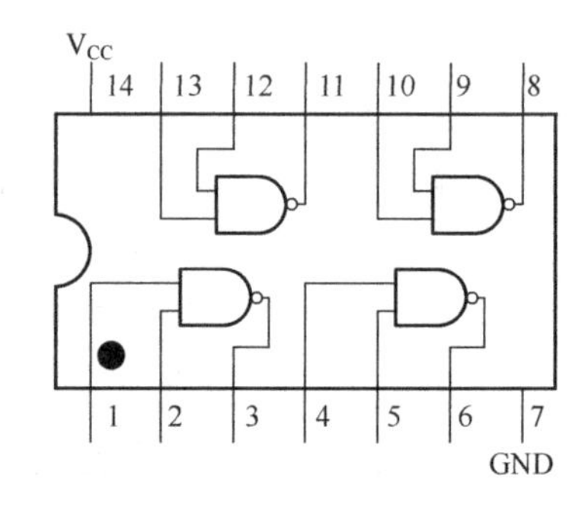

图 A-1　7400 芯片内部结构图

2. 7400 系列的子系列

7400 系列按照电路结构、参数和特性分成若干子系列，如表 A-3 所示。

表 A-3　7400 系列的子系列*

技术工艺	标　志	说　明
TTL	74	7400 系列的标准系列
	74L	低功耗系列（相对于标准系列），但速度低
	74H	高速系列
	74S	肖特基系列
	74LS	低功耗肖特基系列
	74AS	高级肖特基系列
	74ALS	高级低功耗肖特基系列
	74F	高速系列
CMOS	74C	标准 CMOS 系列，工作电压 4～15V
	74HC	高速 CMOS 系列，性能类似 LS 系列

续表

技术工艺	标　志	说　明
	74HCT*	高速 CMOS 系列，兼容 TTL 电平
	74AC	高级 CMOS 系列，性能在 S 和 F 系列之间
	74ALVC	低电压 CMOS 系列，工作电压 1.65～3.3V
	74AUC	低电压 CMOS 系列，工作电压 0.8～2.7V
	74FC	高速 CMOS 系列，性能类似 F 系列
	74LCX	LVQ、LVX 都属于低电压 CMOS 系列
	74VHC	超高速 CMOS 系列

*注：子系列不一定包含标准系列所有芯片的功能。带“T”的主要表示该 CMOS 系列兼容 TTL 电平，可以互换使用。

3. 7400/5400 系列和 4000 系列芯片命名规则

7400/5400 系列和 4000 系列芯片名称中往往顺序包含以下几个部分，如表 A-4 和表 A-5 所示。

表 A-4　7400/5400 系列芯片命名规则

第一部分（可省略）		第二部分		第三部分		第四部分		第五部分	
字母	厂商	数字	系列	字母	子系列	数字	功能	字母	封装形式等
SN*	美国德州仪器公司							M	小形集成封装（SOIC）
DM	美国国家半导体	54	军用级	见表 A-3		见表 A-1		N	双列直插封装（DIP）
DM	美国仙童公司	74	民用级					W	扁平封装（FP）
⋮								⋮	

*注：一个公司可能有多个缩写。

表 A-5　4000 系列芯片命名规则

第一部分		第二部分		第四部分		第五部分	
字母	厂商	数字	系列	数字	功能	字母	工作温度、封装形式等
CD	美国无线电公司					C	0～70℃
CC	中国制造	4		见表 A-2		R	−55～85℃
TC	日本东芝公司					M	−55～125℃
⋮						⋮	

SN74ALS00N，其中 SN 表示美国德州仪器（TI）公司生产；74ALS 表示 7400 系列的高级低功耗肖特基系列；00 表示芯片功能 2 输入端四与非门；N 表示双列直插封装。

4. 常见芯片的封装形式

常见芯片的封装形式如图 A-2 所示。

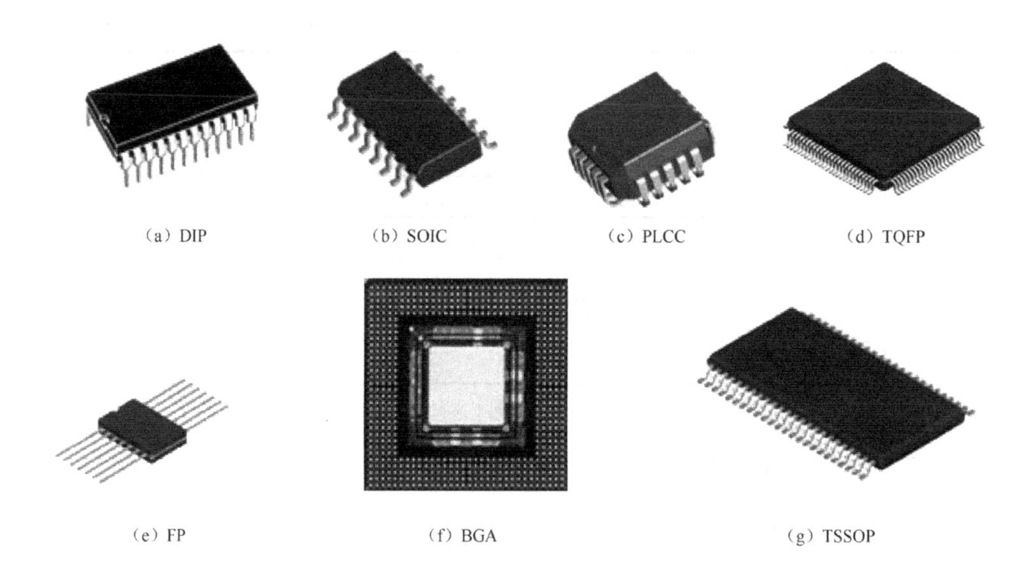

图 A-2　常见芯片的封装形式

5. 常见的数字芯片电平标准

常见的数字芯片电平标准如图 A-3 所示。

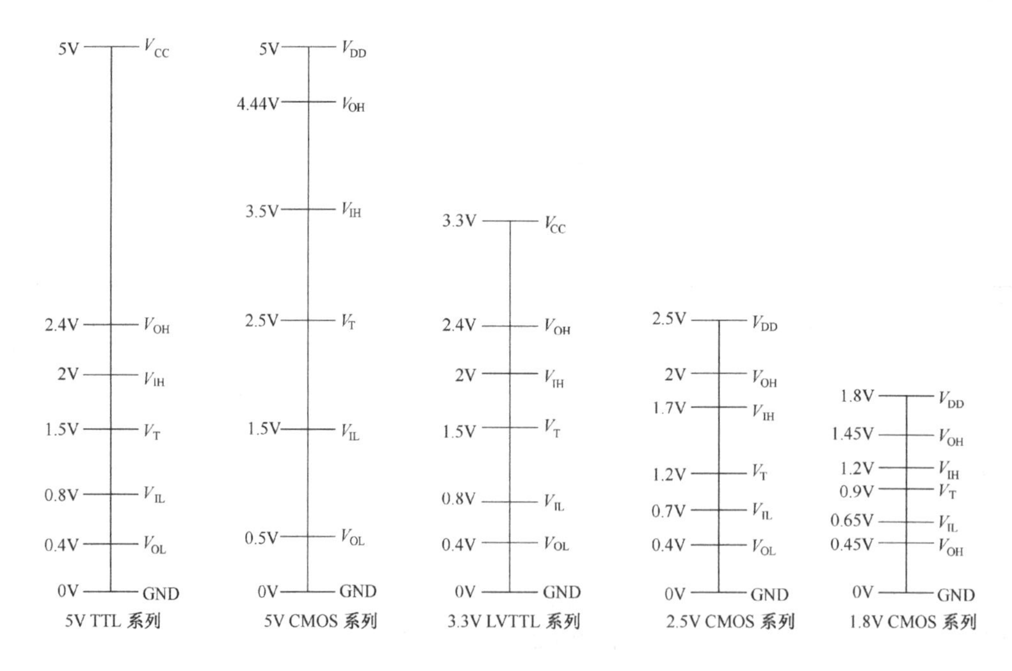

图 A-3　常见的数字芯片电平标准

附录 B　逻辑符号对照表

目前国内比较流行的是国家标准符号和国际惯用标准符号，两者对应关系如表 B-1 所示。为与各大厂商产品手册及仿真软件中的逻辑符号对应，便于读者与实际应用接轨，本书采用国际惯用标准附号。

表 B-1　逻辑符号对照表

名　　称	国家标准符号	国际惯用标准符号	其他常见符号
与门	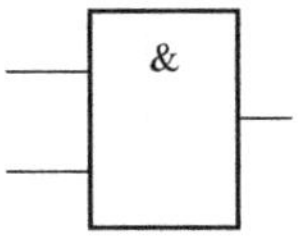 &	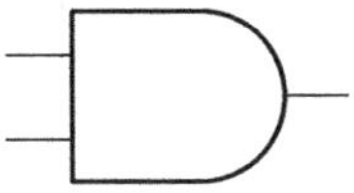	
或门	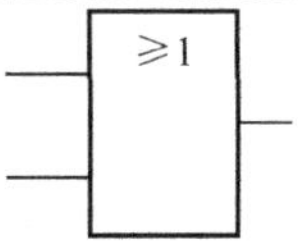 ⩾1	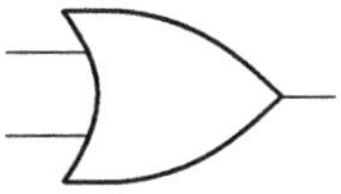	
非门（反相门、反相器）	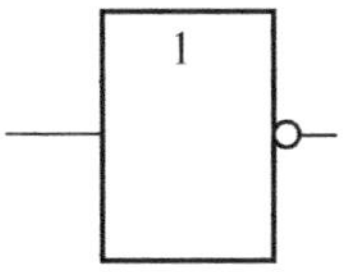 1	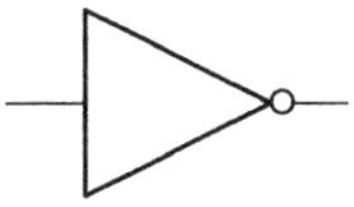	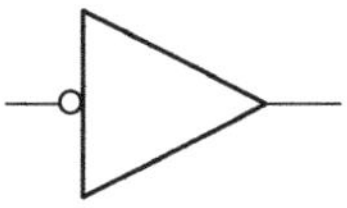
与非门	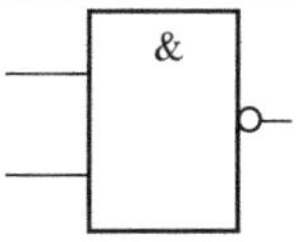 &	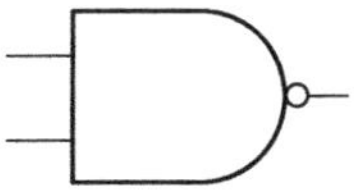	
或非门	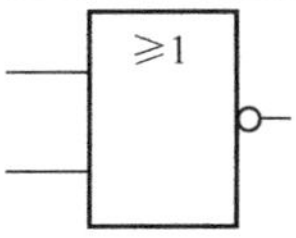 ⩾1	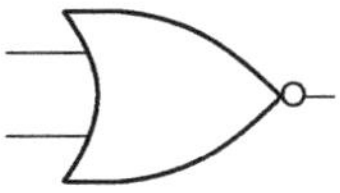	
异或门	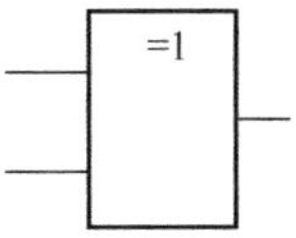 =1	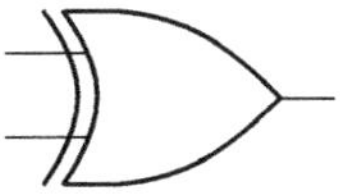	
同或门	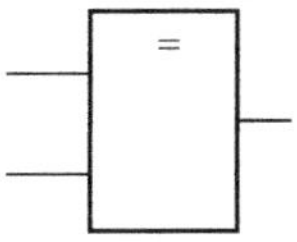 =	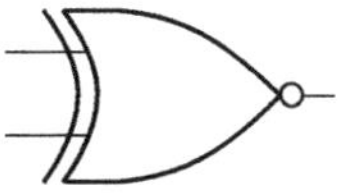	

续表

名　称	国家标准符号	国际惯用标准符号	其他常见符号
与或非门	& ≥1		
开路与非门	&		
三态非门	1 EN ▽	▽	
同相门（缓冲器）	1		
施密特与非门	&		
传输门	TG	TG	p TG n

附录 C　EDA 软件元件库

Altera 公司的 EDA 设计软件 Max+Plus II 中的元件库分为系统元件库和用户自定义元件库。系统元件库包括 4 部分，分别为 prim、mf、mega_lpm 和 edif。

（1）prim 是基本库（Primitives），主要包含构成逻辑系统最基本的单元，如门电路、触发器、输入/输出端等基本逻辑元件，部分常用元件详见表 C-1。

（2）mf 是宏函数库（Macro Functions），主要包含了常用的中小规模组合和时序逻辑电路，以及部分与工艺无关的 74 系列芯片对应的逻辑单元，如 16 选 1 选择器 161mux、74138、74160 等，部分常用元件详见表 C-2。与工艺无关意味着，如果某资料指出需要使用 74HC161，那么在设计软件中调用的元件名称要去掉 HC，即 74161。

（3）mega_lpm 是参数化模块库（Library of Parameterized Modules），主要包括功能复杂的高级功能模块，如可调模值的计数器、ROM、RAM 等，部分常用元件详见表 C-3。

（4）edif 是基于 EDIF 格式（Electronic Design Interchange Format，电子设计交换格式）的元件库，元件功能与 prim 和 mf 库类似，部分常用元件详见表 C-4。

表 C-1　prim 库常用逻辑元件

元件名称*	功 能 描 述	元件名称	功 能 描 述
and#	与门（#表示输入端个数，如 and2）	latch	D 锁存器
or#	或门（#一般为 2/3/4/6/8/12**）	jkff	JK 触发器
not	非门	dff	D 触发器
nand#	与非门（前缀 n 表示非逻辑***）	tff	T 触发器
nor#	或非门	srff	SR 触发器
xor	异或门	vcc	逻辑“1”/高电平
nxor	同或门（其实是异或门的非）	gnd	逻辑“0”/低电平
tri	三态门	bidir	双向端口
input	输入端	output	输出端
jkffe	带使能端的 JK 触发器（其他触发器也可以，后缀 e 表示使能功能）	lcell	同逻辑门/缓冲器（可以用来产生延迟时间，但不推荐这样使用）

* 元件名称不区分大小写。

** 表示输入端个数的“#”符号对应的数值是有限的几种。

*** 前缀 n 可以和其他逻辑名称（主要指 and 和 or）组合，来表示非逻辑输出的逻辑元件。

注：附录 C 各表只列出了部分逻辑元件名称，详细列表还是要参见软件帮助文件。

表 C-2　mf 库常用逻辑元件

元件名称	功 能 描 述	元件名称	功 能 描 述
161mux	16 选 1 数据选择器	21mux	2 选 1 数据选择器
81mux	8 选 1 数据选择器	2x8mux	8 位 2 选 1 数据选择器

续表

元件名称	功能描述	元件名称	功能描述
74151	8选1数据选择器	74153	双4选1数据选择器
8mcomp	8位比较器	7485	4位比较器
74184	BCD到二进制代码转换器	74185	二进制到BCD代码转换器
16cudslr	16位加减计数器/左右移位寄存器	8count	8位加减计数器
4count	4位加减计数器	74160	十进制加法计数器（74系列计数器型号很多，参见附录A）
74161	十六进制加法计数器	74190	十进制加/减法计数器
16dmux	4线16线译码器	74154	4线16线译码器
7448	7段译码器	7449	7段译码器（74系列显示译码器型号很多，参见附录A）
nandltch	基本SR触发器（基于与非门构成的）	norltch	基本SR触发器（基于或非门构成的）
74284	4位乘法器，输出高4位结果	74285	4位乘法器，输出低4位结果
74178	4位移位寄存器	74198	8位双向移位寄存器（74系列移位寄存器型号很多，参见附录A）
8fadd	8位加法器	74181	4位算术逻辑运算单元

注：表C-2中只列了部分74系列型号，详见附录A，但不是都有对应的逻辑元件。

表C-3 mega_lpm库常用逻辑元件

元件名称	功能描述	元件名称	功能描述
lpm_and	与门（也有其他逻辑，“lpm_”+逻辑名）	lpm_mux	数据选择器
lpm_decode	译码器	lpm_shiftreg	移位寄存器
lpm_add_sub	加减运算器	lpm_compare	比较器
lpm_counter	计数器	lpm_ff	触发器
lpm_mult	乘法器	lpm_divide	除法器
lpm_rom	ROM	lpm_ram_io	RAM

表C-4 edif库常用逻辑元件

元件名称	功能描述	元件名称	功能描述
and#	与门（#表示输入端个数，下同；其他逻辑门也可以，命名规则相同*）	dand#	与门（有原变量和反变量两个互补输出端，其他逻辑门也可以，命名规则相同*）
tand#	与门（带三态输出功能，其他逻辑门也可以，命名规则相同*）	dff2	D触发器（有Q和Q'两个互补输出端，其他逻辑功能的触发器也可以，命名规则相同）
2a2nor2	与或非门	2or2na2	或与非门

* 这里命名规则一般指的是：逻辑名称（and 和 or）与表示非逻辑输出的前缀n、表示输入端个数的后缀数字、表示三态输出的前缀t、表示互补输出的前缀d、表示负逻辑输入的前缀b，可以像单词一样组合起来，表示相应的逻辑元件，如tnand2。

附录 D　部分习题与思考题解答

第 1 章习题与思考题题解

题 1.1

（1）① $(29)_{10}$，$(35)_{8}$，$(1D)_{16}$；

② $(27.75)_{10}$，$(33.6)_{8}$，$(1B.C)_{16}$；

③ $(439)_{10}$，$(667)_{8}$，$(1B7)_{16}$；

（2）① $(1011001)_{2}$，$(131)_{8}$，$(59)_{16}$；

② $(11100001000)_{2}$，$(3410)_{8}$，$(708)_{16}$；

③ $(10111.0111)_{2}$，$(27.34)_{8}$，$(17.7)_{16}$；

（3）① $(84.125)_{10}$；② $(57)_{16}$；③ $(3222312)_{4}$；

题 1.2

自然二进制码	格　雷　码
0 0 0 0 0	0 0 0 0 0
0 0 0 0 1	0 0 0 0 1
0 0 0 1 0	0 0 0 1 1
0 0 0 1 1	0 0 0 1 0
0 0 1 0 0	0 0 1 1 0
0 0 1 0 1	0 0 1 1 1
0 0 1 1 0	0 0 1 0 1
0 0 1 1 1	0 0 1 0 0
0 1 0 0 0	0 1 1 0 0
0 1 0 0 1	0 1 1 0 1
0 1 0 1 0	0 1 1 1 1
0 1 0 1 1	0 1 1 1 0
0 1 1 0 0	0 1 0 1 0
0 1 1 0 1	0 1 0 1 1
0 1 1 1 0	0 1 0 0 1
0 1 1 1 1	0 1 0 0 0
1 0 0 0 0	1 1 0 0 0
1 0 0 0 1	1 1 0 0 1
1 0 0 1 0	1 1 0 1 1
1 0 0 1 1	1 1 0 1 0
1 0 1 0 0	1 1 1 1 0
1 0 1 0 1	1 1 1 1 1
1 0 1 1 0	1 1 1 0 1
1 0 1 1 1	1 1 1 0 0
1 1 0 0 0	1 0 1 0 0
1 1 0 0 1	1 0 1 0 1
1 1 0 1 0	1 0 1 1 1
1 1 0 1 1	1 0 1 1 0
1 1 1 0 0	1 0 0 1 0
1 1 1 0 1	1 0 0 1 1
1 1 1 1 0	1 0 0 0 1
1 1 1 1 1	1 0 0 0 0

题 1.3 （1）1011；（2）1010；（3）0110

题 1.4

(1) $Y^D = ((A+B')C+D)E+C$, $Y' = ((A'+B)C'+D')E'+C'$

(2) $Y^D = (A+B)(A'C+C(D'+E))$, $Y' = (A'+B')(AC'+C'(D+E'))$

(3) $Y^D = A(BC'(DE)')'$, $Y' = A'(B'C(D'E')')'$

(4) $Y^D = ABC+A'+B'+C'$, $Y' = A'B'C'+A+B+C$

题 1.7

（1）111,110,011,001

（2）000,001,011,100

（3）100,101,000,011,010,111

（4）110,111,010

题 1.9 设 A 为主裁判，真值表如表 D-1 所示。

题 1.10 真值表如表 D-2 所示。

表 D-1

A	B	C	Y
0	0	0	0
0	0	1	0
0	1	0	0
0	1	1	0
1	0	0	0
1	0	1	1
1	1	0	1
1	1	1	1

表 D-2

A	B	C	D	Y
0	0	0	0	0
0	0	0	1	1
0	0	1	0	1
0	0	1	1	0
0	1	0	0	1
0	1	0	1	0
0	1	1	0	0
0	1	1	1	1
1	0	0	0	1
1	0	0	1	0
1	0	1	0	0
1	0	1	1	1
1	1	0	0	0
1	1	0	1	1
1	1	1	0	1
1	1	1	1	0

$Y = A'B'C'D + A'B'CD' + A'BC'D' + A'BCD + AB'C'D' + AB'CD + ABC'D + ABCD'$

题 1.11 $Y = A'B'C + A'BC' + AB'C' + AB'C + ABC$ 。

题 1.13 $Y_1 = ((AB')'(A'B))' = A \oplus B$ ， $Y_2 = ((A \oplus B) + (BC')')' = ABC'$

题 1.20

（3） $Y = A' + B'D'$

（4） $Y = AC + B'D' + CD$

第 2 章习题与思考题题解

题 2.1 三极管在快速变化的脉冲信号的作用下，其状态在截止与饱和导通之间转换，三极管输出信号随输入信号变化的动态过程称开关特性。

开通时间是指三极管由反向截止转为正向导通所需的时间，即开启时间t_{on}（是三极管发射结由宽变窄及基区建立电荷所需时间）。

关断时间是指三极管由正向导通转为反向截止所需的时间，即关闭时间t_{off}（主要是清除三极管内存储电荷的时间）。

存储时间t_S的大小是决定三极管开关时间的主要参数，所以为提高开关速度通常要减轻三极管饱和深度。

题 2.2

（1）$R_B\downarrow$；（3）$\beta\uparrow$

题 2.3

（1）$V_I < 2.6V$ 时，三极管 T 截止。

（2）$V_I > 4.7V$ 三极管 T 饱和。

题 2.4

（1）$R_C = 0.58k\Omega$

（2）$R_B = 6.5k\Omega$

题 2.5

（1）因为输入端悬空，TTL 反相器输出低电平，显然反相器和输入高电平的结果相同，所以说悬空相当于接高电平。

（2）因为 TTL 反相器 $V_{IL(max)}$=0.8V，相当于输入低电平。

（4）因为 TTL 反相器接的输入端负载$200\Omega < R_{OFF}(700\Omega)$，则 TTL 反相器输出为高电平，所以输入端接$200\Omega$的电阻到地相当于接低电平。

题 2.6

（2）因为 TTL 反相器$V_{IH(min)}$=2.0V，输入端接高于 2V 的电源相当于输入高电平。

（4）因为TTL反相器接的输入端负载$10k\Omega >R_{on}(2k\Omega)$，则 TTL 反相器输出低电平，所以输入端接$10k\Omega$的电阻到地相当于接高电平。

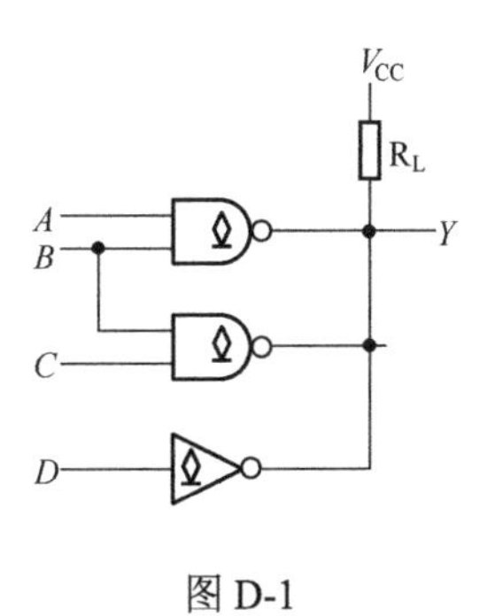

图 D-1

题 2.7 $Y_1=0$，$Y_2=1$，$Y_3=1$，$Y_4=0$，$Y_5=0$，$Y_6=Z$，$Y_7=1$，$Y_8=0$

题 2.8 $Y_1=1$，$Y_2=1$，$Y_3=0$，$Y_4=0$

题 2.9 逻辑图如图 D-1 所示。

题 2.10 答案如表 D-3 所示。

表 D-3

输入		输出	注释		
S_1	S_0	Y	EN_1	EN_2	EN_3
0	0	B'	0	1	1
0	1	A'	1	0	1
1	0	C'	0	0	0
1	1	A'	1	0	1

题 2.11　（a）图不正确：普通 TTL 门输出端并联不能实现“线与”功能，TTL 的 OC 门可以；（b）图正确；（c）图不正确：原图不能实现 $Y_3=(AB+C)'$；原图需做如下修改（如图 D-2 所示）。

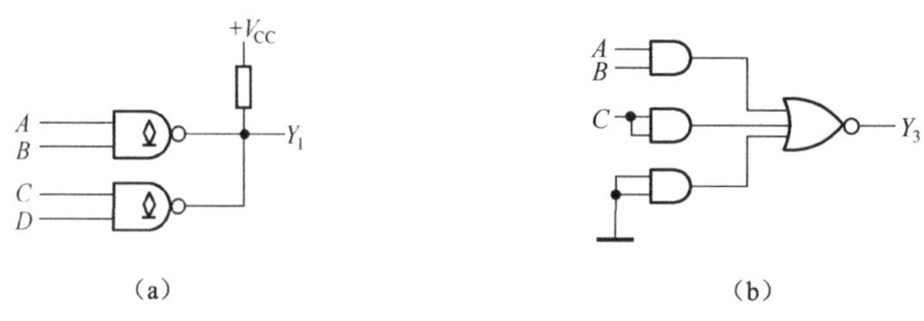

（a）　　（b）

图 D-2

题 2.12　G_M 输出高电平 V_{OH} 时：$N_1=\dfrac{I_{OH(max)}}{2\times I_{IH}}=\dfrac{0.4}{2\times0.04}=5$。

G_M 输出低电平 V_{OL} 时：$N_2=\dfrac{I_{OL(max)}}{I_{IL}}=\dfrac{16}{1.6}=10$。（注释：$G_M$ 输出低电平 V_{OL} 时，后面驱动的与非门就输入了低电平，每个门只消耗一倍的 I_{IL}，与每个与非门的输入端个数无关）。

考虑同时满足两种情况，TTL 与非门能驱动同类门的个数为 $N=5$。

题 2.13 G_M 输出高电平 V_{OH} 时：$N_1=\dfrac{I_{OH(max)}}{2\times I_{IH}}=\dfrac{0.4}{2\times0.04}=5$。

G_M 输出低电平 V_{OL} 时：$N_2=\dfrac{I_{OL(max)}}{2\times I_{IL}}=\dfrac{16}{2\times1.6}=5$。（注释：$G_M$ 输出低电平 V_{OL} 时，后面驱动的或非门就输入了低电平，每个输入端消耗的电流为一倍的 I_{IL}，每个或非门消耗的电流和门输入端个数相关）。

考虑同时满足两种情况，TTL 或非门能驱动同类门的个数为 $N=5$。

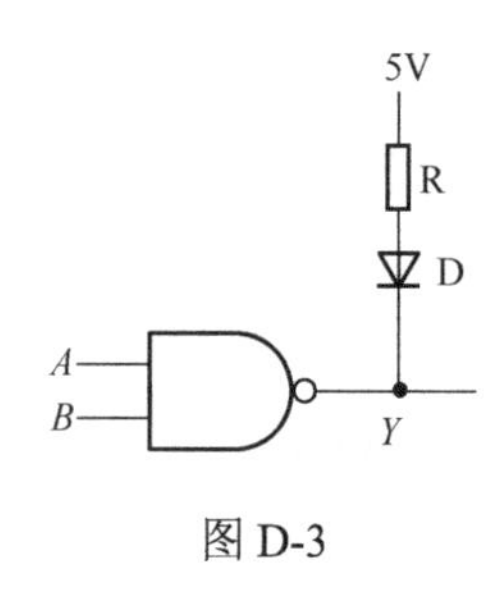

图 D-3

题 2.14　$0.27\text{k}\Omega<R<0.41\text{k}\Omega$，电路图见图 D-3。

题 2.15　（1）V_{I2}=1.4V；（2）V_{I2}=0.2V；（3）V_{I2}=1.4V；（4）V_{I2}=0.05V；（5）V_{I2}=1.4V。

题 2.16　因为 TTL 或非门输入端电路相互独立、互不影响，因此 V_{I2} 均为 1.4V。

题 2.17　因为 CMOS 电路输入端电流为 0，因此给出的 5 种状态测得的 V_{I2} 均为 0V。

题 2.18 （a）$Y=((A'B'C')')'=(A+B+C)'$；（b）$Y=((A'+B'+C')')''=A\cdot B\cdot C$

题 2.19 $0.7\text{k}\Omega < R_L < 4.3\text{k}\Omega$

题 2.20 验证接口电路是否合理就是检验接口电路输入低电平时，输出 v_C 是否为高电平；输入高电平时，输出 v_C 是否为低电平。分析如下。

（1）当 CMOS 输出 $V_{OH}=4.95\text{V}$ 时，接口电路的输入等效电路如图 D-4 所示，需计算接口电路的三极管是否饱和，输出 v_C 是否为低电平。

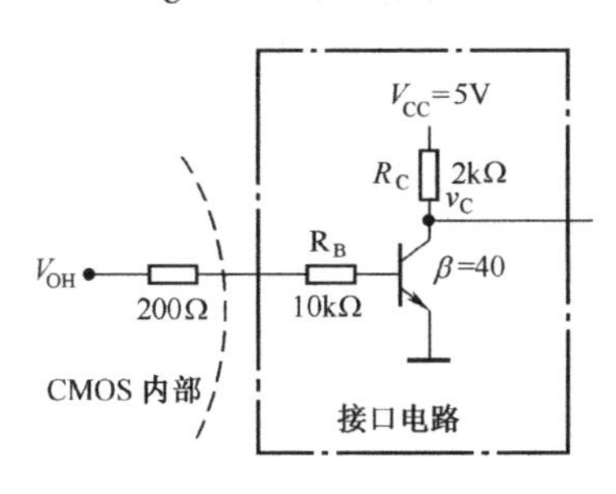

图 D-4

$$I_B=\frac{V_{OH}-V_{BE}}{R_B+0.2}=\frac{4.95-0.7}{10.2}=0.4(\text{mA});$$

$I_{BS}=\left(\dfrac{V_{CC}-V_{CE(sat)}}{R_C}+6\times I_{IL}\right)/\beta=\left(\dfrac{5-0.1}{2}+6\times1.6\right)/40=0.3$（mA）；$I_B>I_{BS}$，三极管能够饱和，所以 v_C 输出低电平。

（2）当 CMOS 输出 $V_{OL}=0.05\text{V}$ 时，需计算接口电路三极管是否截止，输出 v_C 是否为高电平。显然 CMOS 输出 $V_{OL}=0.05\text{V}$ 时，接口电路三极管截止。由图 2-74 计算得 $v_C=V_{CC}-6\times(I_{IH}\times2\times10^{-3})=5-6\times(40\times2\times10^{-3})=4.52$（V），所以 v_C 输出高电平。综上所述，接口电路参数设计合理。

第 3 章习题与思考题题解

题 3.1 $Y=AB+AC+BC$，这是一个三人表决电路。

题 3.2 $S_1S_0=00, Y=A+B$；$S_1S_0=01, Y=(A+B)'$；$S_1S_0=10, Y=(AB)'$；$S_1S_0=11$，$Y=AB$。

题 3.3 编码器是将 m 路输入数据按一定规律编成 n 位二进制码，$0<m\leqslant 2^n$。普通编码器和优先编码器的主要区别是普通编码器只能处理某一时刻只有一路有效的信号，优先编码器允许多路信号同时有效，但某一时刻只能对优先级别最高的信号编码。

题 3.4 5 位码，4 片 74HC148。

题 3.5 $F=A'B'C+A'BC'+AB'C'+ABC$，逻辑功能为三变量判奇电路，当输入有奇数个 1 时，输出为 1。与非门实现逻辑表达式为 $F=((A'B'C)'(A'BC')'(AB'C')'(ABC)')'$。

题 3.6 提示：用三片 74HC85，每片负责 4 位二进制数的比较，每片之间按比较器的逻辑功能的扩展方法连接，由最高位的 74HC85 给出最终的比较结果。

题 3.7　提示：用一片 74HC148，利用 74HC148 的使能端，多出的两位输入与非后作为 74HC148 的使能信号，再用最高位输入信号控制 74HC148 的最低位输出即可。

题 3.8　提示：按译码器逻辑功能扩展方法连接电路。

题 3.9　提示：两个 2 位二进制数相乘，最大是$3\times3=9$，9 要用 4 位二进制数表示，因此本电路应有 4 位输入和 4 位输出，根据乘法运算规则列真值表。用与非门实现，要进行化简并变换成与非与非式，用译码器实现可直接写出最小项和的形式。

题 3.10　用 *A*、*B*、*C* 分别表示 3 个不同类型的探测器，用 *Y* 表报警信号。根据题目要求列真值表，写出逻辑表达式 $Y=AB+AC+BC$。本题未指定使用某种器件，可以用与门和或门实现，也可以用其他形式的门实现，还可以用译码器、数据选择器等常用 MSI 组合逻辑电路实现。

题 3.11

（1）7448 输入为 $LT'=1$，0111，显示“7”。

（2）7448 输入为 $LT'=1$，0000，显示“0”。

（3）7448 输入为 $LT'=0$，0000，显示“8”。

题 3.12　提示：5 个病房的呼叫信号不能直接送入护士室，为减少传输数据的路数，5 个病房用一片 74HC148 编为 3 位码，到护士室再用 74HC138 译成 5 路信号。由于该题没有限定器件，也可用优先编码器加门电路来构成，也可以均用门电路构成，方法较多。

题 3.13　逻辑功能是两个 4 位二进制数相加，输出结果与 1010 比较大小，判断是大于、小于、还是等于 1010，用发光二极管指示。D_2亮。

题 3.14　提示：把这一组组合逻辑函数写成最小项和的形式，74HC148 输出 0 有效，用与非门构成电路。

题 3.15　提示：按用数据选择器实现组合逻辑电路方法，首先确定函数输入变量和数据选择器地址端的接法，如 $A\text{-}S_2$、$B\text{-}S_1$、$C\text{-}S_0$，也可以做其他约定，然后再用公式法或真值表法设计。

题 3.16　提示：方法与例 3-11 相同，真值表为全加器真值表。

题 3.17　提示：74HC138 片内 $A_2A_1A_0$ 的 3 位输入同名端并接，扩展出的 A_4A_3 两位码通过 2 线－4 线译码器产生的 4 路信号分别接 4 片的片选端，在 A_4A_3 分别在 4 种不同取值下分别选中一片工作。由于 74HC138 有 3 个片选端，可灵活设计 2 线－4 线译码器。

题 3.18　提示：若用 74LS283 实现 $A\pm B$，*M*=0，加法 $A+B$，*M*=1，减法 $A+B_{补}$。因此只要用 *M* 信号控制 *B* 的变换形式即可，*M*=0 时，*B* 不变，*M* =1 时，*B* 变为 $B_{补}$，然后送入 74LS283 即可在 *M* 的控制下实现加/减法运算。

题 3.19　在实际电路中，由于器件对信号的延迟作用而使电路的输出端有可能出现与稳态电路逻辑关系不符的尖峰脉冲现象称为组合电路的竞争－冒险。不一定会产生。

题 3.20　有接入滤波电容、修改逻辑设计和引入选通脉冲 3 种方法。接入滤波电容会使正常脉冲的上升时间和下降时间增加；修改逻辑设计局限性较大；引入选通脉冲是消除竞争－冒险行之有效的办法，但要注意选通脉冲的作用时间和脉冲宽度的选择。

第 4 章习题与思考题题解

题 4.2 如图 D-5 所示，其中 SDN、RDN 分别代表 S'_D、R'_D，QN 代表 Q'。

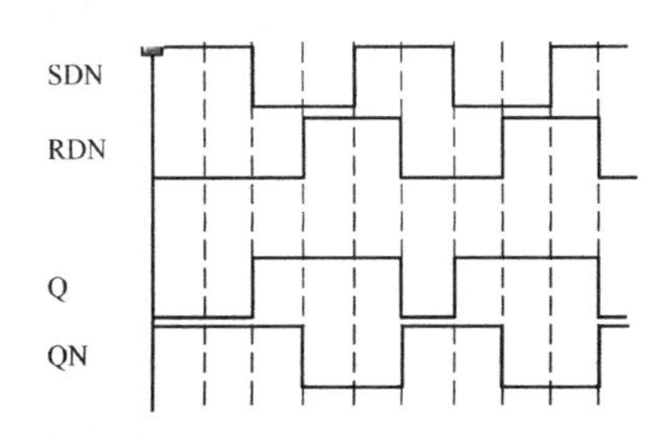

图 D-5

题 4.4 如图 D-6 所示，其中 QN 代表 Q'。

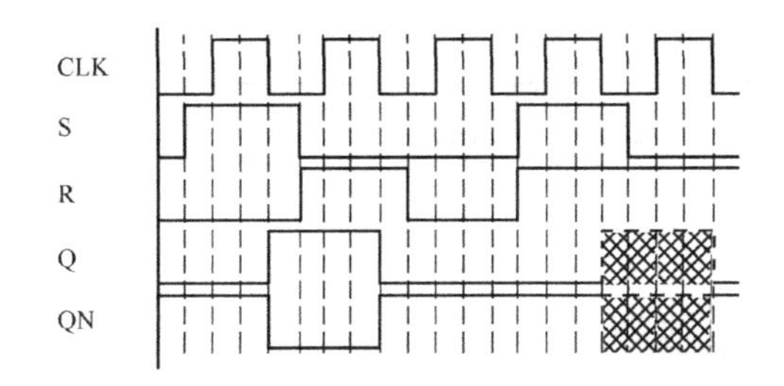

图 D-6

题 4.6 如图 D-7 所示，其中 Qm 代表主触发器状态。

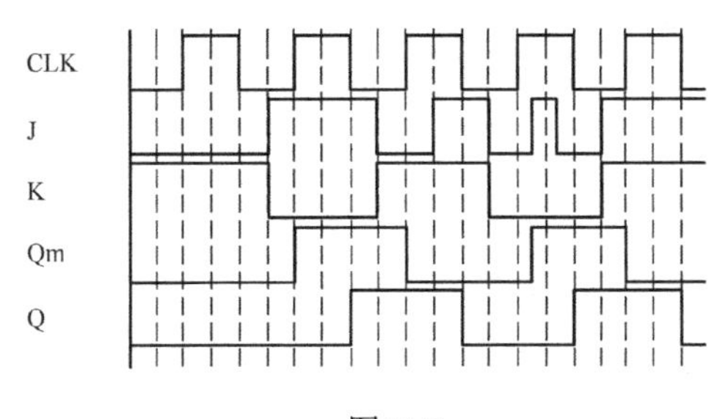

图 D-7

题 4.8 如图 D-8 所示。

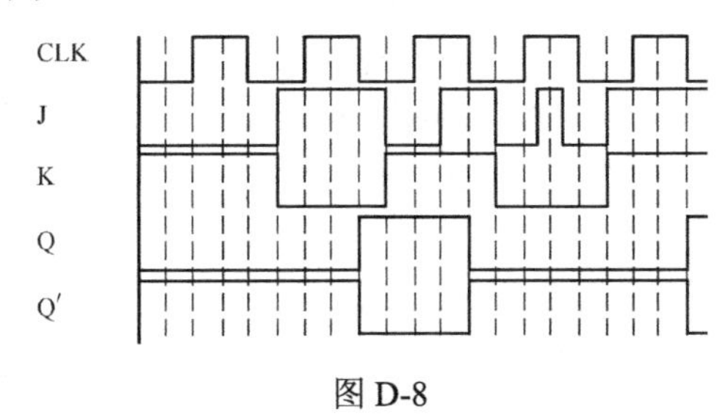

图 D-8

题 4.10　如图 D-9 所示。

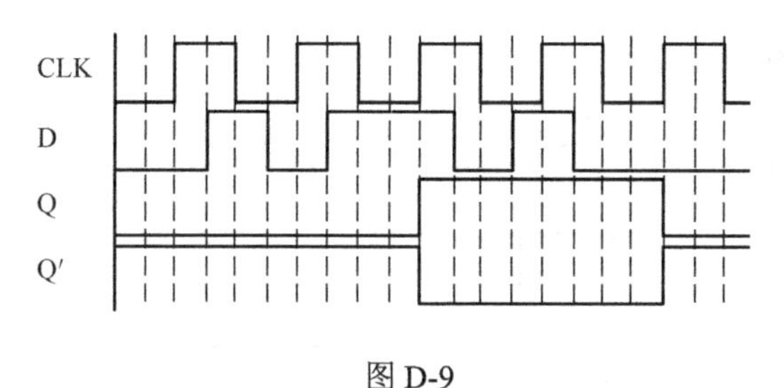

图 D-9

题 4.12　如图 D-10 所示。

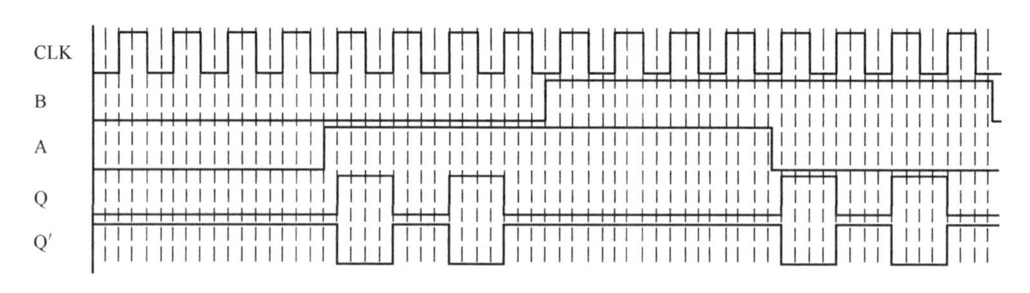

图 D-10

第 5 章习题与思考题题解

题 5.4　同步置数法，七进制。

题 5.5　同步置数法，X=0 时，六进制；X=1 时，八进制。

题 5.6　异步清零法，十进制。

题 5.11　整体同步置数法，九十三进制。

题 5.12　整体同步置数法，一百四十七进制。

第 6 章习题与思考题题解

题 6.1　ROM 断电后数据仍能保留，而 RAM 内数据会丢失；ROM 主要适合要求数据永久存储的场合，而 RAM 适合临时存储数据。

题 6.2　PROM 主要包括 OTPROM、UVEPROM、EEPROM；紫外线擦除、FN 隧道穿越擦除和写入（隧道注入），以及热电子注入写入（雪崩注入）。

题 6.3　SRAM 利用触发器电路存储数据，能长期自行存储数据；而 DRAM 利用电容效应存储数据，由于电容的漏电特性，DRAM 本身不能长期保存数据，需要控制电路配合使用。

题 6.4　$2^{10}\times 8$ 比特=8K 比特=1K 字节。

题 6.5　$2^{16}\times 8$ 比特。如果超出此数值，超出部分计算机不能直接访问（使用）。

题 6.8 Flash ROM 集成度高、成本低，适合便携设备长期存储数据。Flash ROM 属于 ROM，断电数据不丢失，集成度比 EEPROM 更高、容量更大、价格更低，擦除速度快。

题 6.9 CPLD 是复杂可编程逻辑器件的简写，FPGA 是现场可编程门阵列的简写；CPLD 基于乘积项编程原理，而 FPGA 则是基于查找表的编程原理。

第 7 章习题与思考题题解

题 7.4 如图 D-11 所示。

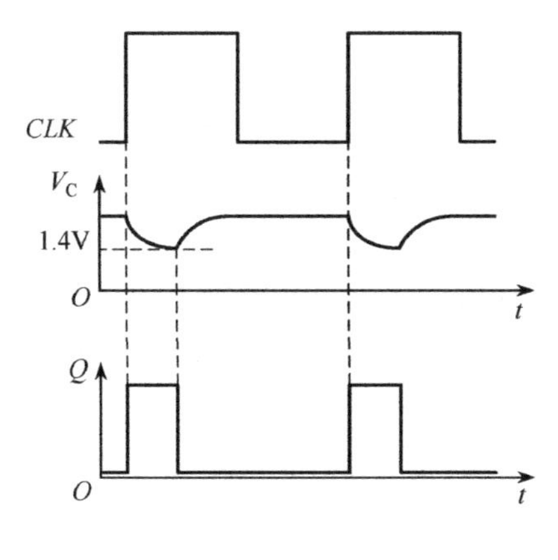

图 D-11

题 7.5 按典型 555 定时器构成的单稳态触发器电路设计，V_{CO} 未外接，$t_W = RC\ln 3 \approx 1.1RC$，将 $t_W = 1 \sim 5$s，电容 $C = 10\mu$F 代入，$R = 90.9 \sim 454.5\text{k}\Omega$，可选 500kΩ 电位器构成单稳态触发器（画图略）。

题 7.6 连接成施密特触发器，图略。

题 7.7 欲改变输出频率可改变 R_1、R_2、C、V_{CC} 和 V_{CO}。

题 7.8 用 555 定时器构成多谐振荡器，当 V_{CO} 分别接高、低电平时，由于

$$T = (R_1 + R_2)C\ln\frac{V_{CC} - 1/2V_{CO}}{V_{CC} - V_{CO}} + R_2C\ln 2$$，其输出频率会随 V_{CO} 的变化而变化（画图略）。

题 7.9 L_1 为多谐振荡器，L_2 为施密特触发器，L_3 为单稳态触发器，由于施密特触发器和单稳态触发器均不改变输入信号的频率，因此 V_O 的频率仅由 L_1 的频率决定，$f = 1$Hz。

题 7.10 2.5s。

题 7.11 分可重复触发和不可重复触发两种，可重复触发触发器在暂稳态期间可重新被触发而不可重复触发器则不可以。

题 7.12 （a）用施密特触发器。（b）用单稳态触发器加反相器。（c）输入信号经微分电路使其变成窄脉冲，然后用单稳态触发器再加反相器。

题 7.13 （a）先用施密特触发器变成矩形脉冲，然后再用单稳态触发器。（b）先将输入信号用反相器，然后用两级单稳态触发器。

题 7.14　74LS121 输出脉冲宽度为$t_W \approx 0.7RC$，$C = 2.9\mu F$。

题 7.15　提示：输出控制输入信号。

第 8 章习题与思考题题解

题 8.1　$v_O = 8.4\,V$

题 8.2　提示：倒 T 形电阻网络 DAC 的公式

$$v_O = -\frac{V_{REF}}{2^n}\left(d_{n-1}2^{n-1} + d_{n-2}2^{n-2} + \cdots + d_1 2^1 + d_0 2^0\right)$$

（1）$d_9 \sim d_0$ 每一位的 1 在输出端产生的电压分别为–2.5V，–1.25V，–0.625V，–0.313V，–0.156V，–78.13mV，–39.06mV，–19.53mV，–9.77mV，–4.88mV。

（2）输入全 1、全 0 和 1000000000 时的输出电压分别为–4.995V，0V 和–2.5V。

题 8.3　提示：本题涉及 DAC 的指标，一是最小输出电压增量；二是分辨率。

（1）最小输出电压增量对应输出代码最低位为 1 的情况（即输入代码为 00000001），所以当输入代码为 01001111 时，输出电压为$v_O = (01001111)_2 \times 0.02V = (79)_{10} \times 0.02V = 1.58V$。

（2）DAC 的分辨率用百分数表示最小输出电压与最大输出电压之比。

对于该 8 位 DAC，其分辨率用百分数表示为$\dfrac{(00000001)_2 \times 0.02}{(11111111)_2 \times 0.02} = \dfrac{1}{2^8 - 1} = 0.39\%$。

题 8.4　10 位 DAC，$V_{REF} = -10\,V$，输入数字量为$(1)_{10}$时，输出为$v_O = \dfrac{10}{2^{10}} \times 2^6 = 0.625\,V$。

输出波形为如图 D-12 所示

题 8.5　如图 D-13 所示。

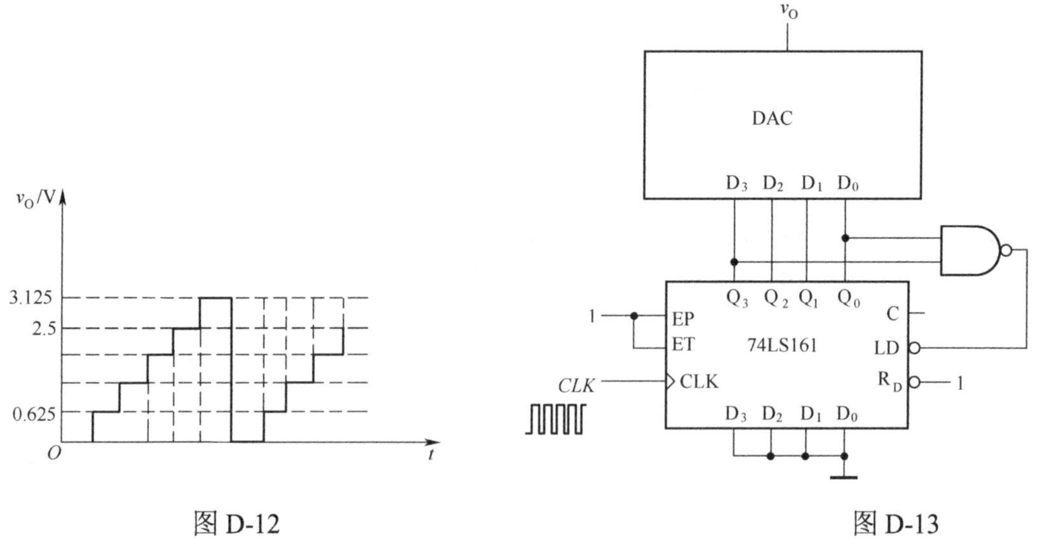

图 D-12　　　　图 D-13

题 8.6　取样频率下限 20kHz，所用时间上限 $50\,\mu s$。

题 8.7　从图 8-31（a）可见，若$v_O > v_I$，$v_B = 0$，那么逐次渐近寄存器中对应位将被置 0；若 $v_O < v_I$，$v_B = 1$，则逐次渐近寄存器中对应位将保留 1。根据这个基本原理可以求出图 8-31（b）情况下，ADC 的数字输出状态。

（1）0～t_1 期间：$v_O > v_I$，则此时逐次渐近寄存器最高位 Q_9 被置 0。

t_1～t_2 期间：$v_O < v_I$，则此时逐次渐近寄存器 Q_8 保留 1。

t_2～t_3 期间：$v_O > v_I$，则此时逐次渐近寄存器 Q_7 被置 0。

t_3～t_4 期间：$v_O < v_I$，则此时逐次渐近寄存器 Q_6 保留 1。

t_4～t_5 期间：$v_O < v_I$，则此时逐次渐近寄存器 Q_5 保留 1。

t_5～t_6 期间：$v_O > v_I$，则此时逐次渐近寄存器 Q_4 被置 0。

t_6～t_7 期间：$v_O < v_I$，则此时逐次渐近寄存器 Q_3 保留 1。

t_7～t_8 期间：$v_O > v_I$，则此时逐次渐近寄存器 Q_2 被置 0。

t_8～t_9 期间：$v_O < v_I$，则此时逐次渐近寄存器 Q_1 保留 1。

t_9～t_{10} 期间：$v_O < v_I$，则此时逐次渐近寄存器 Q_0 保留 1。

据以上分析，该 ADC 的数字输出为

$$d_9d_8d_7d_6d_5d_4d_3d_2d_1d_0 = 0101101011$$

（2）由图 8-31（b）可见，在 t_9～t_{10} 期间，v_I 比 v_O 要大一些，故此时的数字输出量 $d_9d_8d_7d_6d_5d_4d_3d_2d_1d_0 = 0101101011$，所代表的电压值比此时的 v_I 要小，因此 v_I 的实际值是介于 0101101100 所代表的模拟电压与 0101101011 所代表的模拟电压之间。

因为已知 DAC 的最大输出电压 $v_{OMAX} = 14.322\text{V}$，则其最低位为 1 时的电压最小值增量为 $\Delta v_O = 14.322\text{V}/(2^{10}-1) = 0.014\text{V}$。

所以，v_I 的范围为 $(0101101100)_2 \times 0.014\text{V} > v_I > (0101101011)_2 \times 0.014\text{V}$，即 5.096V $> v_I >$ 5.082V。

题 8.8　n 位逐次渐近型 ADC 完成一次转换操作所需要的时间为 $(n+2)$ 个时钟周期，因为时钟频率为 500kHz，$T_C = 2\mu\text{s}$，所以转换时间为 $T = (n+2)T_c = (10+2)T_c = 12T_c = 24\mu\text{s}$

如果要求转换时间不得大于 10μs，则 $T_c \leqslant 10/12\,\mu\text{s}$，所以要求时钟频率大于 1.2MHz。

题 8.9

（1）第一次积分完毕输出电压为 $v_O = \frac{1}{C}\int_0^{T_1} -\frac{v_I}{R}\text{d}t = -\frac{T_1}{RC}v_I$，第二次积分完毕输出电压为 $v_O = 0$。

（2）输出数字量与时间 T_2 成正比。

（3）若 $|v_I| > |V_{REF}|$，双积分 ADC 第一次对输入电压 v_I 进行定时积分的时间将小于第二次对恒定基准电压 $-V_{REF}$ 进行定值积分的时间，这样会使计数器在记满时仍达不到第二次积分的时间，会使转换结果错误。

题 8.10　转换所需时间 $T = 2^{n+1}T_c$，时钟频率是 1MHz，$T_c = 1/10^6 = 1\,\mu\text{s}$，所以最大转换时间为 2.048ms。

参考文献

[1] 阎石. 数字电子技术基础（第五版）[M]. 北京：高等教育出版社，2006.

[2] 康华光. 电子技术基础. 数字部分（第4版）[M]. 北京：高等教育出版社，2004.

[3] 周良权. 数字电子技术基础（第2版）[M]. 北京：高等教育出版社, 2002.

[4] 成立. 数字电子技术[M]. 北京：机械工业出版社，2003.

[5] 张克农. 数字电子技术基础[M]. 北京：高等教育出版社，2003.

[6] 周常森. 数字电子技术基础[M]. 济南：山东科学技术出版社，2002.

[7] 毛炼成. 数字电子技术[M]. 北京：人民邮电出版社，2009.

[8] 杨碧石. 数字电子技术基础[M]. 北京：人民邮电出版社，2007.

[9] 张申科. 数字电子技术基础[M]. 北京：电子工业出版社, 2005.

[10] 陈旭. 数字电子技术基础[M]. 北京：冶金工业出版社, 2004.

[11] 彭容修. 数字电子技术基础[M]. 武汉：武汉理工大学出版社，2001.

[12] 杨颂华. 数字电子技术基础[M]. 西安：西安电子科技大学出版社，2000.

[13] 华成英，童诗白. 模拟电子技术基础（第4版）[M]. 北京：高等教育出版社，2006.

[14] 王辉. Max+plus Ⅱ和 QuartusⅡ应用与开发技巧[M]. 北京：机械工业出版社，2007.

[15] M M Mano, M D Ciletti. Digital design（第4版）[M]. 北京: 电子工业出版社, 2008.

[16] J. F. Wakerly. Digital design: principles and practices（第4版）[M]. 北京: 高等教育出版社, 第4版, 2007.

[17] T L Floyd. Digital fundamentals（第9版）[M]. 北京: 电子工业出版社, 2006.

[18] R J Tocci, N S Widmer, G L Moss. Digital systems: principles and applications（第10版）[M]. 北京: 机械工业出版社, 2006.

[19] B Wilkinson, S Quigley. The essence of digital design[M]. 北京: 机械工业出版社, 2008.